EUL VERLAG

Reihe: Quantitative Ökonomie · Band 172

Herausgegeben von Prof. Dr. Eckart Bomsdorf, Köln, Prof. Dr. Wim Kösters, Bochum, Prof. Dr. Mark Trede, Münster, Prof. Dr. Ansgar Belke, Essen, und Prof. Dr. Markus Pütz, Lahr

Dr. Thorsten Böth

Konzeption einer simulationsgestützten internen Entwicklungsbilanz

Mit einem Geleitwort von Prof. Dr. Markus Pütz,
Wissenschaftliche Hochschule Lahr (WHL)

EUL VERLAG

Bibliografische Information der Deutschen Nationalbibliothek

Die Deutsche Nationalbibliothek verzeichnet diese Publikation in der Deutschen Nationalbibliografie; detaillierte bibliografische Daten sind im Internet über <http://dnb.d-nb.de> abrufbar.

Dissertation, Bergische Universität Wuppertal, 2011

ISBN 978-3-8441-0150-8
1. Auflage Mai 2012

JOSEF EUL VERLAG GmbH
Brandsberg 6
53797 Lohmar
Tel.: 0 22 05 / 90 10 6-6
Fax: 0 22 05 / 90 10 6-88
E-Mail: info@eul-verlag.de
http://www.eul-verlag.de

Bei der Herstellung unserer Bücher möchten wir die Umwelt schonen. Dieses Buch ist daher auf säurefreiem, 100% chlorfrei gebleichtem, alterungsbeständigem Papier nach DIN 6738 gedruckt.

Geleitwort

Die vom Controlling im Allgemeinen zu leistende Funktion der Führungsunterstützung erweist sich bei einer Anwendung auf die Entwicklung von Institutionen (insbesondere Unternehmen) im Speziellen, in Form des sogenannten Entwicklungscontrollings, als anspruchsvolle Aufgabenstellung. Mit zunehmender Reichweite des zu berücksichtigenden Entwicklungskontextes geht tendenziell eine ansteigende Komplexität dieser Aufgabenstellung einher. Denn zum einen ist die jeweilige Führung zu Zwecken der Steuerung (im weiteren Sinne) der zu berücksichtigenden Entwicklungsphasen mit ihren Aufgaben, Prozessen oder Projekten zieladäquat mit entscheidungsrelevanten, möglichst aggregierten Informationen zu versorgen. Daran anknüpfend gilt es die (Unternehmens-) Führung bei den konkret zu leistenden Planungs-, Koordinations-, Budgetierungs-, Prognose- und Kontrollprozessen effektiv zu unterstützen. Andererseits ist es erforderlich, die mit einem wachsenden Entscheidungshorizont verbundene zunehmende Ausprägung der Unsicherheit der im Entwicklungskontext relevanten Prozess- und Potenzialparameter zu bewältigen.

Als pragmatischer Ausgangspunkt für die Generierung einer Darstellungsform für die zuvor erwähnten aggregierten Informationen bieten sich insbesondere für Unternehmen bilanzielle Darstellungen an. Denn diese sind der zuständigen Unternehmensführung inklusive den von ihr jeweils eingesetzten Steuerungsinstitutionen aufgrund der Verwendung im Rahmen der Periodenberichterstattung und als Grundlage für eher kurz- bis mittelfristige Unternehmensplanungsvorhaben gemeinhin sehr vertraut. Da sich die hier relevanten aggregierten Informationen auf zukünftige Entwicklungen beziehen, kommen als dafür geeignete bilanzielle Darstellungen exklusiv prospektive Bilanzen (synonym Plan- oder Zukunftsbilanzen) in Frage.

Die vorab skizzierte ambitionierte, in der betriebswirtschaftlichen Theorie und Praxis gleichermaßen relevante Problemstellung entfaltet der Autor Thorsten Böth in der vorliegenden Dissertation, verbunden mit dem Ziel, ein Steuerungsintrumentarium zur Entscheidungsunterstützung der Steuerungsinstituionen zu generieren. Dieses Steuerungsinstrumentarium soll die sich im Zeitablauf vollziehende, zufallsabhängige Entwicklung der in einem Unternehmen relevanten betrieblichen Potenziale und Prozesse mit dafür relevanten Termin- und Kapazitätsbedingungen berücksichtigen und insbesondere anhand der zugehörigen Buchungsvorgänge dokumentieren. Dazu favorisiert Herr Böth in problemadäquater Weise die Nutzung von Simulationsverfahren der diskreten Simulation und die Konzeption entsprechender Simulationsmodelle.

Zur Erfüllung der Zielsetzung seiner Dissertation entwickelt und konkretisiert der Autor eine simulationsgestützte interne, d.h. betriebspolitisch motivierte Entwicklungsbilanz. Dazu rekurriert er einerseits im Wesentlichen auf die ursprünglich von Matthes generierte Controllingkonzeption des Entwicklungscontrollings mit den ebenfalls maßgeblich von Matthes geprägten Methoden und Instrumenten der offenen Entscheidungsnetze und andererseits auf die insbesondere auch vom Verfasser dieses Geleitwortes geprägten Ansätze zur simulationsgestützten Implementierung offener Entscheidungsnetze. Die genannten Ansätze entwickelt Herr Böth intensiv in den Ausarbeitungen zu seiner internen Entwicklungsbilanz weiter.

Die innerhalb der Struktur dieser internen Entwicklungsbilanz berücksichtigten betrieblichen Potenzial-, Prozess- und Prozesswirkungsstrukturen decken einen großen repräsentativen Ausschnitt der betriebspolitisch relevanten Steuerungsgrößen ab. Dies manifestiert sich in der Konstruktion einer weitgehend formalsprachlich spezifizierten Grundstruktur einer Geschäftsplanung. Dort werden neben relevanten Personal- und Betriebsmittelkapazitäten u.a. im Rahmen der Investitionsplanung materielle Investitionen für die Betriebs- und Geschäftsausstattung sowie Vorräte und immaterielle Investitionen (z.B. für Lizenzen) einbezogen. Ferner werden in der Finanzplanung Eigen- und Fremdfinanzierungsbestandteile berücksichtigt. In die Kostenplanung fließen neben dem Kapitaldienst insbesondere Wareneinsatz- und Personalkosten, Abschreibungen und weitere laufende Kosten (u.a. zur Entwicklung des Humankapitals und für Werbemaßnahmen) ein. Eine Umsatzplanung mit einer daran anknüpfenden internen Erfolgsrechnung rundet die Grundstruktur der Geschäftsplanung ab.

Zur Abbildung der im Kontext der Geschäftsplanung relevanten Geschäftsvorfälle definiert der Autor anknüpfend an die externorientierte Bilanz- und Erfolgsrechnung und die dort zur Anwendung kommende Doppik einen betriebspolitisch motivierten Kontenrahmen. Zur Gewährleistung einer äußerst flexiblen Erstellung seiner internen Entwicklungsbilanz konstruiert der Autor die Möglichkeit der Bilanzerstellung bis auf die Ebene einzelner Buchungssätze. Dazu definiert er einen Kontodifferenzwert, der – als eine der zentralen Innovationsleistungen im Rahmen dieser Dissertation – für jedes von einem Buchungssatz betroffene Konto die Ermittlung des aktuellen Saldos (Soll-, Haben- oder Nullsaldo) ermöglicht und mithilfe der Entscheidungstabellentechnik die von einem Buchungssatz ausgelösten Bilanzierungskonsequenzen eindeutig ableitet.

Die Konzeption der internen Entwicklungsbilanz implementiert Herr Böth mithilfe des Simulationssystems AweSim und der dort zur Anwendung kommenden Simulationssprache Visual SLAM für ein wenngleich fiktives, so gleichwohl realitätsnahes Beispiel. Dabei handelt es sich um eine strategische Geschäftseinheit eines Unternehmens, die im Bereich des elektronischen Zahlungsverkehrs angesiedelt ist. Für diesen Geschäftsbereich ist als Entwicklungsprojekt ein Außendienstbereich neu einzurichten. Ausgehend von einer realitätsnahen Marktstudie realisiert Herr Böth ein Simulationsprojekt, mit dessen Hilfe jeweils für drei Planjahre zum einen eine plausibel gute Absatzentwicklung als „Good Case-Szenario“ und dazu quasi gegensätzlich eine denkbar schlechte Absatzentwicklung als „Bad Case-Szenario“ simuliert werden. Dabei werden ausgehend von den relevanten Größen der Geschäftsplanungsstruktur auf Geschäftsvorfallebene und flexibel periodisierbar aggregiert (voreingestellt auf Monatsebene) insbesondere die relevanten Potenzialbestände sowie Aufwandsgrößen und ein intern definierter Gewinn ermittelt.

Unter Einbezug beider Szenarios ergeben sich auf Monatsebene für die im Rahmen der Simulation ermittelten Ergebnisgrößen (u.a. Aufwandsgrößen und der intern definierte Gewinn) Ergebnisintervalle, die hinsichtlich der zugrunde liegenden Szenarios mit eher optimistischer bzw. pessimistischer Geschäftsbereichsentwicklung Maximalintervalle darstellen. Diese lassen sich im Hinblick auf die Ableitung von Gestaltungsmaßnahmen für den Geschäftsbereich schwer handhaben. Für dieses Problem entwickelt Herr Böth gestützt auf die Methodik der offenen Entscheidungsnetze einen stufenweisen Ansatz zum (betriebspolitisch plausibilisierten) Restringieren (synonym verringern, kondensieren oder verschärfen) der Intervallbreiten. Dieser Ansatz manifestiert eine weitere erhebliche Innovationsleistung dieser Arbeit.

Die von Herrn Böth innerhalb seines Simulationsprojektes konstruierten Simulationsmodelle sind derart modular angelegt, dass sie für viele Anwendungsmöglichkeiten der Ausgestaltung einer Entwicklungsbilanz in unterschiedlichen Branchen als musterhafte Modulstruktur genutzt werden können. Diese Modulstruktur lässt sich auch in Verbindung mit anderen diskreten Simulationssystemen (wie z.B. Arena) nutzen. Insofern ist auch damit eine wesentliche Innovationsleistung innerhalb der Dissertation gelungen. Die Simulationsmodelle leisten zugleich im Kosiolschen Sinne einen erheblichen Beitrag zur Erfüllung eines pragmatischen Wissenschaftsziels.

Wenngleich der Verfasser dieses Geleitwortes schon von Beginn an in die Betreuung dieser Dissertation eingebunden war, so hat ursprünglich Herr Prof. Dr. Winfried Matthes als Doktorvater diese Arbeit intensiv betreut. Da Herr Professor Matthes unerwartet Anfang November des vorletzten Jahres verstarb, hat der Verfasser dieses Geleitwortes für seinen großen Mentor in der Schlussphase dieser Dissertation Herrn Böth als Doktorvater betreut. Wie alle seine akademischen Schüler haben auch wir Herrn Professor Matthes vieles zu verdanken. Sein Wirken bleibt uns dauerhaft Ansporn, dem Beispiel seiner Hilfs- und Förderungsbereitschaft nachzufolgen.

Dieser intensiven und kritisch konstruktiven Arbeit, die an den Schnittstellen des Controllings im Allgemeinen mit dem Entwicklungscontrolling im Speziellen, der Unternehmensplanung, der Bilanz- und Erfolgsrechnung und – durch die Simulation – auch an der Schnittstelle des Operations Research verortet werden kann, ist sicher auch im Sinne von Winfried Matthes eine breite wissenschaftliche und auch praktische Resonanz zu wünschen.

Lahr, im Februar 2012 *Markus Pütz*

Vorwort

Die vorliegende Arbeit entstand während meiner Zeit als wissenschaftlicher Mitarbeiter am Lehrstuhl für BWL/Rechnergestütztes Controlling von Herrn Prof. Dr. Winfried Matthes an der Bergischen Universität Wuppertal und meiner daran anschließenden Tätigkeit als Projektmanager am Institut für Gründungs- und Innovationsforschung. Sie wurde im Juni 2011 vom Fachbereich Wirtschaftswissenschaft – Schumpeter School of Business and Economics als Dissertation angenommen.

Mein besonderer Dank gilt meinem Doktorvater und akademischen Lehrer, Herrn Prof. Dr. Winfried Matthes, der im November 2010 völlig unerwartet verstarb. Er war für mich nicht nur ein vorbildlicher akademischer Lehrer und Forscher, sondern stets auch Förderer und Mentor. Durch ihn konnte ich – zusammen mit unserem Controlling-Team – neben den üblichen Tätigkeiten im Bereich der Lehre und Forschung auch viele interessante Praxisprojekte durchführen und somit stets den Bezug zur unternehmerischen Praxis halten, wofür ich ihm heute sehr dankbar bin. Besonderer Dank gilt zugleich auch Herrn Prof. Dr. Markus Pütz, der bereits als wissenschaftlicher Assistent und danach als Privatdozent an der Bergischen Universität meine Arbeit mit betreute und in der Schlussphase nunmehr auch die Rolle des Doktorvaters und des Erstgutachters übernahm. Ebenso danke ich dem Vorsitzenden der Prüfungskommission, Herrn Prof. Dr. Nils Crasselt, für die Übernahme des Zweitgutachtens und für die vielen hilfreichen Hinweise zur Fertigstellung dieser Veröffentlichung.

Vor allem möchte ich aber auch meinen Eltern, Elke und Manfred Böth, danken, die mich stets unterstützt haben und damit die Basis für den erfolgreichen Abschluss gelegt haben.

Wuppertal, im Februar 2012 *Thorsten Böth*

Inhaltsverzeichnis

Abbildungsverzeichnis

Abkürzungsverzeichnis[1]

A	Aktion
Abb.	Abbildung
AG	Aktiengesellschaft
AP	Angewandte Planung
Apr.	April
Aug.	August
AV	Anlagevermögen
BC	Bad Case
BDI	Bundesverband der Deutschen Industrie e.V.
BilMoG	Bilanzrechtsmodernisierungsgesetz
BiRiLiG	Bilanzrichtlinien-Gesetz
Bsp.	Beispiel
bspw.	beispielsweise
bzw.	beziehungsweise
DBW	Die Betriebswirtschaft
Dez.	Dezember
d.h.	das heißt
div.	diverse
€	Euro
EBILANZ	Entwicklungsbilanz
ec-Karte	eurocheque-Karte
EDV	Elektronische Datenverarbeitung
EG	Europäische Gemeinschaft
EK	Eigenkapital
ES	Erhaltungsstrategie
e.V.	eingetragener Verein
evtl.	eventuell
EZV	Elektronischer Zahlungsverkehr
f.	folgende (Seite)
FAW	Forschungsinstitut für Anwendungsorientierte Wissensverarbeitung

[1] Vgl. auch die Liste der im Simulationsmodell EBILANZ verwendeten Bezeichnungen von Variablen mit Erläuterungen im Anhang A-4.

Feb.	Februar
ff.	fortfolgende (Seiten)
FK	Fremdkapital
FZV	Fachzeitschriften Verlagswesen
GC	Good Case
ggf.	gegebenenfalls
GH	Gesamthochschule
GMD	Forschungszentrum Informationstechnik GmbH
GP	Geschäftsprozess
GuV	Gewinn- und Verlustrechnung
H	Haben
HGB	Handelsgesetzbuch
Hrsg.	Herausgeber
IASB	International Accounting Standards Board
i.d.R	in der Regel
i.e.S.	im engeren Sinn
IFRS	International Financial Reporting Standard(s)
IIE	Institute of Industrial Engineers
IKR	Industriekontenrahmen
inkl.	inklusive
insb.	Insbesondere
i.S.	im Sinne
i.S.v.	im Sinne von
IT	Informationstechnik
ITC	Informationstechnik Consulting
i.w.S.	im weiteren Sinn
Jan.	Januar
Jg.	Jahrgang
Jul.	Juli
Jun.	Juni
KDW	Kontodifferenzwert
KLR	Kosten- und Leistungsrechnung
krp	Kostenrechnungs-Praxis
lfd.	laufend, laufende
lt.	laut

Mrz.	März
MS	Microsoft
Nov.	November
Nr.	Nummer
OEN	offenes Entscheidungsnetz
Okt.	Oktober
OR	Operations Research
PuK	Planung und Kontrolle
R	Regel
S	Soll
S.	Seite
SCM	Supply Chain Management
Sep.	September
SLAM	Simulation Language for Alternative Modeling
s.o.	siehe oben
sog.	so genannt
sonst.	sonstige
Sp.	Spalte
Sub	Subnetzwerk
syn.	synonym
Tab.	Tabelle
u.a.	unter anderem / und andere
UMTS	Universal Mobile Telecommunications System
US-GAAP	US-Generally Accepted Accounting Standards
usw.	und so weiter
UV	Umlaufvermögen
v. Chr.	vor Christus
vgl.	vergleiche
VHB	Verband der Hochschullehrer für Betriebswirtschaft e.V.
Vol.	Volume
WiSt	Wirtschaftswissenschaftliches Studium
wisu	Das Wirtschaftsstudium
z.B.	zum Beispiel
ZfB	Zeitschrift für Betriebswirtschaft
ZfbF	Zeitschrift für betriebswirtschaftliche Forschung

Symbolverzeichnis[2]

(a) Logisch-mathematische Symbole

$\forall$	für alle, Allquantor
$\in$	ist Element von
$=$	gleich
$:=$	definitionsgemäß gleich
$\neq$	ungleich
$+$	Additionszeichen, plus
$-$	Subtraktionszeichen, minus
$*$	Multiplikationszeichen, mal
$>$	größer als
$\geq$	größer oder gleich
$<$	kleiner als
$\leq$	kleiner oder gleich
$\triangleq$	entspricht
$\sum$	Summenzeichen
%	Prozent, vom Hundert
$\mathbb{N}$	Menge aller natürlichen Zahlen
$\mathbb{R}$	Menge aller reellen Zahlen
$\mathbb{R}_+$	Menge aller nichtnegativen reellen Zahlen (einschließlich der Null)
$\mathbb{R}_{>0}$	Menge aller nichtnegativen reellen Zahlen (ausschließlich der Null)

(b) Deskriptive (nicht logisch-mathematische Symbole)

Abschnitt 2.2:[3]

a_{ijp}	(erwarteter/fixierter) Beitrag des Prozesses *ij* zum Potenzial *p* durch Verbrauch/Nutzung/Abbau
b_{pt}	(Anfangs)bestand eines Potenzials der Art *p* in der Periode *t*
$\underline{b}_{pt}$	Mindestanspruchsniveau eines Potenzials der Art *p* zum Zeitpunkt *t*
$\overline{b}_{pt}$	Höchstanspruchsniveau eines Potenzials der Art *p* zum Zeitpunkt *t*

---

2 Indizes werden nicht gesondert aufgeführt.

3 Die Symbole werden teilweise auch in den Abschnitten 4.1 und 4.5.1 verwendet.

c_{ijp}	Beitrag des Prozesses *ij* zum Aufbau eines Potenzials *p*
d_{ij}	(erwartete/fixierte) Dauer des Prozesses *ij*
E_{pt}	periodenbezogene Effekte bezüglich der Entwicklung von Potenzialen der Art *p*
E_{pt}^{Int}	Intervall der periodenbezogenen Effekte eines Potenzials *p* zum Zeitpunkt *t*
g_{ij}	lokales Gewicht bzw. subjektiv vermuteter Eintritt des Prozesses *ij* in Abhängigkeit von einem lokalen Entscheidungsprozess *ie* einer Steuerungsinstitution und ihrer erwarteten Verhaltens-, Regel- und Datenstruktur als Ausdruck erwarteter Präferenzen bzw. lokaler subjektiver Wahrscheinlichkeiten (Chancen/Risiken) bei erwarteten oder gegebenen Ziel- und Datenstrukturen des Entscheidungsprozesses *ie*
g_{ie}^{*}	Gewicht bzw. vermuteter Eintritt des Entscheidungsprozesses *ie* in Abhängigkeit von vorangehenden Entscheidungs- und Realisationsprozessen entsprechend den gegebenen Folgerelationen, deren Verknüpfungen, den lokalen Gewichtungen aller Vorgängerprozesse ab dem Startzeitpunkt 0 des jeweiligen Entwicklungsprojektes
$N_i = \{ij\}$	Menge aller Knoten eines Projektnetzes *i*, $0 \leq j \leq n$
$N_{ie} = \{ij\}$	Menge der einem Entscheidungsprozess $ie(ie \in N_i)$ exklusiv disjunkt folgenden Prozesse *ij*
p	Potenzial
t	Termin oder Zeitpunkt
t_{ij}	(simulierter/geplanter/erwarteter/zu entscheidender) Anfangstermin des Prozesses *ij*
tf_{ij}	(gesetzter) frühester Anfangstermin des Prozesses *ij*
tp	Controllingzeitpunkt
ts_{ij}	(gesetzter) spätester Anfangstermin des Prozesses *ij*
$V_{ij} = \{ie\}$	Menge der einem Prozess $ij(ij \in N_i)$ vorangehenden Entscheidungsprozesse *ie*

$$x_{ijt} \text{ bzw. } x_{iet} = \begin{cases} 1, \text{ wenn Prozess } ij \text{ bzw. } ie \text{ im Zeitpunkt } t \text{ beendet wird,} \\ 0 \text{ sonst} \end{cases}$$

für $(tf_{ij} + d_{ij}) \leq t \leq (ts_{ij} + d_{ij})$ bzw. $(tf_{ie} + d_{ie}) \leq t \leq (ts_{ie} + d_{ie})$ als simulierter, variabler, vermuteter oder gesetzter Terminparameter (Endtermin) des Prozesses *ij* bzw. *ie*

Abschnitt 4.4.3:

AB_0	Anfangsbestand zum Zeitpunkt 0
$EB(t)$	Endbestand des Kontosaldos zum Datum t
$H(t)$	Bestand auf der Habenseite zum Datum t
$KDW(t)$	Kontodifferenzwert zwischen Soll- und Habenseite zum Datum t
$S(t)$	Bestand auf der Sollseite zum Datum t

Abschnitt 4.5.3:

a_i	linearer Abschreibungssatz für i
F_j	Finanzierung aus Finanzierungsform j
F_j^E	Eigenfinanzierung
F_j^F	Fremdfinanzierung
F_G	Gesamtfinanzierung
I_i	Anschaffungswert des Investitionsgutes i
I_G	Gesamtinvestition
I_i^I	Anschaffungswert für ein immaterielles Investitionsgut
I_i^M	Anschaffungswert für ein materielles Investitionsgut
I_i^W	Anschaffungswert für eine Warenausstattung
$intGew$	interner Gewinn
K_A	Abschreibungen
K_i^G	Kosten für ein Bruttomonatsgehalt i
K_i^{GA}	Kosten für ein Bruttomonatsgehalt Gehaltsklasse A (für B bis D entsprechend $K_i^{GB}, K_i^{GC}, K_i^{GD}$)
K_{Ges}	Gesamtkosten
K_P	Personalkosten gesamt ($\triangleq$ Personalaufwand)
K_W	Wareneinsatzkosten ($\triangleq$ Materialaufwand)
K_{WLK}	Weitere laufende Kosten ($\triangleq$ sonstige betriebliche Aufwendungen)
KD_m	Kapitaldienst pro Monat m
L_{AG}	Lohnnebenkostensatz (Arbeitgeberanteil)
$RG\,I$	Rohgewinn I

$RG\ II$	Rohgewinn II
$RG\ III$	Rohgewinn III
$RG\ IV$	Rohgewinn IV
T_m	Tilgungsbetrag pro Monat *m*
U_{Ges}	Gesamtumsatz
U_{Trans}	Umsatz Transaktion
U_{Verk}	Umsatz Terminalverkauf
U_{Verm}	Umsatz Terminalvermietung
W_i^M	Wareneinsatzmenge
W_i^P	Wareneinstandspreis der Handelsware *i*
Z_m	Zinsbetrag pro Monat *m*

Abschnitt 4.5.6:[4]

$intGew_t$	Interner Gewinn pro Periode *t*
K_{A_t}	Abschreibungen pro Periode *t*
K_{P_t}	Personalaufwand pro Periode *t*
K_{W_t}	Materialaufwand pro Periode *t*
K_{WLK_t}	Sonstiger betrieblicher Aufwand pro Periode *t*
$RG\ I_t$	Rohgewinn I pro Periode *t*
$RG\ II_t$	Rohgewinn II pro Periode *t*
$RGIII_t$	Rohgewinn III pro Periode *t*
$RG\ IV_t$	Rohgewinn IV pro Periode *t*
U_{Ges_t}	Gesamtumsatzerlöse pro Periode *t*
U_{Trans_t}	Umsatz Terminaltransaktion pro Periode *t*
U_{Verk_t}	Umsatz Terminalverkauf pro Periode *t*
U_{Verm_t}	Umsatz Terminalvermietung pro Periode *t*
Z_t	Zinsaufwand pro Periode *t*

[4] Einzelne Symbole im Abschnitt 4.5.6 werden zudem auch mit ihrer pessimistischen Untergrenze bzw. optimistischen Obergrenze im Text durch eine Hochstellung (*min* bzw. *max*) gekennzeichnet. Die in diesem Abschnitt (und im Anhang) in den Auswertungstabellen verwendeten Symbole werden in angepasster/vereinfachter Form dargestellt.

Tabellenverzeichnis

1 Einleitung

1.1 Problemstellung und Zielsetzung

In den einzelnen Phasen der Unternehmensentwicklung, die sich idealtypisch als Gründungs-, Wachstums-, Stagnations-, Schrumpfungs- und Liquidationsphasen darstellen lassen, finden vielfältige Entscheidungen, aber auch Planungen und Kontrollen, durch die Unternehmensführung statt.[1] Diese betreffen insb. die internen und externen betrieblichen Prozesse und Potenziale der Unternehmung, die sich im Zeitablauf verändern.[2]

Die internen Steuerungsinstitutionen der Unternehmung müssen dabei, insb. im Kontext einer dynamischen und oftmals diskontinuierlichen und komplexen Prozessentwicklung, in einer konkreten Entscheidungssituation mit zieladäquaten Informationen versorgt werden können. In diesem Zusammenhang ist die Bilanz als eine den Steuerungsinstitutionen bekannte übersichtliche und ausgeglichene Gegenüberstellung von Vermögenswerten (Aktiva) und Kapital (Passiva) zunächst kaum geeignet, der Unternehmensführung als ex post Rechnung ausreichende Informationen über zukünftige Entwicklungen der Unternehmung liefern zu können.[3] Zwar fließen auch bei der Erstellung einer ex post Bilanz bereits zukünftige Informationen mit ein, wie dies bspw. bei der im Rahmen von Abschreibungen geschätzten Nutzungsdauer oder der Bilanzierung von Forderungen der Fall ist, dennoch ist sie vom Charakter her in ihrer herkömmlichen Gestalt eine Nachrechnung.[4] Wird die Bilanz hingegen ex ante erstellt, können auch zukünftige Entwicklungen berücksichtigt werden, wobei solche Bilanzdarstellungen auch als prospektive Bilanzen, Plan- oder Zukunftsbilanzen bezeichnet werden und Plan-Gewinn- und Verlustrechnungen mit einfließen können.[5] Dabei kann der zukunftsbezogene Detaillierungsgrad der Rechnungen und auch der Eintritt von zufallsabhängigen Ereignissen und auftretenden Kapazitätsbedingungen unterschiedlich genau gehandhabt werden. Zudem ist der Charakter der zu erstellenden zukunftsorientierten Bilanz auch davon abhängig, ob ausschließlich externe

---

[1] Vgl. Matthes, W., Dederichs, J., Pütz, M. 2000 /Entwicklungscontrolling/ S. 205.

[2] Vgl. Matthes, W., Dederichs, J., Pütz, M. 2000 /Entwicklungscontrolling/ S. 205; Ebers, M. 2007 /Unternehmensentwicklung/ Sp. 1789f.; Krüger, W. 2005 /Organisation/ S. 211f.

[3] Vgl. Schweitzer, M. 1989 /Bilanzplanung/ Sp. 156; Eisele, W. 2005 /Bilanzen/ S. 459 und 481f.

[4] Vgl. Eisele, W. 2005 /Bilanzen/ S. 482; Schweitzer, M. 1989 /Bilanzplanung/ Sp. 156.

[5] Vgl. Eisele, W. 2005 /Bilanzen/ S. 482; Schweitzer, M. 1989 /Bilanzplanung/ Sp. 156; Tyrell, B. 2000 /Planbilanz/ S. 7.

Rechnungslegungsvorschriften oder eine eher intern und betriebspolitisch motivierte Herangehensweise gewählt wird. In der betriebswirtschaftlichen Literatur sind somit verschiedene Konzepte zur Erstellung von zukunftsgerichteten Bilanzen zu finden, die jedoch meist eine möglichst sichere Abbildung der Effekte zukünftiger Entscheidungs- und Realisationsprozesse zum Ziel haben.[6]

Ziel der Arbeit ist es nunmehr, ausgehend von einer die oben angeführte Komplexität adäquat berücksichtigenden Controllingauffassung und einem damit einhergehenden Anforderungskatalog, ein Instrument zur Entscheidungsunterstützung der Steuerungsinstitutionen zu entwickeln. Hierbei soll der Zeitablauf und die sich darin vollziehende Entwicklung betrieblicher Potenziale und Prozesse explizit berücksichtigt werden, was Verfahren der Simulation in den Vordergrund rückt. Durch die Konzeption eines Simulationsmodells sollen dabei die zukünftigen Entscheidungs- und Realisationsprozesse der Unternehmung abgebildet werden und die zugehörigen Potenzial- und Prozessentwicklungen auch bis auf die Ebene von zufallsabhängigen Buchungsvorgängen simuliert und aufbereitet werden können. Dabei sollen auch Informationen zu Termin- und Kapazitätsbedingungen generiert und auch unterschiedliche Szenarios zur Entscheidungsunterstützung simuliert werden können.

1.2 Vorgehensweise

Im Anschluss an die oben skizzierte Problemstellung und Zielsetzung und dem hier gegebenen Überblick über die weitere Vorgehensweise wird im zweiten Kapitel die der Arbeit zugrunde liegende Controllingkonzeption des Entwicklungscontrollings nach *Matthes* vorgestellt. Hierbei wird im Abschnitt 2.1 zunächst die Axiomatik des Controllings erläutert. Daran anschließend wird im Abschnitt 2.2 das dynamische Grundmodell offener Entscheidungsnetze formal dargestellt, das zur Beschreibung der durch die Axiome skizzierten komplexen entwicklungsbezogenen Steuerungssituation dient. Das zweite Kapitel findet seinen Abschluss in einem Anforderungskatalog im Abschnitt 2.3 hinsichtlich der Konzeption einer internen Entwicklungsbilanz.

---

[6] Vgl. Tyrell, B. 2000 /Planbilanz/ S. 116-118.

Im dritten Kapitel werden unterschiedliche Erscheinungsformen von Bilanzen anhand ausgewählter Systematisierungskriterien vorgestellt und es wird auch jeweils eine kurze Einordnung bezüglich der hier zu entwickelnden internen zukunftsgerichteten Entwicklungsbilanz vorgenommen.

Kapitel 1: Einleitung
- Problemstellung und Zielsetzung
- Vorgehensweise

Kapitel 2: Das Entwicklungscontrolling der Unternehmung
- Zugrunde gelegte Controllingkonzeption: Entwicklungscontrolling
- Grundaussagen zum Controlling (Basis- und Steuerungsaxiome)
- Darstellung und Problemstrukturierung im Rahmen offener Entscheidungsnetze (OEN)
- Anforderungen an die Konzeption einer Entwicklungsbilanz

Kapitel 3: Erscheinungsformen von Bilanzen

Kapitel 4: Konzeption und Erstellung einer Entwicklungsbilanz
- Rahmenbedingungen der Konzeption (Entscheidungssituation; OEN)
- Der Bereich der Simulation
- Das Simulationssystem AweSim
- Entwicklung eines Regelwerkes für eine interne Entwicklungsbilanz
  - Dynamische Intervalle im Rahmen des Simulationsmodells
  - Erfassung und Verarbeitung von Geschäftsvorfällen im Simulationsmodell
  - Kontodifferenzwert als Analysewert im Simulationsmodell
  - Aufstellung einer Entscheidungstabelle für das Simulationsmodell und Grafik der vier Regelgruppen

- **Konkretisierung der Konzeption**
  - Veranschaulichung der Entscheidungssituation (Subnetzwerke Sub_e1, Sub_e2; OEN)
  - Die strategische Geschäftseinheit EZV; Grundstruktur der Geschäftsplanung; Geschäftsvorfälle im Einzelnen
  - Das Simulationsmodell **EBILANZ**
    - Beschreibung des Good Case-Szenarios (Netzwerkmodell BFUENETG mit den Teilnetzwerken A bis O; Steuerungsdatei BFUECONG)
    - Beschreibung des Bad Case-Szenarios (Netzwerkmodell BFUENETB, Steuerungsdatei BFUECONB)
  - Ergebnisanalyse und Aufbereitung der Simulationsläufe
    - Termin- und Kapazitätsbedingungen
    - Ergebnisse der simulierten internen Erfolgs- und Bilanzrechnung
    - Auswertung auf Geschäftsvorfallebene

Kapitel 5: Zusammenfassung und Ausblick

Abb. 1.2: Aufbau der Arbeit

Aufbauend auf den zuvor dargestellten Grundlagen wird im vierten Kapitel die Konzeption und Erstellung einer Entwicklungsbilanz ausgearbeitet.

Dabei werden im Abschnitt 4.1 zuerst die Rahmenbedingungen der Konzeption anhand einer typischen Entscheidungssituation skizziert. Zur Handhabung dieser Entscheidungssituation wird im vierten Kapitel ein Simulationsmodell entwickelt, wozu im Abschnitt 4.2 zunächst Grundlegendes zum Bereich der Simulation vorgestellt wird. Ferner wird im Abschnitt 4.3 ein zieladäquates Simulationssystem erläutert, das die dynamische (diskrete) Simulation einer Entwicklungsbilanz unter Rückgriff auf Zufallsvariablen ermöglichen kann. Im Abschnitt 4.4 wird das für die Simulation notwendige Regelwerk, insb. die abzubildenden Buchungssätze, der notwendige Kontodifferenzwert zur dynamischen Saldenermittlung und die Entscheidungstabelle, diskutiert und entwickelt.

Im Abschnitt 4.5 erfolgt die Konkretisierung der Konzeption. Hierzu gehört die Erläuterung der unterschiedlichen Entscheidungssituationen und ihrer simulationsgestützten Sub-Modelle im Abschnitt 4.5.1. Daran schließt die Skizzierung des im Simulationsmodell abgebildeten Anwendungsbeispiels im Abschnitt 4.5.2 und die Darstellung einer beispielhaften Grundstruktur einer Geschäftsplanung im Abschnitt 4.5.3 an. Die im Rahmen eines Simulationsmodells abzubildenden Geschäftsvorfälle werden im Abschnitt 4.5.4 anhand von Beispielen aufgelistet.

Das Simulationsmodell EBILANZ (ENTWICKLUNGSBILANZ) wird im Abschnitt 4.5.5 entwickelt, erläutert und anhand einer grafischen Programmierung mit zahlreichen Teilnetzwerken sowie einer entsprechenden Steuerungsdatei konzipiert. Die interne Entwicklungsbilanz ist in ihrer Grundstruktur für alle denkbaren Geschäftsvorfälle anwendbar bzw. kann entsprechend erweitert werden und wird hier am Beispiel einer strategischen Geschäftseinheit als (musterhafte) Modellstruktur vorgestellt.

Die Ergebnisse mehrerer Simulationsläufe werden anhand ihrer periodenbezogenen Termin- und Kapazitätsbedingungen und ihrer Bilanz- und Erfolgseffekte bis auf die Ebene von Geschäftsvorfällen im Abschnitt 4.5.6 präsentiert.

Abschließend erfolgt im fünften Kapitel eine Zusammenfassung der Ergebnisse mit Ausblick.

2 Das Entwicklungscontrolling der Unternehmung

2.1 Zugrunde gelegte Controllingkonzeption: Entwicklungscontrolling

Zum Controllingbegriff existieren in der Literatur unterschiedliche Definitionen, Entwicklungslinien und Einordnungsversuche, die sich bspw. mit den Aufgaben der Informationsversorgung für die Entscheidungsträger oder auch mit Fragen im Bereich der Planung, der Steuerung, der Kontrolle, der Koordination und auch der Rationalitätssicherung des Führungssystems beschäftigen.[1]

Aus Sicht der Unternehmensführung müssen die zumeist komplexen und offenen bzw. nicht wohl-strukturierten Planungs-, Entscheidungs- und Kontrollsituationen einer Unternehmung zieladäquat gehandhabt werden können. Als eine mögliche Unterstützung wird hierzu im Rahmen dieser Arbeit der Ansatz zum Entwicklungscontrolling von *Matthes* zugrunde gelegt und im Folgenden vorgestellt.[2] Mit der Bezeichnung Entwicklungscontrolling ist dabei nicht der auf den betrieblichen Funktionsbereich „Forschung und Entwicklung" bezogene Controllingansatz zu verstehen. Vielmehr bezieht sich der zugrunde liegende Entwicklungsbegriff auf die einzelnen Entwicklungsphasen der Unternehmung, die sich nach *Matthes* in ihrem zeitlichen Ablauf idealtypisch als die Phasen der Unternehmensgründung, des Wachstums, der Stagnation, der Schrumpfung und der Liquidation zusammenfassen lassen.[3]

Im Rahmen dieser einzelnen Phasen der Unternehmensentwicklung befasst sich das Entwicklungscontrolling „mit der Steuerung betrieblicher Prozesse und Potentiale

1 Vgl. hierzu bspw. die umfassenden Darstellungen bei Horváth, P. 2009 /Controlling/ S. 18-65; Küpper, H.-U. 2008 /Controlling/ S. 12f. und 15-27; Weber, J., Schäffer, U. 2008 /Controlling/ S. 19-26 und die dort angegebenen Literaturhinweise.

2 Vgl. Matthes, W., Dederichs, J., Pütz, M. 2000 /Entwicklungscontrolling/ S. 205; Matthes, W. 2002 /Axiomatik/ S. 131.

3 Vgl. Matthes, W., Dederichs, J., Pütz, M. 2000 /Entwicklungscontrolling/ S. 205. Vgl. hierzu auch Pütz, M. 2009 /Entwicklungscontrolling/ S. 9, der auch darauf hinweist, dass Krüger, W. 1998 /Entwicklungscontrolling/ S. 16f. eine ähnliche Sichtweise eines Entwicklungscontrollings vertritt, welche sich auf die Wandlungs- und Entwicklungsprozesse und -projekte eines Unternehmens bezieht. Zum eher funktionsbereichsbezogenen Controlling von Forschung und Entwicklung vgl. bspw. Brockhoff, K. 1984 /Controlling/; Bürgel, H. D. 1989 /Controlling/; Brockhoff, K. 1999 /Forschung/. Zu dem im Folgenden vertretenen Ansatz vgl. auch Matthes, W. 2001 /Gründungscontrolling/ S. 321, der anhand des Gründungscontrollings den Teilbereich seines Entwicklungscontrolling-Ansatzes ausführlich vorstellt, der sich mit dem Neuaufbau bzw. der Erneuerung von Unternehmenspotenzialen beschäftigt. Das in diesem Zusammenhang bei Matthes, W. 2001 /Gründungscontrolling/ S. 328-332 vorgestellte Grundmodell zur Modellierung von Gründungsprozessen kann demnach auch auf die anderen Entwicklungsprozesse der Unternehmung angewendet werden. Vgl. hierzu auch Matthes, W. 2003 /Entwicklungscontrolling/ S. 171 sowie die Ausführungen zum Entwicklungscontrolling bei Pütz, M. 2009 /Entwicklungscontrolling/ S. 7-9 und die dort angegebenen Literaturhinweise.

unter Berücksichtigung sich ändernder Problemstrukturen“[4]. Die Objekte des Entwicklungscontrollings werden dabei als Entwicklungsprojekte bezeichnet, die sich entsprechend den Entwicklungsphasen einer Unternehmung insb. mit dem „Auf-, Aus-, Um- und Abbau von Markt-, Produktions-, Finanz- und Organisationspotentialen“[5] beschäftigen. Kennzeichnend für diese Entwicklungsprojekte ist, dass sie in ihrer Ablaufstruktur verschiedene offene strategische und operative Entscheidungsprobleme und -prozesse beinhalten.[6] Bei der hier vorgestellten Sichtweise existieren demnach zum einen konjunkte Prozessabläufe, die eher kurzfristiger Natur sind, zum anderen aber auch mittel- bis langfristige (exklusiv) disjunkte Entscheidungsprozesse mit teilweise sicheren, meist aber unsicheren Auswirkungen.[7] So ist nach *Matthes* die mitunter offene Entscheidungsnetzstruktur, die im Rahmen dieser Arbeit im Abschnitt 2.2 formal dargestellt wird, im Rahmen eines Entwicklungscontrollings im operativen sowie auch im strategischen Kontext in eine möglichst konjunkte – also sichere und stabilere – Struktur zu überführen.[8] Nach *Matthes* sind hierzu entsprechende, auch EDV-gestützte, Controlling-Instrumente zu entwerfen, zu testen und zu beurteilen, damit bspw. noch unsichere Erfolgs-, Finanz- oder Beschäftigungswirkungen in konjunkte Strukturen überführt werden können.[9]

Bei den zu entwickelnden Controlling-Instrumenten handelt es sich dabei nach *Matthes* um Modelle bzw. Methoden

- zur Deskription, Prognose und Kontrolle von Entwicklungsproblemen (allgemein zusammengefasst als Analyse von Entwicklungsproblemen) sowie
- zur Konstruktion und Auswahl von Entwicklungsstrategien und -operationen (allgemein zusammengefasst als Synthese von Entwicklungsstrategien und -operationen)

---

4 Matthes, W., Dederichs, J., Pütz, M. 2000 /Entwicklungscontrolling/ S. 205.

5 Matthes, W. 2002 /Axiomatik/ S. 131; auch Matthes, W. 2001 /Gründungscontrolling/ S. 324.

6 Vgl. Matthes, W. 2002 /Axiomatik/ S. 132.

7 Vgl. Matthes, W. 2002 /Axiomatik/ S. 132.

8 Vgl. Matthes, W. 2002 /Axiomatik/ S. 132. Die Verknüpfung der operativen mit der strategischen Controlling-Ebene führt zu einer Controllingebene, die als operativ-gestütztes strategisches Controlling bezeichnet wird; vgl. Pütz, M. 2004 /Produktionssysteme/ S. 46-51 und Matthes, W., Böth, Th., Pütz, M. 2006 /Controlling/ S. 3f.

9 Vgl. Matthes, W. 2001 /Gründungscontrolling/ S. 323; Matthes, W. 2002 /Axiomatik/ S. 133.

in Entwicklungsprojekten.[10]

Das zugrunde liegende Prämissensystem des hier dargestellten Entwicklungscontrollings wird anhand der im Folgenden aufgeführten Grundaussagen (Axiome) kurz vorgestellt.

2.1.1 Grundaussagen hinsichtlich der Steuerungsobjekte (Basisaxiome)

Die im Folgenden zunächst aufgeführten vier Axiome von *Matthes* betreffen die Steuerungsobjekte (Entwicklungspotenziale, -prozesse, -strukturen und -effekte), welche als Basisaxiome bezeichnet werden.[11]

Die Potenzialentwicklung (Axiom 1)

Im Rahmen des ersten Basisaxioms werden die für die Gestaltung und Entwicklung des Leistungsprogramms einer Unternehmung relevanten internen und externen Potenziale und entsprechend periodisierte Kapazitäten näher betrachtet.[12] Diese Entwicklungspotenziale sind nach *Matthes* zum Teil noch unscharf oder auch nur mit geringen Anfangsbeständen vorhanden und können sich demnach im Zeitablauf ver-

---

10 Vgl. Matthes, W. 2001 /Gründungscontrolling/ S. 323; Matthes, W., Dederichs, J., Pütz, M. 2000 /Entwicklungscontrolling/ S. 205f. sowie Matthes, W. 2002 /Axiomatik/ S. 133; Matthes, W., Böth, Th., Pütz, M. 2003 /Controlling/ S. 99. Die beiden hier im Kontext des Entwicklungscontrollings aufgeführten Bereiche der Analyse und Synthese können im Rahmen der Wissenschaftstheorie als theoretische und als pragmatische Wissenschaftsziele bezeichnet werden, vgl. hierzu Matthes, W. 1972 /Grundmodell/ S. 1 und S. 5. Zu den Forschungskonzeptionen und Wissenschaftszielen im Bereich der Wirtschaftswissenschaft (und ihrem Teilbereich der Betriebswirtschaftslehre) vgl. auch Chmielewicz, K. 1994 /Forschungskonzeptionen/ S. 8-15.

11 Vgl. zu den Ausführungen zur Axiomatik des Controllings insb. Matthes, W. 2002 /Axiomatik/ S. 134-141. Einen einführenden Überblick über die Axiome zeigen Matthes, W., Böth, Th., Pütz, M. 2003 /Controlling/ S. 101 und Matthes, W. 2003 /Entwicklungscontrolling/ S. 171-176 auf. Vgl. auch Pütz, M. 2009 /Entwicklungscontrolling/ S. 24-46, der auf die Axiomatisierung von *Matthes* im Rahmen seines Metacontrolling-Ansatzes im partizipativen Entwicklungscontrolling zurückgreift. Erste Teilbereiche der im Folgenden vorgestellten Axiomatisierung finden sich bereits bei Matthes, W. 1986 /Phasen/ S. 284f. und bei Matthes, W. 1989 /KOLLPROG/ S. 154-157; einen daran angelehnten Überblick dieser Grundaussagen mit Bezug zum Führungssystem der Unternehmung zeigt Böth, Th. 2008 /Phasen/ S. 316-318 auf. Vgl. ferner auch die mit Blick auf den Gründungsprozess vorgenommene Axiomatisierung bei Matthes, W., Dederichs, J., Pütz, M. 2000 /Entwicklungscontrolling/ S. 206-208 und die ausführliche Erläuterung der Axiome und des dazugehörigen dynamischen Grundmodells bei Matthes, W. 2001 /Gründungscontrolling/ S. 325-337. Vgl. zudem auch das Prämissensystem im Rahmen der *Produktionsfunktion vom Typ G* von Matthes, W. 2008 /Prozessmodell/ S. 12-31.

12 Mit dem Begriff Kapazität wird dabei nach *Kern* das *„Leistungsvermögen einer wirtschaftlichen oder technischen Einheit – beliebiger Art, Größe und Struktur – in einem Zeitabschnitt"* verstanden; Kern, W. 1962 /Fertigungskapazitäten/ S. 27; vgl. Fußnote 68 bei Pütz, M. 2009 /Entwicklungscontrolling/ S. 25 und auch die Fußnote 68 bei Pütz, M. 2004 /Produktionssysteme/ S. 48.

ändern und sind damit auch Gegenstand der Investitionspolitik.[13] Dabei sind die zugehörigen teilweise fixen und die teilweise auch variablen Investitionsparameter gestaltbare Prozesse eines Entwicklungsvorhabens.[14]

Die Prozessentwicklung (Axiom 2)

Das zweite Axiom rückt die Gestaltung sowie Nutzung der (internen und externen) Entwicklungspotenziale der Unternehmung in ihrem prozessualen Ablauf näher in den Vordergrund. So sind nach *Matthes* in einem Entwicklungsvorhaben zum einen scharf strukturierte und sichere operative Routineprozesse zu erkennen, zum anderen aber hauptsächlich operative und strategische Prozesse mit innovativem und auch adaptivem Charakter.[15] Die fixen oder variablen Komponenten im Rahmen dieser Prozesse sind dabei z.B. die „Zwischen-, Teil- oder Endprodukte bzw. -leistungen, Arbeits- und Dienstleistungen, Betriebsmittel und Technologie“[16] sowie räumliche und zeitliche (Prozess-)Vorgangsdauern.[17] Die bereits festgelegten Komponenten eines Entwicklungsprogramms bestimmen hauptsächlich entsprechend fixierte konjunkte Prozesse, wohingegen die noch nicht festgelegten variablen Komponenten noch im Entwicklungsablauf zu entscheidende (exklusiv) disjunkte Prozesse determinieren.[18]

Die Strukturentwicklung als Entwicklung von Prozessverknüpfungen bzw. Prozessstrukturen (Axiom 3)

Das dritte Axiom verdeutlicht die Notwendigkeit der Transformation von offenen, disjunkten Prozessstrukturen in konjunkte Prozessstrukturen.[19] Die Entwicklungsprozesse der Unternehmung kennzeichnen sich nach *Matthes* durch zum Teil sichere Konjunktionen von Prozessen oder Prozessabfolgen (Prozessfolgerelationen), aber auch durch noch offene Entscheidungsprozesse, was sich im Ablauf durch eine Viel-

---

[13] Vgl. Matthes, W. 2002 /Axiomatik/ S. 134; Matthes, W. 2001 /Gründungscontrolling/ S. 325.

[14] Vgl. Matthes, W. 2002 /Axiomatik/ S. 134, der diesen Aufgabenkomplex an dieser Stelle auch als Gegenstand eines Potenzialcontrollings bezeichnet.

[15] Vgl. Matthes, W. 2002 /Axiomatik/ S. 134; Matthes, W. 2001 /Gründungscontrolling/ S. 325.

[16] Matthes, W. 2002 /Axiomatik/ S. 134.

[17] Vgl. Matthes, W. 2002 /Axiomatik/ S. 134 und Matthes, W. 2001 /Gründungscontrolling/ S. 325, der die hier skizzierten Entwicklungsprozesse und seine Komponenten als Objekte eines Programm- und Prozesscontrollings bezeichnet.

[18] Vgl. Matthes, W. 2002 /Axiomatik/ S. 134; Matthes, W. 2001 /Gründungscontrolling/ S. 325.

[19] Vgl. Matthes, W. 2002 /Axiomatik/ S. 138.

zahl von exklusiven Disjunktionen (syn. Exklusionen) mit innovativen und adaptiven Prozessen ausdrückt und die es in sichere Strukturen zu überführen gilt.[20]

Die Entwicklung von Prozesswirkungen (Axiom 4)

Mit dem vierten Axiom werden die Prozesswirkungen, wie bspw. scharfe oder unscharfe Umsatz- oder Gewinnwerte, näher betrachtet. Die Prozesswirkungen können einerseits aufgrund der geschilderten (exklusiv) disjunkten Prozessstrukturen als „offen, unscharf oder nur partiell (...) scharf"[21] identifiziert werden. Andererseits lassen sich nach *Matthes* die Wirkungen aber auch im Rahmen einer laufenden Realisation von Entscheidungsprozessen durch die Auswahl alternativer Prozesse von bisher disjunkten in konjunkte Wertespektren transformieren.[22] Im Ergebnis bilden sich dadurch allmählich sichere Werteketten heraus, wobei auch hier wieder andere offene Entscheidungssituationen mit neuen Disjunktionen auftreten können.[23]

2.1.2 Grundaussagen zur Steuerungsebene (Steuerungsaxiome)

Der Versuch der Steuerung der oben dargestellten vier Objektaxiome ist selbst durch eine unsichere, instabile oder offene Entwicklung der Steuerungsinstitutionen, ihres Wissens sowie ihrer Zielsetzungen und Erwartungen gekennzeichnet, was *Matthes* durch die folgenden Steuerungsaxiome beschreibt.[24]

Die Entwicklung von Steuerungsinstitutionen (Axiom 5)

Im Rahmen des fünften Axioms werden die internen und die externen Steuerungsinstitutionen, d.h. die Unternehmensführung, die Mitarbeiter, die Kunden, die Lieferanten, die Finanzmittelgeber, die Öffentlichkeit und die weiteren zum Umfeld des Unternehmens gehörenden Partner, näher betrachtet.[25] Kennzeichnend für die genannten Institutionen ist nach *Matthes*, dass eine offene Polyzentrik vorherrschen kann, die

---

[20] Vgl. Matthes, W. 2002 /Axiomatik/ S. 135-138. Zur Abbildung dieser Prozessstrukturen greift *Matthes* auf den Ansatz der offenen Entscheidungsnetze zurück, vgl. Matthes, W. 2001 /Gründungscontrolling/ S. 326f. und Pütz, M. 2004 /Produktionssysteme/ S. 58-61. Vgl. zu den offenen Entscheidungsnetzen auch die Ausführungen im Abschnitt 2.2 und die Beispiele in den Abschnitten 4.1 und 4.5.1.

[21] Matthes, W. 2002 /Axiomatik/ S. 139.

[22] Vgl. Matthes, W. 2001 /Gründungscontrolling/ S. 328; Matthes, W. 2002 /Axiomatik/ S. 139.

[23] Vgl. Matthes, W. 2001 /Gründungscontrolling/ S. 328.

[24] Vgl. Matthes, W. 2001 /Gründungscontrolling/ S. 332; auch Matthes, W., Dederichs, J., Pütz, M. 2000 /Entwicklungscontrolling/ S. 207.

[25] Vgl. Matthes, W. 2002 /Axiomatik/ S. 139; Matthes, W. 2001 /Gründungscontrolling/ S. 332f.

sich weiter festigen, aber auch weiter öffnen kann und auch in sich verändernden Leitungs- und Koordinationsstrukturen zum Ausdruck kommt.[26]

Die Entwicklung von Wissen (Axiom 6)

Die im Axiom 5 aufgeführten Steuerungsinstitutionen verfügen über Steuerungsinformationen, die ebenfalls einem Veränderungsprozess unterliegen.[27] Es bestehen laut *Matthes* sichere bis unsichere Informationen hinsichtlich alternativer (operativer und auch strategischer) Entwicklungsverläufe (syn. Entwicklungsszenarios), die sukzessive zu validieren (i.S.v. verifizieren und falsifizieren) sind und ihrerseits auch in neue Erkenntnis- und Prognoseprozesse Eingang finden können.[28]

Die Entwicklung von Zielsystemen (Axiom 7)

So wie die Entwicklung der Steuerungsinstitutionen und ihrer Steuerungsinformationen ist nach *Matthes* auch das zugehörige Zielsystem, mit bspw. Markt-, Finanz- und Erfolgszielen, nur in Teilen operationalisiert.[29] Kennzeichnend hierfür sind vage und offen strukturierte Ziele und Priorisierungen sowie mangelnde Rationalität, die oftmals erst im Prozessablauf in eine schärfere Zielsetzung sowie Rationalität überführt werden, sich aber auch wieder verändern können.[30]

Die Methodik des offenen Entwicklungscontrollings (Axiom 8)

Die Axiome 1 bis 7 beziehen sich auf Entwicklungsprojekte, die entlang der unterschiedlichen Entwicklungsphasen einer Unternehmung auftreten können und für die nach *Matthes* ein Controllingsystem initial oftmals nur in einer minimalen Struktur vorhanden ist.[31] Im Kontext der zunehmenden Operationalisierung und Rationalisierung von Zielen und Wissen/Informationen entwickelt sich ein „Regelsystem für Prognose, Bewertung, Selektion, Koordination, Durchsetzung und Kontrolle von Entwicklungsprozessen“[32], das hinsichtlich seiner Regeln prinzipiell weiterhin offen

---

[26] Vgl. Matthes, W. 2002 /Axiomatik/ S. 139; Matthes, W. 1989 /KOLLPROG/ S. 154.
[27] Vgl. Matthes, W. 2002 /Axiomatik/ S. 139; Matthes, W. 2001 /Gründungscontrolling/ S. 333.
[28] Vgl. Matthes, W. 2002 /Axiomatik/ S. 139; Matthes, W. 1989 /KOLLPROG/ S. 154f.
[29] Vgl. Matthes, W. 2002 /Axiomatik/ S. 139f.; Matthes, W. 2001 /Gründungscontrolling/ S. 333.
[30] Vgl. Matthes, W. 2002 /Axiomatik/ S. 139; Matthes, W. 1989 /KOLLPROG/ S. 154f. Zum Rationalitätsbegriff vgl. auch Matthes, W. 2003 /Entwicklungscontrolling/ S. 168-171; Brockhoff, K. 2002 /Außensicht/ S. 453-455.
[31] Vgl. Matthes, W. 2002 /Axiomatik/ S. 140; Matthes, W. 2001 /Gründungscontrolling/ S. 335.
[32] Matthes, W. 2002 /Axiomatik/ S. 140.

ist und durch das Axiom zur Methodik eines offenen Entwicklungscontrollings beschrieben wird.[33]

Die Entwicklungsabbildung bzw. -modellierung (Axiom 9)

Der nach *Matthes* bei einem Entwicklungsprojekt initial vorhandene Informations-/ Wissensstand, hier Projektvariablen, -ziele und -bedingungen, ermöglicht zunächst die Entstehung eher hoch aggregierter Entwicklungsabbildungen bzw. -modelle. Dieser hohe Aggregationsgrad nimmt im Verlauf eines Entwicklungsprojektes mit zunehmendem Informations-/Wissensstand tendenziell eher ab, andererseits steigt tendenziell mit zunehmendem Gestaltungsgrad der Entwicklungsabbildung der Koordinationsbedarf im zugrunde liegenden Entwicklungsprogramm, der vom Entwicklungscontrolling zu bewältigen ist.[34]

Als Methodenbasis zur Darstellung und Analyse der hier in Axiomen dargestellten komplexen Steuerungssituationen im Rahmen von Entwicklungsprojekten wird in dieser Arbeit auf das dynamische Grundmodell offener Entscheidungsnetze von *Matthes* zurückgegriffen.[35] Der Ansatz „erlaubt die direkte, beliebig explizite dynamische Darstellung vermuteter und gegebener Chancen bzw. Risiken als positiv bzw. negativ bewertete oder bewertbare Prozessalternativen mit der Option, sie beliebigen Ansprüchen (Zielen, Restriktionen) zu unterwerfen“[36] und wird im Abschnitt 2.2 vorgestellt.

---

33 Vgl. Matthes, W. 2002 /Axiomatik/ S. 140; auch Matthes, W. 1989 /KOLLPROG/ S. 155.

34 Vgl. Matthes, W. 2002 /Axiomatik/ S. 140f.; Matthes, W. 2001 /Gründungscontrolling/ S. 337; Vgl. auch den kurzen Überblick zur Axiomatik bei Matthes, W. 2010 /Controlling/ S. 53, bei der als weiteres allgemeines Axiom auch „Ethical and political postulates“ mit aufgeführt sind.

35 Vgl. Matthes, W. 2001 /Gründungscontrolling/ S. 331, der bei seinem Ansatz auch auf weitere bekannte Analyse- und Darstellungsformen verweist, wie bspw. auf die der flexiblen Investitionsplanung in Verbindung mit Entscheidungsbaumverfahren, vgl. hierzu ausführlich Hax, H. 1993 /Investitionstheorie/. Ferner wird die Dynamische Programmierung genannt, vgl. hierzu Hadley, G., 1964 /programming/. Außerdem weist *Matthes* auf die Fuzzy Set-Theorie in Anwendung auf Projektplanungsprobleme hin, vgl. hierzu bspw. Zimmermann, H.-J. 1995 /Einsatzgebiete; Schmitt, F. 1997 /Kapazitätscontrolling/ und auch Napiwotzki, R. 1997 /Finanzcontrolling/. Zudem wird als weitere Analyseform auch auf die Theorie der stochastischen linearen partiellen Information hingewiesen, vgl. hierzu Kofler, E. 1981 /LPI/ S. 65-113; Pütz, M. 2004 /Produktionssysteme/ S. 110-120.

36 Matthes, W. 2001 /Gründungscontrolling/ S. 331.

2.2 Darstellung und Problemstrukturierung im Rahmen offener Entscheidungsnetze

Im Folgenden werden offene Entscheidungsnetze und ihre Prozess- und Wirkungsstrukturen im Rahmen des dynamischen Grundmodells von *Matthes* formal beschrieben.[37] Der hier vorgestellte Ansatz soll im Rahmen der Beschreibung, Analyse, Prognose und Steuerung (i.w.S.)[38] von Entwicklungsprojekten zur Anwendung kommen und somit die Unternehmensführung in konkreten Entscheidungssituationen mit notwendigen Informationen unterstützen.[39]

2.2.1 Grundlagen

Zunächst werden die Prozessperiode, die Anfangstermine und die Dauer des Prozesses, die Potenzialbestände, die Eintrittsgewichte und die sog. Terminparameter des Ansatzes dargestellt.

Definitionen:[40]

Aus der Sicht eines Controllingzeitpunktes tp $(tp \in \mathbb{N})$, d.h. bei einem bestimmten Stand an Methoden, Erkenntnissen, Prognosen und auch Zielsetzungen durch das

[37] Vgl. Matthes, W. 2001 /Gründungscontrolling/ S. 328-334 zu der in dieser Arbeit aufgeführten formalen Darstellung von offenen Entscheidungsnetzen im Rahmen des dynamischen Grundmodells. Siehe auch die im Abschnitt 2.1 zugrunde gelegte Controllingkonzeption des Entwicklungscontrollings nach *Matthes*, bei der die Axiome 1 bis 4 die Kernelemente des Grundmodells bereits auch verbal skizzieren. Vgl. zur Darstellung offener Entscheidungsnetze im Rahmen des Grundmodells auch Pütz, M. 2004 /Produktionssysteme/ S. 58-69; Pütz, M. 2008 /Metacontrolling/ S. 339-346; Pütz, M. 2009 /Metacontrolling/ S. 64-70; Pütz, M. 2009 /Entwicklungscontrolling/ S. 12-24. Ferner auch Göhring, H. 2005 /Controlling/ S. 73-87, der das Grundmodell von *Matthes* auf die Modellierung von Immobilienvermittlungsprozessen bezieht. Zum Bereich der Entscheidungsnetze und seinen Entwicklungen gibt Pütz, M. 2004 /Produktionssysteme/ S. 58f. in Fußnote 127 einen umfangreichen Überblick. Vgl. hierzu insb. die Entscheidungsbäume (Decision Trees) bei Magee, J. F. 1964 /Decision/ S. 126-138 und die Entscheidungsbäume bei Laux, H. 2007 /Entscheidungstheorie/ S. 291-297; Hax, H. 1993 /Investitionstheorie/ S. 165-195 sowie exemplarisch ein Anwendungsbeispiel bei Crasselt, N. 2003 /Unternehmensrechnung/ S. 20-22. Vgl. auch die sog. verallgemeinerten Entscheidungsnetze zur Analyse von Innovationsvorhaben bei Popp, W. 2001 /Entscheidungsnetze/ S. 147-161. Zum Gegenstand und Anwendungsbereich der Netzplantechnik vgl. auch Matthes, W. 2008 /Netzplantechnik/ S. 552-558 und zum erweiterten Modell eines Entscheidungs- und Ausführungsprozessnetzes, auch als Produktionsfunktion bzw. Prozessmodell vom Typ G bezeichnet, Matthes, W. 2008 /Prozessmodell/ S. 32-44 und daran angelehnt auch Matthes, W. 2010 /Evolution/ S. 736-745.

[38] Vgl. zur Steuerung (i.w.S.) Pütz, M. 2004 /Produktionssysteme/ S. 41-46; Matthes, W., Böth, Th., Pütz, M. 2006 /Controlling/ S. 3.

[39] Vgl. Pütz, M. 2004 /Produktionssysteme/ S. 58f.

[40] Vgl. zu den in diesem Abschnitt aufgeführten Definitionen und Ausführungen Matthes, W. 2001 /Gründungscontrolling/ S. 328-331 und auch Pütz, M. 2004 /Produktionssysteme/ S. 65f.; Pütz, M. 2009 /Entwicklungscontrolling/ S. 19f.

Controlling, ist

$$t = [t-1, t]$$

die Prozessperiode (t = 1, 2, ...,T).[41]

Für den Anfangstermin von Prozess j des Projektes i[42] gilt:[43]

t_{ij} = (simulierter/geplanter/erwarteter/zu entscheidender) Anfangstermin des Prozesses ij $(t_{ij} \in \mathbb{N})$;

tf_{ij} = (gesetzter) frühester Anfangstermin des Prozesses ij;

ts_{ij} = (gesetzter) spätester Anfangstermin des Prozesses ij.

Für die jeweilige Prozessdauer gilt:

d_{ij} = (erwartete/fixierte) Dauer des Prozesses ij $(d_{ij} \in \mathbb{N})$.

Die evolutionäre Struktur des Grundmodells wird schon an dieser Stelle durch die zeitliche Abfolge der einzelnen Controllingzeitpunkte tp deutlich, die einen veränderten Informations- und Prognosehorizont beinhalten.[44]

Für den Anfangsbestand sowie für den Auf- und Abbau von Potenzialen p (p = 1,..., P) durch den Prozess ij gilt:[45]

a_{ijp} = (erwarteter/fixierter) Beitrag des Prozesses ij zum Potenzial p durch Verbrauch/Nutzung/Abbau $(a_{ijp} \in \mathbb{R}_+)$;

b_{pt} = (Anfangs)bestand eines Potenzials der Art p in der Periode t (mit b_{p0} als Anfangsbestand von p zum Zeitpunkt t = 0);

---

41 Vgl. Matthes, W. 2001 /Gründungscontrolling/ S. 328.

42 Im Folgenden wird für „Prozess j des Projektes i“ die Bezeichnung „Prozess ij“ verwendet.

43 Vgl. zu den Anfangsterminen und zur Prozessdauer Matthes, W. 2001 /Gründungscontrolling/ S. 328; Pütz, M. 2004 /Produktionssysteme/ S. 65.

44 Vgl. Matthes, W. 2001 /Gründungscontrolling/ S. 325f. Vgl. hierzu auch die am Ende dieses Abschnittes aufgeführten Terminparameter x_{ijt} und x_{iet}.

45 Vgl. zum Potenzialbestand Matthes, W. 2001 /Gründungscontrolling/ S. 328; Pütz, M. 2004 /Produktionssysteme/ S. 65.

c_{ijp} = Beitrag des Prozesses *ij* zum Aufbau eines Potenzials *p* $\left(c_{ijp} \in \mathbb{R}_{+}\right)$.

Bei dem hier aufgeführten Potenzial *p* handelt es sich bspw. um Produktions-, Absatz-, Logistik-, Finanz-, Einkommens-, Vermögens-, Umwelt-, Reserve- oder Sicherheitspotenziale.[46]

Entsprechend dem erwarteten positiven oder negativen Beitrag des Prozesses *ij* zum Auf- oder Abbau eines Potenzials *p* werden im Grundmodell offener Entscheidungsnetze auch Eintrittsgewichte (i.S.v. Plausibilität/Glaubwürdigkeit/Spekulation) verwendet.[47] Diese können als lokale Eintrittsgewichte aus Sicht eines einzelnen Entscheidungsprozesses wie folgt festgelegt werden:[48]

g_{ij} = lokales Gewicht bzw. subjektiv vermuteter Eintritt des Prozesses *ij* in Abhängigkeit von einem lokalen Entscheidungsprozess *ie* einer Steuerungsinstitution und ihrer erwarteten Verhaltens-, Regel- und Datenstruktur als Ausdruck erwarteter Präferenzen bzw. lokaler subjektiver Wahrscheinlichkeiten (Chancen/Risiken) bei erwarteten oder gegebenen Ziel- und Datenstrukturen des Entscheidungsprozesses *ie*.

Im Rahmen der Prozessverknüpfungen sind zudem bedingte Entrittsgewichte zu berücksichtigen:[49]

g_{ie}^{*} = Gewicht bzw. vermuteter Eintritt des Entscheidungsprozesses *ie* in Abhängigkeit von vorangehenden Entscheidungs- und Realisationsprozessen entsprechend den gegebenen Folgerelationen, deren Verknüpfungen, den lokalen Gewichtungen aller Vorgängerprozesse ab dem Startzeitpunkt 0 des jeweiligen Entwicklungsprojektes.

---

46 Vgl. Matthes, W. 2001 /Gründungscontrolling/ S. 328.

47 Vgl. Matthes, W. 2001 /Gründungscontrolling/ S. 328f.

48 Vgl. Matthes, W. 2001 /Gründungscontrolling/ S. 328; Pütz, M. 2004 /Produktionssysteme/ S. 66.

49 Vgl. Matthes, W. 2001 /Gründungscontrolling/ S. 328f.; Pütz, M. 2004 /Produktionssysteme/ S. 66.

Zur Abbildung der Dynamik eines Entwicklungsprojektes und seiner Prozesse werden zudem als Steuerungsvariable die sog. Terminparameter x_{ijt} *bzw.* x_{iet} der Prozesse und Potenzialeinsätze verwendet:[50]

$$x_{ijt} \text{ bzw. } x_{iet} = \begin{cases} 1, \text{ wenn Prozess } ij \text{ bzw. } ie \text{ im Zeitpunkt } t \text{ beendet wird,} \\ 0 \text{ sonst} \end{cases}$$

$$\text{für } \left(tf_{ij} + d_{ij}\right) \leq t \leq \left(ts_{ij} + d_{ij}\right)$$
$$\text{bzw. } \left(tf_{ie} + d_{ie}\right) \leq t \leq \left(ts_{ie} + d_{ie}\right)$$

als simulierter, variabler, vermuteter oder gesetzter Terminparameter (Endtermin) des Prozesses *ij* bzw. *ie*.

2.2.2 Die direkte Wirkungsstruktur eines Entwicklungsprojektes

Nach *Pütz* bestehen offene Entscheidungsnetze aus Knoten, die jeweils den Beginn eines Prozesses darstellen, „und aus vollständig oder auch unvollständig definierten Kanten“[51]. Die direkte Wirkungsstruktur (synonym Input-Output-Struktur) eines entsprechenden Entwicklungsprojektes nach *Matthes* wird in den folgenden Abschnitten 2.2.2.1 bis 2.2.2.3 dargestellt.[52]

2.2.2.1 Konjunkte und disjunkte Folgebeziehungen

Zwischen Anfangs- und Endtermin des jeweiligen Prozesses existieren Minimal- oder Maximalfristen in Form von Folgebedingungen, die sich allgemein wie folgt typisieren lassen.

Definitionen:[53]

Für den Anfangstermin aller definierten Prozesse *ij* und *ie* gilt:[54]

---

[50] Vgl. Matthes, W. 2001 /Gründungscontrolling/ S. 329; Pütz, M. 2004 /Produktionssysteme/ S. 66.

[51] Pütz, M. 2004 /Produktionssysteme/ S. 59. Kanten stellen nach *Pütz* eine näher zu spezifizierende Prozessdauer und eine prozessbezogene Folgebeziehung/Terminbedingung dar.

[52] Vgl. Matthes, W. 2001 /Gründungscontrolling/ S. 329f.

[53] Vgl. zu den hier aufgeführten Definitionen und Ausführungen Matthes, W. 2001 /Gründungscontrolling/ S. 329f. und Pütz, M. 2004 /Produktionssysteme/ S. 66-68.

[54] Vgl. Matthes, W. 2001 /Gründungscontrolling/ S. 329.

$$t_{ij} \quad = \quad t_{ij} = \sum_t \left(t - d_{ij}\right) x_{ijt} \tag{2.1}$$

mit $tf_{ij} + d_{ij} \leq t \leq ts_{ij} + d_{ij}$.

Für die konjunkte Folgebeziehung zwischen einem Prozess *ij* und seinen Nachfolgern *ik* gilt:[55]

$$t_{ij} + d_{ij} \leq t_{ik} \quad \forall\left(ik \in N_{ij}\right) \tag{2.2}$$

mit $N_{ij} = \{ik\} =$ Menge konjunkter Nachfolger des Prozesses *ij;*

$$\sum_t t \cdot x_{ijt} \leq \sum_t \left(t - d_{ik}\right) x_{ikt} \tag{2.3}$$

mit $\sum_t x_{ijt} = 1$ und $\sum_t x_{ikt} = 1$.

Die hier formal beschriebenen konjunkten Folgebeziehungen zwischen einem Prozess *ij* und seinen zugehörigen Nachfolgern *ik* können grafisch wie folgt dargestellt werden:

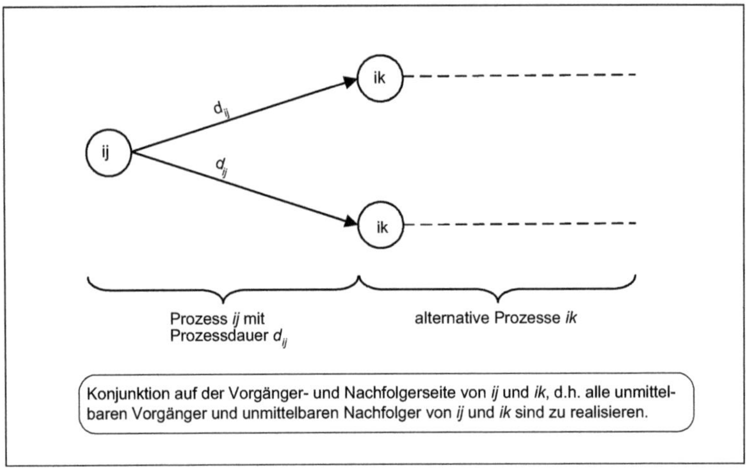

Abb. 2.2.1: Konjunkte prozessbezogene Folgebeziehungen zwischen Prozess *ij* und den Nachfolgern *ik*[56]

---

[55] Vgl. Matthes, W. 2001 /Gründungscontrolling/ S. 329.

[56] In Anlehnung an Matthes, W. 2001 /Gründungscontrolling/ S. 326 und S. 329; Pütz, M. 2004 /Produktionssysteme/ S. 67.

Die exklusiv disjunkte Folgebeziehung zwischen Entscheidungsprozess *ie* und seinen optionalen alternativen Prozessen *ik* und dem darauf folgenden abschließenden Folgeprozess *if* wird in der folgenden Abbildung beispielhaft wiedergegeben:[57]

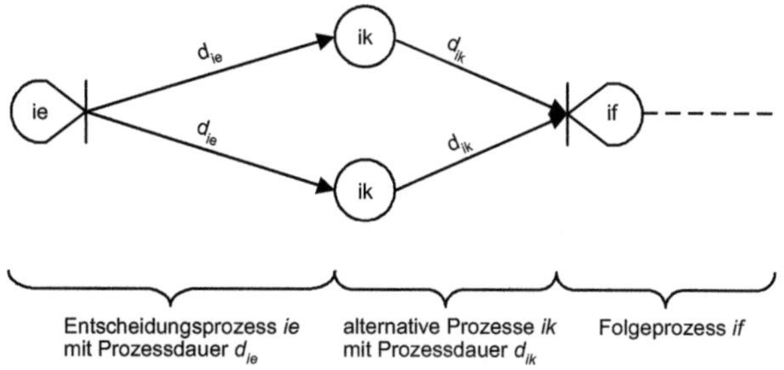

Entscheidungsprozess *ie*: Mit Konjunktion auf der Vorgängerseite und exklusiv disjunkten Folgebeziehungen auf der Nachfolgerseite, d.h. alle unmittelbaren Vorgänger des Knotens *ie* und genau einer seiner Nachfolger *ik* sind zu realisieren.
Alternativer Prozess *ik*: Alternativer Nachfolgeprozess von Entscheidungsprozess *ie* mit Konjunktion auf der Vorgänger- und Nachfolgerseite, d.h. alle unmittelbaren Vorgänger und unmittelbaren Nachfolger des alternativen Knotens *ik* sind zu realisieren.
Folgeprozess *if*: Exklusiv disjunkte Folgebeziehungen auf der Vorgängerseite und angedeutete Konjunktion auf der Nachfolgerseite, d.h. genau einer der unmittelbaren Vorgänger des Knotens *if* und alle seine unmittelbaren Nachfolger sind zu realisieren.

Abb. 2.2.2: Exklusiv disjunkte prozessbezogene Folgebeziehungen zwischen Entscheidungsprozess *ie*, den alternativen Nachfolgern *ik* und Folgeprozess *if*[58]

Für die (exklusiv) disjunkte Folgebeziehung zwischen einem Entscheidungsprozess *ie* und seinen zugehörigen Optionen in Form alternativer Prozesse *ik* und dem diese Optionen abschließenden Folgeprozess *if* gilt:[59]

$$t_{ie} + d_{ie} \leq t_{ik} \quad \forall\left(ik \in N_{ie}\right) \tag{2.4}$$

mit $N_{ie} = \{ik\} =$ Menge exklusiv disjunkter Nachfolger des Entscheidungsprozesses *ie*;

---

[57] Vgl. Matthes, W. 2001 /Gründungscontrolling/ S. 329f.
[58] In Anlehnung an Matthes, W. 2001 /Gründungscontrolling/ S. 326 und S. 330; Pütz, M. 2004 /Produktionssysteme/ S. 67.
[59] Vgl. Matthes, W. 2001 /Gründungscontrolling/ S. 329f.

$$t_{ik} + d_{ik} \leq t_{if} \quad \forall\left(ik \in V_{if}\right) \tag{2.5}$$

mit $V_{if} = \{ik\}$ = Menge exklusiv disjunkter Vorgänger des die Option abschließenden Prozesses (Abschlussprozesses) *if*;

$$\sum_t t \cdot x_{iet} \leq \sum_t (t - d_{ik}) x_{ikt} \quad \forall\left(ik \in N_{ie}\right) \tag{2.6}$$

und $\sum_t t \cdot x_{ikt} \leq \sum_t \left(t - d_{if}\right) x_{ift} \quad \forall\left(ik \in V_{if}\right)$ (2.7)

mit $\sum_t x_{iet} = 1; \quad \sum_t x_{ift} = 1; \quad \sum_{ik \in N_{ie}} \sum_t x_{ikt} = 1; \quad \sum_{ik \in V_{if}} \sum_t x_{ikt} = 1.$

2.2.2.2 Die Entwicklung von Potenzialen

Neben den konjunkten und (exklusiv) disjunkten Folgebeziehungen der einzelnen Entscheidungs- und Realisationsprozesse beinhaltet das Grundmodell von *Matthes* auch periodenbezogene Effekte, die sich hinsichtlich der Entwicklung von Potenzialen der Art p (p = 1,..., P) wie folgt darstellen lassen.[60]

Definitionen:[61]

Für die periodenbezogenen Effekte gilt:[62]

$$E_{pt} = \sum_{ie \in V_{ij}} \sum_{ij \in N_{ie}} \sum_{t'=t}^{t+d_{ij}-1} \frac{g_{ie}^{*} \cdot g_{ij}}{\sum_{ie \in V_{ij}} \sum_{ij \in N_{ie}} g_{ie}^{*} \cdot g_{ij}} \left(a_{ijp} - c_{ijp}\right) \cdot x_{ijt'} \quad \forall\left(p,t\right), (t = 1,..., T) \tag{2.8}$$

E_{pt} = periodenbezogene Effekte bezüglich der Entwicklung von Potenzialen der Art p;

$g_{ie}^{*} \cdot g_{ij}$ = integrierte (subjektiv bedingte) Gewichtung;

---

60 Wie bereits im Abschnitt 2.2.1 erwähnt, kann es sich beim Potenzial p insbesondere um Produktions-, Absatz-, Logistik-, Finanz-, Einkommens-, Vermögens-, Umwelt-, Reserve- und Sicherheitspotenziale handeln.

61 Vgl. zu den in diesem Abschnitt aufgeführten Definitionen und Ausführungen Matthes, W. 2001 /Gründungscontrolling/ S. 330f.; Pütz, M. 2004 /Produktionssysteme/ S. 68; Pütz, M. 2009 /Entwicklungscontrolling/ S. 20f.

62 Vgl. Matthes, W. 2001 /Gründungscontrolling/ S. 330.

$a_{ijp} - c_{ijp}$ = Beitrag des Prozesses *ij* zum Potenzial *p* durch Verbrauch oder Zuwachs (Ab- bzw. Aufbau) des Potenzials *p* (Nettopotenzialbeitrag);

$N_i = \{ij\}$ = Menge aller Knoten eines Projektnetzes *i*, $0 \leq j \leq n$;

$V_{ij} = \{ie\}$ = Menge der einem Prozess $ij(ij \in N_i)$ vorangehenden Entscheidungsprozesse *ie*;

$N_{ie} = \{ij\}$ = Menge der einem Entscheidungsprozess $ie(ie \in N_i)$ exklusiv disjunkt folgenden Prozesse *ij*

mit $0 < g_{ij} < 1$; $\sum_{ij \in N_{ie}} g_{ij} = 1 \;\; \forall (ij \in N_{ie})$; $\sum_{t} x_{ijt'} = 1$.

Für den Bestand b_{pt} eines Potenzials *p* gilt im Rahmen der kumulierten Effekte der einzelnen Entwicklungsprozesse:[63]

$$b_{pt} = b_{po} + \sum_{t'=1}^{t} E_{pt'} \;\; \forall (p,t), \qquad (2.9)$$

$\sum_{t'=1}^{t} E_{pt'}$ = kumulierte Effekte bezüglich der Entwicklung von Potenzialen der Art *p*.

2.2.2.3 Die Potenzialbedingungen als Zielsystem

Die im vorherigen Abschnitt 2.2.2.2 dargestellten periodenbezogenen Effekte E_{pt} der einzelnen Entwicklungsprozesse unterliegen hinsichtlich der Entwicklung von Potenzialen der Art *p* dynamischen Potenzialbedingungen in Form von Mindest- oder auch Höchstanspruchsniveaus, die damit zugleich auch die Entwicklungsziele vorgeben.[64]

---

[63] Vgl. Matthes, W. 2001 /Gründungscontrolling/ S. 330.
[64] Vgl. Matthes, W. 2001 /Gründungscontrolling/ S. 334.

Definitionen:[65]

$\underline{b}_{pt}$	=	Mindestanspruchsniveau eines Potenzials der Art p zum Zeitpunkt t;
$\overline{b}_{pt}$	=	Höchstanspruchsniveau eines Potenzials der Art p zum Zeitpunkt t;
E_{pt}^{Int}	=	Intervall der periodenbezogenen Effekte eines Potenzials p zum Zeitpunkt t.

Die Mindestanspruchsniveaus können je nach Messbarkeit kardinal (z.B. in Form von Umsatzzielen), ordinal oder nominal/klassifikatorisch (z.B. in Form von Wettbewerbs- oder Qualitätszielen) skaliert sein.[66] Die jeweilige Zielausprägung kann dabei als Satisfizierung in Form einer begrenzten Mindest- oder Höchstausprägung oder als Fixierung auf einen festgelegten Wert, aber auch im Sinne einer Extremierung in Form einer Minimierung bzw. Maximierung festgelegt werden.[67]

Für die periodenbezogenen Potenzialbedingungen E_{pt} nach (2.8) lassen sich demnach die folgenden Mindest- bzw. Höchstanspruchsniveaus festlegen:[68]

$$E_{pt} \geq \underline{b}_{pt} \quad \forall (p,t) \tag{2.10}$$

$$E_{pt} \leq \overline{b}_{pt} \quad \forall (p,t) \tag{2.11}$$

Zudem können auch Intervallbedingungen wie folgt aufgestellt werden:[69]

$$E_{pt}^{\text{Int}} = \left[\underline{b}_{pt}, \overline{b}_{pt} \right] \tag{2.12}$$

$$\text{mit } \left(\underline{b}_{pt} \leq \overline{b}_{pt} \right) \text{ und } \quad E_{pt} \in E_{pt}^{\text{Int}} \ \forall (p,t), (p=1,..,P), (t=1,...,T).$$

Ferner können auch periodenbezogene kumulierte Potenzialbedingungen in analoger Vorgehensweise ermittelt werden. Dabei werden die hier vorgestellten Mindest- bzw.

---

65 Vgl. zu den folgenden Definitionen und Ausführungen Matthes, W. 2001 /Gründungscontrolling/ S. 334; Pütz, M. 2004 /Produktionssysteme/ S. 98f.; Pütz, M. 2009 /Entwicklungscontrolling/ S. 23f.; Pütz, M. 2009 /Metacontrolling/ S. 69f.

66 Vgl. Matthes, W. 2001 /Gründungscontrolling/ S. 334.

67 Vgl. Küpper, H.-U. 2008 /Controlling/ S. 113f.; auch Böth, Th. 2008 /Phasen/ S. 319.

68 Vgl. Matthes, W. 2001 /Gründungscontrolling/ S. 334.

69 Vgl. Pütz, M. 2009 /Metacontrolling/ S. 70; Pütz, M. 2009 /Entwicklungscontrolling/ S. 23.

Höchstanspruchsniveaus sowie Intervallbedingungen (unter Berücksichtigung der gegebenen Anfangsbestände der einzelnen Potenziale p) für die zu kumulierenden Perioden angewendet.[70]

2.3 Anforderungen an die Konzeption einer Entwicklungsbilanz

Die eingangs im Abschnitt 2.1 aufgezeigten Grundaussagen zum Controlling – insb. die Potenzialentwicklung, die Prozessentwicklung, die Strukturentwicklung und die Entwicklung von Prozesswirkungen[71] – und die daraus abgeleitete Darstellung offener Entscheidungsnetze im Abschnitt 2.2, die auch stets konkrete Entscheidungssituationen beinhalten bzw. abbilden können, geben den Ausgangspunkt der Überlegungen bezüglich der Anforderungen an eine zu konzipierende interne Entwicklungsbilanz.

Ziel der Entscheidungsträger ist die adäquate Handhabung einer Vielzahl von Entscheidungs- und Realisationsprozessen, die im Zeitablauf in zunehmend sichere Strukturen, insb. hinsichtlich der Potenzialentwicklung, überführt werden sollen. So sind bei der im Folgenden zu entwickelnden Konzeption einer zukunftsorientierten internen Entwicklungsbilanz auch die in den Grundaussagen (vgl. insb. Axiome 1 bis 4) genannten Veränderungen und Entwicklungen von Potenzialen, wie bspw. im Absatzbereich, bei den Personal- und Betriebsmittelkapazitäten, bei den materiellen und immateriellen Investitionsgütern und im Rahmen der Finanzierung, zu berücksichtigen.

Aus Sicht des Controllings sind den Entscheidungsträgern, d.h. den Steuerungsinstitutionen, möglichst sichere Informationen entsprechend ihrer Zielsetzungen und Priorisierungen in der jeweiligen Entscheidungssituation bereitzustellen (vgl. insb. Axiome 5 bis 7). Dementsprechend ist eine interne Entwicklungsbilanz, die einem Entscheidungsträger entsprechende Informationen liefern soll, aussagefähig und zukunftsorientiert aufzubauen. Die Initiative zu einer solchen Bilanzaufstellung und

[70] Vgl. dazu ausführlich Matthes, W. 2001 /Gründungscontrolling/ S. 334; Pütz, M. 2004 /Produktionssysteme/ S. 98f.; Pütz, M. 2009 /Entwicklungscontrolling/ S. 23f.; Pütz, M. 2009 /Metacontrolling/ S. 69f.

[71] Neben den Steuerungsobjekten ist auch die offene Entwicklung der Steuerungsinstitutionen, ihrer Steuerungsinformationen (Wissen) sowie ihrer Zielsetzungen wichtiger Bestandteil der hier skizzierten Konzeption.

Entscheidungsunterstützung ist dabei betriebspolitisch und intern motiviert, weshalb ihre konkrete Ausgestaltung im situativen Kontext vorzunehmen ist. Dennoch bietet es sich an, die Entwicklungsbilanz und die daraus abgeleiteten Informationen für die Entscheidungsträger in Anlehnung an bekannte Regelwerke, wie bspw. die extern orientierte Erfolgs- und Bilanzrechnung und die damit verbundene Doppik, aufzubauen. Denn diese durchweg bewährten Regelwerke sind vielen Entscheidungsträgern in praxi vertraut. Die Entwicklungsbilanz sollte für eine konkrete Entscheidungssituation einsetzbar sein, aber auch für daran anschließende Entscheidungen flexible Anpassungsmöglichkeiten offerieren.

Hierzu ist in dieser Arbeit eine zukunftsorientierte Entwicklungsbilanz anhand eines Anwendungsbeispiels zu konzipieren und umzusetzen, die in ihrer Struktur auch auf andere künftige Entscheidungssituationen und Anwendungsfälle übertragen werden kann. Im Rahmen der in dieser Arbeit zu entwickelnden zukunkftsorientierten Konzeption sollen hierzu Informationen zu allen mit Geschäftsvorfällen verbundenen Buchungskonten generiert werden können. Das bedeutet auch, dass Kontoinformationen zu jedem denkbaren Termin und in allen gewünschten Periodisierungen zur Verfügung gestellt werden sollen. Hinzu kommt als Analyseform auch die Aufbereitung in Form von dynamischen Grenzwerten und Intervallen relevanter Entwicklungsbilanzparameter (z.B. Aufwands- und Erfolgsgrößen) zu vorher definierten zukünftigen Terminen. Dazu gehört auch die Auswertung von Geschäftsprozessen und -vorfällen bis auf die Ebene einzelner Buchungssätze, deren genaue Buchungszeitpunkte für Analysezwecke mit erfasst werden sollen. Zudem sind auch die mit den zukünftigen Geschäftsvorfällen einhergehenden Personal- und Betriebsmittelkapazitäten zu berücksichtigen. Das heißt, dass bspw. die Arbeitszeiten der Mitarbeiter, die zeitliche Belastung von Mitarbeitern durch definierte Arbeitsvorgänge und auch die Belegungsbedingungen der materiellen Ressourcen mit einbezogen werden müssen. Ferner sind neben diesen Termin- und Kapazitätsbedingungen auch zufallsabhängige Variablen, wie sie bei zukünftigen Geschäftsvorfällen auftreten können, zu berücksichtigen. Darüber hinaus sind auch verschiedene Szenarios zu betrachten, die bspw. eine eher gute (Good Case) oder schlechte Entwicklung (Bad Case) repräsentieren können.

Entsprechend den hier aufgeführten Anforderungen soll im Folgenden ein Simulationsmodell unter der Bezeichnung EBILANZ (ENTWICKLUNGSBILANZ) konzipiert und umgesetzt werden, das im Rahmen eines Fallbeispiels als simulationsgestütztes Subnetzwerk für eine konkrete Entscheidungssituation den Steuerungsinstitutionen die gewünschten zukunftsgerichteten Informationen bereitstellen kann und als „(musterhafte) Modellstruktur" im Sinne eines pragmatischen Wissenschaftsziels auch für die Gestaltung weiterer Entscheidungssituationen eingesetzt werden kann.[72]

Vor der Konzeption und Erstellung einer Entwicklungsbilanz werden zunächst im folgenden Abschnitt unterschiedliche Formen von Bilanzen vorgestellt, um auch dort anhand der hier formulierten Anforderungen eine Einordnung des verfolgten Ansatzes vornehmen zu können.

---

72 Vgl. hierzu Matthes, W. 1972 /Grundmodell/ S. 1 und S. 5, der insb. zwei Wissenschaftsziele als für die Betriebswirtschaftslehre besonders kennzeichnend hervorhebt. Dies ist zum einen das hier schon erwähnte und verfolgte pragmatische Wissenschaftsziel, das auf die Gewinnung von Erkenntnissen über die Gestaltung (Synthese) von Betrieben und ihrer Prozesse ausgerichtet ist, zum anderen aber auch das theoretische Wissenschaftsziel, das die Erklärung und Analyse problemrelevanter realer Phänomene und Zusammenhänge beinhaltet. Vgl. zudem die Ausführungen zum pragmatischen Wissenschaftsziel bei Kosiol, E. 1964 /Unternehmensforschung/ S. 745 und bei Matthes, W. 1971 /Anmerkungen/ S. 5. Zum angewandten, praktischen Teil der Betriebswirtschaftslehre vgl. auch Schanz, G. 2009 /Wissenschaftsprogramme/ S. 87.

3 Erscheinungsformen von Bilanzen

Im Folgenden wird anhand verschiedener Systematisierungskriterien ein erster Überblick hinsichtlich bestehender unterschiedlicher Arten von Bilanzen gegeben und dabei jeweils anschließend auch auf die Ausrichtung der Entwicklungsbilanz hingewiesen.

Als Merkmale zur Unterscheidung werden die Art der Bilanzkonzeption, die Bilanzierungshäufigkeit, der Adressatenkreis einer Bilanz, der Zeitbezug sowie der Abgrenzungszeitraum der Bilanz, die Unterscheidung in Bestände- und Bewegungsbilanzen, die Anzahl der zu bilanzierenden Unternehmen und der Anlass zur Bilanzaufstellung herangezogen.[1]

3.1 Bilanzkonzeptionen

Die im Laufe der Zeit entwickelten Bilanzkonzeptionen[2] können in vier Entwicklungsstufen eingeteilt werden.[3]

Die *erste Entwicklungsstufe*, der die Zeit bis zum Erlass des Aktiengesetzes im Jahr 1884 zugerechnet werden kann, wird durch *Schneider* ausführlich dargestellt.[4] Sie umfasst Ausführungen zu einzelnen Fragestellungen der Rechnungslegung, wie bspw. bei den *Sumerern*, die im 3. Jahrtausend v. Chr. mit Tontafeln in Ansätzen eine Lohn- und Lagerbuchhaltung durchführten, oder die Hinweise des römischen Baumeisters *Vitruv* um 30 v. Chr. zu Fragen der Abschreibung eines Bauwerkes bis hin zu Buchhaltungsfragen der *Fugger*. Aber auch weitere die Rechnungslegung betreffende Beispiele aus der Zeit von *Ludwig dem XIV* und *Friedrich dem Großen*, die bis zum geschlossenen Handelsrecht im Rahmen des Allgemeinen Landrechts für

---

1 Vgl. hierzu Wöhe, G. 1993 /Bilanz/ Sp. 205-207; Tyrell, B. 2000 /Planbilanz/ S. 99f.; Eisele, W. 2005 /Bilanzen/ S. 473; Schierenbeck, H., Wöhle, C. B. 2008 /Betriebswirtschaftslehre/ S. 610f.

2 Der Begriff der Bilanzkonzeptionen kann synonym zu den Begriffen der Bilanzauffassung bzw. der Bilanztheorie verwendet werden, vgl. Eisele, W. 2005 /Bilanzen/ S. 472. Aufgrund der Vielzahl von Ansätzen und Veröffentlichungen im deutschsprachigen Schrifttum wird hier nur ein einführender Einblick gegeben, vgl. hierzu Schneider, D. 1974 /Bilanztheorie/ S. 158 und Coenenberg, A. G., Haller, A., Schultze, W. 2009 /Jahresabschluss/ S. 1207.

3 Vgl. Schneider, D. 1974 /Bilanztheorie/ S. 158, der eine Einteilung in vier Entwicklungsstufen vornimmt. Anders hingegen Coenenberg, A. G., Haller, A., Schultze, W. 2009 /Jahresabschluss/ S. 1207f. und Eisele, W. 2005 /Bilanzen/ S. 474, die mit dem Übergang ins 19. Jahrhundert beginnend drei Entwicklungsstufen aufzeigen.

4 Vgl. hierzu und im Folgenden Schneider, D. 1974 /Bilanztheorie/ S. 158-161.

die Preußischen Staaten von 1794 bzw. ab dem Jahr 1848 zur Vorbereitung des Allgemeinen Deutschen Handelsgesetzbuchs reichen, können der ersten Entwicklungsstufe zugeordnet werden.[5]

Im Rahmen einer *zweiten Entwicklungsstufe*, die der sog. klassischen Bilanzkonzeptionen mit ihren statischen, dynamischen und organischen Ausprägungen in der Zeit von 1884[6] bis etwa 1930, steht zunächst mit der statischen Bilanzauffassung die Ermittlung des stichtagsbezogenen Vermögensbestandes der Unternehmung im Vorder- und die Erfolgsermittlung im Hintergrund.[7] Dabei werden der Gläubigerschutz und die öffentlich-rechtliche Rechenschaftslegung und die damit häufig einhergehende Bewertung des Vermögens zu Marktpreisen den älteren statischen Bilanzauffassungen zugerechnet.[8] Die Ausrichtung an einer nominalen Kapitalerhaltung, die eine „Übersicht über die Kapitaleinlagen auf der Passivseite und über die Kapitalverwendung auf der Aktivseite"[9] bieten soll und dazu vermehrt auf die Anschaffungswerte zurückgreift, wird hingegen den neueren statischen Auffassungen zugeordnet.[10]

Die dynamische Bilanzauffassung ist ebenfalls der zweitgenannten Entwicklungsstufe zuzurechnen und ist eng mit *Schmalenbach* verbunden.[11] Im Gegensatz zur nomi-

---

5 Vgl. hierzu ausführlich Schneider, D. 1974 /Bilanztheorie/ S. 158-161; auch Schneider, D. 1993 /Geschichte/ Sp. 712-716.

6 Das Aktiengesetz von 1884 schreibt laut *Schneider* erstmals das sog. Niederstwertprinzip zwingend vor. 2 Jahre später veröffentlicht *Herman Veit Simon* die erste Gesamtdarstellung zu Bilanzierungsproblemen von Aktien- und Kommanditgesellschaften, was als der Beginn der Bilanztheorie im Sinne einer wissenschaftlichen Teildisziplin angesehen werden kann. Vgl. hierzu Simon, H. V. 1910 /Bilanzen/ (vierte Auflage des bereits 1886 erschienen Werkes) sowie die Ausführungen bei Schneider, D. 1974 /Bilanztheorie/ S. 161 und Baetge, J., Kirsch, H.-J., Thiele, S. 2009 /Bilanzen/ S. 12-17.

7 Vgl. Eisele, W. 2005 /Bilanzen/ S. 474f.; Moxter, A. 1993 /Bilanz/ Sp. 1852; Coenenberg, A. G., Haller, A., Schultze, W. 2009 /Jahresabschluss/ S. 1209; Baetge, J., Kirsch, H.-J., Thiele, S. 2009 /Bilanzen/ S. 12f.; Rückle, D. 1993 /Bilanztheorie/ Sp. 254f.

8 Vgl. Schierenbeck, H., Wöhle, C. B. 2008 /Betriebswirtschaftslehre/ S. 613; auch Coenenberg, A. G., Haller, A., Schultze, W. 2009 /Jahresabschluss/ S. 1209f.

9 Schierenbeck, H., Wöhle, C. B. 2008 /Betriebswirtschaftslehre/ S. 613.

10 Vgl. Schierenbeck, H., Wöhle, C. B. 2008 /Betriebswirtschaftslehre/ S. 613. Als Vertreter klassischer Konzeptionen sind bspw. *Simon* (ältere statische Bilanzauffassung) und *Nicklisch*, *Le Coutre* und *Rieger* (neuere statische Bilanzauffassung) zu nennen. Vgl. hierzu Schierenbeck, H., Wöhle, C. B. 2008 /Betriebswirtschaftslehre/ S. 614; Moxter, A. 1993 /Bilanz/ Sp. 1852-1859; Heinen, E. 1986 /Handelsbilanzen/ S. 36-45. Kritik an dem Versuch einer eindeutigen Zuordnung einzelner Autoren zu statischen Bilanzauffassungen äußert Schneider, D. 1974 /Bilanztheorie/ S. 161f.

11 Vgl. Baetge, J., Kirsch, H.-J., Thiele, S. 2009 /Bilanzen/ S. 17; Schmalenbach, E. 1988 /Bilanz/; Kloock, J. 1993 /Bilanz/ Sp. 384f. Als weitere Vertreter einer dynamischen Bilanzauffassung werden bei Schierenbeck, H., Wöhle, C. B. 2008 /Betriebswirtschaftslehre/ S. 614 neben *Schmalenbach* auch *Walb*, *Sommerfeld* und *Kosiol* aufgeführt, wobei grundsätzlich die z.B. von Schneider, D. 1974 /Bilanztheorie/ S. 158-163 geäußerte Zuordnungsproblematik im Rahmen von Bilanzauffassungen auch hier besteht.

nalen Kapitalerhaltung der neueren statischen Bilanzauffassung wird mit der dynamischen Bilanz bei *Schmalenbach* die reale Kapitalerhaltung im Sinne der Beibehaltung „eines geldziffernmäßig bestimmten Ursprungkapitals in Einheiten gleicher Kaufkraft“[12] verfolgt. Als Hauptzweck der dynamischen Bilanz von *Schmalenbach* wird ferner die Ermittlung eines vergleichbaren Periodenerfolges gesehen, der die „Auf- und Abwärtsentwicklung eines Unternehmens“[13] anzeigen soll.[14] Die Erfolgsmessung orientiert sich an der Denkweise einer Totalrechnung bzw. Totalbilanz der Unternehmung, in der ein Totalerfolg als die Summe aller Periodenerfolge erfasst wird.[15] Dementsprechend ist hier auch die Frage der periodengerechten Zuordnung von erfolgswirksamen Zahlungsströmen bedeutsam, da die Unternehmung diese zur Erstellung der dafür notwendigen Periodenbilanz vornehmen muss.[16] Daneben gelten die Stetigkeit der Bewertungsmethoden, die Sicherheit der Rechnung sowie das Prinzip der Vorsicht als wichtige Grundsätze der dynamischen Bilanzlehre.[17] Auf zwei weitere Richtungen innerhalb der Gruppe der dynamischen Bilanzauffassungen sei kurz hingewiesen. Zum einen ist dies die finanzwirtschaftliche Bilanz von *Walb*[18], bei der die Unternehmensabläufe in prozessualer Sicht auf Basis eines Leistungs- und eines gegenläufigen Zahlungsstroms zu erklären versucht werden, zum anderen die pagatorische Bilanz von *Kosiol*[19], bei der „alle materiellen und formalen Bilanz- und Finanzfragen einheitlich auf Zahlungen (...) zurückgeführt werden“[20] und somit auch der Inhalt des Leistungsstroms von *Walb* durch Zahlungsvorgänge erklärt wird.[21]

---

12 Eisele, W. 2005 /Bilanzen/ S. 476.

13 Eisele, W. 2005 /Bilanzen/ S. 475.

14 Vgl. Schierenbeck, H., Wöhle, C. B. 2008 /Betriebswirtschaftslehre/ S. 613; Eisele, W. 2005 /Bilanzen/ S. 475; Schmalenbach, E. 1988 /Bilanz/ S. 53-56.

15 Vgl. Schmalenbach, E. 1988 /Bilanz/ S. 64-66; Eisele, W. 2005 /Bilanzen/ S. 475f.; auch Heinen, E. 1986 /Handelsbilanzen/ S. 47.

16 Vgl. Schierenbeck, H., Wöhle, C. B. 2008 /Betriebswirtschaftslehre/ S. 613; Baetge, J., Kirsch, H.-J., Thiele, S. 2009 /Bilanzen/ S. 18-20.

17 Vgl. Eisele, W. 2005 /Bilanzen/ S. 476; Baetge, J., Kirsch, H.-J., Thiele, S. 2009 /Bilanzen/ S. 21-23.

18 Vgl. hierzu Walb, E. 1966 /Bilanz/; Eisele, W. 2005 /Bilanzen/ S. 476.

19 Vgl. hierzu Kosiol, E. 1976 /Bilanz/; Schweitzer, M. 1993 /Bilanz/ Sp. 1489; Eisele, W. 2005 /Bilanzen/ S. 476f.

20 Schweitzer, M. 1993 /Bilanz/ Sp. 1489.

21 Vgl. Eisele, W. 2005 /Bilanzen/ S. 476.

Als eine weitere Konzeption innerhalb der hier als zweite Entwicklungsstufe bezeichneten Bilanzauffassungen ist auch die von *Schmidt*[22] konzipierte organische Bilanztheorie zu sehen, bei der durch eine Erfolgs- und Vermögensfeststellung versucht wird, die gesamtwirtschaftlichen Veränderungen im Sinne einer inflationsbereinigten Rechnung zu erfassen.[23]

Die *dritte Entwicklungsstufe* beginnt in etwa im Zeitraum des Zusammenbruchs der New Yorker Börse im Oktober 1929, der daraus entstandenen Weltwirtschaftskrise und der Pflichtprüfung der Jahresabschlüsse von Aktiengesellschaften aufgrund der Aktienrechtsnovelle von 1931 und ist im deutschsprachigen Raum insb. durch die Auseinandersetzung mit Einzelproblemen der Bilanzierungspraxis geprägt.[24]

Hierunter fielen laut *Schneider* bspw. die Entwicklung neuer Bilanzierungsgrundsätze, die Berücksichtigung steuerrechtlicher Fragestellungen, die z.B. im Rahmen der Diskussionen über den Teilwert zum Ausdruck kamen, oder auch die Probleme der Geldwert- und Preisänderung und des Scheingewinns im Rahmen der Bilanzierungspraxis.[25] Diese breite Auseinandersetzung mit verschiedenen Vorstellungen über die Grundsätze einer ordnungsgemäßen Rechnungslegung reichte bis etwa zum Beginn der Aktienrechtsreform von 1965.[26] Eine ähnlich gelagerte Diskussion von Einzelproblemen wiederholte sich später anlässlich erneuter Reformen des Bilanzrechts. Hier sind insbesondere das Bilanzrichtlinien-Gesetz (BiRiLiG) von 1985, durch das die Vorschriften zur Bilanzierung an die Vorgaben der vierten und siebten EG-Richtlinie angepasst und in das Handelsgesetzbuch überführt wurden, und das Bilanzrechtsmodernisierungsgesetz (BilMoG) von 2009 zu nennen.[27] Weiterhin finden ähnliche Diskussionen im internationalen Kontext fortlaufend anlässlich der Verab-

---

22 *Fritz Schmidt* gilt als Hauptvertreter des sog. organischen Tageswertbilanzansatzes, vgl. Schmidt 1951 /Tageswertbilanz/. Auch dieser Ansatz wurde von verschiedenen Autoren weiterentwickelt, vgl. hierzu Egger A. 1993 /Bilanz/ Sp. 1473f.

23 Vgl. Egger A. 1993 /Bilanz/ Sp. 1473f. sowie Eisele, W. 2005 /Bilanzen/ S. 477f.; Baetge, J., Kirsch, H.-J., Thiele, S. 2009 /Bilanzen/ S. 23f.

24 Vgl. Schneider, D. 1974 /Bilanztheorie/ S. 162; Eisele, W. 2005 /Bilanzen/ S. 474; Coenenberg, A. G., Haller, A., Schultze, W. 2009 /Jahresabschluss/ S. 1207.

25 Vgl. Schneider, D. 1974 /Bilanztheorie/ S. 162.

26 Vgl. Schneider, D. 1974 /Bilanztheorie/ S. 162.

27 Zur Veränderung der Bilanzierung durch das BiRiLiG vgl. Coenenberg, A. G., Haller, A., Schultze, W. 2009 /Jahresabschluss/ S. 11f., zu den wesentlichen Anpassungen durch das BilMoG vgl. Baetge, J., Kirsch, H.-J., Thiele, S. 2009 /Bilanzen/ S. 28f.

schiedung neuer International Financial Reporting Standards (IFRS) durch das International Accounting Standards Board (IASB) statt.[28]

Als *vierte Entwicklungsstufe* und sog. neuere Bilanzdiskussionen sind die informationsbezogenen und die kapitaltheoretischen Bilanzkonzepte zu nennen.[29]

Die informationsbezogenen Bilanzkonzepte verfolgen nach *Eisele* insbesondere die Frage, wie der entscheidungsrelevante Informationsgehalt der in einem Jahresabschluss enthaltenen Daten vom jeweiligen Adressaten überprüft oder beurteilt bzw. für ihn verbessert werden kann.[30] Auch im Zusammenhang mit „seit den 1990er Jahren verstärkten Trends zur Kapitalmarktorientierung und zur Internationalisierung der Rechnungslegung“[31] rückten insb. informationsbezogene Bilanzauffassungen und Fragen zum Entscheidungsverhalten der Beteiligten in den Blickpunkt, was sich bspw. auch durch „modelltheoretische Betrachtungen aus der Institutionenökonomie, Agency Theorie und Spieltheorie“[32] ausdrückt.[33]

Ferner zählen nach *Eisele* die zukunftsorientierten und auf investitionstheoretischen Grundlagen basierenden kapitaltheoretischen Bilanzen auch zur vierten Stufe der sog. neueren Bilanzdiskussion.[34]

Bei den kapitaltheoretischen Bilanzen spielt der ökonomische Gewinn eine wichtige Rolle.[35] Beim ökonomischen Gewinn wird das Erfolgskapital als der Betrag definiert, der mit dem Barwert künftiger Zahlungen zwischen der Unternehmung und deren Eignern übereinstimmt.[36] Der ökonomische Gewinn entspricht somit dem Be-

---

[28] Zur laufenden Fortentwicklung der IFRS vgl. Baetge, J., Kirsch, H.-J., Thiele, S. 2009 /Bilanzen/ S. 52-68; Coenenberg, A. G., Haller, A., Schultze, W. 2009 /Jahresabschluss/ S. 59-62.

[29] Vgl. Eisele, W. 2005 /Bilanzen/ S. 478-480; Schneider, D. 1974 /Bilanztheorie/ S. 162.

[30] Vgl. Eisele, W. 2005 /Bilanzen/ S. 479f.; vgl. auch Coenenberg, A. G., Haller, A., Schultze, W. 2009 /Jahresabschluss/ S. 1208.

[31] Coenenberg, A. G., Haller, A., Schultze, W. 2009 /Jahresabschluss/ S. 1208.

[32] Coenenberg, A. G., Haller, A., Schultze, W. 2009 /Jahresabschluss/ S. 1208.

[33] Vgl. Coenenberg, A. G., Haller, A., Schultze, W. 2009 /Jahresabschluss/ S. 1208. Nach Eisele, W. 2005 /Bilanzen/ S. 479f. bilden die empirischen und die normativen Ansätze zwei Hauptrichtungen innerhalb der informationsbezogenen Bilanzierungskonzepte, wobei Coenenberg, A. G., Haller, A., Schultze, W. 2009 /Jahresabschluss/ S. 1266-1278 den empirischen Ansatz in unterschiedliche Methoden der Bilanzforschung weiter unterteilen in den verhaltenswissenschaftlichen Ansatz, den Prognoseeignungsansatz und den kapitalmarktorientierten Ansatz.

[34] Vgl. Eisele, W. 2005 /Bilanzen/ S. 478.

[35] Die volkswirtschaftliche Einkommens- und Kapitaltheorie bildet laut *Küting* die Grundlage für die ökonomische Gewinnkonzeption, wobei kennzeichnend für diese Rechnung *Eugen von Böhm-Bawerk, Irving Fisher, John Richard Hicks* und *Erik Lindahl* zu nennen sind, vgl. hierzu Küting, K. 1981 /Zukunftsbilanzen/ S. 269; Wegmann, W. 1970 /Gewinn/ S. 24-31.

[36] Vgl. Wegmann, W. 1970 /Gewinn/ S. 34f.; Tyrell, B. 2000 /Planbilanz/ S. 102.

trag, der einem Unternehmen bei gleich bleibendem Erfolgskapital in einer Periode maximal entnommen werden kann.[37] Kapitaltheoretische Bilanzkonzepte greifen auf den Kapitalwert (bzw. Bar- oder Gegenwartswert) zurück.[38] Der damit verbundene Kalkulationszinssatz unterliegt somit subjektiven Schätzungen, Gleiches gilt für die Zahlungsströme und ihren Zeitraum.[39]

Die hier zusammengefasst dargestellten Ausführungen zu verschiedenen Bilanzauffassungen zeigen auch unterschiedliche Vorgehensweisen der Erfolgs- und Vermögensfeststellung auf, die bspw. einen ökonomischen oder auch einen kaufmännischen Gewinn zum Ergebnis haben können. Im externen Rechnungswesen können innerhalb der Finanzbuchhaltung mittels der doppelten Buchführung buchungsrelevante Sachverhalte auf Erfolgs- und Bestandskonten erfasst werden, damit diese in die Gewinn- und Verlustrechnung bzw. in die Bilanz eingehen können.[40] Da der Aufbau und Ablauf dieser Rechnung den Entscheidungsträgern i.d.R. bekannt ist, bietet es sich an, an dem hierzu üblichen Regelwerk – wie z.B. einem bestehenden Kontenplan und dem System der doppelten Buchführung (Buchhaltung) mit T-Konten – im Rahmen der Konzeption einer simulationsgestützten internen Entwicklungsbilanz festzuhalten.[41]

3.2 Die Häufigkeit der Bilanzerstellung

Als weiteres Unterscheidungskriterium können Bilanzen anhand der Häufigkeit der Bilanzaufstellung in ordentliche sowie in außerordentliche Bilanzen eingeteilt werden.[42] Merkmal einer ordentlichen Bilanz ist, dass sie in bestimmten Abständen re-

---

[37] Vgl. Wegmann, W. 1970 /Gewinn/ S. 35; Tyrell, B. 2000 /Planbilanz/ S. 102; Eisele, W. 2005 /Bilanzen/ S. 478.

[38] Beispiele für kapitaltheoretische Bilanzen und entsprechende Diskontierungen zeigt Tyrell, B. 2000 /Planbilanz/ S. 104-107 auf; siehe hierzu bspw. im Kontext von Einzahlungen und Auszahlungen Lücke, W., Hautz, U. 1973 /Bilanzen/ sowie für Aufwands- und Ertragsgrößen von Zwehl, W. 1968 /Planbilanz/.

[39] Vgl. Wegmann, W. 1970 /Gewinn/ S. 38; Eisele, W. 2005 /Bilanzen/ S. 478f. Als mögliche Erweiterung eines modifizierten ökonomischen Gewinns unter Anwendung der Methodik der Realoptionsbewertung vgl. Crasselt, N. 2003 /Unternehmensrechnung/ S. 48-50. Siehe zu den Gemeinsamkeiten und Unterschieden zwischen dem Ökonomischen Gewinnkonzept und einer Fair-Value-Bilanzierung nach IFRS zudem Crasselt, N. 2010 /Fair Value/ S. 701-716.

[40] Vgl. Eisele, W. 2002 /Buchhaltung/ Sp. 219f.

[41] Vgl. zum System der doppelten Buchhaltung und zur Bestands- und Erfolgskontensystematik Eisele, W. 2002 /Buchhaltung/ Sp. 221-228.

[42] Vgl. Wöhe, G. 1993 /Bilanz/ Sp. 205; Eisele, W. 2005 /Bilanzen/ S. 473.

gelmäßig erstellt wird.[43] Anlass hierzu können gesetzliche Vorschriften, wie es bspw. bei einem zu erstellenden Jahresabschluss der Fall ist, oder vertragliche Vereinbarungen sein, wie bspw. die monatliche Vorlage einer Zwischenbilanz bei einem Kreditgeber.[44] Hingegen werden außerordentliche Bilanzen einmalig oder in zeitlich unregelmäßigen Abständen aufgestellt.[45] Dies kann bspw. im Rahmen der Gründung einer Unternehmung, bei Kapitalerhöhungen oder -herabsetzungen, bei Umwandlungen, Fusionen, Sanierungen, Liquidation, Kreditwürdigkeitsprüfungen oder aufgrund einmaliger währungspolitischer Ereignisse der Fall sein.[46] Sollen betriebsinterne Informationsbedürfnisse für weitergehende Planungs-, Kontroll- und Steuerungsaufgaben bereitgestellt werden, so kann dies durch sich regelmäßig wiederholende ordentliche, aber auch einmalige außerordentliche Bilanzdarstellungen erreicht werden.[47]

Das in dieser Arbeit betrachtete Entwicklungsprojekt und die dafür bereitzustellenden Informationen haben zunächst einen einmaligen und auf einen Entscheidungszeitpunkt bezogenen intern orientierten Charakter, so dass im vierten Kapitel eine außerordentliche Entwicklungsbilanz zu konzipieren und umzusetzen ist. Entsprechend den jeweils situationsbedingt vorliegenden betriebspolitischen Vorstellungen wird die Konzeption so aufgebaut, dass sie auch bei anderen Entscheidungssituationen zum Einsatz kommen kann. Das zu entwickelnde Regelwerk zur Erfassung und Verarbeitung aller denkbaren Geschäftsvorfälle ist demnach auch unabhängig von dem in dieser Arbeit dargestellten Anwendungsfall einsetzbar und ist auf andere Fälle übertragbar.

3.3 Der Adressatenkreis

Anhand des Kriteriums des Bilanzempfängers kann eine Bilanz in eine interne oder in eine externe Bilanz unterschieden werden.[48] Eine interne Bilanz dient dabei primär der innerbetrieblichen Informationsversorgung und dort zur Entscheidungsunterstützung im Rahmen der Planung, Steuerung und Kontrolle des Betriebsgeschehens.[49]

---

43 Vgl. Eisele, W. 2005 /Bilanzen/ S. 480; Wöhe, G. 1993 /Bilanz/ Sp. 205.
44 Vgl. Wöhe, G. 1993 /Bilanz/ Sp. 205; Eisele, W. 2005 /Bilanzen/ S. 480.
45 Vgl. Wöhe, G. 1993 /Bilanz/ Sp. 205f.
46 Vgl. Wöhe, G. 1993 /Bilanz/ Sp. 205f.; Eisele, W. 2005 /Bilanzen/ S. 480f.
47 Vgl. Wöhe, G. 1993 /Bilanz/ Sp. 205f.
48 Vgl. Wöhe, G. 1993 /Bilanz/ Sp. 206.
49 Vgl. Eisele, W. 2005 /Bilanzen/ S. 494.

Entsprechend ihrem Empfängerkreis unterliegt eine interne Bilanz nicht externen Rechnungslegungsvorschriften und kann auch hinsichtlich ihres Erfolgskonzeptes, bspw. als kaufmännische oder kapitaltheoretische Bilanz, unterschiedlich aufgebaut werden.[50] Die externe Bilanz hingegen zielt auf außerhalb der Unternehmung stehende Personen oder Institutionen und dient dort insbesondere der Rechenschaftslegung und unterliegt somit den jeweiligen Rechnungslegungsvorschriften.[51]

Bilanzempfänger ist im Rahmen der zu konzipierenden Entwicklungsbilanz die Unternehmensführung, die notwendige Informationen für eine konkrete Entscheidungssituation benötigt.[52] Die damit einhergehenden Informationen sollen Außenstehenden nicht zugänglich sein und müssen auch nicht handels- und steuerrechtlichen Anforderungen entsprechen, da es sich um eine interne Bilanz handelt. Wie im Abschnitt 3.1 erwähnt, bietet es sich bei einer simulationsgestützten Herangehensweise mit Blick auf den Bilanzempfänger jedoch an, auf bekannte und tradierte Techniken der doppelten Buchführung zurückzugreifen.

3.4 Der Zeitbezug der Bilanz

Die über eine vergangene Periode oder Totalperiode erstellte Bilanz kann auch als retrospektive oder ex post Bilanz bezeichnet werden.[53] Jedoch sind auch hier bereits häufig einzelne Positionen der Nachrechnung mit zukünftigen Entwicklungen verknüpft, wie dies bspw. bei der Schätzung der Nutzungsdauer von Abschreibungen oder bei der Bewertung von Forderungen der Fall ist.[54] Wird eine Bilanz im Sinne einer Vorrechnung erstellt, so wird diese auch als Planbilanz oder ex ante Bilanz bezeichnet, wobei hierbei auch jeweils eine entsprechende prospektive Gewinn- und Verlustrechnung erstellt werden kann.[55] Nach *Schweitzer* drücken Planbilanzen „die wirtschaftlichen Wirkungen eines zukünftigen Unternehmungsprozesses aus“[56], die sich nach den Rechnungszielen der Prognose oder der Steuerung und Kontrolle je-

---

50 Vgl. Tyrell, B. 2000 /Planbilanz/ S. 108f.

51 Vgl. Eisele, W. 2005 /Bilanzen/ S. 493.

52 Vgl. zur Entscheidungssituation insb. die Abschnitte 4.1 und 4.5.1 bis 4.5.3

53 Vgl. Eisele, W. 2005 /Bilanzen/ S. 481; auch Lücke, W. 1977 /Planbilanzen/ S. 47.

54 Vgl. Eisele, W. 2005 /Bilanzen/ S. 481f.; Lücke, W. 1977 /Planbilanzen/ S. 47; Schweitzer, M. 1989 /Bilanzplanung/ Sp. 156.

55 Vgl. Eisele, W. 2005 /Bilanzen/ S. 482; Schweitzer, M. 1989 /Bilanzplanung/ Sp. 156f.

56 Schweitzer, M. 1989 /Bilanzplanung/ Sp. 157.

weils in Prognose- bzw. Steuerungsbilanzen einteilen lassen.[57] Prognosebilanzen bilden dabei unter Annahme eines normalen Geschäftsablaufes eine einfache bilanzielle Vorausrechnung von erwarteten Istgrößen in Bilanzform, wobei es zu keiner direkten Beeinflussung durch die Entscheidungen der Unternehmensführung kommt.[58] Eine stärkere Entscheidungsorientierung kommt hingegen bei den Steuerungsbilanzen zum Tragen, die sich ihrerseits in zwei Bereiche unterscheiden lassen, und zwar den der Optimierungs- und den der Standardbilanzen.[59] Bei einer Optimierungsbilanz wird bspw. ein bestimmter „Alternativplan verfolgt (...), der bei gegebenen Restriktionen ein gewähltes Zielsystem optimal erfüllt“ [60], und dessen Ergebnisse sich sodann in den einzelnen Bilanzpositionen wiederfinden. Standardbilanzen orientieren sich hingegen an verschiedenen Knappheitsvorgaben, die erfüllt sein müssen.[61]

Die zu entwickelnde interne Entwicklungsbilanz hat durch den Einsatz der Simulation zunächst Prognosecharakter. Jedoch wird im Rahmen der Simulation auch auf die vorhandene Geschäftsplanung zurückgegriffen, bei der bspw. im Rahmen der Absatzplanung unterschiedliche Entwicklungsszenarios zugrunde gelegt werden. Ferner werden im Sinne von Knappheitsvorgaben bspw. die aktuellen und die geplanten Personal- und Betriebsmittelkapazitäten und auch Terminbedingungen mit berücksichtigt.[62] Somit sind aufgrund des Vorgabecharakters hier auch Bestandteile einer Steuerungsbilanz erkennbar, ohne eine weitere Differenzierung in Optimierungs- und Standardbilanzen vornehmen zu müssen. Insofern beinhaltet die zukunftsorientierte Entwicklungsbilanz im Sinne einer Planbilanz auch Elemente einer Prognose- bzw. Steuerungsbilanz.

---

57 Vgl. Schweitzer, M. 1989 /Bilanzplanung/ Sp. 157; auch Tyrell, B. 2000 /Planbilanz/ S. 116-118, der u.a. die Prognosebilanz von Hinterhuber, H. H., Plörer, V., Popp, W., Pucher, R. 1986 /Planbilanzen/ S. 227-243 und die Steuerungsbilanz von Metz, M. 1978 /Ergebnisplanung/ vorstellt.

58 Vgl. Schweitzer, M. 1989 /Bilanzplanung/ Sp. 157; Tyrell, B. 2000 /Planbilanz/ S. 112.

59 Vgl. Tyrell, B. 2000 /Planbilanz/ S. 112f.; Schweitzer, M. 1989 /Bilanzplanung/ Sp. 157. Die Steuerungsbilanzen können auch als Lenkungsbilanzen bezeichnet werden; vgl. Lücke, W. 1977 /Planbilanzen/ S. 47.

60 Schweitzer, M. 1989 /Bilanzplanung/ Sp. 157.

61 Vgl. Schweitzer, M. 1989 /Bilanzplanung/ Sp. 157.

62 Vgl. hierzu insb. die Abschnitte 4.5.1 bis 4.5.3 und das Simulationsmodell EBILANZ, das Termin- und Kapazitätsbedingungen berücksichtigt, im Abschnitt 4.5.5.

3.5 Der Bilanzierungszeitraum

Die einer Bilanz zugrunde liegenden Geschäftsvorfälle beziehen sich auf einen zuvor festgelegten Zeitraum, wobei sich dieser Zeitbezug im weit gefassten Fall auch auf den gesamten Lebenszyklus einer Unternehmung beziehen kann.[63] Bei einer solchen Totalbilanz der Unternehmung treten durch die fehlenden Teilperioden keine Abgrenzungsprobleme bei dem Auseinanderfallen von Zahlungs- und Erfolgswirksamkeit einzelner Geschäftsvorfälle auf.[64] Anders ist dies bei den Periodenbilanzen, die sich, wie es bspw. beim Jahresabschluss der Fall ist, des Instruments der Rechnungsabgrenzung bedienen und als Zwischenbilanzen z.B. in der Form von Tages-, Wochen-, Monats-, Quartals- und Halbjahresbilanzen oder auch als Jahresbilanzen aufgestellt werden können.[65]

Die zu konzipierende Entwicklungsbilanz sollte innerhalb des Simulationszeitraums zu jedem gewünschten Termin, aber auch für beliebige Perioden, Analyseergebnisse zu allen dort enthaltenen Konten und entsprechend berücksichtigten Buchungen liefern können, wobei aufgrund der internen Orientierungen die Anforderungen der externen Rechnungsabgrenzung in den Hintergrund treten.[66]

3.6 Die Beständebilanz und die Bewegungsrechnung

Mit Blick auf den Bilanzierungszeitraum kann eine Bilanz für einen bestimmten Stichtag als Beständebilanz oder auch für einen definierten Zeitraum als Bewegungsrechnung aufgestellt werden.[67] Aufgrund der Stichtagsbezogenheit kann bei einer Beständebilanz das zeitliche Entstehen der Bilanz kaum näher analysiert werden, lediglich die Erfolgsrechnung gibt als Zeitraumrechnung weitere Hinweise über Her-

---

63 Vgl. Eisele, W. 2005 /Bilanzen/ S. 481.
64 Vgl. Eisele, W. 2005 /Bilanzen/ S. 481.
65 Vgl. Eisele, W. 2005 /Bilanzen/ S. 481; zum Bilanzierungszeitraum Abb. 3 bei Wöhe, G. 1993 /Bilanz/ Sp. 207f.
66 Vgl. zur datierten dynamischen Simulation und dem hierzu notwendigen Regelwerk insb. den Abschnitt 4.4 und die Umsetzung im Simulationsmodell EBILANZ im Abschnitt 4.5.5.
67 Vgl. Eisele, W. 2005 /Bilanzen/ S. 482f.

kunft, Höhe und Zustandekommen des Erfolgs.[68] Soll nicht nur im Sinne einer Momentaufnahme die Bilanz am Abschlussstichtag wiedergegeben werden, sondern auch eine laufende Betrachtung erfolgen, ist dies über Bewegungsrechnungen möglich, die „die wirtschaftlichen Wertbewegungen eines Abrechnungszeitraums in der Dimension Geldeinheit je Zeiteinheit“[69] wiedergeben. Diese Bewegungsrechnungen lassen sich in die Bereiche der Erfolgsrechnung und der Cashflow-Rechnung[70] bzw. Kapitalflussrechnung[71] unterscheiden.[72]

Im Rahmen der simulationsgestützten internen Entwicklungsbilanz sollen über die Erfolgsrechnung im Rahmen der doppelten Buchführung auch einzelne Bewegungsgrößen erfasst und ausgewiesen werden können. Die Entwicklungsbilanz beinhaltet somit eine Bestands- und Erfolgskontensystematik.[73]

3.7 Die Zahl der bilanzierenden Unternehmen

Eine Bilanz kann auch mit Blick auf die Anzahl der in ihr zu berücksichtigenden Unternehmen unterschieden werden. So können neben dem Fall der Einzelbilanz eines rechtlich und wirtschaftlich selbstständigen Unternehmens auch mehrere rechtlich selbstständige Wirtschaftseinheiten in Gesamt-, Gemeinschafts- oder Konzernbilanzen zusammengefasst werden.[74]

---

68 Vgl. Wöhe, G. 1993 /Bilanz/ Sp. 204f.; zudem verbinden laut *Eisele* auch bei der zeitpunktbezogenen Bilanz verschiedene finanzwirtschaftliche Vorgänge die Aktivseite (Vermögensseite) der Bilanz, welche aus dem Zahlungsbereich (Geldvermögen) und dem Investitionsbereich (Realvermögen) besteht, mit der Passivseite der Bilanz (dem Kapitalbereich), wodurch die Bestände in der Bilanz aus den Zahlungsvorgängen heraus erklärt werden können, vgl. Eisele, W. 2005 /Bilanzen/ S. 483.

69 Eisele, W. 2005 /Bilanzen/ S. 483.

70 Zu den unterschiedlichen Definitionen und Ermittlungsmethoden der Zahlungsüberschussgröße Cashflow vgl. Coenenberg, A. G., Haller, A., Schultze, W. 2009 /Jahresabschluss/ S. 1072-1078; Eisele, W. 2005 /Bilanzen/ S. 484f.

71 Zur Kapitalflussrechnung, die der Darstellung der Investitions- und Finanzströme und ihrer Liquiditätsauswirkung auf das Unternehmen dienen kann, und ihren Ausprägungen vgl. Coenenberg, A. G., Haller, A., Schultze, W. 2009 /Jahresabschluss/ S. 769-851.

72 Vgl. Eisele, W. 2005 /Bilanzen/ S. 483-490.

73 Vgl. hierzu insb. die Abschnitte 4.4.1 bis 4.4.4 und das Simulationsmodell EBILANZ im Abschnitt 4.5.5.

74 Vgl. Eisele, W. 2005 /Bilanzen/ S. 492; Wöhe, G. 1993 /Bilanz/ Sp. 206. Zu den zahlreichen verschiedenen Konsolidierungsmaßnahmen im Rahmen des Konzernabschlusses vgl. Coenenberg, A. G., Haller, A., Schultze, W. 2009 /Jahresabschluss/ S. 651-765.

Im Rahmen dieser Arbeit wird eine strategische Geschäftseinheit eines Dienstleistungsunternehmens als Anwendungsfall gewählt, so dass hier ein Teilbereich der Unternehmung in Form einer internen Teilbilanz betrachtet wird.[75]

3.8 Die Initiative zur Bilanzaufstellung

Den Anlass zur Bilanzierung können gesetzliche Regelungen, die bspw. die Handels- und Steuerbilanzen vorschreiben, vertragliche Vereinbarungen, wie sie bspw. im Rahmen einer Kreditvergabe durch eine Bank verlangt werden, oder freiwillige Regelungen geben.[76] Freiwillige Bilanzen können z.B. die sog. Ökobilanzen oder Sozialbilanzen sein, aber auch alle sonstigen betriebspolitisch motivierten Anlässe, die aus Sicht der Unternehmensführung für eine Erstellung sprechen.[77]

Die Initiative zur Bilanzaufstellung der zu konzipierenden Entwicklungsbilanz entspringt, wie bereits am Ende der vorherigen Abschnitte deutlich wurde, einem internen, betriebspolitisch motivierten Anlass. Entsprechend soll sie die für eine Entscheidungssituation notwendigen Informationen enthalten, ist dem Grunde nach aber freiwillig.

[75] Vgl. zur strategischen Geschäftseinheit Abschnitt 4.5.2.
[76] Vgl. Eisele, W. 2005 /Bilanzen/ S. 494.
[77] Vgl. Eisele, W. 2005 /Bilanzen/ S. 494-498.

4 Konzeption und Erstellung einer Entwicklungsbilanz

Im Kapitel vier erfolgt die Konzeption und Erstellung einer Entwicklungsbilanz. Hierzu werden im Abschnitt 4.1 die Rahmenbedingungen der Konzeption am Beispiel einer typischen Entscheidungssituation skizziert und für das weitere Vorgehen im Abschnitt 4.2 zunächst der Bereich der Simulation und im Abschnitt 4.3 ein zieladäquates Simulationssystem vorgestellt. Das für die Simulation notwendige Regelwerk wird im Abschnitt 4.4 erarbeitet, worauf im Abschnitt 4.5 die Konkretisierung der Konzeption vorgenommen wird.

4.1 Rahmenbedingungen der Konzeption

Im Folgenden soll unter Einsatz der Simulation eine zukunftsorientierte interne Entwicklungsbilanz[1] konzipiert werden, durch deren Auswertungsergebnisse das Controlling die Entscheidungsträger (die Steuerungsinstitutionen) mit zieladäquaten Informationen versorgen kann. Beispielhaft seien hier Informationen und Analysen zu den dynamischen Grenzwerten bzw. Intervallen der Geschäftsprozesseffekte genannt, die bei der Steuerung (i.w.S.)[2] der Unternehmensprozesse entsprechend eingesetzt werden können.[3]

Zunächst soll jedoch beispielhaft eine mögliche typische Ausgangssituation einer Unternehmung skizziert werden, die sich in einer konkreten Entscheidungssituation befindet. Als Grundlage zur Beschreibung, Analyse, Konstruktion, Entwicklung und Auswahl von Unternehmensprozessen wird hierzu im Folgenden auf die Methodik

---

1 Die zu konzipierende simulationsgestützte Entwicklungsbilanz ist zwar grundsätzlich intern orientiert und muss demnach nicht den verschiedenen externen Rechnungslegungsvorschriften genügen, dennoch soll sie in ihrer Grundstruktur an die tradierte Methodik und Darstellungsform der Buchhaltung angelehnt sein, um die Handhabung und Interpretation der Ergebnisse zu erleichtern.

2 Beim Begriff der Steuerung i.e.S. handelt es sich um eine steuernde Vorwärtskopplung. Die steuernde Vorwärtskopplung *und* regelnde Rückwärtskopplung wird hingegen als einfache kybernetische Lenkung verstanden. Wird diese einfache kybernetische Lenkung noch durch proaktives, also antizipatives, adaptives bzw. innovatives Steuerungsverhalten ergänzt, so liegt eine Steuerung i.w.S. vor. Dadurch werden auch SOLL-WIRD-Vergleiche ermöglicht, bei denen die angestrebten Sollgrößen und die für sie prognostizierten WIRD-Werte – im Sinne simulierter zukünftiger IST-Werte – gegenübergestellt werden; vgl. Pütz, M. 2004 /Produktionssysteme/ S. 41-46. Vgl. auch Bock, S., Böth, Th. 2010 /Controlling/ S. 663, Fußnote 11; Böth, Th. 2008 /Phasen/ S. 320-323, Fußnote 2; Matthes, W., Böth, Th., Pütz, M. 2006 /Controlling/ S. 3; Dederichs, J. 1993 /Basismodul/ S. 15-22; Becker, W. 1990 /Funktionsprinzipien/ S. 303; Matthes, W. 1986 /Phasen/ S. 286.

3 Vgl. neben den Darstellungen im Abschnitt 2.2 zu den verschiedenen Möglichkeiten der Analysen von zukünftigen Prozessen und Effekten auch die Anmerkungen bei Matthes, W. 2001 /Gründungscontrolling/ S. 332.

der offenen Entscheidungsnetze zurückgegriffen.[4] Die hierbei relevanten Grundlagen, Wirkungsstrukturen und Folgebeziehungen wurden bereits im Abschnitt 2.2 erläutert. Die Symbole zur Veranschaulichung von Prozessstrukturen im Rahmen offener Entscheidungsnetze werden durch folgende Abbildung wiedergegeben.

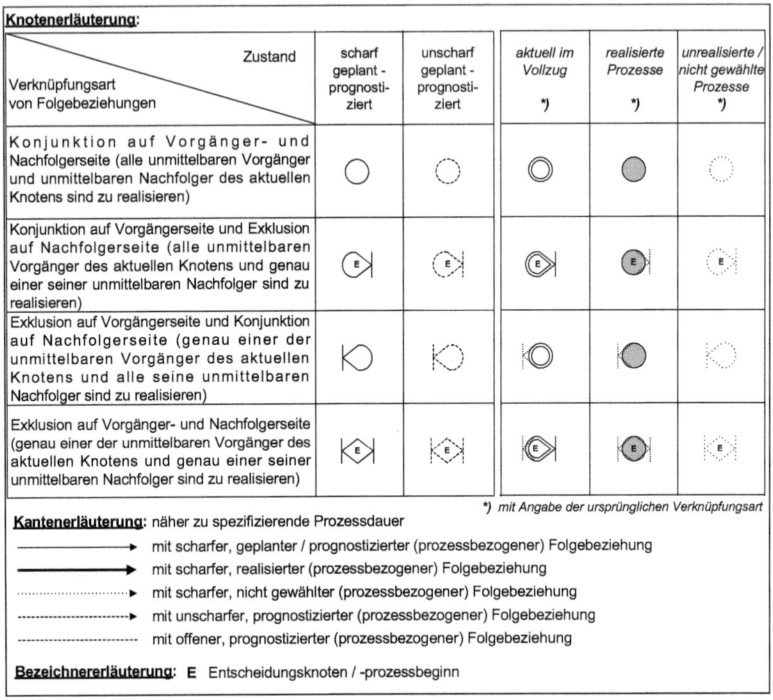

Abb. 4.1.1: Netzwerksymbolik[5]

---

[4] Vgl. zu den hier verwendeten offenen Entscheidungsnetzen insb. Matthes, W., Dederichs, J., Pütz, M. 2000 /Entwicklungscontrolling/ S. 208-220 und Matthes, W. 2001 /Gründungscontrolling/ S. 326f. und die Ausführungen im Abschnitt 2.2. Die unterschiedliche historische Entwicklung der verschiedenen Formen von Entscheidungsnetzen wird bei Pütz, M. 2004 /Produktionssysteme/ S. 58f. in Fußnote 127 ausführlich dargestellt, der dabei insb. auf die Werke von Eisner, H. 1962 /Network/ S. 115ff.; Thumb, N. 1975 /Netzplantechnik/ S. 298ff.; Magee, J. F. 1964 /Decision/; Magee, J. F. 1964 /Investment/; Laux, H. 1971 /Investitionsplanung/ S. 39 ff.; Laux, H. 1998 /Entscheidungstheorie/ S. 287 ff.; Hax, H. 1993 /Investitionstheorie/ S. 165 ff.; Popp, W. 1988 /Planung/ S. 743 ff.; Popp, W. 2000 /Wachstum/ S. 26 f. und Popp, W. 2001 /Entscheidungsnetze/ S. 149 ff. verweist. Zur Darstellung von Managementprozessen und den damit verbundenen Informations-, Entscheidungs- und Kontrollprozessen der Meta- und Basisführungsebenen anhand offener Entscheidungsnetze vgl. Böth, Th. 2008 /Phasen/ S. 326-332.

[5] Entnommen aus Matthes, W. 2002 /Axiomatik/ S. 135 und Pütz, M. 2004 /Produktionssysteme/ S. 60. Vgl. zur verwendeten Netzwerksymbolik auch Matthes, W. 2001 /Gründungscontrolling/ S. 326; Matthes, W., Dederichs, J., Pütz, M. 2000 /Entwicklungscontrolling/ S. 209.

Eine mögliche Entscheidungssituation kann mit Hilfe der Symbolik der offenen Entscheidungsnetze wie folgt exemplarisch dargestellt werden:

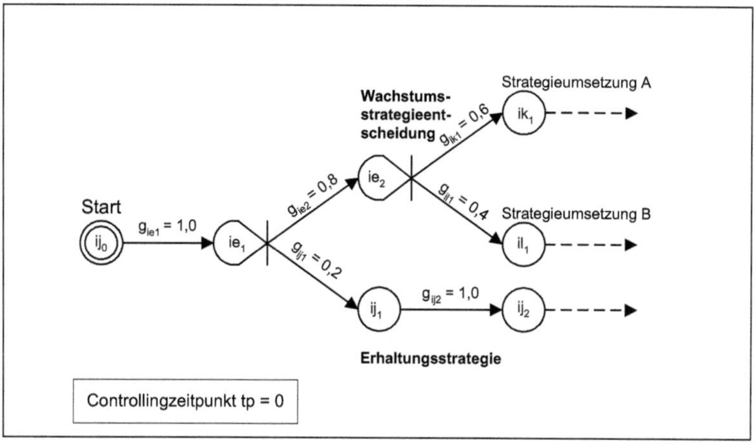

Abb. 4.1.2: typische Entscheidungssituation

Das Beispiel zeigt eine typische Entscheidungssituation mit dazugehörigen Entscheidungs- und Realisationsprozessen[6] zum Controllingzeitpunkt $tp = 0$ mit:

ij_0 = Startprozess ij_0 mit konjunktiver Verknüpfung zum Entscheidungsprozess ie_1 und dessen subjektiver Eintrittserwartung $g_{ie1} = 1,0$.

ie_1 = Entscheidungsprozess ie_1 mit den exklusiv disjunkten Folgebeziehungen zu den Prozessen ie_2 (Wachstumsstrategieentscheidung) und ij_1 (Erhaltungsstrategie) und deren subjektiven Eintrittserwartungen $g_{ie2} = 0,8$ und $g_{ij1} = 0,2$.

ie_2 = Entscheidungsprozess ie_2 mit den exklusiv disjunkten Folgebeziehungen zu den Prozessen ik_1 (Wachstumsstrategieentscheidung, Alternative A) und il_1 (Wachstumsstrategieentscheidung, Alternative B) und deren subjektiven Eintrittserwartungen $g_{ik1} = 0,6$ und $g_{il1} = 0,4$.

ij_1 = Prozess ij_1 als alternativer Nachfolgeprozess von Entscheidungsprozess ie_1 und konjunktiver Verknüpfung mit dem (Nachfolge-)Prozess ij_2 .

6 Ein Realisationsprozess kann synonym auch als Vollzugs- oder Ausführungsprozess bezeichnet werden; vgl. hierzu Pütz, M. 2009 /Metacontrolling/ S. 65.

ik_1 = Prozess ik_1 als alternativer Nachfolgeprozess von Entscheidungsprozess ie_2 und einer weiteren, hier nur angedeuteten, konjunktiven Verknüpfung mit einem Nachfolgeprozess.

il_1 = Prozess il_1 als alternativer Nachfolgeprozess von Entscheidungsprozess ie_2 und einer weiteren, hier nur angedeuteten, konjunktiven Verknüpfung mit einem Nachfolgeprozess.

ij_2 = Prozess ij_2 als Folgebeziehung von Prozess ij_1 und einer, hier nur angedeuteten, Folgebeziehung mit einem Nachfolgeprozess.

Die Analyse und Simulation dieser Prozesse erfolgt unter dem Aspekt ihrer Terminplanung und unter Berücksichtigung der Termin- und Kapazitätsbedingungen im Rahmen simulationsgestützter offener Entscheidungsnetze im Abschnitt 4.5.5. Die Darstellung der hier hinsichtlich ihrer Modellierung eher hoch aggregierten Prozesse und etwaige Kapazitätsbedarfe wird in den Abschnitten 4.5.1 bis 4.5.3 näher erläutert.

Die Entscheidungssituation soll nun im Folgenden um ein simulationsgestütztes Prozesssubnetzwerk erweitert werden. Dieses Subnetzwerk soll bis auf die Ebene der einzelnen mit einem Geschäftsprozess einhergehenden Geschäftsvorfälle Simulationen beinhalten und damit den bisherigen Informations- und Prognosehorizont der zugrunde liegenden Planungssituation erweitern.[7]

[7] Hierzu werden im Abschnitt 4.2 zunächst die Grundlagen der Simulation aufgezeigt und danach im Abschnitt 4.3 das für die Simulation eingesetzte Simulationssystem vorgestellt. Im Abschnitt 4.4 werden verschiedene Überlegungen zur Entwicklung eines Regelwerkes zur Ermittlung einer internen Entwicklungsbilanz im Rahmen der Simulation angestellt, die die Grundlage für die Konkretisierung und Umsetzung der Konzeption im Abschnitt 4.5 und der daran anschließenden Ergebnisanalyse bilden. Vgl. zur hier dargestellten Entscheidungssituation auch die weitergehenden Ausführungen im Abschnitt 4.5.1, die ein offenes Entscheidungsnetz in Verbindung mit simulationsgestützten Subnetzwerken (Sub_e1 und Sub_e2) zu verschiedenen Controllingzeitpunkten zum Gegenstand haben.

4.2 Simulation

4.2.1 Zum Modellbegriff

Unter einem Modell kann „das Ergebnis einer vereinfachenden Abbildung eines Sachverhaltes“[8] verstanden werden. Neben der Vereinfachung der Abbildung ist zudem für „die Qualifikation als wissenschaftlich brauchbares Modell“[9] als Anforderung die Strukturgleichheit bzw. Strukturähnlichkeit zwischen komplexem Realsystem und verwendetem Modell zu nennen.[10] Ist das Modell das Ergebnis einer in beiden Richtungen eindeutigen Abbildung des Realsystems, so besteht Isomorphie zwischen dem Originalsystem und dem Modell.[11] Meist ist der Übergang zum Modell jedoch mit einer Reduktion verbunden, wodurch bei der Beziehung zwischen Realsystem und Modell nicht von Isomorphie sondern von Homomorphie auszugehen ist.[12] Die drei Typen eines Originalsystems (reales Objekt, verbal-sprachliches System und mathematisches System) können wiederum als physische, verbal-sprachliche oder mathematische Modelle auftreten, womit die möglichen Konstellationen bereits zu neun Kombinationsmöglichkeiten führen können.[13] Die verbal-sprachlichen sowie die mathematischen Systeme lassen sich ferner in der Gruppe der ideell-sprachlichen Systeme zusammenfassen.[14] Weitere Abgrenzungen ökonomischer Modelle können nach *Homburg* bspw. aufgrund des Zeitbezugs (dynamisch oder statisch), des Abbildungsumfangs (total oder partiell), der Determiniertheit (deterministisch oder stochastisch), der Zielsetzung (beschreibend, erklärend, prognostizierend oder entscheidungsorientiert) und bei den ideell-sprachlichen Modellen hin-

---

8 Homburg, C. 2000 /Betriebswirtschaftslehre/ S. 31.

9 Bamberg, G., Coenenberg, A.G., Krapp, M. 2008 /Entscheidungslehre/ S. 13.

10 Vgl. Bamberg, G., Coenenberg, A.G., Krapp, M. 2008 /Entscheidungslehre/ S. 13.

11 Vgl. Homburg, C. 2000 /Betriebswirtschaftslehre/ S. 31f.; auch Bamberg, G., Coenenberg, A.G., Krapp, M. 2008 /Entscheidungslehre/ S. 14.

12 Vgl. Homburg, C. 2000 /Betriebswirtschaftslehre/ S. 32.

13 Vgl. Homburg, C. 2000 /Betriebswirtschaftslehre/ S. 32; Gal, T., Gehring, H. 1981 /Entscheidungstechniken/ S. 13; auch Milling, P. 1996 /Simulation/ Sp. 1841-1843. Bei *Milling* wird eine ähnliche Abgrenzung gewählt, bei der die physischen, begrifflichen und mathematischen Modelle als explizite Modelle bezeichnet werden. Die mathematischen Modelle beinhalten dabei die analytisch lösbaren Modelle sowie die im Rahmen dieser Arbeit näher zu betrachtenden Simulationsmodelle. Auch weist *Milling* auf die impliziten bzw. mentalen Modelle hin, welche jedem Entscheidungsprozess zugrunde liegen, aber hinsichtlich der Bestimmung der Prämissen und dem Ableiten objektiver Ergebnisse im Gegensatz zu expliziten Modellen als nicht geeignet erscheinen.

14 Vgl. hierzu Gal, T., Gehring, H. 1981 /Entscheidungstechniken/ S. 12f.; sowie Homburg, C. 2000 /Betriebswirtschaftslehre/ S. 32.

sichtlich der verwendeten Symbolisierung (verbal oder mathematisch) vorgenommen werden.[15]

4.2.2 Zielsetzungen ökonomischer Modelle

Hinsichtlich der verfolgten Zielsetzung von Modellen kann eine Einteilung in deskriptive Modelle, Erklärungsmodelle, Prognosemodelle und Entscheidungsmodelle erfolgen.[16]

Zielsetzung	Modellebezeichnung	Merkmale
Beitrag zur Beschreibung eines Problems durch geordnete Beschreibung von Elementen und ihren Beziehungen in realen Systemen	Deskriptive Modelle (Beschreibungs-, Ermittlungs-, Erfassungsmodelle) Beispiel: Buchhaltung und Kontenrahmen; Organigramm einer Unternehmung	Deskriptive Modelle - enthalten keine Hypothesen (bspw. über reale Wirkungszusammenhänge), - transformieren Daten in verständlichere Form, bspw. durch Aggregation, - verwenden Definitionsgleichungen, die auf einfachen arithmetischen Operationen beruhen.
Beitrag zum Verstehen eines Problems	Erklärungsmodelle Beispiel: Betriebliche Produktions- und Kostentheorie (Gutenberg)[17]	Erklärungsmodelle - formulieren Aussagen über Gesetzmäßigkeiten in realen Systemen, - beanspruchen empirische Geltung der gemachten Aussagen und müssen überprüfbar sein.
	Prognosemodelle Beispiel: Absatzprognosen	Prognosemodelle - sind dynamisch und - prognostizieren zukünftige Entwicklun gen.
Beitrag zum Lösen eines Problems	Entscheidungsmodelle Beispiel: Mathematische Optimierungsmodelle	Entscheidungsmodelle - bewerten Handlungsalternativen im Rahmen einer gegebenen Entscheidungssituation, - ermitteln Handlungsalternativen, die im Hinblick auf ein Kriterium bzw. mehrere Kriterien bestimmten Optimalitäts- bzw. Satisfizierungsbedingungen ent sprechen.

Tab. 4.2: Zielsetzungen ökonomischer Modelle[18]

---

[15] Vgl. Homburg, C. 2000 /Betriebswirtschaftslehre/ S. 33.

[16] Vgl. Bamberg, G., Coenenberg, A.G., Krapp, M. 2008 /Entscheidungslehre/ S. 15; Homburg, C. 2000 /Betriebswirtschaftslehre/ S. 34-36.

[17] Vgl. hierzu Gutenberg, E. 1983 /Produktion/ S. 298-456.

[18] Weitgehend entnommen aus Homburg, C. 2000 /Betriebswirtschaftslehre/ S. 34. Vgl. auch Gal, T., Gehring, H. 1981 /Entscheidungstechniken/ S. 20-22.

Bei den in der obigen Darstellung aufgeführten Entscheidungsmodellen sind im Rahmen der Anwendung als am bekanntesten die mathematischen Optimierungsmodelle zu nennen, welche mit Blick auf die verschiedenen betriebswirtschaftlichen Teildisziplinen dem Bereich des Operations Research (OR) zugeordnet werden können.[19] Mathematische (Optimierungs-)Verfahren, die auch als analytische Modelle bezeichnet werden, stoßen bei hoher Komplexität der praxisrelevanten Problemstellung schnell an Grenzen, auch bieten sie im Rahmen dynamischer und/oder stochastischer Systeme mit gegenseitigen Abhängigkeiten ihrer Prozesse oft keine ausreichende Entscheidungsunterstützung.[20] Hier bietet sich der Bereich der Simulation[21] an, der als OR-Methode in Form eines Erklärungsmodells, aber auch im Bereich der Entscheidungsmodelle, eine zieladäquate Entscheidungsunterstützung liefern kann.[22]

4.2.3 Simulationsmodelle

4.2.3.1 Vorteile von Simulationsmodellen gegenüber analytischen Ansätzen

Bei Verwendung eines analytischen Verfahrens müssen bereits bei der Formulierung des Modells Erkenntnisse über den Lösungsweg vorhanden sein, um ein passendes mathematisches Verfahren unmittelbar anwenden zu können.[23] In diesem Fall kann durch „einfache Gleichungssysteme mit restriktiven Annahmen bezüglich der Anzahl, Art und Verknüpfung der Elemente“[24] eine Lösung ermöglicht werden, wohingegen bei den Simulationsmodellen der Systemzustand sukzessive entwickelt wird

---

19 Vgl. Homburg, C. 2000 /Betriebswirtschaftslehre/ S. 35f.; Runzheimer, B., Cleff, Th., Schäfer, W. 2005 /Operations/ S. 6f.

20 Vgl. Küll, R., Stähly, P. 1999 /Simulationsexperimente/ S. 1; auch Milling, P. 1996 /Simulation/ Sp. 1842f.; Law, A. M., Kelton, W. D. 2000 /Simulation/ S. 5; Kistner, K.-P. 2002 /Simulationsmodelle/ Sp. 1354.

21 Die Simulation ist jedoch nicht grundsätzlich an ein mathematisches Modell gebunden, sondern bspw. auch im Rahmen physischer oder begrifflicher Modelle durchführbar; vgl. Milling, P. 1996 /Simulation/ Sp. 1842.

22 Vgl. Küll, R., Stähly, P. 1999 /Simulationsexperimente/ S. 1-3; Brink, A. 1989 /Simulationstechnik/ S. 679; Witte, Th. 1993 /Simulationsverfahren/ Sp. 3845. Zu den vielfältigen Anwendungsgebieten der Simulation vgl. Pritsker, A. A. B. 1998 /Modeling/ S. 48 und z.B. für den Bereich des Supply Chain Management Pütz, M. 2011 /Simulationswerkzeuge/.

23 Vgl. Milling, P. 1996 /Simulation/ Sp. 1843; auch Witte, Th. 1993 /Simulationsverfahren/ Sp. 3839f.

24 Milling, P. 1996 /Simulation/ Sp. 1843.

und im Gegensatz zu den analytischen Verfahren hinsichtlich Komplexität und Größe weniger enge Grenzen gesetzt werden müssen.[25]

Dem Problem, die Komplexität der Realität mittels mathematischer Optimierungs-Verfahren und der im Rahmen dieser Verfahren zur Verfügung stehenden Regeln, wie bspw. der linearen Algebra oder der Funktionalanalysis, nicht hinreichend handhaben zu können, kann demnach durch eine heuristische Vorgehensweise im Rahmen des Einsatzes der Simulation entgegengetreten werden, bei der bezüglich des Lösungsverfahrens alle vorstellbaren Algorithmen verwendet werden können.[26] Optimale Lösungen im Sinne eines mathematischen Optimierungsmodells können hierbei aufgrund der heuristischen Vorgehensweise nicht erwartet werden, es bietet sich aber die Möglichkeit, einen Beitrag zum Lösen von komplexen Sachverhalten zu gewinnen.[27] Weiterhin ist es durch die Einführung einer Zielfunktion im Rahmen eines Simulationsmodells möglich, den Ansprüchen eines Entscheidungsmodells gerecht zu werden.[28]

4.2.3.2 Besondere Merkmale von Simulationsmodellen

In Anlehnung an die im Abschnitt 4.2.1 und 4.2.2 kurz dargestellten Kriterien zur Charakterisierung ökonomischer Modelle, bei denen insbesondere die Zielsetzung eines Modells hervorgehoben wurde, wird im Folgenden der Bereich der Simulationsmodelle anhand verschiedener Merkmale näher beschrieben.

---

25 Vgl. Milling, P. 1996 /Simulation/ Sp. 1843; auch Suhl, L., Mellouli, T. 2009 /Modelle/ S. 279f.

26 Vgl. Küll, R., Stähly, P. 1999 /Simulationsexperimente/ S. 1f.; Witte, Th. 1993 /Simulationsverfahren/ Sp. 3839; auch Suhl, L., Mellouli, T. 2009 /Modelle/ S. 279f.; Simulationsverfahren zur Handhabung von Komplexität können auf allen betrieblichen Ebenen verwendet werden, sie können bspw. bei strategischen Überlegungen für das gesamte Unternehmen und bei Simulationen flexibel automatisierter Fertigungssysteme verwendet werden, vgl. Witte, Th. 1993 /Simulationsverfahren/ Sp. 3839f. und die dort angegebenen Literaturhinweise sowie Pütz, M. 2004 /Produktionssysteme/.

27 Vgl. Küll, R., Stähly, P. 1999 /Simulationsexperimente/ S. 7.

28 Vgl. Hahn, D., Hungenberg, H. 2001 /PuK/ S. 426; Berens, W., Delfmann, W., Schmitting, W. 2004 /Planung/ S. 132f.; Brink, A. 1989 /Simulationstechnik/ S. 679; Küpper, H.-U. 2008 /Controlling/ S. 75.

4.2.3.2.1 Statische und dynamische Simulation

Anhand des jeweiligen Zeitablaufs können Simulationsmodelle durch die Klasse der statischen sowie die der dynamischen Modelle unterschieden werden, wobei in der ersten Klasse der Zeitablauf keinen Einfluss innerhalb des Simulationsmodells hat.[29] Da sich diese Modelle demnach nur auf einen Zeitpunkt $x \in \mathbb{N}$ beziehen können, sind sie im Bereich der betriebswirtschaftlichen Planung „ohne große praktische Relevanz“[30]. Bei der zweiten Klasse der dynamischen Modelle wird der Zeitablauf explizit als unabhängige Variable $t \in \mathbb{R}$ berücksichtigt. Der (Zeit-)Wert einzelner Zeitpunkte lässt sich mit $x \in \mathbb{N}$ und $t \in \mathbb{R}$ in einer zeitdiskreten Darstellung definieren als $t_x \in \mathbb{R}$.[31]

4.2.3.2.2 Deterministische und stochastische Simulation

Entsprechend der Eindeutigkeit der Inputdaten kann im Rahmen eines Simulationsmodells zwischen der deterministischen sowie der stochastischen Simulation unterschieden werden.[32] Falls dem Entscheidungsträger alle relevanten Daten des Systemzustandes mit Sicherheit bekannt sein sollten und auch nicht in Frage gestellt werden, ist das Simulationsmodell als deterministisch zu bezeichnen.[33] Liegen hingegen Unsicherheiten hinsichtlich der Inputdaten vor, handelt es sich um ein stochastisches

[29] Vgl. Berens, W., Delfmann, W., Schmitting, W. 2004 /Planung/ S. 134; Küll, R., Stähly, P. 1999 /Simulationsexperimente/ S. 4; Rose, O., März, L. 2011 /Simulation/ S. 13.

[30] Berens, W., Delfmann, W., Schmitting, W. 2004 /Planung/ S. 134.

[31] Vgl. Berens, W., Delfmann, W., Schmitting, W. 2004 /Planung/ S. 134f.; Milling, P. 1996 /Simulation/ Sp. 1844-1846. Bei den dynamischen Simulationsmodellen kann ferner hinsichtlich der Prinzipien der Zeitsteuerung zwischen der ereignisgesteuerten und der äquidistanten Zeitfortschreibung unterschieden werden, vgl. im Folgenden Berens, W., Delfmann, W., Schmitting, W. 2004 /Planung/ S. 135; Küll, R., Stähly, P. 1999 /Simulationsexperimente/ S. 4; Brink, A. 1989 /Simulationstechnik/ S. 680. Im ersten Fall wird das Modell beim Eintreten von Ereignissen im Simulationsablauf betrachtet, im zweiten Fall sind die Zustandsänderungen hingegen nur an zuvor festgelegten Zeitpunkten zu berücksichtigten bzw. auf einen solchen zu beziehen. Die ereignisgesteuerte Zeitfortschreibung kann insbesondere bei Ereignissen, welche in nicht regelmäßigen zeitlichen Abständen auftreten, angewendet werden, wobei die Erstellung eines Ereigniskalenders, in dem Reihenfolge und Zeitpunkte der Ereignisse festgelegt werden, sich als schwierig darstellt, vgl. hierzu Brink, A. 1989 /Simulationstechnik/ S. 680. Dies gestaltet sich bei den explizit fixierten Untersuchungszeitpunkten der äquidistanten Zeitfortschreibung zwar einfacher, jedoch sind aber hier die zu verwendenden Zeitintervalle zu bestimmen, die wiederum unterschiedlichen Einfluss auf die Genauigkeit und die Rechenzeit von Simulationsexperimenten haben können, vgl. hierzu Berens, W., Delfmann, W., Schmitting, W. 2004 /Planung/ S. 135.

[32] Vgl. Berens, W., Delfmann, W., Schmitting, W. 2004 /Planung/ S. 135f.; Brink, A. 1989 /Simulationstechnik/ S. 679; Law, A. M., Kelton, W. D. 2000 /Simulation/ S. 6; auch Rose, O., März, L. 2011 /Simulation/ S. 13.

[33] Vgl. Brink, A. 1989 /Simulationstechnik/ S. 679.

Simulationsmodell, innerhalb dessen entweder mit objektiven oder auch mit subjektiven Wahrscheinlichkeitsverteilungen gearbeitet wird.[34]

4.2.3.2.3 Diskrete und kontinuierliche Simulation

Die Änderungen des Systemzustandes eines Modells können entweder in diskreten Sprüngen oder kontinuierlich erfolgen.[35]

Der Fall der diskreten Simulation ist im Rahmen der Anwendung für die meisten Unternehmensbereiche geeignet, insbesondere in solchen, „in denen Sachverhalte und Vorgänge des realen Systems am einfachsten als Realisierungen von Zufallsgrößen oder stochastischen Prozessen abgebildet werden können“[36] und sich einer analytischen Auswertung kaum mehr erschließen lassen.

Hinsichtlich der Zeitfortschreibungsmechanismen lassen sich bei der diskreten Simulation zunächst zwei Ansätze unterscheiden, der ereignisorientierte und der aktivitätsorientierte.[37] Bei der ereignisorientierten Simulation wird die Veränderung des Systemzustandes durch ein Ereignis (event) zum sog. Ereigniszeitpunkt ausgelöst, wobei der Ablauf und die Zeitpunkte in einem Kalender festgelegt werden.[38] Beim aktivitätsorientierten Simulationsansatz hingegen werden während eines Zeitintervalls verschiedene Operationen ausgeführt, welche als Aktivität (activity) bezeichnet werden und am Ende des Intervalls eine Veränderung des Systemzustandes herbeiführen.[39] Bei dieser Art der Zeitfortschreibung sind der Startzeitpunkt und die Aktivitätsdauer, und damit auch der Endzeitpunkt, genau festgelegt.[40]

Durch eine Verknüpfung der Zeitfortschreibungsansätze der ereignisorientierten und der aktivitätsorientierten Simulation entsteht als dritte Form der Zeitfortschreibung

---

[34] Vgl. Brink, A. 1989 /Simulationstechnik/ S. 679; Küll, R., Stähly, P. 1999 /Simulationsexperimente/ S. 4.

[35] Vgl. Milling, P. 1996 /Simulation/ Sp. 1845-1848; Rose, O., März, L. 2011 /Simulation/ S. 14.

[36] Witte, Th. 1993 /Simulationsverfahren/ Sp. 3846.

[37] Vgl. Milling, P. 1996 /Simulation/ Sp. 1847; Pütz, M. 2004 /Produktionssysteme/ S. 169-171; vgl. zu den folgenden Ausführungen insb. Milling, P. 1996 /Simulation/ Sp. 1847f.; Witte, Th. 1993 /Simulationsverfahren/ Sp. 3843f.; vgl. auch Matthes, W., Pütz, M. 2005 /Planungsinstrument/ S. 4f.; Witte, Th., Claus, Th., Helling, K. 1994 /Simulation/ S. 19-21.

[38] Vgl. Milling, P. 1996 /Simulation/ Sp. 1847; Witte, Th. 1993 /Simulationsverfahren/ Sp. 3843.

[39] Vgl. Milling, P. 1996 /Simulation/ Sp. 1847.

[40] Vgl. Milling, P. 1996 /Simulation/ Sp. 1847; Witte, Th. 1993 /Simulationsverfahren/ Sp. 3843f.

innerhalb der diskreten Simulation die prozessorientierte Simulation.[41] Dabei wird ein „Durchlauf von mobilen Elementen durch ein Netzwerk von stationären Elementen“[42] beschrieben. Der prozessuale Charakter entsteht laut *Witte* durch die Zusammenfassung der Abfolge der einzelnen Schritte zu einem bzw. mehreren Prozessen; ferner können die Ereignisse explizit terminiert, aber auch durch die Bedingungen der einzelnen Prozessschritte festgelegt sein.[43]

Beim oben erwähnten Fall der kontinuierlichen Simulation bestehen in einer eng gefassten Sichtweise der Zeitverlauf und die Zustandsvariablen aus kontinuierlichen Größen; dabei wird der Systemzustand meist mittels Differenzial- oder Integralgleichungen dargestellt.[44] Bei diesem Ansatz stehen weniger die verschiedenen Elemente eines Prozesses, sondern vielmehr der abzubildende Prozess in seiner Gesamtheit im Zentrum der Betrachtung.[45] Als bekanntes Beispiel für den Einsatz der kontinuierlichen Simulationen ist der sog. System-Dynamics-Ansatz zu nennen, der „eine Methode zur Analyse vernetzter Ursache-Wirkungsbeziehungen mit Rückkopplungen innerhalb komplexer dynamischer (sozio-ökonomisch-technischer) Systeme“[46] darstellt. Eine weitere Anwendung der kontinuierlichen Simulation ist für einzelne Unternehmensbereiche, aber auch bei sog. Gesamtunternehmensmodellen, zu finden, bei denen vorwiegend mit linearen Gleichungen und anhand einfacher wenn-dann-Analysen über einen Zeitraum hinweg verschiedene Kenngrößen miteinander verknüpft werden können.[47]

In der Realität entwickeln sich die Elemente betriebswirtschaftlich relevanter Problemstellungen meistens durch diskrete Sprünge, was somit im Rahmen der Modell-

41 Vgl. Liebl, F. 1995 /Simulation/ S. 107; Pütz, M. 2004 /Produktionssysteme/ S. 167.

42 Witte, Th. 1993 /Simulationsverfahren/ Sp. 3844; mobile Elemente (entities) sind z.B. Aufträge, stationäre Elemente z.B. Bearbeitungsstationen; vgl. auch Milling, P. 1996 /Simulation/ Sp. 1847; Pritsker, A. A. B., O'Reilly, J. J. 1999 /Visual SLAM/ S. 23. Entities können bspw. als Informationen, Produkte, Aufträge oder auch generell als problemspezifische Objekte interpretiert werden.

43 Vgl. Witte, Th. 1993 /Simulationsverfahren/ Sp. 3844; Milling, P. 1996 /Simulation/ Sp. 1847. Als ein weiterer Ansatz, der auf dem prozessorientierten Ansatz aufbaut, ist die objektorientierte Simulation zu nennen, bei der alle Elemente des Systems dynamisch erzeugt werden, vgl. hierzu Witte, Th. 1993 /Simulationsverfahren/ Sp. 3845.

44 Vgl. Milling, P. 1996 /Simulation/ Sp. 1845f.; Witte, Th. 1993 /Simulationsverfahren/ Sp. 3842f.

45 Vgl. Milling, P. 1996 /Simulation/ Sp. 1845f.

46 Pütz, M. 2004 /Produktionssysteme/ S. 160; vgl. auch Forrester, J. W. 1961 /Industrial/; Forrester, J .W. 1968 /Industrial/; Witte, Th. 1993 /Simulationsverfahren/ Sp. 3845f.; Milling, P. 1996 /Simulationen/ Sp. 1846; Mertens, P., Billmeyer, A., Bradl, P. 2003 /Unternehmensplanung/ S. 1262; Werners, B. 2008 /Operations/ S. 258.

47 Vgl. Witte, Th. 1993 /Simulationsverfahren/ Sp. 3845f.

anwendung den Bereich der diskreten Simulationsmodelle in den Vordergrund rückt.[48]

4.2.3.3 Der Simulationsablauf

Die Entwicklung und der Ablauf eines Simulationsexperimentes kann aufgrund der jeweils unterschiedlichen Problemstellungen nicht durch eine strenge Regel festgelegt werden. Es lassen sich jedoch gewisse einheitliche Schritte für einen adäquaten Ablauf identifizieren, die nachfolgend kurz dargestellt werden sollen, wobei diese auch von Änderungen und Rückkopplungen zu vorangehenden Schritten gekennzeichnet sind.[49]

(1) Die Problemformulierung

Zunächst ist die zugrunde liegende Problemstellung zu spezifizieren und die mit der Simulationsstudie verfolgte Zielsetzung darzulegen sowie der Untersuchungsgegenstand in Form einer Ist-Analyse zu erläutern.[50]

(2) Die Modellerstellung

Die Phase der Modellerstellung beinhaltet die Datenerhebung und Modellentwicklung, die Modellimplementation und die Modellvalidierung.[51]

(a) Sammlung und Aufbereitung problemrelevanter Daten und Modellentwicklung

Der Erfolg einer Simulationsstudie ist vor allem von der Brauchbarkeit des Datenmaterials abhängig. Die Quellen der Informationsbeschaffung können dabei sowohl in

---

[48] Vgl. Berens, W., Delfmann, W., Schmitting, W. 2004 /Planung/ S. 137; Milling, P. 1996 /Simulation/ Sp. 1845f. Simulationssprachen wie beispielsweise Visual SLAM erlauben den Einsatz von diskreten und/oder kontinuierlichen Variablen; vgl. hierzu Pritsker, A. A. B., O'Reilly, J. J. 1999 /Visual SLAM/; Pritsker Corporation 1997 /Reference/.

[49] Zu den folgenden Ausführungen und zum Ablauf einer Simulation vgl. insb. Küll, R., Stähly, P. 1999 /Simulationsexperimente/ S. 5-7; Witte, Th. 1993 /Simulationsverfahren/ Sp. 3840-3842; Brink, A. 1989 /Simulationstechnik/ S. 681f.; Law, A. M. 1986 /Simulation/ S. 52; Pütz, M. 2004 /Produktionssysteme/ S. 201-212; Berens, W., Delfmann, W., Schmitting, W. 2004 /Planung/ S. 426-428; Matthes, W., Pütz, M. 2005 /Grundlagen/ S. 3-7; Matthes, W., Böth, Th., Pütz, M. 2006 /Controlling/ S. 16f.; Dangelmaier, W., Laroque, Ch. 2008 /Simulation/; Pütz, M. 2009 /Entwicklungscontrolling/ S. 366-369.

[50] Vgl. Küll, R., Stähly, P. 1999 /Simulationsexperimente/ S. 6; Witte, Th. 1993 /Simulationsverfahren/ Sp. 3840f.

[51] Vgl. hierzu und im Folgenden insb. Küll, R., Stähly, P. 1999 /Simulationsexperimente/ S. 5f.; Brink, A. 1989 /Simulationstechnik/ S. 681f.

unternehmensinternen als auch in unternehmensexternen Bereichen liegen, wobei in beiden Bereichen die Kosten der Datenbeschaffung zu einer Begrenzung führen können.[52] Im Einzelnen werden die Daten insb. „benötigt für

- Schätzung von Konstanten und Parametern
- Bestimmung der Anfangswerte für alle Variablen
- Testen des Modells auf Übereinstimmung mit der Wirklichkeit (Validierung)“[53].

Hierbei sind bspw. auch Fragen hinsichtlich des Zeitbezugs und möglicher stochastischer Bedingungen oder Wahrscheinlichkeitsverteilungen zu klären.[54] Dabei ist die Modellierung auch als ein „Abstraktionsprozess zu sehen, bei dem die hinsichtlich der festgelegten Ziele relevanten Systemcharakteristika herausgefiltert und im Modell abgebildet werden“[55] müssen.

(b) Modellimplementation

Die Komplexität und Problemvielfalt der Realität, welche durch ein Simulationsexperiment adäquat gehandhabt werden soll, erlaubt es i.d.R. nicht, dieses in Form einer sog. Handsimulation durchzuführen, sondern ist nur noch durch eine Computersimulation möglich.[56] Im Rahmen eines hierfür zu entwickelnden Computerprogramms kann zum einen auf allgemein anwendbare Programmiersprachen zurückgegriffen werden, zum anderen aber auch auf spezielle Simulationssprachen, wie etwa Visual SLAM, die auch dem in dieser Arbeit entwickelten Simulationsmodell zugrunde liegt.[57] Der Entwicklung eines Simulationsprogramms folgt nach dessen Erstellung sodann der Test hinsichtlich möglicher syntaktischer und logischer Fehler.[58]

---

52 Vgl. Brink, A. 1989 /Simulationstechnik/ S. 681.

53 Mandl, Ch. E. 1977 /Simulationstechnik/ S. 57; vgl. auch Brink, A. 1989 /Simulationstechnik/ S. 681; Matthes, W., Pütz, M. 2005 /Grundlagen/ S. 4.

54 Vgl. Brink, A. 1989 /Simulationstechnik/ S. 682.

55 Küll, R., Stähly, P. 1999 /Simulationsexperimente/ S. 6.

56 Vgl. Milling, P. 1996 /Simulation/ Sp. 1844; Pütz, M. 2004 /Produktionssysteme/ S. 159.

57 Vgl. Brink, A. 1989 /Simulationstechnik/ S. 682; Milling, P. 1996 /Simulation/ Sp. 1844; siehe hinsichtlich der Simulationsprache Visual SLAM bspw. Pritsker, A. A. B., O'Reilly, J. J. 1999 /Visual SLAM/; Pritsker Corporation 1997 /Reference/; auch Nisanci, A., Schwab, R. E. 2001 /Simulation/ S. 2454.

58 Vgl. Brink, A. 1989 /Simulationstechnik/ S. 682.

(c) Validierung des Simulationsmodells

Die Phase der Modellvalidierung, innerhalb der die Gültigkeit des Modells hinsichtlich der Übereinstimmung mit dem zu simulierenden Realitätsausschnitt vorgenommen wird, sollte anhand von Beobachtungen des realen Systems vorgenommen werden.[59] Da durch ein Simulationsexperiment häufig ex ante Gestaltungsempfehlungen im Sinne eines Planungs- und/oder Prognosemodells gegeben werden sollen, kann sich eine Validierung aufgrund von ex post Daten für den Modellersteller ggf. als schwierig darstellen.[60]

(3) Die Modellauswertung

In die Phase der Modellauswertung fallen die Planung und Durchführung von Simulationsexperimenten bzw. Simulationsläufen, die Ergebnisanalyse und die Anwendung auf das reale System.[61]

(a) Erstellung eines Simulationsversuchsplans und Durchführung von Simulationsexperimenten

Mit dem Simulationsversuchsplan sollen möglichst viele Inputkombinationen und die damit verbundenen Ergebnisse untersucht und beobachtet werden und aufgrund der zu spezifizierenden Systemkonstellation sodann die durchzuführenden Simulationsläufe festgelegt werden.[62] Auch sind hier die Länge und Anzahl von unabhängigen Simulationsläufen zu bestimmen, damit danach die noch zu analysierenden Ergebnisse des Simulationsmodells bereitgestellt werden können.[63]

(b) Analyse und Aufbereitung der Simulationsergebnisse

Im Rahmen der Auswertung der Simulationsläufe sind die Simulationsergebnisse zusammenzustellen und näher zu analysieren.[64] Ferner können die den Ergebnissen zugrunde gelegten Bedingungen variiert werden, um bspw. die Aussagekraft des

---

59 Vgl. Brink, A. 1989 /Simulationstechnik/ S. 682; Witte, Th. 1993 /Simulationsverfahren/ Sp. 3841; Küll, R., Stähly, P. 1999 /Simulationsexperimente/ S. 6.

60 Vgl. Brink, A. 1989 /Simulationstechnik/ S. 682.

61 Vgl. hierzu und im Folgenden insb. Küll, R., Stähly, P. 1999 /Simulationsexperimente/ S. 6f.; Witte, Th. 1993 /Simulationsverfahren/ Sp. 3841f.; Brink, A. 1989 /Simulationstechnik/ S. 682.

62 Vgl. Witte, Th. 1993 /Simulationsverfahren/ Sp. 3841; auch Brink, A. 1989 /Simulationstechnik/ S. 682.

63 Vgl. Witte, Th. 1993 /Simulationsverfahren/ Sp. 3841; auch Brink, A. 1989 /Simulationstechnik/ S. 682; Küll, R., Stähly, P. 1999 /Simulationsexperimente/ S. 6; Baetge, J., Fischer, Th., 1989 /Simulationstechniken/ Sp. 1791f.

64 Vgl. Brink, A. 1989 /Simulationstechnik/ S. 682; Witte, Th. 1993 /Simulationsverfahren/ Sp. 3842.

Modells zu stützen, und es sind auch in dieser Phase Rückkopplungen zu vorherigen Stufen möglich.[65]

Sobald gesicherte Ergebnisse der Simulationsläufe festgestellt wurden, können diese auf das zu betrachtende reale System übertragen werden.[66]

Wie im Abschnitt 4.2.3.2.3 bereits erwähnt, werden diskrete Simulationsmodelle meist eingesetzt, wenn sich die Elemente betriebswirtschaftlich relevanter Problemstellungen durch Sprünge kennzeichnen lassen.[67] Im Rahmen dieser Arbeit werden ökonomische Problemstellungen untersucht, die diskreter, dynamischer und stochastischer Struktur sind. Entsprechend wird bei der Konzeption einer Entwicklungsbilanz auf die dynamische Simulation in Form der diskreten Simulation unter Berücksichtigung von Zufallsvariablen zurückgegriffen und ein hierfür zieladäquat einsetzbares Simulationssystem im folgenden Abschnitt vorgestellt.

4.3 Simulation mit AweSim

Zur Entwicklung und Realisierung einer simulationsgestützten internen Entwicklungsbilanz- und Entwicklungserfolgsrechnung wird hier auf das Simulationssystem (simulation support system) AweSim[68] zurückgegriffen.[69] Das Simulationssystem AweSim ermöglicht die für eine dynamische Simulation notwendige eigene Erstellung eines Modells, die Datenverwaltung, die Analyse der Ergebnisse und das damit

---

65 Vgl. Küll, R., Stähly, P. 1999 /Simulationsexperimente/ S. 7.

66 Vgl. Küll, R., Stähly, P. 1999 /Simulationsexperimente/ S. 7.

67 Vgl. Berens, W., Delfmann, W., Schmitting, W. 2004 /Planung/ S. 137.

68 Vgl. zum simulation support system AweSim insb. Pritsker, A. A. B., O'Reilly, J. J. 1999 /Visual SLAM/ S. 327-375.

69 Als Beispiele für Simulationen mit AweSim vgl. im Rahmen der Vorgängerversion SLAMSYSTEM die Simulation von Fertigungs- und Logistiksystemen am Beispiel einer Fahrradfabrik bei Witte, Th., Claus, Th., Helling, K. 1994 /Simulation/ und auch die prozessorientierte Risiko-Chancenanalyse bei Kersten, F. 1996 /Simulation/. Vgl. ferner auch die Simulation mit AweSim für den Warteschlangenbereich an einem Flughafen oder für einen klinischen Transplantationsbereich bei Pritsker, A. A. B., O'Reilly, J. J. 1997 /Integrated/ S. 547-551 und Pritsker, A. A. B., O'Reilly, J. J. 1998 /AweSim/ S. 251-254; die Simulation der Prozesse der Reparaturabteilung eines mittelständischen Computerhändlers bei Grob, H. L., Lahme, N. 2000 /AweSim/ S. 1656-1658; die Simulation von flexibel automatisierten Produktionssystemen mittels AweSim bei Pütz, M. 2004 /Produktionssysteme/; die Simulation des Leistungs- und Absatzprogramms eines Call-Centers mit AweSim bei Matthes, W., Böth, Th., Pütz, M. 2006 /Controlling/; den Simulationsansatz unter Berücksichtigung von Nachhaltigkeitspotenzialen bei Pütz, M., Bömkes, T. 2006 /Nachhaltigkeitspotenziale/ und die Simulation von Abbaumethoden im Bergbau bei Sharma, A., Szymanski, J., Anand, A. 2009 /simulation/. Vgl. hinsichtlich der hier verwendeten AweSim-Version 3.0 auch Pritsker Corporation 1999 /Guide/; Pritsker, A. A. B., O'Reilly, J. J. 1999 /Visual SLAM/.

verbundene Reporting sowie die Visualisierung bzw. Animation von Modellelementen.[70] Ferner verfügt es als Entwicklungsumgebung für Simulationsprojekte auch über eine Integrationsfunktion, durch die der Datenaustausch mit anderen Datenbanken, Textverarbeitungsprogrammen und Kalkulationstabellen ermöglicht wird.[71] Das hier verwendete simulation support system AweSim basiert auf der Simulationssprache Visual SLAM, die für die diskrete und für die kontinuierliche Simulation sowie für Kombinationen zwischen diskreter und kontinuierlicher Simulation einen einheitlichen Modellierungsrahmen anbietet.[72] Der Netzwerkeditor des simulation support system AweSim ermöglicht ferner eine grafische Programmierung, die durch die Verwendung verschiedener Netzwerkelemente, insb. Knoten, Kanten und Blöcke, u.a. auch das Anlegen von Entscheidungs- und Realisationsprozessen, aber auch die Berücksichtigung von Termin- und Kapazitätsbedingungen sowie Wahrscheinlichkeitsverteilungen erlaubt.[73]

4.3.1 Komponenten von AweSim

Entwickelte Simulationsmodelle werden bei AweSim in Form von einzelnen Projekten verwaltet, die wiederum aus mindestens einem Szenario oder einer Liste von Szenarios bestehen und somit einzelne Varianten des Modells darstellen können.[74] Die einzelnen Komponenten von AweSim lassen sich in drei Hauptkomponenten einteilen:[75]

- Models (Modellkomponente),

[70] Vgl. Pütz, M. 2004 /Produktionssysteme/ S. 330 sowie Matthes, W., Böth, Th., Pütz, M. 2006 /Controlling/ S. 17f.

[71] Vgl. Pütz, M. 2004 /Produktionssysteme/ S. 330 u. S. 335; O'Reilly, J. J. 2002 /AweSim/ S. 224.

[72] Vgl. Pütz, M. 2004 /Produktionssysteme/ S. 329; Matthes, W., Böth, Th., Pütz, M. 2006 /Controlling/ S. 17; Pritsker, A. A. B., O'Reilly, J. J. 1999 /Visual SLAM/ S. 30f.; O'Reilly, J. J. 2002 /AweSim/ S. 221; vgl. auch Werners, B. 2008 /Operations/ S. 258f.; Zur Vorgängerversion von Visual SLAM, SLAM II, vgl. Witte, Th., Claus, Th., Helling, K. 1994 /Simulation/ S. 73-78; Pritsker, A. A. B. 1994 /SLAM II/ und den kurzen Überblick der Entwicklung von Simulationssystemen hin zur Simulationssprache Visual SLAM bei Wilson, J. R., Goldsman, D. 2001 /Entrepreneurship/ S. 140f.

[73] Vgl. Pütz, M. 2004 /Produktionssysteme/ S. 329f., 395-398; Matthes, W., Böth, Th., Pütz, M. 2006 /Controlling/ S. 17; auch O'Reilly, J. J. 2002 /AweSim/ S. 221-224; Pritsker, A. A. B., O'Reilly, J. J. 1999 /Visual SLAM/ S. 100-102. Vgl. auch den Überblick zu Visual SLAM und AweSim unter 3.2 bei Valero, J. M. J., Paulo, R. R., Velez, F. J. 2006 /Simulation/. Eine Auswahl verschiedener Netz- und Subnetzwerksymbole wird im Abschnitt 4.3.3 kurz erläutert.

[74] Vgl. Matthes, W., Böth, Th., Pütz, M. 2006 /Controlling/ S. 18; Pütz, M. 2004 /Produktionssysteme/ S. 331; Pritsker, A. A. B., O'Reilly, J. J. 1999 /Visual SLAM/ S. 53 und S. 328.

[75] Vgl. Pütz, M. 2004 /Produktionssysteme/ S. 331; Pritsker Corporation 1999 /Guide/ S. 1. Siehe auch Banks, J. 1998 /Software/ S. 819f.; Nisanci, A., Schwab, R. E. 2001 /Simulation/ S. 2454f.

- Results (Ergebniskomponente),
- Notes (Dokumentationskomponente).

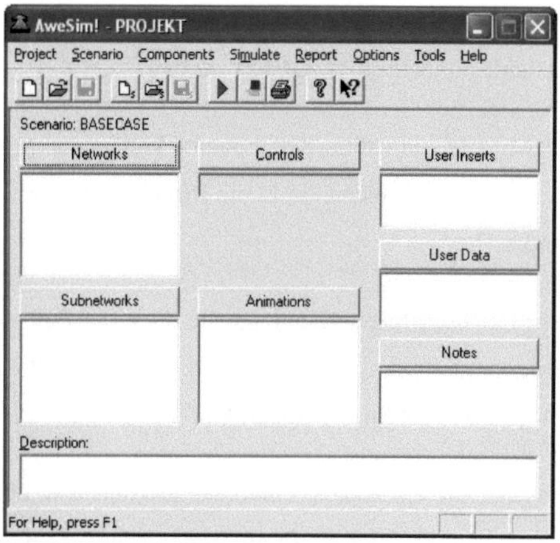

Abb. 4.3.1: Komponenten von AweSim[76]

Die vorstehende Abbildung zeigt beispielhaft ein AweSim-Anwendungsfenster, über das auf die einzelnen hier aufgeführten Bereiche der Hauptkomponenten zugegriffen werden kann.

Im Einzelnen beinhaltet die Modellkomponente die folgenden sechs Bereiche:[77]

- Network: Mit der Komponente Network können Entscheidungs- und Realisationsprozesse definiert und in Form eines Netzwerkes beschrieben werden. Die Komponente Network muss zur Generierung eines Simulationslaufes immer programmiert sein.[78]

- Subnetwork: Durch die Komponente Subnetwork können verschiedene Netzwerk-Hierarchieebenen entworfen werden.[79]

---

76 AweSim-Anwendungsfenster. Vgl. auch O'Reilly, J. J. 2002 /AweSim/ S. 221.

77 Vgl. zu den hier aufgeführten Bestandteilen und Ausführungen zur Modellkomponente Pütz, M. 2004 /Produktionssysteme/ S. 331f.; Witte, Th., Claus, Th., Helling, K. 1994 /Simulation/ S. 73f.

78 Vgl. O'Reilly, J. J. 2002 /AweSim/ S. 221f.; Matthes, W., Böth, Th., Pütz, M. 2006 /Controlling/ S. 17f.; Pütz, M. 2004 /Produktionssysteme/ S. 330f.

79 Vgl. O'Reilly, J. J. 2002 /AweSim/ S. 222; Pritsker, A. A. B., O'Reilly, J. J. 1998 /AweSim/ S. 252f.; Pütz, M. 2004 /Produktionssysteme/ S. 331.

- Control: In der Control-Komponente, die im Folgenden als Steuerungsdatei bzw. -komponente bezeichnet wird, werden Simulationsparameter eingerichtet, die der Steuerung des Simulationsablaufs dienen. Wie die Networks-Komponente, muss auch die Steuerungskomponente zur Generierung eines Simulationslaufes immer programmiert werden.[80]

- Animation: Mit der Animation-Komponente können zuvor mit externen Programmen erstellte Grafikelemente in ein Projekt importiert und dort mit verwendet werden.[81]

- User Inserts: Die User Inserts-Komponente dient der Einbindung benutzerdefinierter Programme (wie C++ oder Visual Basic) oder Programmteile sowie spezieller Visual SLAM Sprachkonstrukte.[82]

- User Data: Über die User Data-Komponente können in ein Szenario benutzerdefinierte Daten, beispielsweise aus Datenbankdateien, eingebunden werden.[83]

Nach einer durchgeführten Simulation können über die zweite Hauptkomponente in Form der Ergebniskomponente verschiedene Berichte (Reports) oder auch die grafischen Aufbereitungen einzelner Daten eines Simulationslaufes (Graphs) dargestellt werden.[84] Ferner können die Ergebnisse auch in Form von Animationen (Animations) aufbereitet werden.

Szenariospezifische Dokumentationen können im Rahmen der dritten Hauptkomponente, der Dokumentationskomponente (Notes), erstellt werden.[85]

---

80 Vgl. O'Reilly, J. J. 2002 /AweSim/ S. 222; Pritsker, A. A. B., O'Reilly, J. J. 1999 /Visual SLAM/ S. 129; Matthes, W., Böth, Th., Pütz, M. 2006 /Controlling/ S. 18.

81 Vgl. O'Reilly, J. J. 2002 /AweSim/ S. 222; Pritsker, A. A. B., O'Reilly, J. J. 1999 /Visual SLAM/ S. 349-355; Pütz, M. 2004 /Produktionssysteme/ S. 332.

82 Vgl. O'Reilly, J. J. 2002 /AweSim/ S. 222.; O'Reilly, J. J., Lilegdon W. R. 1999 /AweSim/ S. 197; Pütz, M. 2004 /Produktionssysteme/ S. 332.

83 Vgl. Pritsker Corporation 1999 /Guide/ S. 2; Pütz, M. 2004 /Produktionssysteme/ S. 332.

84 Vgl. Pütz, M. 2004 /Produktionssysteme/ S. 332; Pritsker, A. A. B., O'Reilly, J. J. 1999 /Visual SLAM/ S. 347f.; Pritsker Corporation 1999 /Guide/ S. 2.

85 Vgl. Pütz, M. 2004 /Produktionssysteme/ S. 332; Pritsker Corporation 1999 /Guide/ S. 2.

4.3.2 Einheitenspezifische und globale Variablen

Bei der Simulation mittels Visual SLAM durchlaufen Einheiten mit bestimmten Eigenschaften ein oder mehrere Netzwerke.[86] Die Datentypen dieser Merkmale bzw. Attribute können folgender Art sein:[87]

- Datentyp real (reelle Zahlen),
- Datentyp integer (ganze Zahlen),
- Datentyp string (Zeichenkette).

Die einheitenspezifischen Variablen werden in einem der folgenden Vektoren verwaltet, die somit auch als der private Speicher einer Einheit bezeichnet werden können:[88]

- Vektor ATRIB (für reelle Zahlen; Datentyp real),
- Vektor LTRIB (für ganze Zahlen; Datentyp integer),
- Vektor STRIB (für Zeichenketten; Datentyp string).

Dabei entspricht jede Variable in einem Netzwerk einer bestimmten Vektorposition, wobei die Anzahl der Variablen über die Steuerungsdatei durch eine maximale Vektorposition begrenzt wird.[89] Der Zugriff auf eine bestimmte einheitenspezifische Variable bzw. Vektorposition erfolgt im Netzwerk sodann über den Ausdruck ATRIB[I], LTRIB[I] oder STRIB[I].[90]

---

86 Vgl. Witte, Th., Claus, Th., Helling, K. 1994 /Simulation/ S. 235; O'Reilly, J. J. 2002 /AweSim/ S. 221f.

87 Vgl. Pütz, M. 2004 /Produktionssysteme/ S. 338; Pritsker, A. A. B., O'Reilly, J. J. 1999 /Visual SLAM/ S. 92f.

88 Vgl. Witte, Th., Claus, Th., Helling, K. 1994 /Simulation/ S. 235f.; Pütz, M. 2004 /Produktionssysteme/ S. 338f.

89 Vgl. Pritsker, A. A. B., O'Reilly, J. J. 1999 /Visual SLAM/ S. 129; Pütz, M. 2004 /Produktionssysteme/ S. 338. Die hierzu notwendige Anweisung LIMITS und weitere Befehle werden im Abschnitt 4.3.4 kurz dargestellt.

90 Vgl. Pütz, M. 2004 /Produktionssysteme/ S. 338; Pritsker, A. A. B., O'Reilly, J. J. 1999 /Visual SLAM/ S. 92.

Beschreibung	Variablenname
reelles Attribut I der aktuellen Einheit	ATRIB[I]
ganzzahliges Attribut I der aktuellen Einheit	LTRIB[I]
Zeichenketten-Attribut I der aktuellen Einheit	STRIB[I]

Tab. 4.3.1: Ausgewählte einheitenspezifische Variablen[91]

Anders als bei den einheitenspezifischen Variablen, die wie oben beschrieben als privater Speicher einer Einheit dienen, erstrecken sich die globalen Variablen über alle Systemelemente hinweg.[92] Auch hier stehen, wie bei den einheitenspezifischen Variablen, drei Arten zur Verfügung, die als benutzerspezifizierbare globale Variablen bezeichnet und in einem der folgenden Vektoren verwaltet werden:[93]

- Vektor XX (für reelle Zahlen; Datentyp real),
- Vektor LL (für ganze Zahlen; Datentyp integer),
- Vektor SZ (für Zeichenketten; Datentyp string).

Jede globale Variable entspricht einer bestimmten Vektorposition und auch die Anzahl der globalen Variablen wird wiederum in der Steuerungsdatei mit Hilfe einer maximalen Vektorposition begrenzt.[94] Der Zugriff auf eine bestimmte globale Variable bzw. Vektorposition erfolgt im Netzwerk über den Ausdruck XX[I], LL[I] oder SZ[I].[95]

Ferner können globale Variablen auch als Feldvariablen in Feldern verwaltet werden.[96] Diese Feldvariablen bilden dann eine Reihe von Variablen, wobei der jeweilige Feldname ARRAY heißt.[97] Der in der Steuerungsdatei verwendete ARRAY-

---

91 Vgl. hierzu die Auflistung aller einheitenspezifischen Variablen bei Pritsker Corporation 1997 /Reference/ S. 6, Tabelle 2.3 im Original und ferner die ausführliche kommentierte und von dort entnommene Übersetzung bei Pütz, M. 2004 /Produktionssysteme/ S. 339, der weitere, hier nicht vorgestellte, einheitenspezifische Variablenarten erläutert.

92 Vgl. Witte, Th., Claus, Th., Helling, K. 1994 /Simulation/ S. 236.

93 Vgl. Pütz, M. 2004 /Produktionssysteme/ S. 339f.; Witte, Th., Claus, Th., Helling, K. 1994 /Simulation/ S. 236; Pritsker, A. A. B., O'Reilly, J. J. 1999 /Visual SLAM/ S. 92f.

94 Vgl. Pütz, M. 2004 /Produktionssysteme/ S. 339; Pritsker, A. A. B., O'Reilly, J. J. 1999 /Visual SLAM/ S. 129.

95 Vgl. Pütz, M. 2004 /Produktionssysteme/ S. 339; Pritsker, A. A. B., O'Reilly, J. J. 1999 /Visual SLAM/ S. 92.

96 Vgl. Witte, Th., Claus, Th., Helling, K. 1994 /Simulation/ S. 236; Pütz, M. 2004 /Produktionssysteme/ S. 339f.; Pritsker, A. A. B., O'Reilly, J. J. 1999 /Visual SLAM/ S. 97.

97 Vgl. Witte, Th., Claus, Th., Helling, K. 1994 /Simulation/ S. 236.

Befehl definiert die Felder in der Form, dass der erste Parameter die Feldnummer und der zweite Parameter die Dimension festlegt.[98] Ferner werden die initialisierten Anfangswerte, auf die zugegriffen werden kann, als Feldwerte in einer Klammer wie folgt angehängt:[99]

ARRAY,Feldnummer,Felddimension,{Feldwert1, Feldwert2, Feldwert3, ...}

Beschreibung	Variablenname
reelle globale Variable I	XX[I]
ganzzahlige globale Variable I	LL[I]
globale Zeichenketten-Variable I	SZ[I]
Feldvariable J des Feldes I	ARRAY[I,J]

Tab. 4.3.2: Ausgewählte globale Variablen[100]

4.3.3 Netzwerkelemente in Visual SLAM

Die Netzwerkelemente in Visual SLAM bestehen im Wesentlichen aus sog. Blöcken, Knoten und Aktivitäten und werden im Folgenden kurz erläutert.

4.3.3.1 Blöcke

In der ersten Gruppe von Netzwerkelementen, den sog. Blöcken, lassen sich drei Arten unterscheiden:[101]

- RESOURCE-Block,
- GROUP-Block,
- GATE-Block.

98 Vgl. Witte, Th., Claus, Th., Helling, K. 1994 /Simulation/ S. 94.

99 Vgl. Witte, Th., Claus, Th., Helling, K. 1994 /Simulation/ S. 94 und S. 236; auch Pütz, M. 2004 /Produktionssysteme/ S. 339. Vgl. hierzu auch exemplarisch die im Rahmen der Modellentwicklung im Abschnitt 4.5.5.1.16 vorgenommenen Eintragungen in der Steuerungsdatei BFUECONG.

100 Zur Auflistung aller globaler Variablen vgl. Pritsker Corporation 1997 /Reference/ S. 6, Tabelle 2.2 im Original und die kommentierte und von dort übernommene Übersetzung von Pütz, M. 2004 /Produktionssysteme/ S. 340, bei der weitere als die hier aufgeführten globalen Variablenarten erläutert werden.

101 Vgl. hierzu und im Folgenden insb. Pritsker, A. A. B., O'Reilly, J. J. 1999 /Visual SLAM/ S. 164-166, S. 186f. und S. 209; Pütz, M. 2004 /Produktionssysteme/ S. 346-349.

Über einen RESOURCE-Block können in Visual SLAM Ressourcen bzw. Engpässe mit entsprechenden Anfangskapazitäten und Abarbeitungsreihenfolgen definiert werden.[102] Durch spezifische Knoten[103], die als Steuerungs- bzw. Entscheidungsinstanzen innerhalb des Netzwerkes fungieren, können somit bspw. auch Personal- oder Betriebsmittelressourcen im Rahmen eines Simulationslaufes angefordert, belegt und auch wieder freigegeben werden. Reicht die Kapazität einer Ressource nicht aus, werden die Einheiten bis zur Abarbeitung in einer Warteschlangendatei verzögert, deren Dateinummer in dem entsprechenden Knoten bereits angegeben ist.[104]

Einzelne Ressourcen können ferner in einem sog. GROUP-Block zusammengefasst werden, um die Auswahl der Ressourcen innerhalb der Gruppe fallspezifisch vornehmen zu können.[105] Die Anforderung, Belegung und Freigabe einzelner Ressourcen erfolgt dabei analog zur Vorgehensweise beim RESOURCE-Block.

Ferner können durch einen GATE-Block Einheiten im Netzwerk durch festzulegende Bedingungen aufgehalten bzw. verzögert werden, sie können demnach auch als logische Sperren bezeichnet werden.[106]

4.3.3.2 Netzwerkknoten

Innerhalb des Netzwerkes bilden sog. Knoten die zweite Gruppe von Netzwerkelementen. Die folgende Auflistung zeigt die für die Entwicklung und Realisierung ei-

---

102 Vgl. Pütz, M. 2004 /Produktionssysteme/ S. 346f.; Pritsker, A. A. B., O'Reilly, J. J. 1999 /Visual SLAM/ S. 164-166.

103 Die zur Ressourcenbelegung geeigneten Knoten sind die sog. AWAIT- und PREEMPT-Knoten, zur Ressourcenfreigabe die sog. FREE-Knoten. Die für das konzipierte Simulationsmodell einer internen Entwicklungserfolgs- und Entwicklungsbilanzrechnung verwendeten AWAIT- und FREE-Knoten werden im Abschnitt 4.3.3.2 kurz erläutert.

104 Vgl. zum RESOURCE-Block Witte, Th., Claus, Th., Helling, K. 1994 /Simulation/ S. 247; Pütz, M. 2004 /Produktionssysteme/ S. 346f.

105 Dies kann nach verschiedenen Auswahlregeln (z. B. Ressource mit der höchsten oder niedrigsten aktuellen Auslastung oder anhand einer Auswahl nach vordefinierten Wahrscheinlichkeiten) erfolgen. Vgl. die Übersicht zu allen Auswahlregeln bei Pritsker, A. A. B., O'Reilly, J. J. 1999 /Visual SLAM/ S. 186, Tabelle 6-1 und bei Pütz, M. 2004 /Produktionssysteme/ S. 348.

106 Vgl. Pütz, M. 2004 /Produktionssysteme/ S. 349; Pritsker, A. A. B., O'Reilly, J. J. 1999 /Visual SLAM/ S. 209-211.

ner simulationsgestützten internen Entwicklungserfolgs- und Entwicklungsbilanzrechnung relevanten Netzwerkknoten, die kurz erläutert werden:[107]

- ALTER-Knoten,
- ASSIGN-Knoten,
- AWAIT-Knoten,
- CREATE-Knoten,
- FREE-Knoten,
- GOON-Knoten,
- TERMINATE-Knoten,
- UNBATCH-Knoten,
- WRITE-Knoten.

Über einen ALTER-Knoten kann in einem Simulationsmodell die Kapazität von Ressourcen fallbezogen gesteuert werden, indem diese um einen festzulegenden ganzzahligen Wert erhöht oder reduziert werden, wobei zum Zeitpunkt der Anfrage eine Reduzierung von Kapazitäten erst nach einer abgeschlossenen Ressourcennutzung angestoßen wird.[108] Über den im rechten Teil des ALTER Knotens eingetragenen Wert wird die maximale Anzahl der vom Knoten ausströmenden Aktivitäten mittels eines positiven ganzzahligen Ausdrucks angegeben, wie dies auch bei den hier im Folgenden noch dargestellten ASSIGN-, AWAIT-, CREATE-, FREE-, GOON-, UNBATCH- und WRITE-Knoten der Fall ist.[109]

Die folgende Abbildung zeigt exemplarisch die Erhöhung einer Personalressource und die Reduktion einer Betriebsmittelressource um jeweils eine Einheit.

---

[107] Vgl. eine umfassende Darstellung aller einsetzbaren Netzwerkknoten bei Pritsker, A. A. B., O'Reilly, J. J. 1999 /Visual SLAM/ S. 81-277; vgl. ferner zu den hier vorgestellten grundlegenden Netzwerkelementen Pütz, M. 2004 /Produktionssysteme/ S. 349-373 und auch die in der Vorgängerversion SLAM II dargestellten Knoten bei Witte, Th., Claus, Th., Helling, K. 1994 /Simulation/ S. 251-278. Vgl. auch in Anlehnung an Pütz, M. 2004 /Produktionssysteme/ den Anhang A-2 bei Pütz, M. 2009 /Entwicklungscontrolling/ S. 595-674 und S. 308-313. Die im Abschnitt 4.3.3.2 aufgeführten Beispielknoten wurden mit dem simulation support system AweSim entwickelt.

[108] Vgl. Pritsker, A. A. B., O'Reilly, J. J. 1999 /Visual SLAM/ S. 178-180; Witte, Th., Claus, Th., Helling, K. 1994 /Simulation/ S. 252f.

[109] Vgl. Pütz, M. 2004 /Produktionssysteme/ S. 349; Pritsker, A. A. B., O'Reilly, J. J. 1999 /Visual SLAM/ S. 87, S. 91f.

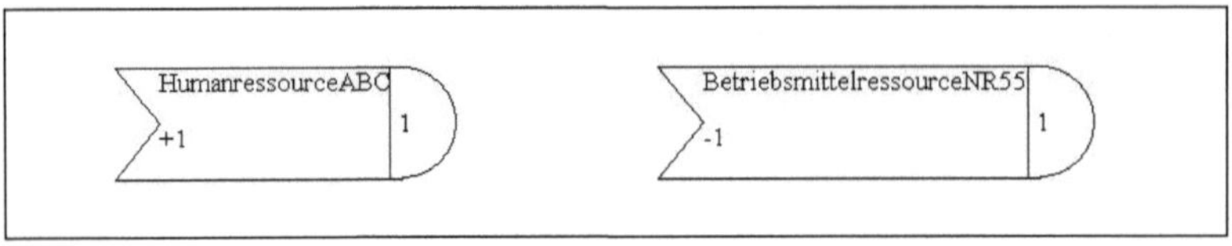

Abb. 4.3.2: ALTER-Knoten

Mittels eines ASSIGN-Knotens können einer oder auch mehreren einheitenspezifischen oder globalen Variablen beliebige Werte oder Inhalte zugewiesen werden, womit z.B. auch beliebige mit der Simulation von Geschäftsvorfällen einhergehende Rechenoperationen abgebildet werden können.[110]

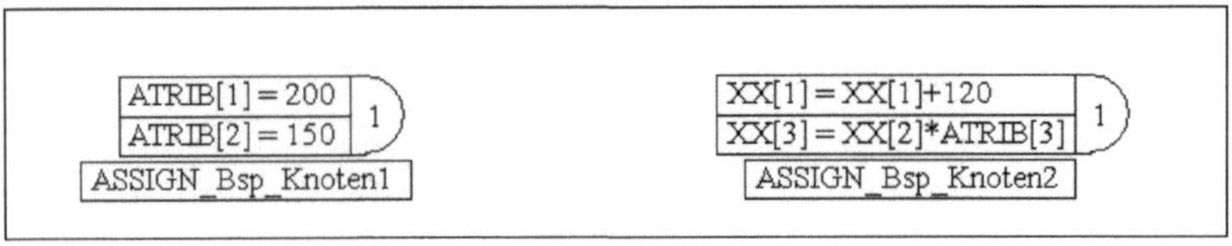

Abb. 4.3.3: ASSIGN-Knoten

Der erste in Abbildung 4.3.3 aufgeführte ASSIGN-Knoten zeigt ein Beispiel, bei dem einer ersten Eigenschaft, also ATRIB[1], ein Wert von 200 zugeordnet wird, ATRIB[2] hingegen ein Wert von 150.

Ferner sind auch arithmetische Operationen, durch die Variablenwerte verändert werden, möglich.[111] Der in Abbildung 4.3.3 an zweiter Stelle abgebildete ASSIGN-Knoten zeigt beispielhaft, wie eine globale Variable XX[1] bei jedem Durchlauf einer Einheit um den Wert 120 erhöht wird, wobei die Wertezuweisung von rechts nach links erfolgt. Ferner wird in der zweiten Zeile der globalen Variable XX[3] durch Multiplikation einer globalen Variable XX [2] mit dem Wert von ATRIB [3] ein neuer Wert zugewiesen.

Der AWAIT-Knoten kann im Zusammenhang mit den bereits im Abschnitt 4.3.3.1 dargestellten Ressourcen RESOURCE-Block, GROUP-Block und GATE-Block verwendet werden, um bspw. im Rahmen der Simulation von Geschäftsvorfällen die

---

[110] Vgl. Pütz, M. 2004 /Produktionssysteme/ S. 352f.; Pritsker, A. A. B., O'Reilly, J. J. 1999 /Visual SLAM/ S. 107-109.

[111] Vgl. Witte, Th., Claus, Th., Helling, K. 1994 /Simulation/ S. 254.

damit verbundenen Personal- und Betriebsmittelkapazitäten als Steuerungs- bzw. Entscheidungsinstanz anzufordern und zu belegen.[112]

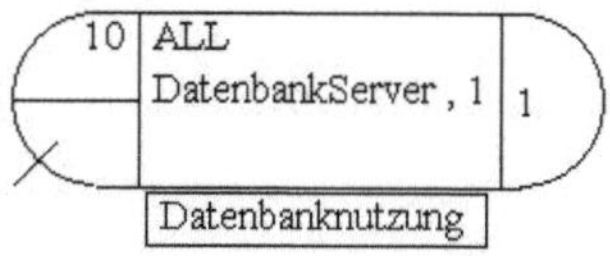

Abb. 4.3.4: AWAIT-Knoten

Am Beispielknoten „Datenbanknutzung“ fordern ankommende Einheiten eine Kapazitätseinheit einer Betriebsmittelressource mit der Bezeichnung „DatenbankServer“ an, die Kapazität der angeforderten Ressource wird für diesen Fall dann um die angegebene Einheit 1 herabgesetzt. Falls die Kapazität der angeforderten Ressource nicht ausreicht, wird die Einheit im Anwendungsbeispiel bis zur Freigabe über die Warteschlangendatei 10 verzögert. Der Eintrag ALL kennzeichnet die hier verwendete Zuteilungsregel, bei der die eingetroffene Einheit bis zu dem Zeitpunkt verzögert wird, bis alle im Beispielknoten aufgeführten Ressourcen verfügbar sind.[113]

Ferner kann es sich bei der in einem AWAIT-Knoten eingetragenen Ressource auch um einen GATE-Block handeln. In diesem Fall werden die den AWAIT-Knoten durchlaufenden Einheiten verzögert, bis die Sperre im GATE-Block in Abhängigkeit von einer zuvor festgelegten Bedingung wieder geöffnet werden kann.[114]

Über den CREATE-Knoten können mit einem zeitlich zu spezifizierenden Abstand verschiedene Einheiten erzeugt und gesteuert werden, wodurch im Rahmen eines Simulationsmodells bspw. auch das Auftreten unterschiedlicher Geschäftsvorfälle

---

[112] Vgl. Witte, Th., Claus, Th., Helling, K. 1994 /Simulation/ S. 255-258; Pritsker, A. A. B., O'Reilly, J. J. 1999 /Visual SLAM/ S. 166-170; Pütz, M. 2004 /Produktionssysteme/ S. 353-355.

[113] Im Beispielknoten „Datenbanknutzung“ ist nur eine Ressource aufgeführt, es könnten dort auch mehrere Ressourcen bzw. eine Ressourcengruppe aufgelistet sein. Neben der Zuteilungsregel ALL kann auch die Zuteilung der ersten verfügbaren Ressource einer Liste über die Regel ONE spezifiziert werden, zudem sind weitere benutzerspezifische Ressourcenzuteilungsregeln (über die Regel ALLOC) möglich; vgl. Pritsker, A. A. B., O'Reilly, J. J. 1999 /Visual SLAM/ S. 168f.; Pütz, M. 2004 /Produktionssysteme/ 353f.

[114] Vgl. Pritsker Corporation 1997 /Reference/ S. 18f.; Witte, Th., Claus, Th., Helling, K. 1994 /Simulation/ S. 255.

zeitbezogen abgebildet werden kann.[115] Gestartet wird zu einem vorher festgelegten Generierungszeitpunkt, zu welchem die erste Einheit erzeugt wird. Die Anzahl der weiter zu generierenden Einheiten kann beschränkt werden und das Auftreten neuer Einheiten innerhalb festgelegter Zeiteinheiten, aber auch mittels des Einsatzes von Wahrscheinlichkeitsverteilungen, generiert werden.[116] Der Generierungszeitpunkt jeder erzeugten Einheit kann von Visual SLAM über eine zuvor spezifizierte einheitenspezifische Variable abgespeichert werden.[117]

Im hier beispielhaft aufgeführten CREATE-Knoten mit der Bezeichnung „UmsatzvorgangXY" wird zum Generierungszeitpunkt 06:00 Uhr (60 Minuten x 6 = 360 Minuten) mit der Erzeugung einer ersten Einheit gestartet, daran anschließend werden im Rahmen einer angenommenen Exponentialverteilung und unter Rückgriff auf eine in der Steuerungsdatei hinterlegte mittlere Zwischenankunftszeit der Umsatzvorgänge weitere Einheiten generiert, die alle jeweils einen eigenen Umsatzvorgang darstellen. Die erzeugten Einheiten werden von Visual SLAM in der einheitenspezifischen Variable ZeitpunktUmsatzXY für spätere Auswertungen abgespeichert, die im Anwendungsbeispiel den genauen Zeitpunkt des Auftretens eines jeden einzelnen Geschäftsvorfalls repräsentiert. Die Einheiten verlassen den CREATE-Knoten wieder über eine zu spezifizierende ausströmende Aktivität.

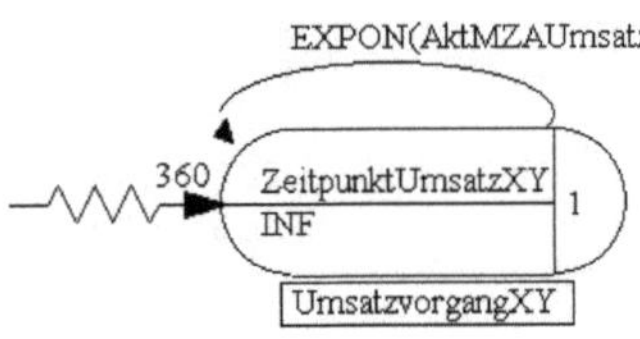

Abb. 4.3.5: CREATE-Knoten

Der FREE-Knoten ermöglicht als Steuerungs- bzw. Entscheidungsinstanz die Freisetzung einer belegten Ressource, die z.B. durch einen AWAIT-Knoten zuvor belegt

[115] Vgl. Pritsker, A. A. B., O'Reilly, J. J. 1999 /Visual SLAM/ S. 99-102; Pütz, M. 2004 /Produktionssysteme/ S. 352; Valero, J. M. J., Paulo, R. R., Velez, F. J. 2006 /Simulation/ Abschnitt 3.2.

[116] Vgl. Pritsker, A. A. B., O'Reilly, J. J. 1999 /Visual SLAM/ S. 99-102.

[117] Vgl. Pritsker, A. A. B., O'Reilly, J. J. 1999 /Visual SLAM/ S. 99f.

wurde.[118] Die folgende Abbildung zeigt exemplarisch den Fall der Freigabe einer EDV-Ressource mit der Bezeichnung „DatenbankServer“ durch einen FREE-Knoten, der während eines definierten Geschäftsvorfalls zur Abarbeitung fallspezifischer Buchungsvorgänge zuvor belegt wurde.

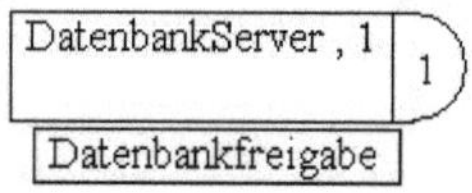

Abb. 4.3.6: FREE-Knoten

Zur Fortsetzung von Prozessen bzw. zur Abbildung von Prozessverknüpfungen kann der GOON-Knoten verwendet werden.[119]

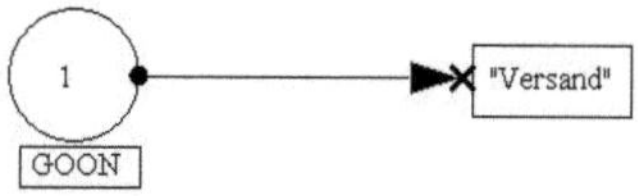

Abb. 4.3.7: GOON-Knoten

Einheiten, die den TERMINATE-Knoten erreichen, werden dort zerstört. Dies kann zum einen über die Spezifikation INF für alle dort ankommenden Einheiten gelten, oder aber alternativ mittels eines positiven ganzzahligen Ausdrucks im Rahmen der Steuerung des Simulationslaufs erreicht werden.[120]

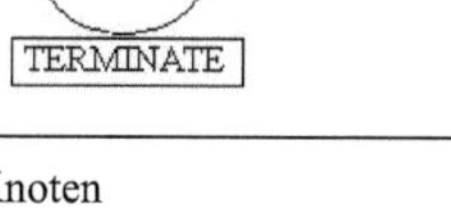

Abb. 4.3.8: TERMINATE-Knoten

[118] Vgl. Pritsker, A. A. B., O'Reilly, J. J. 1999 /Visual SLAM/ S. 170-172.
[119] Vgl. Pritsker, A. A. B., O'Reilly, J. J. 1999 /Visual SLAM/ S. 122-124.
[120] Vgl. Pritsker, A. A. B., O'Reilly, J. J. 1999 /Visual SLAM/ S. 106f.

Ein UNBATCH-Knoten kann zum Klonen von Einheiten verwendet werden, wobei im hier abgebildeten Anwendungsbeispiel die Anzahl der zu klonenden Einheiten durch eine eingetragene Variable bestimmt wird.[121]

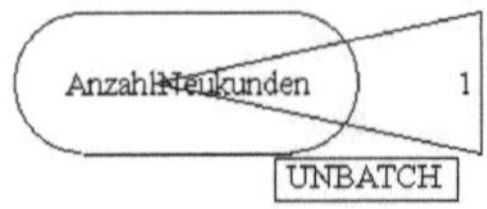

Abb. 4.3.9: UNBATCH-Knoten

Ein WRITE-Knoten dient der Ausgabe von Ergebnisdaten in eine externe Datei.[122] Mittels des WRITE-Knotens können, wie beispielsweise im hier abgebildeten Knoten „AuswertungAbschlussdaten" dargestellt, periodenbezogene Simulationsergebnisse verschiedenster Art zu vorher beliebig definierten Zeitpunkten und Inhalten festgehalten werden.

In der ersten Zeile des folgenden Beispielknotens wird hierzu die externe Ausgabedatei angegeben, in welche die aktuellen Werte der im Knoten eingetragenen Ergebnisvariablen entsprechend der in der zweiten Zeile aufgeführten Formatspezifikation geschrieben werden.[123]

[121] Vgl. Pritsker, A. A. B., O'Reilly, J. J. 1999 /Visual SLAM/ S. 251-253.
[122] Vgl. Pritsker, A. A. B., O'Reilly, J. J. 1999 /Visual SLAM/ S. 225-228; Pütz, M. 2004 /Produktionssysteme/ S. 372.
[123] Vgl. zu den möglichen Formatspezifikationen insb. Pritsker, A. A. B., O'Reilly, J. J. 1999 /Visual SLAM/ S. 222-224 und die Tabelle 4.2.10 bei Pütz, M. 2004 /Produktionssysteme/ S. 371.

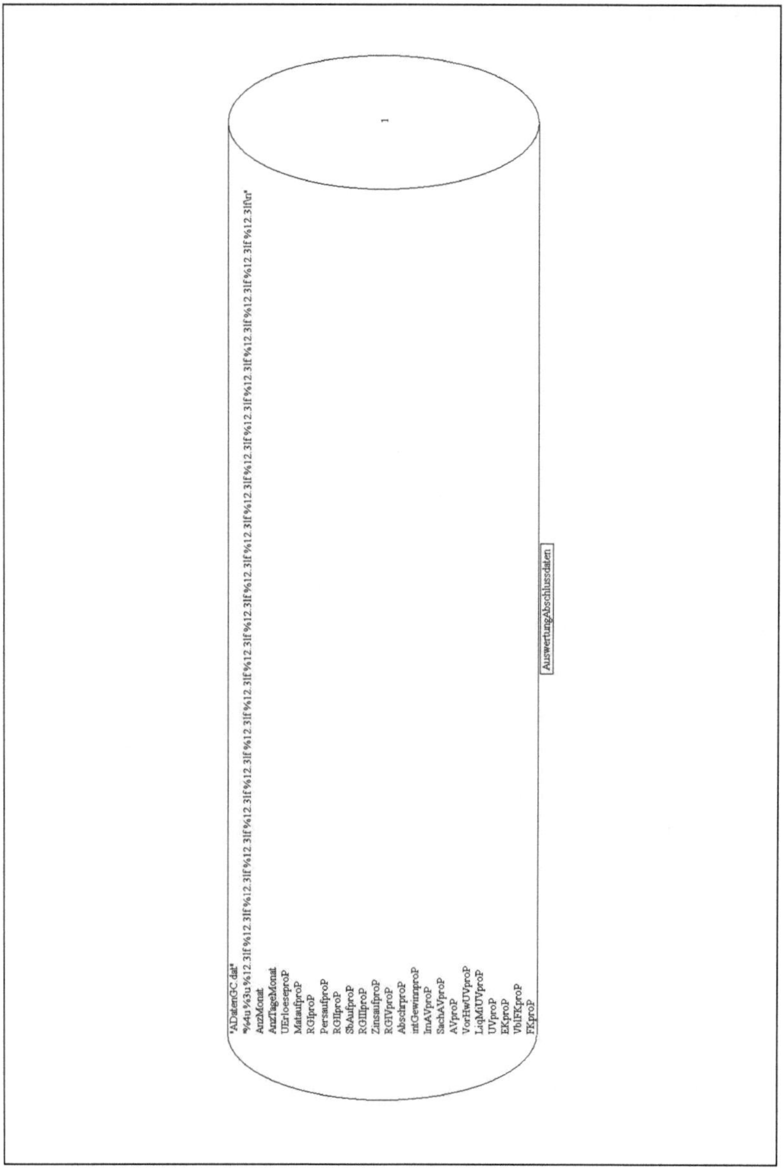

Abb. 4.3.10: WRITE-Knoten[124]

[124] Der hier abgebildete Beispielknoten entspricht dem im Abschnitt 4.5.5.1.15 dargestellten und für das Simulationsmodell EBILANZ entwickelten WRITE-Knoten zur Ausgabe von Plandaten einer internen Erfolgs- und Bilanzrechnung.

4.3.3.3 Aktivitäten

Die im Abschnitt 4.3.3.2 aufgezeigte Auswahl an Knoten wird im Rahmen einer Modellerstellung über grafische Verbindungselemente in Form gerichteter Kanten bzw. Pfeile verbunden, die auch als Aktivitäten bezeichnet werden.[125]

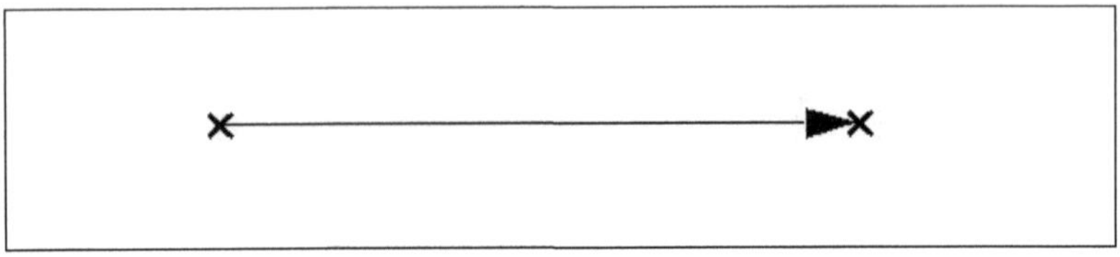

Abb. 4.3.11: Aktivität zur Verbindung eines Start- und Zielknotens

Je nach Ausprägung der Aktivität können über sie Verzögerungen, Wahrscheinlichkeiten oder auch Bedingungen abgebildet werden.[126]

4.3.4 Steuerungsanweisungen

In der Steuerungsdatei werden alle für die szenariospezifische Steuerung eines Simulationsablaufs notwendigen Parameter programmiert.[127] Unterschieden werden kann hierbei zwischen obligatorischen Steuerungsanweisungen GEN, LIMITS, NET und FIN, die für jedes zu entwickelnde Simulationsmodell berücksichtigt werden müssen, und den fakultativen Steuerungsanweisungen, wie bspw. EQUIVALENCE und INTLC.[128] Die nachfolgende Tabelle enthält die für das konzipierte Simulationsmodell notwendigen Steuerungsanweisungen.[129]

---

125 Vgl. Pütz, M. 2004 /Produktionssysteme/ S. 342; Pritsker, A. A. B., O'Reilly, J. J. 1999 /Visual SLAM/ S. 110; Valero, J. M. J., Paulo, R. R., Velez, F. J. 2006 /Simulation/ Abschnitt 3.2. Bei den Aktivitäten wird zwischen sog. SERVICE- und NON-SERVICE-Aktivitäten unterschieden, vgl. hierzu ausführlich Pütz, M. 2004 /Produktionssysteme/ S. 343-346.

126 Vgl. Pritsker, A. A. B., O'Reilly, J. J. 1999 /Visual SLAM/ S. 110-114.

127 Vgl. Matthes, W., Böth, Th., Pütz, M. 2006 /Controlling/ S. 44; Pritsker, A. A. B., O'Reilly, J. J. 1999 /Visual SLAM/ S. 129.

128 Vgl. Matthes, W., Böth, Th., Pütz, M. 2006 /Controlling/ S. 44; vgl. als Anwendungsbeispiel auch Valero, J. M. J., Paulo, R. R., Velez, F. J. 2006 /Simulation/ Abschnitt 3.2.

129 Vgl. hierzu auch die im Simulationsmodell EBILANZ im Abschnitt 4.5.5.1.16 verwendeten Steuerungsanweisungen.

Beschreibung des Steuerungsinhaltes	Steuerungsanweisung
Spezifizierung allgemeiner Projektinformationen, wie Projektautor, Projektname und Projektdatum; Anzahl durchzuführender Simulationsläufe; Festlegung der Simulationsdurchführung bei erfolgreicher Übersetzung der szenariospezifisch vorliegenden Simulationseingabeanweisungen; Generierung einer Fehlermeldung bei unplanmäßiger Zerstörung von Einheiten; Festlegung der Anzahl der erlaubten Fehler, die zu einem sofortigen Abbruch der Simulation führen (falls nicht spezifiziert, führt ein Fehler zum Abbruch).[130]	GEN
Festlegung der maximal auf der Hauptnetzwerkebene zulässigen Anzahl der einzelnen globalen (XX, LL, SZ) und einheitenspezifischen (ATRIB, LTRIB, STRIB) Variablen; Festlegung der Anzahl der maximal innerhalb eines Simulationslaufs gleichzeitig zu verwaltenden Einheiten (unendlich viele Einheiten, falls nicht spezifiziert).[131]	LIMITS
Einleitung der Beschreibung der szenariospezifisch zugrunde liegenden grafischen Netzwerkmodellierung über zeilenkodierte Visual SLAM Anweisungen.[132]	NET
Kennzeichnung des Endes der für die Simulation eines Szenarios festgelegten Visual SLAM Eingabe-Anweisungen.[133]	FIN
Zuweisung einer sprachlichen Bezeichnung von einheitenspezifischen und globalen Variablen sowie Zufallsvariablen, mit der auf die entsprechende Visual SLAM Variable zurückgegriffen werden kann.[134]	EQUIVALENCE
Initialisierung der globalen Variablen in Visual SLAM. Dabei kann der zugewiesene Wert entweder eine Konstante oder eine weitere globale Variable sein.[135]	INTLC

Tab. 4.3.3: Ausgewählte Steuerungsanweisungen[136]

130 Der beschriebene Inhalt wird in der Steuerungsdatei von links nach rechts eingetragen. Vgl. zur GEN-Steuerungsanweisung Pritsker Corporation 1997 /Reference/ S. 60f.; Matthes, W., Böth, Th., Pütz, M. 2006 /Controlling/ S. 44.

131 Der Eintrag in die Steuerungsdatei erfolgt auch hier von links nach rechts. Vgl. zur LIMITS-Steuerungsanweisung Pritsker Corporation 1997 /Reference/ S. 62f.; Matthes, W., Böth, Th., Pütz, M. 2006 /Controlling/ S. 44.

132 Vgl. zur NET-Steuerungsanweisung Pritsker Corporation 1997 /Reference/ S. 65f.; Matthes, W., Böth, Th., Pütz, M. 2006 /Controlling/ S. 44f.

133 Vgl. zur FIN-Steuerungsanweisung Pritsker Corporation 1997 /Reference/ S. 59f.; Matthes, W., Böth, Th., Pütz, M. 2006 /Controlling/ S. 45.

134 Im Anhang A-4 ist eine für die im Abschnitt 4.5 konzipierte simulationsgestützte interne Entwicklungsbilanz- und Entwicklungserfolgsrechnung verfasste Liste aufgeführt, die die im Simulationsmodell verwendeten variablenspezifischen sprachlichen Bezeichnungen enthält. Vgl. zur EQUIVALENCE-Steuerungsanweisung Pritsker Corporation 1997 /Reference/ S. 59; Matthes, W., Böth, Th., Pütz, M. 2006 /Controlling/ S. 45.

135 Vgl. hierzu als Beispiel Anhang A-4 und die dort aufgeführten Initialwerte. Vgl. zur INTLC-Steuerungsanweisung Pritsker Corporation 1997 /Reference/ S. 62; Matthes, W., Böth, Th., Pütz, M. 2006 /Controlling/ S. 45.

136 Weitgehend entnommen aus Matthes, W., Böth, Th., Pütz, M. 2006 /Controlling/ S. 44f.; vgl. zu den hier zusammengestellten und auch zu weiteren Steuerungsanweisungen Pritsker Corporation 1997 /Reference/ S. 55-72; Pritsker, A. A. B., O'Reilly, J. J. 1999 /Visual SLAM/ S. 129-131 und Pütz, M. 2004 /Produktionssysteme/ S. 399-412.

Mit dem hier vorgestellten Simulationssystem können, u.a. über die grafische Programmierung, betriebswirtschaftliche Prozesse und Problemstellungen abgebildet werden und die dynamische Simulation einer Entwicklungsbilanzrechnung in Form der diskreten Simulation unter Berücksichtigung von Zufallsvariablen durchgeführt werden. Hierzu notwendige Überlegungen zur Abbildung eines Regelwerkes im Simulationsmodell EBILANZ werden im folgenden Abschnitt vorgenommen.

4.4 Überlegungen zur Entwicklung eines Regelwerkes zur Ermittlung einer internen Entwicklungsbilanz im Rahmen der Simulation

Wie in den Anforderungen an die Konzeption beschrieben, bietet sich im Rahmen der Abbildung der Geschäftsprozesse bzw. -vorfälle und für die spätere Handhabung die Anlehnung an tradierte Vorgehensweisen an, wie dies insb. im Rahmen der bei der doppelten Buchführung gebräuchlichen Darstellung in Form von T-Konten[137] (sog. Kontenmodus) der Fall ist.[138]

Die Werte eines jeden einzelnen Geschäftsvorfalls müssen dabei in Analogie zu den üblichen Buchhaltungstechniken auch im Rahmen der Simulation in kontenspezifische Tabellen geschrieben werden, um damit pro Geschäftskonto den jeweils aktuel-

---

[137] Die Darstellung in Form von T-Konten (sog. Kontenmodus) wird häufig als die für didaktische Zwecke am besten geeignete Darstellungsform angesehen, vgl. Eisele, W. 1981 /Kontentheorien/ Sp. 343 und Sp. 346; Weilenmann, P. 1993 /Konto/ Sp. 1135.

[138] Zur Darstellung eines Kontos in Form von T-Konten vgl. bspw. Döring, U., Buchholz, R. 2005 /Buchhaltung/ S. 16f. und Eisele, W. 2002 /Buchhaltung/ Sp. 223f.; zur Darstellung in Konto- oder Staffelform Döring, U., Buchholz, R. 2005 /Buchhaltung/ S. 15; Baetge, J., Kirsch, H.-J., Thiele, 2009 /Bilanzen/ S. 574-577. Zu den weiteren Formen der Darstellung von Buchungen und Konten gehören neben dem Kontenmodus insb. der Netz-, Matrix- und Vektormodus; vgl. Eisele, W. 1981 /Kontentheorien/ Sp. 346f.; Weilenmann, P. 1993 /Konto/ Sp. 1134-1336; Brüning, H. G. 1993 /Buchhaltung/ Sp. 288f. und die dort angegebenen Literaturhinweise. Beim sog. Netzmodus wird die doppelte Buchhaltung über Netz- bzw. Flussdiagramme in grafischer Form darstellt, was insb. Informationen zu den Beziehungen und Strömen des Buchungssystems ermöglicht, vgl. Eisele, W. 1981 /Kontentheorien/ Sp. 346; Mattessich, R. V. 1970 /Grundlagen/ S. 192-196 und auch Schmitt, H. J. 1971 /Planungsbuchhaltung/ S. 65-93. Das in dieser Arbeit eingesetzte Simulationssystem ermöglicht über seine grafische Programmierung und die Verwendung verschiedener Netzwerkelemente (z.B. Knoten, Kanten und Blöcke) ebenfalls entsprechende Informationen im Bereich der Darstellung und Auswertung eines Buchungssystems, orientiert sich im Aufbau und der Analyse aber am Kontenmodus. Bei dem oben zudem erwähnten Matrixmodus werden die Soll- und die Habenseiten aller Konten über die Spalte (= Sollseite) und Zeile (= Habenseite) einer Matrix abgebildet; vgl. Eisele, W. 1981 /Kontentheorien/ Sp. 346f.; Mattessich, R. V. 1970 /Grundlagen/ S. 196-212 und Hartmann, T. 2004 /Tensorbuchhaltung/ S. 41-47f. Der ebenfalls genannte Vektormodus geht auf sog. Journaleintragungen zurück (mit Buchungstag, Soll- und Habenkonto, Buchungsbetrag), die durch einen Vektor dargestellt werden; vgl. Eisele, W. 1981 /Kontentheorien/ Sp. 347 und Mattessich, R. V. 1970 /Grundlagen/ S. 212-214. Zur Erweiterung von der Matrix- zur Tensor-Darstellung als Abbildungsform der doppelten Buchhaltung vgl. Hartmann, T. 2004 /Tensorbuchhaltung/ S. 48f.

len Wert auf der Soll- und der Habenseite und den entsprechenden Saldo angeben zu können.[139] Ferner soll nach jeder einzelnen Buchung bzw. innerhalb von festzulegenden Zeitintervallen, die z.B. täglich oder monatlich, aber auch in jedem anderen für spätere Auswertungen sinnvoll erscheinenden zeitlichen Abstand, der jeweilige kontenspezifische Saldo für weitere betriebspolitische Auswertungen zur Verfügung gestellt werden können. Als einfaches Beispiel lässt sich die Entwicklung des Bank- bzw. Kassensaldos nennen, dessen tagesgenauer Stand zur Begleichung fälliger Verbindlichkeiten in seiner zeitlichen Entwicklung von Bedeutung ist. Hierzu müssen jedoch zunächst alle nötigen Buchungsmöglichkeiten bzw. -regeln in einem Simulationsmodell eindeutig abgebildet werden.

4.4.1 Dynamische Intervalle im Rahmen des Simulationsmodells

Wie eingangs im Abschnitt 2.3 beschrieben, sollen auch Auswertungen in Form von dynamischen Intervallen möglich sein, die bspw. die Spannweite zwischen Ober- und Untergrenzen eines Szenarios darstellen und damit in die Entscheidungssituation einfließen können.

Im Rahmen der hier in einem Simulationsmodell abzubildenden Buchungsvorgänge, die der Regel „Soll an Haben" des doppelten Buchhaltungsmodells folgen, ist die Verbuchung von Intervallwerten, also z.B. von Ober- und Untergrenzen möglicher Aufwendungen oder Erträge in einem Buchungssatz oder bei den im Rahmen periodisierter Buchungsabschlüsse zahlreich einhergehenden weiteren Abschlussbuchungen bei Beibehaltung der eindimensionalen, einwertigen Buchungsregeln auf der Basis der elementaren Arithmetik nicht mehr möglich.[140] Dies wird insbesondere bei der Saldierung jedes einzelnen Kontos deutlich, bei der ein Saldo[141] entweder auf der Soll- oder der Habenseite dargestellt werden muss und bei der im Rahmen dieser Buchungslogik bei Werten mit nicht identischen Ober- und Untergrenzen (= diskreten

139 Vgl. zum System und der Technik der doppelten Buchführung bspw. Eisele, W. 2002 /Technik/ S. 67-91; auch Brüning, H. G. 1993 /Buchhaltung/ Sp. 275-294; Eisele, W. 2002 /Buchhaltung/ Sp. 219-231. Da bei der Entwicklung des Simulationsmodells dessen strukturelle Zusammenhänge im Vordergrund stehen und es sich um eine interne Entwicklungsbilanz handelt, können Begriffe wie Kosten und Aufwendungen bzw. Leistungen und Erlöse hier synonym gesehen werden.

140 Vgl. zur Axiomatik der Buchhaltungs- und Kontentheorie Matthes, W. 1970 /Kontentheorien/ Sp. 358-364 sowie Kosiol, E. 1970 /Axiomatik/ S. 135-162 u. Kosiol, E. 1976 /Bilanz/ S. 826-879.

141 Bei gleich hoher Soll- und Habenseite entsteht kein Saldo. Im Folgenden wird dies als Nullsaldo bezeichnet.

Intervallen) ein mit der Saldierung beabsichtigter Ausgleich der jeweiligen Soll- und Habenseite für echte (diskrete) Intervalle nicht deduzierbar und nur näherungsweise mit Hilfe von Heuristiken möglich ist.[142]

Von Regeln der Anwendung der Intervallarithmetik (inkl. der vorgenannten Heuristiken) wird hier vor allem deshalb abgesehen, weil die real gegebene Komplexität von alternativen Zukunftsszenarios und ihren Subszenarios, die in entsprechenden Disjunktionsketten und Disjunktionsnetzen (= Entscheidungsplänen) stehen, zu vielfach praktisch sehr schnell wachsender Intransparenz zu generieren droht.[143] Entsprechend würde der Simulations- und Auswertungsaufwand für die Planung stark und zunehmend – je nach Anwendungsfall – untragbar gesteigert und entsprechend die Validität/Glaubwürdigkeit der Planentwicklung drastisch reduziert. Die hier getroffene Entscheidung gegen eine Anwendung der Intervallarithmetik im Rahmen der Buchung von Geschäftsvorfällen im doppischen System, die zur Erstellung von Periodenabschlüssen der (exakten) Saldierung bedürfen, wird damit auch praktisch ökonomisch begründet.[144]

Für die Analyse der verschiedenen Effekte unterschiedlicher Szenarios bietet sich demnach eher der Rückgriff auf die Ergebnisse verschiedener Simulationsläufe an, die dann – im Anschluss an die Simulationen – pro Abschlusskonto bzw. bis zur Ebene der Kontenklasse in Intervallform aufbereitet werden können.

Für die Abbildung der üblichen Buchungsregeln und die weitere Vorgehensweise müssen zunächst alle theoretisch anfallenden Buchungssätze in einem Simulationsmodell abgebildet werden, was Gegenstand der weiteren Überlegungen in den folgenden Abschnitten ist.

---

[142] Denn für jedes Intervall $A = [a_1, a_2]$ mit $a_1 < a_2$, welches also kein Punktintervall, sondern ein echtes (diskretes) Intervall ist, gilt: $A - A \neq [0, 0]$. Siehe dazu auch die aufgeführten Eigenschaften von Intervallverknüpfungen bei Mayer, G. 1989 /Intervallrechnung/ S. 101-104 und die Ausführungen bei Pütz, M. 2004 /Produktionssysteme/ S. 574 (4) und (5). Vgl. zur Intervallarithmetik ferner auch Rump, S. M. 1989 /Probleme/ S. 120, der auf eine negative Eigenschaft der Intervallrechnung hinweist, die sich bei verketteten Verknüpfungen zeigt und sich durch eine Vergrößerung der Intervalle ausdrückt.

[143] Vgl. hierzu auch Rump, S. M. 1989 /Probleme/ S. 119f.

[144] Dass auch ein anderes Vorgehen möglich wäre, zeigt Matthes, W. 2000 /Entwicklungscontrolling/ S. 15f. und Matthes, W. 2002 /Gründungscontrolling/ S. 31-38. Vgl. auch Pütz, M. 2004 /Produktionssysteme/ S. 72-76.

4.4.2 Zur Erfassung und Verarbeitung der Geschäftsvorfälle im Rahmen eines dynamischen Simulationsmodells

Ausgehend von den Kontenarten der Doppik, die sich in Aktivkonten (= Vermögensbewegungen der zur Verfügung gestellten Mittel) und Passivkonten (= Kapitalbewegungen der in Form von Eigen- und Fremdkapital zur Verfügung gestellten Mittel) unterteilen lassen, und den Erfolgskonten, die in Form von Aufwands- oder Ertragskontenbewegungen (= Erfolgsbewegungen) die Erfolgsrechnung determinieren, sind Buchungen auf den folgenden in der Abb. 4.4.1 dargestellten vier Kontenarten möglich.[145]

(1.) S Aktivkonto H

Vermögens-anfangsbestand	Vermögens-abgang
Vermögenszu-gang	**Saldo** = Vermögens-endbestand
Summe	Summe

(2.) S Passivkonto H

Kapital-abgang	Kapital-anfangsbestand
Saldo = Kapitalend-bestand	Kapitalzugang
Summe	Summe

(3.) S Aufwandskonto H

Zugang (= Erfolgs-minderung)	Abgang (= Auf-wandskorrektur; Erfolgssteigerung)
	Saldo
Summe	Summe

(4.) S Ertragskonto H

Abgang (= Er-tragskorrektur; Erfolgsminde-rung)	Zugang (Erfolgs-steigerung)
Saldo	
Summe	Summe

Abb. 4.4.1: Vermögens-, Kapital- und Erfolgskonten[146]

Jeweils terminierte Buchungen auf diesen vier Konten berühren im Rahmen der Doppik mindestens zwei Konten, was zur Folge hat, dass – auch bei Berücksichtigung seltener oder zu Korrekturzwecken durchzuführender Buchungen – die folgen-

145 Vgl. Eisele, W. 2002 /Buchhaltung/ Sp. 222-226; auf eine weitere Unterteilung in sog. gemischte Konten kann für die weitere Vorgehensweise verzichtet werden; zur Technik der Buchhaltung vgl. auch Döring, U., Buchholz, R. 2005 /Buchhaltung/ S. 15-44.

146 Eigene Darstellung in Anlehnung an Eisele, W. 2002 /Buchhaltung/ Sp. 223f. Vgl. zur Buchhaltungs- und Kontentheorie auch die Ausführungen bei Matthes, W. 1970 /Kontentheorien/.

den 16 Kombinationen von Buchungssätzen prinzipiell möglich sind und auch im Rahmen des Simulationsmodells abgebildet werden sollen.[147]

Die jeweilige Gliederungsziffer ergibt sich aus der Kombination der in der obigen Abbildung angegebenen Kontennummernbezeichnung und deckt auch seltene Fälle und Korrekturbuchungen mit ab. In Fällen, in denen eine Kontennummernbezeichnung zweimal verwendet wird, wie dies bspw. bei den Gliederungsziffern (1.1), (2.2), (3.3) und (4.4) der Fall ist, bezieht sich die zweite Nummer auf ein gleichgeartetes Konto innerhalb der gleichen Kontenklasse bzw. Kontenklassengruppe.

(1.1) Zugang Aktivkonto	an	Abgang Aktivkonto
(nicht erfolgswirksamer Vermögenstausch, Bilanzlänge konstant)		
(1.2) Zugang Aktivkonto	an	Zugang Passivkonto
(nicht erfolgswirksamer Vermögens- und Kapitalzugang, Bilanzverlängerung)		
(1.3) Zugang Aktivkonto	an	Abgang Aufwandskonto
(erfolgswirksamer, aufwandsmindernder Vermögenszugang)		
(1.4) Zugang Aktivkonto	an	Zugang Ertragskonto
(erfolgswirksamer, ertragssteigernder Vermögenszugang)		

Abb. 4.4.2: Kombinationsmöglichkeiten im Rahmen von Buchungen (Nr. 1.1 bis 1.4)

(2.1) Abgang Passivkonto	an	Abgang Aktivkonto
(nicht erfolgswirksamer Vermögens- und Kapitalabgang, Bilanzverkürzung)		
(2.2) Abgang Passivkonto	an	Zugang Passivkonto
(nicht erfolgswirksamer Kapitaltausch, Bilanzlänge konstant)		
(2.3) Abgang Passivkonto	an	Abgang Aufwandskonto
(erfolgswirksamer, aufwandsmindernder Kapitalabgang)		
(2.4) Abgang Passivkonto	an	Zugang Ertragskonto
(erfolgswirksamer, ertragssteigernder Kapitalabgang)		

Abb. 4.4.3: Kombinationsmöglichkeiten im Rahmen von Buchungen (Nr. 2.1 bis 2.4)

[147] Vgl. Hartmann, T. 2004 /Tensorbuchhaltung/ S. 83f.; Brüning, H. G. 1993 /Buchhaltung/ Sp. 286f.

(3.1)	Zugang Aufwandskonto	an	Abgang Aktivkonto
	(erfolgswirksamer, aufwandssteigernder Vermögensabgang)		
(3.2)	Zugang Aufwandskonto	an	Zugang Passivkonto
	(erfolgswirksamer, aufwandssteigernder Kapitalzugang)		
(3.3)	Zugang Aufwandskonto	an	Abgang Aufwandskonto
	(nicht erfolgswirksamer Aufwandstausch, GuV-Länge konstant)		
(3.4)	Zugang Aufwandskonto	an	Zugang Ertragskonto
	(nicht erfolgswirksamer Aufwands- und Ertragszugang, GuV-Verlängerung)		

Abb. 4.4.4: Kombinationsmöglichkeiten im Rahmen von Buchungen (Nr. 3.1 bis 3.4)

(4.1)	Abgang Ertragskonto	an	Abgang Aktivkonto
	(erfolgswirksamer, ertragsmindernder Vermögensabgang)		
(4.2)	Abgang Ertragskonto	an	Zugang Passivkonto
	(erfolgswirksamer, ertragsmindernder Kapitalzugang)		
(4.3)	Abgang Ertragskonto	an	Abgang Aufwandskonto
	(nicht erfolgswirksamer Aufwands- und Ertragsabgang, GuV-Verkürzung)		
(4.4)	Abgang Ertragskonto	an	Zugang Ertragskonto
	(nicht erfolgswirksamer Ertragstausch, GuV-Länge konstant)		

Abb. 4.4.5: Kombinationsmöglichkeiten im Rahmen von Buchungen (Nr. 4.1 bis 4.4)

Die 16 Kombinationsmöglichkeiten von Kontenbewegungen zwischen je zwei der vier Kontenarten führen bspw. zu den bekannten Formen der Bilanzverlängerung (1.2)[148], der Bilanzverkürzung (2.1) oder zu einer gleich bleibenden Bilanzlänge in Form von Aktivtausch (1.1) oder Passivtausch (2.2).[149] Bezogen auf die Gewinn- und Verlustrechnung führen die Zu- bzw. Abgänge im Bereich der Erfolgskonten auch zu einer GuV-Verlängerung (3.4) oder GuV-Verkürzung (4.3). Die gleich bleibende GuV-Länge in Form von Aufwandstausch (3.3) oder Ertragstausch (4.4) wird dabei auch berücksichtigt. Neben diesen Geschäftsvorfällen werden ferner die Gewinnerhöhung (1.3; 1.4; 2.3; 2.4) und die Gewinnsenkung (3.1; 3.2; 4.1; 4.2) erfasst.

---

148 Vgl. hierzu die in den Abb. 4.4.2 bis 4.4.5 eingetragenen Gliederungsziffern.
149 Vgl. bspw. Eisele, W. 2002 /Technik/ S. 70f.

4.4.3 Der Kontodifferenzwert als Analysewert im Simulationsmodell

In dem zu konzipierenden Simulationsmodell müssen alle im vorherigen Abschnitt aufgeführten Buchungssätze grundsätzlich erfassbar sein.

Ferner muss für die beabsichtigten Analysen die datierte dynamische Situation jedes einzelnen Kontos nach einer einzelnen datierten Buchung vorliegen können. Ein hierzu notwendiger datierter Kontosaldo wird rechnerisch durch die Addition vom Anfangsbestand und den entsprechenden Zugängen bis zum Saldierungsdatum und der damit verbundenen Subtraktion der Abgänge bis zum Saldierungsdatum ermittelt und kann formal für beide Kontenseiten wie folgt dargestellt werden:[150]

$$EB(t) \quad = \quad AB_0 \quad + \sum_{t'=0}^{t} Zugänge(t') \; - \sum_{t'=0}^{t} Abgänge(t') \qquad (4.1)$$

wobei

$EB(t)$ = Endbestand des Kontosaldos zum Datum t

AB_0 = Anfangsbestand zum Zeitpunkt 0

Für die hier beabsichtigte Konzeption, Umsetzung und spätere Auswertung jeder einzelnen datierten Buchung durch das im Abschnitt 4.5.5 entwickelte Simulationsmodell und der damit einhergehenden Verwendung von Variablen bzw. Feldvariablen[151] bietet es sich an, nach jeder Buchung in jedem der betroffenen Konten für beide Kontenseiten den aktualisierten Kontostand und daraus folgend den datierten Kontodifferenzwert (KDW) zu ermitteln. Hierzu seien:

$S(t)$ = Bestand auf der Sollseite zum Datum t,

$H(t)$ = Bestand auf der Habenseite zum Datum t,

$KDW(t)$ = Kontodifferenzwert zwischen Soll- und Habenseite zum Datum t.

$$S(t) \quad = \quad AB_0^S \quad + \sum_{t'=0}^{t} Buchungsbeträge^S(t') \qquad (4.2)$$

---

[150] Vgl. zur Ermittlung von Kontensalden beispielhaft Eisele, W. 2002 /Technik/ S. 72f.; Eisele, W. 2002 /Buchhaltung/ Sp. 222f. Ein Anfangsbestand kann auf Aktiv- oder Passivkonten bestehen, auf reinen Erfolgskonten ist $AB_0 = 0$.

[151] Die Verwendung von benutzerspezifizierbaren Variablen (einheitenspezifische und globale Variablen, Feldvariablen) wurde im Abschnitt 4.3 erläutert und wird im Simulationsmodell im Abschnitt 4.5.5 umgesetzt. Vgl. zur Anwendung benutzerspezifizierbarer Variablen zudem Pritsker, A. A. B., O'Reilly, J. J. 1999 /Visual SLAM/ S. 98-161.

$$H(t) \quad = \quad AB_0^H \quad + \sum_{t'=0}^{t} Buchungsbeträge^H(t') \qquad (4.3)$$

$$KDW(t) \quad = \quad S(t) \; - \; H(t) \qquad (4.4)$$

Für den Kontodifferenzwert in (4.4) gilt grundsätzlich:

- $KDW(t) > 0$ (Sollsaldo)
- $KDW(t) < 0$ (Habensaldo)
- $KDW(t) = 0$ (Nullsaldo)

Abb. 4.4.6: Kontodifferenzwertermittlung

Der dabei mögliche Zustand eines negativen Saldenwertes, der sich im Rahmen der obigen Vorgehensweise zur Kontodifferenzwertermittlung bei einem Habensaldo ergeben würde, wird im Rahmen der Simulation und der dort definierten benutzerspezifischen Feldvariablen durch einen Vorzeichenwechsel vermieden, so dass im Ergebnis im Rahmen der Berechnungen mit positiven Saldenwerten entsprechend den Regeln der Doppik gerechnet werden kann.[152]

4.4.4 Aufstellung einer Entscheidungstabelle mit Abbildungsregeln für das Simulationsmodell

Um die Abbildung aller möglichen mit einem aktuellen Buchungssatz einhergehenden Veränderungen der von ihm berührten aktuellen Konten in allen denkbaren Fällen zu realisieren, wird im Folgenden eine Entscheidungstabelle i.S. einer Abbildungsregel konzipiert, die die verschiedenen Buchungsfälle adäquat in Verarbeitungsregeln zusammenfasst. Der Begriff Entscheidungstabelle wird dabei im Zusammenhang mit einer unter dieser Bezeichnung im Bereich der Informatik verwendeten Vorgehensweise eingesetzt, durch die komplexe Regelwerke bestehend aus

---

[152] Vgl. hierzu insb. die Ausführungen zur Aufbereitung der Kontodifferenzwerte des Teilnetzwerkes H im Abschnitt 4.5.5.1.8. Vgl. zu den hier verwendeten Begriffen (Sollsaldo, Habensaldo) bspw. Brüning, H. G. 1993 /Buchhaltung/ Sp. 281.

einem Bedingungs- und Aktionenteil in übersichtlicher Weise dargestellt werden können.[153]

	Gruppe 1				Gruppe 2		Gruppe 3		Gruppe 4
Regeln:	**R 1.1**	**R 1.2**	**R 1.3**	**R 1.4**	**R 2.1**	**R 2.2**	**R 3.1**	**R 3.2**	**R 4**
Bedingungen:									
DifWertAktSollKonto ≥ 0 UND DifWertAktHabenKonto ≥ 0	x	x	x	x					
DifWertAktSollKonto > 0 UND DifWertAktHabenKonto > 0	x								
DifWertAktSollKonto > 0 UND DifWertAktHabenKonto = 0		x							
DifWertAktSollKonto = 0 UND DifWertAktHabenKonto > 0			x						
DifWertAktSollKonto = 0 UND DifWertAktHabenKonto = 0				x					
DifWertAktSollKonto ≥ 0 UND DifWertAktHabenKonto < 0					x	x			
DifWertAktSollKonto > 0 UND DifWertAktHabenKonto < 0					x				
DifWertAktSollKonto = 0 UND DifWertAktHabenKonto < 0						x			
DifWertAktSollKonto < 0 UND DifWertAktHabenKonto ≥ 0							x	x	
DifWertAktSollKonto < 0 UND DifWertAktHabenKonto > 0							x		
DifWertAktSollKonto < 0 UND DifWertAktHabenKonto = 0								x	
DifWertAktSollKonto < 0 UND DifWertAktHabenKonto < 0									x
Aktionenteil im Simulationsmodell:	**A 1.1**	**A 1.2**	**A 1.3**	**A 1.4**	**A 2.1**	**A 2.2**	**A 3.1**	**A 3.2**	**A 4**

Tab. 4.4: Entscheidungstabelle für das Simulationsmodell

[153] Vgl. zum Bereich Entscheidungstabellen bzw. Entscheidungstabellentechnik insb. Dreßler, H. 1975 /Entscheidungstabellen/; Strunz, H. 1977 /Entscheidungstabellentechnik/; Jüttner, G., Feller, H. 1989 /Entscheidungstabellen.

Die in Tabelle 4.4 entwickelte Entscheidungstabelle ist zudem die Basis für einen Entscheidungsregelbaum im Rahmen des zu konzipierenden Simulationsmodells. Unter Berücksichtigung der spezifischen Saldierungsregeln besagt die erste der oben aufgeführten Bedingungen, dass der durch einen aktuellen Buchungssatz veränderte, neu bestimmte Differenzwert der entsprechend aktuellen Konten, d.h. des aktuellen Sollkontos (DifWertAktSollKonto) und des aktuellen Habenkontos (DifWert-AktHabenKonto) größer bzw. gleich 0 ist. Unter dieser Bedingung lassen sich für das Simulationsmodell vier einzelne Regeln bilden, die in der Tabelle 4.4 als R 1.1, R 1.2, R 1.3 und R 1.4 die gemeinsame Gruppe 1 darstellen.

Entsprechend der zweiten Bedingung, bei der der Kontodifferenzwert des aktuellen Sollkontos (DifWertAktSollKonto) größer oder gleich 0 und der Differenzwert des aktuellen Habenkontos (DifWertAktHabenKonto) kleiner 0 ist, ergeben sich die Regeln R 2.1 und R 2.2, die ebenfalls in dem zu entwickelnden Entscheidungsbaum abgebildet werden müssen und gemeinsam die Gruppe 2 bilden.

Für den Fall, dass der Kontodifferenzwert des aktuellen Sollkontos (DifWertAkt-SollKonto) kleiner 0 und der Differenzwert des aktuellen Habenkontos (DifWer-tAktHabenKonto) größer oder gleich 0 ist, führt dies zu den möglichen Regeln R 3.1 und R 3.2, die eine weitere Gruppe 3 bilden. Ferner ergibt sich noch der Fall, dass der Kontodifferenzwert des aktuellen Sollkontos (DifWertAktSollKonto) und des aktuellen Habenkontos (DifWertAktHabenKonto) kleiner als 0 ist, dargestellt durch Regel R 4 der Gruppe 4.

Alle neun Regeln sind als Teil des Simulationsmodells in dem bereits erwähnten Entscheidungsbaum abgebildet (vgl. die letzte Zeile der Tabelle „Aktionenteil im Simulationsmodell“).[154]

4.4.5 Grafik der vier Regelgruppen

Die folgenden Abbildungen 4.4.7 bis 4.4.10 zeigen die möglichen Zusammenhänge der 9 formal gruppierten Fälle von Saldenentwicklungen, wobei die in ihnen erfass-

[154] Im Simulationsmodell können die einen Geschäftsvorfall repräsentierenden Einheiten von der obersten Aktivität eines Entscheidungsbaums beginnend von oben nach unten bedingungsabhängig abgearbeitet werden, was auch den Konventionen des im Abschnitt 4.5.5 verwendeten Simulationssystems AweSim entspricht.

ten unterschiedlichen Fälle von Soll-, Haben- und Nullsalden jeweils das Soll- und das dazugehörige Habenkonto betreffen.

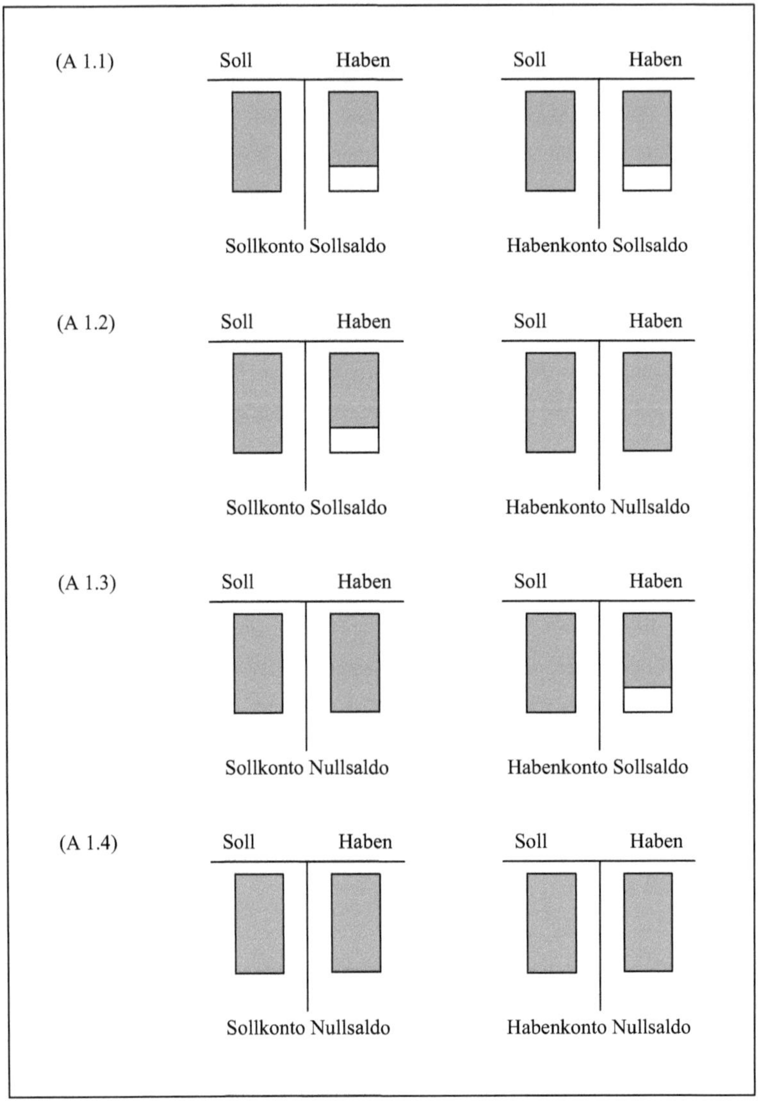

Abb. 4.4.7: Gruppe 1 mit den Aktionen (A 1.1) bis (A 1.4)

In einer zweiten Gruppe werden die Aktionen (A 2.1) und (A 2.2) zusammengefasst:

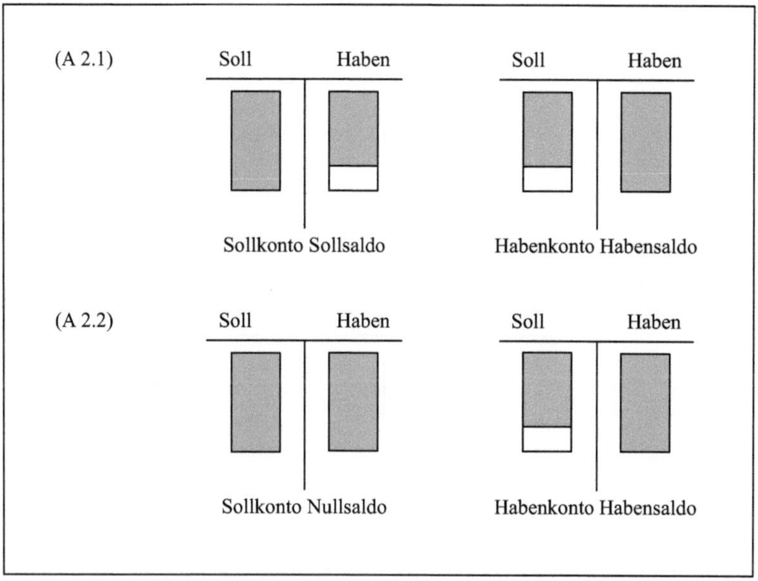

Abb. 4.4.8: Gruppe 2 mit den Aktionen (A 2.1) und (A 2.2)

Die dritte Gruppe beinhaltet die Aktionen (A 3.1) und (A 3.2):

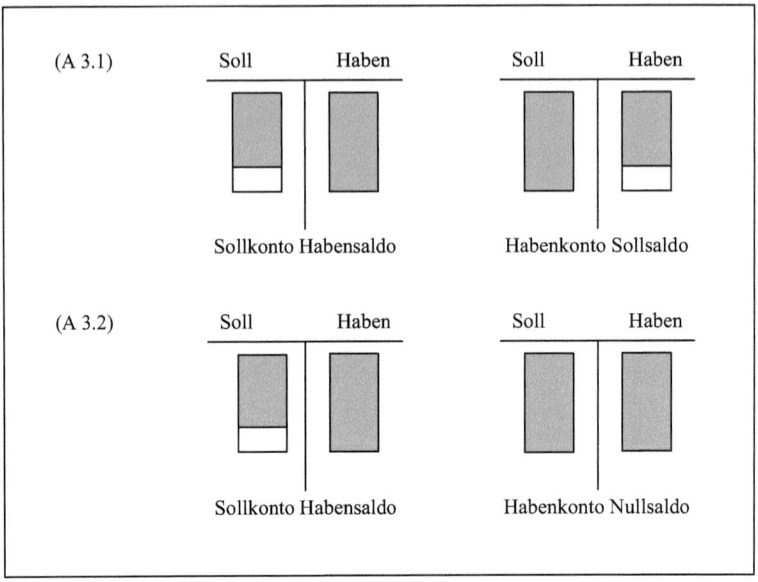

Abb. 4.4.9: Gruppe 3 mit den Aktionen (A 3.1) und (A 3.2)

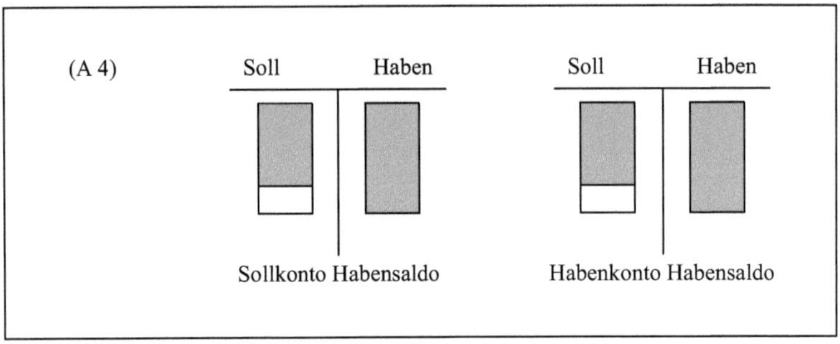

Abb. 4.4.10: Gruppe 4 mit der Aktion (A 4)

4.5 Konkretisierung der Konzeption

Zur Konkretisierung der Konzeption wird die Entscheidungssituation im folgenden Abschnitt zunächst genauer beschrieben und in den Abschnitten 4.5.2 bis 4.5.4 das Anwendungsbeispiel für das Simulationsmodell EBILANZ (Abschnitt 4.5.5) erläutert. Abschließend erfolgt die Ergebnisanalyse im Abschnitt 4.5.6.

4.5.1 Zur Veranschaulichung der Entscheidungssituation

Der Zweck und der Aufbau der Konzeption sollen im Folgenden anhand eines Anwendungsbeispiels erläutert werden, das die Entscheidungssituation verdeutlicht.

Bei diesem hier kurz skizzierten Musterfall handelt es sich um ein hauptsächlich im Bankenumfeld tätiges Dienstleistungsunternehmen, in dem mehrmals jährlich der Ist-Zustand aller drei vorhandenen Geschäftsbereiche untersucht wird und aufgrund der Analysen generelle Ziele (Soll-Zustände) für die strategische Planung abgeleitet werden. Im Geschäftsbereich Verlagswesen (FZV) des Dienstleistungsunternehmens werden insbesondere Fachzeitschriften für Banken, Versicherungen und Unternehmen produziert und vertrieben. Der zweite Geschäftsbereich IT Consulting (ITC) beinhaltet die technische und betriebswirtschaftliche Beratung bei der Planung und Ausführung von Hard- und Softwareleistungen für den Bereich Banken und Versicherungen. Im dritten Geschäftsbereich, dem elektronischen Zahlungsverkehr (EZV), werden durch das Dienstleistungsunternehmen kartengestützte Zahlungssysteme an Einzelhändler vermietet, bei denen es sich hauptsächlich um ausgewählte Fachgeschäfte mit exklusiver Kundschaft handelt.

Alle drei Bereiche bilden für das Unternehmen auch jeweils eine eigene strategische Geschäftseinheit mit klar abgrenzbarer Produkt-Markt-Kombination.[155] Die internen und externen Prozesse des Geschäftsbereiches EZV sollen aus Sicht der Geschäftsbereichsleitung insbesondere hinsichtlich einer im Vergleich zur Konkurrenz bisher stark vernachlässigten Kundenorientierung nachhaltig verbessert werden.[156] In diesem Zusammenhang wurde auch das gegenwärtige Umfeld des Geschäftsbereichs

---

[155] Vgl. zum Begriff der strategischen Geschäftseinheit bspw. Hahn, D., Hungenberg, H. 2001 /PuK/ S. 1125.

[156] Gegenstand der folgenden Betrachtung ist die strategische Geschäftseinheit EZV. Die anderen Geschäftseinheiten FZV und ITC und ihre Prozesse können als konstante Rahmenbedingungen angesehen werden.

EZV bereits analysiert und die Marktattraktivität und die eigene Wettbewerbssituation untersucht.[157]

Für den Geschäftsbereich EZV wurde aufgrund der Untersuchungen eine Marktstudie mit den Szenarios „Bad Case“ und „Good Case“ erstellt, wobei es in beiden Fällen zu steigenden Kundenzahlen kommt. Aufgrund dieser günstigen Marktprognosen wird von Seiten der Unternehmensleitung überlegt, den Geschäftsbereich EZV im Rahmen einer Wachstumsstrategie weiter auszubauen. Als Alternative zur angedachten Wachstumsstrategie wird jedoch auch eine Erhaltungsstrategie gesehen, bei der versucht wird, den bisherigen Status quo zu halten bzw. zu verteidigen.

4.5.1.1 Entscheidungssituation im Geschäftsbereich EZV

Die Entscheidungssituation im Geschäftsbereich EZV stellt sich für die Unternehmensleitung aus Sicht des zur Prozessperiode ($t = 1, 2, ..., T$) der Länge $t = [t-1, t]$ gehörenden Controllingzeitpunktes $tp = 1$ wie folgt dar:[158]

t_{ie_1} = Anfangstermin von Entscheidungsprozess ie_1;

tf_{ie_1} = frühester Anfangstermin des Entscheidungsprozesses ie_1;

ts_{ie_1} = spätester Anfangstermin des Entscheidungsprozesses ie_1;

d_{ie_1} = erwartete bzw. fixierte Dauer des Entscheidungsprozesses ie_1;

p = Potenzial, z.B. in Form eines Produktions-, Logistik-, Absatz-, Finanz-, Einkommens-, Vermögens-, Reserve- oder Umweltpotenzials (mit $p = 1, ..., P$);

[157] Vgl. zum Bereich der Umfeldanalyse und -prognose sowie zur Analyse von Marktattraktivität und eigener Wettbewerbssituation beispielhaft die Ausführungen bei Hahn, D., Hungenberg, H. 2001 /PuK/ S. 1125-1127 und Bausch, A. 2006 /Wettbewerbsanalyse/ S. 195-212.

[158] Angelehnt an Matthes, W. 2001 /Gründungscontrolling/ S. 328f. sowie Abschnitt 2.2.1. Die Modellierung der hier skizzierten Prozesse und ihrer Kapazitätsbedarfe erfolgt unter Berücksichtigung von Terminen, Kapazitätsbedingungen und Zielsetzungen im Rahmen simulationsgestützter offener Entscheidungsnetze im Abschnitt 4.5.5.

a_{ie_1p} = periodenbezogener Beitrag des Entscheidungsprozesses ie_1 zum Potenzial p durch Nutzung oder Verbrauch;

b_{p1} = periodenbezogener Anfangsbestand des Potenzials p in Prozessperiode 1;

c_{ie_1p} = periodenbezogener Beitrag des Entscheidungsprozesses ie_1 zum Aufbau des Potenzials p.

Neben ie_1 sind in $tp = 1$ der im Abschnitt 4.1 bereits erläuterte Entscheidungsprozess ie_2 sowie die Prozesse ij_1, ik_1, il_1 und ij_2 berücksichtigt.

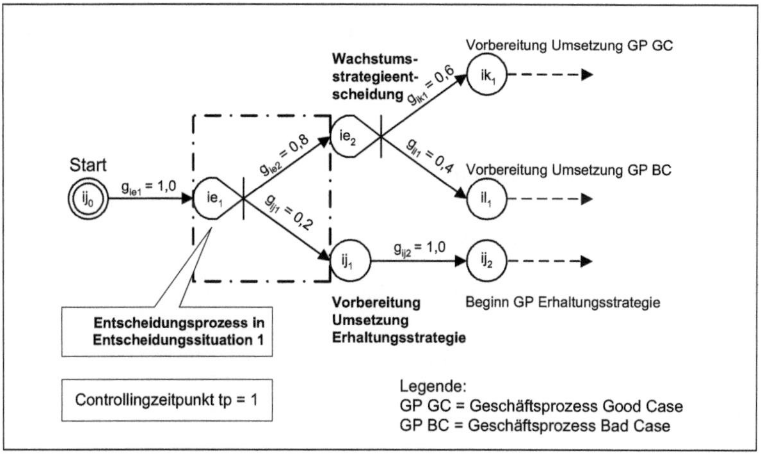

Abb. 4.5.1: Entscheidungssituation zum Controllingzeitpunkt $tp = 1$

Ferner können im Controllingzeitpunkt $tp = 1$ die folgenden (lokalen) Gewichte bzw. subjektiv vermuteten Eintritte der Prozesse ie_2, ij_1, ik_1 und il_1 in Abhängigkeit von ihrem unmittelbar vorausgehenden (lokalen) Entscheidungsprozess identifiziert werden:

g_{ie2} := 0,8

g_{ij1} := 0,2

g_{ik1} := 0,6

g_{il1} := 0,4

Zu der in Abb. 4.5.1 dargestellten Entscheidungssituation sei angemerkt, dass die bedingten Gewichte der dort enthaltenen Entscheidungsprozesse (g^*_{ie1} und g^*_{ie2}) und der betreffenden Realisationsprozesse ($g^*_{ij0}, g^*_{ij1}, g^*_{ik1}, g^*_{il1}$ und g^*_{ij2}) in Abhängigkeit von den jeweils vorangegangenen Entscheidungs- bzw. Realisationsprozessen ermittelt werden. Dies erfolgt sukzessive, ausgehend von der Quelle des zugrunde liegenden offenen Entscheidungsnetzes (OEN) bis zum jeweiligen Referenzprozess.[159] Da der Startknoten eines OEN mit Sicherheit gewählt wird, gilt für den zugehörigen Prozess, dass sein lokales Gewicht und das zugehörige bedingte Gewicht den Wert „1" aufweisen. Im betrachteten OEN gilt also: $g_{ij0} = 1,0 = g^*_{ij0}$. Damit werden die weiteren bedingten Gewichte der in Abb. 4.5.1 wiedergegebenen Entscheidungssituation wie folgt ermittelt:

$$g^*_{ie1} = g^*_{ij0} \cdot g_{ie1} = 1,0 \cdot 1,0 = 1,0$$

$$g^*_{ie2} = g^*_{ie1} \cdot g_{ie2} = 1,0 \cdot 0,8 = 0,8$$

$$g^*_{ij1} = g^*_{ie1} \cdot g_{ij1} = 1,0 \cdot 0,2 = 0,2$$

$$g^*_{ik1} = g^*_{ie2} \cdot g_{ik1} = 0,8 \cdot 0,6 = 0,48$$

$$g^*_{il1} = g^*_{ie2} \cdot g_{il1} = 0,8 \cdot 0,4 = 0,32$$

$$g^*_{ij2} = g^*_{ij1} \cdot g_{ij2} = 0,2 \cdot 1,0 = 0,2$$

Abb. 4.5.2: Bedingte Gewichte der Entscheidungssituation

[159] Vgl. hierzu auch die Ausführungen zu den lokalen und bedingten Eintrittsgewichten im Rahmen offener Entscheidungsnetze im Abschnitt 2.2 und bei Matthes, W. 2001 /Gründungscontrolling/ S. 328-332. Ferner existiert für das hier aufgeführte Beispiel der im Abschnitt 2.2.1 bereits dargestellte variable binäre Terminparameter x_{ijt} bzw. x_{iet} des Prozesses *ij* bzw. *ie*, der nur für den Zeitpunkt *t*, welcher dem Endtermin von *ij* bzw. *ie* entspricht, einen Wert von 1 (andernfalls 0) annehmen kann. Die Menge sämtlicher im Projektnetz *i* enthaltener Knoten ($0 \leq j \leq n$) wird durch $N_i = \{ij\}$ repräsentiert. Die Menge der (unmittelbaren) Vorgänger des Prozesses *ij* ($ij \in N_i$) wird durch $V_{ij} = \{ie\}$ und die Menge der (exklusiv disjunkten unmittelbaren) Nachfolger des Prozesses *ie* ($ie \in N_i$) durch $N_{ie} = \{ij\}$ repräsentiert; vgl. hierzu Matthes, W. 2001 /Gründungscontrolling/ S. 330.

Da die Prozesse ik_1, il_1 und ij_2 die an der Grenze des Entscheidungshorizonts zuletzt explizit spezifizierten Prozesse des OEN in Abb. 4.5.1 bilden und Bestandteile alternativer Prozesspfade sind, ergibt die Summe ihrer bedingten Eintrittsgewichte den Wert „1".[160]

Die periodenbezogenen Effekte $\left(E_{pt}\right)$ der hier skizzierten Prozesse auf die Entwicklung von Entwicklungspotenzialen der Art *p* lassen sich nach *Matthes* wie folgt typisieren:[161]

$$E_{pt} = \sum_{ie \in V_{ij}} \sum_{ij \in N_{ie}} \sum_{t'=t}^{t+d_{ij}-1} \frac{g_{ie}^{*} \cdot g_{ij}}{\sum_{ie \in V_{ij}} \sum_{ij \in N_{ie}} g_{ie}^{*} \cdot g_{ij}} \left(a_{ijp} - c_{ijp}\right) \cdot x_{ijt'} \quad \forall\left(p, t\right), (t = 1, ..., T) \qquad (4.5)$$

mit

$$0 < g_{ij} < 1 \qquad (4.6)$$

$$\sum_{ij \in N_{ie}} g_{ij} = 1 \quad \forall\left(ij \in N_{ie}\right) \qquad (4.7)$$

$$\sum_{t} x_{ijt'} = 1 \qquad (4.8)$$

Für das geplante neue Entwicklungsprojekt sollen vom Controlling fundierte Empfehlungen zur Entscheidungsvorbereitung zur Verfügung gestellt werden. Dabei ist der Steuerungsbereich des Projektes wiederum einem Metacontrolling im Sinne eines Controllings des Controllings unterworfen und damit selbst Steuerungsobjekt.[162]

Das in Abb. 4.5.1 skizzierte parametrisierte offene Entscheidungsnetz zeigt die zum Controllingzeitpunkt *tp* = 1 aus Sicht der Entscheidungsträger vorhandenen Entscheidungs- und Realisationsprozesse sowie deren Folgebeziehungen. Im Entscheidungsprozess ie_1 wird eine disjunkte Prozessstruktur mit verschiedenartigen Alterna-

---

[160] Damit wird das sichere Ereignis repräsentiert, dass genau einer dieser Prozesse (ik_1, il_1 *oder* ij_2) im Entwicklungsverlauf des OEN gewählt wird. Zu einer allgemeingültigen formalen Darstellung der Ermittlung bedingter Eintrittsgewichte im OEN sei verwiesen auf Pütz, M. 2009 /Entwicklungscontrolling/ S. 91f.

[161] Vgl. Matthes, W. 2001 /Gründungscontrolling/ S. 330 sowie Abschnitt 2.2.2.2.

[162] Vgl. hierzu Matthes, W. 2001 /Gründungscontrolling/ S. 323 und S. 335; Matthes, W., Böth, Th., Pütz, M. 2003 /Controlling/ S. 104; Horváth, P. 2009 /Controlling/ S. 805; Pütz, M. 2008 /Metacontrolling/ S. 335-364.

tivprozessen, der Wachstumsstrategie ie_2 oder der Erhaltungsstrategie ij_1 angenommen. Ferner wird eine offene Wachstumsstrategieentscheidung ie_2, die eine Voraussetzung zur Vorbereitung und Umsetzung des Geschäftsprozesses Good Case bzw. Bad Case darstellt, als exklusiv disjunkte Prozessstruktur erkennbar, wohingegen die Erhaltungsstrategie ij_1 eine Abfolge zunächst konjunkter Folgebeziehungen in Abhängigkeit von der Grundentscheidung ie_1 einleitet.

4.5.1.2 Simulationsgestütztes Subnetzwerk Sub_e1

Im Rahmen dieses offenen Entscheidungsnetzes gilt es nunmehr, die Effekte seiner Prozesse zu analysieren. Darauf u.a. aufbauend können dann sukzessive die zunächst noch offenen Entscheidungen getroffen werden und somit die zunächst vorhandene partiell offene Entscheidungsnetzstruktur in eine zunehmend stabile bzw. sichere, konjunkte Struktur überführt werden.[163] Zur Vorbereitung der Entscheidung ie_1 wird ein simulationsgestütztes Subnetzwerk Sub_e1 gebildet, das operative Schritte einer Entscheidungsanalyse in ie_1, also Realisationsprozesse für Alternativplanungen, beinhaltet, wodurch der für die Entscheidungssituation relevante Informations- und Prognosehorizont näher analysiert wird.

Das simulationsgestützte Subnetzwerk Sub_e1 kann unter Verwendung der Symbole der offenen Entscheidungsnetze im Controllingzeitpunkt $tp = 1$ wie folgt dargestellt werden:

[163] Vgl. zur Grundstruktur offener Entscheidungsnetze insb. Matthes, W. 2001 /Gründungscontrolling/ S. 324-332; Matthes, W., Dederichs, J., Pütz, M. 2000 /Entwicklungscontrolling/ S. 208-221; Pütz, M. 2004 /Produktionssysteme/ S. 58-65 und Böth, Th. 2008 /Phasen/ S. 329-332.

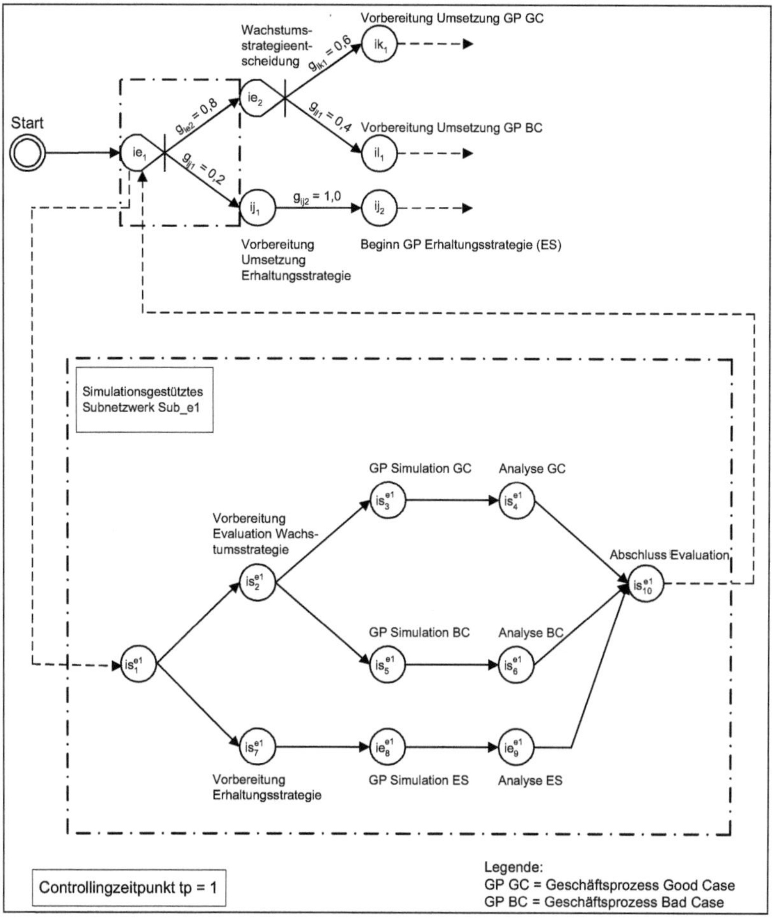

Abb. 4.5.3: Entscheidungssituation mit simulationsgestütztem Subnetzwerk zum Controllingzeitpunkt $tp = 1$

Dieses simulationsgestützte Submodell enthält eine Prozessfolge, in der zum einen die Vorbereitung der bisher möglichen Erhaltungsstrategie, dargestellt über die Planungsprozesse is_7^{e1}, is_8^{e1} und is_9^{e1}, als konjunkte Abfolge berücksichtigt ist, zum anderen wird dort auch die Vorbereitung der möglichen Wachstumsstrategie is_2^{e1} abgebildet. Die dort durchzuführenden Simulationen und Analysen verschiedener Szenarios führen sodann zu einer Abschlussbewertung is_{10}^{e1}, die als Grundlage für die Entscheidungssituation ie_1 dienen soll.

4.5.1.3 Simulationsgestütztes Subnetzwerk Sub_e2

Im Rahmen einer rollierenden (evolutionären) Planung stellt sich das simulationsgestützte Subnetzwerk Sub_e2 zum Controllingzeitpunkt *tp* = 2 wie folgt dar:[164]

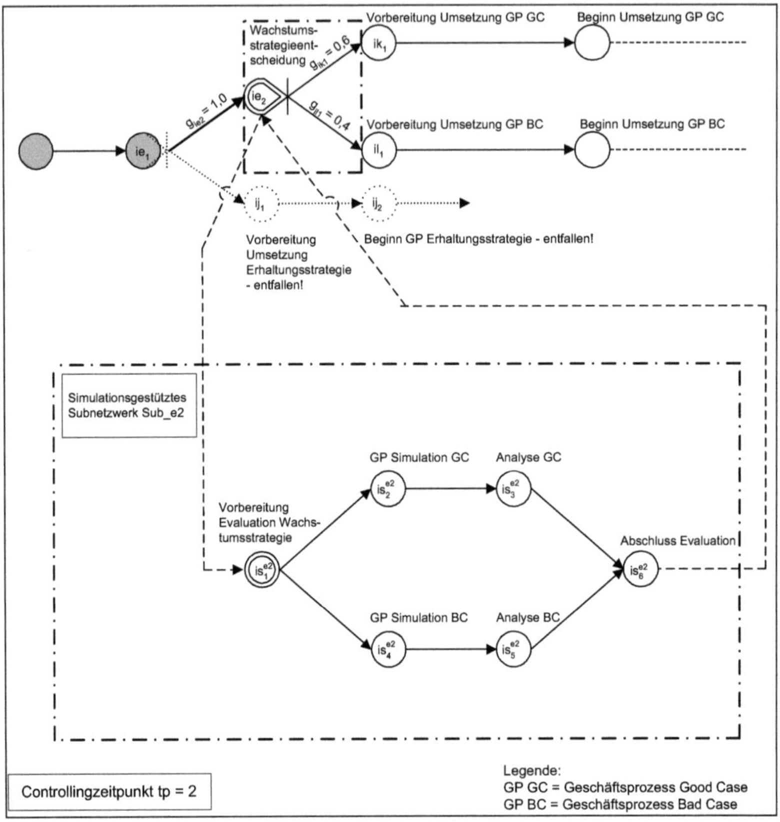

Abb. 4.5.4: Entscheidungssituation mit simulationsgestütztem Subnetzwerk zum Controllingzeitpunkt *tp* = 2

Die Auswertung der zum Controllingzeitpunkt *tp* = 1 durchgeführten Simulationen im simulationsgestützten Submodell (Sub_e1) hat die Unternehmensführung zur Re-

[164] Vgl. zur rollierenden Planung Troßmann, E. 1992 /Planung/ S. 123-130 und zu den Aspekten einer evolutionären Planung insb. Matthes, W. 2001 /Gründungscontrolling/ S. 335 und S. 338f.; Böth, Th. 2008 /Phasen/ S. 321-332. Bei der Bezeichnung der Knoten des Subnetzwerkes Sub_e2 handelt es sich – analog zum Subnetzwerk Sub_e1 – um operative Schritte einer simulationsgestützten Entscheidungsanalyse, die hier in ie_2 durchgeführt wird.

alisierung der Wachstumsstrategie bewogen, womit diese erste Entscheidung ie_1 realisiert bzw. abgeschlossen wurde.

Die Darstellung zum Controllingzeitpunkt tp = 2 zeigt, dass die abgelehnte Erhaltungsstrategie zur Erinnerung noch gepunktet dargestellt ist.[165] Im Vollzug befindet sich nun die Entscheidung ie_2 über die zu wählende Wachstumsstrategie, ausgedrückt durch den Entscheidungsknoten ie_2.

Das hierfür zu konstruierende Simulationsnetzwerkmodell (wiedergegeben im Abschnitt 4.5.5) soll die notwendigen Informationen für diese Entscheidung liefern, was in Abbildung 4.5.4 durch das Submodell dieser Entscheidung (Sub_e2) dargestellt wird. Das entsprechend in tp = 2 nach Dauer und Terminierung zunächst nur formal skizzierte Beispiel wird im Folgenden näher vorgestellt.

4.5.2 Die strategische Geschäftseinheit (Geschäftsbereich EZV)

4.5.2.1 Ausgangssituation

Im Geschäftsbereich EZV werden von dem oben als Anwendungsbeispiel vorgestellten Dienstleistungsunternehmen kartengestützte Zahlungssysteme in Form von Terminals an Einzelhändler zur Zahlungsabwicklung (Transaktion) mittels ec-Karte oder Kreditkarte vermietet, die aufgrund der Ergebnisse der Marktstudie im Rahmen des neuen Entwicklungsprojektes in Zukunft auch alternativ verkauft werden sollen.

Die mit diesen Terminals durchgeführten Zahlungsvorgänge und Abrechnungs- sowie Prüfverfahren werden vom zu betrachtenden Geschäftsbereich koordiniert und ausgeführt, wobei auch die Abbuchung des jeweiligen Zahlungsbetrages vom Privatkonto des Kunden und die Überweisung auf das Firmenkonto des Einzelhändlers zu den Dienstleistungen des Bereichs EZV gehört. Das durch den Einzelhändler dem

---

165 Im Controllingzeitpunkt $tp = 2$ ist t_{ie_2} der Anfangstermin vom Entscheidungsprozess ie_2 des Projektes i, wobei tf_{ie_2} und ts_{ie_2} den dazugehörenden frühesten bzw. spätesten Anfangstermin bilden. Die erwartete bzw. fixierte Dauer vom Entscheidungsprozess ie_2 ist d_{ie_2}. Der periodenbezogene Anfangsbestand eines Potenzials p in $tp = 2$ wird mit b_{p2} bezeichnet und der periodenbezogene Beitrag des Entscheidungsprozesses ie_2 in Form von Nutzung oder Verbrauch des Potenzials p mit a_{ie_2p} und zum Aufbau des Potenzials p mit c_{ie_2p}.

jeweiligen Kunden angebotene Zahlungsverfahren wird i.d.R. online durchgeführt, indem durch eine online-Sicherheitsprüfung, bei der die Bonität des Kunden innerhalb von wenigen Sekunden geprüft wird, die volle Zahlungsgarantie durch seine Hausbank garantiert wird. Hierfür ist vom Händler eine entsprechende Transaktionsgebühr an den Geschäftsbereich EZV zu entrichten.

Zur verstärkten Kundengewinnung und -betreuung soll im Rahmen des Entwicklungsprojektes ein neuer Bereich Außendienst eingerichtet werden. Für diesen Bereich bestehen neben der laufenden Kundenakquisition zudem die Aufgaben der Installation der Terminals, was bisher dem Kunden selbst überlassen wurde, und einer kurzen Kundenschulung. Für die Bearbeitung der neuen Terminalverkäufe bzw. der Neuvermietungsvorgänge und aller damit zusammenhängenden weiteren Vorgänge sollen neue Sachbearbeiter eingestellt werden. Zudem werden umfangreiche Mitarbeiterschulungen geplant, und es fallen weitere einmalige und laufende Kosten an.[166]

Einnahmequellen des Geschäftsbereichs EZV sind demnach zum einen die Mieteinnahmen – und zukünftig auch die Verkaufserlöse – durch die Terminals und zum anderen die erhobenen Gebühren für die Abwicklung der einzelnen Transaktionen.

4.5.2.2 Marktstudie zur Absatzplanung

Für die Prognose der Absatzgrößen der strategischen Geschäftseinheit, zu denen die Anzahl zu vermietender bzw. zu verkaufender Terminals sowie die Menge daraus entstehender Transaktionen gehören, liegt eine Marktstudie für die kommenden drei Jahre vor, bei der in die beiden Fälle einer „ungünstigen Entwicklung" („Bad Case") und einer „günstigen Entwicklung" („Good Case") unterschieden wird.[167] Durch die mit dem neuen Entwicklungsprojekt einhergehenden Marketing- und Vertriebsmaßnahmen sollen die prognostizierten Marktpotenziale neu erschlossen werden.[168] Im „günstigen Fall" können lt. Studie im ersten Monat zunächst 62 Terminals neu vermietet werden, bei „ungünstiger Entwicklung" wird ein geringeres Wachstum an neu vermieteten Terminals unterstellt, so dass es hier im ersten Monat lediglich zu einer

---

[166] Vgl. hierzu die Ausführungen im Abschnitt 4.5.3.

[167] Die Marktstudien sind im Anhang A-1 und A-2 aufgeführt.

[168] Innerhalb des dem Entwicklungsprojekt vorangegangenen Zeitraumes von 12 Monaten kam es zu keinem tatsächlichen Zuwachs an Terminals, da die Neukundenzahlen durch die Kündigungen kompensiert wurden.

Vermietung von 31 Terminals kommt. Den Kundenwünschen entsprechend wird zukünftig neben der reinen Vermietung auch der Verkauf von Terminals im Rahmen der Vertriebsaktivitäten forciert. Aufgrund der Ergebnisse der vorliegenden Studie sind dies z.B. im Good Case im ersten Monat 124 Terminals und im Bad Case 62 neu verkaufte Terminals. Die Prognosen der Marktstudie sind um die durchschnittlichen Kündigungszahlen zu bereinigen, die erfahrungsgemäß zum Monatsende 16 % des verkauften und 8 % des vermieteten Terminalbestandes ausmachen. Weiterhin können aufgrund der Untersuchungen im Rahmen der Marktstudie die Einzelhändler als Terminalnutzer in drei Kundengruppen aufgeteilt werden, die die Terminals unterschiedlich stark nutzten.

Die Marktstudie beinhaltet somit für das zu entwickelnde Simulationsmodell verschiedene Informationen (Anzahl an neu verkauften Terminals pro Tag, Anzahl an neu vermieteten Terminals, Anzahl an Terminaltransaktionen je Kundengruppe usw.), auf die im Laufe der Simulation zurückgegriffen werden muss. Ferner sind im Rahmen der Simulation die im Abschnitt 4.5.3 näher beschriebene Planung der Personal- und Betriebsmittelkapazitäten sowie Terminbedingungen und die mit den jeweils möglichen Prozessen verbundenen Zahlungs-, Erfolgs-, Vermögens- und Kapitaleffekte zu berücksichtigen, die auch in einer internen Entwicklungserfolgsrechnung pro Planperiode und entsprechenden internen Entwicklungsbilanz erfasst und ausgewertet werden sollen.

4.5.3 Die Grundstruktur der Geschäftsplanung

Im Rahmen der zu entwickelnden simulationsgestützten Entwicklungsbilanz soll auf die hier kurz dargestellte Grundstruktur einer Geschäftsplanung zum Controllingzeitpunkt $tp = 2$ zurückgegriffen werden. Diese Informationen fließen in das zu entwickelnde dynamische Simulationsmodell ein, durch das zu jedem Zeitpunkt bspw. jede einzelne datierte Buchung und die damit einhergehenden Potenzialveränderungen ermittelt werden können.

Im Einzelnen können aus Sicht des Controllingzeitpunktes $tp = 2$ für das zu betrachtende Entwicklungsprojekt die in den folgenden Abschnitten aufgeführten Teilbereiche prognostiziert werden.

4.5.3.1 Personal- und Betriebsmittelkapazitäten[169]

Die bisherigen Mitarbeiterzahlen setzen sich aus Sicht von *tp* = 2 wie folgt zusammen:

Position	Beschreibung	Anzahl
1	Bisherige Mitarbeiter:	
1.1	Leitung	1
1.2	Sachbearbeiter	1
1.3	IT-Mitarbeiter	1

Tab. 4.5.1: Bisherige Mitarbeiter (*tp* = 2)

Mit Beginn des Entwicklungsprojektes in *tp* = 2 soll die bisherige Mitarbeiterzahl wie folgt ergänzt werden:

Position	Beschreibung	Anzahl
2	Neue Mitarbeiter:	
2.1	Sachbearbeiter	2
2.2	Mitarbeiter Außendienst	3

Tab. 4.5.2: Neue Mitarbeiter (ab Beginn von *tp* = 2)

Die drei Sachbearbeiter sollen wöchentlich jeweils von Montag bis Freitag von 8:00 Uhr bis 16:00 Uhr zur Verfügung stehen.[170] Die zeitliche Belastung eines Sachbearbeiters durch die Geschäftsvorfälle „Terminalverkauf" und „Neuvermietung von Terminals" soll den Wert von 30 % der zur Verfügung stehenden Arbeitskapazität nicht überschreiten, damit die weiteren Büro- und Organisationsaufgaben des Geschäftsbereichs durch die Sachbearbeitergruppe noch ausreichend bearbeitet werden können.

Die genannten Geschäftsvorfälle müssen dabei jeweils einzeln von einem der drei Sachbearbeiter geprüft werden, bevor der Vorgang an den Buchführungsanwendungsserver weitergegeben werden kann. Hierzu werden die Sachbearbeiter im Rahmen der Simulation in einer Ressourcengruppe zusammengefasst und hinsicht-

[169] Auf die hier im Kontext der Wachstumsstrategie skizzierten Ausführungen zum Personal- und Betriebsmittelbedarf bauen die Investitionsplanung (Abschnitt 4.5.3.2), die Finanzplanung (Abschnitt 4.5.3.3), die Kostenplanung (Abschnitt 4.5.3.4) und die Umsatzplanung (Abschnitt 4.5.3.5) des Geschäftsbereichs auf.

[170] Dieser Sachverhalt wird im Simulationsnetzwerk Good Case des Simulationsmodells EBILANZ durch die Kalendersteuerung (Teilnetzwerk J), die Arbeitszeitsteuerung (Teilnetzwerk K) und die Kapazitätsverringerung bzw. Kapazitätserhöhung (Teilnetzwerk L) abgebildet.

lich der Bearbeitungsdauer eines individuellen Prüfvorgangs die folgenden Minutenverteilungen unterstellt, die als Dreiecksverteilung mit jeweils einem Mindest-, Modus- und Maximalwert angegeben sind:[171]

Position	Beschreibung (Mitarbeiterressource Prüfvorgang)	Dreiecksverteilung
1	SBGruppe (Geschäftsvorfall Terminalverkauf)	(20; 27; 35)
2	SBGruppe (Neuvermietung von Terminals)	(15; 20; 30)

Tab. 4.5.3: Dauer der zeitlichen Mitarbeiterauslastung während des Prüfvorgangs

Ferner sind im Rahmen der Terminalverkaufsvorgänge und bei der erstmaligen Vermietung eines Gerätes im Anschluss an die Belegung des Buchführungsanwendungsservers das abschließende und zur Weitergabe der Buchung notwendige Bearbeiten bzw. Editieren des Geschäftsvorfalls durch einen Sachbearbeiter zu berücksichtigen, das sich ebenfalls in Form einer Dreiecksverteilung mit Mindest-, Modus- und Maximalwert wie folgt darstellt:[172]

Position	Beschreibung (Mitarbeiterressource - Editieren eines Buchungssatzes)	Dreiecksverteilung
1	SBGruppe (Geschäftsvorfall Terminalverkauf)	(1,5; 2; 3)
2	SBGruppe (Neuvermietung von Terminals)	(1,5; 2; 3)

Tab. 4.5.4: Dauer der zeitlichen Mitarbeiterauslastung eines (erstmaligen) Buchungssatzbearbeitungsvorgangs mit Weitergabe

Für das gesamte Entwicklungsprojekt ist pro neuem Außendienstmitarbeiter ein Firmenwagen aus einem bestehenden Leasingpool zu berücksichtigen, ferner für jeden neuen Sachbearbeiter und Außendienstmitarbeiter je eine neue Büroausstattung. Hinzu kommt einmalig eine neue Telefonanlage und eine sonstige Betriebs- und Geschäftsausstattung. Für jeden neuen und bisherigen Mitarbeiter wird zudem Hardware neu angeschafft. Für die Erstausstattung an Terminals sind 110 Geräte vorgesehen. Es können ferner das bisher gemietete Großraumbüro und die bestehenden Büroeinrichtungen der bisherigen Mitarbeiter sowie der vorhandene Server zur Abwick-

---

171 Hinsichtlich der aufgeführten dreiecksverteilten Prüfdauer der neuen Geschäftsvorfälle vgl. die einheitenspezifische Variable „BusiTransCheckDur" in den (Good Case) Teilnetzwerken B und C des Simulationsmodells EBILANZ.

172 Zu der hier aufgeführten dreiecksverteilten Dauer der abschließenden Bearbeitung und Weitergabe einer Buchung vgl. die einheitenspezifische Variable „AktBSEditDur" in den (Good Case) Teilnetzwerken B und C des Simulationsmodells EBILANZ.

lung der Transaktionen des elektronischen Zahlungsverkehrs weiterhin genutzt werden. Bei jeder Transaktion wird dieser Transaktionsserver für pauschal geschätzte 3 Sekunden belegt.[173] Außerdem wird bei jedem Terminalverkauf und Neuvermietungsvorgang auch der bereits vorhandene Buchführungsanwendungsserver zur laufenden Buchungssatznummernvergabe durch einen Sachbearbeiter angesprochen, wodurch der Server für pauschal geschätzte 0,6 Sekunden belegt wird.[174] Bei allen weiteren standardisierten Geschäftsvorfällen ist der Zugriff durch einen Sachbearbeiter nicht nötig, es wird jedoch der Buchführungsserver im Rahmen der voll automatisierten Buchungssatzvorgänge jeweils für pauschal geschätzte 1,2 Sekunden belegt.[175] Die hier fixierten Planungen zu den Personal- und Betriebsmittelkapazitäten sollen im zu konzipierenden Simulationsmodell entsprechend berücksichtigt werden.

4.5.3.2 Investitionsplanung

Die Gesamtsumme I_G der durchzuführenden Investitionen ergibt sich aus der Summe der Investitionsgüter i, hierzu seien:[176]

I_G = Gesamtinvestition
I_i = Anschaffungswert des Investitionsgutes i
c = Anzahl aller Investitionsgüter $\left(c \in \mathbb{N}_{>0}\right)$
i = $1,2,\ldots,c$
mit $I_G, I_i \in \mathbb{R}_{>0}$.

Die Gesamtinvestition I_G lässt sich bestimmen als:

$$I_G = \sum_{i=1}^{c} I_i \tag{4.9}$$

173 Dieser Sachverhalt wird in dem Simulationsmodell EBILANZ im Rahmen der laufenden Terminaltransaktionseinnahmen des (Good Case) Teilnetzwerkes E durch den Ressourcenbelegungsknoten „RessEZVTTA“ in Verbindung mit der globalen Variablen „DurEZV“, durch die eine Verzögerungsdauer von 3 Sekunden erzeugt wird, deutlich.

174 Vgl. hierzu im Simulationsnetzwerk bspw. das (Good Case) Teilnetzwerk B, in dem u.a. der Buchführungsanwendungsserver durch den Netzwerkknoten „RessBASVKT1“ entsprechend der in der globalen Variablen „ADurLfdBuchSatzNr“ hinterlegten Zeit von 0,6 Sekunden verzögert wird.

175 Vgl. zur Belegung des Buchführungsanwendungsservers „BFApplicServer“ bei vollautomatisierten Buchungsvorgängen die (Good Case) Teilnetzwerke D, E und M, in denen der durch die globale Variable „DurAuto BS“ hinterlegte Verzögerungswert 1,2 Sekunden beträgt.

176 Zur Investitionsplanung und den formalen Darstellungsmöglichkeiten vgl. Kautz, W.-E. 1998 /Planung/ S. 66-70.

Im Rahmen der Investitionsplanung des Anwendungsbeispiels liegen aus Sicht des Controllingzeitpunktes tp = 2 folgende Informationen zu den einzelnen Arten von Investitionsgütern vor.

4.5.3.2.1 Investitionen für Lizenzen und Software („Immaterielle Investitionen")

Position	Beschreibung	Betrag
1	div. Softwarelizenzen	5.000 €
2	neue Standardsoftware	9.000 €

Tab. 4.5.5: Immaterielle Investitionen I^I ($tp = 2$)

Die Gesamtsumme der immateriellen Investitionen I^I beträgt somit 14.000 €.

4.5.3.2.2 Investitionen für Betriebs- und Geschäftsausstattung („Materielle Investitionen")

Die Gesamtsumme der materiellen Investitionen I^M beträgt unter Berücksichtigung der geplanten Personal- und Betriebsmittelkapazität im Anwendungsbeispiel zu Beginn von $tp = 2$ entsprechend der folgenden Tabelle insgesamt 24.150 €.

Position	Beschreibung	Betrag
1	Betriebs- und Geschäftsausstattung	
1.1	Büroausstattung pro neuem Mitarbeiter	900 €
1.2	Sonstige Betriebs- und Büroausstattung	2.250 €
1.3	Hardware pro Mitarbeiter	1.050 €
1.4	Neue Telefonanlage (Telefone, sonstige Kommunikationstechnik)	9.000 €

Tab. 4.5.6: Materielle Investitionen I^M ($tp = 2$)

4.5.3.2.3 Investitionen für Vorräte (Warenerstausstattung)

Position	Beschreibung	Betrag
1	Handelsware pro Stück (Erstausstattung 110 Stück)	399 €

Tab. 4.5.7: Investitionen in Vorräte I^W ($tp = 2$)

Die Gesamtsumme der Investitionen in Vorräte I^W beträgt bei einer Erstausstattung von 110 Stück insgesamt 43.890 €. Es soll stets ein Mindestbestand von 20 Terminals im Lager vorhanden sein und bei Unterschreiten dieser Menge ein automatischer Bestellvorgang ausgelöst werden.

Hinsichtlich der durchzuführenden Investitionen seien:

I_i^I = Anschaffungswert für ein immaterielles Investitionsgut
I_i^M = Anschaffungswert für ein materielles Investitionsgut
I_i^W = Anschaffungswert für eine Warenerstausstattung
a = Anzahl aller immateriellen Investitionsgüter $(a \in \mathbb{N}_{>0})$
b = Anzahl aller materiellen Investitionsgüter $(b \in \mathbb{N}_{>0})$
i = $1, \ldots, a, a+1, \ldots, a+b, a+b+1, \ldots, c$
mit $I_i^I, I_i^M, I_i^W \in \mathbb{R}_{>0}$.

Die Gesamtsumme I_G der durchzuführenden Investitionen kann formal wie folgt dargestellt werden:

$$I_G = \sum_{i=1}^{c} I_i = \sum_{i=1}^{a} I_i^I + \sum_{i=a+1}^{a+b} I_i^M + \sum_{i=a+b+1}^{c} I_i^W \qquad (4.10)$$

Entsprechend beträgt zu Beginn von $tp = 2$ die Gesamtinvestitionssumme I_G im dargestellten Beispiel zu 82.040 €.

4.5.3.3 Finanzplanung

Geplante Investitionen sind durch eine entsprechende Gesamtfinanzierung F_G zu decken, dazu seien:

F_j = Finanzierung aus Finanzierungsform j
F_G = Gesamtfinanzierung
e = Anzahl unterschiedlicher Finanzierungsformen $\left(e \in \mathbb{N}_{>0}\right)$
i = $1, 2, \ldots c$
j = $1, 2, \ldots e$
mit $F_j, F_G \in \mathbb{R}_{>0}$.

Für die Gesamtinvestitionssumme I_G und die entsprechende Gesamtfinanzierung F_G gilt:[177]

$$I_G = \sum_{i=1}^{c} I_i = \sum_{j=1}^{e} F_j = F_G \tag{4.11}$$

Die Gesamtfinanzierung setzt sich zudem aus Eigen- und Fremdmitteln zusammen, hierzu seien:[178]

F_j^E = Eigenfinanzierung
F_j^F = Fremdfinanzierung
d = Anzahl der Eigenfinanzierungen $\left(d \in \mathbb{N}_{>0}\right)$
j = $1, \ldots, d, d+1, \ldots, e$
mit $F_j^E, F_j^F \in \mathbb{R}_{>0}$.

$$F_G = \sum_{j=1}^{e} F_j = \sum_{j=1}^{d} F_j^E + \sum_{j=d+1}^{e} F_j^F \tag{4.12}$$

---

[177] Vgl. zur Finanzplanung Kautz, W.-E. 1998 /Planung/ S. 71f. sowie zum Finanzbedarf Ziegenbein, K. 2007 /Controlling/ 373.

[178] Vgl. Kautz, W.-E. 1998 /Planung/ S. 72; Wöhe, G., Döring, G. 2010 /Betriebswirtschaftslehre/ S. 523. Die mit der Fremdfinanzierung einhergehenden Tilgungen und Zinsen werden im Abschnitt 4.5.3.4.1 berücksichtigt.

4.5.3.3.1 Eigenfinanzierung

Der Betrag der Gesamtinvestitionen im Anwendungsbeispiel beträgt zu Beginn der Wachstumsstrategie in *tp* = 2 insgesamt 82.040 €. Im Rahmen der Eigenfinanzierung wird der internen Bilanz des Geschäftsbereiches hierzu Eigenkapital F_j^E in Höhe von 30.000 € zugeführt, welches ohne Zinsanspruch zur Verfügung steht. Ein Teil dieses Betrages (7.960 €) soll zu Beginn des Entwicklungsprojektes der Liquiditätssicherung dienen.

4.5.3.3.2 Fremdfinanzierung

Im Rahmen der Fremdfinanzierung F_j^F wird zu Beginn von *tp* = 2 ein Bankdarlehen in einer Höhe von 60.000 € mit einer monatlichen Tilgung von 1.700 € und Fremdkapitalzinsen von monatlich 85 € bei einer Laufzeit von 3 Jahren aufgenommen.[179]

Die Gesamtfinanzierungssumme F_G beträgt im dargestellten Beispiel somit 90.000 €.

Im Rahmen einer zu konzipierenden internen simulationsgestützten Entwicklungsbilanz soll auf die zuvor dargestellte Investitions- und Finanzplanung zugegriffen werden können.

Aus den vorstehenden Angaben ergibt sich die folgende betriebspolitisch motiviert gegebene interne Anfangsbilanz des Geschäftsbereiches EZV zu Beginn der Wachstumsstrategie zum Controllingzeitpunkt *tp* = 2.[180]

---

[179] Hinsichtlich des Kapitaldienstes vgl. Abschnitt 4.5.3.4.1.

[180] Die in Abb. 4.5.5 aufgeführten Beträge beziehen sich auf die Währung € (Euro).

interne Bilanz Geschäftsbereich EZV		*Aktiva*
Bilanzposition	**Einzelposition**	**Sammelposition**
Anlagevermögen		***38.150,00***
Immaterielle Vermögensgegenstände		*14.000,00*
Lizenzen an Rechten und Werten	*14.000,00*	
Sachanlagen		*24.150,00*
Büromaschinen	*17.400,00*	
Büroausstattung	*6.750,00*	
Finanzanlagen		*0,00*
Umlaufvermögen		***51.850,00***
Vorräte (Handelswaren)	*43.890,00*	
Forderungen	*0,00*	
Liquide Mittel (Bank)	*7.960,00*	
sonst. UV	*0,00*	
Bilanzsumme		***90.000,00***

		Passiva
Bilanzposition	**Einzelposition**	**Sammelposition**
EK		***30.000,00***
Eigenkapital	*30.000,00*	
Jahresüberschuss /-fehlbetrag	*0,00*	
FK		***60.000,00***
Rückstellungen	*0,00*	
Verbindlichkeiten	*60.000,00*	
Bilanzsumme		***90.000,00***

Abb. 4.5.5: Interne Anfangsbilanz (zu Beginn von $tp = 2$)

4.5.3.4 Kostenplanung

Die Gesamtkosten K_G umfassen alle laufenden Kosten im Rahmen einer Planung und werden hier für den Bereich der Darlehenskosten, Wareneinsatzkosten, Personalkosten, Abschreibungen und weiteren laufenden Kosten erläutert.[181]

4.5.3.4.1 Kapitaldienst

Bezüglich der im Abschnitt 4.5.3.3 dargestellten Fremdfinanzierung seien:

$$\begin{aligned} KD_m &= \text{Kapitaldienst pro Monat } m \left(m \in \{1,2,...,12\}\right) \\ T_m &= \text{Tilgungsbetrag pro Monat } m \\ Z_m &= \text{Zinsbetrag pro Monat } m \\ m &= 1,2,...,12 \end{aligned}$$

mit $KD_m, T_m, Z_m \in \mathbb{R}_{>0}$.

Für den Kapitaldienst KD_m gilt:

$$KD_m = T_m + Z_m \tag{4.13}$$

Die monatlichen Tilgungen und Zinsen im Rahmen der Fremdfinanzierung setzen sich im Anwendungsbeispiel zu Beginn von $tp = 2$ wie folgt zusammen:

Position	Beschreibung	Betrag
1	Tilgung pro Monat	1.700 €
2	Zinsaufwendungen pro Monat	85 €

Tab. 4.5.8: Kapitaldienst (ab Beginn von $tp = 2$)

Der monatliche Kapitaldienst beträgt demnach ab $tp = 2$:[182]

$$\begin{aligned} KD_m &= T_m + Z_m \\ KD_m &= 1.700€ + 85€ = 1.785€ \end{aligned}$$

---

[181] Zu der im Folgenden aufgeführten formalen Darstellung im Bereich der Kostenplanung vgl. Kautz, W.-E. 1998 /Planung/ S. 74 und S. 86-95. Im Rahmen des zu konzipierenden Simulationsmodells wird davon ausgegangen, dass die hier aufgeführten Kosten den Aufwendungen und die Erlöse den Erträgen entsprechen und kostenrechnerische Korrekturen bzw. Abgrenzungen demnach nicht notwendig sind.

[182] Die damit einhergehenden Buchungen in Form von Verbindlichkeiten (Tilgungen) und Zinsaufwendungen werden im Abschnitt 4.5.4 erläutert.

4.5.3.4.2 Wareneinsatzkosten

Die Wareneinsatzkosten lassen sich aus dem Wareneinstandspreis und der Wareneinsatzmenge berechnen, hierzu seien:

K_W = Wareneinsatzkosten (zu Einstandspreisen)
W_i^P = Wareneinstandspreis der Handelsware i
W_i^M = Wareneinsatzmenge
j = Anzahl an Handelswaren $\left(j \in \mathbb{N}_{>0}\right)$
i = $1,2,\ldots,j$
mit $K_W, W_i^P \in \mathbb{R}_{>0}$.

$$K_W = \sum_{i=1}^{j}\left(W_i^P \cdot W_i^M\right) \tag{4.14}$$

Position	Beschreibung	Betrag
1	Handelsware Terminal pro Stück	399.- €

Tab. 4.5.9: Handelswaren (ab Beginn von *tp* = 2)

Die Handelswaren zum Wareneinstandspreis von 399 € werden im Geschäftsbetrieb ab *tp* = 2 entsprechend lfd. bestellt, wobei stets eine Mindestlagerbestandsmenge von 20 Terminals zu beachten ist.

4.5.3.4.3 Personalkosten

Hinsichtlich der Personalkosten seien:

K_P = Personalkosten gesamt
K_i^G = Kosten für ein Bruttomonatsgehalt i
L_{AG} = $\text{Lohnnebenkostensatz (Arbeitgeberanteil)} = 0,21$
k = Anzahl an Mitarbeitern über alle Gehaltsklassen $\left(k \in \mathbb{N}_{>0}\right)$
i = $1,2,\ldots,k$
mit $K_P, K_i^G \in \mathbb{R}_{>0}$.

$$K_P = \sum_{i=1}^{k} K_i^G \cdot (1 + L_{AG}) \tag{4.15}$$

Die monatlichen Personalkosten im Anwendungsbeispiel ergeben sich aus der Summe der unterschiedlichen Bruttogehälter; zudem enthält das einzelne Bruttogehalt die abzuführenden Steuern (Lohnsteuer, Solidaritätszuschlag, Kirchensteuer) für den Arbeitnehmer und Sozialabgaben (Renten-, Kranken-, Pflege- und Arbeitslosenversicherung), die den Arbeitnehmeranteil darstellen. Hinzuzurechnen ist noch der Arbeitgeberanteil von hier annahmegemäß 21%. Die monatlichen Bruttogehälter (Gehaltsklassen A-D) ergeben sich wie folgt:

Position	Beschreibung	Anzahl	Bruttogehalt pro Person
1	Bruttogehalt Außendienst (D)	3	2.600 €
2	Bruttogehalt Sachbearbeitung (B)	2	2.800 €

Tab. 4.5.10: Zusätzliche Bruttogehälter (ab Beginn von *tp* = 2)

Position	Beschreibung	Anzahl	Bruttogehalt pro Person
1	Bruttogehalt IT-Mitarbeiter (C)	1	2.650 €
2	Bruttogehalt Sachbearbeitung (B)	1	2.800 €
3	Bruttogehalt Leitung (A)	1	4.500 €

Tab. 4.5.11: Bisherige Bruttogehälter (*tp* = 2)

Die monatlichen Gesamtgehaltskosten setzen sich aus unterschiedlichen Gehaltsklassen zusammen, dazu seien:

K_i^{GA} = Kosten für ein Bruttomonatsgehalt Gehaltsklasse A (für B bis D entsprechend $K_i^{GB}, K_i^{GC}, K_i^{GD}$)

f = Anzahl an Mitarbeitern in Gehaltsklasse A $(f \in \mathbb{N}_{>0})$

g = Anzahl an Mitarbeitern in Gehaltsklasse B $(g \in \mathbb{N}_{>0})$

h = Anzahl an Mitarbeitern in Gehaltsklasse C $(h \in \mathbb{N}_{>0})$

i = $1, ..., f, f+1, ..., f+g, f+g+1, ..., f+g+h, f+g+h+1, ..., k$

mit $K_i^{GA}, K_i^{GB}, K_i^{GC}, K_i^{GD} \in \mathbb{R}_{>0}$.

Für die gesamten monatsbezogenen Bruttogehälter gilt:

$$\sum_{i=1}^{k} K_i^G = \sum_{i=1}^{f} K_i^{GA} + \sum_{i=f+1}^{f+g} K_i^{GB} + \sum_{i=f+g+1}^{f+g+h} K_i^{GC} + \sum_{i=f+g+h+1}^{k} K_i^{GD} \quad (4.16)$$

Die gesamten Personalkosten betragen somit gemäß (4.15) mit Arbeitgeberanteil:

$$K_P = \sum_{i=1}^{k} K_i^G \cdot (1 + L_{AG}) .$$

Die gesamten Personalkosten im Beispielfall fallen demnach ab $tp = 2$ in folgender Höhe an:

$$K_P = 23.350 \cdot (1 + 0,21)$$
$$K_P = 28.253,50 \text{ €}$$

4.5.3.4.4 Abschreibungen

Hinsichtlich der Abschreibungen einzelner Investitionsgüter i seien:

K_A = Gesamtabschreibungen
I_i = Anschaffungswert des Investitionsgutes i
a_i = linearer Abschreibungsatz für i
i = $1, 2, ..., b$.
mit $K_A, I_i \in \mathbb{R}_{>0}$.

$$K_A = \sum_{i=1}^{a+b} (I_i \cdot a_i) \quad (4.17)^{183}$$

4.5.3.4.4.1 Abschreibungen (immaterielle Investitionen)

Aufgrund des Investitionsplans lassen sich folgende Abschreibungsbeträge im Rahmen des Entwicklungsprojektes für die einzelnen immateriellen Investitionsgüter ab $tp = 2$ antizipieren.

183 Die Abschreibungen beziehen sich auf die immateriellen und die materiellen Investitionsgüter.

Position	Beschreibung	Betrag pro Jahr (linear, Jahresende)
1	Softwarelizenzen (Nutzungsdauer entsprechend der Vertragslaufzeit: 5 Jahre)	1.000 €
2	Neue Standardsoftware (Nutzungsdauer: 5 Jahre)	1.800 €

Tab. 4.5.12: Abschreibungsbeträge bei den immateriellen Investitionen I^I (ab Beginn von $tp = 2$)

4.5.3.4.4.2 Abschreibungen (materielle Investitionen)

Die Abschreibungsbeträge bezüglich der materiellen Investitionsgüter setzen sich im Entwicklungsprojekt ab $tp = 2$ wie folgt zusammen.

Position	Beschreibung	Betrag pro Jahr (linear, Jahresende)
1	Betriebs- und Geschäftsausstattung	
1.1	für eine Büroausstattung[184] (Nutzungsdauer: 10 Jahre)	90 €
1.2	Sonstige Betriebsausstattung (Nutzungsdauer: 10 Jahre)	225 €
1.3	Hardware pro Mitarbeiter[185] (Nutzungsdauer: 3 Jahre)	350 €
1.4	Neue Telefonanlage (Nutzungsdauer: 6 Jahre)	1.500 €

Tab. 4.5.13: Abschreibungsbeträge bei den materiellen Investitionen I^M (ab Beginn von $tp = 2$)

Die bisher genutzte Büroeinrichtung ist bereits voll abgeschrieben und wird weiter genutzt. Die Summe der jährlich geplanten Abschreibungen K_A ab Beginn von $tp = 2$ beträgt unter Berücksichtigung der vorliegenden Personal- und Investitionsplanungen des Anwendungsbeispiels somit 7.775 €.

184 Diese Abschreibung (90 €) bezieht sich auf eine Büroausstattung. Dadurch ergeben sich entsprechend den Angaben im Abschnitt 4.5.3.2.2 (Investitionen für Betriebs- und Geschäftsausstattung) und im Abschnitt 4.5.3.1 (Personal- und Betriebsmittelkapazitäten) Abschreibungen in Höhe von 450 €.

185 Unter Berücksichtigung der gesamten Personalplanung ergeben sich jährlich Abschreibungen für die Hardware in Höhe von 2.800 €.

4.5.3.4.5 Weitere laufende Kosten

Die weiteren laufenden Kosten K_{WLK} setzen sich ab Beginn von tp =2 im Anwendungsfall bspw. aus Schulungskosten, Firmenwagenleasing, Reisekosten, Werbekosten und Mietzahlungen zusammen.

Position	Beschreibung	Betrag
1	Mitarbeiterschulung/Humankapital:	
1.1	je Mitarbeiter Außendienst, zum Quartalsende	550 €
1.2	restliche Mitarbeiter, pro Halbjahr (Ende)	600 €

Tab. 4.5.14: Weitere laufende Kosten K_{WLK}, hier: Mitarbeiterschulungen (ab Beginn von $tp = 2$)

Zu der Neukundengewinnung gehört u.a. auch eine intensive Werbeoffensive, die durch eine Werbeagentur flächendeckend durchgeführt wird.

Position	Beschreibung	Betrag
1	Mietzahlungen (pro Monat)	1.450 €
2	Firmenwagenleasing pro Außendienstmitarbeiter inkl. aller Nebenkosten (pro Monat)	450 €
3	Reisekosten pro Außendienstmitarbeiter (pro Monat)	2.000 €
4	Werbeoffensive (pro Monat)	5.000 €

Tab. 4.5.15: Weitere laufende Kosten K_{WLK}, hier: Miete, Firmenwagenleasing, Reisekosten, Werbung (ab Beginn von $tp = 2$)

Bei gleicher Periodisierung (bspw. jahresbezogen) können die Gesamtkosten wie folgt formal dargestellt werden:

K_{Ges} = Gesamtkosten
KD = Kapitaldienst
K_W = Wareneinsatzkosten
K_P = Personalkosten
K_A = Abschreibungen
K_{WLK} = Weitere laufende Kosten

$$K_{Ges} = KD + K_W + K_P + K_A + K_{WLK} \qquad (4.18)$$

4.5.3.5 Umsatzplanung

4.5.3.5.1 Umsätze

Die laufenden vertraglich festgelegten Umsätze setzten sich im Anwendungsbeispiel mit Beginn von $tp = 2$ für das Entwicklungsprojekt wie folgt zusammen:

Position	Beschreibung	Betrag
1	monatliche Mieteinnahme pro Terminal	39 €
2	Verkauf eines Terminals, pro Stück	1.390 €
3	Transaktionsgebühr, pro Transaktion	0,39 €

Tab. 4.5.16: Geplante Umsätze (ab Beginn von $tp = 2$)

Für die Anzahl der zukünftig zu vermietenden bzw. neu zu verkaufenden Terminals und die sich ergebenden Terminaltransaktionen liegt die bereits im Abschnitt 4.5.2.2 erwähnte Marktstudie vor. Die Preisplanung bei der Vermietung und dem Verkauf von Terminals orientiert sich an den am Markt üblichen Preisen der Konkurrenz sowie an eigenen Untersuchungen zu den Preisvorstellungen der Kunden aus der Vergangenheit. Vom Dienstleistungsunternehmen wird eine Gebühr von 0,39 € bei jeder Transaktion erhoben. Zukünftig sollen auch Informationen über die laufende Entwicklung des Umsatzes, aber z.B. auch des internen Gewinns, vorliegen. Hierzu seien:

U_{Ges} = Gesamtumsatz
U_{Verm} = Umsatz Terminalvermietung
U_{Verk} = Umsatz Terminalverkauf
U_{Trans} = Umsatz Transaktion

Der Gesamtumsatz pro Periode kann demnach formal wie folgt dargestellt werden:

$$U_{Ges} = U_{Verm} + U_{Verk} + U_{Trans} \tag{4.19}$$

Die im hier aufgeführten Fallbeispiel skizzierten Erfolgs- und Zahlungseffekte sind abhängig von den im Abschnitt 4.5.1 dargestellten (Entscheidungs-)Prozessen bzw. alternativen Strategien der Szenarios „Bad Case“ und „Good Case“.[186]

[186] Die periodenbezogenen Effekte der im Abschnitt 4.5.1 skizzierten Prozesse beeinflussen neben Finanz-, Einkommens- und Vermögenspotenzialen bspw. auch die Entwicklung der damit einhergehenden Produktions-, Logistik-, Absatz- oder Umweltpotenziale.

4.5.3.5.2 Die interne Erfolgsrechnung

Ziel ist es nun, im Controllingzeitpunkt $tp = 2$ die Effekte der Prozesse des offenen Entscheidungsnetzes und damit den Informations- und Prognosehorizont als Vorbereitung der Entscheidung ie_2 näher zu analysieren. Die für diesen Controllingzeitpunkt notwendigen und auf der Datenbasis der hier dargestellten Grundstruktur der Geschäftsplanung durch das simulationsgestützte Subnetzwerk Sub_e2 zu generierenden Informationen dienen demnach der innerbetrieblichen Informationsversorgung und Entscheidungsunterstützung im Rahmen der Entscheidungssituation ie_2. Die simulationsgestützten Analysen richten sich dabei an einen intern orientierten Adressatenkreis, dem als Ergebnis – wie bei der skizzierten internen Bilanz des Geschäftsbereiches EZV – eine betriebspolitisch motivierte und intern orientierte Erfolgsrechnung zur Verfügung gestellt werden soll, die demnach nicht allen Vorgaben der externen Rechnungslegungsvorschriften genügen muss. Dennoch bietet sich für einen späteren flexiblen Einsatz und eine leichte Verständlichkeit des zu entwickelnden Simulationsmodells eine Anlehnung an die tradierten Regeln und Begriffe der Doppik an.

Mit Kenntnis der Größen von K_{Ges} und von U_{Ges} und den darin enthaltenen Positionen sollen nun verschiedene betriebspolitische Ergebnisgrößen, wie bspw. der interne Gewinn des Geschäftsbereiches, aber auch für weitere interne Kalkulationen notwendige Ergebnisse ermittelt werden können.[187]

Im Anwendungsbeispiel liegen umfangreiche Informationen zur Kosten- und Erlösstruktur vor. Dabei sind keine weiteren Abgrenzungen, bspw. zwischen Aufwendungen und Kosten, im Rahmen des Simulationsmodells notwendig. Solche Betragsdifferenzen können z.B. dann entstehen, wenn neutrale Erträge oder neutrale Aufwendungen auftreten oder in der Kosten- und Erlösrechnung Zusatzkosten oder Zusatzerlöse bzw. Anderskosten oder Anderserlöse anfallen.[188] Da hier die strukturellen Zusammenhänge im Rahmen des zu konzipierenden Simulationsmodells einer intern orientierten Entwicklungsbilanz zunächst im Vordergrund stehen und im vorliegenden Anwendungsfall die erwähnten Abgrenzungen zwischen Aufwand/Erträgen und

---

[187] Bei dem hier als (interner) Gewinn der Geschäftseinheit ausgewiesenen Wert sind z. B. Steuern nicht berücksichtigt.

[188] Vgl. zu den hier genannten Betragsdifferenzen etwa Eisele, W. 2002 /Technik/ S. 639-643; Haberstock, L. 2008 /Kostenrechnung/ S. 16-25.

Kosten/Erlösen nicht auftreten, muss im Folgenden nicht zwischen beiden Bereichen differenziert werden. So können bspw. die Wareneinsatzkosten als Materialaufwand, die Personalkosten als Personalaufwendungen oder die Gruppe aller weiteren laufenden Kosten als sonstige betriebliche Aufwendungen aufgefasst werden.

Grundstruktur der internen Erfolgsrechnung für den Geschäftsbereich EZV
U_{Ges} (Umsatzerlöse) U_{Verm} *(Vermietung)* U_{Verk} *(Verkauf)* U_{Trans} *(Transaktion)*
– K_W (≙ Materialaufwand[189])
= ***RG I*** (Rohgewinn I)
– K_P (≙ Personalaufwand)
= ***RG II*** (Rohgewinn II)
– K_{WLK} (≙ sonstige betriebliche Aufwendungen)
= ***RG III*** (Rohgewinn III)
– ***Z*** *(≙ Zinsen)*
= ***RG IV*** (Rohgewinn IV)
– K_A *(≙* Abschreibungen*)*
= ***intGew*** (Betriebsergebnis[190] bzw. „interner Gewinn“)

Abb. 4.5.6: Beispiel einer internen Erfolgsrechnung

Im Rahmen der Simulationen im Simulationsmodell EBILANZ sind nun die bei der Geschäftsplanung skizzierten Kosten- und Umsatzgrößen zu berücksichtigen. Die damit verbundenen Buchungsvorgänge stellen nur einen Ausschnitt aller möglichen und durch das Simulationsmodell EBILANZ grundsätzlich vollständig abbildbaren Kombinationsmöglichkeiten von Buchungsvorgängen dar.[191] Ferner sollen im Simu-

[189] Im Anwendungsfall handelt es sich hierbei um die Wareneinsatzkosten.

[190] Es muss hier nicht zwischen internem Betriebsergebnis (d.h. der periodenbezogenen Gegenüberstellung von Kosten und Erlösen) und externem Betriebsergebnis (d.h. der periodenbezogenen Gegenüberstellung von Aufwand und Erträgen) unterschieden werden, da hier die strukturellen Zusammenhänge im Rahmen des zu konzipierenden Simulationsmodells einer intern orientierten Entwicklungsbilanz zunächst im Vordergrund stehen und zudem im vorliegenden Anwendungsfall keine Abgrenzungen notwendig sind.

[191] Vgl. hierzu die Übersicht aller möglichen Kombinationsmöglichkeiten im Abschnitt 4.4.2.

lationsmodell die mit dem Anwendungsfall einhergehenden Termin- und Kapazitätsbedingungen, wie z.B. die im Abschnitt 4.5.3.1 skizzierten zeitlichen Mitarbeiterauslastungen und deren Kapazitätsangebot, berücksichtigt werden. Im Rahmen der Simulationen sollen zudem auch die potenzialbezogenen Effekte einer Periode hinsichtlich betriebspolitisch gesetzter Restriktionen überwacht werden. Als Beispiel seien die mit dem beschränkten Kapazitätsangebot einhergehenden Auslastungsgrenzen der Sachbearbeiter genannt, die zu höchstens 30 % ihrer Arbeitskapazität durch die Geschäftsvorfälle „Terminalverkauf" und „Neuvermietung von Terminals" belastet werden sollen.

Da das zu konzipierende Simulationsmodell auf die Ebene der Geschäftsvorfälle ausgerichtet ist, werden hierzu im nächsten Abschnitt die aus der Grundstruktur der Geschäftsplanung bekannten Fälle kurz in ihrer Buchungsstruktur dargestellt, um sie in dieser Form auch im Simulationsmodell EBILANZ abbilden zu können.

4.5.4 Geschäftsvorfälle im Einzelnen

Aufgrund der im vorherigen Abschnitt dargestellten Grundstruktur einer Geschäftsplanung und der beabsichtigten Simulationen auf der Ebene der Geschäftsvorfälle lassen sich die folgenden ausgewählten Buchungsvorgänge antizipieren.[192]

4.5.4.1 Umlaufvermögen

Beim Unterschreiten eines Mindestbestandes an Handelswaren wird eine Bestellung ausgelöst, deren Buchungssatz[193] wie folgt lautet.[194]

[192] Im Rahmen des Fallbeispiels werden hier nur einige wichtige ausgewählte Buchungssätze vorgestellt und vereinfacht verwendet. Eine Erweiterung bzw. Anpassung der grundlegenden Buchungssätze des Simulationsmodells EBILANZ ist vom konkreten Anwendungsfall abhängig und für alle im Anhang A-3 angegebenen Konten einer Kontenklasse grundsätzlich möglich. Als Beispiel sei der durchlaufende Posten der Umsatzsteuer genannt, auf den hier im Rahmen der Buchungen verzichtet werden kann, da hier zunächst die strukturellen Zusammenhänge zur Entwicklung einer simulationsgestützten internen Entwicklungsbilanz im Vordergrund stehen.

[193] Die folgenden Konten orientieren sich an den im Anhang A-3 aufgeführten Kontenplan. Zur Grundstruktur und den Aufgaben von Kontenrahmen vgl. bspw. Matthes, W. 1993 /Kontenrahmen/ Sp. 1123-1133. Zur Verbuchung von Geschäftsvorfällen im Handelsbetrieb vgl. bspw. Döring, U., Buchholz, R. 2005 /Buchhaltung/ S. 45-84.

[194] An Stelle der hier unterstellten direkten Belastung des Kontos „2800 Bank" würde bei einem Einkauf auf Ziel eine Buchung an das Konto „4400 Verbindlichkeiten aus Lieferungen und Leistungen" erfolgen.

2280 Wareneinkauf (Handelswaren)
an 2800 Bank

4.5.4.2 Verbindlichkeiten

Im Bereich der Verbindlichkeiten ist die monatliche Rückzahlung (Tilgung) des Darlehens zu berücksichtigen:

4250 Verbindlichkeiten gegenüber Kreditinstituten
an 2800 Bank

4.5.4.3 Erträge

Der Verkauf von Terminals wird über das Bankkonto in Verbindung mit dem Warenverkaufskonto abgebildet:[195]

2800 Bank
an 5100 Warenverkauf (Umsatzerlöse für Handelswaren)

Weitere Umsatzerlöse ergeben sich zudem aus der Vermietung von Terminals, die dazugehörige Buchung lautet:

2800 Bank
an 5400 Erlöse aus Vermietung und Verpachtung

Ferner fallen Umsatzerlöse durch die laufenden Transaktionen an:

2800 Bank
an 5000 Umsatzerlöse

4.5.4.4 Materialaufwand (Wareneinsatz)

Bei einem Terminalverkauf und einer Neuvermietung wird parallel auch vom Aufwandskonto Wareneinsatz an das Wareneinkaufskonto in Höhe des Einkaufspreises gebucht, wodurch auf dem Wareneinkaufskonto der lfd. Endbestand ersichtlich wird:

6080 Wareneinsatz (Aufwendungen für Handelsware)
an 2280 Wareneinkauf (Handelsware)

---

[195] Im Falle eines Zielverkaufes würde das Konto „2400 Forderungen" verwendet.

4.5.4.5 Personalaufwand

Im betrachteten Dienstleistungsunternehmen beinhaltet der Personalaufwand das Bruttogehalt (mit Steuern und Sozialversicherungsbeiträgen des Arbeitnehmers) und den Arbeitgeberanteil zur Sozialversicherung:

6300 Gehälter
an 2800 Bank
4830 sonst. Verbindlichkeiten gegenüber dem Finanzamt
4840 Verbindlichkeiten gegenüber Sozialversicherungsträgern

6400 Arbeitgeberanteil zur Sozialversicherung
an 4840 Verbindlichkeiten gegenüber Sozialversicherungsträgern

Im Folgenden wird bei beiden Buchungen vereinfachend von einer direkten Banküberweisung ausgegangen:

6300 Gehälter
an 2800 Bank

6400 Arbeitgeberanteil zur Sozialversicherung
an 2800 Bank

4.5.4.6 Abschreibungen

Die Abschreibungen setzen sich im Einzelnen wie folgt zusammen:

Diverse Softwarelizenzen:

6510 Abschreibung auf immaterielle Vermögensgegenstände des AV
an 0240 Softwarelizenzen

Standardsoftware:

6510 Abschreibung auf immaterielle Vermögensgegenstände des AV
an 0240 Softwarelizenzen

Büroausstattung:

6540 Abschreibung auf andere Anlagen, Betriebs- und Geschäftsausstattung
an 0870 Büroausstattung

Hardware:

6540 Abschreibung auf andere Anlagen, Betriebs- und Geschäftsausstattung
an 0860 Büromaschinen/Kommunikationsanlagen

Telefonanlage:

6540 Abschreibung auf andere Anlagen, Betriebs- und Geschäftsausstattung
an 0860 Büromaschinen/Kommunikationsanlagen

Sonstige Betriebsausstattung:

6540 Abschreibung auf andere Anlagen, Betriebs- und Geschäftsausstattung
an 0870 Büroausstattung

4.5.4.7 Sonstige betriebliche Aufwendungen

Weiterhin fallen sog. sonstige betriebliche Aufwendungen, wie Fort- und Weiterbildung oder Reisekosten, an:

Fort- und Weiterbildung:

6640 Aufwendungen für Fort- und Weiterbildung
an 2800 Bank

Miete:

6700 Mieten
an 2800 Bank

Firmenwagenleasing:

6710 Leasing
an 2800 Bank

Reisekosten:

6850 Reisekosten
an 2800 Bank

Werbung:

6870 Werbung
an 2800 Bank

4.5.4.8 Weitere Aufwendungen

Die Zinsen im Rahmen des Bankdarlehens werden wie folgt verbucht:

7510 Zinsaufwendungen
an 2800 Bank

4.5.5 Das Simulationsmodell EBILANZ

Das konzipierte Simulationsmodell einer zukunftsorientierten internen Erfolgs- und Bilanzrechnung, die als Entwicklungsbilanz bezeichnet wird, trägt im Folgenden die Bezeichnung EBILANZ. Das Modell basiert u.a. auf dem zuvor entwickelten Regelwerk und der dazugehörigen Entscheidungstabelle zur Darstellung einer simulationsgestützten internen Erfolgs- und Bestandsrechnung. Es enthält in seiner Grundstruktur wesentliche Geschäftsvorfälle und kann fallspezifisch erweitert werden. Innerhalb des Modells werden zwei Fälle unterschieden, die Simulationen im Rahmen eines Good Case-Szenarios und im Rahmen eines Bad Case-Szenarios.[196]

4.5.5.1 Beschreibung des Good Case-Szenarios

Das hier entwickelte Szenario GOODCASE repräsentiert eine gute Entwicklung im Rahmen des Simulationsmodells EBILANZ.[197]

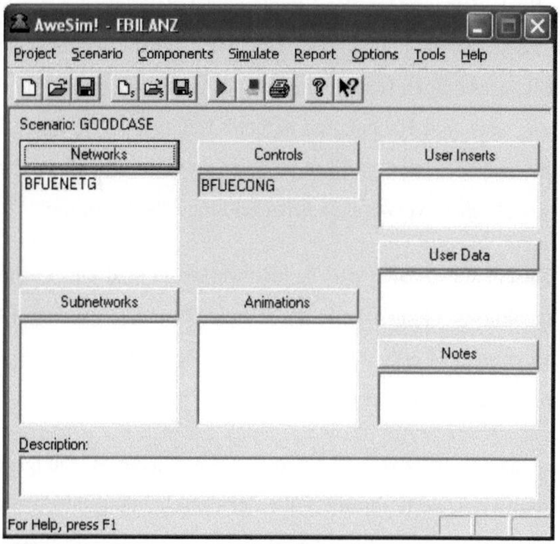

Abb. 4.5.7: Das Szenario Good Case des Simulationsmodells EBILANZ

---

196 Bezogen auf das in 4.5.1 skizzierte Fallbeispiel ist bekannt, dass die Unternehmensführung die Erhaltungsstrategie abgelehnt hat und zum Zeitpunkt $tp = 2$ das Controlling zur Unterstützung der Entscheidung ie_2 über das simulationsgestützte Subnetzwerk Sub_e2 die beiden offenen Fälle einer Wachstumsstrategie auf Grundlage der zu diesem Zeitpunkt vorhandenen Informationen konzipiert und simulationsgestützt umsetzt.

197 Das Simulationsmodell wurde unter Verwendung des Simulationssystems („simulation support system") AweSim konzipiert und umgesetzt. Vgl. zu AweSim auch den Abschnitt 4.3.

Das Steuerungssystem dieses Szenarios setzt sich, wie in der obigen Abbildung dargestellt, aus dem Netzwerkmodell BFUENETG und aus der dazu gehörenden Steuerungsdatei BFUECONG zusammen.[198]

Das Netzwerkmodell BFUENETG umfasst 15 Teilnetzwerke und stellt eine „(musterhafte) Modellstruktur" einer simulationsgestützten internen Entwicklungserfolgs- und Entwicklungsbilanzrechnung dar. Sie basiert insb. auf dem Teilnetzwerk F zur Erfassung und Vorbereitung beliebiger Geschäftsvorfälle entsprechend einer Entscheidungstabelle, dem Teilnetzwerk G zur Abarbeitung aller denkbaren Buchungsfälle entsprechend eines Entscheidungsbaums, dem Teilnetzwerk H zur Aufbereitung der Kontodifferenzwerte, dem Teilnetzwerk I zur Ausgabe von geschäftsvorfallspezifischen Daten, dem Teilnetzwerk J zur Kalendersteuerung und den Teilnetzwerken N und O zur Ermittlung und Ausgabe von periodisierten Plandaten einer internen Erfolgs- und Bilanzrechnung:

- Alle Buchungsvorgänge des Simulationsmodells werden zur Datenerfassung dem Teilnetzwerk F zugeleitet. Dort wird für die weiteren im Simulationsmodell notwendigen Berechnungen und Auswertungen der für das jeweils betroffene Soll- und Habenkonto aktuelle Betrag der relevanten Kontoseite berechnet und der jeweilige Kontodifferenzwert als Grundlage für die im nächsten Modellschritt verwendete Entscheidungstabelle ermittelt.[199]

- Im Entscheidungsbaum des Teilnetzwerkes G sind entsprechend der aufgestellten Entscheidungstabelle die Regeln für jeden denkbaren Fall eines Buchungsvorganges erfasst, der über einen Bedingungsteil entsprechend seiner Ausprägung dann weitergeleitet wird.[200]

- Durch das Teilnetzwerk H werden die mit jeder Buchung einhergehenden Kontodifferenzwerte für alle Fälle der Entscheidungstabelle zum Zwecke einer laufenden internen Periodenerfolgs- und -bilanzdarstellung vorbereitet.

---

[198] Die Bezeichnungen BFUENETG bzw. BFUECONG sind als Anlehnung an die Kombination des Wortes Buchführung mit „Networks" (Netzwerke) bzw. „Controls" (Steuerungsdateien) gewählt worden, wobei die Endung G hier für den Good Case-Fall steht.

[199] Im Simulationsmodell EBILANZ werden ausgehend vom Anwendungsfall alle abgebildeten Buchungsvorgänge in den Teilnetzwerken B bis E und auch M dem Teilnetzwerk F zugeleitet.

[200] Vgl. hierzu auch die 9 formal gruppierten Fälle von Saldenentwicklungen in den Abschnitten 4.4.4 und 4.4.5, durch die alle möglichen und mit einem zusammengehörenden Buchungssatz verbundenen Kontenänderungen abgedeckt werden.

- Alle mit einer einzelnen Buchung verbundenen Kontodaten und damit auch die Kontoänderungen werden in den verschiedenen Auswertungsknoten des Teilnetzwerkes I zu beliebig periodisierten Zeitpunkten wiedergegeben.

- Die dem Simulationsnetzwerk einer internen Entwicklungserfolgs- und Entwicklungsbilanzrechnung zugrunde liegende Kalendersteuerung wird durch das Teilnetzwerk J realisiert.

- Im Teilnetzwerk N erfolgt die detaillierte Ermittlung der periodenbezogenen Abschlussdaten, d.h. der zukunftsorientierten Daten einer betriebspolitisch motivierten internen Erfolgs- und Bilanzrechnung (Entwicklungsbilanz).

- Der Auswertungsknoten des Teilnetzwerkes O gibt die im Teilnetzwerk N ermittelten periodenbezogenen Abschlussdaten im Bereich der internen Erfolgs- und Bilanzrechnung (Entwicklungsbilanz) wieder.

Hinsichtlich der zu berücksichtigenden Geschäftsvorfälle ist das Netzwerkmodell BFUENETG für weitere Anwendungsfälle beliebig erweiterbar und wird hier anhand des im Abschnitt 4.5.3 skizzierten Anwendungsbeispiels konzipiert und umgesetzt. Die für das Simulationsmodell EBILANZ konzipierten Teilnetzwerke enthalten dabei folgende Komponenten:

- Im Teilnetzwerk A werden die für die Simulation einer internen Entwicklungsbilanz- und Entwicklungserfolgsrechnung notwendigen Ressourcen mit entsprechenden Kapazitäten angelegt, wie bspw. im Anwendungsfall die einzelnen Sachbearbeiter und der Buchführungsanwendungsserver.

- Das Teilnetzwerk B bildet einen Teilbereich der Umsatzerlöse ab; hier den in der strategischen Geschäftseinheit EZV bisher nicht vorhandenen Geschäftsvorfall eines Terminalverkaufs, bei dem u.a. auch bei den Ressourcen die Gruppe der Sachbearbeiter belegt werden muss.

- Das Teilnetzwerk C enthält als weiteren Teilbereich möglicher Umsatzerlöse im Anwendungsfall den klassischen Fall der Neuvermietung eines Terminals, bei dem ebenfalls die Sachbearbeitergruppe beansprucht wird.

- Durch Teilnetzwerk D wird das automatische Bestellen von Handelswaren (Terminals) bei Unterschreiten eines vorher bestimmten Schwellenwertes gewährleistet.

- Als dritten Teilbereich möglicher Umsatzerlöse werden die in der strategischen Geschäftseinheit EZV mit den laufenden Transaktionseinnahmen einhergehenden Geschäftsvorfälle, differenziert nach A-, B- und C-Kunden, im Teilnetzwerk E abgebildet. Diese vollautomatisierten Vorgänge werden buchungstechnisch durch den Buchführungsanwendungsserver alleine abgearbeitet, so dass Sachbearbeiterressourcen nicht beansprucht werden müssen.

- Die Arbeitszeitsteuerung des Simulationsmodells ist im Teilnetzwerk K abgebildet und wird hier anhand des Anwendungsfalls vorgestellt.

- Die zur Abbildung der Arbeitszeiten notwendige Kapazitätsverringerung bzw. -erhöhung in der Gruppe der Sachbearbeiter ist im Teilnetzwerk L dargestellt.

- Das Teilnetzwerk M dient der Abbildung weiterer Geschäftsvorfälle. Hier werden die in den Netzwerken B bis E noch nicht erfassten sonstigen im Unternehmen vorhandenen Geschäftsvorfälle zum Monats-, Quartals-, Halbjahres- oder Jahresende abgearbeitet.

Das für das Simulationsmodell konzipierte Netzwerkmodell BFUENETG mit seinen Teilnetzwerken und die dazugehörige Steuerungsdatei[201] BFUECONG, durch die eine zukunftsorientierte und betriebspolitisch motivierte interne Ergebnis- und Bilanzrechnung (Entwicklungsbilanz) ermöglicht werden soll, werden im Folgenden erläutert.

4.5.5.1.1 Im Rahmen der Simulation verwendete Ressourcen (Teilnetzwerk A)

Um im Rahmen geplanter Geschäftsprozesse Aussagen über die durch sie erzeugten Auslastungen ausgewählter Personal- und Betriebsmittelkapazitäten treffen zu kön-

[201] Die im Rahmen der Steuerungsdatei (Abschnitt 4.5.5.1.16) verwendeten Variablenbezeichnungen werden teilweise bereits bei der Konzeption, Umsetzung und Erläuterung der Teilnetzwerke erwähnt und sind in einer Gesamtliste mit Erläuterungen im Anhang A-4 aufgeführt.

nen, sind diese Ressourcen im Simulationsmodell abzubilden. Das Teilnetzwerk A beinhaltet hierzu die folgenden fünf RESOURCE-Blöcke:

- der Transaktionsserver für den elektronischen Zahlungsverkehr mit der Bezeichnung „EZV_TAServer“,
- die drei Sachbearbeiter mit der Bezeichung „SachbearbeiterA“, „SachbearbeiterB“, „SachbearbeiterC“ und der
- Anwendungsserver für die Buchführung („BFApplicServer“).

Ferner werden die drei Sachbearbeiter in einer Ressourcengruppe („SBGruppe“) zusammengefasst.[202] Als Reihenfolge, nach der die Zuteilung der Ressourcen dieser Gruppe bei Anforderung durch eine Steuerungs- bzw. Entscheidungsinstanz mit Hilfe eines speziellen Netzwerkknotens[203] erfolgen soll, wurde die Auswahlregel SBUSY festgelegt, nach der jeweils die Ressource mit der niedrigsten aktuellen Auslastung herangezogen wird. Die definierten RESOURCE-Blöcke enthalten neben einer individuellen Nummer (z.B. 21) und einer individuellen Namensbezeichnung (z.B. SachbearbeiterA) auch Angaben über die Anfangskapazität (z.B. 1) und eine oder mehrere jeweils zugeordnete Warteschlangendateinummern (z.B. 21 und 22).

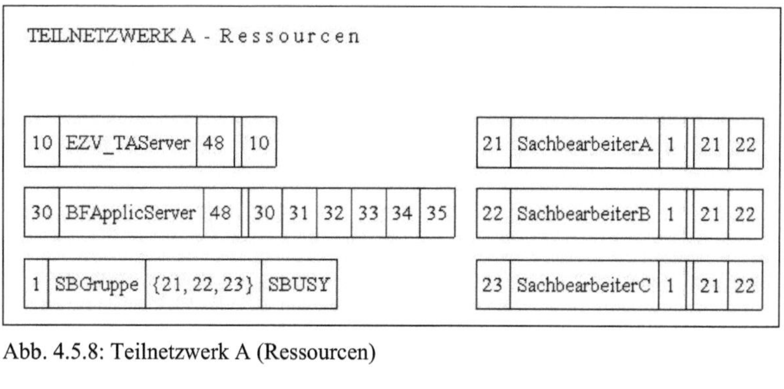

Abb. 4.5.8: Teilnetzwerk A (Ressourcen)

[202] Zum RESOURCE-Block und zum GROUP-Block vgl. die Erläuterungen im Abschnitt 4.3.3.1 sowie Pritsker, A. A. B., O'Reilly, J. J. 1999 /Visual SLAM/ S. 164-166 und 186f.

[203] Diese Anforderung wird im Folgenden durch einen sog. AWAIT-Knoten abgebildet, vgl. hierzu bspw. die Erläuterungen zu Teilnetzwerk B und die Ausführungen im Abschnitt 4.3.3.

4.5.5.1.2 Der Geschäftsvorfall Terminalverkauf (Teilnetzwerk B)

Das Simulationsnetzwerk enthält in seiner Grundstruktur eine Auswahl der wichtigsten Geschäftsvorfälle und kann beliebig erweitert werden. Zunächst werden im Simulationsmodell EBILANZ die Umsatzvorgänge der Unternehmung analysiert. Der erstmals im Rahmen des Entwicklungsprojektes auftretende Geschäftsvorfall eines Terminalverkaufs wird hierzu als erster Umsatzvorgang durch Verwendung eines CREATE-Knotens[204] mit der Bezeichnung „VerkaufTerminal" dargestellt. Dabei wird der einzelne Terminalverkauf durch eine in bestimmten Abständen generierte Einheit repräsentiert.

Im Fall des hier vorliegenden Terminalverkaufs, aber auch bei den noch im Folgenden im Netzwerk dargestellten Vermietungen von Terminals an Neukunden und den laufenden Terminaltransaktionen wird mit der Annahme, dass ein Verkauf (bzw. eine Vermietung oder eine Terminaltransaktion) einzeln sowie unabhängig voneinander und mit einer gleichbleibenden mittleren Ankunftsrate durchgeführt wird, von einer exponentialverteilten Zwischenankunftszeit ausgegangen.[205] Im vorliegenden Good Case-Fall beruhen die der Exponentialverteilung zugrunde liegenden Daten ferner auch auf den in der Fallstudie prognostizierten tagesspezifischen Informationen zur Marktentwicklung.[206] Durch den CREATE-Knoten „VerkaufTerminal" wird zudem der genaue Zeitpunkt des Auftretens eines Terminalverkaufs in der einheitenspezifischen Variable BusiTransZeit für spätere Auswertungszwecke abgespeichert.[207]

Die geschäftsvorfallspezifischen Einheiten werden anschließend durch eine sog. NON-SERVICE-Aktivität zu dem nachfolgenden ASSIGN-Knoten weitergeleitet,

---

[204] Vgl. hinsichtlich des CREATE-Knotens die Erläuterungen im Abschnitt 4.3.3 sowie bei Pritsker, A. A. B., O'Reilly, J. J. 1999 /Visual SLAM/ S. 99-102. Der Start der ersten erzeugten Einheit ist im CREATE-Knoten „VerkaufTerminal" mit 720 angegeben, d.h. es wird im vorliegenden Fall von einem ersten Terminalverkauf um 12:00 Uhr (60 Minuten x 12 = 720 Minuten) ausgegangen.

[205] Vgl. hierzu auch die Ausführungen zur Warteschlangentheorie bei Pütz, M. 2004 /Produktionssysteme/ S. 205; Witte, Th., Claus, Th., Helling, K. 1994 /Simulation/ S. 38.

[206] Vgl. zu den Zwischenankunftszeiten auch die Angaben in der Steuerungsdatei BFUECONG im Abschnitt 4.5.5.1.16 und in der entsprechenden MS-Exceldatei „Marktstudie" für den Fall eines Good Case im Anhang A-1. Entsprechend der in dieser qualitativen Fallstudie unterstellten Annahme einer exponentialverteilten Zwischenankunftszeit sind die im Bereich der Verkäufe und Vermietungen von Terminals und bei den Terminaltransaktionen auftretenden realistischen Schwankungen der simulierten Geschäftsvorfälle bei der Ergebnisauswertung zu erklären.

[207] Entsprechend werden im Folgenden alle mit Umsatzvorgängen einhergehenden Geschäftsvorfälle sekundengenau gespeichert.

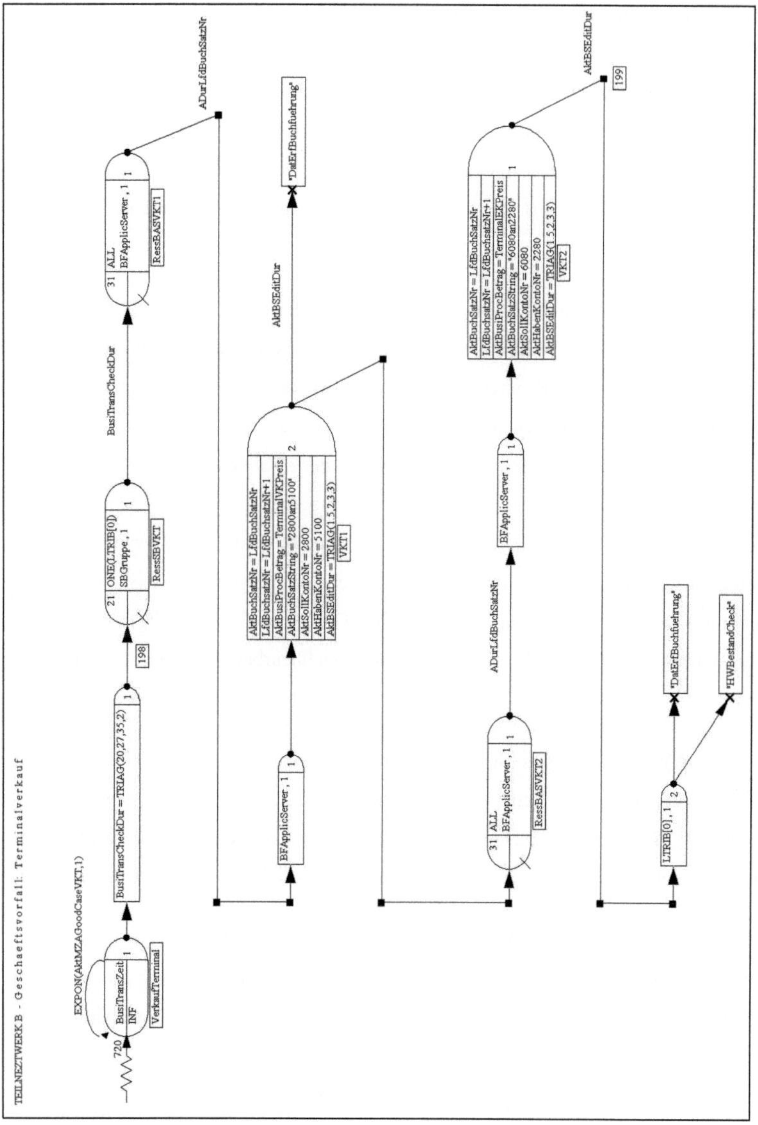

Abb. 4.5.9: Teilnetzwerk B (Umsatzvorgang Terminalverkauf)

durch den im Programm Visual SLAM die Wahrscheinlichkeitsfunktion TRIAG(20,27,35,2) aufgerufen wird.[208] Dabei wird auf Basis des 2. verfügbaren Zufallsstroms in Visual SLAM die Realisation einer dreiecksverteilten Zufallsvariablen erzeugt, die in diesem Fall die Dauer der Prüfung des spezifischen Geschäftsvorfalls durch einen Sachbearbeiter repräsentiert und diese der einheitenspezifischen[209] Variablen BusiTransCheckDur zuweist. Danach wird die Einheit an einen AWAIT-Knoten[210] weitergeleitet.[211]

Mittels des nachfolgenden AWAIT-Knotens „RessSBVKT“ und unter Zuhilfenahme des Ausdrucks ONE(LTRIB[0]) wird sodann der eintreffenden Einheit die erste verfügbare Sachbearbeiterressource der Ressourcengruppe „SBGruppe“ zugeteilt, wobei die Nummer der zugeteilten Ressource im ganzzahligen einheitenspezifischen Ausdruck LTRIB[0] gespeichert wird. Diese angeforderte Kapazitätseinheit repräsentiert einen Sachbearbeiter, der für die Dauer der Prüfung des gesamten Geschäftsvorfalls zur Verfügung stehen soll. Diese Ressourcenkapazität wird, sofern verfügbar, direkt belegt. Reicht die Kapazität der zu der Ressourcengruppe gehörenden Sachbearbeiter nicht aus, so wird die Einheit in der im AWAIT-Knoten „RessSBVKT“ eingetragenen Warteschlangendatei 21 verzögert, bis ein Sachbearbeiter wieder zur Verfügung steht.

Die den AWAIT-Knoten verlassende Einheit wird danach über eine Aktivität, die die Einheit entsprechend der eingangs über einen ASSIGN-Knoten erzeugten Verzögerungszeit „BusiTransCheckDur“ gemäß der dreiecksverteilten Dauer zur Prüfung des neuen Geschäftsvorfalls verzögert, an einen weiteren AWAIT-Knoten weitergeleitet.

Mit Hilfe dieses zweiten AWAIT-Knotens „RessBASVKT1“ wird eine Kapazitätseinheit der Ressource „BFApplicServer“, die den Anwendungsserver für die Buchführung darstellt, angefordert. Bei ausreichender Kapazität belegt die Einheit direkt

---

[208] Vgl. zur Verwendung dreiecksverteilter Zufallsvariablen hier und im Folgenden Matthes, W., Böth, Th., Pütz, M. 2006 /Controlling/ S. 25f. Zum Begriff NON-SERVICE-Aktivität und ASSIGN-Knoten vgl. die Erläuterungen im Abschnitt 4.3.3 und ferner zur NON-SERVICE-Aktivität auch Pritsker, A. A. B., O'Reilly, J. J. 1999 /Visual SLAM/ S. 110f. und zum ASSIGN-Knoten Pritsker, A. A. B., O'Reilly, J. J. 1999 /Visual SLAM/ S. 107-109.

[209] Zu den Arten von einheitenspezifischen Variablen vgl. Abschnitt 4.3.2 und Pritsker, A. A. B., O'Reilly, J. J. 1999 /Visual SLAM/ S. 92.

[210] Zu den Eigenschaften eines AWAIT-Knotens vgl. Abschnitt 4.3.3.2 und Pritsker, A. A. B., O'Reilly, J. J. 1999 /Visual SLAM/ S. 166-170.

[211] Die auf dieser Aktivität eingetragene Nummer „198“ ist zu Prüfzwecken im Rahmen der Entwicklung des Simulationsmodells und für die Durchführung der Simulationsläufe eingetragen worden.

die angeforderte Ressourcenkapazität, ansonsten wird sie in die Warteschlangendatei mit der Nummer 31 eingestellt.[212]

Nach der Ressourcenbelegung wird die den AWAIT-Knoten verlassende Einheit durch eine Aktivität anhand der in der globalen[213] Variablen ADurLfdBuchSatzNr hinterlegten Anfragezeit für die laufende Buchungssatznummernvergabe verzögert. Da hier und im Folgenden eine Zeiteinheit mit einer Minute gleichgesetzt wird, ergibt sich durch die in der Steuerungsdatei hinterlegte Zeitdauer von 0,01 Zeiteinheiten demnach eine Zeitdauer für die Buchungssatznummernvergabe von 0,6 Sekunden.[214] Die Einheit wird anschließend an einen FREE-Knoten weitergeleitet.[215] Die zuvor durch den AWAIT-Knoten „RessBASVKT1" belegte Ressource „BFApplicServer" wird mittels des FREE-Knotens wieder freigesetzt. Die betrachtete Einheit wird anschließend zum nächsten Knoten, dem ASSIGN-Knoten „VKT1", weitergeleitet.

Durch den hier konzipierten ASSIGN-Knoten kann jedem zu einem Geschäftsvorfall gehörenden Buchungssatz mit Hilfe der globalen Variablen LfdBuchSatzNr eine eindeutige Buchungssatznummer zugewiesen werden, die sodann als die aktuelle Buchungssatznummer in der einheitenspezifischen Variablen AktBuchSatzNr verwaltet wird. Dadurch wird es insbesondere auch im Rahmen der Ergebnisauswertung möglich, jeden einzelnen Buchungsvorgang eindeutig zu identifizieren.[216] Anschließend wird in der zweiten Zeile des Knotens der Wert der globalen Variablen LfdBuchSatzNr um den Wert 1 erhöht, wodurch bei jeder weiteren Buchungssatznummernvergabe eine stets eindeutige Nummernzuweisung gewährleistet ist. Zudem wird im betreffenden ASSIGN-Knoten der in der entsprechenden globalen Variablen Termi-

---

[212] Die Ressource „BFApplicServer" verfügt über die Warteschlangendateien mit den Nummern 30-35, die erste Warteschlangendatei mit der Nummer 30 wird jedoch von dem im Teilnetzwerk F dargestellten AWAIT-Knoten „DatErfBuchfuehrung" genutzt, da die dort notwendigen Ressourcenanforderungen zuerst abgearbeitet werden sollen.

[213] Zu den Arten von globalen Variablen vgl. Abschnitt 4.3.2 und Pritsker, A. A. B., O'Reilly, J. J. 1999 /Visual SLAM/ S. 92f.

[214] Die globale Variable ADurLfdBuchSatzNr repräsentiert die Anfragezeit, die für die laufende Buchungssatznummervergabe notwendig ist. Die hierzu in der Steuerungsdatei (BFUECONG) initialisierte Zeitdauer von 0,01 wird dabei auf eine volle Minute bezogen, so dass durch die Multiplikation des Zeitdauerwertes 0,01 mit 60 (Sekunden) sich die Zeitdauer von 0,6 Sekunden ergibt.

[215] Vgl. zum FREE-Knoten die Ausführungen im Abschnitt 4.3.3.2 und bei Pritsker, A. A. B., O'Reilly, J. J. 1999 /Visual SLAM/ S. 170-172.

[216] Vgl. hierzu Matthes, W., Böth, Th., Pütz, M. 2006 /Controlling/ S. 22f. Die globale Variable LfdBuchSatzNr wurde für den Beginn der Simulation über die Steuerungsdatei mit dem Wert 1 initialisiert.

nalVKPreis hinterlegte Verkaufspreis eines Terminals für den elektronischen Zahlungsverkehr der einheitenspezifischen Variablen AktBusiProcBetrag zugewiesen. Damit ist der für diesen aktuellen Geschäftsprozess relevante Preis von 1390,- € für den Verkauf eines Terminals berücksichtigt worden. Ferner wird die Zeichenkette des aktuellen Buchungssatzes, in diesem Fall die Buchung „2800 Bank an 5100 Warenverkauf (Umsatzerlöse für Handelswaren)“, durch die einheitenspezifische Variable AktBuchSatzString verwaltet. Außerdem wird die Sollkontonummer des aktuellen Buchungssatzes, im vorliegenden Fall die Nummer 2800 für das Konto Bank, der einheitenspezifischen Variablen AktSollKontoNr zugeteilt. Entsprechend wird die Habenkontonummer des aktuellen Buchungssatzes, hier die Nummer 5100 Warenverkauf (Umsatzerlöse für Handelswaren), der einheitenspezifischen Variablen AktHabenKontoNr zugewiesen. Abschließend wird durch den ASSIGN-Knoten „VKT1“ die Visual SLAM Wahrscheinlichkeitsfunktion TRIAG(1.5,2,3,3) aufgerufen, durch die basierend auf dem 3. in Visual SLAM verfügbaren Zufallszahlenstrom die Realisation einer dreiecksverteilten Zufallsvariablen erzeugt wird. Dieser Wert wird der einheitenspezifischen Variablen AktBSEditDur zugewiesen, die damit die aktuelle Dauer zum Bearbeiten bzw. Editieren des aktuellen Buchungsvorganges durch den damit befassten Sachbearbeiter repräsentiert. Aufgrund des im ASSIGN-Knoten „VKT1“ mit dem Wert 2 spezifizierten Weiterleitungsparameters M wird die Einheit einmal geklont und über die beiden diesen ASSIGN-Knoten verlassenden Aktivitäten weitergeleitet, da diese Aktivitäten keine (Weiterleitungs-)Bedingungen aufweisen. Entsprechend der zuvor in der einheitenspezifischen Variablen AktBSEditDur hinterlegten Bearbeitungsdauer wird eine Einheit über die obere Aktivität verzögert und danach an den AWAIT-Knoten „DatErfBuchfuehrung“ weitergeleitet.

Zum anderen gelangt die Einheitenkopie über die zweite, untere Aktivität zu dem nachfolgenden AWAIT-Knoten „RessBASVKT2“. Über diesen AWAIT-Knoten wird wiederum eine Kapazitätseinheit der bereits oben genannten Ressource „BFApplicServer“ angefordert. Die den AWAIT-Knoten verlassende Einheit wird entsprechend der für die laufende Buchungssatznummernvergabe benötigten Zeit über eine Aktivität verzögert und sodann an einen FREE-Knoten weitergeleitet, durch den der zunächst belegte Anwendungsserver für die Buchführung wieder freigesetzt wird.

Ausgehend von diesem FREE-Knoten wird die betreffende Einheit unmittelbar an den ASSIGN-Knoten „VKT2" weitergeleitet, der dazu dient, den zweiten mit dem Verkauf eines Terminals einhergehenden Buchungssatz abzubilden. Zunächst wird diesem Buchungssatz eine eigene eindeutige aktuelle Buchungssatznummer über die globale Variable LfdBuchSatzNr zugewiesen. Nachdem die aktuelle Buchungssatznummer AktBuchSatzNr einheitenspezifisch festgelegt wurde, wird die laufende Buchungssatznummer wieder um einen Wert von 1 erhöht. Den Konventionen des im Rahmen eines Warenverkaufs notwendigen zweiten Buchungssatzes folgend, erfolgt hier die Zuweisung des Einkaufspreises eines Terminals für den elektronischen Zahlungsverkehr, der in der globalen Variablen TerminalEKPreis mit dem Wert 399,- € spezifiziert wurde, an die einheitenspezifische Variable AktBusiProcBetrag. Der dazugehörige Buchungssatz des zweiten Geschäftsvorfalls lautet in diesem Fall „6080 Wareneinsatz (Aufwendungen für Handelswaren) an 2280 Wareneinkauf (Handelswaren)", der über die einheitenspezifische Variable AktBuchSatzString verwaltet wird. Entsprechend werden die den Buchungssatz bildenden Kontonummern des Soll- und Habenkontos jeweils den im ASSIGN-Knoten eingetragenen einheitenspezifischen Variablen, AktSollKontoNr und AktHabenKontoNr, zugeteilt. Ferner wird die Dauer des Bearbeitens dieses Buchungsvorganges durch den Sachbearbeiter über die dreiecksverteilte Wahrscheinlichkeitsfunktion TRIAG(1.5,2,3,3) der Variablen AktBSEditDur zugewiesen.

Entsprechend dem im Weiterleitungsparameter M eingetragenen Wert von 1 wird die um die Bearbeitungsdauer durch einen Sachbearbeiter verzögerte Einheit über die folgende Aktivität verzögert und an einen FREE-Knoten weitergeleitet, der die eingangs belegte und in der einheitenspezifischen Variablen LTRIB[0] gespeicherten Ressource der Ressourcengruppe „SBGruppe" wieder freigibt.[217] Die den FREE-Knoten verlassende Einheit wird einmal geklont. Da die zugehörigen Aktivitäten jeweils keine Bedingungen aufweisen, wird die ursprüngliche Einheit über die ausströmende obere Aktivität an den AWAIT-Knoten „DatErfBuchfuehrung" des Teilnetzwerkes F weitergeleitet und die Klon-Einheit wird über die untere Aktivität zum Zielknoten „HWBestandCheck" des Teilnetzwerkes D geleitet.

[217] Die auf dieser Aktivität eingetragene Nummer „199" ist auch hier lediglich zu Prüfzwecken angelegt worden und dient zusammen mit der oben erwähnten Nummer „198" der späteren Ergebnisanalyse bzw. der laufenden Überprüfung des Modells im Rahmen der Erstellung.

4.5.5.1.3 Der Geschäftsvorfall Terminalneuvermietung (Teilnetzwerk C)

Den zweiten Teilbereich der Umsatzerlöse im Rahmen des Anwendungsfalls bilden die Neuvermietungsfälle von Terminals im Teilnetzwerk C. Im Simulationsnetzwerk werden dabei nicht die bereits bestehenden Mietverträge berücksichtigt, da diese sich hinsichtlich der Beanspruchung der Ressourcenbelegung von der eigentlichen Neuvermietung unterscheiden.[218]

Die Neuvermietungen eines Terminals werden durch entsprechende Einheiten repräsentiert, die auch hier annahmegemäß in Form von exponentialverteilten Zwischenankunftszeiten im Rahmen des CREATE-Knotens „NeuvermietungTerminal" generiert werden.[219] Grundlage für die Ermittlung der aktuellen mittleren Zwischenankunftszeit (AktMZAGoodCaseNVT) eines Vermietungsvorgangs sind auch hier die in der Fallstudie prognostizierten tagesspezifischen Daten zur Marktentwicklung.[220] Dem CREATE-Knoten folgend wird auf Basis des 5. in Visual SLAM verfügbaren Zufallszahlenstroms der Wahrscheinlichkeitsfunktion TRIAG(15,20,30,5) die geschäftsvorfallspezifische Dauer eines Prüfungsvorganges durch den Sachbearbeiter über einen ASSIGN-Knoten der einheitenspezifischen Variablen BusiTransCheckDur zugewiesen und danach die Einheit weitergeleitet.[221] Ferner wird zur Abbildung des Prozessablaufs der zuerst verfügbare Sachbearbeiter der Ressourcengruppe „SBGruppe" bestimmt und damit die benötigte Personalressource belegt.[222] Über eine Aktivität verlässt die einen Neuvermietungsfall repräsentierende Einheit den AWAIT-Knoten „RessSBNVT", wobei diese Aktivität entsprechend der zuvor als einheitenspezifische Variable hinterlegten Dauer der Prüfung des Geschäftsvorfalls die Einheit verzögert. Nachfolgend wird für den Neuvermietungsvorgang auch der Buchführungsanwendungsserver belegt und über die dann nachfolgende Aktivität die

[218] Vgl. zu den lfd. Einnahmen, die durch Vermietungen generiert werden, die Ausführungen zu Teilnetzwerk M. Der dazugehörige Buchungssatz wurde im ASSIGN-Knoten „Terminal-MietPr_lfd" abgebildet.

[219] Wie bei den Terminalverkäufen ist hier als Start der ersten erzeugten Einheit ein Wert von 720 angegeben, d.h. es wird von einer ersten neuen Terminalvermietung ab 12:00 Uhr ausgegangen.

[220] Vgl. auch hier zu den Zwischenankunftszeiten die entsprechenden Angaben in der Steuerungsdatei BFUECONG im Abschnitt 4.5.5.1.16 sowie in der entsprechenden MS-Exceldatei „Marktstudie" im Anhang A-1.

[221] Auch hier ist auf der dazugehörigen Aktivität eine Nummer eingetragen, die wie an weiteren Stellen im Simulationsnetzwerk der Überprüfung im Rahmen der Modellerstellung und der Ergebnisanalyse dient.

[222] Analog zum AWAIT-Knoten „RessSBVKT" im Teilnetzwerk B wird auch hier bei nicht ausreichender Sachbearbeiterkapazität die Einheit in einer im AWAIT-Knoten „RessSBNVT" eingetragenen Warteschlangendatei (Nummer 22) so lange verzögert, bis ein Sachbearbeiter wieder zur Verfügung steht.

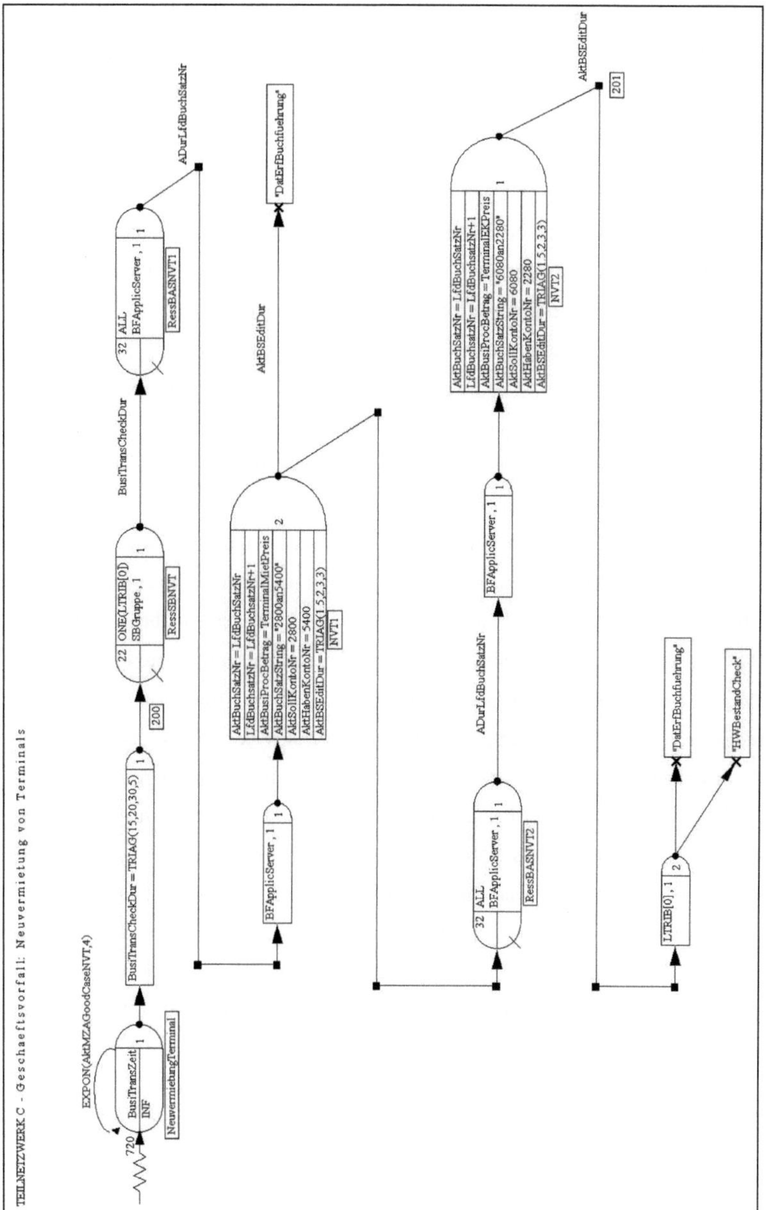

Abb. 4.5.10: Teilnetzwerk C (Umsatzvorgang Terminalneuvermietung)

Einheit anhand der in einer globalen Variablen hinterlegten Anfragezeit für die laufende Buchungssatznummernvergabe verzögert, bis die mit Hilfe des oben genannten AWAIT-Knotens „RessBASNVT1“ belegte Ressource durch den nachfolgenden FREE-Knoten wieder freigesetzt wird.

Der eigentliche Neuvermietungsvorgang wird sodann in dem den FREE-Knoten folgenden ASSIGN-Knoten „NVT1“ festgelegt. Hierzu wird in Anlehnung an die Beschreibungen des Terminalverkaufs des Teilnetzwerkes B ebenfalls eine aktuelle und eindeutige Buchungssatznummer vergeben. Der Terminalmietpreis von 39,- € wird in der einheitenspezifischen Variablen AktBusiProcBetrag festgehalten. Der zugehörige Buchungssatz lautet im vorliegenden Fall „2800 Bank an 5400 Erlöse aus Vermietung und Verpachtung“ und wird auch hier als Zeichenkette in einer einheitenspezifischen Variablen erfasst. Ferner wird auch das aktuelle Soll- und Habenkonto sowie die aktuelle Dauer des Bearbeitens eines Buchungssatzes durch den Sachbearbeiter durch einzelne Zuweisungen an die jeweiligen einheitenspezifischen Variablen gewährleistet. Die Einheit wird sodann geklont und dadurch zweifach weitergeleitet. Zum einen wird die Einheit entsprechend der globalen Variablen AktBSEditDur verzögert und an das Teilnetzwerk F weitergegeben, zum anderen gelangt eine Kopie an den AWAIT-Knoten „RessBASNVT2“, der zur Belegung des Buchführungsanwendungsservers dient. Wie zuvor wird für den Zeitraum der laufenden Buchungssatznummernvergabe die Einheit verzögert und danach wird durch einen FREE-Knoten der zunächst belegte Anwendungsserver wieder freigesetzt. Damit gelangt die Einheit in den ASSIGN-Knoten „NVT2“, über den der Buchungssatz „6080 Wareneinsatz (Aufwendungen für Handelswaren) an 2280 Wareneinkauf (Handelswaren)“ analog zum Teilnetzwerk B abgearbeitet wird. Danach wird auch hier die den ASSIGN-Knoten wieder verlassende Einheit über eine Aktivität für die Dauer der Buchungssatzbearbeitung verzögert und zur Freigabe der belegten Ressource der Ressourcengruppe „SBGruppe“ an einen FREE-Knoten weitergeleitet.[223] Aus dem beim Verlassen des FREE-Knotens durch Klonen entstandenen (identischen) Einheitenpaar wird eine Einheit an den Zielknoten „DatErfBuchfuehrung“ im Teilnetzwerk F weitergeleitet und die andere Einheit wird zum Zielknoten „HWBestandCheck“ im

[223] Bei der auf dieser Aktivität eingetragenen Nummer „201“ handelt es sich um eine weitere Prüfziffer.

Teilnetzwerk D weitergeleitet, wo die Überprüfung des Terminalbestandes durchgeführt wird.

4.5.5.1.4 Prüfung des Bestandes an Handelswaren (Teilnetzwerk D)

Die in den Teilnetzwerken B und C dargestellten Umsatzvorgänge führen beide zu einer Verringerung des Bestandes an Terminals, deren Anfangsbestand mit der Anzahl von 110 Stück zu einem Einstandspreis von 399,- € im Konto 2280 Wareneinkauf (Handelswaren) mit einem Gesamtbetrag von 43.890,- € zu Beginn der Simulation eingestellt ist.[224] Um dies im Simulationsmodell abzubilden, wird am Ende des Teilnetzwerkes B und C jeweils eine einen Geschäftsvorfall repräsentierende Einheit an das Teilnetzwerk D weitergeleitet, wodurch dort die Prüfung des Bestandes an Handelswaren gewährleistet bzw. ein neuer Bestellvorgang ausgelöst wird.

Die dort im ASSIGN-Knoten „HWBestandCheck“ ankommenden Einheiten führen zunächst durch die Rechenoperation HWBestand=HWBestand-1 zu einer Reduktion der in der globalen Variablen HWBestand hinterlegten Anzahl an Terminals, die zu Beginn der Simulation in der dazugehörigen Steuerungsdatei mit dem Wert 110 initialisiert wurde. Danach erfolgt die Überprüfung des nun aktualisierten Terminalbestandes, um ggf. eine Bestellung auszulösen. Hierzu wird die Einheit über die den ASSIGN-Knoten verlassende obere Aktivität geleitet, falls der Bestand an Terminals kleiner bzw. gleich der Anzahl von 20 ist. Für den anderen Fall wird die Einheit über die untere Aktivität geleitet und damit zerstört, da keine Bestellung ausgelöst werden muss. Für den erstgenannten Fall, also einem Unterschreiten des Schwellenwertes im Rahmen der Überprüfung durch die obere Aktivität, wird ein Bestellvorgang von 90 neuen Terminals automatisch generiert. Dies geschieht, indem zunächst durch den AWAIT-Knoten „RessBASHWBestand“ eine Kapazitätseinheit der Ressource „BFApplicServer“ belegt wird. Die Einheit wird dann über die folgende Aktivität entsprechend der Dauer eines automatisierten Buchungssatzvorganges verzögert und an den AWAIT-Knoten „HWBestand“ weitergeleitet, der den die Sammelbestellung repräsentierenden Buchungssatz zur Sammelbestellung generiert. Dieser unterschei-

---

224 Vgl. hierzu den initialen Eintrag in der Steuerungsdatei BFUECONG zum Good Case-Szenario im Abschnitt 4.5.5.1.16 und die Angaben zur internen Anfangsbilanz im Abschnitt 4.5.3.

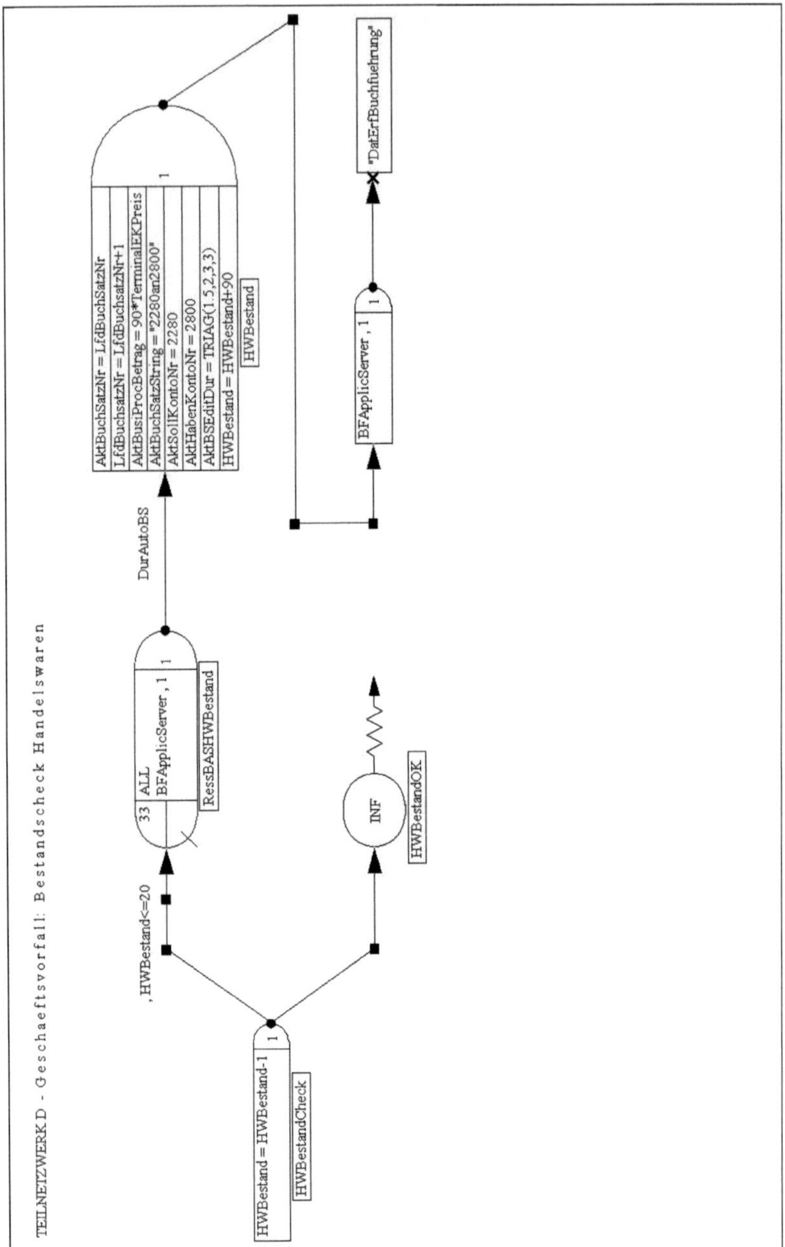

Abb. 4.5.11: Teilnetzwerk D (Prüfvorgang)

det sich im Vergleich zu den ASSIGN-Knoten „VKT1“, „VKT2“, „NVT1“ und „NVT2“ im Wesentlichen nur hinsichtlich des Betrages und der Kontennummern. Als Betrag des aktuellen Geschäftsprozesses wird aufgrund der Sammelbestellung der Terminaleinkaufspreis mit der Zahl 90 multipliziert und die dazugehörige Buchung „2280 Wareneinkauf (Handelswaren) an 2800 Bank“ generiert. Ferner wird in der letzten Zeile des ASSIGN-Knotens die globale Variable HWBestand um den Wert 90 erhöht, womit auch wieder die Stückzahl an Terminals den Wert > 20 erreicht. Danach wird die Einheit zu einem FREE-Knoten weitergeleitet, der die Buchführungsressource wieder freigibt und dann an den AWAIT-Knoten „DatErfBuchfuehrung“ weiterleitet.

4.5.5.1.5 Der Geschäftsvorfall Transaktionseinnahmen (Teilnetzwerk E)

Der dritte Teilbereich der Umsatzerlöse – die laufenden Einnahmen aus Transaktionen vermieteter oder verkaufter Terminals – wird durch das Teilnetzwerk E abgebildet. Hierbei ist unter Rückgriff auf die Marktstudie in die 3 Fälle von A-, B- und C-Kunden zu unterscheiden, die ein unterschiedliches Ausmaß ihrer Terminalnutzung aufweisen.

Im ersten Fall der aus A-Kundentransaktionen generierten Einnahmen werden mit Hilfe des CREATE-Knotens „TerminalTransaktionAKunde“ anhand exponentialverteilter Zwischenankunftszeiten eintreffende Einheiten generiert, die jeweils einen über den Transaktionsserver EZV_TAServer abgewickelten Bezahlvorgang darstellen.[225] Die mittlere Zwischenankunftszeit (AktMZAGoodCase) wird auch hier unter Rückgriff auf die Steuerungsdatei BFUECONG und in Verbindung mit den Daten der Marktstudie generiert.[226] Bei jeder Transaktion wird der Transaktionsserver für den elektronischen Zahlungsverkehr, im Teilnetzwerk A dargestellt durch die Ressource „EZV_TAServer“, kurzzeitig für 3 Sekunden belegt. Hierzu wird beim Eintreffen einer einen Transaktionsvorgang darstellenden Einheit im AWAIT-Knoten „RessEZVTTA“ zunächst die Transaktionsserver-Ressource belegt.

---

[225] Als Start der ersten erzeugten Einheit ist hier ein Wert von 0 angegeben, d.h. es wird von einer ersten Transaktion ab 00:00 Uhr ausgegangen.

[226] Vgl. zu den Zwischenankunftszeiten die Angaben in der Steuerungsdatei BFUECONG und ferner die MS-Exceldatei „Marktstudie“ für den Good Case-Fall, die im Anhang A-1 aufgeführt ist.

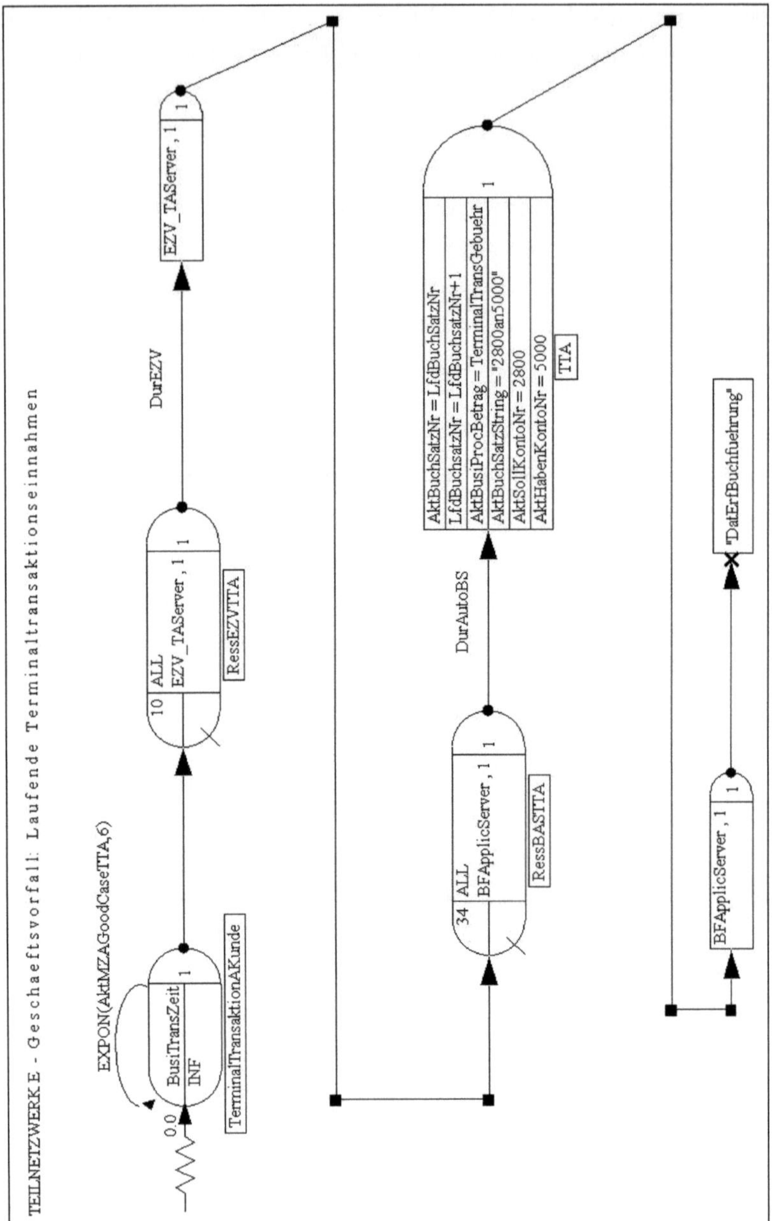

Abb. 4.5.12: Teilnetzwerk E (Terminaltransaktionen A-Kunden)

Die damit verbundene Prüfung hinsichtlich der Bonität des Kunden und die vollautomatisierte Freigabe und Abwicklung der Zahlung zwischen Privatkonto des Kunden und Firmenkonto des Einzelhändlers ist nicht Gegenstand der Simulation, sondern nur die aus dieser Dienstleistung durch das Unternehmen veranschlagte Transaktionsgebühr, mit der eine positive Prüfung der Kundenbonität repräsentiert wird.

Die Einheit wird dann über eine Aktivität entsprechend dem in der globalen Variablen DurEZV hinterlegten Wert verzögert und dann an einen FREE-Knoten weitergeleitet, über den die Ressource wieder freigegeben wird.[227]

Da die Verbuchung der Einnahmen aus Terminaltransaktionen einen automatisierten Vorgang darstellt, ist anders als bei den oben aufgeführten Fällen eines Terminalverkaufs bzw. einer Neuvermietung kein zeitlicher Einsatz einer Sachbearbeiter-Ressource nötig. So wird die den vorherigen FREE-Knoten verlassende Einheit zunächst an den AWAIT-Knoten „RessBASTTA“ geleitet, über den die Ressource „BFApplicServer“ belegt wird. Die Einheit wird sodann über eine verzögernde Aktivität weitergeleitet. Die Verzögerung wird entsprechend der in der globalen Variablen DurAutoBS, welche die Dauer eines voll automatisierten Buchungssatzvorganges darstellt, hinterlegten Zeit vollzogen. Diese beträgt aufgrund des in der Steuerungsdatei BFUECONG initialisierten Wertes von 0,02, der auf 60 Sekunden bezogen wird, 1,2 Sekunden. Über den dann nachfolgenden ASSIGN-Knoten „TTA“ wird die durch einen Terminaleinsatz beim A-Kunden verursachte Transaktionsgebühr verbucht. Hier erfolgt zunächst die Vergabe einer eindeutigen Buchungssatznummer und das Erhöhen der laufenden Buchungssatznummer um den Wert 1, um die eindeutige Buchungssatznummernvergabe für weitere Einheiten gewährleisten zu können. Ferner wird die dem Geschäftsvorfall zugrunde liegende Transaktionsgebühr von 0,39 € einer einheitenspezifischen Variablen zugewiesen. Der dazugehörige Buchungssatz lautet „2800 Bank an 5000 Umsatzerlöse“ und wird, wie auch die einzelnen Buchungssatznummern, einheitenspezifischen Variablen zugewiesen. Anschließend wird die Einheit an einen FREE-Knoten weitergeleitet, über den der zuvor belegte Buchführungsanwendungsserver wieder freigegeben wird.

---

[227] Dieser Verzögerungswert stellt die Dauer der Ressourcenbelegung dar, die zur Abwicklung eines Vorganges im Bereich elektronischer Zahlungsverkehr notwendig ist. Da im Simulationsnetzwerk eine Zeiteinheit mit einer Minute gleichzusetzen ist, ergibt sich durch die in der Steuerungsdatei hinterlegte Zeiteinheit von 0,05, bezogen auf eine Minute, eine Zeitdauer für die Buchungssatznummernvergabe von 3 Sekunden.

Die Einheit wird sodann an den AWAIT-Knoten „DatErfBuchfuehrung“ zur weiteren Verarbeitung weitergeleitet.

Die beiden anderen mit einem CREATE-Knoten beginnenden Netzwerkbestandteile des Teilnetzwerkes E beinhalten analog zum zuvor beschriebenen Vorgang einer Terminaltransaktion eines A-Kunden die gleichen Netzwerkbestandteile. Sie unterscheiden sich jedoch inhaltlich hinsichtlich des CREATE-Knotens, der die Bezeichnung „TerminalTransaktionBKunde“ bzw. „TerminalTransaktionCKunde“ trägt und jeweils für den Fall eines B- bzw. C-Kunden auf unterschiedliche mittlere Zwischenankunftszeiten hinsichtlich der Terminalnutzung beim Kunden zurückgreift.

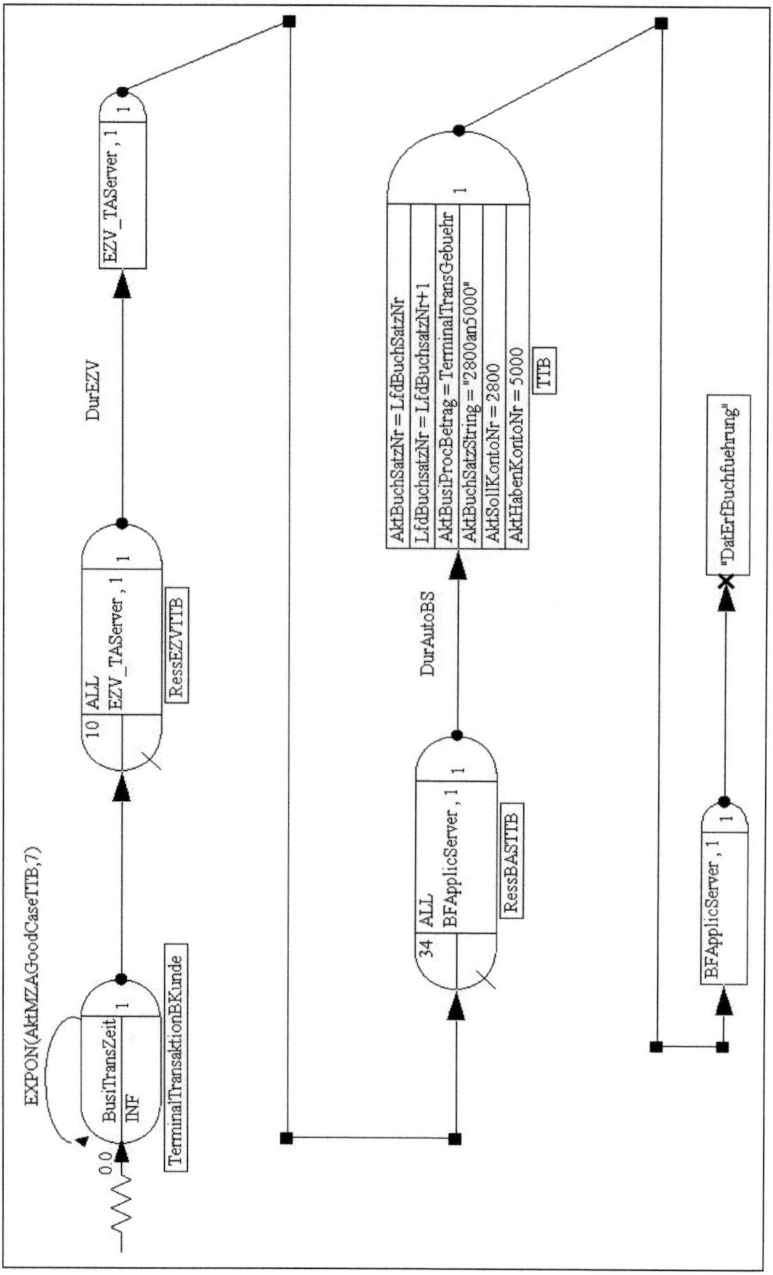

Abb. 4.5.13: Teilnetzwerk E (Terminaltransaktionen B-Kunden)

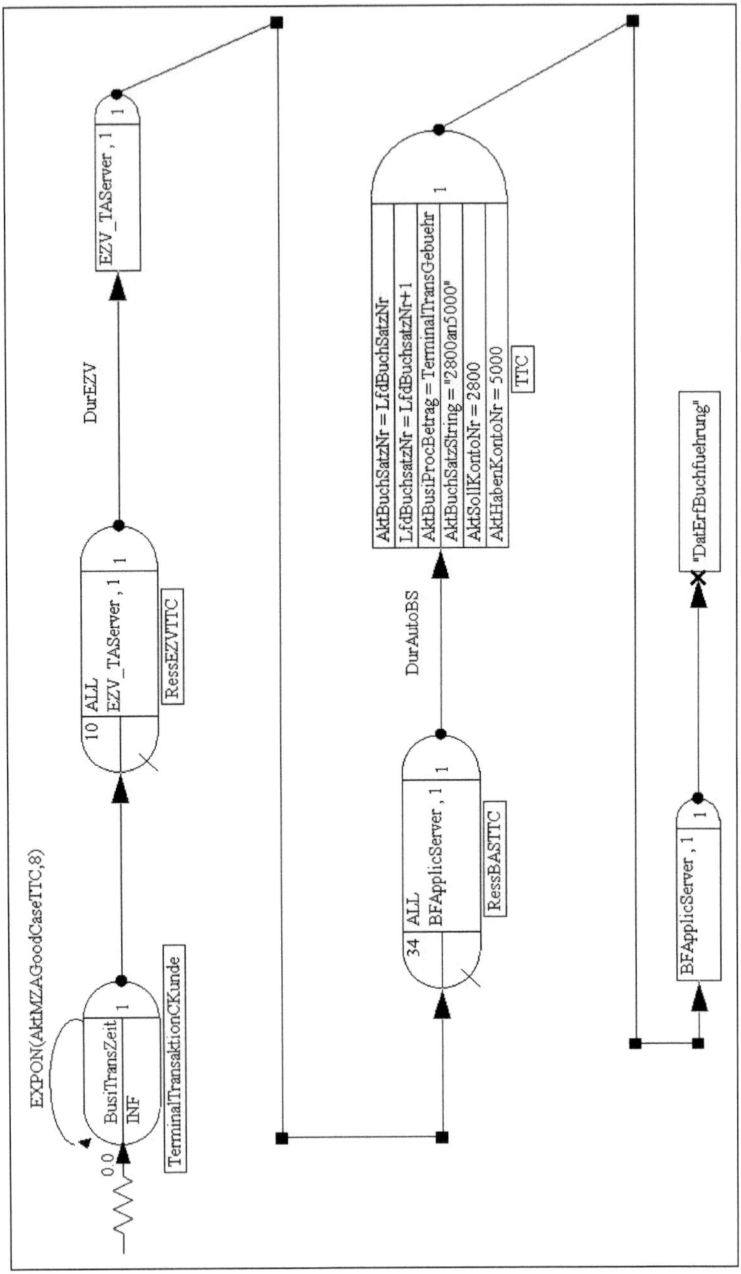

Abb. 4.5.14: Teilnetzwerk E (Terminaltransaktionen C-Kunden)

4.5.5.1.6 Erfassung und Vorbereitung von Geschäftsvorfällen entsprechend der Entscheidungstabelle (Teilnetzwerk F)

Das Teilnetzwerk F dient der Erfassung und Vorbereitung aller anfallenden Geschäftsvorfälle. Dies betrifft im vorliegenden Simulationsmodell EBILANZ die mit den Umsatzvorgängen einhergehenden Buchungsvorgänge der Teilnetzwerke B bis E sowie alle weiteren Buchungsvorgänge des Teilnetzwerkes M. Von dort aus wird jeweils eine einen spezifischen Geschäftsvorfall repräsentierende Einheit an das Teilnetzwerk F weitergeleitet. Der AWAIT-Knoten „DatErfBuchfuehrung" belegt hierzu für die notwendigen Erfassungen und Berechnungen aller Buchungen auf den internen Bestands- und Erfolgskonten zunächst den Buchführungsanwendungsserver „BFApplicServer". Damit diese Ressourcenanforderung stets zuerst abgearbeitet wird, wird hier die Warteschlangendatei mit der Nummer 30 verwendet, der in der Spezifikation der Ressource „BFApplicServer" die höchste Priorität zugewiesen wurde.[228]

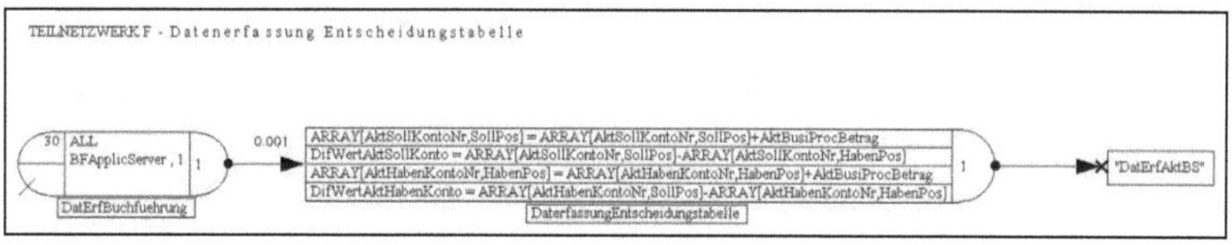

Abb. 4.5.15: Teilnetzwerk F (Datenerfassung)

Die Einheiten werden dann an den ASSIGN-Knoten „DaterfassungEntscheidungstabelle" weitergeleitet[229], über den die der Entscheidungstabelle des Simulationsmodells zugrunde liegenden Rechenoperationen durchgeführt werden und auch der Differenzwert (Kontodifferenzwert KDW)[230] des jeweils aktuellen Soll- und Habenkontos über den in einem sog. ARRAY[231] definierten Wert ermittelt wird.

---

[228] Anforderungen der anderen Teilnetzwerke werden den Warteschlangendateien Nr. 31-35 des Buchführungsanwendungsservers „BFApplicServer" zugewiesen. Vgl. hierzu die entsprechenden Ausführungen im Abschnitt 4.5.5.1.1 sowie die Abb. 4.5.8 in diesem Abschnitt.

[229] Der hier in der Aktivität eingetragene Verzögerungswert von 0,001 ergibt, bezogen auf eine Minute, eine Zeitdauer von 0,06 Sekunden.

[230] Vgl. hierzu Abschnitt 4.4.3.

[231] Vgl. zur ARRAY-Funktion die Ausführungen im Abschnitt 4.3.2 und bei Pritsker, A. A. B., O'Reilly, J. J. 1999 /Visual SLAM/ S. 97. Zum Anwendungsfall siehe auch die Erläuterungen zur Steuerungsdatei BFUECONG im Abschnitt 4.5.5.1.16.

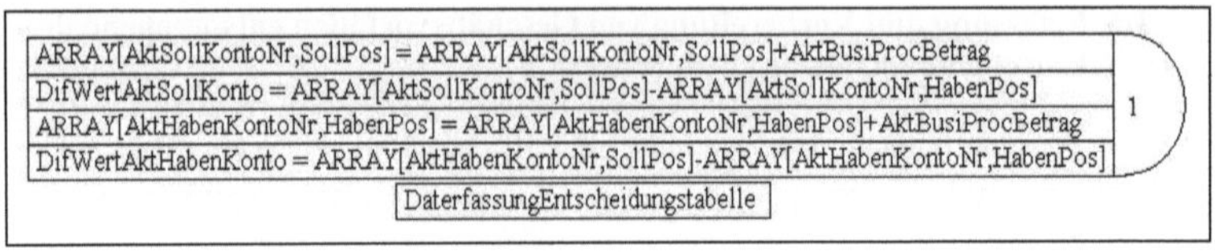

Abb. 4.5.16: Teilnetzwerk F (ASSIGN-Knoten „DaterfassungEntscheidungstabelle“)

In der ersten Zeile des ASSIGN-Knotens wird hierzu der spezifische Betrag des aktuellen Geschäftsprozesses durch die einheitenspezifische Variable AktBusiProc-Betrag unter Rückgriff auf die ARRAY-Funktion der Sollkontoseite des betreffenden Sollkontos zugerechnet. In der zweiten Zeile des ASSIGN-Knotens ergibt sich sodann der Differenzwert des aktuellen Sollkontos durch Subtraktion der Haben-Position von der nun aktualisierten Soll-Position des Sollkontos. Analog wird in der Zeile 3 für das betreffende Habenkonto der aktuelle und damit identische Betrag des aktuellen Geschäftsvorfalls unter Einsatz der ARRAY-Funktion der Haben-Position des Habenkontos hinzugerechnet. Diese nun festgelegte Haben-Position führt in der 4. Zeile des ASSIGN-Knotens durch Subtraktion von der Sollseite des Habenkontos zur Ermittlung des Differenzwertes des buchungsvorgangsspezifischen Habenkontos.

Durch die gebildeten Rechenschritte werden entsprechend den Bedingungen der aufgestellten Entscheidungstabelle[232] die Grundlagen für die Weiterleitung an den Entscheidungsbaum im Teilnetzwerk G gebildet. Ferner wird hier auch für jeden im Laufe der Simulation denkbaren Geschäftsvorfall die lfd. Aktualisierung aller betroffenen Bestands- und Erfolgskonten gewährleistet.

Die den ASSIGN-Knoten „DaterfassungEntscheidungstabelle“ verlassende Einheit gelangt unverzüglich zum GOON-Knoten „DatErfAktBS“ im Teilnetzwerk G.[233]

[232] Zur entwickelten Entscheidungstabelle vgl. die Ausführungen im Abschnitt 4.4.4 sowie den hier folgenden Abschnitt 4.5.5.1.7.

[233] Der GOON-Knoten „DatErfAktBS“ im Teilnetzwerk G hat hier die Form eines Fortsetzungsknotens. Vgl. zum GOON-Knoten die Ausführungen im Abschnitt 4.3.3.2 und bei Pritsker, A. A. B., O’Reilly, J. J. 1999 /Visual SLAM/ S. 122f.

4.5.5.1.7 Entscheidungsbaum (Teilnetzwerk G)

Im Teilnetzwerk G sollen die in der folgenden Entscheidungstabelle aufgestellten Regeln vollständig abgebildet werden.

Regeln: **Bedingungen (vgl. Teilnetzwerk G):**	**R 1.1**	**R 1.2**	**R 1.3**	**R 1.4**	**R 2.1**	**R 2.2**	**R 3.1**	**R 3.2**	**R 4**
(DifWertAktSollKonto >= 0) && (DifWertAktHabenKonto >= 0)	x	x	x	x					
(DifWertAktSollKonto > 0) && (DifWertAktHabenKonto > 0)	x								
(DifWertAktSollKonto > 0) && (DifWertAktHabenKonto == 0)		x							
(DifWertAktSollKonto == 0) && (DifWertAktHabenKonto > 0)			x						
(DifWertAktSollKonto == 0) && (DifWertAktHabenKonto == 0)				x					
(DifWertAktSollKonto >= 0) && (DifWertAktHabenKonto < 0)					x	x			
(DifWertAktSollKonto > 0) && (DifWertAktHabenKonto < 0)					x				
(DifWertAktSollKonto == 0) && (DifWertAktHabenKonto < 0)						x			
(DifWertAktSollKonto < 0) && (DifWertAktHabenKonto >= 0)							x	x	
(DifWertAktSollKonto < 0) && (DifWertAktHabenKonto > 0)							x		
(DifWertAktSollKonto < 0) && (DifWertAktHabenKonto == 0)								x	
(DifWertAktSollKonto < 0) && (DifWertAktHabenKonto < 0)									x
Aktionenteil im Simulationsmodell:	**A 1.1**	**A 1.2**	**A 1.3**	**A 1.4**	**A 2.1**	**A 2.2**	**A 3.1**	**A 3.2**	**A 4**

Tab. 4.5.17: Entscheidungstabelle mit entsprechenden bedingungsabhängigen Aktivitätenbezeichnungen[234]

[234] Die hier aufgeführte Entscheidungstabelle basiert auf den Überlegungen im Abschnitt 4.4.4 und wurde hinsichtlich der im Rahmen der Simulation verwendeten bedingungsabhängigen Bezeichnungen der Aktivitäten entsprechend angepasst.

Das Teilnetzwerk beginnt hierzu mit dem Fortsetzungsknoten „DatErfAktBS“, der als GOON-Knoten von allen Einheiten passiert wird.[235]

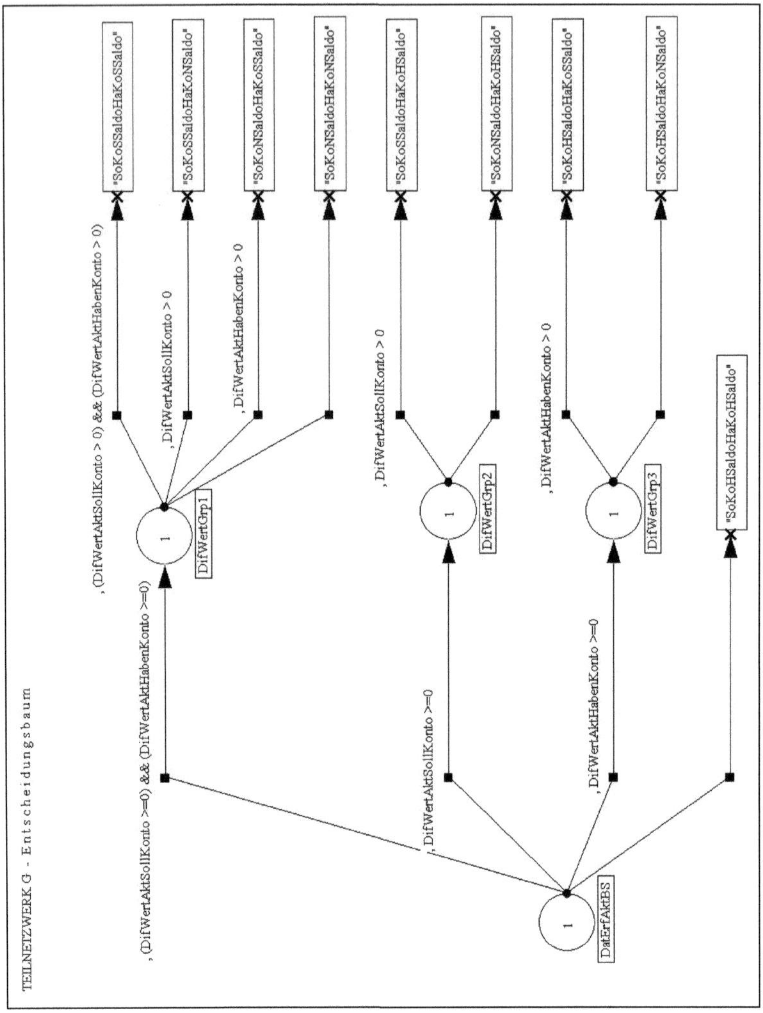

Abb. 4.5.17: Teilnetzwerk G (Entscheidungsbaum)

[235] Vgl. hierzu auch die Grafik der 4 Regelgruppen und die Saldenentwicklungen im Abschnitt 4.4.5.

Ausgehend von diesem Knoten, dessen Weiterleitungsparameter M mit dem Wert 1 spezifiziert wurde und aus dem vier Aktivitäten ausströmen[236], wird für jede Einheit zunächst überprüft, welche der für das Simulationsmodell aufgestellten neun Entscheidungsregeln relevant ist und welche Aktionen demnach durchzuführen sind.

Mit der oberen Aktivität beginnend wird geprüft, ob der Differenzwert des im vorherigen ASSIGN-Knoten ermittelten Sollkontos und des zu dem Buchungssatz gehörenden Habenkontos in beiden Fällen größer oder gleich dem Wert 0 ist. Ist dies der Fall, so erreicht die Einheit unmittelbar den GOON-Knoten „DifWertGrp1".[237]

Von dort wird die Einheit dann über eine der vier alternativ folgenden Aktivitäten weitergeleitet. Dies ist davon abhängig, welche der dort spezifizierten Bedingungen im aktuellen einheitenspezifischen Buchungsfall vorliegt. Ist bspw. der Differenzwert des aktuellen Sollkontos größer als 0 und der Differenzwert des aktuellen Habenkontos ebenfalls größer als 0, so wird die Einheit aufgrund dieser Bedingung über die obere Aktivität an den dazugehörigen ASSIGN-Knoten „SoKoSSaldoHaKoSSaldo" weitergegeben.[238]

Die mit Bedingungen verknüpften Aktivitäten werden dabei grundsätzlich entsprechend ihrer Anordnung von oben nach unten abgearbeitet. Für den Fall, dass die erste obere Bedingung nicht erfüllt ist, erfolgt demnach die Überprüfung anhand der nächsten Aktivität.

Im vorliegenden Teilnetzwerk wäre dies die sich aus der Entscheidungstabelle ergebende Bedingung bzw. Regel, dass der Differenzwert des aktuellen Sollkontos größer 0 und der Differenzwert des aktuellen Habenkontos gleich 0 ist. Auch hier würde die diese Bedingung erfüllende Einheit an den entsprechenden ASSIGN-Knoten, in diesem Fall mit der Bezeichnung „SoKoSSaldoHaKoNSaldo", weitergeleitet.[239] Analog werden die beiden weiteren Aktivitäten der ersten Gruppe abgearbeitet und

---

[236] Dabei weisen, von oben nach unten betrachtet, die oberen 3 Aktivitäten eine Bedingung auf.

[237] Vgl. hierzu auch die Tab. 4.5.17, in der alle möglichen Bedingungsausprägungen zur Abbildung im Simulationsnetzwerk eingetragen sind. Für den ersten Fall, bei dem der Kontodifferenzwert des Soll- und des Habenkontos größer oder gleich dem Wert 0 ist, ist eine der vier Aktionen A 1.1 bis A 1.4 relevant, welche in der Tabelle in der letzten Zeile als „Aktionenteil im Simulationsmodell" eingetragen sind und entsprechende Aktionen zur Folge haben.

[238] Diese Aktion ist in der letzten Zeile der Tabelle 4.5.17 als „Aktionenteil im Simulationsmodell: A 1.1" eingetragen.

[239] Vgl. hierzu Aktion A 1.2 im „Aktionenteil im Simulationsmodell" der Tabelle 4.5.17.

die betreffende Einheit, falls eine eindeutige Bedingung erfüllt ist, an den entsprechenden ASSIGN-Knoten im Teilnetzwerk H weitergeleitet.[240]

Ist die aus dem GOON-Knoten „DatErfAktBS“ ausströmende erste Aktivität hinsichtlich der dort festgesetzten Bedingungen nicht erfüllt und wird demnach die Einheit nicht über diese Aktivität abgearbeitet, so wird die nächste Aktivität geprüft. Dies beinhaltet entsprechend der Entscheidungstabelle die Fälle, bei denen der Differenzwert des aktuellen Sollkontos größer oder gleich 0 und der Differenzwert des aktuellen Habenkontos kleiner 0 ist. Trifft diese Bedingung zu, wird die Einheit über diese Aktivität an den GOON-Knoten „DifWertGrp2“ weitergeleitet. Auch hier ergeben sich sodann die Weiterleitungen entsprechend den in der Entscheidungstabelle aufgestellten zwei Bedingungen, von denen eine dieser Bedingungen zur Weiterleitung an den GOON-Knoten „DifWertGrp2“ geführt haben muss. Die aus dem GOON-Knoten „DifWertGrp2“ ausströmende obere, erste Aktivität besagt bspw., dass der Differenzwert des aktuellen Sollkontos größer 0 und der Differenzwert des aktuellen Habenkontos kleiner 0 ist.[241] Die zweite Bedingung dieser Regelgruppe, also mit dem Differenzwert des aktuellen Sollkontos gleich 0 und einem Differenzwert des aktuellen Habenkontos kleiner 0, ist in der darunter liegenden nächsten Aktivität entsprechend abgebildet.[242]

Analog zu den beiden bereits erläuterten aus dem GOON-Knoten „DatErfAktBS“ ausströmenden Aktivitäten wird über die dritte Aktivität wiederum eine Bedingung mit zwei möglichen Ausprägungen[243] und über die vierte Aktivität eine einfache Bedingung[244] entsprechend der aufgestellten Entscheidungstabelle abgefragt. Auch in diesen Fällen wird, sofern eine Einheit über eine mit diesen Bedingungen verknüpfte Aktivität weitergegeben wird, diese an den dafür im Teilnetzwerk H abgebildeten bedingungsabhängigen ASSIGN-Knoten geleitet.

---

240 Hierbei würde es sich um die Aktionen A 1.3 oder A 1.4 im „Aktionenteil im Simulationsmodell“ der Tabelle 4.5.17 handeln.

241 Aktion A 2.1 im „Aktionenteil im Simulationsmodell“ der Tabelle 4.5.17.

242 Aktion A 2.2 im „Aktionenteil im Simulationsmodell“ der Tabelle 4.5.17.

243 Aktionen A 3.1 oder A 3.2 im „Aktionenteil im Simulationsmodell“ der Tabelle 4.5.17.

244 Aktion A 4 im „Aktionenteil im Simulationsmodell“ der Tabelle 4.5.17.

4.5.5.1.8 Aufbereitung der Kontodifferenzwerte entsprechend der Entscheidungstabelle (Teilnetzwerk H)

Im Teilnetzwerk H erreichen die Einheiten entsprechend der im vorherigen Netzwerk bedingungsabhängig gewählten Aktivität den dazugehörigen ASSIGN-Knoten, durch den unter Rückgriff auf eine ARRAY-Funktion der für jedes Konto aktualisierte Saldowert und jede Kontoausprägung eines Buchungssatzes vollständig und widerspruchsfrei ermittelt wird.

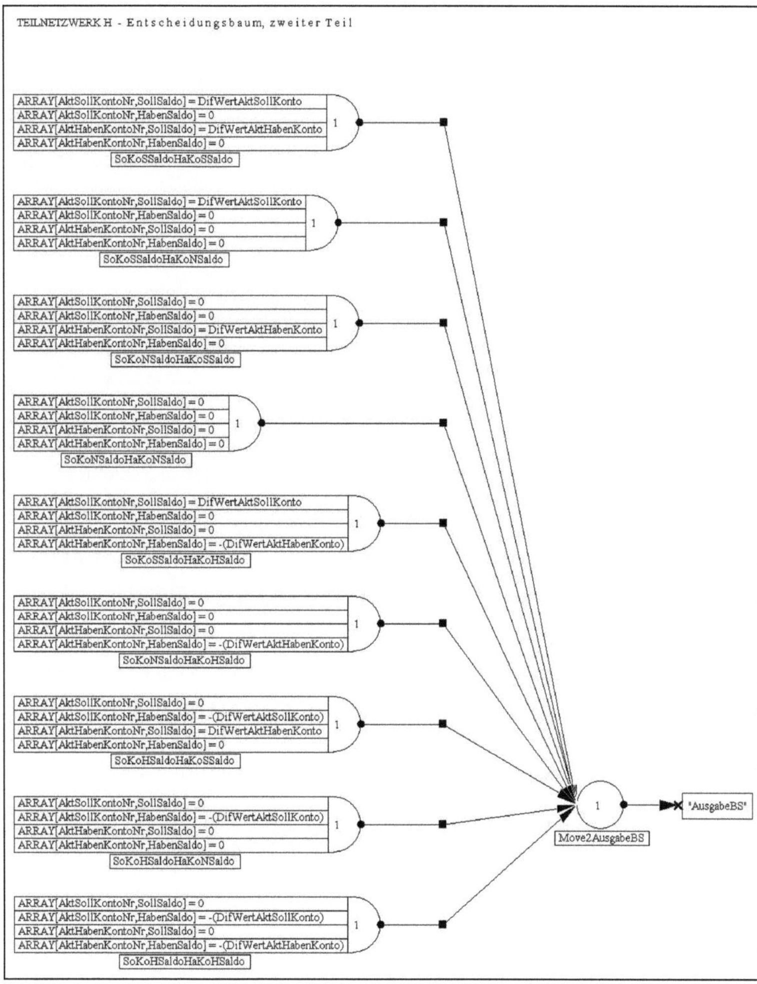

Abb. 4.5.18: Teilnetzwerk H (Aufbereitung der Kontodifferenzwerte)

So zeigt der in der folgenden Abbildung einzeln aufgeführte ASSIGN-Knoten „SoKoSSaldoHaKoSSaldo“ für den Fall, dass zweimal ein Sollsaldo auftritt, anhand des ersten ARRAY-Eintrages ARRAY[AktSollKontoNr,SollSaldo] den Differenzwert DifWertAktSollKonto, der einen Sollsaldo darstellt. Der in der zweiten Zeile befindliche Ausdruck ARRAY[AktSollKontoNr,HabenSaldo] ist mit 0 spezifiziert, wodurch angezeigt wird, dass entsprechend der Entscheidungstabelle in diesem Fall kein Habensaldo in dem betreffenden Sollkonto vorhanden ist. In der dritten Zeile des aufgeführten ASSIGN-Knotens wird das im Buchungssatz angesprochene Habenkonto durch den Ausdruck ARRAY[AktHabenKontoNr,SollSaldo] berücksichtigt. Dieses enthält entsprechend den Entscheidungsregeln ebenfalls einen Sollsaldo, der durch den Differenzwert DifWertAktHabenKonto dargestellt wird. Auch hier wird in der vierten Zeile des ASSIGN-Knotens der Wert 0 eingetragen, da in dem angesprochenen Habenkonto kein Habensaldo vorliegt.

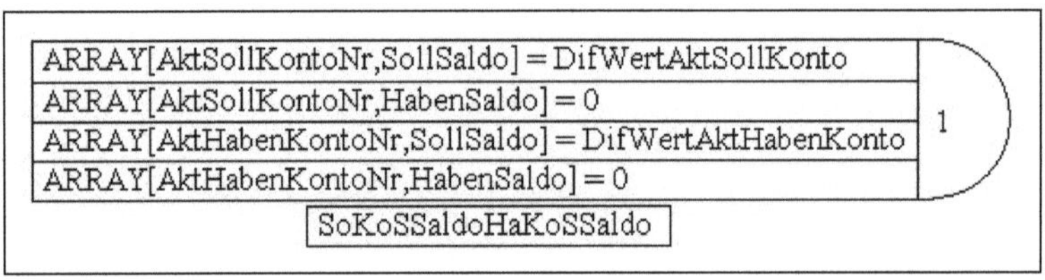

Abb. 4.5.19: Teilnetzwerk H (ASSIGN-Knoten „SoKoSSaldoHaKoSSaldo“)

Die den ASSIGN-Knoten „SoKoSSaldoHaKoSSaldo“ verlassende Einheit wird sodann über den GOON-Knoten „Move2AusgabeBS“ an den WRITE-Knoten „AusgabeBS“ des Teilnetzwerkes I weitergeleitet. Dort werden die zuvor ermittelten Werte in eine externe Datei geschrieben und stehen damit auch für weitere Auswertungen im Rahmen der internen Bestands- und Erfolgsrechnung zur Verfügung.

Die dem oben beschriebenen ASSIGN-Knoten „SoKoSSaldoHaKoSSaldo“ nachfolgenden acht weiteren ASSIGN-Knoten liefern entsprechend der Entscheidungstabelle die weiteren acht möglichen Ergebnisse einer durchgeführten Buchung. Diese zeigen neben dem bereits erläuterten Fall, dass ein Sollsaldo auf dem Sollkonto und ein Sollsaldo auf dem dazugehörigen Habenkonto vorhanden sind, die im Folgenden aufgeführten Ausprägungen.

- Sollkonto Sollsaldo und Habenkonto Nullsaldo (ASSIGN-Knoten „SoKoSSaldoHaKoNSaldo“),
- Sollkonto Nullsaldo und Habenkonto Sollsaldo (ASSIGN-Knoten „SoKoNSaldoHaKoSSaldo“),
- Sollkonto Nullsaldo und Habenkonto Nullsaldo (ASSIGN-Knoten „SoKoNSaldoHaKoNSaldo“),
- Sollkonto Sollsaldo und Habenkonto Habensaldo (ASSIGN-Knoten „SoKoSSaldoHaKoHSaldo“),
- Sollkonto Nullsaldo und Habenkonto Habensaldo (ASSIGN-Knoten „SoKoNSaldoHaKoHSaldo“),
- Sollkonto Habensaldo und Habenkonto Sollsaldo (ASSIGN-Knoten „SoKoHSaldoHaKoSSaldo“),
- Sollkonto Habensaldo und Habenkonto Nullsaldo (ASSIGN-Knoten „SoKoHSaldoHaKoNSaldo“),
- Sollkonto Habensaldo und Habenkonto Habensaldo (ASSIGN-Knoten „SoKoHSaldoHaKoHSaldo“).[245]

Die oben aufgeführten Nullsalden werden in dem betreffenden ASSIGN-Knoten mit dem sich ergebenden rechnerischen Wert von „Soll minus Haben = Null“ eingestellt. Damit in den Fällen, in denen sich rechnerisch durch den Abzug der Habenseite von der Sollseite ein negativer Wert ergeben würde, die spätere Ausgabe des tatsächlich positiv anzugebenden Wertes gewährleistet bleibt, wird in dem betreffenden ASSIGN-Knoten der positve Wert des Habensaldos durch das Voranstellen eines negativen Vorzeichens bei der Ermittlung des Differenzwertes gewährleistet. Dies ist bspw. in der letzten Zeile des ASSIGN-Knotens „SoKoSSaldoHaKoHSaldo“ der Fall. Dort führt der Ausdruck –(DifWertAktHabenKonto) zu einem positiven Wert, durch den der tatsächliche Habensaldowert auf dem Habenkonto richtig ausgedrückt wird. Ferner wird diese Vorgehensweise auch bei den ASSIGN-Knoten „SoKoNSal-

[245] Teilnetzwerk H gewährleistet die Erfassung aller denkbaren Kontensalden. An dieser Stelle könnte als Modellerweiterung zudem über einen sog. DETECT-Knoten das Über- oder Unterschreiten vorher definierter Schwellenwerte im Sinne einer Stoppregel dem Controllingbereich angezeigt werden, um betriebspolitisch nicht beabsichtigte Kontenentwicklungen frühzeitig aufzuzeigen bzw. zu unterbinden. Vgl. zum DETECT-Knoten die Ausführungen bei Pritsker, A. A. B., O'Reilly, J. J. 1999 /Visual SLAM/ S. 230-232 und Pütz, M. 2004 /Produktionssysteme/ S. 368. Zu Stoppregeln vgl. bspw. Sollacher, H. 1982 /Stoppregeln/.

doHaKoHSaldo", „SoKoHSaldoHaKoSSaldo", „SoKoHSaldoHaKoNSaldo" und „SoKoHSaldoHaKoHSaldo" angewendet.

4.5.5.1.9 Ausgabe der geschäftsvorfallspezifischen Daten (Teilnetzwerk I)

Jede Einheit aus dem Teilnetzwerk H gelangt an den GOON-Knoten „AusgabeBS" des Teilnetzwerkes I, durch den die eintreffende Einheit einmal geklont wird.

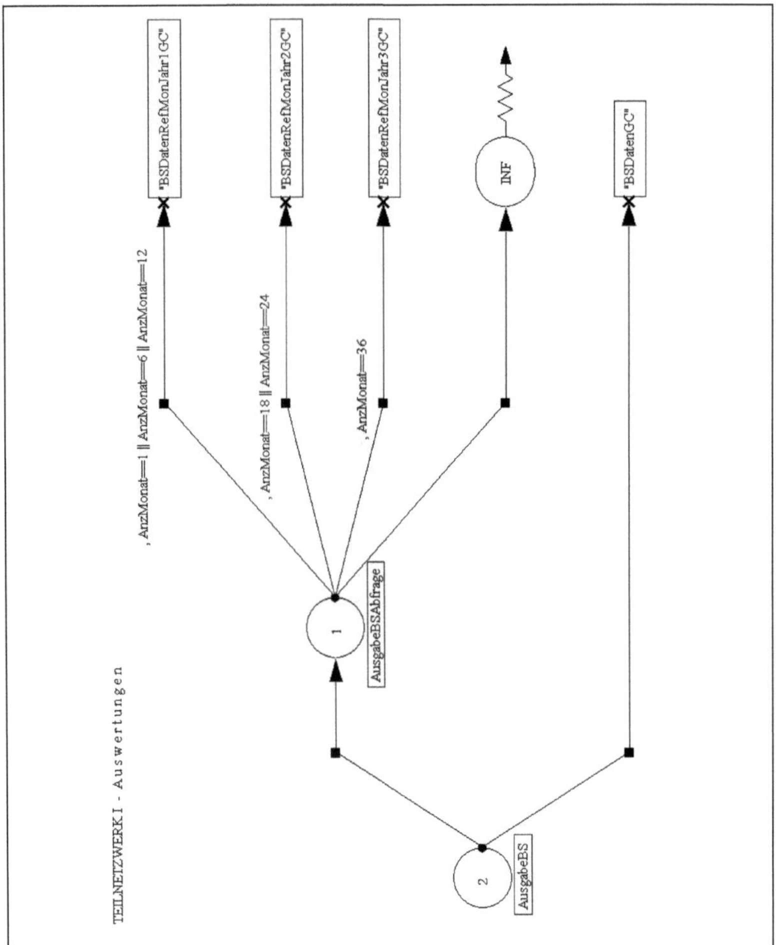

Abb. 4.5.20: Teilnetzwerk I (Beispiel einer periodenbezogenen Auswertung)

Dadurch wird eine Einheit an den GOON-Knoten „AusgabeBSAbfrage“ und die zweite Einheit (der Klon) an den WRITE-Knoten „BSDatenGC“ weitergeleitet.[246]

Die den GOON-Knoten „AusgabeBSAbfrage“ verlassende Einheit wird über die obere Aktivität an den WRITE-Knoten „BSDatenRefMonJahr1GC“ weitergeleitet, wenn es sich beim Durchlauf um den Monat Januar, Juni oder Dezember des ersten Simulationsjahres handelt. Ferner wird über die darunter liegende Aktivität die Auswertung im Juni und Dezember des zweiten Simulationsjahres durch den WRITE-Knoten „BSDatenRefMonJahr2GC“ und über die von oben gesehen dritte Aktivität im Monat Dezember des dritten Jahres durch den WRITE-Knoten „BSDatenRefMonJahr3GC“ gewährleistet. Trifft keine der genannten Bedingungen ein, so wird die Einheit über die unterste Aktivität zu einem TERMINATE-Knoten weitergeleitet und zerstört.

Darüber hinaus wird stets eine Einheit an den WRITE-Knoten „BSDatenGC“ weitergeleitet[247], wodurch eine laufende Erfassung aller geschäftsvorfallspezifisch relevanten Daten erfolgt. Dadurch wird eine beliebig periodisierbare Auswertung (z.B. tages-, wochen- oder monatsbezogen) ermöglicht.[248]

Die obige Abbildung zeigt die hier erläuterte bedingungsabhängige Abfrage und exemplarisch den dazugehörigen Auswertungsknoten „BSDatenRefMonJahr1GC“, durch den die folgenden Werte in die Ausgabedatei „BSDatRefMonJahr1GC.dat“ geschrieben werden:

- Aktueller laufender Monat „AnzMonat“,
- Aktueller Tag im laufenden Monat „AktTagMonat“,
- Aktuelle Buchungssatznummer „AktBuchSatzNr“,
- Zeitpunkt des Auftretens eines Geschäftsvorfalls „BusiTransZeit“,

---

246 Vgl. hinsichtlich des WRITE-Knotens auch die Ausführungen im Abschnitt 4.3.3.2 sowie bei Pritsker, A. A. B., O'Reilly, J. J. 1999 /Visual SLAM/ S. 225f. Zu den möglichen Formatspezifikationen vgl. Pütz, M. 2004 /Produktionssysteme/ S. 371f.

247 Siehe dazu weiter unten Abb. 4.5.22.

248 Aufgrund der Vielzahl der mit den Buchungen einhergehenden Datensätze ist aus Speicherplatzgründen eine Einteilung der Auswertungen in größeren Zeitabständen zweckmäßig. Grundsätzlich sind aber die Auswertungsdateien hinsichtlich der gewünschten Periodisierung frei wählbar und können entsprechend zu jedem beliebigen Datum modelliert werden.

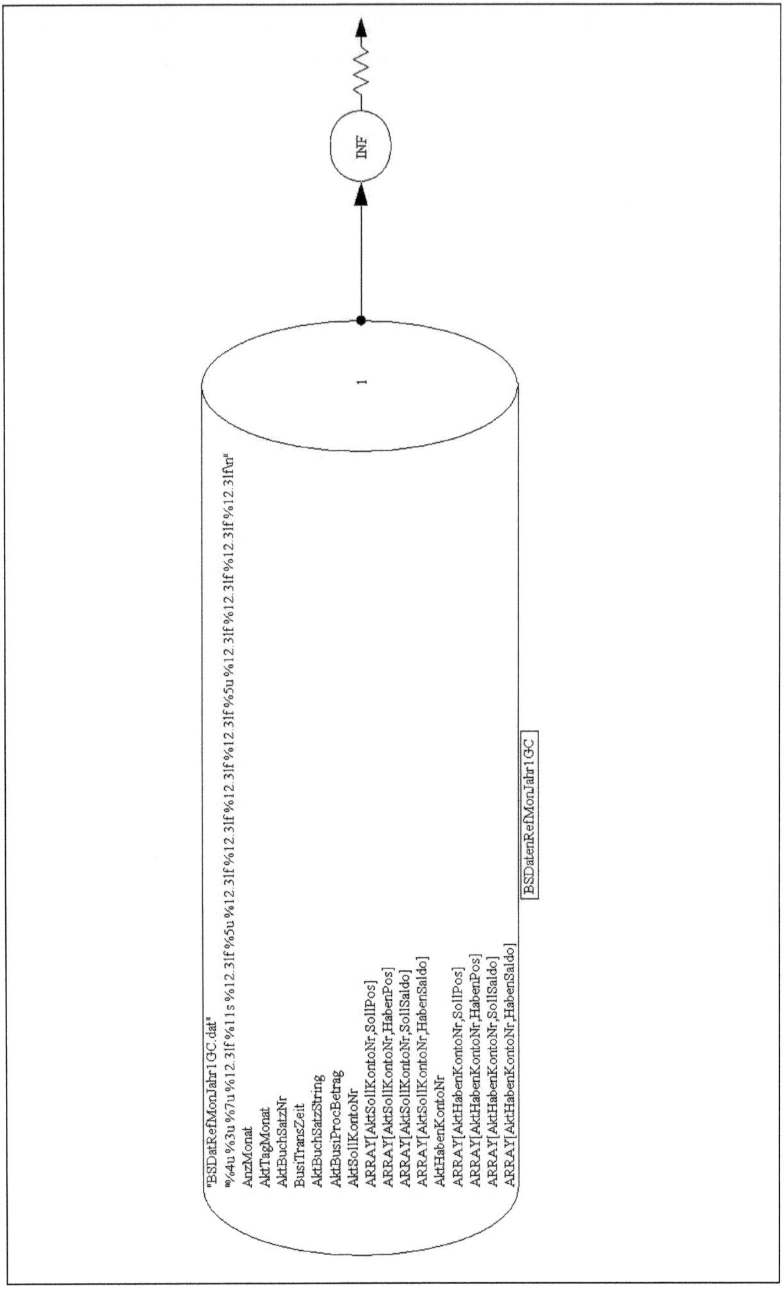

Abb. 4.5.21: Teilnetzwerk I (Auswertungsknoten „BSDatenRefMonJahr1GC“)

- Zeichenkette des aktuellen Buchungssatzes „AktBuchSatzString“,
- Betrag des aktuellen Geschäftsprozesses „AktBusiProcBetrag“,
- Sollkontonummer des aktuellen Buchungssatzes „AktSollKontoNr“,
- Sollposition der aktuellen Sollkontonummer „ARRAY[AktSollKontoNr,SollPos]“,
- Habenposition der aktuellen Sollkontonummer „ARRAY[AktSollKontoNr,HabenPos]“,
- Sollsaldo der aktuellen Sollkontonummer „ARRAY[AktSollKontoNr,SollSaldo]“,
- Habensaldo der aktuellen Sollkontonummer „ARRAY[AktSollKontoNr,HabenSaldo]“,
- Habenkontonummer des aktuellen Buchungssatzes „AktHabenKontoNr“,
- Sollposition der aktuellen Habenkontonummer „ARRAY[AktHabenKontoNr,SollPos]“,
- Habenposition der aktuellen Habenkontonummer „ARRAY[AktHabenKontoNr,HabenPos]“,
- Sollsaldo der aktuellen Habenkontonummer „ARRAY[AktHabenKontoNr,SollSaldo]“,
- Habensaldo der aktuellen Habenkontonummer „ARRAY[AktHabenKontoNr,HabenSaldo]“.[249]

Die den Auswertungsknoten „BSDatenRefMonJahr1GC“ verlassende Einheit wird zerstört. Analog erfolgen Auswertungen durch die hier nicht im Einzelnen aufgeführten beiden WRITE-Knoten

- „BSDatenRefMonJahr2GC“ und
- „BSDatenRefMonJahr3GC“,

deren Auswertungsdaten in die entsprechenden Ausgabedateien mit der Bezeichnung „BSDatRefMonJahr2GC.dat“ und „BSDatRefMonJahr3GC.dat“ geschrieben werden.[250]

---

[249] Der Auszug aus einer Ausgabedatei in Abb. 4.5.23 gibt in der ersten Spalte die hier aufgeführten Positionen mit zugeordneten Einträgen als Anwendungsbeispiel wieder.

[250] Vgl. hierzu die im Anhang A-5 aufgeführten Auswertungsknoten „BSDatenRefMonJahr2GC“ und „BSDatenRefMonJahr3GC“.

Wie oben beschrieben, gelangt jede im Teilnetzwerk I eintreffende Einheit auch in den hier aufgeführten WRITE-Knoten „BSDatenGC“, wobei die Auswertungen in die Ausgabedatei „BSDatenGC.dat“ geschrieben werden.

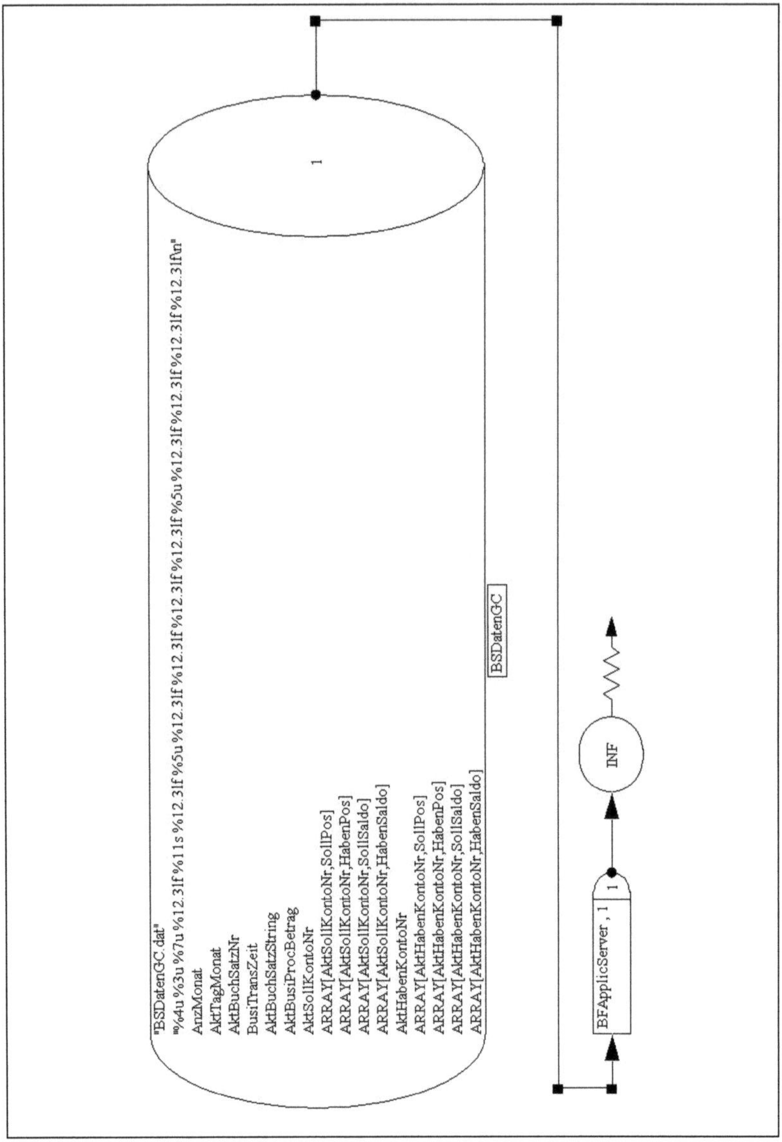

Abb. 4.5.22: Teilnetzwerk I (Auswertungsknoten „BSDatenGC“)

Die diesen Auswertungsknoten verlassenden Einheiten werden an einen FREE-Knoten weitergeleitet, der die Ressource „BFApplicServer“, die für diesen Vorgang eingangs im Teilnetzwerk F belegt wurde, wieder freisetzt. Die den FREE-Knoten verlassenden Einheiten werden anschließend zu einem TERMINATE-Knoten weitergeleitet und zerstört.

AnzMonat	...	6	6	6	6	...
AktTagMonat	...	29	29	29	29	...
AktBuchSatzNr	...	23054	23055	23056	23057	...
BusiTransZeit	...	258232,48	257853,226	257853,226	257791,749	...
AktBuchSatzString	...	2800an5000	2800an5400	6080an2280	2800an5400	...
AktBusiProcBetrag	...	0,39	39,00	399,00	39,00	...
AktSollKontoNr	...	2800	2800	6080	2800	...
AktSollKontoNr,SollPos	...	1115902,48	1115941,48	462042,00	1115980,48	...
AktSollKontoNr,HabenPos	...	651762,50	651762,50	0,00	651762,50	...
AktSollKontoNr,SollSaldo	...	464139,98	464178,98	462042,00	464217,98	...
AktSollKontoNr,HabenSaldo	...	0	0	0	0	...
AktHabenKontoNr	...	5000	5400	2280	5400	...
AktHabenKontoNr,SollPos	...	0,00	0,00	474810,00	0,00	...
AktHabenKontoNr,HabenPos	...	7812,48	40989,00	462042,00	41028,00	...
AktHabenKontoNr,SollSaldo	...	0	0	12768,00	0	...
AktHabenKontoNr,HabenSaldo	...	7812,48	40989,00	0	41028,00	...

Abb. 4.5.23: Auszug aus der Ausgabedatei „BSDatRefMonJahr1GC.dat“ des Teilnetzwerkes I für den Simulationslauf Nr. 1 von 10[251]

Der obige Auszug zeigt einen aufbereiteten Teilausschnitt des ersten von zehn Simulationsläufen des Good Case-Szenarios, der in eine Ausgabedatei geschrieben wurde.[252] Es handelt sich um Teilergebnisse des 29. Wochentages im sechsten Monat, also um den 29. Juni des ersten Simulationsjahres, wobei das Auftreten der Geschäftsvorfallnummern 23.054 bis 23.057 auch exakt auf Minuten- bzw. Sekundenbasis angegeben wird, da es sich in diesen Fällen um die mit exponentialverteilten Zwischenankunftszeiten einhergehende Umsatzvorgänge handelt, die sekundengenau ermittelt werden sollen.[253] Ferner sind alle weiteren Ausgabeinformationen der vier WRITE-Knoten des Teilnetzwerkes I dort aufgeführt, also die Zeichenkette des aktuellen Buchungssatzes, der aktuelle Geschäftsprozessbetrag, die Sollkontonummer, die Soll- und die Habenposition des aktuellen Sollkontos, der Soll- und Habensaldo

[251] Die aufgeführten Ausgabedaten können auch für eine T-Kontendarstellung verwendet werden, wobei die hier gewählte Darstellungsform auch den datierten Buchungszusammenhang beider Konten eines Geschäftsvorfalls widerspiegelt.

[252] Vgl. hierzu insb. auch die Ausführungen im Abschnitt 4.5.6.3.

[253] Im Rahmen des Simulationslaufs Nr. 1 wurden im ersten Jahr insgesamt 71.267 Buchungen, nach 24 Monaten 193.727 und nach 36 Monaten 353.914 Buchungen in der Ausgabedatei festgehalten.

des aktuellen Sollkontos, die Habenkontonummer, die Soll- und die Habenposition des aktuellen Habenkontos und der Soll- und Habensaldo des aktuellen Habenkontos. Damit sind alle mit den simulierten Geschäftsvorfällen einhergehenden Daten als Basis einer laufenden internen Periodenerfolgs- und -bilanzdarstellung erfasst und können bis auf Buchungssatzebene analysiert und verwendet werden.

4.5.5.1.10 Die Kalendersteuerung des Simulationsmodells (Teilnetzwerk J)

Im Teilnetzwerk J wird die dem Simulationsnetzwerk zugrunde liegende Kalendersteuerung abgebildet. Hierzu wird zum Simulationszeitpunkt 0:00 Uhr, dargestellt durch den Wert 0.0, eine sog. Kalendereinheit durch den CREATE-Knoten „Kalendereinheit" generiert.[254] Durch diese Einheit werden die kalenderspezifischen Zeitdaten für das gesamte Netzwerk gesteuert. Die Kalendereinheit wird zunächst über eine Aktivität mit einem Verzögerungswert von 1440 Minuten, also einem Zeitraum von 24 Stunden, verzögert. Über den nachfolgenden ASSIGN-Knoten „CheckWTagNr" wird zunächst die zur Überprüfung des genauen Wochentages eingerichtete globale ganzzahlige Variable CheckWTagNr um den Wert 1 erhöht.[255] Entsprechend dem im Weiterleitungsparameter M spezifizierten Wert von 1 wird die Kalendereinheit bedingungsabhängig über eine der nachfolgenden Aktivitäten weitergeleitet. Handelt es sich nun bei CheckWTagNr um eine Wochentagnummer kleiner bzw. gleich 7, so wird die obere Aktivität gewählt, die dazu dient, die Kalendereinheit an den ASSIGN-Knoten „WTagNrPlus1" zu leiten. Dort wird die globale ganzzahlige Variable AktWTagNr, die mit den Zahlen 1 bis 7 (aktuelle Wochentagnummer) einen der Wochentage Montag bis Sonntag repräsentieren kann, um den Wert 1 erhöht und an den ASSIGN-Knoten „GoonTagCheck" weitergeleitet.[256] Für den Fall, dass die Kalendereinheit nicht über die obere Aktivität weitergeleitet wurde, also die Prüfziffer CheckWTagNr größer als 7 ist, wird diese über die untere Aktivität an den ASSIGN-Knoten „WTagNrGleich1" weitergeleitet. Dort wird der Wert der globalen Variablen AktWTagNr und CheckWTagNr wieder auf 1 gesetzt und die Kalendereinheit an den

---

[254] Vgl. zur Modellierung der in diesem Abschnitt für die interne Entwicklungsbilanz und Entwicklungserfolgsrechnung verwendeten Kalendersteuerung insb. die Ausführungen bei Pütz, M. 2004 /Produktionssysteme/ S. 461f.; Matthes, W., Böth, Th., Pütz, M. 2006 /Controlling/ S. 33f. und Pütz, M., Bömkes, T. 2006 /Nachhaltigkeitspotenziale/ S. 101f.

[255] Die globale Variable CheckWTagNr wurde zu Beginn der Simulation mit dem Wert 1 initialisiert.

[256] Die globale Variable AktWTagNr wurde ebenfalls mit dem Wert 1 initialisiert.

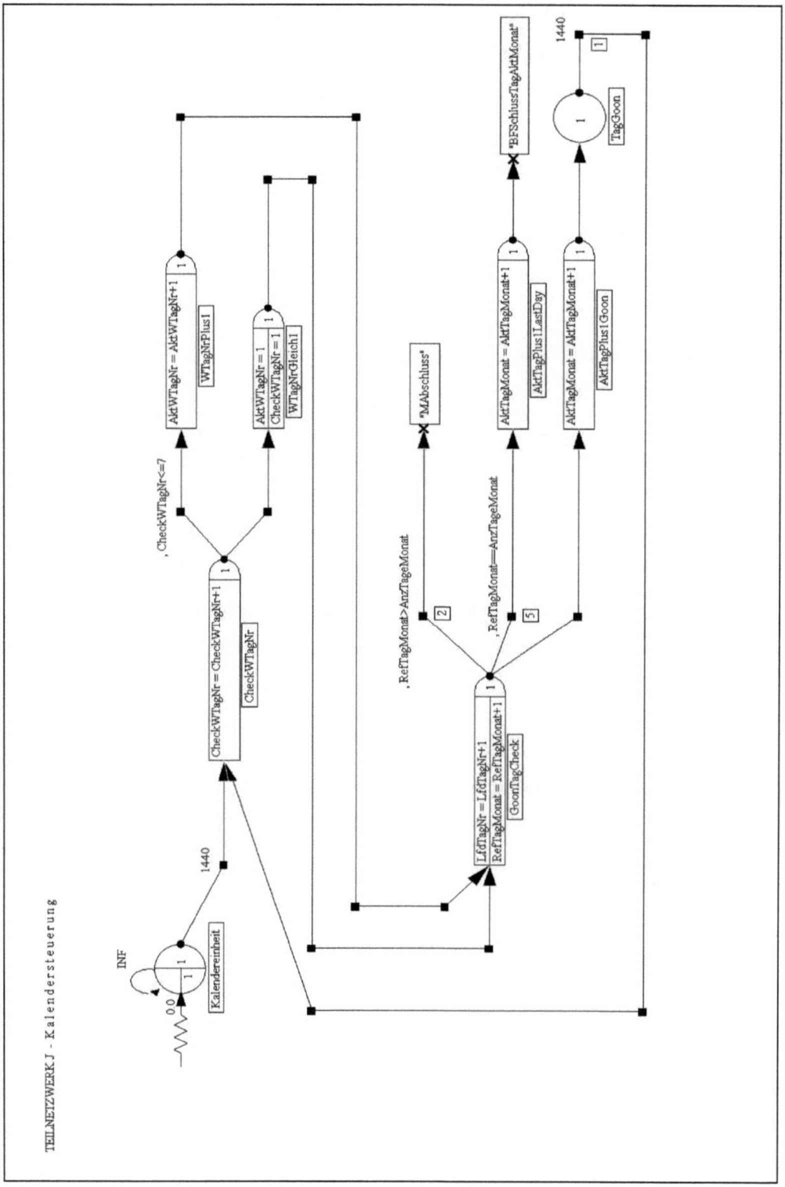

Abb. 4.5.24: Teilnetzwerk J (Kalendersteuerung)[257]

[257] Vgl. zur hier programmierten Kalendersteuerung die Netzwerkmodelle mit Erläuterung bei Pütz, M., Bömkes, T. 2006 /Nachhaltigkeitspotenziale/ S. 101f.; Pütz, M. 2004 /Produktionssysteme/ S. 461f. und Matthes, W., Böth, Th., Pütz, M. 2006 /Controlling/ S. 33f.

ASSIGN-Knoten „GoonTagCheck“ weitergeleitet. Dieser Knoten dient dazu, die globalen Variablen LfdTagNr und die Prüfvariable RefTagMonat zum Tagesabschluss um den Wert 1 zu erhöhen.[258] Entsprechend dem mit dem Wert 1 spezifizierten Weiterleitungsparameter M wird die ausströmende Kalendereinheit bedingungsgestützt über eine Aktivität weitergeleitet, durch die dann entweder

- der Monatsabschluss ausgelöst wird oder
- die monatsspezifischen einmaligen weiteren Buchungen durchgeführt werden oder
- ein neuer Tageszyklus eingeleitet wird.

Die obere Aktivität wird gewählt, wenn der durch die globale Variable RefTagMonat spezifizierte aktuelle Tag des Monats größer als der in der globalen Variable AnzTageMonat hinterlegte Wert ist und demnach kein weiterer Durchlauf im laufenden Monat möglich ist. In diesem Fall erfolgt der Monatsabschluss, der im Teilnetzwerk N durchgeführt wird. Durch den ASSIGN-Knoten „ReinitMonatTag“ des Teilnetzwerkes O wird zudem u.a. die globale Variable RefTagMonat für den Start des nächsten Monates entsprechend neu initialisiert und der Zyklus über eine Weiterleitung an den GOON-Knoten „TagGoon“ im hier dargestellten Teilnetzwerk J zum Monatsbeginn neu begonnen.

Für den Fall, dass die Einheit beim Verlassen des ASSIGN-Knotens „GoonTagCheck“ über die mittlere Aktivität geleitet wird, liegt der Fall vor, dass die Prüfziffer genau der Anzahl der Tage des betreffenden Monats entspricht. Mit dieser Information kann durch den ASSIGN-Knoten „AktTagPlus1LastDay“ die globale Variabel AktTagMonat, die den aktuellen Tag im laufenden Monat repräsentieren soll, um den Wert 1 erhöht werden. Ferner werden an dieser Stelle die notwendigen Buchungen zum Monatsende im Teilnetzwerk M nach einer vorherigen geschäftsvorfallabhängigen Überprüfung durchgeführt. Zudem wird vom Teilnetzwerk M aus über eine Weiterleitung an den GOON-Knoten „TagGoon“ des Teilnetzwerkes J der Ablauf des letzten Tages des laufenden Monates angestoßen. Nach einem vollständigen letzten monatsbezogenen Durchlauf der Einheit im Teilnetzwerk J folgt dann zum Tagesende die Weiterleitung für den Monatsabschluss im Teilnetzwerk N.

[258] Die globalen Variablen LfdTagNr und RefTagMonat wurden ebenfalls mit dem Wert 1 initialisiert.

Trifft keine der beiden oben genannten Fälle zu, so bedeutet dies, dass der Wert der globalen Variable RefTagMonat kleiner als der Wert der globalen Variable AnzTageMonat ist. Im ASSIGN-Knoten „AktTagPlus1Goon" wird die globale Variable AktTagMonat um den Wert 1 erhöht und die Einheit wird über den GOON-Knoten „TagGoon" wieder direkt an den ASSIGN-Knoten „CheckWTagNr" zur Überprüfung des Wochentages geleitet, wodurch ein neuer Tageszyklus begonnen wird. Dieser Zyklus setzt sich fort, bis der in der globalen Variable RefTagMonat hinterlegte Wert erneut dem der globalen Variable AnzTageMonat entspricht.[259]

4.5.5.1.11 Die Arbeitszeitsteuerung des Simulationsmodells (Teilnetzwerk K)

Das Teilnetzwerk K dient der Steuerung der Arbeitszeiten der Sachbearbeiter, die an fünf Tagen in der Woche (Montag bis Freitag) in der Zeit von 8:00 bis 16:00 Uhr zur Verfügung stehen müssen.[260] In der Steuerungsdatei wurden hierzu entsprechende ARRAYS zum Teilnetzwerk K eingerichtet, die die Wochentage mit entsprechenden Arbeitszeiten repräsentieren.

Zunächst wird durch den CREATE-Knoten „Arbeitszeitsteuerungseinheit" eine Einheit erzeugt, die direkt an den ASSIGN-Knoten „SetDauer2Schicht" weitergeleitet wird. Dieser ASSIGN-Knoten dient zur Ermittlung der bis zum Beginn der Arbeitszeit noch anfallenden Zeitdauer, wobei die eigentliche Arbeitszeit von 8:00 bis 16:00 Uhr hier als Schicht bezeichnet wird. Die zu Beginn der Simulation entsprechend initialisierte vollständige Zeitspanne vor dem Anfang der Arbeitsschicht beträgt 480 Minuten, die über die globale Variable Dauer2Schicht in der Steuerungsdatei (BFUECONG) abgebildet wurde. Dieser Variablen wird nun bei einem Durchlauf einer Einheit unter Rückgriff auf eine ARRAY-Funktion die jeweils aktualisierte Zeit bis zum Beginn der Schicht zugewiesen. Nach der Aktualisierung der globalen Variablen Dauer2Schicht mittels ARRAY[AktWTagNr,Dauer2SchichtFeld] wird die Einheit dann bedingungsabhängig über eine von zwei Aktivitäten weitergeleitet.

---

[259] Die globale Variable AnzTageMonat repräsentiert die monatsspezifische Anzahl an Tagen.

[260] Zur Entwicklung und Beschreibung der Arbeitszeitsteuerung im Teilnetzwerk K und der daran anschließenden Kapazitätsverringerung bzw. -erweiterung wird im Folgenden auf den Modellierungsansatz von Pütz, M. 2004 /Produktionssysteme/ S. 466f. sowie von Pütz, M., Bömkes, T. 2006 /Nachhaltigkeitspotenziale/ S. 102f. zurückgegriffen.

Die obere Aktivität mit der Bedingung „Dauer2Schicht>0“ wird von der Einheit für den Fall gewählt, dass die Zeit bis zum Schichtbeginn um 8:00 Uhr größer als null ist.

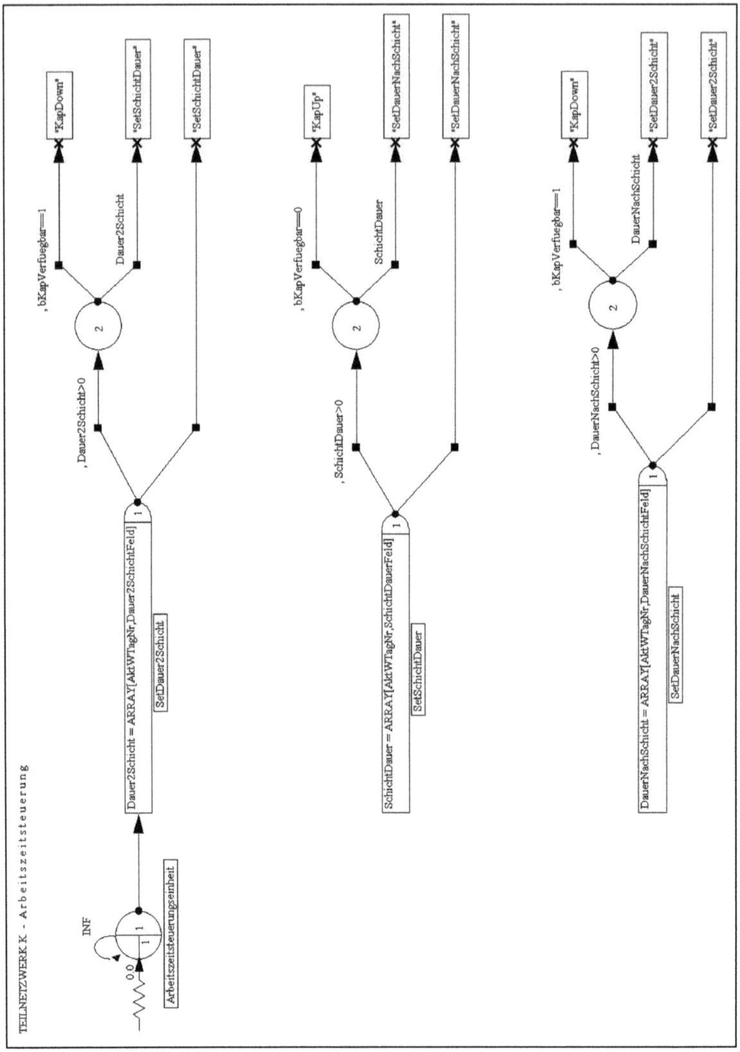

Abb. 4.5.25: Teilnetzwerk K (Arbeitszeitsteuerung)[261]

[261] Angelehnt an Pütz, M., Bömkes, T. 2006 /Nachhaltigkeitspotenziale/ S. 102f. und Pütz, M. 2004 /Produktionssysteme/ S. 466f.

Falls dies nicht zutrifft, wird die den ASSIGN-Knoten „SetDauer2Schicht“ ausströmende Einheit direkt durch die untere Aktivität an den ASSIGN-Knoten „SetSchichtDauer“ weitergeleitet. Wird die Einheit jedoch über die obere Aktivität mit der Bedingung „Dauer2Schicht>0“ geleitet, so wird diese über einen anschließenden GOON-Knoten einmal geklont. Bei der dann nachfolgenden oberen Aktivität und weiteren Teilen des Teilnetzwerkes wird die globale Variable bKapVerfuegbar verwendet, die immer einen der Werte 1 oder 0 annehmen kann.[262] Über die diesem GOON-Knoten nachfolgende obere Aktivität mit der Bezeichnung bKapVerfuegbar==1 wird eine Einheit dann zum ASSIGN-Knoten „KapDown“ des Teilnetzwerkes L zur Kapazitätsreduzierung weitergeleitet, da der Schichtbeginn von 8:00 Uhr noch nicht erreicht ist. Durch die untere Aktivität wird gleichzeitig die kopierte Einheit entsprechend der zuvor aktualisierten globalen Variablen Dauer2Schicht verzögert und danach an den ASSIGN-Knoten „SetSchichtDauer“ weitergegeben.

Über den ASSIGN-Knoten „SetSchichtDauer“ wird nun die dort ankommende Einheit analog zu der oben beschriebenen Vorgehensweise durchgeleitet und damit die Überprüfung der Schichtzeit von 8:00 bis 16:00 Uhr gewährleistet. Ausgehend vom ASSIGN-Knoten „SetSchichtDauer“ wird die Einheit während einer Schicht entsprechend der Bedingung, dass die Schichtdauer noch größer als null ist, über die obere Aktivität an einen GOON-Knoten weitergeleitet. Andernfalls wird die Einheit über die untere Aktivität direkt an den ASSIGN-Knoten „SetDauerNachSchicht“ weitergegeben. Für den Fall, dass bei Zutreffen von „SchichtDauer>0“ eine Weiterleitung der Einheit über die obere Aktivität an einen GOON-Knoten erfolgt, wird die Einheit wieder geklont und über eine von zwei Aktivitäten weitergeleitet. Durch die Bedingung „bKapVerfuegbar==0“ wird überprüft, ob die globale Variable bKapVerfuegbar den Wert „0“ aufweist. Sofern diese Bedingung vorliegt, wird die Einheit über den Ziel-knotenbezeichner „KapUp“ an den ASSIGN-Knoten „KapUp“ des Teilnetzwerkes L zur Kapazitätserhöhung weitergeleitet. Andernfalls (d.h. bei bKapVerfuegbar $\neq 0$) wird die Einheit zerstört. Die geklonte Einheit wird entsprechend der

[262] Vgl. die Ausführungen zum Modellierungsansatz von Pütz, M., Bömkes, T. 2006 /Nachhaltigkeitspotenziale/ S. 102f. und von Pütz, M. 2004 /Produktionssysteme/ S. 466f., auf die, wie oben erwähnt, bei der Beschreibung und Programmierung der Arbeitszeitsteuerung zurückgegriffen wird. Über die globale Variable bKapVerfuegbar, mit dem Wert 1 (= verfügbar) oder dem Wert 0 (= nicht verfügbar), wird die Verfügbarkeit der Sachbearbeiterkapazität ausgedrückt. Die Variable bKapVerfuegbar wurde mit dem Wert 1 zu Beginn der Simulationen initialisiert.

Schichtdauer über die untere Aktivität verzögert und an den ASSIGN-Knoten „Set-DauerNachSchicht“ weitergegeben.

Entsprechend der vorherigen Vorgehensweise erfolgen auch die einzelnen Schritte des letzten Abschnittes des Teilnetzwerkes K, die den Tageszeitraum nach der Schicht, also die Zeit von 16:00 bis 24:00 Uhr, abdecken, wobei hier die Kapazitäten analog zu der Zeit von 00:00 bis 08:00 Uhr heruntergefahren werden müssen.

4.5.5.1.12 Die Kapazitätsverringerung bzw. -erhöhung der Sachbearbeitergruppe (Teilnetzwerk L)

Die beiden Teilbereiche des Teilnetzwerkes L dienen der Kapazitätserhöhung bzw. Kapazitätsverringerung der Sachbearbeiterressourcen, die, wie im vorherigen Teilnetzwerk K beschrieben, für die Zeit von Montag bis Freitag jeweils von 8:00 bis 16:00 Uhr benötigt werden.[263] Die Kapazitätsverringerung wird ausgehend vom ASSIGN-Knoten „KapDown“ in Gang gesetzt. Die Einheit wird dazu über drei ALTER-Knoten[264] weitergeleitet, die in diesem Fall die Reduzierung der einzelnen Sachbearbeiterressourcen („SachbearbeiterA“, „SachbearbeiterB“, „SachbearbeiterC“) bewirken. Die den letzten ALTER-Knoten verlassende Einheit wird mit Hilfe des nachfolgenden TERMINATE-Knotens zerstört. Analog zur Kapazitätsverringerung erfolgt die Kapazitätserhöhung über die dem ASSIGN-Knoten „KapUp“ nachfolgenden drei ALTER-Knoten.

[263] Zur Modellierung einer Kapazitätsverringerung bzw. -erhöhung in Abb. 4.5.26, hier dargestellt anhand der einzelnen Sachbearbeiter, und ihrer Beschreibung vgl. Matthes, W., Böth, Th., Pütz, M. 2006 /Controlling/ S. 38-40 und Pütz, M., Bömkes, T. 2006 /Nachhaltigkeitspotenziale/ S. 103f. Die mit der Wochenarbeitszeit einhergehende Kapazitätsverringerung wird insb. im Rahmen der Ergebnisanalyse im Abschnitt 4.5.6 deutlich, die dementsprechend hohe wochenbezogene Pausenzeiten aufweist.

[264] Vgl. hinsichtlich des ALTER-Knotens die Erläuterungen im Abschnitt 4.3.3.2 und bei Pritsker, A. A. B., O’Reilly, J. J. 1999 /Visual SLAM/ S. 178f.

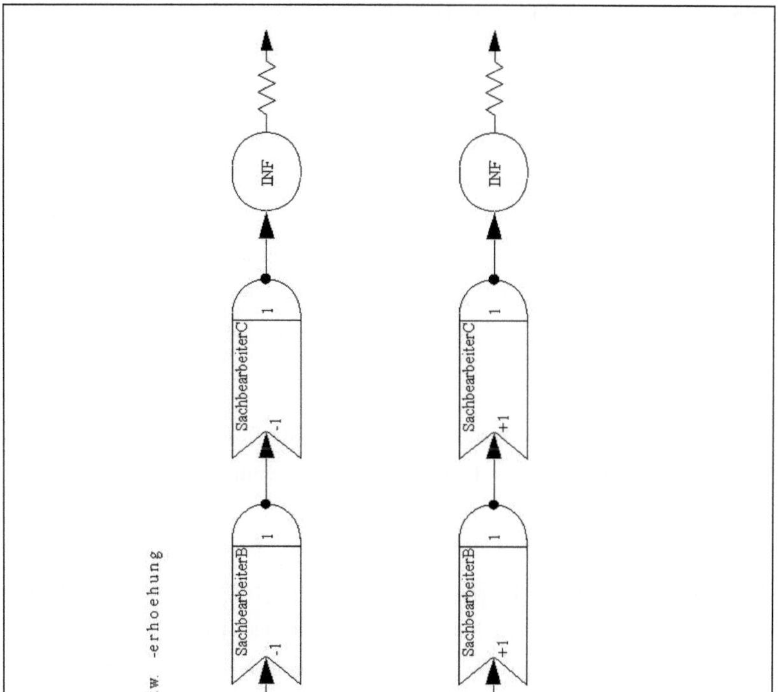

Abb. 4.5.26: Teilnetzwerk L (Kapazitätsveränderungen)[265]

[265] Vgl. auch Pütz, M. 2004 /Produktionssysteme/ S. 468 und Pütz, M., Bömkes, T. 2006 /Nachhaltigkeitspotenziale/ S. 104.

4.5.5.1.13 Weitere Geschäftsvorfälle (Teilnetzwerk M)

Durch das Teilnetzwerk M wird die Abarbeitung aller sonstigen laufenden Geschäftsvorfälle gewährleistetet. Im Rahmen der Kalendersteuerung im Teilnetzwerk J wird hierzu am letzten Tag des laufenden Monates automatisch eine Einheit über den Weiterleitungsparameter „BFSchlussTagAktMonat“ an das Teilnetzwerk M weitergeleitet. Dort wird diese Einheit aufgrund des in dem dortigen GOON-Knoten „BFSchlussTagAktMonat“ eingetragenen Wertes der abzuarbeitenden weiteren Geschäftsvorfälle entsprechend geklont und weitergegeben. Im vorliegenden Fall wird über jede der ausströmenden 18 Aktivitäten jeweils eine Einheit bzw. ein Klon weitergeleitet.

Die obere Aktivität ist eine Weiterleitung zu dem GOON-Knoten „TagGoon“ des Teilnetzwerkes J, von dem aus die Einheit direkt an den dortigen ASSIGN-Knoten „CheckWTagNr“ im Rahmen der Kalendersteuerung weitergeleitet wird und den dortigen Ablauf weiter gewährleistet. Weiterhin wird ausgehend vom GOON-Knoten „BFSchlussTagAktMonat“ für jeden der möglichen Geschäftsvorfälle überprüft, ob es sich um eine regelmäßig zum Monatsende oder zum Quartalsende fällige Buchung handelt oder ob die Buchung nur halbjährlich bzw. einmal zum Jahresende stattfindet.

Für das Simulationsmodell wurden demnach die folgenden Geschäftsvorfälle abgebildet, die entsprechend ihrer Fälligkeit abgearbeitet werden sollen und deren Zielknoten wie folgt lauten:[266]

- „VMTBuchungSMT“.
  Zu prüfender Geschäftsvorfall: die zum Monatsende eingehenden Umsatzerlöse aus der laufenden Vermietung[267] eines Terminals (ASSIGN-Knoten „TerminalMietPr_lfd“).

---

[266] Die hier dargestellten Geschäftsvorfälle sind beliebig erweiterbar. Vgl. zu den im Teilnetzwerk M modellierten Geschäftsvorfällen insb. die hier zugrunde liegende Grundstruktur der Geschäftsplanung im Abschnitt 4.5.3 sowie die daraus abgeleiteten Geschäftsvorfälle im Abschnitt 4.5.4.

[267] Wie oben im Teilnetzwerk C beschrieben, werden hier Neuvermietungsfälle nicht berücksichtigt, da dort hinsichtlich der Ressourcenbelegung auch die Sachbearbeiter zeitlich eingebunden werden müssen. Bei den laufenden Vermietungseinnahmen handelt es sich um Routinevorgänge, die durch den Buchführungsanwendungsserver zum Monatsende abgearbeitet werden können.

- „RessBASVBLTilgungDarl_M".
  Zu prüfender Geschäftsvorfall: Die zum Monatsende fällige Tilgungszahlung für ein Darlehen (ASSIGN-Knoten „VBLTilgungDarl_M").

- „RessBASGehaltszahl_M".
  Zu prüfender Geschäftsvorfall: Die zum Monatsende fälligen Bruttogehaltszahlungen[268] (ASSIGN-Knoten „Gehaltszahl_M").

- „RessBASArbeitgSozVer_M".
  Zu prüfender Geschäftsvorfall: Die zum Monatsende fälligen Arbeitgeberanteile[269] zur Sozialversicherung (ASSIGN-Knoten „ArbeitgSozVer_M").

- „RessBASMietaufw_M".
  Zu prüfender Geschäftsvorfall: Der monatliche Mietaufwand für die Büroräume (ASSIGN-Knoten „Mietaufw_M").

- „RessBASFirmenwleasing_M".
  Zu prüfender Geschäftsvorfall: Die monatlichen Aufwendungen für das Firmenwagenleasing[270] (ASSIGN-Knoten „Firmenwleasing_M").

- „RessBASReisekosten_M".
  Zu prüfender Geschäftsvorfall: Die monatlich anfallenden Reisekosten (ASSIGN-Knoten „Reisekosten_M").

- „RessBASWerbung_M".
  Zu prüfender Geschäftsvorfall: Die monatlich anfallenden Aufwendungen für Werbung (ASSIGN-Knoten „Werbung_M").

---

268 Bei der Verbuchung des Personalaufwandes wird hier vereinfacht in die beiden getrennten Fälle der Verbuchung des Bruttogehalts und des Arbeitgeberanteils zur Sozialversicherung an das Konto Bank unterschieden. Bei der hier dargestellten Verbuchung des Bruttogehalts wird vereinfacht von einem Buchungsbetrag ausgegangen, der auch die abzuführenden Steuern und die Sozialabgaben des Arbeitnehmers enthält.

269 Der Arbeitgeberanteil beinhaltet hier vereinfacht nur die Abgaben zur Sozialversicherung.

270 Die einzelnen Buchungen zum Firmenwagenleasing werden vereinfacht in einer Buchung abgebildet. Die vereinfachte Zusammenfassung von Buchungen, die im Rahmen der Simulation grundsätzlich auch einzeln dargestellt werden könnten, betrifft auch die aufgeführten Geschäftsvorfälle im Bereich der Reisekosten, der Abschreibung von Büroausstattung, der Abschreibung von Hardware und der Fortbildungen.

- „RessBASZinsaufwendung_M".
  Zu prüfender Geschäftsvorfall: Die im Rahmen des Darlehens monatlich anfallenden Zinsaufwendungen (ASSIGN-Knoten „Zinsaufwendung_M").

- „CheckRessBASAbschrSoftwlizenz_J".
  Zu prüfender Geschäftsvorfall: Die zum Jahresende fällige Abschreibung der Softwarelizenzen (ASSIGN-Knoten „AbschrSoftwlizenz_J").

- „CheckRessBASAbschrStandardSoft_J".
  Zu prüfender Geschäftsvorfall: Die zum Jahresende fällige Abschreibung die Standardsoftware betreffend (ASSIGN-Knoten „AbschrStandardSoft_J").

- „CheckRessBASAbschrBueroa_J".
  Zu prüfender Geschäftsvorfall: Die zum Jahresende fälligen Abschreibungen zur Büroausstattung (ASSIGN-Knoten „AbschrBueroa_J").

- „CheckRessBASAbschrHardw_J".
  Zu prüfender Geschäftsvorfall: Die zum Jahresende fällige Abschreibung von Hardware (ASSIGN-Knoten „AbschrHardw_J").

- „CheckRessBASAbschreibung_Telfo_J".
  Zu prüfender Geschäftsvorfall: Die zum Jahresende fällige Abschreibung der neuen Telefonanlage (ASSIGN-Knoten „Abschreibung_Telfo_J").

- „CheckRessBASAbschreibungSBGA_J".
  Zu prüfender Geschäftsvorfall: Die zum Jahresende fällige Abschreibung der sonstigen Betriebsausstattung (ASSIGN-Knoten „AbschreibungSBGA_J").

- „CheckRessBASAufwendungFortA_Q".
  Zu prüfender Geschäftsvorfall: Die zum Quartalsende anfallenden Aufwendungen für div. Fortbildungen der Mitarbeiter im Außendienst (ASSIGN-Knoten „AufwendungFortA_Q").

- „CheckRessBAS AufwendungFortI_HJ".
  Zu prüfender Geschäftsvorfall: Die halbjährlich anfallenden Aufwendungen für div. Fortbildungen der Mitarbeiter im Innendienst (ASSIGN-Knoten „AufwendungFortI_HJ").

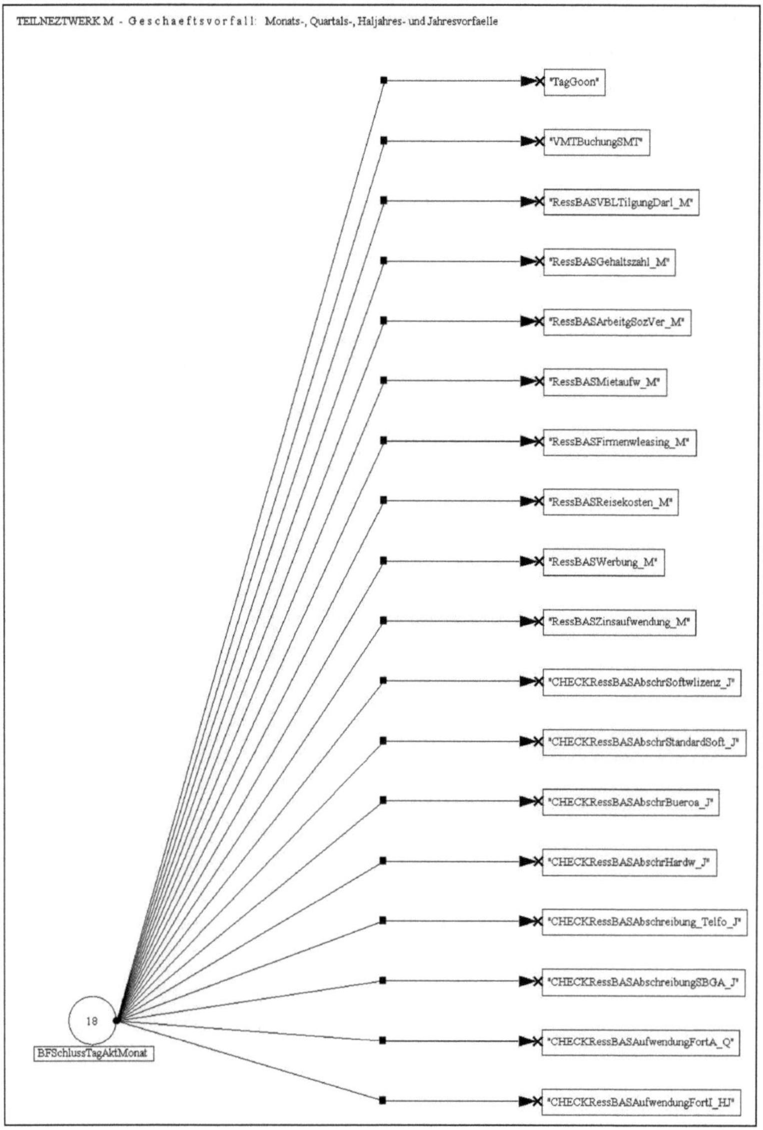

Abb. 4.5.27: Teilnetzwerk M (Teilbereich GOON-Knoten „BFSchlussTagAktMonat")

Exemplarisch wird der Ablauf einer regelmäßig zum Monatsende stattfindenden Buchung im Folgenden kurz erläutert.

Eine der den GOON-Knoten „BFSchlussTagAktMonat“ verlassenden Einheiten wird über die, von oben gesehen, zweite Aktivität an den UNBATCH-Knoten[271] „VMTBuchungSMT“ weitergeleitet, der dazu dient, aus der eintreffenden Einheit Klone entsprechend der zu diesem Monatsende aktuellen Anzahl an vermieteten Terminals zu bilden.[272]

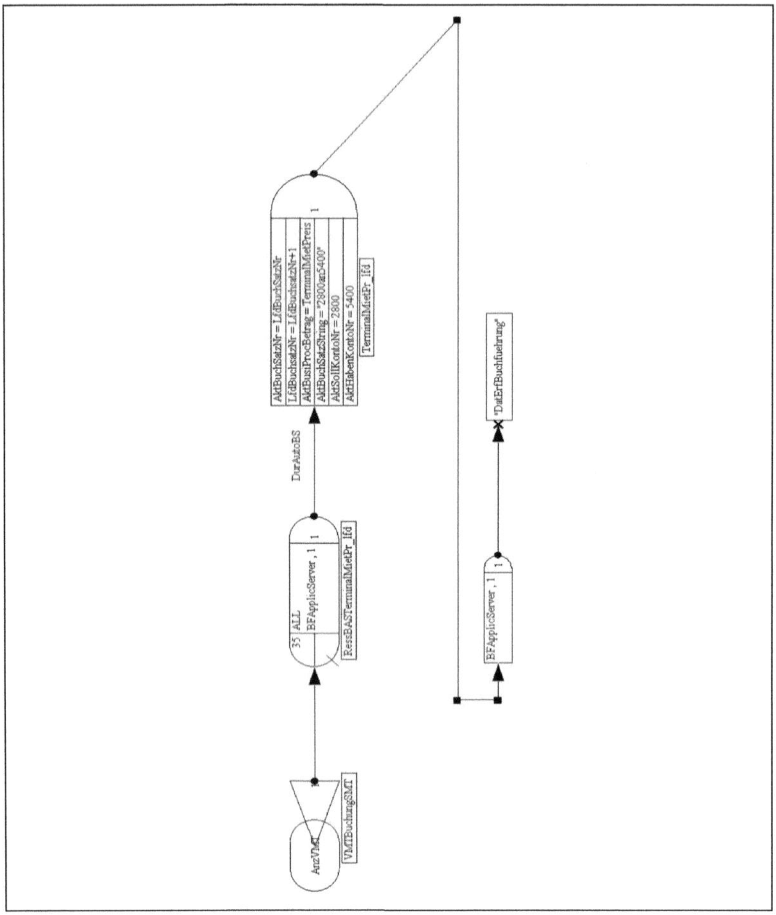

Abb. 4.5.28: Teilnetzwerk M (Teilbereich UNBATCH-Knoten „VMTBuchungSMT“)

[271] Vgl. hinsichtlich des UNBATCH-Knotens die Erläuterungen im Abschnitt 4.3.3.2 und bei Pritsker, A. A. B., O’Reilly, J. J. 1999 /Visual SLAM/ S. 252f.

[272] Der dabei zugrunde liegende aktuelle Wert an jeweils zum Monatsende vermieteten Terminals, dargestellt durch die globale Variable AnzVMT, wird über die GETEXCEL-Funktion der Steuerungsdatei BFUECONG gewährleistet.

Bei den anderen im Teilnetzwerk M aufgeführten Buchungsvorgängen ist ein derartiger Klonvorgang hingegen nicht notwendig. Die geklonten Einheiten des UNBATCH-Knoten „VMTBuchungSMT“ erreichen dann über eine Aktivität den AWAIT-Knoten „RessBASTerminalMietPr_lfd“, durch den die Ressource „BFApplicServer“ zur Bearbeitung des Vorgangs angefordert wird. Danach wird die Einheit über eine Aktivität weitergeleitet und entsprechend der Dauer des vollautomatisierten Buchungsvorgangs 1,2 Sekunden lang verzögert.[273] Die Einheiten erreichen dann den ASSIGN-Knoten „TerminalMietPr_lfd“, der die notwendigen Buchungen aller zum Monatsende eingehenden Umsatzerlöse aus der laufenden Vermietung von Terminals analog zu den in den Teilnetzwerken B bis E bereits in Teilen aufgeführten Erläuterungen vornimmt. Die Einheiten werden abschließend zur Freigabe des Buchführungsanwendungsservers an einen FREE-Knoten und darauf folgend über eine Aktivität an den Zielknoten „DatErfBuchfuehrung“ weitergeleitet.

Ähnlich wie oben erläutert und in der folgenden Abbildung anhand der zum Monatsende stattfindenden Tilgung des Darlehns aufgezeigt, gestalten sich auch die in den weiteren Abbildungen dargestellten und im Rahmen des Simulationsmodells programmierten Buchungsvorgänge.

[273] Der initialisierte Wert der globalen Variable DurAutoBS beträgt 0,02 und ergibt auf 60 Sekunden bezogen einen Wert von 1,2 Sekunden.

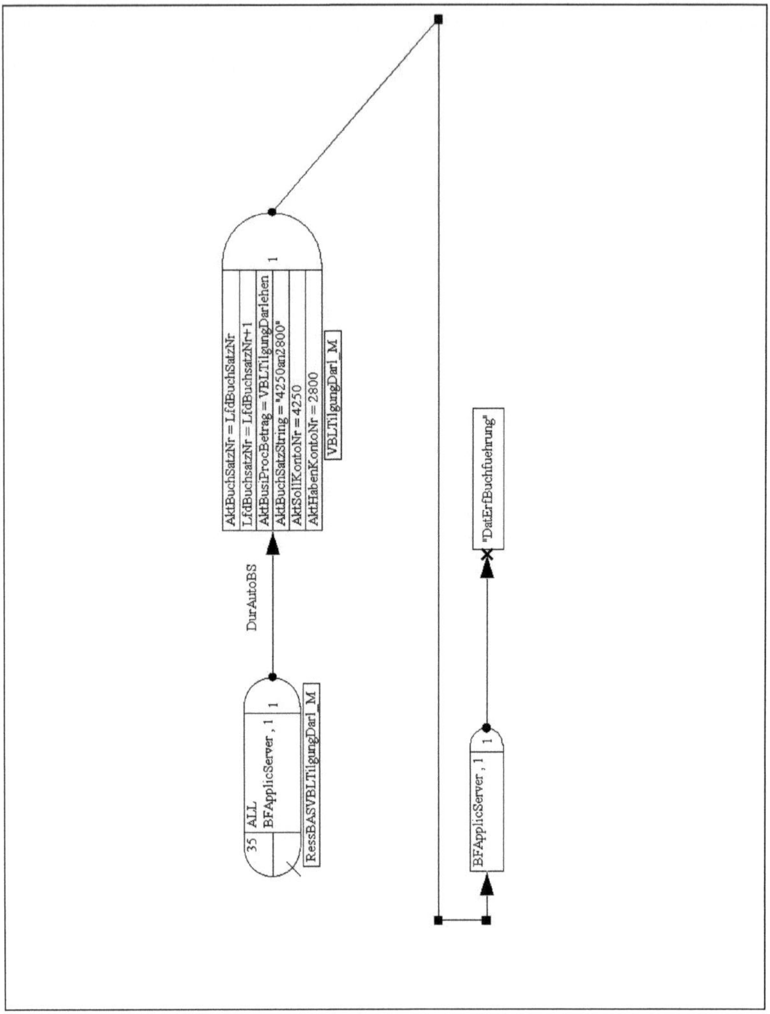

Abb. 4.5.29: Teilnetzwerk M (Teilbereich AWAIT-Knoten
„RessBASVBLTilgungDarl_M“)

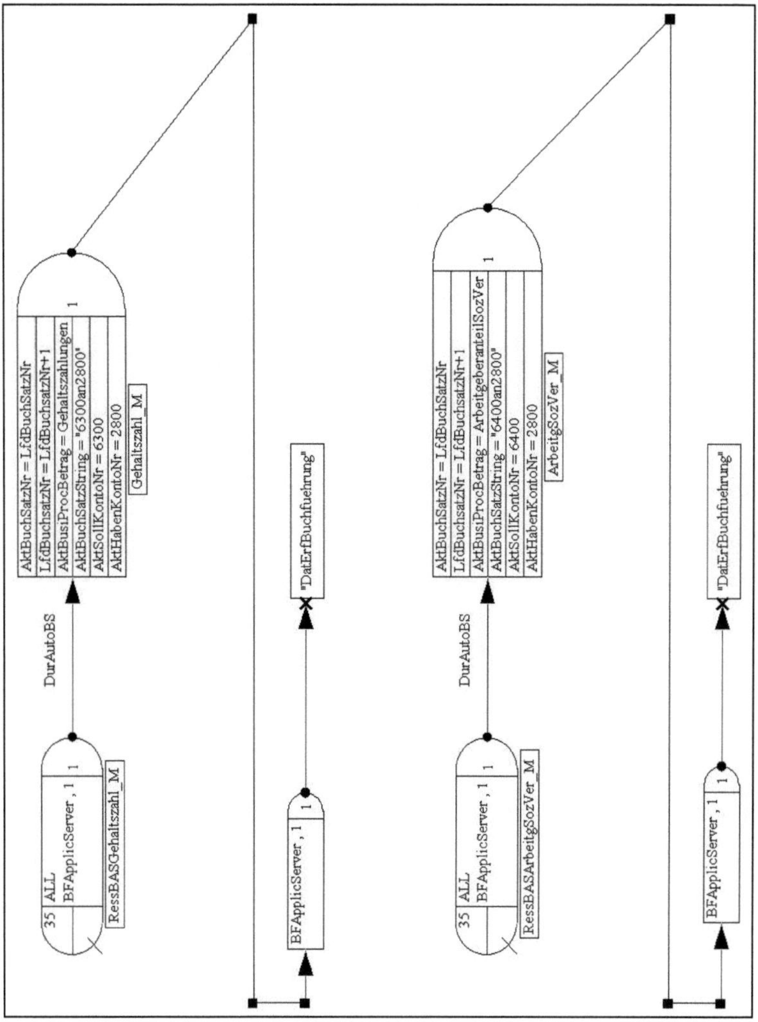

Abb. 4.5.30: Teilnetzwerk M (Teilbereiche AWAIT-Knoten „RessBASGehaltszahl_M“ und „RessBASArbeitgSozVer_M“)

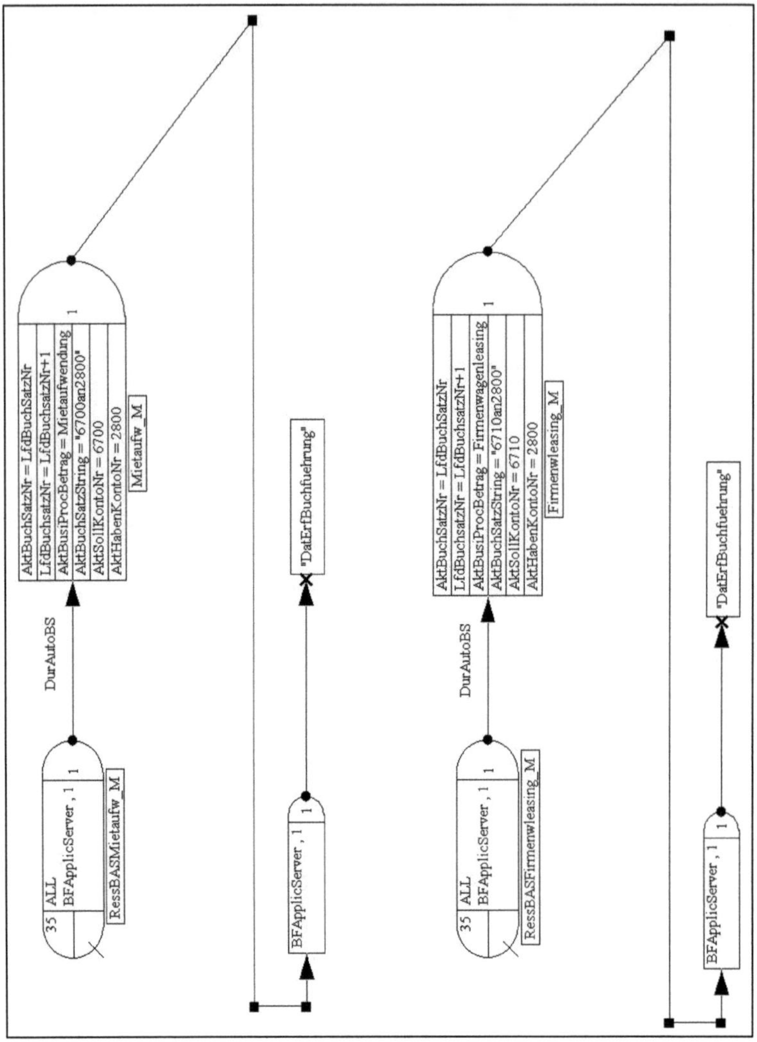

Abb. 4.5.31: Teilnetzwerk M (Teilbereiche AWAIT-Knoten „RessBASMietaufw_M“ und „RessBASFirmenwleasing_M“)

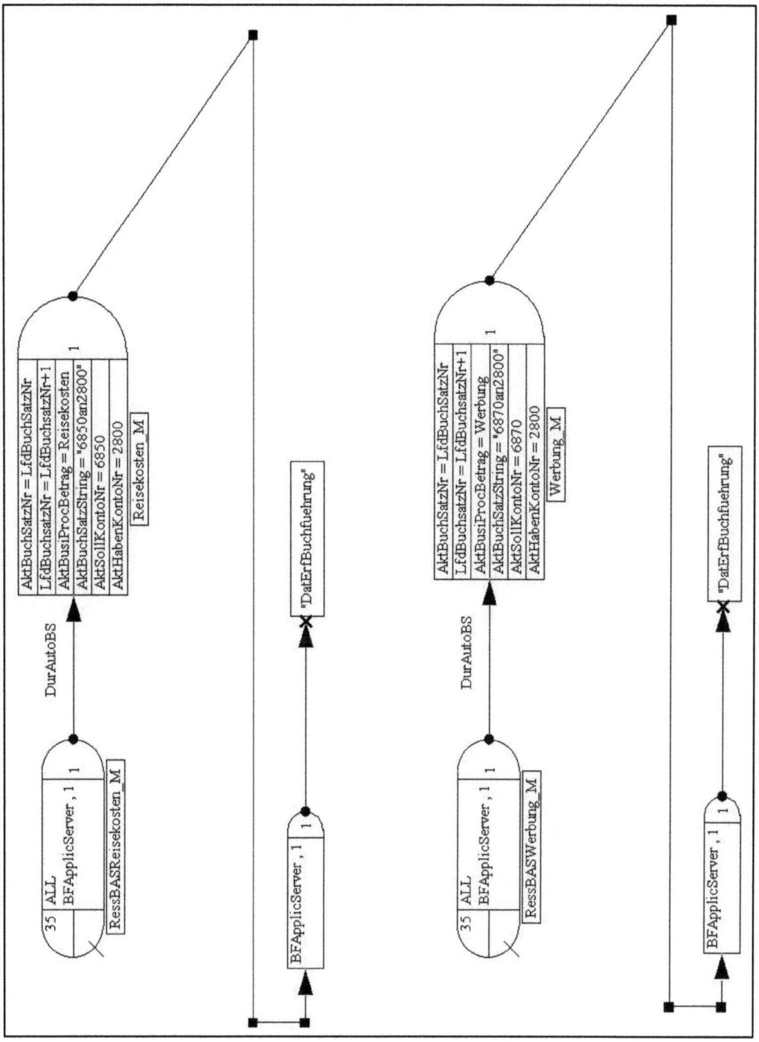

Abb. 4.5.32: Teilnetzwerk M (Teilbereiche AWAIT-Knoten
„RessBASReisekosten_M“ und „RessBASWerbung_M“)

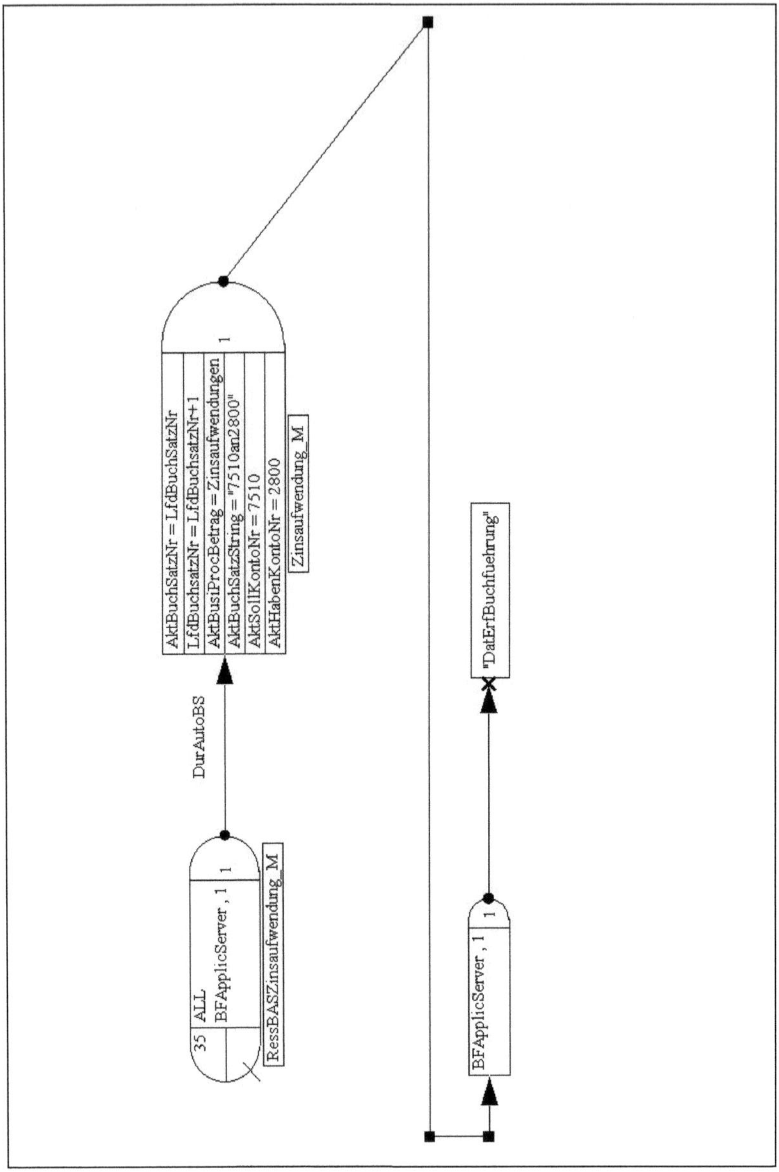

Abb. 4.5.33: Teilnetzwerk M (Teilbereich AWAIT-Knoten „RessBASZinsaufwendung_M“)

Bei allen Buchungen, die jährlich, halbjährlich oder zum Quartalsende stattfinden, wird hingegen die eintreffende Einheit zunächst an einen GOON-Knoten geleitet, durch den die Weiterleitung der Einheit zum richtigen Zeitpunkt gewährleistet wird.

Beispielsweise verlassen den in Abb. 4.5.34 mit dem Weiterleitungsparameter 1 spezifizierten GOON-Knoten „CHECKRessBASAbschrSoftwlizenz_J“ zwei Aktivitäten, wobei über die obere Aktivität die Einheit nur unter der Bedingung weitergeleitet wird, dass die Anzahl der Monate der Zahl 12, 24 oder 36 entspricht, also das jeweilige Jahresende erreicht ist. Anderenfalls wird die entsprechende Einheit über die untere Aktivität weitergeleitet und im TERMINATE-Knoten „NORessBASAbschrSoftwlizenz_J“ zerstört, es findet also keine Buchung statt.

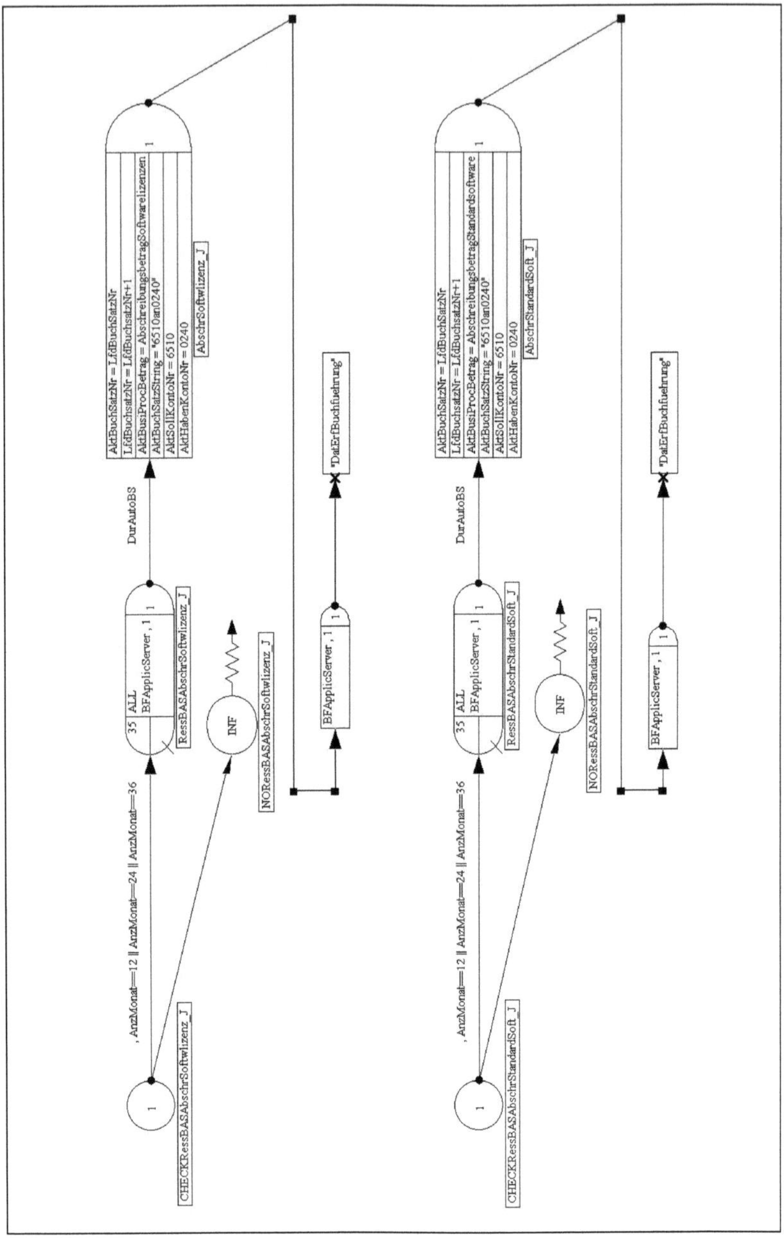

Abb. 4.5.34: Teilnetzwerk M (Teilbereiche GOON-Knoten „CHECKRessBASAbschrSoftwlizenz_J“ und „CHECKRessBASAbschrStandardSoft_J“)

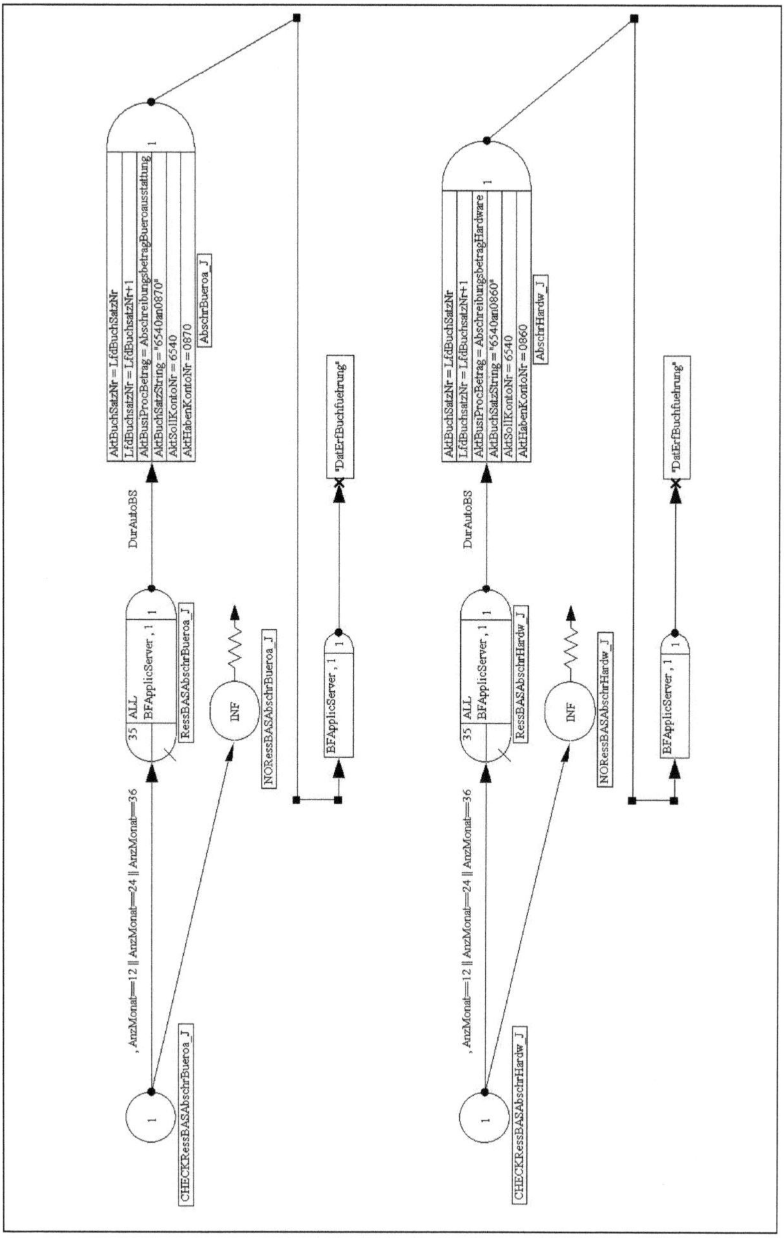

Abb. 4.5.35: Teilnetzwerk M (Teilbereiche GOON-Knoten „CHECKRessBASAbschrBueroa_J“ und „CHECKRessBASAbschrHardw_J“)

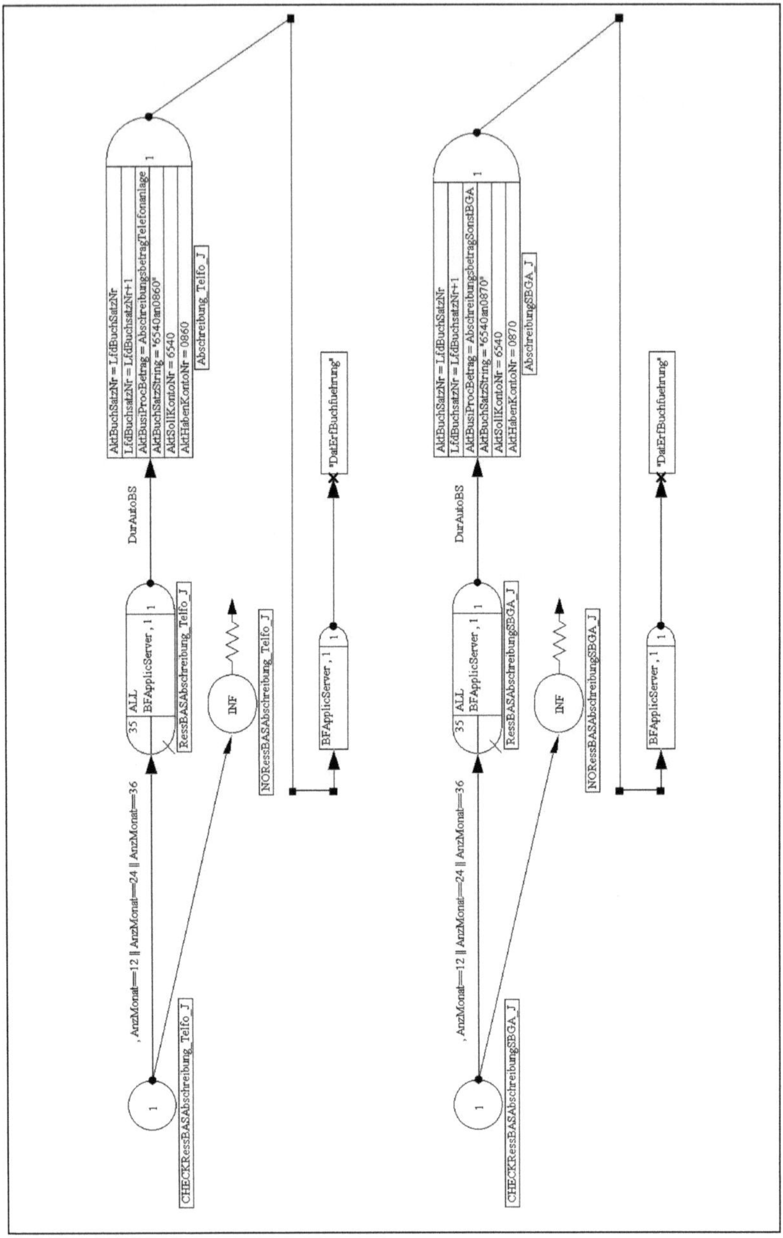

Abb. 4.5.36: Teilnetzwerk M (Teilbereiche GOON-Knoten „CHECKRessBASAbschreibung_Telfo_J“ und „CHECKRessBASAbschreibungSBGA_J“)

Analog werden auch Buchungen, die quartalsweise oder halbjährlich stattfinden, über einen GOON-Knoten bedingungsabhängig geprüft und weitergeleitet bzw. zerstört, wie im Folgenden anhand der GOON-Knoten „CHECKRessBASAufwedungFortA_Q“ bzw. „CHECKRessBASAufwendungFortI_HJ“ ersichtlich wird.

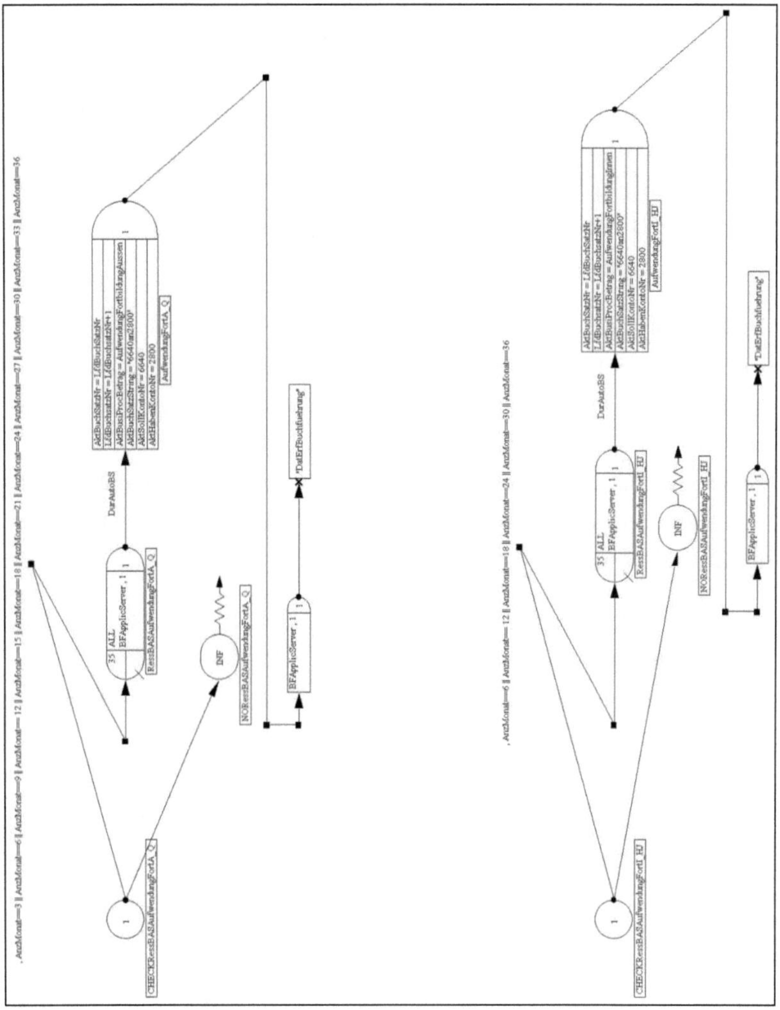

Abb. 4.5.37: Teilnetzwerk M (Teilbereiche GOON-Knoten „CHECKRessBASAufwendungFortA_Q“ und „CHECKRessBASAufwendungFortI_HJ“)

Alle Buchungsvorgänge führen zu einer Weiterleitung einer Einheit an den AWAIT-Knoten „DatErfBuchfuehrung“ des Teilnetzwerkes F, durch den die oben bereits geschilderten notwendigen Erfassungs- und Berechnungsvorgänge vorbereitet werden.

4.5.5.1.14 Ermittlung periodenbezogener Plandaten einer internen Erfolgs- und Bilanzrechnung (Teilnetzwerk N)

Zur Ermittlung der periodenbezogenen Abschlussdaten werden im Teilnetzwerk N die einzelnen Positionen der internen Erfolgs- und Bilanzrechnung über verschiedene ASSIGN-Knoten ermittelt.[274] Die zum Monatsende[275] die Kalendersteuerung im Teilnetzwerk J verlassenden Einheiten erreichen hierzu zunächst über den GOON-Knoten „MAbschluss“ das Teilnetzwerk N.

Dort werden in dem ersten ASSIGN-Knoten „AbschldatIntPerErfolgsrUmsatz“ die Umsatzerlöse pro Periode, ausgedrückt durch die zu Beginn auf Null gesetzte globale Variable UErloeseproP, ermittelt. Da sich diese gesamten Umsatzerlöse aus einzelnen Teilumsatzerlösen zusammensetzen, wird dabei stufenweise in Form kumulierter Zwischengrößen vorgegangen. Hierzu wird im ersten ASSIGN-Knoten die globale Variable KumUErloeseproP, die zu Beginn der Simulation mit dem Wert Null initialisiert wurde, verwendet.

Die ersten Teilumsatzerlöse werden in der zweiten Zeile des ASSIGN-Knotens „AbschldatIntPerErfolgsrUmsatz“ ermittelt, indem auf den bei Umsatzerlösen in der Regel vorhandenen Habensaldo des Kontos „5000 Umsatzerlöse“ zugegriffen wird.

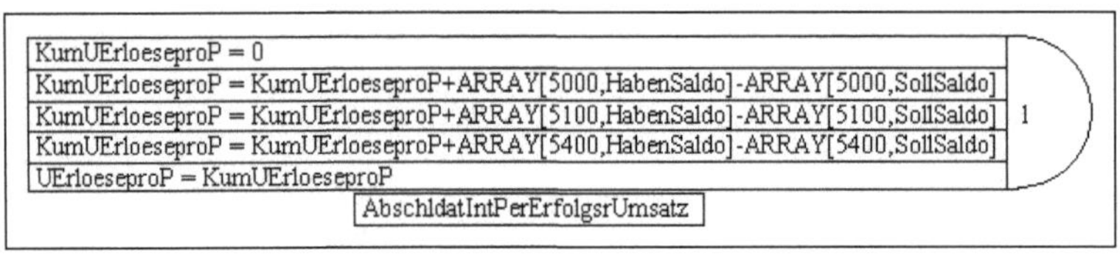

Abb. 4.5.38: Teilnetzwerk N (ASSIGN-Knoten „AbschldatIntPerErfolgsrUmsatz“)

[274] Die Rechenschritte der hier dargestellten internen Erfolgsrechnung sind in Anlehnung an die im Abschnitt 4.5.3.5.2 skizzierte interne Erfolgsrechnung modelliert worden.

[275] Grundsätzlich können auch andere beliebig periodisierte Abschlusszeitpunkte eingerichtet werden, wie bspw. auch auf Tages- oder Wochenebene.

Auch hier sind alle denkbaren Buchungsfälle entsprechend der aufgestellten Entscheidungstabelle abzudecken. Um auch den theoretisch denkbaren Fall eines negativen Umsatzerlöses, also eines Sollsaldos, zu berücksichtigen, wird dieser Fall bei

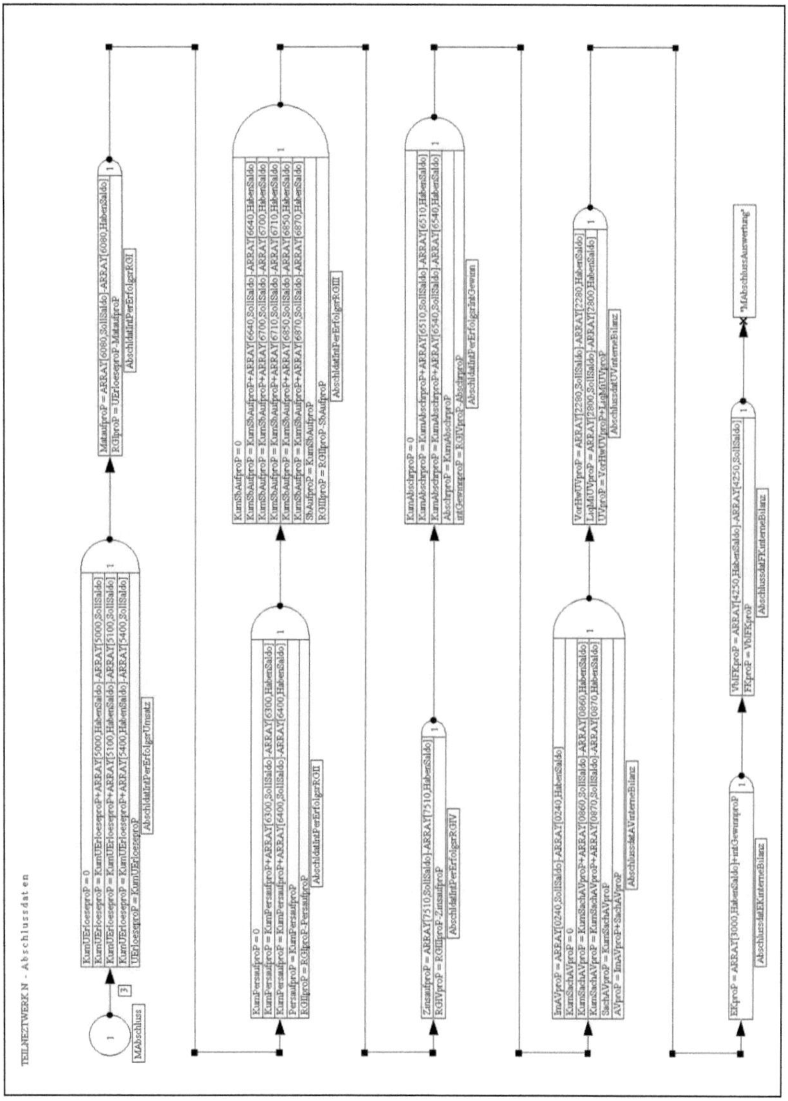

Abb. 4.5.39: Teilnetzwerk N (Ermittlung Plandaten)

der Berechnung mit abgedeckt. Im Normalfall eines Habensaldos, ausgedrückt durch ARRAY[5000,HabenSaldo], kann kein anderer Saldo, also kein Sollsaldo, vorhanden sein. Deshalb ergibt sich in diesem Normalfall durch die Berechnung

KumUErloeseproP = KumUErloeseproP+ARRAY[5000,HabenSaldo]-ARRAY[5000,SollSaldo]

stets ein positiver Umsatzwert. Der Sollsaldo wäre in diesem Fall durch die Konventionen des Teilnetzwerkes H und die zugrunde liegende Entscheidungstabelle mit Null belegt. Im seltenen, aber theoretisch denkbaren Fall eines vorhandenen Sollsaldos würde durch die obige Berechnung jedoch auch dieser Fall mit abgedeckt, wobei dann den Konventionen des Teilnetzwerkes H folgend dem Sollsaldo ein Habensaldo mit dem Wert Null gegenüber steht.[276]

Dieser Vorgehensweise folgend werden die in der Regel vorhandenen Habensalden der drei Umsatzerlöskonten 5000, 5100 und 5400 stufenweise anhand kumulierter Umsatzerlöse ermittelt, wobei in der letzten Zeile des ASSIGN-Knotens „AbschldatIntPerErfolgsrUmsatz“ dann die gesamten kumulierten Umsatzerlöse dem Wert UErloeseproP entsprechen.

In dem zweiten ASSIGN-Knoten „AbschldatIntPerErfolgsrRGI“ wird der zu Beginn der Simulation mit Null initialisierte Rohgewinn I berechnet. Dieser wird ermittelt, indem von den Umsatzerlösen pro Periode die Materialaufwendungen pro Periode subtrahiert werden.

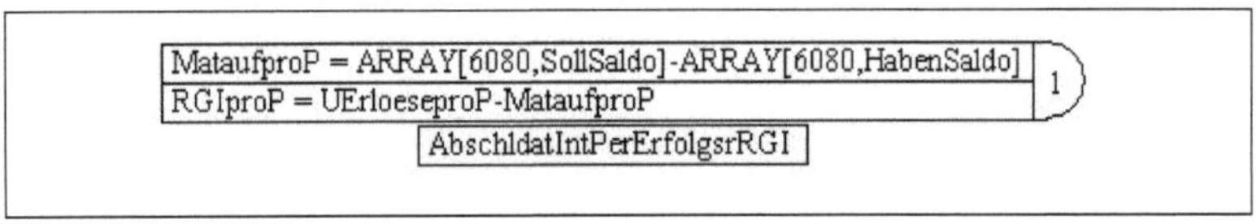

Abb. 4.5.40: Teilnetzwerk N (ASSIGN-Knoten „AbschldatIntPerErfolgsrRGI“)

Dazu wird in der ersten Zeile der Sollsaldo des Kontos Materialaufwand, ausgedrückt durch ARRAY[6080,SollSaldo], der globalen Variablen MataufproP zugewiesen. Auch hier wird bei der Berechnung der Materialaufwendungen der seltene Fall eines anderslautenden Saldos, also eines Habensaldos, durch Berücksichtigung

[276] Auf die Möglichkeit, über einen sog. DETECT-Knoten im Sinne einer Stoppregel nicht beabsichtigte Kontenentwicklungen frühzeitig aufzuzeigen bzw. zu unterbinden, wurde bereits im Rahmen der Erläuterungen zum Teilnetzwerk H hingewiesen. Durch die hier gewählte Vorgehensweise sind auch Korrekturbuchungen möglich und entsprechend der gewählten Periodisierung erkennbar.

in der Berechnung MataufproP = ARRAY[6080,SollSaldo]-ARRAY[6080,HabenSaldo] gewährleistet. Der Rohgewinn I ergibt sich sodann durch die Zeile 2 des ASSIGN-Knotens „AbschldatIntPerErfolgsrRGI, ausgedrückt durch die globale Variable RGIproP.

Entsprechend der erläuterten Vorgehensweise werden in den folgenden ASSIGN-Knoten alle die für die interne Erfolgsrechnung notwendigen Werte ermittelt.

Der Rohgewinn II pro Periode ergibt sich, indem im ASSIGN-Knoten „AbschldatIntPerErfolgsrRGII" vom Rohgewinn I pro Periode die Personalaufwendungen pro Periode (Konten 6300 und 6400) subtrahiert werden.

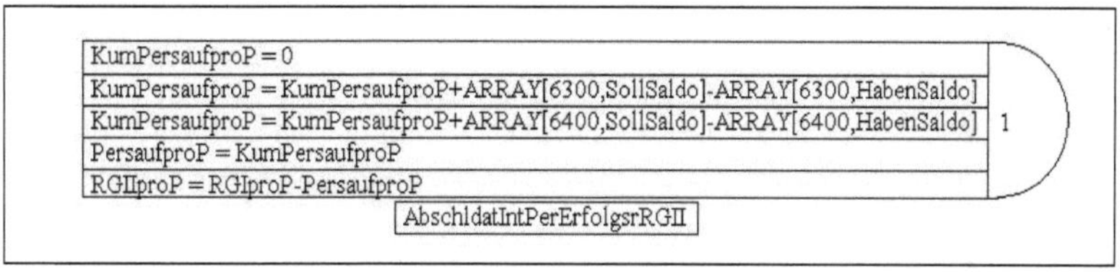

Abb. 4.5.41: Teilnetzwerk N (ASSIGN-Knoten „AbschldatIntPerErfolgsrRGII")

Der Rohgewinn III wird im ASSIGN-Knoten „AbschldatIntPerErfolgrRGIII" durch Subtraktion der sonstigen betrieblichen Aufwendungen pro Periode vom Rohgewinn II pro Periode berechnet.

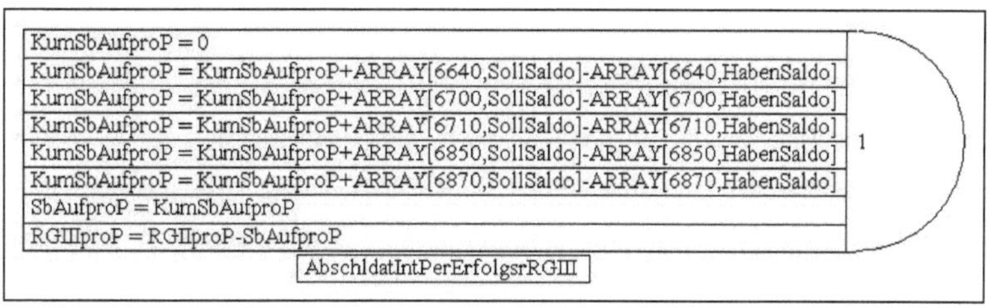

Abb. 4.5.42: Teilnetzwerk N (ASSIGN-Knoten „AbschldatIntPerErfolgrRGIII")

Daran anschließend wird durch Berücksichtigung der periodisierten Zinsaufwendungen im ASSIGN-Knoten „AbschldatIntPerEfolgsrRGIV" der Rohgewinn IV pro Periode ermittelt.

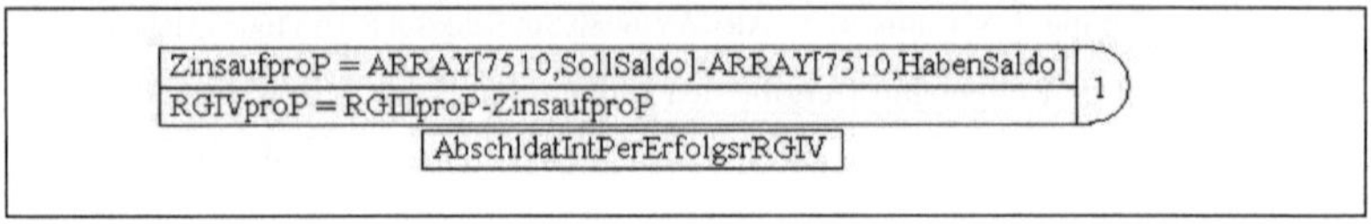

Abb. 4.5.43: Teilnetzwerk N (ASSIGN-Knoten „AbschldatIntPerErfolgsrRGIV“)

Im darauf folgenden ASSIGN-Knoten „AbschldatIntPerErfolgsrIntGewinn“ werden die periodisierten Abschreibungen berücksichtigt und damit der interne Gewinn pro Periode berechnet.

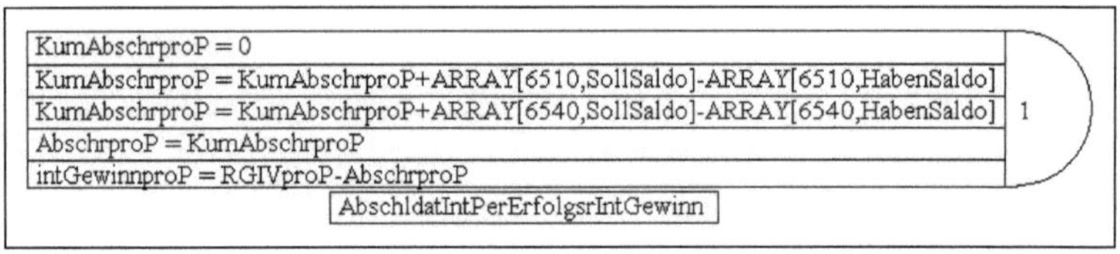

Abb. 4.5.44: Teilnetzwerk N (ASSIGN-Knoten „AbschldatIntPerErfolgsrIntGewinn“)

Wie bereits im Abschnitt 4.5.3 erläutert, stehen hier die strukturellen Zusammenhänge im Rahmen des zu konzipierenden Simulationsmodells einer intern orientierten Entwicklungsbilanz im Vordergrund, weshalb auch nicht zwischen internem Betriebsergebnis (d.h. der periodenbezogenen Gegenüberstellung von Kosten und Erlösen) und externem Betriebsergebnis (d.h. der periodenbezogenen Gegenüberstellung von Aufwand und Erträgen) unterschieden wird.

Der internen Erfolgsrechnung folgend wird die Berechnung der periodenbezogenen Werte der internen Bilanz durchgeführt, indem analog zur obigen Vorgehensweise die einzelnen Positionen ermittelt werden. Im ASSIGN-Knoten „AbschlussdatAVinterneBilanz“ wird das Anlagevermögen pro Periode mit seinen einzelnen Positionen wie folgt ermittelt.

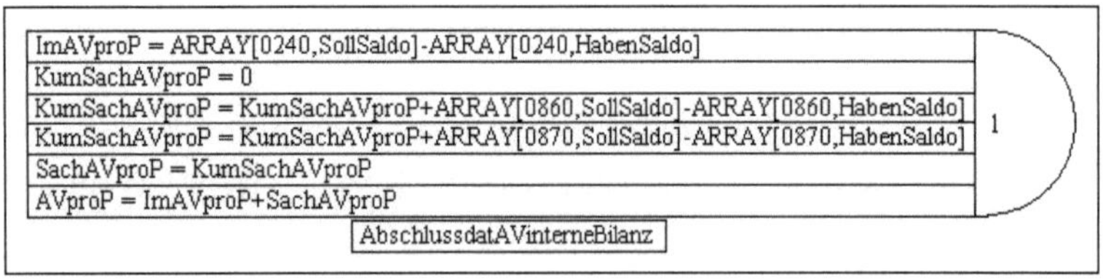

Abb. 4.5.45: Teilnetzwerk N (ASSIGN-Knoten „AbschlussdatAVinterneBilanz“)

Ferner werden im daran anschließenden ASSIGN-Knoten „AbschlussdatUVinterne-Bilanz“ die periodenbezogenen Positionen des Umlaufvermögens berechnet.

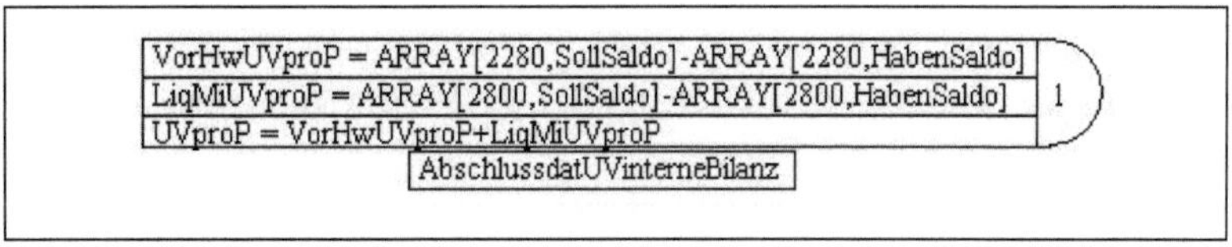

Abb. 4.5.46: Teilnetzwerk N (ASSIGN-Knoten „AbschlussdatUVinterneBilanz“)

Das Eigen- und Fremdkapital wird in den beiden letzten ASSIGN-Knoten periodenbezogen berechnet, wobei der im ASSIGN-Knoten „AbschldatIntPerErfolgsrIntGewinn“ ermittelte interne Gewinn dem Habensaldo des Kontos „3000 Eigenkapital“ hinzugerechnet wird.

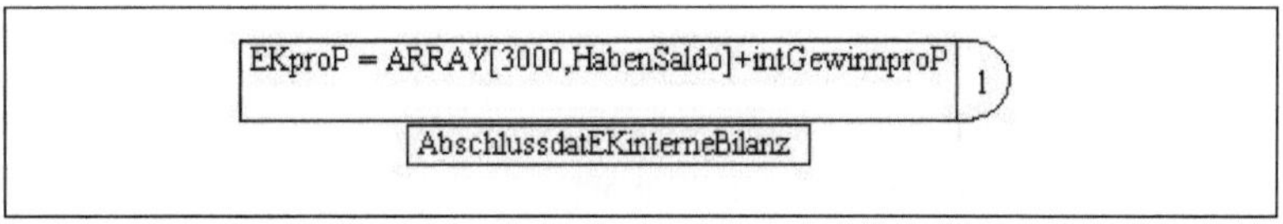

Abb. 4.5.47: Teilnetzwerk N (ASSIGN-Knoten „AbschlussdatEKinterneBilanz“)

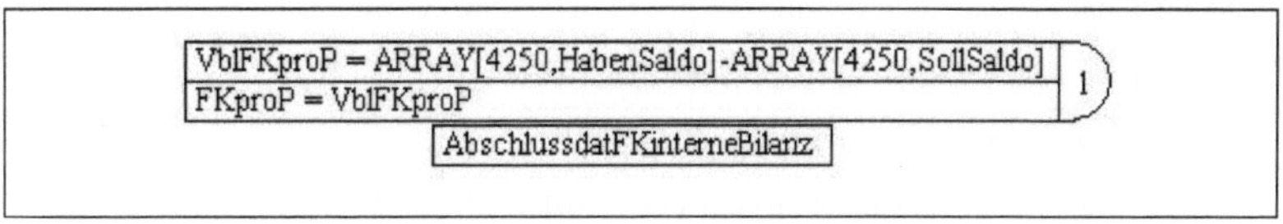

Abb. 4.5.48: Teilnetzwerk N (ASSIGN-Knoten „AbschlussdatFKinterneBilanz“)

Abschließend wird die den Periodenabschluss auslösende Einheit über den Weiterleitungsparameter „MAbschlussAuswertung“ an das Teilnetzwerk O weitergeleitet.

4.5.5.1.15 Ausgabe der Plandaten einer internen Erfolgs- und Bilanzrechnung (Teilnetzwerk O)

Die das Teilnetzwerk N verlassende Einheit wird an den WRITE-Knoten „AuswertungAbschlussdaten“ weitergeleitet, durch den die folgenden periodenbezogenen Abschlussdaten in die Ausgabedatei „ADatenGC.dat“ geschrieben werden:

- Aktueller laufender Monat „AnzMonat“,
- Anzahl der Tage des aktuellen Monats „AnzTageMonat“,
- Umsatzerlöse pro Periode „UErloeseproP",
- Materialaufwand pro Periode „MataufproP“,
- Rohgewinn I pro Periode „RGIproP“,
- Personalaufwand pro Periode„PersaufproP“,
- Rohgewinn II pro Periode „RGIIproP“,
- Sonstiger betrieblicher Aufwand pro Periode „SbAufproP“,
- Rohgewinn III pro Periode „RGIIIproP“,
- Zinsaufwand pro Periode „ZinsaufproP“,
- Rohgewinn IV pro Periode „RGIVproP“,
- Abschreibungen pro Periode „AbschrproP“,
- Interner Gewinn pro Periode „intGewinnproP“,
- Immaterielles Anlagevermögen pro Periode „ImAVproP“,
- Sachanlagevermögen pro Periode „SachAVproP“,
- Anlagevermögen pro Periode „AVproP“,
- Vorräte (Handelswaren) pro Periode „VorHwUVproP“,
- Liquide Mittel pro Periode „LiqMiUVproP“,
- Umlaufvermögen pro Periode „UVproP“,
- Eigenkapital pro Periode „EKproP“,
- Verbindlichkeiten pro Periode „VblFKproP“,
- Fremdkapital pro Periode „FKproP“.

Nach der Erfassung der oben genannten periodenbezogenen Abschlussdaten verlässt die Einheit den WRITE-Knoten und gelangt an den ASSIGN-Knoten „ReinitAbschlussdatenErfolgsr“. Dort werden die zuvor im Teilnetzwerk N ermittelten periodenbezogenen Daten der internen Erfolgsrechnung wieder mit dem Wert 0 initialisiert. Danach wird die Einheit an den ASSIGN-Knoten „ReinitAbschlussdatenBilanz“ weitergeleitet, durch den die periodenbezogenen Abschlussdaten der internen Bilanz analog zum vorherigen ASSIGN-Knoten auf den Wert 0 gesetzt werden.

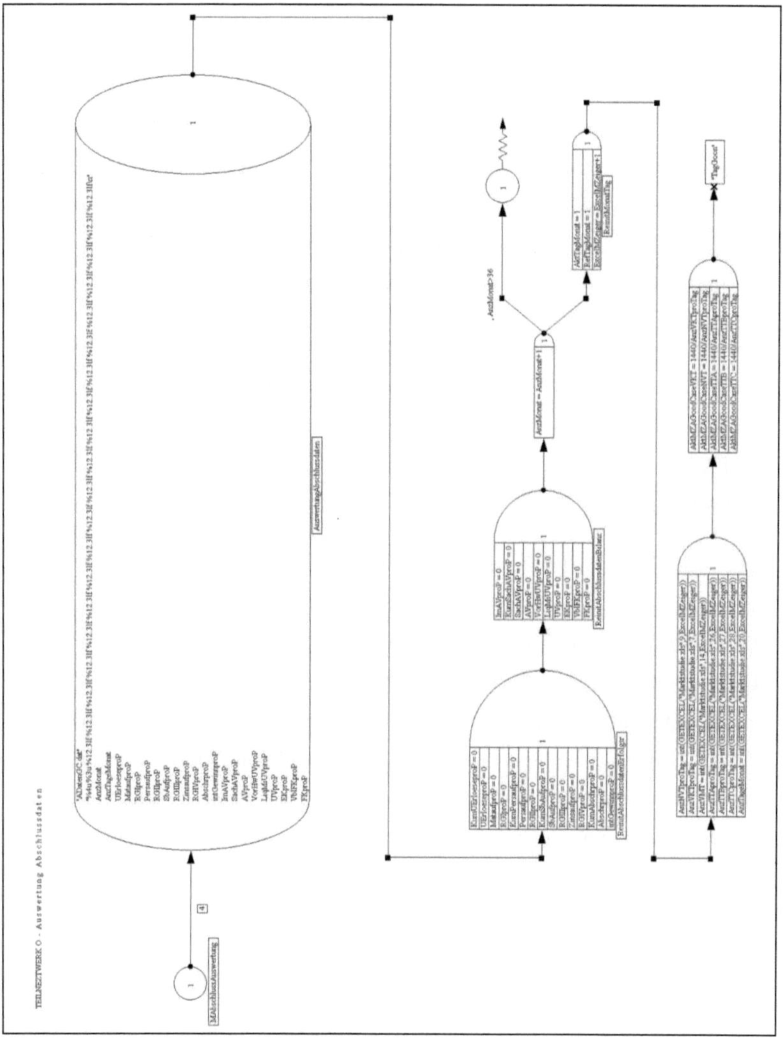

Abb. 4.5.49: Teilnetzwerk O (Auswertung Plandaten)

Ferner wird über den anschließenden ASSIGN-Knoten die globale Variable „Anz-Monat“ um den Wert 1 erhöht und die Einheit bedingungsabhängig weitergeleitet. Ist der hier zunächst betrachtete Zeitraum von 36 Monaten überschritten, so wird die Einheit über die obere Aktivität weitergeleitet und zerstört. Über die Spezifikation des Terminierungszählers mit dem Wert 1 wird der jeweilige Simulationslauf unmittelbar beendet, wodurch die betreffende Einheit nicht mehr zur Kalendersteuerung des Teilnetzwerkes J gelangt.[277]

Innerhalb des Simulationszeitraums von 36 Monaten wird die Einheit hingegen über die untere Aktivität weitergeleitet und es werden im anschließenden ASSIGN-Knoten „ReinitMonatTag" die globalen Variablen AktTagMonat und RefTagMonat auf 1 gesetzt. Zudem wird dort die globale Variable ExcelMZeiger, die den Zeiger zur Monatsspalte der betreffenden Exceltabelle repräsentiert, um den Wert 1 erhöht.

Im vorletzten ASSIGN-Knoten des Teilnetzwerkes O werden die globalen Variablen „AnzNVTproTag", „AnzVKTproTag", „AnzVMT", „AnzTTAproTag", „AnzTTB-proTag", „AnzTTCproTag" und „AnzTageMonat" jeweils mit Hilfe einer GETEXCEL-Funktion, über die auf die nächste Excel-Spalte zugegriffen werden kann, aktualisiert.

Ferner wird in der ersten Zeile des nachfolgenden letzten ASSIGN-Knotens durch den Eintrag AktMZAGoodCaseVKT = 1440/AnzVKTproTag der globalen Variablen AktMZAGoodCaseVKT ein Wert zugewiesen, der sich anhand der Division von 1440 Minuten durch den aktualisierten Wert verkaufter Terminals pro Tag ergibt und Grundlage für die in den Teilnetzwerken B, C und E verwendete exponentialverteilte mittlere Zwischenankunftszeit ist. Entsprechend wird auch die jeweilige aktuelle mittlere Zwischenankunftszeit, die jeweils eine globale Variable darstellt, für die Fälle von Neuvermietungen bzw. von Terminaltransaktionen durch A-, B- und C-Kunden ermittelt.

Danach wird die Einheit wieder an das Teilnetzwerk J geleitet, durch das die weitere Kalendersteuerung des Simulationsmodells gewährleistet wird.

---

[277] Vgl. Matthes, W., Böth, Th., Pütz, M. 2006 /Controlling/ S. 41 zur Beendigung eines Simulationslaufes und zu der im Folgenden dargestellten Aktualisierung der Monatsspalte einer Exceltabelle.

4.5.5.1.16 Steuerungsdatei BFUECONG

Für die Simulation wurde neben dem Netzwerkmodell BFUENETG auch eine entsprechende Steuerungsdatei mit der Bezeichnung BFUECONG programmiert. Die grundsätzlich dabei zur Steuerung eines Simulationsablaufes notwendigen Eintragungen innerhalb einer Steuerungsdatei wurden bereits erläutert.[278]

Die in der Steuerungsdatei BFUECONG aufgeführten Steuerungsanweisungen gewährleisten den Ablauf einer Simulation im Rahmen des konzipierten Netzwerkmodells. Die zum Netzwerkmodell BFUENETG gehörende Steuerungsdatei BFUECONG, auch Control-Datei genannt, wird im Folgenden dargestellt und daran anschließend anhand ausgewählter Teilbereiche erläutert:

```
GEN,"Thorsten Böth","Entwicklungsbilanz",1008GC,10,YES,YES;
LIMITS,100,100,10,20,20,10;
;----------------------Allgemeine Buchungen
EQUIVALENCE,{{AnzNVTproTag,LL[22]}};
EQUIVALENCE,{{AnzVKTproTag,LL[16]}};
EQUIVALENCE,{{AnzVMT,LL[17]}};
EQUIVALENCE,{{AnzTTAproTag,LL[18]}};
EQUIVALENCE,{{AnzTTBproTag,LL[19]}};
EQUIVALENCE,{{AnzTTCproTag,LL[20]}};
EQUIVALENCE,{{AnzTageMonat,LL[21]}};
EQUIVALENCE,{{AktMZAGoodCaseNVT,XX[55]}};
EQUIVALENCE,{{AktMZAGoodCaseVKT,XX[47]}};
EQUIVALENCE,{{AktMZAGoodCaseTTA,XX[49]}};
EQUIVALENCE,{{AktMZAGoodCaseTTB,XX[50]}};
EQUIVALENCE,{{AktMZAGoodCaseTTC,XX[51]}};
EQUIVALENCE,{{ADurLfdBuchSatzNr,XX[53]}};
EQUIVALENCE,{{DurEZV,XX[59]}};
EQUIVALENCE,{{DurAutoBS,XX[54]}};
EQUIVALENCE,{{HWBestand,XX[25]}};
;----------------------Abschlussdaten lfd. Interne Bilanz
EQUIVALENCE,{{ImAVproP,XX[1]}};
EQUIVALENCE,{{KumSachAVproP,XX[16]}};
EQUIVALENCE,{{SachAVproP,XX[2]}};
EQUIVALENCE,{{AVproP,XX[3]}};
EQUIVALENCE,{{VorHwUVproP,XX[4]}};
EQUIVALENCE,{{LiqMiUVproP,XX[5]}};
EQUIVALENCE,{{UVproP,XX[6]}};
EQUIVALENCE,{{EKproP,XX[7]}};
EQUIVALENCE,{{VblFKproP,XX[8]}};
EQUIVALENCE,{{FKproP,XX[9]}};
;----------------------Abschlussdaten interne Periodenerfolgsrechnung
EQUIVALENCE,{{KumUErloeseproP,XX[23]}};
EQUIVALENCE,{{UErloeseproP,XX[18]}};
EQUIVALENCE,{{MataufproP,XX[19]}};
EQUIVALENCE,{{RGIproP,XX[12]}};
EQUIVALENCE,{{KumPersaufproP,XX[15]}};
EQUIVALENCE,{{PersaufproP,XX[20]}};
EQUIVALENCE,{{RGIIproP,XX[13]}};
EQUIVALENCE,{{KumSbAufproP,XX[17]}};
EQUIVALENCE,{{SbAufproP,XX[22]}};
EQUIVALENCE,{{RGIIIproP,XX[27]}};
EQUIVALENCE,{{ZinsaufproP,XX[24]}};
EQUIVALENCE,{{RGIVproP,XX[10]}};
EQUIVALENCE,{{KumAbschrproP,XX[14]}};
```

Mit der Anweisung GEN werden allgemeine Projektinformationen spezifiziert.

Mit der LIMITS-Anweisung werden insb. die Anzahl der globalen Variablen und die Anzahl einheitenspezifischer Variablen des Simulationsprogramms festgelegt.

Die EQUIVALENCE-Anweisung ermöglicht die inhaltliche Bezeichnung von Visual SLAM Variablen und Zufallsvariablen und gewährleistet damit eine bessere Lesbarkeit des Visual SLAM Programms. (Vgl. bspw. die Angaben zu Abschlussdaten im Rahmen der internen Bilanz und der internen Periodenerfolgsrechnung).

278 Vgl. zur Programmierung der Steuerungsdatei Abschnitt 4.3.4; ferner auch Pritsker, A. A. B., O'Reilly, J. J. 1999 /Visual SLAM/ S. 129-131 u. 341-345 und Matthes, W., Böth, Th., Pütz, M. 2006 /Controlling/ S. 44f. Zur Erläuterung aller verwendeten Variablen vgl. Anhang A-4.

```
EQUIVALENCE,{{AbschrproP,XX[21]}};
EQUIVALENCE,{{intGewinnproP,XX[11]}};
;----------------------Geschaeftsvorfall Inhalt
EQUIVALENCE,{{TerminalVKPreis,XX[32]}};
EQUIVALENCE,{{TerminalEKPreis,XX[52]}};
EQUIVALENCE,{{TerminalMietPreis,XX[44]}};
EQUIVALENCE,{{TerminalTransGebuehr,XX[45]}};
EQUIVALENCE,{{VBLTilgungDarlehen,XX[46]}};
EQUIVALENCE,{{Gehaltszahlungen,XX[60]}};
EQUIVALENCE,{{ArbeitgeberanteilSozVer,XX[61]}};
EQUIVALENCE,{{AbschreibungsbetragSoftwarelizenzen,XX[62]}};
EQUIVALENCE,{{AbschreibungsbetragStandardsoftware,XX[63]}};
EQUIVALENCE,{{AbschreibungsbetragBueroausstattung,XX[64]}};
EQUIVALENCE,{{AbschreibungsbetragHardware,XX[65]}};
EQUIVALENCE,{{AbschreibungsbetragTelefonanlage,XX[66]}};
EQUIVALENCE,{{AbschreibungsbetragSonstBGA,XX[67]}};
EQUIVALENCE,{{AufwendungFortbildungAussen,XX[68]}};
EQUIVALENCE,{{AufwendungFortbildungInnen,XX[69]}};
EQUIVALENCE,{{Mietaufwendung,XX[70]}};
EQUIVALENCE,{{Firmenwagenleasing,XX[71]}};
EQUIVALENCE,{{Reisekosten,XX[72]}};
EQUIVALENCE,{{Werbung,XX[73]}};
EQUIVALENCE,{{Zinsaufwendungen,XX[74]}};
;----------------------ARRAY Beschreibungen Entscheidungstabelle u.a.
EQUIVALENCE,{{SollPos,LL[1]}};
EQUIVALENCE,{{HabenPos,LL[2]}};
EQUIVALENCE,{{SollSaldo,LL[3]}};
EQUIVALENCE,{{HabenSaldo,LL[4]}};
EQUIVALENCE,{{LfdBuchSatzNr,LL[5]}};
;----------------------
EQUIVALENCE,{{BusiTransZeit,ATRIB[1]}};
EQUIVALENCE,{{AktBusiProcBetrag,ATRIB[2]}};
EQUIVALENCE,{{AktSollKontoNr,LTRIB[1]}};
EQUIVALENCE,{{AktHabenKontoNr,LTRIB[2]}};
EQUIVALENCE,{{AktBuchSatzNr,LTRIB[3]}};
EQUIVALENCE,{{AktBuchSatzString,STRIB[1]}};
EQUIVALENCE,{{BusiTransCheckDur,ATRIB[3]}};
EQUIVALENCE,{{AktBSEditDur,ATRIB[6]}};
;----------------------
EQUIVALENCE,{{CheckWTagNr,LL[23]}};
EQUIVALENCE,{{AktWTagNr,LL[24]}};
EQUIVALENCE,{{LfdTagNr,LL[25]}};
EQUIVALENCE,{{AktTagMonat,LL[26]}};
EQUIVALENCE,{{RefTagMonat,LL[6]}};
EQUIVALENCE,{{AnzMonat,LL[27]}};
EQUIVALENCE,{{ExcelMZeiger,LL[28]}};
;----------------------
EQUIVALENCE,{{Dauer2Schicht,XX[56]}};
EQUIVALENCE,{{Dauer2SchichtFeld,LL[29]}};
EQUIVALENCE,{{SchichtDauer,XX[57]}};
EQUIVALENCE,{{SchichtDauerFeld,LL[31]}};
EQUIVALENCE,{{DauerNachSchicht,XX[58]}};
EQUIVALENCE,{{DauerNachSchichtFeld,LL[32]}};
EQUIVALENCE,{{bKapVerfuegbar,LL[30]}};
;----------------------
EQUIVALENCE,{{DifWertAktSollKonto,ATRIB[4]}};
EQUIVALENCE,{{DifWertAktHabenKonto,ATRIB[5]}};
;----------------------Bestandskonten:
;Kontenspezifische Arrays
;ARRAY-Elemente: 1: SollPos, 2: HabenPos, 3: SollSaldo, 4: HabenSaldo
;Kontenklasse0: Immaterielle Vermoegensgegenstaende und Sachanlagen
;Konto 0240: Softwarelizenzen
ARRAY,0240,4,{GETEXCEL("MusterbilanzAweSim.xls",6,3),0,GETEXCEL("MusterbilanzAweSim.xls",6,3),0};
;Konto 0860: Bueromaschinen/Kommunikationsanlagen
ARRAY,0860,4,{GETEXCEL("MusterbilanzAweSim.xls",8,3),0,GETEXCEL("MusterbilanzAweSim.xls",8,3),0};
;Konto 0870: Bueroausstattung
ARRAY,0870,4,{GETEXCEL("MusterbilanzAweSim.xls",9,3),0,GETEXCEL("MusterbilanzAweSim.xls",9,3),0};
;Kontenklasse1: Finanzanlagen
;Kontenklasse2: Umlaufvermoegen und aktive Rechnungsabgrenzung
;Konto 2280: Waren (Handelswaren)
ARRAY,2280,4,{GETEXCEL("MusterbilanzAweSim.xls",12,3),0,GETEXCEL("MusterbilanzAweSim.xls",12,3),0};
;Konto 2800: Bank
ARRAY,2800,4,{GETEXCEL("MusterbilanzAweSim.xls",14,3),0,GETEXCEL("MusterbilanzAweSim.xls",14,3),0};
;Kontenklasse3: Eigenkapital
;Konto 3000: Eigenkapital
```

EQUIVALENCE-Anweisungen (s.o.)

Der Befehl ARRAY definiert und initialisiert Felder, die Zeilen einer benutzerdefinierten globalen Tabelle repräsentieren.

```
ARRAY,3000,4,{0,GETEXCEL("MusterbilanzAweSim.xls",20,3),0,GETEXCEL("MusterbilanzAweSim.xls",20,3)};
;Kontenklasse4: Verbindlichkeiten und passive Rechnungsabgrenzung
;Konto 4250 Verbindlichkeiten
ARRAY,4250,4,{0,GETEXCEL("MusterbilanzAweSim.xls",24,3),0,GETEXCEL("MusterbilanzAweSim.xls",24,3)};
;----------------------Erfolgskonten:
;Kontenspezifische Arrays
;ARRAY-Elemente: 1: SollPos, 2: HabenPos, 3: SollSaldo, 4: HabenSaldo
;Kontenklasse 5: Ertraege
;Konto 5000: Umsatzerloese
ARRAY,5000,4,{0,0,0,0};
;Konto 5100: Umsatzerloese fuer Handelswaren
ARRAY,5100,4,{0,0,0,0};
;Konto 5400: Erloese aus Vermietung und Verpachtung
ARRAY,5400,4,{0,0,0,0};
;Kontenklasse 6: Aufwendungen
;Konto 6080: Aufw. für Handelswaren (Wareneinsatz)
ARRAY,6080,4,{0,0,0,0};
;Konto 6300: Gehälter
ARRAY,6300,4,{0,0,0,0};
;Konto 6400: Arbeitgeberanteil zur Sozialversicherung
ARRAY,6400,4,{0,0,0,0};
;Konto 6510: Abschreibung auf immaterielle Vermoegensgegenstaende des Anlagevermoegens
ARRAY,6510,4,{0,0,0,0};
;Konto 6540: Abschreibung auf andere Anlagen, Betriebs- und Geschaeftsausstattung
ARRAY,6540,4,{0,0,0,0};
;Konto 6640: Aufwendungen für Fort- und Weiterbildung
ARRAY,6640,4,{0,0,0,0};
;Konto 6700: Mieten
ARRAY,6700,4,{0,0,0,0};
;Konto 6710: Leasing
ARRAY,6710,4,{0,0,0,0};
;Konto 6850: Reisekosten
ARRAY,6850,4,{0,0,0,0};
;Konto 6870: Werbung
ARRAY,6870,4,{0,0,0,0};
;Kontenklasse 7: Weitere Aufwendungen
;Konto 7510: Zinsaufwendungen
ARRAY,7510,4,{0,0,0,0};
;Kontenklasse 8: Ergebnisrechnungen
;Konto 8020: GuV-Konto
ARRAY,8020,4,{0,0,0,0};
;
;ARRAYS zur Arbeitszeitsteuerung
;1=Montag; 2=Dienstag; 3=Mittwoch; 4=Donnerstag
;5=Freitag; 6=Samstag; 7=Sonntag
ARRAY,1,3,{480,480,480};
ARRAY,2,3,{480,480,480};
ARRAY,3,3,{480,480,480};
ARRAY,4,3,{480,480,480};
ARRAY,5,3,{480,480,480};
ARRAY,6,3,{480,0,960};
ARRAY,7,3,{480,0,960};
;
;----------------------Angaben zur Initialisierung
;----------------------Zugriff auf die Werte der Exceltabelle
;----------------------Anzahl an neuvermieteten Terminals pro Tag
INTLC,{{AnzNVTproTag,int(GETEXCEL("Marktstudie.xls",9,3))}};
;----------------------Anzahl an verkauften Terminals pro Tag
INTLC,{{AnzVKTproTag,int(GETEXCEL("Marktstudie.xls",7,3))}};
;----------------------Anzahl an lfd. vermieteten Terminals pro Monat (ohne NVT)
INTLC,{{AnzVMT,int(GETEXCEL("Marktstudie.xls",14,3))}};
;----------------------Anzahl an Terminaltransaktionen A-Kunden pro Tag
INTLC,{{AnzTTAproTag,int(GETEXCEL("Marktstudie.xls",26,3))}};
;----------------------Anzahl an Terminaltransaktionen B-Kunden pro Tag
INTLC,{{AnzTTBproTag,int(GETEXCEL("Marktstudie.xls",27,3))}};
;----------------------Anzahl an Terminaltransaktionen C-Kunden pro Tag
INTLC,{{AnzTTCproTag,int(GETEXCEL("Marktstudie.xls",28,3))}};
;----------------------Anzahl an Tagen pro Monat
INTLC,{{AnzTageMonat,int(GETEXCEL("Marktstudie.xls",20,3))}};
;----------------------Initialisierung der Zwischenankunftszeiten für den Start
;----------------------Mittlere Zwischenankunftszeit NVT
INTLC,{{AktMZAGoodCaseNVT,1440/AnzNVTproTag}};
;----------------------Mittlere Zwischenankunftszeit VKT
INTLC,{{AktMZAGoodCaseVKT,1440/AnzVKTproTag}};
;----------------------Mittlere Zwischenankunftszeit TTA
```

ARRAY-Anweisungen (s.o.)

Durch den INTLC Befehl werden globale Variablen initialisiert, wobei der zugewiesene Wert eine Konstante oder eine weitere globale Variable sein kann.

```
INTLC,{{AktMZAGoodCaseTTA,1440/AnzTTAproTag}};
;---------------------Mittlere Zwischenankunftszeit TTB
INTLC,{{AktMZAGoodCaseTTB,1440/AnzTTBproTag}};
;---------------------Mittlere Zwischenankunftszeit TTC
INTLC,{{AktMZAGoodCaseTTC,1440/AnzTTCproTag}};
;---------------------
INTLC,{{ADurLfdBuchSatzNr,0.01}};
;---------------------
INTLC,{{DurEZV,0.05}};
;---------------------
INTLC,{{DurAutoBS,0.02}};
;---------------------
INTLC,{{HWBestand,110}};
;---------------------
;---------------------Abschlussdaten lfd. interne Bilanz
INTLC,{{ImAVproP,0}};
INTLC,{{KumSachAVproP,0}};
INTLC,{{SachAVproP,0}};
INTLC,{{AVproP,0}};
INTLC,{{VorHwUVproP,0}};
INTLC,{{LiqMiUVproP,0}};
INTLC,{{UVproP,0}};
INTLC,{{EKproP,0}};
INTLC,{{VblFKproP,0}};
INTLC,{{FKproP,0}};
;---------------------Abschlussdaten internePeriodenErfolgsrechnung
INTLC,{{KumUErloeseproP,0}};
INTLC,{{UErloeseproP,0}};
INTLC,{{MataufproP,0}};
INTLC,{{RGIproP,0}};
INTLC,{{KumPersaufproP,0}};
INTLC,{{PersaufproP,0}};
INTLC,{{RGIIproP,0}};
INTLC,{{KumSbAufproP,0}};
INTLC,{{SbAufproP,0}};
INTLC,{{RGIIIproP,0}};
INTLC,{{ZinsaufproP,0}};
INTLC,{{RGIVproP,0}};
INTLC,{{KumAbschrproP,0}};
INTLC,{{AbschrproP,0}};
INTLC,{{intGewinnproP,0}};
;---------------------
INTLC,{{RefTagMonat,1}};
INTLC,{{TerminalVKPreis,1390}};
INTLC,{{TerminalEKPreis,399}};
INTLC,{{TerminalMietPreis,39}};
INTLC,{{TerminalTransGebuehr,0.39}};
INTLC,{{VBLTilgungDarlehen,1700}};
INTLC,{{Gehaltszahlungen,23350}};
INTLC,{{ArbeitgeberanteilSozVer,4903.50}};
INTLC,{{AbschreibungsbetragSoftwarelizenzen,1000}};
INTLC,{{AbschreibungsbetragStandardsoftware,1800}};
INTLC,{{AbschreibungsbetragBueroausstattung,450}};
INTLC,{{AbschreibungsbetragHardware,2800}};
INTLC,{{AbschreibungsbetragTelefonanlage,1500}};
INTLC,{{AbschreibungsbetragSonstBGA,225}};
INTLC,{{AufwendungFortbildungAussen,1650}};
INTLC,{{AufwendungFortbildungInnen,3000}};
INTLC,{{Mietaufwendung,1450}};
INTLC,{{Firmenwagenleasing,1350}};
INTLC,{{Reisekosten,6000}};
INTLC,{{Werbung,5000}};
INTLC,{{Zinsaufwendungen,85}};
INTLC,{{SollPos,1},{HabenPos,2},{SollSaldo,3},{HabenSaldo,4}};
INTLC,{{LfdBuchSatzNr,1}};
INTLC,{{CheckWTagNr,1}};
INTLC,{{AktWTagNr,1}};
INTLC,{{LfdTagNr,1}};
INTLC,{{AktTagMonat,1}};
INTLC,{{AnzMonat,1}};
INTLC,{{ExcelMZeiger,3}};
INTLC,{{Dauer2Schicht,480}};
INTLC,{{Dauer2SchichtFeld,1}};
INTLC,{{SchichtDauer,480}};
INTLC,{{SchichtDauerFeld,2}};
```

INTLC-Anweisungen (s.o.)

```
INTLC,{{DauerNachSchicht,480}};
INTLC,{{DauerNachSchichtFeld,3}};
INTLC,{{bKapVerfuegbar,1}};
NET;
FIN;
```

Der NET-Befehl leitet die szenariospezifische grafische Netzwerkbeschreibung ein.

Der FIN-Befehl kennzeichnet das Ende der Simulation eines Szenarios.

Abb. 4.5.50: Steuerungsdatei zum Szenario Good Case

Wie das Netzwerkmodell ist auch die Steuerungsdatei ein Muster für beliebige Geschäftsvorfälle zum Zwecke der Simulation einer internen zukunftsorientierten Erfolgs- und Bilanzrechnung. Sie ist damit hinsichtlich der Prozesse anderer Unternehmungen oder Branchen situationsabhängig erweiterbar. Die in dieser Steuerungsdatei eingerichteten kontenspezifischen ARRAYS können sich demnach auch auf andere Bestands- und Erfolgskonten als im Musterbeispiel beziehen. Dies gewährleistet die globale Variable ARRAY, durch deren 4 Eintragungen der Zugriff auf die jeweilige Soll-Position und Haben-Position sowie auf den Soll-Saldo und den Haben-Saldo eines spezifischen Kontos gewährleistet ist.

```
(...)
;Kontenklasse0: Immaterielle Vermoegensgegenstaende und Sachanlagen
;Konto 0240: Softwarelizenzen
ARRAY,0240,4,{GETEXCEL("MusterbilanzAweSim.xls",6,3),0,GETEXCEL("MusterbilanzAweSim.xls",6,3),0};
;Konto 0860: Bueromaschinen/Kommunikationsanlagen
ARRAY,0860,4,{GETEXCEL("MusterbilanzAweSim.xls",8,3),0,GETEXCEL("MusterbilanzAweSim.xls",8,3),0};
;Konto 0870: Bueroausstattung
ARRAY,0870,4,{GETEXCEL("MusterbilanzAweSim.xls",9,3),0,GETEXCEL("MusterbilanzAweSim.xls",9,3),0};
;Kontenklasse1: Finanzanlagen
;Kontenklasse2: Umlaufvermoegen und aktive Rechnungsabgrenzung
;Konto 2280: Waren (Handelswaren)
ARRAY,2280,4,{GETEXCEL("MusterbilanzAweSim.xls",12,3),0,GETEXCEL("MusterbilanzAweSim.xls",12,3),0};
;Konto 2800: Bank
ARRAY,2800,4,{GETEXCEL("MusterbilanzAweSim.xls",14,3),0,GETEXCEL("MusterbilanzAweSim.xls",14,3),0};
(...)
```

Abb. 4.5.51: Auszug aus der Steuerungsdatei zum Szenario Good Case (Bsp. ARRAY)

Im vorliegenden Auszug aus der Steuerungsdatei wurde bspw. die Soll- und Habenseite der Aktiv-Konten „0240: Softwarelizenzen“, „0860: Bueromaschinen/Kommunikationsanlagen“, „0870: Bueroausstattung“, „2280: Waren (Handelswaren)“ und

„2800: Bank“ zu Beginn der Simulation über die GETEXCEL-Funktion mit der zugrunde liegenden internen Anfangsbilanz[279] verknüpft.

Entsprechend sind auch die weiteren Eintragungen der Steuerungsdatei für andere Geschäftsprozesse und Geschäftsvorfälle modifizierbar. Da es sich hier um den Fall des Good Case-Szenarios handelt, wird im Zuge des Zugriffes auf die für den Simulationsablauf tagesspezifisch prognostizierte Anzahl an vermieteten Terminals (AnzVMT), neu vermieteten (AnzNVTproTag) Terminals, verkauften (AnzVKTproTag) Terminals und Transaktionen verschiedener Kundengruppen (AnzTTAproTag, AnzTTBproTag, AnzTTCproTag) auf die Marktstudie[280] im „optimistischen Fall“ über die GETEXCEL-Funktion zugegriffen, wie der folgende Auszug aus der Steuerungsdatei zeigt:

```
(...)
;----------------------Anzahl an neuvermieteten Terminals pro Tag
INTLC,{{AnzNVTproTag,int(GETEXCEL("Marktstudie.xls",9,3))}};
;----------------------Anzahl an verkauften Terminals pro Tag
INTLC,{{AnzVKTproTag,int(GETEXCEL("Marktstudie.xls",7,3))}};
;----------------------Anzahl an lfd. vermieteten Terminals pro Monat (ohne NVT)
INTLC,{{AnzVMT,int(GETEXCEL("Marktstudie.xls",14,3))}};
;----------------------Anzahl an Terminaltransaktionen A-Kunden pro Tag
INTLC,{{AnzTTAproTag,int(GETEXCEL("Marktstudie.xls",26,3))}};
;----------------------Anzahl an Terminaltransaktionen B-Kunden pro Tag
INTLC,{{AnzTTBproTag,int(GETEXCEL("Marktstudie.xls",27,3))}};
;----------------------Anzahl an Terminaltransaktionen C-Kunden pro Tag
INTLC,{{AnzTTCproTag,int(GETEXCEL("Marktstudie.xls",28,3))}};
;----------------------Anzahl an Tagen pro Monat
INTLC,{{AnzTageMonat,int(GETEXCEL("Marktstudie.xls",20,3))}};
(...)
```

Abb. 4.5.52: Auszug aus der Steuerungsdatei zum Szenario Good Case
(Bsp. INTLC, Daten aus der Marktstudie)

[279] Vgl. hierzu die MS-Exceldatei „MusterbilanzAweSim.xls“ im Anhang A-6 und die im Abschnitt 4.5.3 durch Abb. 4.5.5 entsprechend dargestellte interne Anfangsbilanz zum Controllingzeitpunkt $tp = 2$.

[280] Es handelt sich dabei um die MS-Exceldatei „Marktstudie.xls“, die im Anhang A-1 aufgeführt ist.

Mit Rückgriff auf diese tagesspezifisch bestimmten globalen Variablen werden ferner mit Start der Simulation verschiedene tagesspezifische Zwischenankunftszeiten (AktMZA) der unterschiedlichen Geschäftsvorfälle von vermieteten und verkauften Terminals und den damit einhergehenden Transaktionen generiert:

```
(...)
;----------------------Mittlere Zwischenankunftszeit NVT
INTLC,{{AktMZAGoodCaseNVT,1440/AnzNVTproTag}};
;----------------------Mittlere Zwischenankunftszeit VKT
INTLC,{{AktMZAGoodCaseVKT,1440/AnzVKTproTag}};
;----------------------Mittlere Zwischenankunftszeit TTA
INTLC,{{AktMZAGoodCaseTTA,1440/AnzTTAproTag}};
;----------------------Mittlere Zwischenankunftszeit TTB
INTLC,{{AktMZAGoodCaseTTB,1440/AnzTTBproTag}};
;----------------------Mittlere Zwischenankunftszeit TTC
INTLC,{{AktMZAGoodCaseTTC,1440/AnzTTCproTag}};
(...)
```

Abb. 4.5.53: Auszug aus der Steuerungsdatei zum Szenario Good Case (Bsp. INTLC, Start der Simulation)

Initialisiert werden ferner auch weitere Variablen, wie bspw. die Anfragezeit für die laufende Buchungssatznummernvergabe (globale Variable ADurLfdBuchSatzNr)[281], die Dauer der Belegung des Transaktionsservers zur Abwicklung des elektronischen Zahlungsverkehrs (globale Variable DurEZV) oder auch die Dauer eines vollautomatisierten Buchungssatzvorgangs (globale Variable DurAutoBS).[282]

Für den Ablauf der Simulation wurden noch zahlreiche weitere Initialisierungen vorgenommen, wie bspw. zur Ermittlung periodenbezogener Plandaten einer internen Erfolgs- und Bilanzrechnung im Abschnitt 4.5.5.1.14, oder auch verschiedene Daten zu allen Geschäftsvorfällen, die sich aus der Grundstruktur der Geschäftsplanung im Abschnitt 4.5.3 ergeben haben.[283]

281 Vgl. zur lfd. Buchungssatznummernvergabe bspw. auch die Erläuterungen im Abschnitt 4.5.5.1.2.

282 Vgl. zur Belegung des Transaktionsservers und zur Dauer eines vollautomatisierten Buchungsvoganges die Ausführungen im Abschnitt 4.5.5.1.5.

283 Vgl. zu der hier dargestellten Steuerungsdatei BFUECONG auch die Steuerungsanweisungen bei Matthes, W., Böth, Th., Pütz, M. 2006 /Controlling/ S. 84-89; Pütz, M., Bömkes, T. 2006 /Nachhaltigkeitspotenziale/ S. 135-139 und S. 150-154.

4.5.5.2 Beschreibung des Bad Case-Szenarios

Im Folgenden wird das Bad Case-Szenario im Rahmen des Simulationsmodells EBILANZ kurz skizziert, das sich aus dem Netzwerkmodell BFUENETB und der Steuerungsdatei BFUECONB zusammensetzt.[284]

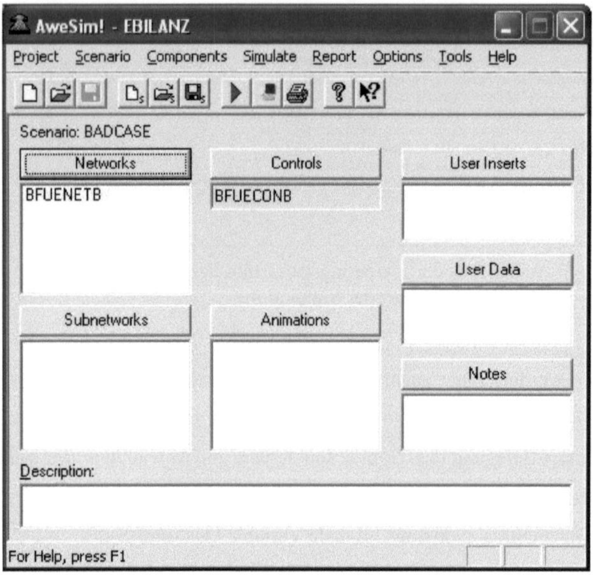

Abb. 4.5.54: Das Szenario Bad Case des Simulationsmodells EBILANZ

4.5.5.2.1 Im Rahmen der Simulation verwendete Ressourcen und Teilnetzwerke

Das Netzwerkmodell BFUENETG wurde ebenfalls als eine „(musterhafte) Modellstruktur" einer simulationsgestützten internen Entwicklungserfolgs- und Entwicklungsbilanzrechnung konzipiert und anhand des hier verwendeten Beispielunternehmens entwickelt. Es umfasst wie das Good Case-Szenario insgesamt 15 Teilnetzwerke und unterscheidet sich hinsichtlich der Teilnetzwerkbeschriftung durch den Zusatz

[284] Analog zum Good Case-Szenario soll zum Zeitpunkt $tp = 2$ auch das Bad Case-Szenario zur Unterstützung der Entscheidung ie_2 über das simulationsgestützte Subnetzwerk Sub_e2 unter Rückgriff auf die zu diesem Zeitpunkt vorhandenen Informationen simulationsgestützt umgesetzt werden.

„_BC“.[285] Wie das Good Case-Szenario enthält es zunächst die für die Simulation notwendigen Ressourcen, also den Transaktionsserver, die Sachbearbeitergruppe und den Buchführungsanwendungsserver (Teilnetzwerk A_BC). Der Bereich möglicher Umsatzerlöse wird in den Teilnetzwerken B_BC (Terminalverkauf), C_BC (Neuvermietung eines Terminals) und E_BC (Transaktionseinnahmen durch A-, B- oder C-Kunden) abgebildet. Hinsichtlich der mit den verschiedenen Umsatzerlösarten verbundenen exponentialverteilten Zwischenankunftszeiten eines Geschäftsvorfalls wird im Bad Case-Szenario in Verbindung mit der dazugehörigen Steuerungsdatei auf die MS-Exceldatei „MarktstudieBC“ zugegriffen. Wie im Good Case-Szenario wird auch hier ein automatischer Bestellvorgang von Handelswaren bei Unterschreiten eines vorher bestimmten Schwellenwertes ausgelöst (Teilnetzwerk D_BC).

Das Teilnetzwerk F_BC beinhaltet die Erfassung und Vorbereitung von Geschäftsvorfällen entsprechend der konzipierten Entscheidungstabelle[286] und erhält demnach auch im Bad Case-Szenario automatisch alle Daten der verschiedenen Geschäftsvorfälle (aus den Teilnetzwerken B_BC bis E_BC und aus M_BC), um Soll- und Habenkontowerte sowie die Kontodifferenzwerte im Rahmen der Simulation laufend ermitteln zu können.

Auch der Entscheidungsbaum des Teilnetzwerkes G_BC enthält als Muster einer simulationsgestützten internen Erfolgs- und Bilanzrechnung analog zum Good Case-Szenario alle entsprechend der aufgestellten Entscheidungstabelle denkbaren Entscheidungsregeln und leitet bedingungsabhängig jeden Buchungsvorgang zum Teilnetzwerk H_BC weiter. Dort werden die kontenspezifischen Differenzwerte aktuell und für jeden einzelnen Vorgang für die laufende simulationsgestützte interne Periodenerfolgs- und -bilanzdarstellung aufbereitet.

Im Teilnetzwerk I_BC erfolgt auch im Bad Case-Szenario die periodisierte Ausgabe der geschäftsvorfallspezifischen Daten, die in die MS-Exceldateien „BSDatRefMonJahr1BC.dat“, „BSDatRefMonJahr2BC.dat“, „BSDatRefMonJahr3BC.dat“ und

[285] Im Rahmen des Bad Case-Szenarios wird auf die Daten einer denkbar schlechten Marktentwicklung zurückgegriffen. Da das Netzwerk BFUENETB in wesentlichen Teilen analog zum Good Case-Szenario modelliert wurde, das als Muster für fallspezifische zukunftsorientierte interne Erfolgs- und Bilanzrechnungen gelten soll, wird der Inhalt hier nur kurz skizziert.

[286] Vgl. zur Entscheidungstabelle insb. Abschnitt 4.4.4 und die Umsetzung im Good Case-Szenario im Abschnitt 4.5.5.1.7.

„BSDatenBC.dat" geschrieben werden. Auch hier können andere Periodisierungen eingerichtet werden.

Die Teilnetzwerke J_BC und K_BC enthalten die Kalendersteuerung nebst Arbeitszeitsteuerung. Ferner beinhaltet Teilnetzwerk L_BC die Kapazitätsverringerung bzw. -erhöhung der Sachbearbeitergruppe.

Alle weiteren Geschäftsvorfälle werden über das Teilnetzwerk M_BC abgebildet und fallspezifisch zum Monats-, Quartals-, Halbjahres- oder Jahresende bearbeitet.

Die Ermittlung der periodenbezogenen Abschlussdaten der simulationsgestützten internen Erfolgs- und Bilanzrechnung wird analog zum Good Case-Fall im Teilnetzwerk N_BC durchgeführt und durch den Auswertungsknoten des Teilnetzwerkes O in die MS-Exceldatei „ADatenBC.dat" geschrieben.

4.5.5.2.2 Steuerungsdatei BFUECONB

Die Steuerungsdatei BFUECONB enthält zum Zwecke der Erstellung einer zukunftsorientierten internen Erfolgs- und Bilanzrechnung und der damit einhergehenden Steuerung des Simulationsablaufes alle notwendigen Steuerungsanweisungen. Die zum Netzwerkmodell BFUENETB programmierte Steuerungsdatei entspricht dabei im Wesentlichen der des Good Case-Szenarios, wobei Anpassungen im Bad Case-Szenario insb. im Bereich der Initialisierungen vorgenommen wurden, durch die auf die Daten der MS-Exceldatei „MarktstudieBC.xls" zurückgegriffen wird.[287]

Aufgrund der Strukturgleichheit sei hinsichtlich des Aufbaus des Netzwerkmodells BFUENETB und der dazugehörigen Steuerungsdatei BFUECONB analog auf die Ausführungen zum Netzwerkmodell BFUENETG und zur Steuerungsdatei BFUECONG im Abschnitt 4.5.5.1 verwiesen.

[287] Vgl. hierzu die Steuerungsdatei BFUECONB im Anhang A-7.

4.5.6 Ergebnisanalyse und Aufbereitung der Simulationsläufe

Im konzipierten und umgesetzten Simulationsmodell EBILANZ wurden zur Unterstützung der Entscheidung ie_2 für den Zeitpunkt $tp = 2$ die Good Case- und Bad Case-Szenarios durch entsprechende Simulationsläufe simuliert.[288] Dazu werden im Folgenden die simulierten Prozesse unter dem Aspekt ihrer periodenbezogenen Termin- und Kapazitätsbedingungen sowie Erfolgs- und Zahlungseffekte vorgestellt und auch die bis zur Ebene der einzelnen mit einem Geschäftsprozess einhergehenden Geschäftsvorfälle verbundenen Simulationsergebnisse aufgezeigt.

4.5.6.1 Termin- und Kapazitätsbedingungen

4.5.6.1.1 Good Case-Szenario

Im sog. SUMMARY REPORT[289] für das Good Case-Szenario wurden die Ergebnisse in verschiedenen Abschnitten zusammengestellt:

- FILE STATISTICS REPORT,
- ACTIVITY STATISTICS REPORT,
- RESOURCE STATISTICS REPORT,
- GROUP STATISTICS REPORT.

Der SUMMARY REPORT gibt als aktuelle Simulationszeit den Wert von „1576800.000000“ für jeden der Simulationsläufe an, was einem Zeitraum von 3 Jahren entspricht.[290]

Informationen hinsichtlich der in den einzelnen Warteschlangendateien eingestellten Einheiten, also insb. der Warteschlangenlänge, werden durch den „FILE

---

[288] Die Anzahl der Simulationsläufe sollte bei einem realistischen Anwendungsfall entsprechend den Methoden der taktischen Simulationsversuchsplanung festgelegt werden, wobei im hier unterstellten fiktiven Fall eine Anzahl von jeweils 10 Simulationsläufen im Good Case und Bad Case zur Darstellung der grundsätzlichen Vorgehensweise als vertretbar eingestuft werden kann. Vgl. zur taktischen Planung von Simulationsexperimenten insb. Küll, R., Stähly, P. 1999 /Simulationsexperimente/ S. 13.

[289] Vgl. Pritsker, A. A. B., O'Reilly, J. J. 1999 /Visual SLAM/ S. 347f. und ausführlich anhand von Anwendungsbeispielen Pütz, M. 2004 /Produktionssysteme/ S. 529-531 und Matthes, W., Böth, Th., Pütz, M. 2006 /Controlling/ S. 46-48. Der SUMMARY REPORT für das Szenario Good Case ist im Anhang A-8 wiedergegeben.

[290] Ein Tag mit 24 Stunden entspricht 1440 Minuten. Damit ergeben sich bei einer Anzahl von 1576800 Minuten insgesamt 1095 Tage, was einem Simulationszeitraum von drei Jahren entspricht. In den Visual SLAM Reports wird ein Dezimalpunkt als Dezimaltrennzeichen verwendet.

STATISTICS REPORT for scenario GOODCASE“ wiedergegeben. Dabei wird zunächst die Warteschlangendateinummer (File Number) und der dazugehörige Ort (Label or Input Location) angegeben, wobei es sich bei diesem Ort um die angelegten Ressourcen im Teilnetzwerk A, also den Transaktionsserver für den elektronischen Zahlungsverkehr (EZV_TAServer) mit der dazugehörigen Warteschlangendatei Nr. 10, die drei Sachbearbeiter (SachbearbeiterA, SachbearbeiterB, SachbearbeiterC) mit den Warteschlangendateinummern 21 und 22 und den Anwendungsserver für die Buchführung (BFApplicServer) mit den Warteschlangendateinummern 30-35 handelt. Ferner werden für die einzelnen Warteschlangendateinummern die durchschnittliche Warteschlangenlänge (Average Length), die dazugehörige Standardabweichung (Standard Deviation) und die maximale Länge (Maximum Length), die aktuelle Länge (Current Length) und die durchschnittliche Wartezeit (Average Wait Time) der in der entsprechenden Warteschlange eingestellten Einheiten dargestellt.

** AweSim SUMMARY REPORT **
Run number 1 of 10
** FILE STATISTICS REPORT for scenario GOODCASE **

File Number	Label or Input Location	Average Length	Standard Deviation	Maximum Length	Current Length	Average Wait Time
10	RES. EZV_TASERVE	0.000	0.000	1	0	0.000
21	RES. SACHBEARBEI	2.896	3.734	21	5	948.613
22	RES. SACHBEARBEI	1.690	2.363	15	1	996.366
30	RES. BFAPPLICSER	0.000	0.001	1	0	0.000
31	RES. BFAPPLICSER	0.000	0.000	1	0	0.000
32	RES. BFAPPLICSER	0.000	0.000	1	0	0.000
33	RES. BFAPPLICSER	0.000	0.000	1	0	0.000
34	RES. BFAPPLICSER	0.000	0.000	1	0	0.000
35	RES. BFAPPLICSER	0.001	0.805	835	0	0.125
0	Event Calendar	7.155	0.625	890	6	6.402

Abb. 4.5.55: FILE STATISTICS REPORT des ersten Simulationslaufs im Good Case-Szenario

Im ersten Simulationslauf des Good Case Szenarios wurde bspw. in der Warteschlangendatei Nr. 21 eine durchschnittliche Warteschlangenlänge von 2.896 (entspricht 2,896)[291], eine maximale Warteschlangenlänge von 21 Einheiten und eine durchschnittliche Wartezeit von 948,613 Minuten[292] berechnet. In der Warteschlangendatei Nr. 22 wurde eine durchschnittliche Warteschlangenlänge von 1,690, eine maximale Warteschlangenlänge von 15 Einheiten und eine durchschnittliche Warte-

291 Im Folgenden wird der in den Ausgabedateien verwendete Punkt meist durch ein Komma ersetzt.

292 „948.613“ entspricht 948,613 Minuten und ergibt einen Stundenwert von 15 Stunden, 48 Minuten und 37 Sekunden.

zeit von 996,366 Minuten[293] erreicht.[294] Die maximalen Warteschlangenlängen und die Wartezeiten lassen sich durch das im Fallbeispiel beschränkte Kapazitätsangebot der Sachbearbeiterressourcen, die lediglich von Montag bis Freitag in der Zeit von 08:00 bis 16:00 Uhr zur Verfügung stehen, erklären.

Als zweiter Ergebnisbereich sind im „ACTIVITY STATISTICS REPORT for scenario GOODCASE" Informationen zu einzelnen Aktivitäten und deren einheitenspezifische Auslastungen angegeben.

```
                    ** AweSim SUMMARY REPORT **
                        Run number 1 of 10
          ** ACTIVITY STATISTICS REPORT for scenario GOODCASE **

Activity     Label or      Average    Standard     Entity      Maximum
 Number   Input Location Utilization Deviation      Count    Utilization

     1 Line 63              0.999       0.030       1094            1
     2 Line 55              0.000       0.000         36            1
     3 Line 67              0.000       0.000         36            1
     4 Line 216             0.000       0.000         36            1
     5 Line 56              0.000       0.000         36            1
   198 Line 16              0.000       0.000       4814            1
   199 Line 31              0.007       0.089       4809            3
   200 Line 170             0.000       0.000       2674            1
   201 Line 185             0.004       0.063       2673            3

Activity    Current
 Number   Utilization

     1          0
     2          0
     3          0
     4          0
     5          0
   198          0
   199          0
   200          0
   201          0
```

Abb. 4.5.56: ACTIVITY STATISTICS REPORT des ersten Simulationslaufs im Good Case-Szenario

Hierzu sind zunächst die Aktivitäten-Nummer (Activity Number) und der entsprechende Ort im Netzwerk (Label or Input Location) vermerkt. Ferner beinhaltet der Bericht Informationen zur durchschnittlichen Auslastung (Average Utilization) und der dazugehörigen Standardabweichung (Standard Deviation) und einen Einheitenzähler (Entity Count), der während des Simulationslaufes die Anzahl der Einheiten ermittelt, die eine Aktivität durchlaufen. Auch wird die maximale Anzahl der Einhei-

[293] „996.366" entspricht 996,366 Minuten und ergibt 16 Stunden, 36 Minuten und 22 Sekunden.

[294] Vgl. hierzu „Run number 1 of 10" im SUMMARY REPORT für das Szenario Good Case im Anhang A-8.

ten, die die Aktivität parallel durchlaufen haben, angegeben (Maximum Utilization) und ferner auch die aktuelle Auslastung (Current Utilization).

Nummerierte Aktivitäten wurden im Simulationsmodell EBILANZ insb. im Rahmen der Modellerstellung und -validierung verwendet. So handelt es sich bspw. bei den hier mit den Nummern 200 und 201 beschrifteten und von 2674 bzw. 2673 Einheiten durchlaufenen Aktivitäten um Kontrolleinträge im Rahmen des Umsatzvorgangs Terminalneuvermietung des ersten Simulationslaufes des Good Case-Szenarios.[295] Entsprechende Einträge wurden zur Modellerstellung und -validierung mit den Nummern 198 und 199 beim Umsatzvorgang Terminalverkauf des Teilnetzwerkes B, mit den Nummern 1, 2 und 5 bei der Kalendersteuerung des Teilnetzwerkes K und mit der Nummer 3 und 4 bei der Ermittlung bzw. Ausgabe der periodenbezogenen Plandaten einer internen Erfolgs- und Bilanzrechnung im Teilnetzwerk N bzw. O vorgenommen.

Der dritte Ergebnisbereich „RESOURCE STATISTICS REPORT for scenario GOODCASE“ gibt Informationen über die implementierten Ressourcen (EZV_TAServer, SachbearbeiterA, SachbearbeiterB, SachbearbeiterC, BFApplic-Server). Angegeben wird hier die Ressourcen-Nummer (Resource Number), die Ressourcenbezeichnung (Resource Label) und bezogen auf die Simulationslaufdauer die durchschnittliche Auslastung (Average Utilization), die Standardabweichung (Standard Deviation), die aktuelle Auslastung (Current Utilization) und die maximale Auslastung (Maximum Utilization). Ferner sind dort hinsichtlich der Kapazität einer verwendeten Ressource deren aktuelle Kapazität (Current Capacity) und deren durchschnittliche (Average Available), aktuelle (Current Available), minimale (Minimum Available) und maximale (Maximum Available) Verfügbarkeit angegeben.

Im „RESOURCE STATISTICS REPORT for scenario GOODCASE“ des ersten Simulationslaufes ist bspw. eine durchschnittliche Auslastung der Sachbearbeiter A (Ressource 21), B (Ressource 22) und C (Ressource 23) von „0.043“ und eine jeweils durchschnittliche Verfügbarkeit von „0.195“ angegeben. Die durchschnittliche Auslastung und die durchschnittliche Verfügbarkeit jeder dieser Ressourcen ergibt

---

[295] Das Teilnetzwerk C beinhaltet den Umsatzvorgang „Neuvermietung von Terminals“. Die Aktivitätennummern 200 und 201 weisen zum Ende der Simulation nicht den identischen Wert auf, da eine die Aktivitätennummer 200 durchlaufende Einheit zu diesem Zeitpunkt noch nicht die mit der Nummer 201 bezeichnete Aktivität durchquert hat.

zusammen einen Wert von 0,238, der damit das jeweilige Kapazitätsangebot einer der genannten Ressourcen in einer Höhe von 23,8% widerspiegelt.[296]

```
                    ** AweSim SUMMARY REPORT **
                        Run number 1 of 10
        ** RESOURCE STATISTICS REPORT for scenario GOODCASE **


Resource      Resource        Average     Standard     Current     Maximum
 Number        Label           Util.      Deviation     Util.       Util.

      10 EZV_TASERVER            0.010        0.101           0           3
      21 SACHBEARBEITERA         0.043        0.204           0           1
      22 SACHBEARBEITERB         0.043        0.204           0           1
      23 SACHBEARBEITERC         0.043        0.204           0           1
      30 BFAPPLICSERVER          0.005        0.127           0          48

Resource    Current     Average     Current     Minimum     Maximum
 Number     Capacity   Available   Available   Available   Available

      10         48      47.990          48          45          48
      21          0       0.195           0          -1           1
      22          0       0.195           0          -1           1
      23          0       0.195           0          -1           1
      30         48      47.995          48           0          48
```

Abb. 4.5.57: RESOURCE STATISTICS REPORT des ersten Simulationslaufs im Good Case-Szenario

Da die Sachbearbeiter lediglich Montag bis Freitag in der Zeit von 08:00 bis 16:00 Uhr und somit nicht am Wochenende zur Verfügung stehen, ist deren wochenbezogenes Kapazitätsangebot in Höhe von 23,8% deutlich niedriger als die wochenbezogene Pausenzeit von 76,2%.[297] Ferner ergibt sich bei jeder Sachbearbeiterressource (SachbearbeiterA, SachbearbeiterB, SachbearbeiterC) eine durchschnittliche Auslastung von 18,07%, die damit unter der eingangs im Abschnitt 4.5.3.1 geforderten Maximalauslastung von 30% für eine Mitarbeiterressource im Rahmen individueller

[296] Das Kapazitätsangebot wird wie folgt berechnet: 0,043 (durchschnittliche Auslastung einer Ressource Sachbearbeiter) + 0,195 (durchschnittliche Verfügbarkeit einer Ressource Sachbearbeiter) = 0,238 (Kapazitätsangebot einer Ressource Sachbearbeiter), was ein Kapazitätsangebot von 23,8% ergibt.

[297] Die Pausenzeit wird wie folgt berechnet: 1 (eine Woche) - 0,238 (Kapazitätsangebot einer Ressource Sachbearbeiter) = 0,762 (Pausenzeit einer Ressource Sachbearbeiter), was eine Pausenzeit von 76,2% ergibt. Der gleiche Wert ergibt sich wie folgt: Pausenzeit Montag bis Freitag (5 x 16 = 80 Stunden) + Pausenzeit Samstag bis Sonntag (2 x 24 = 48 Stunden) = 128 Stunden. Die Stundenzahl einer Woche (7 x 24) beträgt 168 Stunden, womit sich ebenfalls eine Pausenzeit von 76,2% (100 x 128 / 168) und ferner ein außerhalb der Pausenzeiten liegendes Kapazitätsangebot von 23,8% ergibt.

Prüf- und Bearbeitungsvorgänge der Geschäftsvorfälle „Terminalverkauf" und „Neuvermietung von Terminals" liegt.[298]

Der letzte Ergebnisbereich „GROUP STATISTICS REPORT for scenario GOODCASE" liefert Informationen über die mit Hilfe einer Ressourcengruppe implementierten Ressourcen.

```
                    ** AweSim SUMMARY REPORT **
                        Run number 1 of 10
        ** GROUP STATISTICS REPORT for scenario GOODCASE **


Group        Group          Average    Standard   Current    Maximum
Number       Label          Util.      Deviation  Util.      Util.

      1 SBGRUPPE                0.130       0.555          0          3

Group     Current     Average    Current    Minimum    Maximum
Number    Capacity    Available  Available  Available  Available

      1          0        0.585          0         -2          3
```

Abb. 4.5.58: GROUP STATISTICS REPORT des ersten Simulationslaufs im Good Case-Szenario

Hierzu zählen neben der Gruppennummer (Group Number) und der Gruppenbezeichnung (Group Label) die durchschnittliche Auslastung (Average Utilization) und die Standardabweichung (Standard Deviation) sowie die aktuelle Auslastung (Current Utilization) und die maximale Auslastung (Maximum Utilization). Auch ist hier die aktuelle Kapazität (Current Capacity) und die durchschnittliche Verfügbarkeit (Average Available), aktuelle Verfügbarkeit (Current Available), minimale Verfügbarkeit (Minimum Available) und maximale Verfügbarkeit (Maximum Available) aufgeführt. Die Auswertung der in einer Gruppe zusammengeführten Sachbearbeiterressourcen führt zu analogen Ergebnissen hinsichtlich der Maximalauslastung der

[298] Die Auslastung der Mitarbeiter im Rahmen der Prüf- und Bearbeitungsvorgänge lässt sich wie folgt berechnen: 0,043 (durchschnittliche Auslastung einer Ressource Sachbearbeiter) / 0,238 (Kapazitätsangebot einer Ressource Sachbearbeiter) = 0,18067, was eine Auslastung von 18,07% ergibt.

einzelnen Sachbearbeiter durch die Prüf- und Bearbeitungsvorgänge der Geschäftsvorfälle „Terminalverkauf“ und „Neuvermietung von Terminals“.[299]

Ferner sind für das Good Case-Szenario im sog. MULTIPLE RUN SUMMARY REPORT auch die Mittelwerte aller durchgeführten Simulationsläufe im Good Case-Szenario für weitere statistische Auswertungen ermittelt worden, wie der folgende Teilausschnitt zeigt.[300]

** AweSim! MULTIPLE RUN SUMMARY REPORT **

** FILE STATISTICS for scenario GOODCASE **

File Number	Label or Input Location	Average Length	Standard Deviation	Standard Error	Maximum Average Length
10	RES. EZV_TASERVE	0.000	0.000	0.000	0.000
21	RES. SACHBEARBEI	2.819	0.043	0.014	2.896
22	RES. SACHBEARBEI	1.573	0.068	0.022	1.690
30	RES. BFAPPLICSER	0.000	0.000	0.000	0.000
31	RES. BFAPPLICSER	0.000	0.000	0.000	0.000
32	RES. BFAPPLICSER	0.000	0.000	0.000	0.000
33	RES. BFAPPLICSER	0.000	0.000	0.000	0.000
34	RES. BFAPPLICSER	0.000	0.000	0.000	0.000
35	RES. BFAPPLICSER	0.001	0.000	0.000	0.001

File Number	Average Wait Time
10	0.000
21	934.267
22	971.235
30	0.000
31	0.000
32	0.000
33	0.000
34	0.000
35	0.125

Abb. 4.5.59: FILE STATISTICS REPORT aller Simulationsläufe des Good Case-Szenarios

[299] Die drei in einem sog. GROUP-Block zusammengefassten Sachbearbeiterressourcen ergeben eine Gesamtkapazität von 300%, die alle Pausen- und Arbeitszeiten beinhaltet. Die in der Auswertung aufgeführte durchschnittliche Auslastung (0,130) und die durchschnittliche Verfügbarkeit der Ressourcengruppe (0,585) ergibt einen Wert von 0,715, der somit das gesamte wochenbezogene Kapazitätsangebot der Ressourcengruppe in einer Höhe von 71,5% widerspiegelt. Die aus den einzelnen Sachbearbeitern bestehende Gruppe steht von Montag bis Freitag in der Zeit von 08:00 bis 16:00 Uhr zur Verfügung. Die Pausenzeit der Ressourcengruppe kann analog zur Einzelberechnung wie folgt ermittelt werden: 3 - 0,715 = 2,285, was eine Pausenzeit von 228,5% ergibt. Die Auslastung der Ressourcengruppe im Rahmen der Prüfvorgänge lässt sich wie folgt berechnen: 0,130 (durchschnittliche Auslastung der Ressourcengruppe) / 0,715 (Kapazitätsangebot der Ressourcengruppe) = 0,1818, was analog zur Einzelberechnung und unter Berücksichtigung von Rundungsfehlern im Rahmen der Durchschnittsbetrachtungen eine durchschnittliche Auslastung der Sachbearbeiterressourcengruppe von ca. 18 % (18,18%) ergibt.

[300] Der vollständige MULTIPLE RUN SUMMARY REPORT für das Szenario Good Case ist im Anhang A-9 wiedergegeben.

Beispielsweise ist in der Warteschlangendatei Nr. 21 der Mittelwert aller in den durchgeführten Simulationen ermittelten durchschnittlichen Warteschlangenlängen (Average Length) mit 2,819 angegeben; ferner sind auch die Mittelwerte zu den in den einzelnen Simulationen jeweils berechneten Werten der Standardabweichungen und die Standardfehler aufgeführt. Zudem sind für diese Warteschlangendatei die maximale durchschnittliche Warteschlangenlänge (Maximum Average Length) und die durchschnittliche Wartezeit (Average Wait Time) von 934,267 Minuten[301] als Mittelwerte für weitere statistische Auswertungen ermittelt worden.[302]

4.5.6.1.2 Bad Case-Szenario

Analog zum Good Case-Szenario sind im sog. SUMMARY REPORT des Bad Case-Szenarios ebenfalls die Ergebnisse in verschiedenen Abschnitten[303] zusammengestellt.[304]

So liefert auch hier ein „FILE STATISTICS REPORT for scenario BADCASE" Informationen zu den in den Warteschlangen eingestellten Einheiten, was im Folgenden exemplarisch anhand des ersten Simulationslaufs kurz dargestellt wird. In diesem Beispiel wurde in der Warteschlangendatei Nr. 21 eine durchschnittliche Warteschlangenlänge von 1,508, eine maximale Warteschlangenlänge von 14 Einheiten und eine durchschnittliche Wartezeit von 897,778 Minuten[305] sowie in der Warteschlangendatei Nr. 22 eine durchschnittlichen Warteschlangenlänge von ebenfalls 1,508, eine maximale Warteschlangenlänge von 14 Einheiten und eine durchschnittliche Wartezeit von 954,675 Minuten[306] ermittelt.[307]

---

301 „934.267" entspricht 934,267 Minuten und ergibt einen Stundenwert von 15 Stunden, 34 Minuten und 16 Sekunden.

302 Vgl. zum MULTIPLE RUN SUMMARY REPORT auch Pritsker, A. A. B., O'Reilly, J. J. 1999 /Visual SLAM/ S. 348 und Matthes, W., Böth, Th., Pütz, M. 2006 /Controlling/ S. 48.

303 FILE STATISTICS REPORT, ACTIVITY STATISTICS REPORT, RESOURCE STATISTICS REPORT und GROUP STATISTICS REPORT.

304 Der SUMMARY REPORT für das Szenario Bad Case ist im Anhang A-10 aufgeführt.

305 „897.778" entspricht 897,778 Minuten und ergibt einen Stundenwert von 14 Stunden, 57 Minuten und 47 Sekunden.

306 „954.675" entspricht 954,675 Minuten und ergibt somit 15 Stunden und 54 Minuten und 41 Sekunden.

307 Vgl. hierzu auch „Run number 1 of 10" im SUMMARY REPORT für das Szenario Bad Case im Anhang A-10. Auch hier sind die maximalen Warteschlangenlängen und die Wartezeiten durch das im Fallbeispiel beschränkte Kapazitätsangebot der Sachbearbeiterressourcen, die nur von Montag bis Freitag in der Zeit von 08:00 bis 16:00 Uhr zur Verfügung stehen, zu erklären.

** AweSim SUMMARY REPORT **
Run number 1 of 10
** FILE STATISTICS REPORT for scenario BADCASE **

File Number	Label or Input Location	Average Length	Standard Deviation	Maximum Length	Current Length	Average Wait Time
10	RES. EZV_TASERVE	0.000	0.000	1	0	0.000
21	RES. SACHBEARBEI	1.508	2.212	14	2	897.778
22	RES. SACHBEARBEI	1.508	2.177	14	2	954.675
30	RES. BFAPPLICSER	0.000	0.001	1	0	0.000
31	RES. BFAPPLICSER	0.000	0.000	1	0	0.000
32	RES. BFAPPLICSER	0.000	0.000	1	0	0.000
33	RES. BFAPPLICSER	0.000	0.000	1	0	0.000
34	RES. BFAPPLICSER	0.000	0.000	1	0	0.000
35	RES. BFAPPLICSER	0.001	0.746	825	0	0.121
0	Event Calendar	7.105	0.506	880	6	8.992

Abb. 4.5.60: FILE STATISTICS REPORT des ersten Simulationslaufs im Bad Case-Szenario

Analog zum Good Case-Szenario sind auch im zweiten Ergebnisbereich, dem „ACTIVITY STATISTICS REPORT for scenario BADCASE“, Informationen im Rahmen der Modellerstellung und -validierung zu einzelnen Aktivitäten und deren einheitenspezifische Auslastungen angegeben.[308]

Der dritte Ergebnisbereich, der „RESOURCE STATISTICS REPORT for scenario BADCASE“, zeigt z.B. im ersten Simulationslauf eine durchschnittliche Auslastung

** AweSim SUMMARY REPORT **
Run number 1 of 10
** RESOURCE STATISTICS REPORT for scenario BADCASE **

Resource Number	Resource Label	Average Util.	Standard Deviation	Current Util.	Maximum Util.
10	EZV_TASERVER	0.007	0.084	0	3
21	SACHBEARBEITERA	0.029	0.168	0	1
22	SACHBEARBEITERB	0.029	0.168	0	1
23	SACHBEARBEITERC	0.029	0.168	0	1
30	BFAPPLICSERVER	0.003	0.117	0	48

Resource Number	Current Capacity	Average Available	Current Available	Minimum Available	Maximum Available
10	48	47.993	48	45	48
21	0	0.209	0	-1	1
22	0	0.209	0	-1	1
23	0	0.209	0	-1	1
30	48	47.997	48	0	48

Abb. 4.5.61: RESOURCE STATISTICS REPORT des ersten Simulationslaufs im Bad Case-Szenario

308 Vgl. hierzu den ACTIVITY STATISTICS REPORT im Rahmen des SUMMARY REPORT für das Szenario Bad Case im Anhang A-10.

der Sachbearbeiter A (Ressource 21), B (Ressource 22) und C (Ressource 23) von jeweils „0.029“ und eine jeweils durchschnittliche Verfügbarkeit von jeweils „0.209“ an. Die durchschnittliche Auslastung und die durchschnittliche Verfügbarkeit jeder dieser Ressourcen ergibt analog zum Good Case-Szenario zusammen einen Wert von 0,238. Dieser Wert stellt auch das jeweilige Kapazitätsangebot einer der genannten Ressourcen in einer Höhe von 23,8% dar.[309] Der letzte Ergebnisbereich „GROUP STATISTICS REPORT for scenario BADCASE“ liefert analog zum Good Case Szenario Informationen über die mit Hilfe einer Ressourcengruppe implementierten Ressourcen.[310] Zudem sind auch für das Bad Case-Szenario im sog. MULTIPLE RUN SUMMARY REPORT Mittelwerte aller durchgeführten Simulationsläufe für weitere statistische Auswertungen ermittelt worden, wie der hier aufgeführte Ausschnitt erkennen lässt.[311]

```
                    ** AweSim! MULTIPLE RUN SUMMARY REPORT **

                   ** FILE STATISTICS for scenario GOODCASE **

 File        Label or        Average     Standard     Standard      Maximum
Number    Input Location     Length      Deviation     Error        Average
                                                                    Length

     10 RES. EZV_TASERVE       0.000        0.000        0.000        0.000
     21 RES. SACHBEARBEI       1.503        0.040        0.013        1.541
     22 RES. SACHBEARBEI       1.420        0.041        0.013        1.508
     30 RES. BFAPPLICSER       0.000        0.000        0.000        0.000
     31 RES. BFAPPLICSER       0.000        0.000        0.000        0.000
     32 RES. BFAPPLICSER       0.000        0.000        0.000        0.000
     33 RES. BFAPPLICSER       0.000        0.000        0.000        0.000
     34 RES. BFAPPLICSER       0.000        0.000        0.000        0.000
     35 RES. BFAPPLICSER       0.001        0.000        0.000        0.001

 File       Average
Number     Wait Time


     10        0.000
     21      919.330
     22      943.422
     30        0.000
     31        0.000
     32        0.000
     33        0.000
     34        0.000
     35        0.121
```

Abb. 4.5.62: FILE STATISTICS REPORT aller Simulationsläufe des Bad Case-Szenarios

[309] Die durchschnittliche Auslastung einer Ressource Sachbearbeiter (0,029) und die durchschnittliche Verfügbarkeit einer Ressource Sachbearbeiter (0,209) ergibt ein Kapazitätsangebot einer Ressource Sachbearbeiter von 0,238, was einem Kapazitätsangebot von 23,8% entspricht.

[310] Vgl. hierzu den GROUP STATISTICS REPORT im Rahmen des SUMMARY REPORT für das Szenario Bad Case im Anhang A-10.

[311] Der MULTIPLE SUMMARY REPORT für das Szenario Bad Case ist im Anhang A-11 aufgeführt.

4.5.6.2 Periodisierte Ergebnisse der simulierten internen Erfolgs- und Bilanzrechnung

Die im Abschnitt 4.5.1 dargestellten (Entscheidungs-)Prozesse bzw. alternativen Strategien der Szenarios Bad Case und Good Case haben unterschiedliche Erfolgs- und Zahlungseffekte zur Folge.[312] Die im Rahmen des Simulationsmodells durchgeführten Simulationsläufe und die damit verbundene Ausgabe der Plandaten einer internen Erfolgs- und Bilanzrechnung im Teilnetzwerk O sollen nachfolgend aufbereitet und die Wirkungsspektren beider Alternativen analysiert werden.[313]

Hierbei wird auch auf die Intervallarithmetik bzw. Intervallrechnung als ein mögliches Instrument der Ergebnisanalyse zurückgegriffen.[314]

Die Menge aller abgeschlossenen reellen Intervalle wird mit $I\left(\mathbb{R}\right)$ bezeichnet und ihre Elemente mit den Großbuchstaben *A, B, C, ..., X, Y, Z*:[315]

$$A = \left[a_1, a_2\right] = \left\{x \mid a_1 \leq x \leq a_2,\ a_1, a_2 \in \mathbb{R}\right\} \tag{4.20}$$

$$B = \left[b_1, b_2\right] = \left\{x \mid b_1 \leq x \leq b_2,\ b_1, b_2 \in \mathbb{R}\right\} \tag{4.21}$$

Ein Punktintervall ist dabei eine reelle Zahl $y \in \mathbb{R}$ der Form $\left[y, y\right]$ aus $I\left(\mathbb{R}\right)$ und repräsentiert demnach nur einen einzigen Wert.[316]

---

312 Die im Abschnitt 4.5.1 dargestellten Prozesse und deren periodenbezogenen Effekte beeinflussen neben Finanz-, Einkommens- und Vermögenspotenzialen auch die im vorherigen Abschnitt aufgezeigten Kapazitäts- und Terminergebnisse.

313 Die Ergebnisse aller durchgeführten Simulationsläufe im Good Case und Bad Case (Ausgabedateien „ADatenGC.dat" und „ADatenBC.dat" im Teilnetzwerk O) werden im Anhang A-12 wiedergegeben und wurden für die folgenden Analysen verwendet.

314 Vgl. zum Einsatz der Intervallrechnung als Analysetechnik insb. die Anmerkungen bei Matthes, W. 2002 /Gründungscontrolling/ S. 31-37 und ferner bei Pütz, M. 2004 /Produktionssysteme/ S. 72-76.

315 Vgl. Alefeld, G., Herzberger, J. 1974 /Intervallrechnung/ S. 1f.; Ortolf, H.-J. 1969 /Intervallarithmetik/ S. 3f.; Pütz, M. 2004 /Produktionssysteme/ S. 573f. Die Kleinbuchstaben *a, b, c, ..., x, y, z* sind ebenfalls Elemente aus $\mathbb{R}$.

316 Vgl. Alefeld, G., Herzberger, J. 1974 /Intervallrechnung/ S. 1; Pütz, M. 2004 /Produktionssysteme/ S. 573.

Die möglichen Intervallverknüpfungen stellen sich wie folgt dar:[317]

$$A+B \;=\; [a_1+b_1, a_2+b_2]; \tag{4.22}$$

$$A-B \;=\; [a_1-b_2, a_2-b_1] = A+[-1,-1]\cdot B; \tag{4.23}$$

$$A\cdot B \;=\; [\min\{a_1b_1, a_1b_2, a_2b_1, a_2b_2\}, \max\{a_1b_1, a_1b_2, a_2b_1, a_2b_2\}]; \tag{4.24}$$

$$A\div B \;=\; [a_1, a_2]\cdot\left[\frac{1}{b_2}, \frac{1}{b_1}\right] \; mit\; 0 \notin B. \tag{4.25}$$

Im Folgenden werden die Ergebnisse ausgewählter Simulationsläufe stufenweise restringiert und ausschnittsweise vorgestellt. Hierzu seien im Rahmen der internen Erfolgsrechnung:

U_{Ges_t}	=	Gesamtumsatzerlöse pro Periode t
U_{Verm_t}	=	Umsatz Terminalvermietung pro Periode t
U_{Verk_t}	=	Umsatz Terminalverkauf pro Periode t
U_{Trans_t}	=	Umsatz Transaktionen pro Periode t
K_{W_t}	=	Materialaufwand pro Periode t
K_{P_t}	=	Personalaufwand pro Periode t
K_{WLK_t}	=	Sonstiger betrieblicher Aufwand pro Periode t
Z_t	=	Zinsaufwand pro Periode t
K_{A_t}	=	Abschreibungen pro Periode t
$RG\,I_t$	=	Rohgewinnn I pro Periode t
$RG\,II_t$	=	Rohgewinnn II pro Periode t
$RGIII_t$	=	Rohgewinnn III pro Periode t
$RG\,IV_t$	=	Rohgewinnn IV pro Periode t
$intGew_t$	=	Interner Gewinn pro Periode t

317 Vgl. Pütz, M. 2004 /Produktionssysteme/ S. 573; Alefeld, G., Herzberger, J. 1974 /Intervallrechnung/ S. 2; Ortolf, H.-J. 1969 /Intervallarithmetik/ S. 4; Mayer, G. 1989 /Intervallrechnung/ S. 102f.

4.5.6.2.1 Restringieren durch Vergleich des besten Bad Case- mit dem schlechtesten Good Case-Szenario (Stufe I)

Bezogen auf den Simulationsfall kann der Gesamtumsatz mit seinen pessimistischen und optimistischen Unter- bzw. Obergrenzen für die Periode t zunächst formal wie folgt dargestellt werden:

$$U_{Ges_t} = \left[U_{Ges_t}^{\min}, U_{Ges_t}^{\max}\right] \text{ mit} \tag{4.26}$$

$$U_{Ges_t}^{\min} = U_{Verm_t}^{\min} + U_{Verk_t}^{\min} + U_{Trans_t}^{\min} \tag{4.27}$$

als pessimistische periodenbezogene Umsatzerlöse im Bad Case-Szenario und

$$U_{Ges_t}^{\max} = U_{Verm_t}^{\max} + U_{Verk_t}^{\max} + U_{Trans_t}^{\max} \tag{4.28}$$

als optimistische periodenbezogene Umsatzerlöse des Good Case-Szenarios.[318]

Ferner werden mit $K_{W_t}^{\min}$ und $K_{W_t}^{\max}$ die periodisierten Materialaufwendungen[319] im pessimistischen bzw. optimistischen Fall bezeichnet. Die periodisierten pessimistischen bzw. optimistischen gesamten Personalaufwendungen werden durch $K_{P_t}^{\min}$ und $K_{P_t}^{\max}$ dargestellt.[320] Die sonstigen betrieblichen Aufwendungen im pessimistischen bzw. optimistischen Szenario werden durch $K_{WLK_t}^{\min}$ und $K_{WLK_t}^{\max}$ repräsentiert.[321] Zudem stellen $Z_t^{\min}$ und $Z_t^{\max}$ die Zinsaufwendungen sowie $K_{A_t}^{\min}$ und $K_{A_t}^{\max}$ die Abschreibungen im periodisierten pessimistischen bzw. optimistischen Fall dar.[322]

Aus den hier aufgeführten Abschlussdaten lassen sich verschiedene betriebspolitische Ergebnisgrößen, wie bspw. der im Abschnitt 4.5.3.5.2 definierte Rohgewinn I

---

318 Die Umsatzerlöse werden im Simulationsmodell durch die globale Variable „UErloeseproP" repräsentiert.

319 Im Rahmen der Simulationsfallstudie handelt es sich hierbei um die Wareneinsatzkosten, die durch die globale Variable „MataufproP" dargestellt werden.

320 Die Personalaufwendungen werden im Simulationsmodell durch die globale Variable „PersaufproP" repräsentiert.

321 Die sonstigen betrieblichen Aufwendungen werden im Simulationsmodell durch die globale Variable „SbAufproP" repräsentiert.

322 Durch die globale Variable „ZinsaufproP" und „AbschrproP" werden die periodisierten Zinsaufwendungen bzw. die periodisierten Abschreibungen im Simulationsmodell abgebildet.

bis IV und der interne Gewinn des Geschäftsbereiches, ableiten. So stellt sich der periodenbezogene Rohgewinn I im Rahmen der bereits erläuterten optimistischen oder pessimistischen Darstellung als $RG\,I_t = \left[RG\,I_t^{\min}, RG\,I_t^{\max} \right]$ mit der Untergrenze $RG\,I_t^{\min} = U_{Ges_t}^{\min} - K_{W_t}^{\min}$ und mit $RG\,I_t^{\max} = U_{Ges_t}^{\max} - K_{W_t}^{\max}$ als Obergrenze der betrachteten Periode dar.[323]

Entsprechend können auch die weiteren Vergleichsrechnungen durchgeführt werden. Dabei ist der Rohgewinn II pro Periode der Intervall $RG\,II_t = \left[RG\,II_t^{\min}, RG\,II_t^{\max} \right]$ mit $RG\,II_t^{\min} = RG\,I_t^{\min} - K_{P_t}^{\min}$ als pessimistischer und $RG\,II_t^{\max} = RG\,I_t^{\max} - K_{P_t}^{\max}$ als optimistischer Wert zu sehen.[324]

Analog ist auch $RG\,III_t = \left[RG\,III_t^{\min}, RG\,III_t^{\max} \right]$ der periodenbezogene Rohgewinn III mit der Untergrenze $RG\,III_t^{\min} = RG\,II_t^{\min} - K_{WLK_t}^{\min}$ im pessimistischen und mit der Obergrenze $RG\,III_t^{\max} = RG\,II_t^{\max} - K_{WLK_t}^{\max}$ im optimistischen Fall.[325]

Ferner setzt sich der periodenbezogene Rohgewinn $RG\,IV_t = \left[RG\,IV_t^{\min}, RG\,IV_t^{\max} \right]$ aus der Untergrenze $RG\,IV_t^{\min} = RG\,III_t^{\min} - Z_t^{\min}$ und aus der dazu gehörigen Obergrenze $RG\,IV_t^{\max} = RG\,III_t^{\max} - Z_t^{\max}$ zusammen.[326]

Entsprechend gilt auch für das interne Betriebsergebnis bzw. den internen Gewinn pro Periode $intGew_t = \left[intGew_t^{\min}, intGew_t^{\max} \right]$ mit den beiden Untergrenzen $intGew_t^{\min} = RG\,IV_t^{\min} - K_{A_t}^{\min}$ und $IntGew_t^{\max} = RG\,IV_t^{\max} - K_{A_t}^{\max}$.[327]

---

[323] Der Rohgewinn I wird im Simulationsmodell durch die globale Variable „RGIproP" repräsentiert.

[324] Der Rohgewinn II wird im Simulationsmodell durch die globale Variable „RGIIproP" wiedergegeben.

[325] Der Rohgewinn III wird im Simulationsmodell durch die globale Variable „RGIIIproP" abgebildet.

[326] Der Rohgewinn IV wird im Simulationsmodell durch die globale Variable „RGIVproP" wiedergegeben.

[327] Das (interne) Betriebsergebnis bzw. der (interne) Gewinn pro Periode wird im Simulationsmodell durch die globale Variable „intGewinnproP" repräsentiert.

Die hier formal dargestellten Abschlussdaten der zukunftsorientierten internen Erfolgsrechnung sind, ergänzt um die internen Bilanzdaten[328], im Anhang A-12 für die beiden Szenarios und alle Simulationsläufe in kumulierter Form aufgeführt.

Um die optimistischen oder pessimistischen Ergebniswerte im Sinne einer vorsichtigen Analyse im Rahmen einer Vergleichsrechnung berücksichtigen zu können, sind zunächst entsprechende Simulationsläufe auszuwählen.[329]

Daran anknüpfend wird in einer ersten Stufe zunächst restringiert, indem der beste Bad Case- und der schlechteste Good Case-Simulationslauf nach dem Kriterium des kumulierten Umsatzes nach 36 Monaten der Simulation herausgegriffen wird.[330] Neben dieser hier praktizierten betriebspolitisch motivierten Vorgehensweise sind auch andere Auswahlentscheidungen möglich. Im hier vorliegenden Anwendungsfall werden demnach zunächst die kumulierten Umsatzwerte nach 36 Monaten der Simulation betrachtet und dabei der beste Simulationslauf des Bad Case-Szenarios ausgewählt, der somit $U_{Ges}^{\min}$ repräsentiert. Entsprechend wird für $U_{Ges}^{\max}$ der schlechteste kumulierte Umsatzwert nach 36 Monaten aller Simulationsläufe des Good Case-Szenarios gesucht.

Die genannten Bedingungen erfüllt im Bad Case-Szenario der Simulationslauf Nr. 1 und im Good Case-Szenario der Simulationslauf Nr. 7.[331]

Die für 36 Monate in Intervallform zusammengestellten Ergebnisse des ausgewählten Bad Case-Szenarios (Simulationslauf Nr. 1) und des dazugehörigen Good Case-Szenarios (Simulationslauf Nr. 7) sind im Anhang A-13 aufgeführt, die daraus aufbereiteten monatsbezogenen (nichtkumulierten) Ergebnisse im Anhang A-14.

---

328 Die im Anhang A-12 aufgeführten weiteren Positionen zur internen Bilanz sind: Das immaterielle Anlagevermögen (ImAV) pro Periode (globale Variable „ImAVproP"), das Sachanlagevermögen (SAV) pro Periode (globale Variable „SachAVproP"), das Anlagevermögen (AV) pro Periode (globale Variable „AVproP"), die Vorräte (Handelswaren) (VorH) pro Periode (globale Variable „VorHwUVproP"), die liquiden Mittel (LiqMit) pro Periode (globale Variable „LiqMiUVproP"), das Umlaufvermögen (UV) pro Periode (globale Variable „UVproP"), das Eigenkapital (EK) pro Periode (globale Variable „EKproP"), die Verbindlichkeiten (Vbl) pro Periode (globale Variable „VblFKproP") und das Fremdkapital (FK) pro Periode (globale Variable „FKproP").

329 Zur Bestimmung von minimalen und maximalen Intervallen vgl. Matthes, W. 2002 /Gründungscontrolling/ S. 35-37; Pütz, M. 2004 /Produktionssysteme/ S. 75.

330 Vgl. hierzu die im Anhang A-12 aufgeführten Simulationsläufe im Good Case- und Bad Case-Szenario. Zur Auswahl von Szenarios vgl. auch Matthes, W., Böth, Th., Pütz, M. 2006 /Controlling/ S. 61f.

Eine monatsbezogene Darstellung des internen Betriebsergebnisses bzw. des internen Gewinns von Bad Case und Good Case $intGew_t = \left[intGew_t^{\min}, intGew_t^{\max} \right]$ wird am Beispiel der ersten 12 Monate durch die folgende Abbildung wiedergegeben:[332]

M	T	intGew (min)	intGew (max)
1	31	[20.836,71 ,	55.388,00]
2	28	[19.353,56 ,	53.152,04]
3	31	[-3.439,68 ,	70.385,64]
4	30	[20.060,67 ,	78.723,77]
5	31	[8.770,88 ,	73.164,45]
6	30	[977,83 ,	57.519,31]
7	31	[8.469,01 ,	64.049,06]
8	31	[6.271,04 ,	72.555,01]
9	30	[16.662,03 ,	64.331,01]
10	31	[9.592,48 ,	93.020,62]
11	30	[19.591,16 ,	82.926,81]
12	31	[-5.734,82 ,	59.654,80]

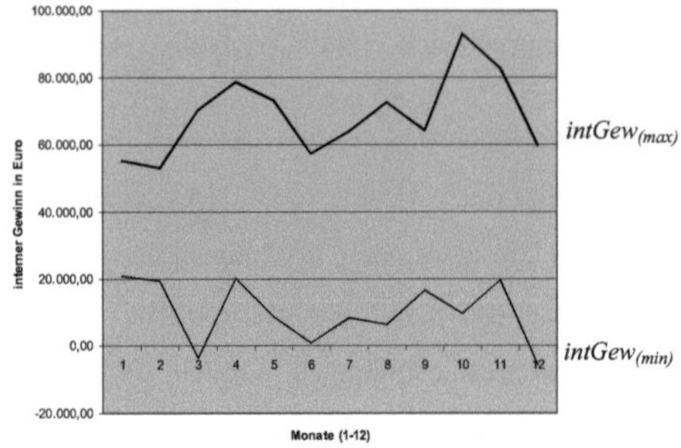

Abb. 4.5.63: Vergleich der monatsbezogenen Entwicklung des internen Gewinns zwischen bestem Bad Case- und schlechtestem Good Case-Szenario in den ersten 12 Monaten

Ferner stellt $intGew_{kum_t} = \left[intGew_{kum_t}^{\min}, intGew_{kum_t}^{\max} \right]$ den kumulierten internen Gewinn pro Periode dar, der hier entsprechend der in (4.22) dargestellten Intervallverknüpfung $A + B = \left[a_1 + b_1, a_2 + b_2 \right]$ als Totalgewinn gebildet wird. Dabei wird der pessimistische interne Gewinn durch $intGew_{kum_t}^{\min} = intGew_{kum_{t-1}}^{\min} + intGew_t^{\min}$ und der optimistische interne Gewinn durch $intGew_{kum_t}^{\max} = intGew_{kum_{t-1}}^{\max} + intGew_t^{\max}$ berechnet und mit seiner Entwicklung für die ersten 12 Monate in der folgenden Abbildung dargestellt.[333]

---

331 Vgl. hierzu die kumulierten Umsatzwerte im Good Case- und Bad Case-Szenario nach 36 Monaten der Simulation im Anhang A-12. Die beiden ausgewählten Szenarios werden im Folgenden auch als bestes Bad Case- und schlechtestes Good Case-Szenario bezeichnet.

332 Vgl. die monatsbezogenen (nichtkumulierten) Ergebnisse im Anhang A-14, insb. Tab. A-14.5.

333 Vgl. die kumulierten Ergebnisse im Anhang A-13, insb. Tab. A-13.5.

M	T	$intGew_{(min)}$		$intGew_{(max)}$
1	31	[20.836,71	,	55.388,00]
2	28	[40.190,27	,	108.540,04]
3	31	[36.750,59	,	178.925,68]
4	30	[56.811,26	,	257.649,45]
5	31	[65.582,14	,	330.813,90]
6	30	[66.559,97	,	388.333,21]
7	31	[75.028,98	,	452.382,27]
8	31	[81.300,02	,	524.937,28]
9	30	[97.962,05	,	589.268,29]
10	31	[107.554,53	,	682.288,91]
11	30	[127.145,69	,	765.215,72]
12	31	[121.410,87	,	824.870,52]

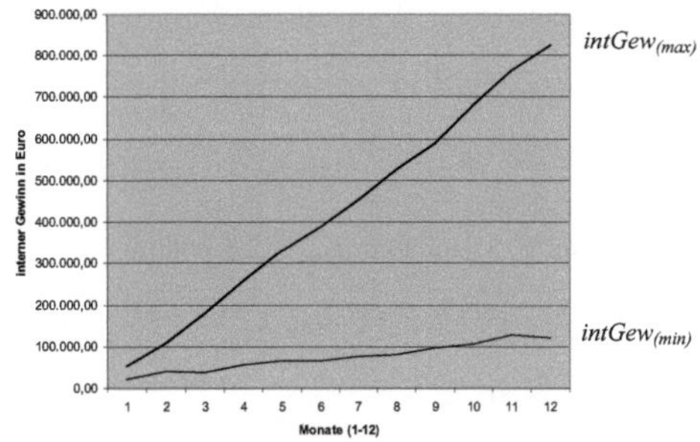

Abb. 4.5.64: Vergleich der kumulierten Entwicklung des internen Gewinns zwischen bestem Bad Case- und schlechtestem Good Case-Szenario in den ersten 12 Monaten

Entsprechend können auch viele weitere Entwicklungen durch Vergleich des besten Bad Case- mit dem schlechtesten Good Case-Szenario im Sinne eines ersten Restringierens unterschiedlicher Simulationsläufe abgebildet werden.

Hinsichtlich der Umsatzentwicklung ergibt sich bspw. im ersten Monat ein möglicher Umsatz von 101.279,21 € bzw. von 172.538,50 €, dessen weitere kumulierte Entwicklung hier grafisch dargestellt wird.[334]

M	T	$U_{Ges(min)}$		$U_{Ges(max)}$
1	31	[101.279,21	,	172.538,50]
2	28	[207.060,27	,	325.684,04]
3	31	[281.723,09	,	512.077,18]
4	30	[386.615,26	,	707.552,45]
5	31	[474.232,64	,	898.266,40]
6	30	[557.110,97	,	1.075.591,21]
7	31	[667.568,48	,	1.255.992,77]
8	31	[763.858,02	,	1.440.112,28]
9	30	[875.779,55	,	1.616.061,79]
10	31	[987.360,53	,	1.832.217,91]
11	30	[1.100.960,19	,	2.035.886,22]
12	31	[1.196.471,87	,	2.228.308,52]

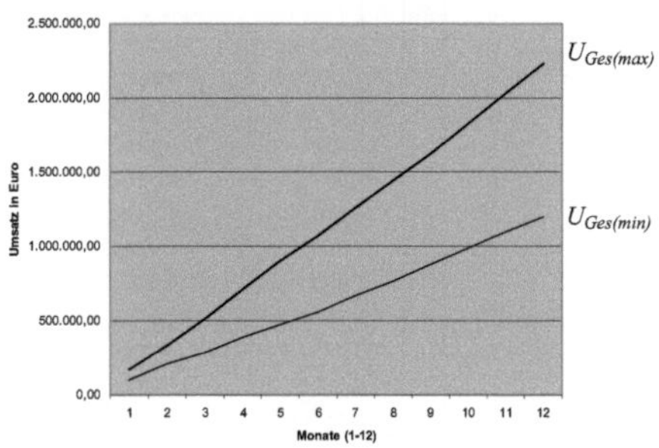

Abb. 4.5.65: Vergleich der kumulierten Entwicklung des Umsatzes zwischen bestem Bad Case- und schlechtestem Good Case-Szenario der ersten 12 Monate

334 Vgl. die kumulierten Umsatzergebnisse im Anhang A-13 (Tab. A-13.1).

Im Sinne einer vorsichtigen Analyse können aufbauend auf der hier getroffenen Auswahlentscheidung bspw. die monatlichen pessimistischen bzw. optimistischen Wareneinsatzkosten[335] $K_{W_t} = \left[K_{W_t}^{\min}, K_{W_t}^{\max}\right]$ und der entsprechende Rohgewinn I mit $RG\,I_t = \left[RG\,I_t^{\min}, RG\,I_t^{\max}\right]$ dargestellt werden. Dies ergibt bspw. im ersten Monat $RG\,I_1^{\min}$ = 62.975,21 € und $K_{W_1}^{\min}$ = 38.304,00 € beim Bad Case Simulationslauf Nr. 1 und $RG\,I_1^{\max}$ = 97.526,50 € und $K_{W_1}^{\max}$ = 75.012,00 € im Rahmen des Good Case Simulationslaufs Nr. 7.[336]

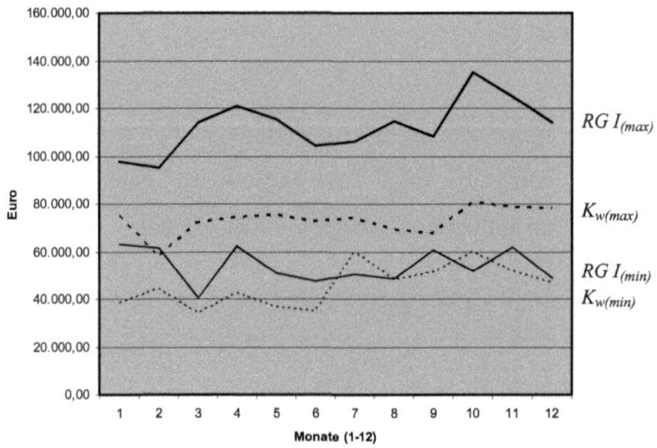

M	T	K W(min)	K W(max)	RG I (min)	RG I (max)
1	31	[38.304,00 ,	75.012,00]	[62.975,21 ,	97.526,50]
2	28	[44.289,00 ,	57.855,00]	[61.492,06 ,	95.290,54]
3	31	[34.314,00 ,	72.219,00]	[40.348,82 ,	114.174,14]
4	30	[42.693,00 ,	74.613,00]	[62.199,17 ,	120.862,27]
5	31	[36.708,00 ,	75.411,00]	[50.909,38 ,	115.302,95]
6	30	[35.112,00 ,	73.017,00]	[47.766,33 ,	104.307,81]
7	31	[59.850,00 ,	74.214,00]	[50.607,51 ,	106.187,56]
8	31	[47.880,00 ,	69.426,00]	[48.409,54 ,	114.693,51]
9	30	[51.471,00 ,	67.830,00]	[60.450,53 ,	108.119,51]
10	31	[59.850,00 ,	80.997,00]	[51.730,98 ,	135.159,12]
11	30	[51.870,00 ,	78.603,00]	[61.729,66 ,	125.065,31]
12	31	[46.683,00 ,	78.204,00]	[48.828,68 ,	114.218,30]

Abb. 4.5.66: Vergleich der monatsbezogenen Entwicklung der Materialaufwendungen und des monatsbezogenen Rohgewinns I zwischen bestem Bad Case- und schlechtestem Good Case-Szenario der ersten 12 Monate

[335] Die Wareneinsatzkosten werden hier auch als Materialaufwendungen bezeichnet.

[336] Vgl. die monatsbezogenen (nichtkumulierten) Ergebnisse im Anhang A-14, insb. Tab. A-14.1.

4.5.6.2.2 Restringieren durch Vergleich des besten Bad Case- mit dem schlechtesten Good Case-Szenario und schärfere Intervalle beim kumulierten internen Gewinn (Stufe II)

Analog zum vorherigen Abschnitt 4.5.6.2.1 wird auch hier auf den zuvor bestimmten Simulationslauf Nr. 1 des Bad Case-Szenarios und den Simulationslauf Nr. 7 des Good Case-Szenarios zurückgegriffen und entsprechende Intervalle gebildet.

Die Ausgangsbasis für schärfere Intervalle im Rahmen der internen Gewinnermittlung (Stufe II) bildet hier der interne Gewinn $intGew_t = \left[intGew_t^{min}, intGew_t^{max}\right]$ auf Monatsbasis, indem die Ermittlung des kumulierten internen Gewinns $intGew_{kum_t} = \left[intGew_{kum_t}^{min}, intGew_{kum_t}^{max}\right]$ durch die Kombination des optimistischen bzw. pessimistischen Wertes eines Intervalls mit dem pessimistischen bzw. optimistischen Wert des Intervalls der Vorperiode gebildet wird.

Somit wird mit $intGew_{kum_t}^{min} = intGew_{kum_{t-1}}^{max} + intGew_t^{min}$ der kumulierte pessimistische interne Gewinn und durch $intGew_{kum_t}^{max} = intGew_{kum_{t-1}}^{min} + intGew_t^{max}$ der kumulierte optimistische interne Gewinn ermittelt, was zu restringierten bzw. schärferen Intervallen führt.

Die folgende Abbildung zeigt die entsprechende Entwicklung für die Monate 1 bis 12, die im Vergleich zur Abb. 4.5.64 (Stufe I) engere/schärfere Intervalle aufzeigt.[337]

M	T	intGew (min)	intGew (max)
1	31	[20.836,71	, 55.388,00]
2	28	[73.988,75	, 74.741,56]
3	31	[71.301,88	, 144.374,39]
4	30	[150.025,65	, 164.435,06]
5	31	[173.205,94	, 223.190,10]
6	30	[224.167,93	, 230.725,25]
7	31	[239.194,26	, 288.216,99]
8	31	[294.488,03	, 311.749,27]
9	30	[328.411,30	, 358.819,04]
10	31	[368.411,52	, 421.431,92]
11	30	[441.023,08	, 451.338,33]
12	31	[445.603,51	, 500.677,88]

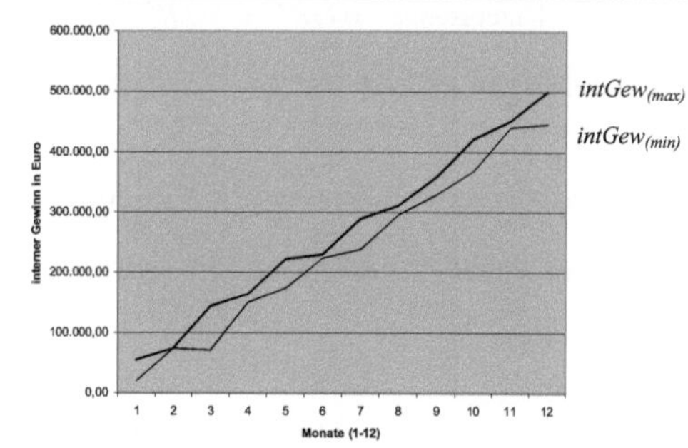

Abb. 4.5.67: Vergleich der kumulierten Entwicklung des restringierten internen Gewinns zwischen Bad Case und Good Case in den ersten 12 Monaten

337 Vgl. hierzu auch die Tabelle im Anhang A-15, die im Rahmen des Restringierens (Stufe II) auch die verwendeten monatsbezogenen Werte ($intGew_t^{min}$ und $intGew_t^{max}$) mit aufzeigt.

4.5.6.2.3 Restringieren durch Vergleich des besten Bad Case- mit dem schlechtesten Good Case-Szenario und Kombination des optimistischen bzw. pessimistischen Wertes eines Intervalls mit dem pessimistischen bzw. optimistischen Wert (Stufe III)

Im Rahmen der ausgewählten Simulationsläufe werden im Folgenden bei allen vom Gesamtumsatz bis zum internen Gewinn durchgeführten Berechnungsschritten (Stufe III) nur Kombinationen des optimistischen bzw. pessimistischen Wertes eines Intervalls mit dem pessimistischen bzw. optimistischen Wert des anderen betreffenden Intervalls berücksichtigt.[338]

Der periodenbezogene Rohgewinn $RG\,I_t = \left[RG\,I_t^{\min}, RG\,I_t^{\max}\right]$ beinhaltet entsprechend der oben skizzierten Vorgehensweise als Untergrenze demnach mit $RG\,I_t^{\min} = U_{Ges_t}^{\min} - K_{W_t}^{\max}$ den pessimistischen bzw. minimalen Wert der betrachteten Periode und mit $RG\,I_t^{\max} = U_{Ges_t}^{\max} - K_{W_t}^{\min}$ den entsprechenden optimistischen bzw. maximalen Wert.

Ferner stellt $RG\,II_t = \left[RG\,II_t^{\min}, RG\,II_t^{\max}\right]$ mit $RG\,II_t^{\min} = RG\,I_t^{\min} - K_{P_t}^{\max}$ den pessimistischen bzw. minimalen Rohgewinn II dar, wohingegen $RG\,II_t^{\max} = RG\,I_t^{\max} - K_{P_t}^{\min}$ der optimistische bzw. maximale Rohgewinn II der betrachteten Periode ist.

Entsprechend ist $RG\,III_t = \left[RG\,III_t^{\min}, RG\,III_t^{\max}\right]$ der periodenbezogene Rohgewinn III mit der Untergrenze $RG\,III_t^{\min} = RG\,II_t^{\min} - K_{WLK_t}^{\max}$ und der dazugehörigen Obergrenze $RG\,III_t^{\max} = RG\,II_t^{\max} - K_{WLK_t}^{\min}$.

Der periodenbezogene Rohgewinn $RG\,IV_t = \left[RG\,IV_t^{\min}, RG\,IV_t^{\max}\right]$ setzt sich aus der Untergrenze $RG\,IV_t^{\min} = RG\,III_t^{\min} - Z_t^{\max}$ und $RG\,IV_t^{\max} = RG\,III_t^{\max} - Z_t^{\min}$ als Obergrenze zusammen.

Gleiches gilt auch hier für den internen Gewinn pro Periode, der sich als $intGew_t = \left[intGew_t^{\min}, intGew_t^{\max}\right]$ mit der Untergrenze $intGew_t^{\min} = RG\,IV_t^{\min} - K_{A_t}^{\max}$

[338] Vgl. hierzu Pütz, M. 2004 /Produktionssysteme/ S. 72-76; zudem auch Matthes, W. 2002 /Gründungscontrolling/ S. 35f.; Matthes, W. 2000 /Entwicklungscontrolling/ S. 15f.

und der Obergrenze $intGew_t^{max} = RG\,IV_t^{max} - K_{A_t}^{min}$ beschreiben lässt.

Um nun z.B. die optimistischen Werte eines Intervalls mit den pessimistischen Werten eines anderen Intervalls im Sinne der in (4.23) dargestellten Regel $A - B$ = $[a_1 - b_2, a_2 - b_1]$ verknüpfen zu können, werden ebenfalls die zuvor ausgewählten Simulationsläufe des Bad Case-Szenarios (Simulationslauf Nr. 1) und des Good Case-Szenarios (Simulationslauf Nr. 7) herangezogen.[339]

Die oben skizzierte Vorgehensweise wird auch bei der Ermittlung der kumulierten Gewinne fortgesetzt und durch die entsprechende Schreibweise deutlich. So kann der pessimistische interne Gewinn mit $intGew_{kum_t}^{max\,min} = intGew_{kum_{t-1}}^{min\,max} + intGew_t^{min}$ und der optimistische interne Gewinn durch $intGew_{kum_t}^{min\,max} = intGew_{kum_{t-1}}^{max\,min} + intGew_t^{max}$ berechnet werden. Die hier aufgeführte Abbildung zeigt hierzu die restringierte Entwicklung des internen kumulierten Gewinns für die Monate 1 bis 12, die ähnlich wie Abb. 4.5.67 (Stufe II) im Vergleich zur Abb. 4.5.64 (Stufe I) engere/schärfere Intervalle zur Folge hat.[340]

M	T	intGew (min)	intGew (max)
1	31	[-15.871,29 ,	92.096,00]
2	28	[50.846,75 ,	97.883,56]
3	31	[56.538,88 ,	159.137,39]
4	30	[147.278,06 ,	167.182,65]
5	31	[137.250,53 ,	259.145,51]
6	30	[222.218,34 ,	232.674,84]
7	31	[226.779,85 ,	300.631,40]
8	31	[285.356,44 ,	320.880,86]
9	30	[321.183,89 ,	366.046,45]
10	31	[354.491,93 ,	435.351,51]
11	30	[428.209,67 ,	464.151,74]
12	31	[426.895,92 ,	519.385,47]

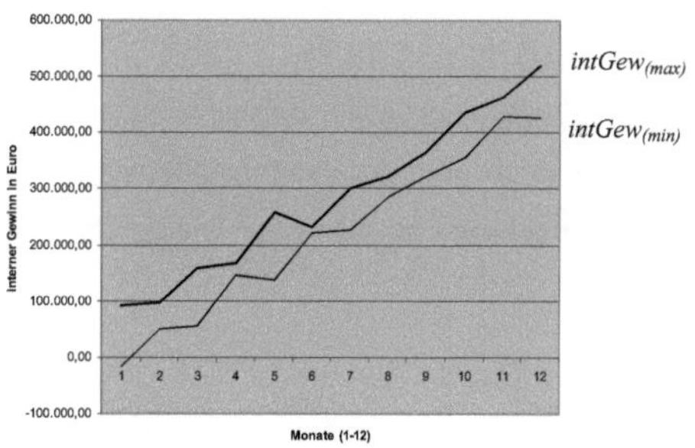

Abb. 4.5.68: Vergleich der kumulierten Entwicklung des internen Gewinns zwischen Bad Case und Good Case in den ersten 12 Monaten bei vollständiger Kombination des optimistischen bzw. pessimistischen Wertes eines Intervalls mit dem pessimistischen bzw. optimistischen Wert des anderen betreffenden Intervalls

[339] Vgl. hierzu den Anhang A-16 (Tab. A-16.1 bis A-16.5).

[340] Vgl. hierzu im Anhang A-16 die Tabelle A-16.6, die die gesamte Entwicklung für 36 Monate aufzeigt und im Rahmen des Restringierens (Stufe III) auch die verwendeten monatsbezogenen Werte ($intGew_t^{min}$ und $intGew_t^{max}$) mit aufführt.

Ausgangspunkt der periodisierten Ergebnisdarstellung im Sinne einer vorsichtigen Analyse war zunächst die betriebspolitisch motivierte Auswahlentscheidung von Simulationsläufen aus zwei unterschiedlichen Szenarios anhand eines zuvor festgelegten Kriteriums.[341]

Daran anknüpfend wurden im Rahmen der hier dargestellten Analyse 3 Stufen eines Restringierens aufgezeigt und anhand von Beispielen erläutert.

Zum einen in Stufe I die Darstellung in Form von Intervallen, indem ausschließlich optimistische oder pessimistische Werte jeweils zweier Intervalle Berücksichtigung finden, zum anderen ist aber auch eine Kombination des optimistischen oder pessimistischen Wertes eines Intervalls mit dem pessimistischen bzw. optimistischen Wert eines anderen Intervalls in Stufe III durchgeführt worden. Die Stufe II stellt eine Kombination beider Vorgehensweisen dar, indem ein schärferes Intervall erst bei der Darstellung des internen Gewinns eingeführt wurde.

Die Intervalle des internen kumulierten Gewinns im erstgenannten Fall (Stufe I) können auch als schwächere Intervalle [Min, Max] und in den anderen Fällen (Stufen II und III) als restringierte bzw. schärfere Intervalle [Maxmin, Minmax] bezeichnet werden.[342]

Die hier anhand ausgewählter Beispiele aufgezeigte Aufbereitung der Simulationsergebnisse offeriert den Steuerungsinstitutionen zum Zeitpunkt $tp = 2$ somit ein stufenweise aufgebautes Verfahren zur Entscheidungsunterstützung.

---

341 Anhand der dort formulierten Bedingungen (höchster kumulierter Umsatzwert nach 3 Jahren der Simulation im Szenario Bad Case und schlechtester kumulierter Umsatzwert nach 3 Jahren der Simulation im Szenario Good Case) wurden der Simulationslauf Nr. 1 des Szenarios Bad Case und der Simulationslauf Nr. 7 des Szenarios Good Case ausgewählt.

342 Vgl. Matthes, W. 2002 /Gründungscontrolling/ S. 35f.; Pütz, M. 2004 /Produktionssysteme/ S. 75f.

4.5.6.3 Auswertung auf Geschäftsvorfallebene

Im Rahmen des konzipierten dynamischen Simulationsmodells soll jedem Geschäftsvorfall der genaue Zeitpunkt seines Auftretens im Sinne eines Zeitstempels zugeordnet werden können. Im Rahmen des Simulationsmodells wurden hierzu entsprechende einheitenspezifische und auch globale Variablen verwendet, durch die alle für den Geschäftsvorfall notwendigen Informationen zur zeitpunktgenauen Zuordnung ermittelt werden können.[343]

Die entsprechenden Variablen sind hierzu in der Steuerungsdatei und im Netzwerkmodell implementiert worden, wie bspw. die ganzzahlige globale Variable LL[27] mit der Bezeichnung „AnzMonat", die den aktuell laufenden Monat repräsentiert, und die ganzzahlige globale Variable LL[26], die mit der Bezeichnung „AktTagMonat" den dazu gehörenden Tag im laufenden Monat wiedergibt. Hinzu kommt die ganzzahlige einheitenspezifische Variable LTRIB[3], die mit der Bezeichnung „AktBuchSatzNr" die aktuelle Buchungssatznummer abbildet.[344]

Der eingangs geforderte genaue Zeitpunkt des Auftretens eines Geschäftsvorfalls wird neben der Angabe von Tag und Monat auch auf Minuten- und Sekundenebene über die reelle einheitenspezifische Variable ATRIB[1] und der zugeordneten Bezeichnung „BusiTransZeit" ermöglicht.[345]

Weitere mit dem Buchungsvorgang einhergehende Variablen sind die einheitenspezifische Variable STRIB[1], die als Zeichenkette den aktuellen Buchungssatz unter der Bezeichnung „AktBuchSatzString" festhält und die reelle einheitenspezifische Variable ATRIB[2], die mit „AktBusiProcBetrag" den genauen Betrag des relevanten Geschäftsprozesses wiedergibt. Ferner die ganzzahlige einheitenspezifische Variable LTRIB[1], die mit „AktSollKontoNr" die Sollkontonummer des aktuellen Buchungssatzes darstellt und entsprechend die ganzzahlige einheitenspezifische Variable LTRIB[2], durch die mit „AktHabenKontoNr" die Habenkontonummer des aktuellen Buchungssatzes aufgeführt wird. Die weiteren acht Positionen mit ihren entspre-

---

343 Im Rahmen der für das Modell entwickelten laufenden zeitpunktbezogenen Kontodifferenzwertermittlung wurde im Abschnitt 4.4 auf die Notwendigkeit der Datierung jeder Buchung bereits hingewiesen.

344 Vgl. hierzu auch die Liste der im Simulationsmodell verwendeten Variablen im Anhang A-4.

345 Vgl. hierzu z.B. die im CREATE-Knoten „VerkaufTerminal" eingetragene einheitenspezifische Variable BusiTransZeit in Abb. 4.5.9 des Teilnetzwerkes B.

chenden Inhalten wurden durch sog. Feldvariablen (ARRAY) in der Steuerungsdatei und im Netzwerkmodell entwickelt und eingesetzt.[346]

Der im Folgenden aufgeführte aufbereitete Auszug aus der Ausgabedatei „BSDatRefMonJahr1GC.dat" zeigt exemplarisch verschiedene Geschäftsvorfälle im Szenario Good Case in chronologischer Abfolge.

AnzMonat	AktTagMonat	AktBuchSatzNr	BusiTransZeit	AktBuchSatzString	AktBusiProcBetrag	AktSollKontoNr	AktSollKontoNr,SollPos	AktSollKontoNr,HabenPos	AktSollKontoNr,SollSaldo	AktSollKontoNr,HabenSaldo	AktHabenKontoNr	AktHabenKontoNr,SollPos	AktHabenKontoNr,HabenPos	AktHabenKontoNr,SollSaldo	AktHabenKontoNr,HabenSaldo
⋮	⋮	⋮	⋮	⋮	⋮	⋮	⋮	⋮	⋮	⋮	⋮	⋮	⋮	⋮	⋮
6	29	23054	258232,48	2800an5000	0,39	2800	1115902,48	651762,50	464139,98	0	5000	0	7812,48	0	7812,48
6	29	23055	257853,226	2800an5400	39,00	2800	1115941,48	651762,50	464178,98	0	5400	0	40989,00	0	40989,00
6	29	23056	257853,226	6080an2280	399,00	6080	462042,00	0	462042,00	0	2280	474810,00	462042,00	12768,00	0
6	29	23057	257791,749	2800an5400	39,00	2800	1115980,48	651762,50	464217,98	0	5400	0	41028,00	0	41028,00
6	29	23058	257791,749	6080an2280	399,00	6080	462441,00	0	462441,00	0	2280	474810,00	462441,00	12369,00	0
⋮	⋮	⋮	⋮	⋮	⋮	⋮	⋮	⋮	⋮	⋮	⋮	⋮	⋮	⋮	⋮
6	30	23454	0	2800an5400	39,00	2800	1126095,91	651762,50	474333,41	0	5400	0	51090,00	0	51090,00
6	30	23455	0	2800an5400	39,00	2800	1126134,91	651762,50	474372,41	0	5400	0	51129,00	0	51129,00
6	30	23456	0	4250an2800	1700,00	4250	10200,00	60000,00	0	49800,00	2800	1126134,91	653462,50	472672,41	0
6	30	23457	0	6300an2800	23350,00	6300	140100,00	0	140100,00	0	2800	1126134,91	676812,50	449322,41	0
6	30	23458	0	6400an2800	4903,50	6400	29421,00	0	29421,00	0	2800	1126134,91	681716,00	444418,91	0
6	30	23459	0	6700an2800	1450,00	6700	8700,00	0	8700,00	0	2800	1126134,91	683166,00	442968,91	0
6	30	23460	0	6710an2800	1350,00	6710	8100,00	0	8100,00	0	2800	1126134,91	684516,00	441618,91	0
6	30	23461	0	6850an2800	6000,00	6850	36000,00	0	36000,00	0	2800	1126134,91	690516,00	435618,91	0
6	30	23462	0	6870an2800	5000,00	6870	30000,00	0	30000,00	0	2800	1126134,91	695516,00	430618,91	0
6	30	23463	0	7510an2800	85,00	7510	510,00	0	510,00	0	2800	1126134,91	695601,00	430533,91	0
6	30	23464	0	6640an2800	1650,00	6640	3300,00	0	3300,00	0	2800	1126134,91	697251,00	428883,91	0
6	30	23465	0	6640an2800	3000,00	6640	6300,00	0	6300,00	0	2800	1126134,91	700251,00	425883,91	0
6	30	23466	259200,922	2800an5000	0,39	2800	1126135,30	700251,00	425884,30	0	5000	0	7866,30	0	7866,30
6	30	23467	259201,547	2800an5000	0,39	2800	1126135,69	700251,00	425884,69	0	5000	0	7866,69	0	7866,69
6	30	23468	259204,985	2800an5000	0,39	2800	1126136,08	700251,00	425885,08	0	5000	0	7867,08	0	7867,08
⋮	⋮	⋮	⋮	⋮	⋮	⋮	⋮	⋮	⋮	⋮	⋮	⋮	⋮	⋮	⋮

Abb. 4.5.69: Auszug aus den geschäftsvorfallspezifischen Daten im Simulationslauf Nr. 1 von 10 (Ausgabedatei „BSDatRefMonJahr1GC.dat")

Im Rahmen der hier nur ausschnittsweise und als Beispiel aufgezeigten Buchungssatznummern 23.054 bis 23.058 sowie 23.454 bis 23.468 wurde der genaue Zeitpunkt (Zeitstempel) des Auftretens eines Geschäftsvorfalls unter „BusiTransZeit"

[346] „AktSollKontoNr,SollPos" = Sollposition der aktuellen Sollkontonummer; „AktSollKontoNr,HabenPos" = Habenposition der aktuellen Sollkontonummer; „AktSollKontoNr,SollSaldo" = Sollsaldo der aktuellen Sollkontonummer; „AktSollKontoNr,HabenSaldo" = Habensaldo der aktuellen Sollkontonummer; „AktHabenKontoNr,SollPos" = Sollposition der aktuellen Habenkontonummer; „AktHabenKontoNr,HabenPos" = Habenposition der aktuellen Habenkontonummer; „AktHabenKontoNr,SollSaldo" = Sollsaldo der aktuellen Habenkontonummer; „AktHabenKontoNr,HabenSaldo" = Habensaldo der aktuellen Habenkontonummer.

festgehalten, da es sich hierbei um Geschäftsvorfälle handelt, die im Rahmen unterschiedlicher exponentialverteilter Zwischenankunftszeiten angefallen sind und minuten- bzw. sekundengenau festgehalten werden sollen.[347]

Der Buchungssatz Nr. 23.054 tritt bspw. genau nach 258.232,48 Minuten ein, was einem Zeitpunkt nach 179 abgeschlossenen Tagen und weiteren 7 Stunden, 52 Minuten und 29 Sekunden entspricht.[348] Unter Berücksichtigung der Anzahl an Kalendertagen der zugrunde liegenden Marktstudie[349] ergibt dies den 29. Juni des ersten Jahres, was sich auch mit dem Ergebniseintrag unter „AnzMonat" und „AktTagMonat" deckt.[350] Der „2800 Bank an 5000 Umsatzerlöse" lautende Buchungssatz mit dem „AktBusiProcBetrag" von 0,39 € gehört als Transaktionsumsatz demnach zu der Gruppe der im Anwendungsbeispiel möglichen Geschäftsvorfälle, deren exponentialverteilte Zwischenankunftszeiten unter Rückgriff auf die Steuerungsdatei BFUECONG und in Verbindung mit den Daten der Marktstudie generiert wurden und im Gegensatz zu den bekannten wiederkehrenden und damit tagesgenau einplanbaren Geschäftsvorfällen auch auf Minuten- und Sekundenbasis im Rahmen der Simulationsergebnisse aufgeführt werden soll.

Für den hier als Beispiel dargestellten datierten Buchungsvorgang Nr. 23.054 wurden die aktualisierten richtigen Saldoseiten ermittelt, die sich im Falle des Bankkontos als Sollsaldo und im Falle des Umsatzerlöskontos als Habensaldo darstellen.[351]

---

347 Prinzipiell ist dieser sekundengenaue Eintrag für alle anfallenden Geschäftsvorfälle im konzipierten Simulationsmodell möglich. Bei den eingeplanten regelmäßigen Geschäftsvorfallbuchungen, die zum Monats-, Quartals-, Halbjahres- oder Jahresende im Teilnetzwerk M des Simulationsmodells angelegt wurden, wird die exakte Buchungstagangabe als Zeitstempel als ausreichend angesehen.

348 Die hier angegebenen 258.232,48 Minuten ergeben einen Stundenwert von 4.303 Stunden, 52 Minuten und 29 Sekunden, was umgerechnet mit 179 (abgeschlossenen) Tagen, 7 Stunden, 52 Minuten und 29 Sekunden übereinstimmt.

349 Vgl. hierzu Anhang A-1.

350 Der sekundengenaue Zeitstempel ist 7 Uhr, 52 Minuten und 29 Sekunden.

351 Im Simulationsmodell wird dies insb. anhand der in den Abschnitten 4.5.5.1.6 (Erfassung und Vorbereitung von Geschäftsvorfällen entsprechend der Entscheidungstabelle, inkl. der Berechnung des Kontodifferenzwertes und der Soll- und Habenpositionen durch den Einsatz von ARRAY-Funktionen), 4.5.5.1.7 (Entscheidungsbaum, der die bedingungsabhängige richtige Weitergabe des Buchungssatzes ermittelt und durchführt), 4.5.5.1.8 (Aufbereitung der Kontodifferenzwerte entsprechend der Entscheidungstabelle) und 4.5.5.1.9 (Ausgabe der geschäftsvorfallspezifischen Daten) konzipierten Vorgehensweise deutlich. Vgl. auch die Ausführungen zur Erfassung und Verarbeitung der Geschäftsvorfälle für die Konzeption eines dynamischen Simulationsmodells im Abschnitt 4.4.

Die Möglichkeit der Auswertung bis auf die Ebene von Geschäftsvorfällen führt zu den hier aufgezeigten umfangreichen Kontoinformationen, die in Abb. 4.5.69 anhand eines kleinen Ausschnitts wiedergeben sind. Die darin enthaltenen Daten ermöglichen einen genauen (datierten) Einblick in alle dort eingetragenen Bestands- und Erfolgskonten, die auch in Form von T-Konten aufbereitet und dargestellt werden können.

Entsprechende minuten- bzw. sekundengenaue Informationen liegen somit für alle angefallenen Buchungsvorgänge vor, insofern es sich nicht nur um die fest eingeplanten Routinebuchungen handelt, für die eine Erfassung auf Tagesebene als ausreichend angesehen wird. Im hier gewählten Ausschnitt der Ausgabedatei sind dies bspw. die Nummern 23.454 bis 23.465.

Jeder der durchgeführten Simulationsläufe führte auch aufgrund der aufgetretenen exponentialverteilten Zwischenankunftszeiten einzelner Geschäftsvorfälle[352] und damit einhergehender Buchungsvorgänge zu einer unterschiedlichen Anzahl von Buchungssätzen, ausgedrückt durch eine simulationsspezifisch variierende Buchungssatzhöchstnummer.

So fielen bspw. im ersten Simulationslauf des Good Case-Szenarios nach 12 Monaten 71.267, nach 24 Monaten 193.727 und nach 36 Monaten 353.914 und im zweiten Simulationslauf nach 12 Monaten 71.185, nach 24 Monaten 193.710 und nach 36 Monaten 353.281 Buchungseinträge an. Bei Berücksichtigung aller 10 Simulationsläufe des Good Case-Szenarios ergaben sich innerhalb von 36 Monaten 3.536.219 und in den entsprechenden Simulationsläufen des Bad Case-Szenarios 2.506.490 Buchungssätze, wie auch dem entsprechenden Auszug aus beiden Ausgabedateien im Anhang A-17 und A-18 zu entnehmen ist. Dort ist die jeweils letzte Buchung eines jeden einzelnen Simulationslaufs und somit auch die letzte Buchungsnummer aufgeführt. Die Buchungsvorgänge beider Szenarios ergeben somit über alle Simulationsläufe hinweg 6.042.709 unterschiedliche Buchungssätze, die in die entsprechenden Ausgabedateien eingetragen wurden.

An dem im Anhang A-17 und A-18 aufgeführten Beispiel zeigt sich auch, dass der

---

[352] Vgl. hierzu die Geschäftsvorfälle Terminalverkauf (Teilnetzwerk B), Terminalneuvermietung (Teilnetzwerk C), Terminaltransaktion A-Kunde (Teilnetzwerk E), Terminaltransaktion B-Kunde (Teilnetzwerk E), Terminaltransaktion C-Kunde (Teilnetzwerk E).

hierbei stets als letzter angefallene Buchungssatz „2800 Bank an 5000 Umsatzerlöse“ bezüglich des verwendeten Sollkontos „2800 Bank“ in allen Fällen einen Sollsaldo ausweist.[353] Da es sich hierbei im Rahmen der zu diesem Zeitpunkt gestoppten Simulation um den fortgeschrieben Sollsaldowert des Bankkontos handelt, ist dieser Sollsaldowert im Rahmen desselben Simulationslaufs wiederum identisch mit dem Endwert des im Anhang A-12 als liquide Mittel (LiqMit) eintragenen kumulierten Betrages nach 36 Monaten.[354]

Das Simulationsmodell ist im Teilnetzwerk I grundsätzlich so konzipiert, dass zu jedem beliebigen Zeitpunkt die hier dargestellten Informationen, wie bspw. alle simulierten tages-, minuten- und sekundengenauen Banksalden, vorliegen können. Neben dieser Dokumentationsaufgabe für die Entscheidungsträger kann das Modell im Sinne einer Stoppregel auch derart angepasst werden, dass eine Datenausgabe beim Über- oder Unterschreiten zuvor definierter Schwellenwerte in einzelnen Konten bzw. Bilanzpositionen ebenfalls zeitpunktbezogen angestoßen wird.[355] Zudem können mit den Ergebnissen an einem zu bestimmenden Datum die Werte eines Kontos mit den Werten des gleichen Kontos aus einem anderen Szenario verglichen werden und somit Intervalle (Good Case – Bad Case) eines Kontos gebildet werden.

Die hier aufgezeigten Ergebnisse und Auswertungen zum Simulationsmodell EBILANZ, insb. die Termin- und Kapazitätsbedingungen, die internen Erfolgs- und Bilanzeffekte und die damit einhergehenden Geschäftsvorfälle, dienen damit der Entscheidungsunterstützung der Steuerungsinstitutionen zum Zeitpunkt *tp* = 2.

---

[353] Vgl. den Auszug aus den Ausgabedateien hierzu im Anhang A-17 und A-18.

[354] Als Beispiel dieser Modellvalidierung sei der letzte Buchungssatz Nr. 353.914 des ersten Simulationslaufs im Good Case-Szenario im Anhang A-17 genannt, dessen Kontoinformationen beim Konto Bank einen Sollsaldo in einer Höhe von 3.047.791,90 € aufweisen. Dieser Wert ist identisch mit dem im Anhang A-12 in Tab. A-12.1 aufgeführten letzten kumulierten Wert „LiqMit“ in Höhe von 3.047.791,90 €

[355] Dies kann durch einen DETCT-Knoten gewährleistet werden. Vgl. hierzu auch Pritsker, A. A. B., O'Reilly, J. J. 1999 /Visual SLAM/ S. 230-232. Zu Stoppregeln siehe auch Sollacher, H. 1982 /Stoppregeln/.

5 Zusammenfassung und Ausblick

Zielsetzung der vorliegenden Arbeit war die Konzeption einer simulationsgestützten internen Entwicklungsbilanz, die im ersten Kapitel ausgehend von der Problemstellung kurz skizziert wird.

Im zweiten Kapitel wurde zunächst zur Einordnung der Arbeit die zugrunde gelegte Controllingkonzeption des Entwicklungscontrollings nach *Matthes* im Abschnitt 2.1 erläutert, die den Rahmen der Arbeit bildet. Der vorgestellte Ansatz befasst sich mit der Steuerung betrieblicher Prozesse und Potenziale im Kontext sich ändernder Problemstrukturen.[1] Hierbei nehmen die sog. Entwicklungsprojekte wichtige Basis- und Steuerungsaufgaben beim Auf-, Aus-, Um- und Abbau der Potenziale wahr. Im Rahmen der dabei auch dargestellten Grundaussagen (Axiome) zum Controlling wurde die Komplexität konkreter Entscheidungssituationen deutlich. Hierzu wurden als Basismerkmale der Steuerungsobjekte die Potenziale der betrieblichen Innen- und Außensysteme, die Prozessentwicklung, die Entwicklung von Prozessverknüpfungen und -strukturen und die Entwicklung von Prozesswirkungen (Axiome 1 bis 4) erläutert. Zudem wurden die Grundaussagen zur Steuerungsebene dargestellt, die sich durch die Entwicklung von Steuerungsinstitutionen, von Wissen und Zielsystemen sowie ferner der Methodik des offenen Entwicklungscontrollings und der Entwicklungsabbildung bzw. -modellierung (Axiome 5 bis 9) zeigen. Für die konkrete Entscheidungssituation wurde, insb. mit Blick auf die ersten 4 Axiome, eine Einführung in das dynamische Grundmodell offener Entscheidungsnetze im Abschnitt 2.2 vorgenommen.

Daran anknüpfend wurden die Anforderungen an die Konzeption einer Entwicklungsbilanz formuliert, die den Entscheidungsträgern (Steuerungsinstitution) zieladäquate Informationen in einer konkreten Entscheidungssituation liefern sollen. Angesprochen wurde die Aussagefähigkeit einer betriebspolitisch motivierten Bilanz und die Anlehnung an bekannte Regelwerke. Ferner wurde die Ausgabe von zukunftsorientierten Kontoinformationen zu beliebig datierten Terminen und auch die Aufbereitung ausgewählter Entwicklungsbilanzparameter unterschiedlicher Szenarios in Form von dynamischen Grenzwerten und Intervallen genannt. Außerdem wurden auch Termin- und Kapazitätsbedingungen (Arbeitszeiten der Mitarbeiter, deren zeitliche

---

1 Vgl. Matthes, W., Dederichs, J., Pütz, M. 2000 /Entwicklungscontrolling/ S. 205.

Belastungen durch definierte Arbeitsprozesse und auch die Belegungsbedingungen der materiellen Ressourcen) und die Berücksichtigung von zufallsabhängigen Variablen angeführt, die es galt, in dem entwickelten Simulationsmodell in unterschiedlichen Szenarios entsprechend abzubilden.

Die im Rahmen der Gestaltung einer Entscheidungssituation durch ein Simulationsmodell zu gewinnenden Erkenntnisse wurden im Sinne eines pragmatischen und anwendungsorientierten Wissenschaftsziels formuliert, wobei das Simulationsmodell als „(musterhafte) Modellstruktur" auch für andere Anwendungsfälle zum Einsatz kommen soll.

Im dritten Kapitel wurde ein einführender Überblick zu verschiedenen Einteilungsmöglichkeiten von Bilanzen gegeben. Dies wurde anhand der unterschiedlichen Formen von Bilanzkonzeptionen, der Erstellungshäufigkeit, dem Adressatenkreis, der Vergangenheits- oder Zukunftsorientierung, der gewählten Abgrenzungsperiode, der Bestände- und Bewegungsrechnung, der Anzahl der zu bilanzierenden Unternehmen und der Initiative zur Bilanzaufstellung vorgenommen. Dabei wurde abschnittsweise auch ein Bezug zu der entwickelten simulationsgestützten internen Entwicklungsbilanz aufgezeigt.

Im vierten Kapitel wurde die Entwicklungsbilanz konzipiert und erstellt. Hierzu wurde zunächst im Abschnitt 4.1 eine typische Entscheidungssituation mit dazugehörigen Entscheidungs- und Realisationsprozessen zum Controllingzeitpunkt $tp = 0$ dargestellt und erläutert. Diese Entscheidungssituation sollte um ein simulationsgestütztes Prozesssubnetzwerk erweitert werden. Zu diesem Zweck wurde eingangs im Abschnitt 4.2 der Bereich der Simulation im Kontext ökonomischer Modelle vorgestellt und die Einsatzmöglichkeit als Erklärungs-, aber auch Entscheidungsmodell, skizziert. Zudem wurden besondere Merkmale von Simulationsmodellen (statisch/dynamisch, deterministisch/stochastisch, diskret/kontinuierlich) und der idealtypische Simulationsablauf erläutert.

Daran anschließend wurde das simulation support system AweSim im Abschnitt 4.3 erläutert, das die dynamische Simulation der Entwicklungsbilanz in Form der diskreten Simulation, inkl. der Berücksichtigung von Zufallsvariablen, ermöglicht. Die Hauptkomponenten des Simulationssystems und ihre wichtigsten Elemente sowie auch der Bereich der einheitenspezifischen und der globalen Variablen wurden dargelegt. Die mit dem Simulationsmodell einhergehenden Netzwerkelemente (insb. Knoten, Kanten und Blöcke), die Bestandteil der grafischen Programmierung sind, wurden anhand von Beispielen kurz vorgestellt.

Im Abschnitt 4.4 wurden grundlegende Überlegungen zur Entwicklung eines Regelwerkes zur Ermittlung einer internen simulationsgestützten Entwicklungsbilanz vorgenommen. Dabei wurde auch die eingangs geforderte Auswertung in Form von dynamischen Intervallen diskutiert. Eine in diesem Zusammenhang theoretisch denkbare Verbuchung von Intervallwerten auf der Ebene von Buchungssätzen wurde dabei im Abschnitt 4.4.1 besprochen. Eine Saldierung mit Werten, die nicht identische Ober- und Untergrenzen beinhalten, also kein Punktintervall, sondern ein echtes (diskretes) Intervall, ist nur noch näherungsweise möglich. Der Einsatz der Intervallarithmetik bietet sich vor allem aufgrund der Komplexität von alternativen Szenarios, die in entsprechenden insb. buchhalterisch spezifizierten prozessbezogenen Disjunktionsketten und -netzen stehen, nicht an. Die Entscheidung gegen die Anwendung der Intervallarithmetik bei der Verbuchung von Geschäftsvorfällen im doppischen System im Rahmen eines Simulationsmodells wurde an dieser Stelle somit auch praktisch ökonomisch begründet. Demzufolge wurde die angedachte Auswertung in Form von Intervallen erst für den Bereich der Ergebnisanalyse empfohlen, für den dann verschiedene Szenarios und Simulationsläufe vorliegen und in Intervallform aufbereitet werden können. Im Abschnitt 4.4.2 wurden alle zur Erfassung und Verarbeitung von doppischen Geschäftsvorfällen denkbaren Kombinationsmöglichkeiten aufgezeigt, die auch in einem dynamischen Simulationsmodell abgebildet werden müssen. Als wichtiger Analysewert im Simulationsmodell wurde im Abschnitt 4.4.3 der Kontodifferenzwert eingeführt, der zu jedem Datum t ermittelt werden kann und unter Rückgriff auf definierte benutzerspezifische Feldvariablen im Simulationsmodell eingesetzt wird. Der Kontodifferenzwert repräsentiert für jedes Konto entweder einen Soll-, Haben- oder Nullsaldo. Im Abschnitt 4.4.4 wurde eine Entscheidungstabelle für das Simulationsmodell konzipiert, die alle möglichen Saldenentwicklungen zweier Konten, die im Rahmen eines zusammengehörenden Buchungssatzes auftreten können, vollständig und widerspruchsfrei beinhaltet. Die bei der Verwendung von zwei Buchungskonten im Simulationsmodell somit möglichen Ausprägungen von Saldenentwicklungen wurden im Abschnitt 4.4.5 zudem grafisch dargestellt.

Im Abschnitt 4.5 erfolgte die Konkretisierung der Konzeption, die sich insb. in der Konstruktion, Darstellung und Umsetzung des Simulationsmodells EBILANZ widerspiegelt. Zunächst wurde im Abschnitt 4.5.1 auf die im Abschnitt 4.1 dargestellte typische Entscheidungssituation zum Controllingzeitpunkt *tp* = 0 zurückgegriffen und anhand der Entscheidungssituationen der Controllingzeitpunkte *tp* = 1 und *tp* = 2 präzisiert. Dabei wurde ein simulationsgestütztes Subnetzwerk für beide Controllingzeitpunkte skizziert, durch das den Entscheidungsträgern zieladäquate Entscheidungsinformationen vorgelegt werden. Die Analyse zum Controllingzeitpunkt *tp* = 1 führte im Darstellungsbeispiel zur Entscheidung für eine Wachstumsstrategie. Für die weitere Entwicklung ab Controllingzeitpunkt *tp* = 2 wurde das Simulationsnetzwerkmodell mit der Bezeichnung EBILANZ konstruiert. Hierzu wurde im Abschnitt 4.5.2 das zugrunde liegende Anwendungsbeispiel skizziert und die dazugehörige Grundstruktur der Geschäftsplanung zur Abbildung im Simulationsmodell im Abschnitt 4.5.3 vorgestellt. Diese beinhaltet Planungen im Bereich der Personal- und Betriebsmittelkapazitäten, der Investitionen, der Finanzierung, der Kosten und des Umsatzes ab dem Controllingzeitpunkt *tp* = 2, die im Abschnitt 4.5.4 auch anhand der abzubildenden Geschäftsvorfälle kurz aufgeführt wurden.

Das Simulationsmodell EBILANZ wurde im Abschnitt 4.5.5 anhand eines Good Case- und Bad Case-Szenarios entwickelt und ausführlich durch das Netzwerkmodell BFUENETG und die dazugehörende Steuerungsdatei BFUECONG des Good Case-Szenarios im Abschnitt 4.5.5.1. beschrieben.

Im Rahmen des Netzwerkmodells BFUENETG wurden 15 Teilnetzwerke programmiert, die eine „(musterhafte) Modellstruktur" einer simulationsgestützten internen Entwicklungserfolgs- und Entwicklungsbilanzrechnung darstellen. Anknüpfend an den im Abschnitt 4.4.3 eingeführten Kontodifferenzwert wurde das Teilnetzwerk F unter Verwendung von spezifizierten Variablen bzw. Feldvariablen entwickelt. Daran anschließend wurde die Entscheidungstabelle aus Abschnitt 4.4.4 mit ihren bedingungsabhängigen Aktionen durch die grafische Programmierung eines Entscheidungsbaums im Teilnetzwerk G umgesetzt. Die Aufbereitung der Kontodifferenzwerte wurde im Teilnetzwerk H vorgenommen und die vollständige, aber auch beliebig zu periodisierende Ausgabe aller mit einer simulierten Buchung verbundenen Kontodaten durch das Teilnetzwerk I programmiert. Ferner wurde im Teilnetzwerk J die Kalendersteuerung und im Teilnetzwerk N die Ermittlung der periodenbezogenen zukünftigen Abschlussdaten einer Entwicklungsbilanz vorgenommen. Diese Planabschlussdaten wurden über einen Auswertungsknoten im Teilnetzwerk O ausgegeben. Die anderen Teilnetzwerke beinhalten schwerpunktmäßig die sich aus der Grundstruktur der Geschäftsplanung ergebenden Geschäftsvorfälle und wurden entsprechend gestaltet. Sie beinhalten Zuteilungsregeln bei den Personal- und Betriebsmittelkapazitäten (Sachbearbeiter sowie Transaktions- und Anwendungsserver im Teilnetzwerk A). Aber auch Zufallsvariablen beim Auftreten verschiedener Geschäftsvorfälle (Teilnetzwerke B bis E) sowie die aufgrund der Geschäftsplanung zu antizipierenden regelmäßigen Geschäftsvorfälle zum Monats-, Quartals-, Halbjahres- oder Jahresende, die im Teilnetzwerk M aufgeführt sind, wurden im Netzwerkmodell berücksichtigt. Dazu zählen auch die Arbeitszeitsteuerung und die zur Abbildung der Arbeitszeiten notwendigen Kapazitätsverringerungen bzw. -erhöhungen in der Sachbearbeitergruppe (Teilnetzwerke K und L).

Neben dem Netzwerkmodell wurde die Steuerungsdatei BFUECONG programmiert und dabei die zur Steuerung des anwendungsbezogenen Simulationslaufs notwendigen Simulationsparameter berücksichtigt (vgl. Abschnitt 4.5.5.1.16).

Im Abschnitt 4.5.5.2 wurde das Bad Case-Szenario vorgestellt, das sich im Vergleich zum Good Case-Szenario insb. durch andere exponentialverteilte Zwischenankunftszeiten bei Geschäftsvorfällen im Rahmen der Best Case-Marktstudie unterscheidet. Aufgrund der hohen Strukturgleichheit zum vorherigen Netzwerkmodell bzw. zur Steuerungsdatei wurde es an dieser Stelle nicht vollständig expliziert, seine Simulationsergebnisse sind jedoch ebenfalls im Abschnitt 4.5.6 und im Anhang dargestellt.

Im Abschnitt 4.5.6 wurde die Ergebnisanalyse der Simulationsläufe präsentiert. Die erzielten Ergebnisse zeigen, dass die Anforderungen an die Konzeption erfüllt wurden. So wurden zur Unterstützung der im Abschnitt 4.5.1.3 skizzierten Entscheidungssituation zieladäquate Informationen zur Entscheidungsunterstützung für die Steuerungsinstitutionen der Unternehmung generiert. Diese zeigen sich in der detaillierten Analyse der Termin- und Kapazitätsbedingungen (dargestellt im Abschnitt 4.5.6.1), die bspw. die Einhaltung der im Anwendungsfall festgelegten Maximalauslastung der Mitarbeiter im Rahmen der definierten Geschäftsvorfälle aufzeigt, aber auch entsprechende Warteschlangenlängen erklärt. Im Abschnitt 4.5.6.2 wurden die Ergebnisse der simulierten internen Erfolgs- und Bilanzrechnung anhand der eingangs geforderten Intervalldarstellung aufbereitet. Hierzu wurde ein stufenweises Vorgehen gewählt, das in einer ersten Stufe ein Restringieren von Ergebniswerten (vom periodisierten Gesamtumsatz bis hin zum internen Gewinn) durch den Vergleich des besten Bad Case- mit dem schlechtesten Good Case-Szenario aufzeigte. Auswahlkriterium war hierbei der kumulierte Umsatzwert beider Szenarios nach 36 Monaten der Simulation, wobei auch andere betriebspolitisch motivierte Auswahlregeln genutzt werden können. In Stufe II wurden schärfere Intervalle gebildet, indem auf der Ebene des kumulierten internen Gewinns eine Kombination des optimistischen bzw. pessimistischen Wertes eines Intervalls mit dem pessimistischen bzw. optimistischen Wert des Intervalls der Vorperiode vorgenommen wurde. Im Vergleich zur Stufe I führte dies zu deutlich engeren/schärferen und damit aussagekräftigeren Intervallen im Hinblick auf Gestaltungsempfehlungen. Ähnliche Ergebnisse wurden durch das Restringieren in Stufe III auf der Ebene des kumulierten internen Gewinns erzielt, wobei hier auch bei allen vorherigen Berechnungsschritten bereits restringiert wurde. Ferner zeigten die Ergebnisse der Szenarios auch viele weitere Informationen, wie z.B. den Rohgewinn I im Rahmen der internen Erfolgsrechnung. Letztendlich wurde im Abschnitt 4.5.6.3 auch die geforderte Analyse bis auf die Ebene der Geschäftsvorfälle dargelegt, die einen datierten Einblick in jedes Konto ermöglicht, was anhand eines Ausschnitts aus 353.914 Buchungen des ersten Simulationslaufs im Good Case-Szenario aufgezeigt wurde.

Die simulationsgestützte und intern orientierte Entwicklungsbilanz wurde in Anlehnung an die Doppik für Bestands- und Erfolgskonten konzipiert und kann in ihrer Grundstruktur erweitert werden. Beispielsweise ließe sich auch noch eine dritte Kategorie in Form von eigenständigen Finanzkonten einführen, über die dann die liquiditätswirksamen Zahlungsvorgänge noch transparenter verbucht werden könnten und damit ein dreiteiliges Rechnungssystem vorläge.[2] Es würden damit zwar die Kombinationsmöglichkeiten durch Bestands-, Erfolgs- und Finanzkonten steigen, die Abbildung der Saldenentwicklungen zweier Konten eines zusammengehörenden Buchungssatzes würde aber auch weiterhin durch die konzipierte Entscheidungstabelle gewährleistet sein.

---

2 Vgl. Chmielewicz, K. 1973 /Rechnungswesen/ S. 21; Schierenbeck, H., Wöhle, C. B. 2008 /Betriebswirtschaftslehre/ S. 591f.

Mit dem auf der Simulationssprache Visual SLAM basierenden simulation support system AweSim wurde das Simulationsmodell EBILANZ in einer „(musterhaften) Modellstruktur“ zudem so entwickelt, dass es in seiner Grundstruktur auch durch andere diskrete Simulatoren umgesetzt werden kann, wie z.B. mit Arena.[3]

Die vorgestellte Konzeption zeigt, dass das Simulationsmodell EBILANZ im Sinne eines pragmatischen Wissenschaftsziels auch für die Gestaltung weiterer Entscheidungssituationen eingesetzt werden kann.

[3] Vgl. Nisanci, A., Schwab, R. E. 2001 /Simulation/ S. 2456.

Anhang

A-1 Marktstudie GC

MARKTSTUDIE GC (Daten ab Januar Jahr 1)	Jan. Jahr 1	Feb. Jahr 1	Mrz. Jahr 1	Apr. Jahr 1	Mai Jahr 1	Jun. Jahr 1	Jul. Jahr 1	Aug. Jahr 1	Sep. Jahr 1	Okt. Jahr 1	Nov. Jahr 1	Dez. Jahr 1
Gesamtbestand an Terminals am ersten Tag des jeweiligen Monats, über die Transaktionen abgewickelt werden.	39	221	361	500	615	720	806	887	958	1015	1071	1114
Gesamtbestand an Terminals am ersten Tag des jeweiligen Monats, die bis dahin verkauft wurden.	0	124	216	305	376	439	488	533	571	599	627	646
Gesamtbestand an Terminals am ersten Tag des jeweiligen Monats, die bis dahin vermietet wurden.	39	97	145	195	239	281	318	354	387	416	444	468
Anzahl an neu verkauften Terminals im laufenden Monat lt. Studie.	124	112	124	120	124	120	124	124	120	124	120	124
Anzahl an neu verkauften Terminals pro Tag (AnzVKTproTag).	4	4	4	4	4	4	4	4	4	4	4	4
Anzahl an neu vermieteten Terminals im laufenden Monat lt. Studie.	62	56	62	60	62	60	62	62	60	62	60	62
Anzahl an neu vermieteten Terminals pro Tag (AnzNVTproTag).	2	2	2	2	2	2	2	2	2	2	2	2
Kündigungen von Verträgen zum Monatsende im Bereich der verkauften Terminals (damit auch keine Nutzung der Datenleitung zur Abwicklung der Transaktionen möglich). Basierend auf bisherigen Erfahrungen im Vermietungsgeschäft und weiterer Untersuchungen 16%.	0	20	35	49	61	71	79	86	92	96	101	104
Kündigungen von Verträgen zum Monatsende im Bereich der vermieteten Terminals (damit auch keine Nutzung der Datenleitung zur Abwicklung der Transaktionen möglich). Erfahrungsgestützt 8 % des vermieteten Termialbestandes zu Beginn des jeweiligen Monats.	4	8	12	16	20	23	26	29	31	34	36	38
Gesamtbestand an verkauften Terminals am letzten Tag des jeweiligen Monats.	124	216	305	376	439	488	533	571	599	627	646	666
Gesamtbestand an vermieteten Terminals am letzten Tag des jeweiligen Monats.	97	145	195	239	281	318	354	387	416	444	468	492
Gesamtbestand an vermieteten Terminals am letzten Tag des jeweiligen Monats ohne die Erstvermietungen (AnzVMT).	35	89	133	179	219	258	292	325	356	382	408	430
Gesamtbestand an Terminals am letzten Tag des jeweiligen Monats, über die Transaktionen abgewickelt werden.	221	361	500	615	720	806	887	958	1015	1071	1114	1158
Durchschnittlicher Terminalbestand.	130	291	431	558	668	763	847	923	987	1043	1093	1136
A-Kundengewichtung (im Durchschnitt 22 Transaktionen im Monat) TTA.	0,1	0,1	0,1	0,1	0,1	0,1	0,1	0,1	0,1	0,1	0,1	0,1
B-Kundengewichtung (im Durchschnitt 7 Transaktionen im Monat) TTB.	0,55	0,55	0,55	0,55	0,55	0,55	0,55	0,55	0,55	0,55	0,55	0,55
C-Kundengewichtung (im Durchschnitt 3 Transaktionen im Monat) TTC.	0,35	0,35	0,35	0,35	0,35	0,35	0,35	0,35	0,35	0,35	0,35	0,35
Anzahl an Kalendertagen im lfd. Monat (AnzTageMonat).	31	28	31	30	31	30	31	31	30	31	30	31
Terminaltransaktionen A-Kunden.	286	640	948	1228	1470	1679	1863	2031	2171	2295	2405	2499
Terminaltransaktionen B-Kunden.	501	1120	1659	2148	2572	2938	3261	3554	3800	4016	4208	4374
Terminaltransaktionen C-Kunden.	137	306	453	586	701	801	889	969	1036	1095	1148	1193
Summe an Transaktionen pro Monat.	923	2066	3060	3962	4743	5417	6014	6553	7008	7405	7760	8066
Terminaltransaktionen A-Kunden pro Tag (AnzTTAproTag).	10	23	31	41	48	56	61	66	73	75	81	81
Terminaltransaktionen B-Kunden pro Tag (AnzTTBproTag).	17	41	54	72	83	98	106	115	127	130	141	142
Terminaltransaktionen C-Kunden pro Tag (AnzTTCproTag).	5	11	15	20	23	27	29	32	35	36	39	39

Tab. A-1.1: Marktstudie GC (Jahr 1)

MARKTSTUDIE GC (Daten ab Januar Jahr 2)	Jan. Jahr 2	Feb. Jahr 2	Mrz. Jahr 2	Apr. Jahr 2	Mai Jahr 2	Jun. Jahr 2	Jul. Jahr 2	Aug. Jahr 2	Sep. Jahr 2	Okt. Jahr 2	Nov. Jahr 2	Dez. Jahr 2
Gesamtbestand an Terminals am ersten Tag des jeweiligen Monats, über die Transaktionen abgewickelt werden.	1158	1197	1213	1246	1270	1296	1314	1336	1356	1368	1384	1392
Gesamtbestand an Terminals am ersten Tag des jeweiligen Monats, die bis dahin verkauft wurden.	666	683	685	699	707	717	722	730	737	739	744	744
Gesamtbestand an Terminals am ersten Tag des jeweiligen Monats, die bis dahin vermietet wurden.	492	514	528	547	563	579	592	606	619	629	640	648
Anzahl an neu verkauften Terminals im laufenden Monat lt. Studie.	124	112	124	120	124	120	124	124	120	124	120	124
Anzahl an neu verkauften Terminals pro Tag (AnzVKTproTag).	4	4	4	4	4	4	4	4	4	4	4	4
Anzahl an neu vermieteten Terminals im laufenden Monat lt. Studie.	62	56	62	60	62	60	62	62	60	62	60	62
Anzahl an neu vermieteten Terminals pro Tag (AnzNVTproTag).	2	2	2	2	2	2	2	2	2	2	2	2
Kündigungen von Verträgen zum Monatsende im Bereich der verkauften Terminals (damit auch keine Nutzung der Datenleitung zur Abwicklung der Transaktionen möglich). Basierend auf bisherigen Erfahrungen im Vermietungsgeschäft und weiterer Untersuchungen 16%.	107	110	110	112	114	115	116	117	118	119	120	120
Kündigungen von Verträgen zum Monatsende im Bereich der vermieteten Terminals (damit auch keine Nutzung der Datenleitung zur Abwicklung der Transaktionen möglich). Erfahrungsgestützt 8 % des vermieteten Termialbestandes zu Beginn des jeweiligen Monats.	40	42	43	44	46	47	48	49	50	51	52	52
Gesamtbestand an verkauften Terminals am letzten Tag des jeweiligen Monats.	683	685	699	707	717	722	730	737	739	744	744	748
Gesamtbestand an vermieteten Terminals am letzten Tag des jeweiligen Monats.	514	528	547	563	579	592	606	619	629	640	648	658
Gesamtbestand an vermieteten Terminals am letzten Tag des jeweiligen Monats ohne die Erstvermietungen (AnzVMT).	452	472	485	503	517	532	544	557	569	578	588	596
Gesamtbestand an Terminals am letzten Tag des jeweiligen Monats, über die Transaktionen abgewickelt werden.	1197	1213	1246	1270	1296	1314	1336	1356	1368	1384	1392	1406
Durchschnittlicher Terminalbestand.	1178	1205	1230	1258	1283	1305	1325	1346	1362	1376	1388	1399
A-Kundengewichtung (im Durchschnitt 22 Transaktionen im Monat) TTA.	0,1	0,1	0,1	0,1	0,1	0,1	0,1	0,1	0,1	0,1	0,1	0,1
B-Kundengewichtung (im Durchschnitt 7 Transaktionen im Monat) TTB.	0,55	0,55	0,55	0,55	0,55	0,55	0,55	0,55	0,55	0,55	0,55	0,55
C-Kundengewichtung (im Durchschnitt 3 Transaktionen im Monat) TTC.	0,35	0,35	0,35	0,35	0,35	0,35	0,35	0,35	0,35	0,35	0,35	0,35
Anzahl an Kalendertagen im lfd. Monat (AnzTageMonat).	31	28	31	30	31	30	31	31	30	31	30	31
Terminaltransaktionen A-Kunden.	2592	2651	2706	2768	2823	2871	2915	2961	2996	3027	3054	3078
Terminaltransaktionen B-Kunden.	4535	4639	4736	4843	4940	5024	5101	5182	5244	5298	5344	5386
Terminaltransaktionen C-Kunden.	1237	1265	1292	1321	1347	1370	1391	1413	1430	1445	1457	1469
Summe an Transaktionen pro Monat.	8364	8556	8733	8932	9109	9266	9408	9557	9670	9770	9855	9933
Terminaltransaktionen A-Kunden pro Tag (AnzTTAproTag).	84	95	88	93	92	96	95	96	100	98	102	100
Terminaltransaktionen B-Kunden pro Tag (AnzTTBproTag).	147	166	153	162	160	168	165	168	175	171	179	174
Terminaltransaktionen C-Kunden pro Tag (AnzTTCproTag).	40	46	42	45	44	46	45	46	48	47	49	48

Tab. A-1.2: Marktstudie GC (Jahr 2)

MARKTSTUDIE GC (Daten ab Januar Jahr 3)	Jan. Jahr 3	Feb. Jahr 3	Mrz. Jahr 3	Apr. Jahr 3	Mai Jahr 3	Jun. Jahr 3	Jul. Jahr 3	Aug. Jahr 3	Sep. Jahr 3	Okt. Jahr 3	Nov. Jahr 3	Dez. Jahr 3
Gesamtbestand an Terminals am ersten Tag des jeweiligen Monats, über die Transaktionen abgewickelt werden.	1406	1481	1523	1584	1631	1680	1716	1756	1791	1814	1844	1862
Gesamtbestand an Terminals am ersten Tag des jeweiligen Monats, die bis dahin verkauft wurden.	748	783	797	824	842	862	874	889	901	906	916	919
Gesamtbestand an Terminals am ersten Tag des jeweiligen Monats, die bis dahin vermietet wurden.	658	698	726	760	789	818	842	867	890	908	928	943
Anzahl an neu verkauften Terminals im laufenden Monat lt. Studie.	155	140	155	150	155	150	155	155	150	155	150	155
Anzahl an neu verkauften Terminals pro Tag (AnzVKTproTag).	5	5	5	5	5	5	5	5	5	5	5	5
Anzahl an neu vermieteten Terminals im laufenden Monat lt. Studie.	93	84	93	90	93	90	93	93	90	93	90	93
Anzahl an neu vermieteten Terminals pro Tag (AnzNVTproTag).	3	3	3	3	3	3	3	3	3	3	3	3
Kündigungen von Verträgen zum Monatsende im Bereich der verkauften Terminals (damit auch keine Nutzung der Datenleitung zur Abwicklung der Transaktionen möglich). Basierend auf bisherigen Erfahrungen im Vermietungsgeschäft und weiterer Untersuchungen 16%.	120	126	128	132	135	138	140	143	145	145	147	148
Kündigungen von Verträgen zum Monatsende im Bereich der vermieteten Terminals (damit auch keine Nutzung der Datenleitung zur Abwicklung der Transaktionen möglich). Erfahrungsgestützt 8 % des vermieteten Termialbestandes zu Beginn des jeweiligen Monats.	53	56	59	61	64	66	68	70	72	73	75	76
Gesamtbestand an verkauften Terminals am letzten Tag des jeweiligen Monats.	783	797	824	842	862	874	889	901	906	916	919	926
Gesamtbestand an vermieteten Terminals am letzten Tag des jeweiligen Monats.	698	726	760	789	818	842	867	890	908	928	943	960
Gesamtbestand an vermieteten Terminals am letzten Tag des jeweiligen Monats ohne die Erstvermietungen (AnzVMT).	605	642	667	699	725	752	774	797	818	835	853	867
Gesamtbestand an Terminals am letzten Tag des jeweiligen Monats, über die Transaktionen abgewickelt werden.	1481	1523	1584	1631	1680	1716	1756	1791	1814	1844	1862	1886
Durchschnittlicher Terminalbestand.	1444	1502	1554	1608	1656	1698	1736	1774	1803	1829	1853	1874
A-Kundengewichtung (im Durchschnitt 22 Transaktionen im Monat) TTA.	0,1	0,1	0,1	0,1	0,1	0,1	0,1	0,1	0,1	0,1	0,1	0,1
B-Kundengewichtung (im Durchschnitt 7 Transaktionen im Monat) TTB.	0,55	0,55	0,55	0,55	0,55	0,55	0,55	0,55	0,55	0,55	0,55	0,55
C-Kundengewichtung (im Durchschnitt 3 Transaktionen im Monat) TTC.	0,35	0,35	0,35	0,35	0,35	0,35	0,35	0,35	0,35	0,35	0,35	0,35
Anzahl an Kalendertagen im lfd. Monat (AnzTageMonat).	31	28	31	30	31	30	31	31	30	31	30	31
Terminaltransaktionen A-Kunden.	3177	3304	3419	3538	3643	3736	3819	3903	3967	4024	4077	4123
Terminaltransaktionen B-Kunden.	5559	5783	5983	6191	6376	6537	6684	6830	6942	7042	7134	7215
Terminaltransaktionen C-Kunden.	1516	1577	1632	1688	1739	1783	1823	1863	1893	1920	1946	1968
Summe an Transaktionen pro Monat.	10252	10664	11033	11417	11758	12056	12326	12595	12801	12986	13156	13305
Terminaltransaktionen A-Kunden pro Tag (AnzTTAproTag).	103	119	111	118	118	125	124	126	133	130	136	133
Terminaltransaktionen B-Kunden pro Tag (AnzTTBproTag).	180	207	193	207	206	218	216	221	232	228	238	233
Terminaltransaktionen C-Kunden pro Tag (AnzTTCproTag).	49	57	53	57	57	60	59	61	64	62	65	64

Tab. A-1.3: Marktstudie GC (Jahr 3)

A-2 Marktstudie BC

MARKTSTUDIE BC (Daten ab Januar Jahr 1)	Jan. Jahr 1	Feb. Jahr 1	Mrz. Jahr 1	Apr. Jahr 1	Mai Jahr 1	Jun. Jahr 1	Jul. Jahr 1	Aug. Jahr 1	Sep. Jahr 1	Okt. Jahr 1	Nov. Jahr 1	Dez. Jahr 1
Gesamtbestand an Terminals am ersten Tag des jeweiligen Monats, über die Transaktionen abgewickelt werden.	39	128	196	263	319	371	412	483	546	599	651	692
Gesamtbestand an Terminals am ersten Tag des jeweiligen Monats, die bis dahin verkauft wurden.	0	62	108	152	187	219	243	266	285	299	313	322
Gesamtbestand an Terminals am ersten Tag des jeweiligen Monats, die bis dahin vermietet wurden.	39	66	88	111	132	152	169	217	261	300	338	370
Anzahl an neu verkauften Terminals im laufenden Monat lt. Studie.	62	56	62	60	62	60	62	62	60	62	60	62
Anzahl an neu verkauften Terminals pro Tag (AnzVKTproTag).	2	2	2	2	2	2	2	2	2	2	2	2
Anzahl an neu vermieteten Terminals im laufenden Monat lt. Studie.	31	28	31	30	31	30	62	62	60	62	60	62
Anzahl an neu vermieteten Terminals pro Tag (AnzNVTproTag).	1	1	1	1	1	1	2	2	2	2	2	2
Kündigungen von Verträgen zum Monatsende im Bereich der verkauften Terminals (damit auch keine Nutzung der Datenleitung zur Abwicklung der Transaktionen möglich). Basierend auf bisherigen Erfahrungen im Vermietungsgeschäft und weiterer Untersuchungen 16%.	0	10	18	25	30	36	39	43	46	48	51	52
Kündigungen von Verträgen zum Monatsende im Bereich der vermieteten Terminals (damit auch keine Nutzung der Datenleitung zur Abwicklung der Transaktionen möglich). Erfahrungsgestützt 8 % des vermieteten Termialbestandes zu Beginn des jeweiligen Monats.	4	6	8	9	11	13	14	18	21	24	28	30
Gesamtbestand an verkauften Terminals am letzten Tag des jeweiligen Monats.	62	108	152	187	219	243	266	285	299	313	322	332
Gesamtbestand an vermieteten Terminals am letzten Tag des jeweiligen Monats.	66	88	111	132	152	169	217	261	300	338	370	402
Gesamtbestand an vermieteten Terminals am letzten Tag des jeweiligen Monats ohne die Erstvermietungen (AnzVMT).	35	60	80	102	121	139	155	199	240	276	310	340
Gesamtbestand an Terminals am letzten Tag des jeweiligen Monats, über die Transaktionen abgewickelt werden.	128	196	263	319	371	412	483	546	599	651	692	734
Durchschnittlicher Terminalbestand.	84	162	230	291	345	392	448	515	573	625	672	713
A-Kundengewichtung (im Durchschnitt 22 Transaktionen im Monat) TTA.	0,1	0,1	0,1	0,1	0,1	0,1	0,1	0,1	0,1	0,1	0,1	0,1
B-Kundengewichtung (im Durchschnitt 7 Transaktionen im Monat) TTB.	0,55	0,55	0,55	0,55	0,55	0,55	0,55	0,55	0,55	0,55	0,55	0,55
C-Kundengewichtung (im Durchschnitt 3 Transaktionen im Monat) TTC.	0,35	0,35	0,35	0,35	0,35	0,35	0,35	0,35	0,35	0,35	0,35	0,35
Anzahl an Kalendertagen im lfd. Monat (AnzTageMonat).	31	28	31	30	31	30	31	31	30	31	30	31
Terminaltransaktionen A-Kunden.	185	356	506	640	759	862	986	1133	1261	1375	1478	1569
Terminaltransaktionen B-Kunden.	323	624	886	1120	1328	1509	1725	1983	2206	2406	2587	2745
Terminaltransaktionen C-Kunden.	88	170	242	306	362	412	470	541	602	656	706	749
Summe an Transaktionen pro Monat.	596	1150	1633	2066	2450	2783	3181	3657	4068	4438	4771	5062
Terminaltransaktionen A-Kunden pro Tag (AnzTTAproTag).	6	13	17	22	25	29	32	37	43	45	50	51
Terminaltransaktionen B-Kunden pro Tag (AnzTTBproTag).	11	23	29	38	43	51	56	64	74	78	87	89
Terminaltransaktionen C-Kunden pro Tag (AnzTTCproTag).	3	7	8	11	12	14	16	18	21	22	24	25

Tab. A-2.1: Marktstudie BC (Jahr 1)

MARKTSTUDIE BC (Daten ab Januar Jahr 2)	Jan. Jahr 2	Feb. Jahr 2	Mrz. Jahr 2	Apr. Jahr 2	Mai Jahr 2	Jun. Jahr 2	Jul. Jahr 2	Aug. Jahr 2	Sep. Jahr 2	Okt. Jahr 2	Nov. Jahr 2	Dez. Jahr 2
Gesamtbestand an Terminals am ersten Tag des jeweiligen Monats, über die Transaktionen abgewickelt werden.	734	771	793	825	850	877	897	919	939	954	972	983
Gesamtbestand an Terminals am ersten Tag des jeweiligen Monats, die bis dahin verkauft wurden.	332	340	341	348	352	357	359	363	366	367	370	370
Gesamtbestand an Terminals am ersten Tag des jeweiligen Monats, die bis dahin vermietet wurden.	402	431	452	477	498	520	538	556	573	587	602	613
Anzahl an neu verkauften Terminals im laufenden Monat lt. Studie.	62	56	62	60	62	60	62	62	60	62	60	62
Anzahl an neu verkauften Terminals pro Tag (AnzVKTproTag).	2	2	2	2	2	2	2	2	2	2	2	2
Anzahl an neu vermieteten Terminals im laufenden Monat lt. Studie.	62	56	62	60	62	60	62	62	60	62	60	62
Anzahl an neu vermieteten Terminals pro Tag (AnzNVTproTag).	2	2	2	2	2	2	2	2	2	2	2	2
Kündigungen von Verträgen zum Monatsende im Bereich der verkauften Terminals (damit auch keine Nutzung der Datenleitung zur Abwicklung der Transaktionen möglich). Basierend auf bisherigen Erfahrungen im Vermietungsgeschäft und weiterer Untersuchungen 16%.	54	55	55	56	57	58	58	59	59	59	60	60
Kündigungen von Verträgen zum Monatsende im Bereich der vermieteten Terminals (damit auch keine Nutzung der Datenleitung zur Abwicklung der Transaktionen möglich). Erfahrungsgestützt 8 % des vermieteten Termialbestandes zu Beginn des jeweiligen Monats.	33	35	37	39	40	42	44	45	46	47	49	50
Gesamtbestand an verkauften Terminals am letzten Tag des jeweiligen Monats.	340	341	348	352	357	359	363	366	367	370	370	372
Gesamtbestand an vermieteten Terminals am letzten Tag des jeweiligen Monats.	431	452	477	498	520	538	556	573	587	602	613	625
Gesamtbestand an vermieteten Terminals am letzten Tag des jeweiligen Monats ohne die Erstvermietungen (AnzVMT).	369	396	415	438	458	478	494	511	527	540	553	563
Gesamtbestand an Terminals am letzten Tag des jeweiligen Monats, über die Transaktionen abgewickelt werden.	771	793	825	850	877	897	919	939	954	972	983	997
Durchschnittlicher Terminalbestand.	753	782	809	838	864	887	908	929	947	963	978	990
A-Kundengewichtung (im Durchschnitt 22 Transaktionen im Monat) TTA.	0,1	0,1	0,1	0,1	0,1	0,1	0,1	0,1	0,1	0,1	0,1	0,1
B-Kundengewichtung (im Durchschnitt 7 Transaktionen im Monat) TTB.	0,55	0,55	0,55	0,55	0,55	0,55	0,55	0,55	0,55	0,55	0,55	0,55
C-Kundengewichtung (im Durchschnitt 3 Transaktionen im Monat) TTC.	0,35	0,35	0,35	0,35	0,35	0,35	0,35	0,35	0,35	0,35	0,35	0,35
Anzahl an Kalendertagen im lfd. Monat (AnzTageMonat).	31	28	31	30	31	30	31	31	30	31	30	31
Terminaltransaktionen A-Kunden.	1657	1720	1780	1844	1901	1951	1998	2044	2083	2119	2152	2178
Terminaltransaktionen B-Kunden.	2899	3011	3115	3226	3326	3415	3496	3577	3646	3708	3765	3812
Terminaltransaktionen C-Kunden.	791	821	849	880	907	931	953	975	994	1011	1027	1040
Summe an Transaktionen pro Monat.	5346	5552	5744	5950	6134	6298	6447	6596	6724	6837	6944	7029
Terminaltransaktionen A-Kunden pro Tag (AnzTTAproTag).	54	62	58	62	62	66	65	66	70	69	72	71
Terminaltransaktionen B-Kunden pro Tag (AnzTTBproTag).	94	108	101	108	108	114	113	116	122	120	126	123
Terminaltransaktionen C-Kunden pro Tag (AnzTTCproTag).	26	30	28	30	30	32	31	32	34	33	35	34

Tab. A-2.2: Marktstudie BC (Jahr 2)

MARKTSTUDIE BC (Daten ab Januar Jahr 3)	Jan. Jahr 3	Feb. Jahr 3	Mrz. Jahr 3	Apr. Jahr 3	Mai Jahr 3	Jun. Jahr 3	Jul. Jahr 3	Aug. Jahr 3	Sep. Jahr 3	Okt. Jahr 3	Nov. Jahr 3	Dez. Jahr 3
Gesamtbestand an Terminals am ersten Tag des jeweiligen Monats, über die Transaktionen abgewickelt werden.	997	1073	1122	1184	1233	1282	1320	1360	1396	1422	1451	1471
Gesamtbestand an Terminals am ersten Tag des jeweiligen Monats, die bis dahin verkauft wurden.	372	405	424	449	467	485	497	510	521	527	535	539
Gesamtbestand an Terminals am ersten Tag des jeweiligen Monats, die bis dahin vermietet wurden.	625	668	698	735	766	797	823	850	875	895	916	932
Anzahl an neu verkauften Terminals im laufenden Monat lt. Studie.	93	84	93	90	93	90	93	93	90	93	90	93
Anzahl an neu verkauften Terminals pro Tag (AnzVKTproTag).	3	3	3	3	3	3	3	3	3	3	3	3
Anzahl an neu vermieteten Terminals im laufenden Monat lt. Studie.	93	84	93	90	93	90	93	93	90	93	90	93
Anzahl an neu vermieteten Terminals pro Tag (AnzNVTproTag).	3	3	3	3	3	3	3	3	3	3	3	3
Kündigungen von Verträgen zum Monatsende im Bereich der verkauften Terminals (damit auch keine Nutzung der Datenleitung zur Abwicklung der Transaktionen möglich). Basierend auf bisherigen Erfahrungen im Vermietungsgeschäft und weiterer Untersuchungen 16%.	60	65	68	72	75	78	80	82	84	85	86	87
Kündigungen von Verträgen zum Monatsende im Bereich der vermieteten Terminals (damit auch keine Nutzung der Datenleitung zur Abwicklung der Transaktionen möglich). Erfahrungsgestützt 8 % des vermieteten Termialbestandes zu Beginn des jeweiligen Monats.	50	54	56	59	62	64	66	68	70	72	74	75
Gesamtbestand an verkauften Terminals am letzten Tag des jeweiligen Monats.	405	424	449	467	485	497	510	521	527	535	539	545
Gesamtbestand an vermieteten Terminals am letzten Tag des jeweiligen Monats.	668	698	735	766	797	823	850	875	895	916	932	950
Gesamtbestand an vermieteten Terminals am letzten Tag des jeweiligen Monats ohne die Erstvermietungen (AnzVMT).	575	614	642	676	704	733	757	782	805	823	842	857
Gesamtbestand an Terminals am letzten Tag des jeweiligen Monats, über die Transaktionen abgewickelt werden.	1073	1122	1184	1233	1282	1320	1360	1396	1422	1451	1471	1495
Durchschnittlicher Terminalbestand.	1035	1098	1153	1209	1258	1301	1340	1378	1409	1437	1461	1483
A-Kundengewichtung (im Durchschnitt 22 Transaktionen im Monat) TTA.	0,1	0,1	0,1	0,1	0,1	0,1	0,1	0,1	0,1	0,1	0,1	0,1
B-Kundengewichtung (im Durchschnitt 7 Transaktionen im Monat) TTB.	0,55	0,55	0,55	0,55	0,55	0,55	0,55	0,55	0,55	0,55	0,55	0,55
C-Kundengewichtung (im Durchschnitt 3 Transaktionen im Monat) TTC.	0,35	0,35	0,35	0,35	0,35	0,35	0,35	0,35	0,35	0,35	0,35	0,35
Anzahl an Kalendertagen im lfd. Monat (AnzTageMonat).	31	28	31	30	31	30	31	31	30	31	30	31
Terminaltransaktionen A-Kunden.	2277	2416	2537	2660	2768	2862	2948	3032	3100	3161	3214	3263
Terminaltransaktionen B-Kunden.	3985	4227	4439	4655	4843	5009	5159	5305	5425	5532	5625	5710
Terminaltransaktionen C-Kunden.	1087	1153	1211	1269	1321	1366	1407	1447	1479	1509	1534	1557
Summe an Transaktionen pro Monat.	7349	7796	8186	8584	8932	9237	9514	9784	10004	10203	10373	10529
Terminaltransaktionen A-Kunden pro Tag (AnzTTAproTag).	74	87	82	89	90	96	96	98	104	102	108	106
Terminaltransaktionen B-Kunden pro Tag (AnzTTBproTag).	129	151	144	156	157	167	167	172	181	179	188	185
Terminaltransaktionen C-Kunden pro Tag (AnzTTCproTag).	36	42	40	43	43	46	46	47	50	49	52	51

Tab. A-2.3: Marktstudie BC (Jahr 3)

A-3 Kontenplan[1]

AKTIVA

KONTENKLASSE 0 : Immaterielle Vermögensgegenstände und Sachanlagen

02 Immaterielle Vermögensgegenstände
- 0240 Lizenzen an Rechten und Werten

05 Grundstücke und Bauten
- 0500 unbebaute Grundstücke
- 0510 bebaute Grundstücke
- 0530 Betriebs- und Verwaltungsgebäude

07 Technische Anlagen und Maschinen
- 0700 Anlagen und Maschinen

08 Betriebs- und Geschäftsausstattung
- 0840 Fuhrpark
- 0860 Büromaschinen/Kommunikationsanlagen
- 0870 Büroausstattung (Büromöbel u. sonstige Geschäftsausstattung)
- 0890 geringwertige Wirtschaftsgüter

KONTENKLASSE 1 : Finanzanlagen

13 Beteiligungen
- 1300 Beteiligungen an assoziierten Unternehmen

KONTENKLASSE 2 : Umlaufvermögen und aktive Rechnungsabgrenzung

Vorräte

20 Roh-, Hilfs- und Betriebsstoffe
- 2000 Rohstoffe/Fertigungsmaterial
- 2010 Vorprodukte/Fremdbauteile
- 2020 Hilfsstoffe
- 2030 Betriebsstoffe

21 Unfertige Erzeugnisse
- 2100 unfertige Erzeugnisse

22 Fertige Erzeugnisse und Handelswaren
- 2200 fertige Erzeugnisse
- 2280 Handelsware

Forderungen und sonstige Vermögensgegenstände

24 Forderungen aus Lieferungen und Leistungen
- 2400 Forderungen aus Lieferungen und Leistungen

26 Sonstige Vermögensgegenstände
- 2600 anrechenbare Vorsteuer
- 2690 Wertberichtigungen zu Forderungen

27 Wertpapiere des Umlaufvermögens
- 2700 Wertpapiere des Umlaufvermögens

28 Flüssige Mittel
- 2800 Bank (Guthaben bei Kreditinstituten)
- 2880 Kasse

29 aktive Rechnungsabgrenzung

---

1 Ausgewählte Konten aus dem Industriekontenrahmen IKR bilden den Kontenplan für das Anwendungsbeispiel; vgl. zu den Konten des IKR Bundesverband der Deutschen Industrie e. V. 1990 /IKR/ und den IKR-Anhang bei Deitermann, M., Schmolke, S., Rückwart, W.-D. 2007 /IKR/.

PASSIVA

KONTENKLASSE 3 : Eigenkapital und Rückstellungen

30 Eigenkapital
- 3000 Eigenkapital

36 Wertberichtigungen
- 3670 Einzelwertberichtigung zu Forderungen
- 3680 Pauschalwertberichtigung zu Forderungen
- 3690 sonstige Wertberichtigungen

38 Steuerrückstellungen

39 Sonstige Rückstellungen
- 3900 sonstige Rückstellungen

KONTENKLASSE 4 : Verbindlichkeiten und passive Rechnungsabgrenzung

42 Verbindlichkeiten gegenüber Kreditinstituten
- 4200 Kurzfristige Bankverbindlichkeiten (bis zu einem Jahr)
- 4250 Langfristige Bankverbindlichkeiten

44 Verbindlichkeiten aus Lieferungen und Leistungen
- 4400 Verbindlichkeiten aus Lieferungen und Leistungen

48 Sonstige Verbindlichkeiten
- 4800 Umsatzsteuer
- 4830 sonstige Verbindlichkeiten gegenüber dem Finanzamt
- 4840 Verbindlichkeiten gegenüber Sozialversicherungsträgern
- 4890 übrige sonstige Verbindlichkeiten

49 Passive Rechnungsabgrenzung

ERTRÄGE

KONTENKLASSE 5 : Erträge

50 Umsatzerlöse für eigene Erzeugnisse
- 5000 Umsatzerlöse für eigene Erzeugnisse
- 5001 Erlösberichtigungen eigene Erzeugnisse

51 Umsatzerlöse für Handelswaren
- 5100 Umsatzerlöse für Handelswaren

52 Erhöhung oder Verminderung des Bestandes an unfertigen und fertigen Erzeugnissen
- 5200 Bestandsveränderungen

54 Sonstige betriebliche Erträge
- 5400 Erlöse aus Vermietung und Verpachtung
- 5410 Erlöse aus dem Abgang von Gegenständen des AV
- 5430 Andere sonstige betriebliche Erträge
- 5450 Erträge aus der Auflösung oder Herabsetzung von Wertberichtigungen
- 5460 Erträge aus dem Abgang von Vermögensgegenständen
- 5490 Periodenfremde Erträge
- 5495 Zahlungseingänge aus abgeschriebenen Forderungen

57 Zinsen und ähnliche Erträge
- 5710 Zinserträge
- 5780 Dividendenerträge
- 5784 Erträge aus Wertpapieren

AUFWENDUNGEN

KONTENKLASSE 6 : Betriebliche Aufwendungen

Materialaufwand

60 Aufwendungen für Roh-, Hilfs-, Betriebsstoffe, Fremdbauteile und Handelswaren
- 6000 Aufwendungen für Rohstoffe
- 6010 Aufwendungen für Fremdbauteile
- 6020 Aufwendungen für Hilfsstoffe
- 6030 Aufwendungen für Betriebsstoffe
- 6040 Aufwendungen für Verpackungsmaterial
- 6050 Aufwendungen für Energie
- 6080 Aufwendungen für Handelsware

61 Aufwendungen für bezogene Leistungen
- 6140 Frachten und Fremdlager
- 6160 Fremdinstandhaltung und Reparaturen

Personalaufwand

62 Löhne
- 6200 Löhne

63 Gehälter
- 6300 Gehälter

64 Soziale Abgaben
- 6400 Arbeitgeberanteil zur Sozialversicherung
- 6420 Beitrag zur Berufsgenossenschaft

Abschreibungen auf Anlagevermögen

65 Abschreibungen
- 6510 Abschreibungen auf immaterielle Vermögensgegenstände des Anlagevermögens
- 6520 Abschreibungen auf Grundstücke und Gebäude
- 6530 Abschreibungen auf technische Anlagen und Maschinen
- 6540 Abschreibungen auf andere Anlagen, Betriebs- und Geschäftsausstattung

Sonstige betriebliche Aufwendungen

66 Sonstige Personalaufwendungen
6640 Aufwendungen für Fort- und Weiterbildung

67 Aufwendungen für die Inanspruchnahme von Rechten und Diensten
6700 Mieten, Pachten
6710 Leasing
6730 Gebühren
6750 Kosten des Geldverkehrs
6770 Prüfung, Beratung, Rechtsschutz

68 Aufwendungen für Kommunikation
6800 Büromaterial
6810 Zeitungen und Fachliteratur
6820 Post- und Kommunikationsgebühren
6850 Reisekosten
6870 Werbung

69 Aufwendungen für Beiträge und Sonstiges sowie Wertkorrekturen und periodenfremde Aufwendungen
6900 Versicherungsbeiträge
6920 Beiträge zu Wirtschaftsverbänden und Berufsvertretungen
6930 Verluste aus Schadensfällen
6950 Abschreibungen auf Forderungen
6960 Verluste aus dem Abgang von Vemögensgegenständen
6990 Periodenfremde Aufwendungen

KONTENKLASSE 7 : Weitere Aufwendungen

70 Betriebliche Steuern
7000 Gewerbesteuer
7020 Grundsteuer
7030 Kraftfahrzeugsteuer

74 Verluste aus dem Abgang von Wertpapieren des Umlaufvermögens

75 Zinsen und ähnliche Aufwendungen
7510 Zinsaufwendungen

ERGEBNISRECHNUNG

KONTENKLASSE 8 : Ergebnisrechnungen

80 Eröffnung / Abschluss
8000 Eröffnungsbilanzkonto
8010 Schlussbilanzkonto
8020 GuV - Konto

KONTENKLASSE 9 : KLR

90 Unternehmensbezogene Abgrenzungen (Neutrale Aufwendungen und Erträge)
91 Kostenrechnerische Korrekturen
92 Kosten und Leistungen

A-4 Liste der im Simulationsmodell verwendeten Variablen

Lfd. Nr.	Variablenbezeichner (vgl. auch Simulationsmodell EBILANZ im Abschnitt 4.5.5)	Visual SLAM-Variable	Initial-wert	Erläuterungen
1	AbschreibungsbetragBueroausstattung	XX[64]	450	gesamter Abschreibungsbetrag Büroausstattungen pro Jahr in €
2	AbschreibungsbetragHardware	XX[65]	2800	gesamter Abschreibungsbetrag Hardware pro Jahr in €
3	AbschreibungsbetragSoftwarelizenzen	XX[62]	1000	Abschreibungsbetrag Softwarelizenzen pro Jahr in €
4	AbschreibungsbetragSonstBGA	XX[67]	225	Abschreibungsbetrag sonstige Betriebs- und Geschäftsausstattung pro Jahr in €
5	AbschreibungsbetragStandardsoftware	XX[63]	1800	Abschreibungsbetrag Standardsoftware pro Jahr in €
6	AbschreibungsbetragTelefonanlage	XX[66]	1500	Abschreibungsbetrag Telefon-Anlage pro Jahr in €
7	AbschrproP	XX[21]	0	Abschreibungen pro Periode in €
8	ADurLfdBuchSatzNr	XX[53]	0,01	Anfragezeit für die lfd. Buchungssatznummernvergabe
9	AktBSEditDur	ATRIB[6]		Aktuelle Dauer zum Bearbeiten (Editieren) des Buchungssatzes
10	AktBuchSatzNr	LTRIB[3]		Aktuelle Buchungssatznummer
11	AktBuchSatzString	STRIB[1]		Zeichenkette des aktuellen Buchungssatzes
12	AktBusiProcBetrag	ATRIB[2]		Betrag des aktuellen Geschäftsprozesses
13	AktHabenKontoNr	LTRIB[2]		Habenkontonummer des aktuellen Buchungssatzes
14	AktMZABadCaseNVT	XX[33]		tagesspezifische aktuelle mittlere Zwischenankunftszeit eines Geschäftsvorfalls vom Typ "Neuvermietung Terminal" (Bad Case)
15	AktMZABadCaseTTA	XX[35]		tagesspezifische aktuelle mittlere Zwischenankunftszeit eines Geschäftsvorfalls vom Typ "Terminal-Transaktion A-Kunde" (Bad Case)
16	AktMZABadCaseTTB	XX[36]		tagesspezifische aktuelle mittlere Zwischenankunftszeit eines Geschäftsvorfalls vom Typ "Terminal-Transaktion B-Kunde" (Bad Case)
17	AktMZABadCaseTTC	XX[37]		tagesspezifische aktuelle mittlere Zwischenankunftszeit eines Geschäftsvorfalls vom Typ "Terminal-Transaktion C-Kunde" (Bad Case)
18	AktMZABadCaseVKT	XX[34]		tagesspezifische aktuelle mittlere Zwischenankunftszeit eines Geschäftsvorfalls vom Typ "Verkauf Terminal" (Bad Case)

Tab. A-4.1: Variablenliste, Teil 1

Lfd. Nr.	**Variablenbezeichner** (vgl. auch Simulationsmodell EBILANZ im Abschnitt 4.5.5)	**Visual SLAM-Variable**	**Initial-wert**	**Erläuterungen**
19	AktMZAGoodCaseNVT	XX[55]		tagesspezifische aktuelle mittlere Zwischenankunftszeit eines Geschäftsvorfalls vom Typ "Neuvermietung Terminal" (Good Case)
20	AktMZAGoodCaseTTA	XX[49]		tagesspezifische aktuelle mittlere Zwischenankunftszeit eines Geschäftsvorfalls vom Typ "Terminal-Transaktion A-Kunde" (Good Case)
21	AktMZAGoodCaseTTB	XX[50]		tagesspezifische aktuelle mittlere Zwischenankunftszeit eines Geschäftsvorfalls vom Typ "Terminal-Transaktion B-Kunde" (Good Case)
22	AktMZAGoodCaseTTC	XX[51]		tagesspezifische aktuelle mittlere Zwischenankunftszeit eines Geschäftsvorfalls vom Typ "Terminal-Transaktion C-Kunde" (Good Case)
23	AktMZAGoodCaseVKT	XX[47]		tagesspezifische aktuelle mittlere Zwischenankunftszeit eines Geschäftsvorfalls vom Typ "Verkauf Terminal" (Good Case)
24	AktSollKontoNr	LTRIB[1]		Sollkontonummer des aktuellen Buchungssatzes
25	AktTagMonat	LL[26]	1	aktueller Tag im lfd. Monat
26	AktWTagNr	LL[24]	1	Aktuelle Wochentagnummer, möglicher Bereich: 1-7.
27	AnzMonat	LL[27]	1	aktueller lfd. Monat, mögliche Werte: 1-12
28	AnzNVTproTag	LL[22]		Anzahl neu vermieteter Terminals pro Tag
29	AnzTageMonat	LL[21]	31	Anzahl der Tage des aktuellen Monats
30	AnzTTAproTag	LL[18]		Anzahl an Terminaltransaktionen A-Kunde pro Tag
31	AnzTTBproTag	LL[19]		Anzahl an Terminaltransaktionen B-Kunde pro Tag
32	AnzTTCproTag	LL[20]		Anzahl an Terminaltransaktionen C-Kunde pro Tag
33	AnzVKTproTag	LL[16]		Anzahl neu verkaufter Terminals pro Tag
34	AnzVMT	LL[17]		Anzahl an vermieteten Terminals zum Monatsende (ohne Neuvermietung)
35	ArbeitgeberanteilSozVer	XX[61]	4903,5	gesamter Arbeitgeberanteil pro Monat in €
36	AufwendungForbildungAussen	XX[68]	1650	alle Aufwendungen für Fort- und Weiterbildungen Außendienst pro Quartal in €
37	AufwendungForbildungInnen	XX[69]	3000	alle Aufwendungen für Fort- und Weiterbildungen Innendienst pro Halbjahr in €
38	AVproP	XX[3]	0	Anlagevermögen pro Periode in €

Tab. A-4.2: Variablenliste, Teil 2

Lfd. Nr.	**Variablenbezeichner** (vgl. auch Simulationsmodell EBILANZ im Abschnitt 4.5.5)	**Visual SLAM-Variable**	**Initial-wert**	**Erläuterungen**
39	bKapVerfuegbar	LL[30]	1	Sachbearbeiterkapazität verfügbar, ausgedrückt durch den Wert "1". Nichtverfügbarkeit der Sachbearbeiterressource ausgedrückt durch den Wert "0".
40	BusiTransCheckDur	ATRIB[3]		Dauer der Prüfung des neuen Geschäftsvorfalls durch Sachbearbeiter
41	BusiTransZeit	ATRIB[1]		Zeitpunkt des Auftretens eines Geschäftsvorfalls
42	CheckWTagNr	LL[23]	1	Prüfziffer zur Wochentagvergabe. Gültiger Bereich 1-7, bei 8 wird die Prüfziffer wieder auf 1 gesetzt.
43	Dauer2Schicht	XX[56]	480	Zeitspanne bis zum Beginn der Schicht von 8-16 Uhr
44	Dauer2SchichtFeld	LL[29]	1	Feldnummer des ARRAYS zur Angabe der Zeit bis Schichtbeginn
45	DauerNachSchicht	XX[58]	480	Zeitspanne nach Ende der Schicht von 8-16 Uhr
46	DauerNachSchichtFeld	LL[32]	3	Feldnummer des ARRAYS zur Angabe der Zeit nach Schichtende
47	DifWertAktHabenKonto	ATRIB[5]		Differenzwert zwischen Soll und Haben beim aktuellen Habenkonto
48	DifWertAktSollKonto	ATRIB[4]		Differenzwert zwischen Soll und Haben beim aktuellen Sollkonto
49	DurAutoBS	XX[54]	0,02	Dauer für einen vollautomatisierten Buchungssatzvorgang
50	DurEZV	XX[59]	0,05	Dauer der Belegung des Transaktionsservers zur Abwicklung des elektronischen Zahlungsverkehrs
51	EKproP	XX[7]	0	Eigenkapital pro Periode in €
52	ExcelMZeiger	LL[28]	3	Zeiger auf Monatsspalte für Exceltabelle
53	Firmenwagenleasing	XX[71]	1350	Gesamtbetrag Firmenwagenleasing pro Monat in €
54	FkproP	XX[9]		Fremdkapital pro Periode in €
55	Gehaltszahlungen	XX[60]	23350	Gesamte Bruttogehaltszahlungen pro Monat in €
56	HabenPos	LL[2]	2	Elementnummer der Haben-Position innerhalb eines kontospezifischen ARRAYs
57	HabenSaldo	LL[4]	4	Elementnummer des Habensaldo innerhalb eines kontospezifischen ARRAYs
58	HWBestand	XX[25]	110	Bestand an Handelswaren
59	ImAVproP	XX[1]	0	Immaterielles Anlagevermögen pro Periode in €
60	intGewinnproP	XX[11]	0	interner Gewinn pro Periode in €
61	KumAbschrproP	XX[14]	0	Kumulierte Abschreibungen pro Periode in €

Tab. A-4.3: Variablenliste, Teil 3

Lfd. Nr.	**Variablenbezeichner** (vgl. auch Simulationsmodell EBILANZ im Abschnitt 4.5.5)	**Visual SLAM-Variable**	**Initial-wert**	**Erläuterungen**
62	KumPersaufproP	XX[15]	0	Kumulierte Personalaufwendungen pro Periode in €
63	KumSachAVproP	XX[16]	0	Kumulierte Sachanlagevermögen pro Periode in €
64	KumSbAufproP	XX[17]	0	Kumulierte sonstige betriebliche Aufwendungen pro Periode in €
65	KumUErloeseproP	XX[23]	0	Kumulierte Umsatzerlöse pro Periode in €
66	LfdBuchSatzNr	LL[5]	1	Laufende Buchungssatz-Nummer
67	LfdTagNr	LL[25]	1	lfd. Nummer des aktuellen Tages
68	LiqMiUVproP	XX[5]		Liquide Mittel pro Periode in €
69	MataufproP	XX[19]	0	Materialaufwand pro Periode €
70	Mietaufwendung	XX[70]	1450	Aufwendungen für Mieten pro Monat in €
71	PersaufproP	XX[20]	0	Personalaufwand pro Periode in €
72	RefTagMonat	LL[6]	1	Referenztag im aktuellen Monat
73	Reisekosten	XX[72]	6000	alle Reisekosten pro Monat in €
74	RGIproP	XX[12]	0	Rohgewinn I pro Periode in €
75	RGIIproP	XX[13]	0	Rohgewinn II pro Periode in €
76	RGIIIproP	XX[27]	0	Rohgewinn III pro Periode in €
77	RGIVproP	XX[10]	0	Rohgewinn IV pro Periode in €
78	SachAVproP	XX[2]	0	Sachanlagevermögen pro Periode in €
79	SbAufproP	XX[22]	0	sonstiger betrieblicher Aufwand pro Periode in €
80	SchichtDauer	XX[57]	480	Dauer der Schicht (8-16 Uhr)
81	SchichtDauerFeld	LL[31]	2	Feldnummer des ARRAYS zur Angabe der Schichtdauer
82	SollPos	LL[1]	1	Elementnummer der Soll-Position innerhalb eines kontospezifischen ARRAYs
83	SollSaldo	LL[3]	3	Elementnummer des Sollsaldos innerhalb eines kontospezifischen ARRAYs
84	TerminalEKPreis	XX[52]	399	Terminal-Einkaufspreis je Terminal in €
85	TerminalMietPreis	XX[44]	39	Terminal-Mietpreis je Terminal pro Monat in €
86	TerminalTransGebuehr	XX[45]	0,39	Terminal-Transaktionsgebühr in €
87	TerminalVKPreis	XX[32]	1390	Terminal-Verkaufspreis je Terminal in €
88	UErloeseproP	XX[18]	0	Umsatzerlöse pro Periode in €
89	UVproP	XX[6]	0	Umlaufvermögen pro Periode in €
90	VblFKproP	XX[8]	0	Verbindlichkeiten pro Periode in €
91	VBLTilgungDarlehen	XX[46]	1700	Tilgung des Darlehens pro Monat in €
92	VorHwUVproP	XX[4]	0	Vorräte (Handelswaren) pro Periode in €
93	Werbung	XX[73]	5000	Werbung pro Monat in €
94	ZinsaufproP	XX[24]	0	Zinsaufwand pro Periode in €
95	Zinsaufwendungen	XX[74]	85	Zinsen pro Monat in €

Tab. A-4.4: Variablenliste, Teil 4

A-5 Auswertungsknoten „BSDatenRefMonJahr2GC“ und „BSDatenRefMonJahr3GC“

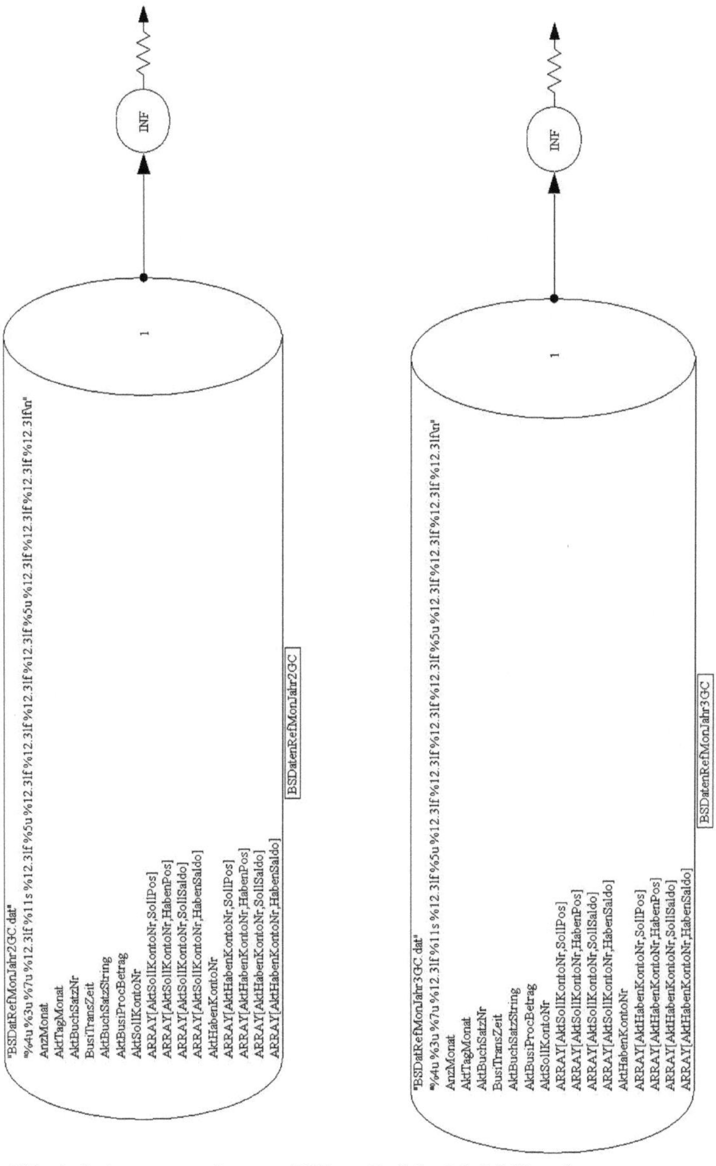

Abb. A-5: Auswertungsknoten „BSDatenRefMonJahr2GC“ und „BSDatenRefMonJahr3GC“

A-6 „MusterbilanzAweSim.xls" als interne Anfangsbilanz zum Controllingzeitpunkt *tp* = 2

1	2	3	4
2	**interne Bilanz Geschäftsbereich EZV zu Beginn von *tp* = 2**		
3			**Aktiva**
4	**Anlagevermögen**		***38.150,00***
5	**Immaterielle Vermögensgegenstände**		*14.000,00*
6	Lizenzen an Rechten und Werten	*14.000,00*	
7	**Sachanlagen**		*24.150,00*
8	Büromaschinen	*17.400,00*	
9	Büroausstattung	*6.750,00*	
10	**Finanzanlagen**		*0,00*
11	**Umlaufvermögen**		***51.850,00***
12	Vorräte (Handelswaren)	*43.890,00*	
13	Forderungen	*0,00*	
14	Liquide Mittel (Bank)	*7.960,00*	
15	sonst. UV	*0,00*	
16	**Bilanzsumme**		***90.000,00***
17			
18			***Passiva***
19	**EK**		***30.000,00***
20	Eigenkapital	*30.000,00*	
21	Jahresüberschuss /-fehlbetrag	*0,00*	
22	**FK**		***60.000,00***
23	Rückstellungen	*0,00*	
24	Verbindlichkeiten	*60.000,00*	
25	**Bilanzsumme**		***90.000,00***
26			
27	Kontrollrechnung (Differenz)		*0,00*

Tab. A-6: Interne Bilanz zu Beginn von *tp* = 2[2]

[2] Die zeilen- und spaltenbezogene Nummerierung bezieht sich auf die Zugriffswerte der Steuerungsdatei, die auf die entsprechenden Spalten und Zeilen zurückgreift. Die aufgeführten Beträge beziehen sich auf die Währung € (Euro).

A-7 Steuerungsdatei BFUECONB

```
GEN,"Thorsten Böth","Entwicklungsbilanz",1008BC,10,YES,YES;
LIMITS,100,100,10,20,20,10;
;----------------------Allgemeine Buchungen
EQUIVALENCE,{{AnzNVTproTag,LL[22]}};
EQUIVALENCE,{{AnzVKTproTag,LL[16]}};
EQUIVALENCE,{{AnzVMT,LL[17]}};
EQUIVALENCE,{{AnzTTAproTag,LL[18]}};
EQUIVALENCE,{{AnzTTBproTag,LL[19]}};
EQUIVALENCE,{{AnzTTCproTag,LL[20]}};
EQUIVALENCE,{{AnzTageMonat,LL[21]}};
EQUIVALENCE,{{AktMZABadCaseNVT,XX[33]}};
EQUIVALENCE,{{AktMZABadCaseVKT,XX[34]}};
EQUIVALENCE,{{AktMZABadCaseTTA,XX[35]}};
EQUIVALENCE,{{AktMZABadCaseTTB,XX[36]}};
EQUIVALENCE,{{AktMZABadCaseTTC,XX[37]}};
EQUIVALENCE,{{ADurLfdBuchSatzNr,XX[53]}};
EQUIVALENCE,{{DurEZV,XX[59]}};
EQUIVALENCE,{{DurAutoBS,XX[54]}};
EQUIVALENCE,{{HWBestand,XX[25]}};
;----------------------Abschlussdaten lfd. Interne Bilanz
EQUIVALENCE,{{ImAVproP,XX[1]}};
EQUIVALENCE,{{KumSachAVproP,XX[16]}};
EQUIVALENCE,{{SachAVproP,XX[2]}};
EQUIVALENCE,{{AVproP,XX[3]}};
EQUIVALENCE,{{VorHwUVproP,XX[4]}};
EQUIVALENCE,{{LiqMiUVproP,XX[5]}};
EQUIVALENCE,{{UVproP,XX[6]}};
EQUIVALENCE,{{EKproP,XX[7]}};
EQUIVALENCE,{{VblFKproP,XX[8]}};
EQUIVALENCE,{{FKproP,XX[9]}};
;----------------------Abschlussdaten interne Periodenerfolgsrechnung
EQUIVALENCE,{{KumUErloeseproP,XX[23]}};
EQUIVALENCE,{{UErloeseproP,XX[18]}};
EQUIVALENCE,{{MataufproP,XX[19]}};
EQUIVALENCE,{{RGIproP,XX[12]}};
EQUIVALENCE,{{KumPersaufproP,XX[15]}};
EQUIVALENCE,{{PersaufproP,XX[20]}};
EQUIVALENCE,{{RGIIproP,XX[13]}};
EQUIVALENCE,{{KumSbAufproP,XX[17]}};
EQUIVALENCE,{{SbAufproP,XX[22]}};
EQUIVALENCE,{{RGIIIproP,XX[27]}};
EQUIVALENCE,{{ZinsaufproP,XX[24]}};
EQUIVALENCE,{{RGIVproP,XX[10]}};
EQUIVALENCE,{{KumAbschrproP,XX[14]}};
EQUIVALENCE,{{AbschrproP,XX[21]}};
EQUIVALENCE,{{intGewinnproP,XX[11]}};
;----------------------Geschaeftsvorfall Inhalt
EQUIVALENCE,{{TerminalVKPreis,XX[32]}};
EQUIVALENCE,{{TerminalEKPreis,XX[52]}};
EQUIVALENCE,{{TerminalMietPreis,XX[44]}};
EQUIVALENCE,{{TerminalTransGebuehr,XX[45]}};
EQUIVALENCE,{{VBLTilgungDarlehen,XX[46]}};
EQUIVALENCE,{{Gehaltszahlungen,XX[60]}};
EQUIVALENCE,{{ArbeitgeberanteilSozVer,XX[61]}};
EQUIVALENCE,{{AbschreibungsbetragSoftwarelizenzen,XX[62]}};
EQUIVALENCE,{{AbschreibungsbetragStandardsoftware,XX[63]}};
EQUIVALENCE,{{AbschreibungsbetragBueroausstattung,XX[64]}};
EQUIVALENCE,{{AbschreibungsbetragHardware,XX[65]}};
EQUIVALENCE,{{AbschreibungsbetragTelefonanlage,XX[66]}};
EQUIVALENCE,{{AbschreibungsbetragSonstBGA,XX[67]}};
EQUIVALENCE,{{AufwendungFortbildungAussen,XX[68]}};
EQUIVALENCE,{{AufwendungFortbildungInnen,XX[69]}};
EQUIVALENCE,{{Mietaufwendung,XX[70]}};
EQUIVALENCE,{{Firmenwagenleasing,XX[71]}};
EQUIVALENCE,{{Reisekosten,XX[72]}};
EQUIVALENCE,{{Werbung,XX[73]}};
EQUIVALENCE,{{Zinsaufwendungen,XX[74]}};
;----------------------ARRAY Beschreibungen Entscheidungstabelle u.a.
EQUIVALENCE,{{SollPos,LL[1]}};
EQUIVALENCE,{{HabenPos,LL[2]}};
EQUIVALENCE,{{SollSaldo,LL[3]}};
EQUIVALENCE,{{HabenSaldo,LL[4]}};
```

```
EQUIVALENCE,{{LfdBuchSatzNr,LL[5]}};
;-----------------------
EQUIVALENCE,{{BusiTransZeit,ATRIB[1]}};
EQUIVALENCE,{{AktBusiProcBetrag,ATRIB[2]}};
EQUIVALENCE,{{AktSollKontoNr,LTRIB[1]}};
EQUIVALENCE,{{AktHabenKontoNr,LTRIB[2]}};
EQUIVALENCE,{{AktBuchSatzNr,LTRIB[3]}};
EQUIVALENCE,{{AktBuchSatzString,STRIB[1]}};
EQUIVALENCE,{{BusiTransCheckDur,ATRIB[3]}};
EQUIVALENCE,{{AktBSEditDur,ATRIB[6]}};
;-----------------------
EQUIVALENCE,{{CheckWTagNr,LL[23]}};
EQUIVALENCE,{{AktWTagNr,LL[24]}};
EQUIVALENCE,{{LfdTagNr,LL[25]}};
EQUIVALENCE,{{AktTagMonat,LL[26]}};
EQUIVALENCE,{{RefTagMonat,LL[6]}};
EQUIVALENCE,{{AnzMonat,LL[27]}};
EQUIVALENCE,{{ExcelMZeiger,LL[28]}};
;-----------------------
EQUIVALENCE,{{Dauer2Schicht,XX[56]}};
EQUIVALENCE,{{Dauer2SchichtFeld,LL[29]}};
EQUIVALENCE,{{SchichtDauer,XX[57]}};
EQUIVALENCE,{{SchichtDauerFeld,LL[31]}};
EQUIVALENCE,{{DauerNachSchicht,XX[58]}};
EQUIVALENCE,{{DauerNachSchichtFeld,LL[32]}};
EQUIVALENCE,{{bKapVerfuegbar,LL[30]}};
;-----------------------
EQUIVALENCE,{{DifWertAktSollKonto,ATRIB[4]}};
EQUIVALENCE,{{DifWertAktHabenKonto,ATRIB[5]}};
;-----------------------Bestandskonten:
;Kontenspezifische Arrays
;ARRAY-Elemente: 1: SollPos, 2: HabenPos, 3: SollSaldo, 4: HabenSaldo
;Kontenklasse0: Immaterielle Vermoegensgegenstaende und Sachanlagen
;Konto 0240: Softwarelizenzen
ARRAY,0240,4,{GETEXCEL("MusterbilanzAweSim.xls",6,3),0,GETEXCEL("MusterbilanzAweSim.xls",6,3),0};
;Konto 0860: Bueromaschinen/Kommunikationsanlagen
ARRAY,0860,4,{GETEXCEL("MusterbilanzAweSim.xls",8,3),0,GETEXCEL("MusterbilanzAweSim.xls",8,3),0};
;Konto 0870: Bueroausstattung
ARRAY,0870,4,{GETEXCEL("MusterbilanzAweSim.xls",9,3),0,GETEXCEL("MusterbilanzAweSim.xls",9,3),0};
;Kontenklasse1: Finanzanlagen
;Kontenklasse2: Umlaufvermoegen und aktive Rechnungsabgrenzung
;Konto 2280: Waren (Handelswaren)
ARRAY,2280,4,{GETEXCEL("MusterbilanzAweSim.xls",12,3),0,GETEXCEL("MusterbilanzAweSim.xls",12,3),0};
;Konto 2800: Bank
ARRAY,2800,4,{GETEXCEL("MusterbilanzAweSim.xls",14,3),0,GETEXCEL("MusterbilanzAweSim.xls",14,3),0};
;Kontenklasse3: Eigenkapital
;Konto 3000: Eigenkapital
ARRAY,3000,4,{0,GETEXCEL("MusterbilanzAweSim.xls",20,3),0,GETEXCEL("MusterbilanzAweSim.xls",20,3)};
;Kontenklasse4: Verbindlichkeiten und passive Rechnungsabgrenzung
;Konto 4250 Verbindlichkeiten
ARRAY,4250,4,{0,GETEXCEL("MusterbilanzAweSim.xls",24,3),0,GETEXCEL("MusterbilanzAweSim.xls",24,3)};
;-----------------------Erfolgskonten:
;Kontenspezifische Arrays
;ARRAY-Elemente: 1: SollPos, 2: HabenPos, 3: SollSaldo, 4: HabenSaldo
;Kontenklasse 5: Ertraege
;Konto 5000: Umsatzerloese
ARRAY,5000,4,{0,0,0,0};
;Konto 5100: Umsatzerloese fuer Handelswaren
ARRAY,5100,4,{0,0,0,0};
;Konto 5400: Erloese aus Vermietung und Verpachtung
ARRAY,5400,4,{0,0,0,0};
;Kontenklasse 6: Aufwendungen
;Konto 6080: Aufw. für Handelswaren (Wareneinsatz)
ARRAY,6080,4,{0,0,0,0};
;Konto 6300: Gehälter
ARRAY,6300,4,{0,0,0,0};
;Konto 6400: Arbeitgeberanteil zur Sozialversicherung
ARRAY,6400,4,{0,0,0,0};
;Konto 6510: Abschreibung auf immaterielle Vermoegensgegenstaende des Anlagevermoegens
ARRAY,6510,4,{0,0,0,0};
;Konto 6540: Abschreibung auf andere Anlagen, Betriebs- und Geschaeftsausstattung
ARRAY,6540,4,{0,0,0,0};
;Konto 6640: Aufwendungen für Fort- und Weiterbildung
ARRAY,6640,4,{0,0,0,0};
;Konto 6700: Mieten
ARRAY,6700,4,{0,0,0,0};
```

```
;Konto 6710: Leasing
ARRAY,6710,4,{0,0,0,0};
;Konto 6850: Reisekosten
ARRAY,6850,4,{0,0,0,0};
;Konto 6870: Werbung
ARRAY,6870,4,{0,0,0,0};
;Kontenklasse 7: Weitere Aufwendungen
;Konto 7510: Zinsaufwendungen
ARRAY,7510,4,{0,0,0,0};
;Kontenklasse 8: Ergebnisrechnungen
;Konto 8020: GuV-Konto
ARRAY,8020,4,{0,0,0,0};
;
;ARRAYS zur Arbeitszeitsteuerung
;1=Montag; 2=Dienstag; 3=Mittwoch; 4=Donnerstag
;5=Freitag; 6=Samstag; 7=Sonntag
ARRAY,1,3,{480,480,480};
ARRAY,2,3,{480,480,480};
ARRAY,3,3,{480,480,480};
ARRAY,4,3,{480,480,480};
ARRAY,5,3,{480,480,480};
ARRAY,6,3,{480,0,960};
ARRAY,7,3,{480,0,960};
;
;----------------------Angaben zur Initialisierung
;----------------------Zugriff auf die Werte der Exceltabelle
;----------------------Anzahl an neuvermieteten Terminals pro Tag
INTLC,{{AnzNVTproTag,int(GETEXCEL("MarktstudieBC.xls",9,3))}};
;----------------------Anzahl an verkauften Terminals pro Tag
INTLC,{{AnzVKTproTag,int(GETEXCEL("MarktstudieBC.xls",7,3))}};
;----------------------Anzahl an lfd. vermieteten Terminals pro Monat (ohne NVT)
INTLC,{{AnzVMT,int(GETEXCEL("MarktstudieBC.xls",14,3))}};
;----------------------Anzahl an Terminaltransaktionen A-Kunden pro Tag
INTLC,{{AnzTTAproTag,int(GETEXCEL("MarktstudieBC.xls",26,3))}};
;----------------------Anzahl an Terminaltransaktionen B-Kunden pro Tag
INTLC,{{AnzTTBproTag,int(GETEXCEL("MarktstudieBC.xls",27,3))}};
;----------------------Anzahl an Terminaltransaktionen C-Kunden pro Tag
INTLC,{{AnzTTCproTag,int(GETEXCEL("MarktstudieBC.xls",28,3))}};
;----------------------Anzahl an Tagen pro Monat
INTLC,{{AnzTageMonat,int(GETEXCEL("MarktstudieBC.xls",20,3))}};
;----------------------Initialisierung der Zwischenankunftszeiten für den Start
;----------------------Mittlere Zwischenankunftszeit NVT
INTLC,{{AktMZABadCaseNVT,1440/AnzNVTproTag}};
;----------------------Mittlere Zwischenankunftszeit VKT
INTLC,{{AktMZABadCaseVKT,1440/AnzVKTproTag}};
;----------------------Mittlere Zwischenankunftszeit TTA
INTLC,{{AktMZABadCaseTTA,1440/AnzTTAproTag}};
;----------------------Mittlere Zwischenankunftszeit TTB
INTLC,{{AktMZABadCaseTTB,1440/AnzTTBproTag}};
;----------------------Mittlere Zwischenankunftszeit TTC
INTLC,{{AktMZABadCaseTTC,1440/AnzTTCproTag}};
;----------------------
INTLC,{{ADurLfdBuchSatzNr,0.01}};
;----------------------
INTLC,{{DurEZV,0.05}};
;----------------------
INTLC,{{DurAutoBS,0.02}};
;----------------------
INTLC,{{HWBestand,110}};
;----------------------
;----------------------Abschlussdaten lfd. interne Bilanz
INTLC,{{ImAVproP,0}};
INTLC,{{KumSachAVproP,0}};
INTLC,{{SachAVproP,0}};
INTLC,{{AVproP,0}};
INTLC,{{VorHwUVproP,0}};
INTLC,{{LiqMiUVproP,0}};
INTLC,{{UVproP,0}};
INTLC,{{EKproP,0}};
INTLC,{{VblFKproP,0}};
INTLC,{{FKproP,0}};
;----------------------Abschlussdaten internePeriodenErfolgsrechnung
INTLC,{{KumUErloeseproP,0}};
INTLC,{{UErloeseproP,0}};
INTLC,{{MataufproP,0}};
INTLC,{{RGIproP,0}};
```

```
INTLC,{{KumPersaufproP,0}};
INTLC,{{PersaufproP,0}};
INTLC,{{RGIIproP,0}};
INTLC,{{KumSbAufproP,0}};
INTLC,{{SbAufproP,0}};
INTLC,{{RGIIIproP,0}};
INTLC,{{ZinsaufproP,0}};
INTLC,{{RGIVproP,0}};
INTLC,{{KumAbschrproP,0}};
INTLC,{{AbschrproP,0}};
INTLC,{{intGewinnproP,0}};
;-----------------------
INTLC,{{RefTagMonat,1}};
INTLC,{{TerminalVKPreis,1390}};
INTLC,{{TerminalEKPreis,399}};
INTLC,{{TerminalMietPreis,39}};
INTLC,{{TerminalTransGebuehr,0.39}};
INTLC,{{VBLTilgungDarlehen,1700}};
INTLC,{{Gehaltszahlungen,23350}};
INTLC,{{ArbeitgeberanteilSozVer,4903.50}};
INTLC,{{AbschreibungsbetragSoftwarelizenzen,1000}};
INTLC,{{AbschreibungsbetragStandardsoftware,1800}};
INTLC,{{AbschreibungsbetragBueroausstattung,450}};
INTLC,{{AbschreibungsbetragHardware,2800}};
INTLC,{{AbschreibungsbetragTelefonanlage,1500}};
INTLC,{{AbschreibungsbetragSonstBGA,225}};
INTLC,{{AufwendungFortbildungAussen,1650}};
INTLC,{{AufwendungFortbildungInnen,3000}};
INTLC,{{Mietaufwendung,1450}};
INTLC,{{Firmenwagenleasing,1350}};
INTLC,{{Reisekosten,6000}};
INTLC,{{Werbung,5000}};
INTLC,{{Zinsaufwendungen,85}};
INTLC,{{SollPos,1},{HabenPos,2},{SollSaldo,3},{HabenSaldo,4}};
INTLC,{{LfdBuchSatzNr,1}};
INTLC,{{CheckWTagNr,1}};
INTLC,{{AktWTagNr,1}};
INTLC,{{LfdTagNr,1}};
INTLC,{{AktTagMonat,1}};
INTLC,{{AnzMonat,1}};
INTLC,{{ExcelMZeiger,3}};
INTLC,{{Dauer2Schicht,480}};
INTLC,{{Dauer2SchichtFeld,1}};
INTLC,{{SchichtDauer,480}};
INTLC,{{SchichtDauerFeld,2}};
INTLC,{{DauerNachSchicht,480}};
INTLC,{{DauerNachSchichtFeld,3}};
INTLC,{{bKapVerfuegbar,1}};
NET;
FIN;
```

A-8 SUMMARY REPORTS der mit dem Szenario GOODCASE durchgeführten Simulationsexperimente

```
** AweSim SUMMARY REPORT **

Simulation Project : Entwicklungsbilanz
Modeler : Thorsten Böth
Date : 1008GC
Scenario : GOODCASE

Run number 1 of 10
Current simulation time     : 1576800.000000
Statistics cleared at time : 0.000000

       ** FILE STATISTICS REPORT for scenario GOODCASE **
```

File Number	Label or Input Location	Average Length	Standard Deviation	Maximum Length	Current Length	Average Wait Time
10	RES. EZV_TASERVE	0.000	0.000	1	0	0.000
21	RES. SACHBEARBEI	2.896	3.734	21	5	948.613
22	RES. SACHBEARBEI	1.690	2.363	15	1	996.366
30	RES. BFAPPLICSER	0.000	0.001	1	0	0.000
31	RES. BFAPPLICSER	0.000	0.000	1	0	0.000
32	RES. BFAPPLICSER	0.000	0.000	1	0	0.000
33	RES. BFAPPLICSER	0.000	0.000	1	0	0.000
34	RES. BFAPPLICSER	0.000	0.000	1	0	0.000
35	RES. BFAPPLICSER	0.001	0.805	835	0	0.125
0	Event Calendar	7.155	0.625	890	6	6.402

```
       ** ACTIVITY STATISTICS REPORT for scenario GOODCASE **
```

Activity Number	Label or Input Location	Average Utilization	Standard Deviation	Entity Count	Maximum Utilization
1	Line 63	0.999	0.030	1094	1
2	Line 55	0.000	0.000	36	1
3	Line 67	0.000	0.000	36	1
4	Line 216	0.000	0.000	36	1
5	Line 56	0.000	0.000	36	1
198	Line 16	0.000	0.000	4814	1
199	Line 31	0.007	0.089	4809	3
200	Line 170	0.000	0.000	2674	1
201	Line 185	0.004	0.063	2673	3

Activity Number	Current Utilization
1	0
2	0
3	0
4	0
5	0
198	0
199	0
200	0
201	0

```
       ** RESOURCE STATISTICS REPORT for scenario GOODCASE **
```

Resource Number	Resource Label	Average Util.	Standard Deviation	Current Util.	Maximum Util.
10	EZV_TASERVER	0.010	0.101	0	3
21	SACHBEARBEITERA	0.043	0.204	0	1
22	SACHBEARBEITERB	0.043	0.204	0	1
23	SACHBEARBEITERC	0.043	0.204	0	1
30	BFAPPLICSERVER	0.005	0.127	0	48

Resource Number	Current Capacity	Average Available	Current Available	Minimum Available	Maximum Available
10	48	47.990	48	45	48
21	0	0.195	0	-1	1
22	0	0.195	0	-1	1
23	0	0.195	0	-1	1
30	48	47.995	48	0	48

** GROUP STATISTICS REPORT for scenario GOODCASE **

Group Number	Group Label	Average Util.	Standard Deviation	Current Util.	Maximum Util.
1	SBGRUPPE	0.130	0.555	0	3

Group Number	Current Capacity	Average Available	Current Available	Minimum Available	Maximum Available
1	0	0.585	0	-2	3

** AweSim SUMMARY REPORT **

Simulation Project : Entwicklungsbilanz
Modeler : Thorsten Böth
Date : 1008GC
Scenario : GOODCASE

Run number 2 of 10
Current simulation time : 1576800.000000
Statistics cleared at time : 0.000000

** FILE STATISTICS REPORT for scenario GOODCASE **

File Number	Label or Input Location	Average Length	Standard Deviation	Maximum Length	Current Length	Average Wait Time
10	RES. EZV_TASERVE	0.000	0.000	1	0	0.000
21	RES. SACHBEARBEI	2.776	3.612	22	0	915.950
22	RES. SACHBEARBEI	1.620	2.321	17	1	990.167
30	RES. BFAPPLICSER	0.000	0.001	1	0	0.000
31	RES. BFAPPLICSER	0.000	0.000	1	0	0.000
32	RES. BFAPPLICSER	0.000	0.000	1	0	0.000
33	RES. BFAPPLICSER	0.000	0.000	1	0	0.000
34	RES. BFAPPLICSER	0.000	0.000	1	0	0.000
35	RES. BFAPPLICSER	0.001	0.805	835	0	0.125
0	Event Calendar	7.153	0.620	890	6	6.412

** ACTIVITY STATISTICS REPORT for scenario GOODCASE **

Activity Number	Label or Input Location	Average Utilization	Standard Deviation	Entity Count	Maximum Utilization
1	Line 63	0.999	0.030	1094	1
2	Line 55	0.000	0.000	36	1
3	Line 67	0.000	0.000	36	1
4	Line 216	0.000	0.000	36	1
5	Line 56	0.000	0.000	36	1
198	Line 16	0.000	0.000	4778	1
199	Line 31	0.007	0.089	4778	3
200	Line 170	0.000	0.000	2579	1
201	Line 185	0.004	0.063	2578	3

Activity Number	Current Utilization
1	0
2	0
3	0
4	0
5	0
198	0
199	0
200	0
201	0

** RESOURCE STATISTICS REPORT for scenario GOODCASE **

Resource Number	Resource Label	Average Util.	Standard Deviation	Current Util.	Maximum Util.
10	EZV_TASERVER	0.010	0.101	0	3
21	SACHBEARBEITERA	0.043	0.202	0	1
22	SACHBEARBEITERB	0.043	0.202	0	1
23	SACHBEARBEITERC	0.043	0.202	0	1
30	BFAPPLICSERVER	0.005	0.127	0	48

Resource Number	Current Capacity	Average Available	Current Available	Minimum Available	Maximum Available
10	48	47.990	48	45	48
21	0	0.196	0	-1	1
22	0	0.196	0	-1	1
23	0	0.196	0	-1	1
30	48	47.995	48	0	48

** GROUP STATISTICS REPORT for scenario GOODCASE **

Group Number	Group Label	Average Util.	Standard Deviation	Current Util.	Maximum Util.
1	SBGRUPPE	0.128	0.549	0	3

Group Number	Current Capacity	Average Available	Current Available	Minimum Available	Maximum Available
1	0	0.587	0	-3	3

** AweSim SUMMARY REPORT **

Simulation Project : Entwicklungsbilanz
Modeler : Thorsten Böth
Date : 1008GC
Scenario : GOODCASE

Run number 3 of 10
Current simulation time : 1576800.000000
Statistics cleared at time : 0.000000

** FILE STATISTICS REPORT for scenario GOODCASE **

File Number	Label or Input Location	Average Length	Standard Deviation	Maximum Length	Current Length	Average Wait Time
10	RES. EZV_TASERVE	0.000	0.000	1	0	0.000
21	RES. SACHBEARBEI	2.865	3.704	24	0	935.760
22	RES. SACHBEARBEI	1.513	2.220	16	0	950.590
30	RES. BFAPPLICSER	0.000	0.001	1	0	0.000
31	RES. BFAPPLICSER	0.000	0.000	1	0	0.000
32	RES. BFAPPLICSER	0.000	0.000	1	0	0.000
33	RES. BFAPPLICSER	0.000	0.000	1	0	0.000
34	RES. BFAPPLICSER	0.000	0.000	1	0	0.000
35	RES. BFAPPLICSER	0.001	0.805	835	0	0.125
0	Event Calendar	7.153	0.619	890	6	6.382

** ACTIVITY STATISTICS REPORT for scenario GOODCASE **

Activity Number	Label or Input Location	Average Utilization	Standard Deviation	Entity Count	Maximum Utilization
1	Line 63	0.999	0.030	1094	1
2	Line 55	0.000	0.000	36	1
3	Line 67	0.000	0.000	36	1
4	Line 216	0.000	0.000	36	1
5	Line 56	0.000	0.000	36	1
198	Line 16	0.000	0.000	4827	1
199	Line 31	0.007	0.089	4827	3
200	Line 170	0.000	0.000	2510	1
201	Line 185	0.003	0.062	2510	3

Activity Number	Current Utilization
1	0
2	0
3	0
4	0
5	0
198	0
199	0
200	0
201	0

** RESOURCE STATISTICS REPORT for scenario GOODCASE **

Resource Number	Resource Label	Average Util.	Standard Deviation	Current Util.	Maximum Util.
10	EZV_TASERVER	0.010	0.101	0	3
21	SACHBEARBEITERA	0.043	0.202	0	1
22	SACHBEARBEITERB	0.043	0.202	0	1
23	SACHBEARBEITERC	0.043	0.202	0	1
30	BFAPPLICSERVER	0.005	0.128	0	48

Resource Number	Current Capacity	Average Available	Current Available	Minimum Available	Maximum Available
10	48	47.990	48	45	48
21	0	0.196	0	-1	1
22	0	0.196	0	-1	1
23	0	0.196	0	-1	1
30	48	47.995	48	0	48

** GROUP STATISTICS REPORT for scenario GOODCASE **

Group Number	Group Label	Average Util.	Standard Deviation	Current Util.	Maximum Util.
1	SBGRUPPE	0.128	0.549	0	3

Group Number	Current Capacity	Average Available	Current Available	Minimum Available	Maximum Available
1	0	0.587	0	-2	3

** AweSim SUMMARY REPORT **

Simulation Project : Entwicklungsbilanz
Modeler : Thorsten Böth
Date : 1008GC
Scenario : GOODCASE

Run number 4 of 10
Current simulation time : 1576800.000000
Statistics cleared at time : 0.000000

** FILE STATISTICS REPORT for scenario GOODCASE **

File Number	Label or Input Location	Average Length	Standard Deviation	Maximum Length	Current Length	Average Wait Time
10	RES. EZV_TASERVE	0.000	0.000	1	0	0.000
21	RES. SACHBEARBEI	2.848	3.709	22	2	947.932
22	RES. SACHBEARBEI	1.616	2.272	15	3	997.482
30	RES. BFAPPLICSER	0.000	0.001	1	0	0.000
31	RES. BFAPPLICSER	0.000	0.000	1	0	0.000
32	RES. BFAPPLICSER	0.000	0.000	1	0	0.000
33	RES. BFAPPLICSER	0.000	0.000	1	0	0.000
34	RES. BFAPPLICSER	0.000	0.000	1	0	0.000
35	RES. BFAPPLICSER	0.001	0.805	835	0	0.125
0	Event Calendar	7.152	0.617	890	6	6.415

** ACTIVITY STATISTICS REPORT for scenario GOODCASE **

Activity Number	Label or Input Location	Average Utilization	Standard Deviation	Entity Count	Maximum Utilization
1	Line 63	0.999	0.030	1094	1
2	Line 55	0.000	0.000	36	1
3	Line 67	0.000	0.000	36	1
4	Line 216	0.000	0.000	36	1
5	Line 56	0.000	0.000	36	1
198	Line 16	0.000	0.000	4737	1
199	Line 31	0.006	0.088	4735	3
200	Line 170	0.000	0.000	2554	1
201	Line 185	0.004	0.062	2551	3

Activity Number	Current Utilization
1	0
2	0
3	0
4	0
5	0
198	0
199	0
200	0
201	0

** RESOURCE STATISTICS REPORT for scenario GOODCASE **

Resource Number	Resource Label	Average Util.	Standard Deviation	Current Util.	Maximum Util.
10	EZV_TASERVER	0.010	0.101	0	3
21	SACHBEARBEITERA	0.042	0.201	0	1
22	SACHBEARBEITERB	0.042	0.201	0	1
23	SACHBEARBEITERC	0.042	0.201	0	1
30	BFAPPLICSERVER	0.005	0.127	0	48

Resource Number	Current Capacity	Average Available	Current Available	Minimum Available	Maximum Available
10	48	47.990	48	45	48
21	0	0.196	0	-1	1
22	0	0.196	0	-1	1
23	0	0.196	0	-1	1
30	48	47.995	48	0	48

** GROUP STATISTICS REPORT for scenario GOODCASE **

Group Number	Group Label	Average Util.	Standard Deviation	Current Util.	Maximum Util.
1	SBGRUPPE	0.127	0.547	0	3

Group Number	Current Capacity	Average Available	Current Available	Minimum Available	Maximum Available
1	0	0.588	0	-3	3

** AweSim SUMMARY REPORT **

Simulation Project : Entwicklungsbilanz
Modeler : Thorsten Böth
Date : 1008GC
Scenario : GOODCASE

Run number 5 of 10
Current simulation time : 1576800.000000
Statistics cleared at time : 0.000000

** FILE STATISTICS REPORT for scenario GOODCASE **

File Number	Label or Input Location	Average Length	Standard Deviation	Maximum Length	Current Length	Average Wait Time
10	RES. EZV_TASERVE	0.000	0.000	1	0	0.000
21	RES. SACHBEARBEI	2.771	3.661	22	3	913.003
22	RES. SACHBEARBEI	1.479	2.160	15	0	925.669
30	RES. BFAPPLICSER	0.000	0.001	1	0	0.000
31	RES. BFAPPLICSER	0.000	0.000	1	0	0.000
32	RES. BFAPPLICSER	0.000	0.000	1	0	0.000
33	RES. BFAPPLICSER	0.000	0.000	1	0	0.000
34	RES. BFAPPLICSER	0.000	0.000	1	0	0.000
35	RES. BFAPPLICSER	0.001	0.805	835	0	0.125
0	Event Calendar	7.152	0.615	890	6	6.387

** ACTIVITY STATISTICS REPORT for scenario GOODCASE **

Activity Number	Label or Input Location	Average Utilization	Standard Deviation	Entity Count	Maximum Utilization
1	Line 63	0.999	0.030	1094	1
2	Line 55	0.000	0.000	36	1
3	Line 67	0.000	0.000	36	1
4	Line 216	0.000	0.000	36	1
5	Line 56	0.000	0.000	36	1
198	Line 16	0.000	0.000	4786	1
199	Line 31	0.007	0.089	4783	3
200	Line 170	0.000	0.000	2520	1
201	Line 185	0.003	0.062	2520	3

Activity Number	Current Utilization
1	0
2	0
3	0
4	0
5	0
198	0
199	0
200	0
201	0

** RESOURCE STATISTICS REPORT for scenario GOODCASE **

Resource Number	Resource Label	Average Util.	Standard Deviation	Current Util.	Maximum Util.
10	EZV_TASERVER	0.010	0.101	0	3
21	SACHBEARBEITERA	0.042	0.202	0	1
22	SACHBEARBEITERB	0.042	0.202	0	1
23	SACHBEARBEITERC	0.042	0.202	0	1
30	BFAPPLICSERVER	0.005	0.127	0	48

Resource Number	Current Capacity	Average Available	Current Available	Minimum Available	Maximum Available
10	48	47.990	48	45	48
21	0	0.196	0	-1	1
22	0	0.196	0	-1	1
23	0	0.196	0	-1	1
30	48	47.995	48	0	48

** GROUP STATISTICS REPORT for scenario GOODCASE **

Group Number	Group Label	Average Util.	Standard Deviation	Current Util.	Maximum Util.
1	SBGRUPPE	0.127	0.544	0	3

Group Number	Current Capacity	Average Available	Current Available	Minimum Available	Maximum Available
1	0	0.588	0	-2	3

** AweSim SUMMARY REPORT **

Simulation Project : Entwicklungsbilanz
Modeler : Thorsten Böth
Date : 1008GC
Scenario : GOODCASE

Run number 6 of 10
Current simulation time : 1576800.000000
Statistics cleared at time : 0.000000

** FILE STATISTICS REPORT for scenario GOODCASE **

File Number	Label or Input Location	Average Length	Standard Deviation	Maximum Length	Current Length	Average Wait Time
10	RES. EZV_TASERVE	0.000	0.000	1	0	0.000
21	RES. SACHBEARBEI	2.817	3.635	23	1	934.014
22	RES. SACHBEARBEI	1.523	2.184	15	2	957.568
30	RES. BFAPPLICSER	0.000	0.001	1	0	0.000
31	RES. BFAPPLICSER	0.000	0.000	1	0	0.000
32	RES. BFAPPLICSER	0.000	0.000	1	0	0.000
33	RES. BFAPPLICSER	0.000	0.000	1	0	0.000
34	RES. BFAPPLICSER	0.000	0.000	1	0	0.000
35	RES. BFAPPLICSER	0.001	0.805	835	0	0.125
0	Event Calendar	7.151	0.616	890	6	6.407

** ACTIVITY STATISTICS REPORT for scenario GOODCASE **

Activity Number	Label or Input Location	Average Utilization	Standard Deviation	Entity Count	Maximum Utilization
1	Line 63	0.999	0.030	1094	1
2	Line 55	0.000	0.000	36	1
3	Line 67	0.000	0.000	36	1
4	Line 216	0.000	0.000	36	1
5	Line 56	0.000	0.000	36	1
198	Line 16	0.000	0.000	4756	1
199	Line 31	0.007	0.089	4755	3
200	Line 170	0.000	0.000	2508	1
201	Line 185	0.003	0.062	2506	3

Activity Number	Current Utilization
1	0
2	0
3	0
4	0
5	0
198	0
199	0
200	0
201	0

** RESOURCE STATISTICS REPORT for scenario GOODCASE **

Resource Number	Resource Label	Average Util.	Standard Deviation	Current Util.	Maximum Util.
10	EZV_TASERVER	0.010	0.101	0	3
21	SACHBEARBEITERA	0.042	0.201	0	1
22	SACHBEARBEITERB	0.042	0.201	0	1
23	SACHBEARBEITERC	0.042	0.201	0	1
30	BFAPPLICSERVER	0.005	0.127	0	48

Resource Number	Current Capacity	Average Available	Current Available	Minimum Available	Maximum Available
10	48	47.990	48	45	48
21	0	0.196	0	-1	1
22	0	0.196	0	-1	1
23	0	0.196	0	-1	1
30	48	47.995	48	0	48

** GROUP STATISTICS REPORT for scenario GOODCASE **

Group Number	Group Label	Average Util.	Standard Deviation	Current Util.	Maximum Util.
1	SBGRUPPE	0.127	0.546	0	3

Group Number	Current Capacity	Average Available	Current Available	Minimum Available	Maximum Available
1	0	0.588	0	-3	3

** AweSim SUMMARY REPORT **

Simulation Project : Entwicklungsbilanz
Modeler : Thorsten Böth
Date : 1008GC
Scenario : GOODCASE

Run number 7 of 10
Current simulation time : 1576800.000000
Statistics cleared at time : 0.000000

** FILE STATISTICS REPORT for scenario GOODCASE **

File Number	Label or Input Location	Average Length	Standard Deviation	Maximum Length	Current Length	Average Wait Time
10	RES. EZV_TASERVE	0.000	0.000	1	0	0.000
21	RES. SACHBEARBEI	2.757	3.609	20	2	933.651
22	RES. SACHBEARBEI	1.503	2.143	14	0	952.323
30	RES. BFAPPLICSER	0.000	0.001	1	0	0.000
31	RES. BFAPPLICSER	0.000	0.000	1	0	0.000
32	RES. BFAPPLICSER	0.000	0.000	1	0	0.000
33	RES. BFAPPLICSER	0.000	0.000	1	0	0.000
34	RES. BFAPPLICSER	0.000	0.000	1	0	0.000
35	RES. BFAPPLICSER	0.001	0.805	835	0	0.125
0	Event Calendar	7.149	0.612	890	6	6.426

** ACTIVITY STATISTICS REPORT for scenario GOODCASE **

Activity Number	Label or Input Location	Average Utilization	Standard Deviation	Entity Count	Maximum Utilization
1	Line 63	0.999	0.030	1094	1
2	Line 55	0.000	0.000	36	1
3	Line 67	0.000	0.000	36	1
4	Line 216	0.000	0.000	36	1
5	Line 56	0.000	0.000	36	1
198	Line 16	0.000	0.000	4657	1
199	Line 31	0.006	0.088	4655	3
200	Line 170	0.000	0.000	2488	1
201	Line 185	0.003	0.061	2488	3

Activity Number	Current Utilization
1	0
2	0
3	0
4	0
5	0
198	0
199	0
200	0
201	0

** RESOURCE STATISTICS REPORT for scenario GOODCASE **

Resource Number	Resource Label	Average Util.	Standard Deviation	Current Util.	Maximum Util.
10	EZV_TASERVER	0.010	0.101	0	3
21	SACHBEARBEITERA	0.042	0.200	0	1
22	SACHBEARBEITERB	0.042	0.200	0	1
23	SACHBEARBEITERC	0.042	0.200	0	1
30	BFAPPLICSERVER	0.005	0.127	0	48

Resource Number	Current Capacity	Average Available	Current Available	Minimum Available	Maximum Available
10	48	47.990	48	45	48
21	0	0.197	0	-1	1
22	0	0.197	0	-1	1
23	0	0.197	0	-1	1
30	48	47.995	48	0	48

** GROUP STATISTICS REPORT for scenario GOODCASE **

Group Number	Group Label	Average Util.	Standard Deviation	Current Util.	Maximum Util.
1	SBGRUPPE	0.125	0.542	0	3

Group Number	Current Capacity	Average Available	Current Available	Minimum Available	Maximum Available
1	0	0.590	0	-3	3

** AweSim SUMMARY REPORT **

Simulation Project : Entwicklungsbilanz
Modeler : Thorsten Böth
Date : 1008GC
Scenario : GOODCASE

Run number 8 of 10
Current simulation time : 1576800.000000
Statistics cleared at time : 0.000000

** FILE STATISTICS REPORT for scenario GOODCASE **

File Number	Label or Input Location	Average Length	Standard Deviation	Maximum Length	Current Length	Average Wait Time
10	RES. EZV_TASERVE	0.000	0.000	1	0	0.000
21	RES. SACHBEARBEI	2.855	3.765	25	0	948.141
22	RES. SACHBEARBEI	1.658	2.339	15	1	1026.843
30	RES. BFAPPLICSER	0.000	0.001	1	0	0.000
31	RES. BFAPPLICSER	0.000	0.000	1	0	0.000
32	RES. BFAPPLICSER	0.000	0.000	1	0	0.000
33	RES. BFAPPLICSER	0.000	0.000	1	0	0.000
34	RES. BFAPPLICSER	0.000	0.000	1	0	0.000
35	RES. BFAPPLICSER	0.001	0.805	835	0	0.125
0	Event Calendar	7.152	0.618	890	6	6.397

** ACTIVITY STATISTICS REPORT for scenario GOODCASE **

Activity Number	Label or Input Location	Average Utilization	Standard Deviation	Entity Count	Maximum Utilization
1	Line 63	0.999	0.030	1094	1
2	Line 55	0.000	0.000	36	1
3	Line 67	0.000	0.000	36	1
4	Line 216	0.000	0.000	36	1
5	Line 56	0.000	0.000	36	1
198	Line 16	0.000	0.000	4748	1
199	Line 31	0.007	0.088	4748	3
200	Line 170	0.000	0.000	2546	1
201	Line 185	0.003	0.062	2545	3

Activity Number	Current Utilization
1	0
2	0
3	0
4	0
5	0
198	0
199	0
200	0
201	0

** RESOURCE STATISTICS REPORT for scenario GOODCASE **

Resource Number	Resource Label	Average Util.	Standard Deviation	Current Util.	Maximum Util.
10	EZV_TASERVER	0.010	0.101	0	3
21	SACHBEARBEITERA	0.042	0.202	0	1
22	SACHBEARBEITERB	0.042	0.202	0	1
23	SACHBEARBEITERC	0.042	0.201	0	1
30	BFAPPLICSERVER	0.005	0.127	0	48

Resource Number	Current Capacity	Average Available	Current Available	Minimum Available	Maximum Available
10	48	47.990	48	45	48
21	0	0.196	0	-1	1
22	0	0.196	0	-1	1
23	0	0.196	0	-1	1
30	48	47.995	48	0	48

** GROUP STATISTICS REPORT for scenario GOODCASE **

Group Number	Group Label	Average Util.	Standard Deviation	Current Util.	Maximum Util.
1	SBGRUPPE	0.127	0.547	0	3

Group Number	Current Capacity	Average Available	Current Available	Minimum Available	Maximum Available
1	0	0.588	0	-2	3

** AweSim SUMMARY REPORT **

Simulation Project : Entwicklungsbilanz
Modeler : Thorsten Böth
Date : 1008GC
Scenario : GOODCASE

Run number 9 of 10
Current simulation time : 1576800.000000
Statistics cleared at time : 0.000000

** FILE STATISTICS REPORT for scenario GOODCASE **

File Number	Label or Input Location	Average Length	Standard Deviation	Maximum Length	Current Length	Average Wait Time
10	RES. EZV_TASERVE	0.000	0.000	1	0	0.000
21	RES. SACHBEARBEI	2.795	3.689	22	0	938.203
22	RES. SACHBEARBEI	1.597	2.310	17	0	956.620
30	RES. BFAPPLICSER	0.000	0.001	1	0	0.000
31	RES. BFAPPLICSER	0.000	0.000	1	0	0.000
32	RES. BFAPPLICSER	0.000	0.000	1	0	0.000
33	RES. BFAPPLICSER	0.000	0.000	1	0	0.000
34	RES. BFAPPLICSER	0.000	0.000	1	0	0.000
35	RES. BFAPPLICSER	0.001	0.805	835	0	0.125
0	Event Calendar	7.153	0.618	890	6	6.409

** ACTIVITY STATISTICS REPORT for scenario GOODCASE **

Activity Number	Label or Input Location	Average Utilization	Standard Deviation	Entity Count	Maximum Utilization
1	Line 63	0.999	0.030	1094	1
2	Line 55	0.000	0.000	36	1
3	Line 67	0.000	0.000	36	1
4	Line 216	0.000	0.000	36	1
5	Line 56	0.000	0.000	36	1
198	Line 16	0.000	0.000	4697	1
199	Line 31	0.006	0.088	4697	3
200	Line 170	0.000	0.000	2632	1
201	Line 185	0.004	0.064	2632	3

Activity Number	Current Utilization
1	0
2	0
3	0
4	0
5	0
198	0
199	0
200	0
201	0

** RESOURCE STATISTICS REPORT for scenario GOODCASE **

Resource Number	Resource Label	Average Util.	Standard Deviation	Current Util.	Maximum Util.
10	EZV_TASERVER	0.010	0.101	0	3
21	SACHBEARBEITERA	0.043	0.202	0	1
22	SACHBEARBEITERB	0.043	0.202	0	1
23	SACHBEARBEITERC	0.043	0.202	0	1
30	BFAPPLICSERVER	0.005	0.127	0	48

Resource Number	Current Capacity	Average Available	Current Available	Minimum Available	Maximum Available
10	48	47.990	48	45	48
21	0	0.196	0	-1	1
22	0	0.196	0	-1	1
23	0	0.196	0	-1	1
30	48	47.995	48	0	48

** GROUP STATISTICS REPORT for scenario GOODCASE **

Group Number	Group Label	Average Util.	Standard Deviation	Current Util.	Maximum Util.
1	SBGRUPPE	0.128	0.548	0	3

Group Number	Current Capacity	Average Available	Current Available	Minimum Available	Maximum Available
1	0	0.587	0	-2	3

** AweSim SUMMARY REPORT **

Simulation Project : Entwicklungsbilanz
Modeler : Thorsten Böth
Date : 1008GC
Scenario : GOODCASE

Run number 10 of 10
Current simulation time : 1576800.000000
Statistics cleared at time : 0.000000

** FILE STATISTICS REPORT for scenario GOODCASE **

File Number	Label or Input Location	Average Length	Standard Deviation	Maximum Length	Current Length	Average Wait Time
10	RES. EZV_TASERVE	0.000	0.000	1	0	0.000
21	RES. SACHBEARBEI	2.812	3.711	22	1	927.406
22	RES. SACHBEARBEI	1.535	2.210	17	0	958.721
30	RES. BFAPPLICSER	0.000	0.001	1	0	0.000
31	RES. BFAPPLICSER	0.000	0.000	1	0	0.000
32	RES. BFAPPLICSER	0.000	0.000	1	0	0.000
33	RES. BFAPPLICSER	0.000	0.000	1	0	0.000
34	RES. BFAPPLICSER	0.000	0.000	1	0	0.000
35	RES. BFAPPLICSER	0.001	0.805	835	0	0.125
0	Event Calendar	7.152	0.616	890	6	6.416

** ACTIVITY STATISTICS REPORT for scenario GOODCASE **

Activity Number	Label or Input Location	Average Utilization	Standard Deviation	Entity Count	Maximum Utilization
1	Line 63	0.999	0.030	1094	1
2	Line 55	0.000	0.000	36	1
3	Line 67	0.000	0.000	36	1
4	Line 216	0.000	0.000	36	1
5	Line 56	0.000	0.000	36	1
198	Line 16	0.000	0.000	4781	1
199	Line 31	0.007	0.088	4780	3
200	Line 170	0.000	0.000	2525	1
201	Line 185	0.003	0.062	2525	3

Activity Number	Current Utilization
1	0
2	0
3	0
4	0
5	0
198	0
199	0
200	0
201	0

** RESOURCE STATISTICS REPORT for scenario GOODCASE **

Resource Number	Resource Label	Average Util.	Standard Deviation	Current Util.	Maximum Util.
10	EZV_TASERVER	0.010	0.101	0	3
21	SACHBEARBEITERA	0.043	0.202	0	1
22	SACHBEARBEITERB	0.043	0.202	0	1
23	SACHBEARBEITERC	0.043	0.202	0	1
30	BFAPPLICSERVER	0.005	0.127	0	48

Resource Number	Current Capacity	Average Available	Current Available	Minimum Available	Maximum Available
10	48	47.990	48	45	48
21	0	0.196	0	-1	1
22	0	0.196	0	-1	1
23	0	0.196	0	-1	1
30	48	47.995	48	0	48

** GROUP STATISTICS REPORT for scenario GOODCASE **

Group Number	Group Label	Average Util.	Standard Deviation	Current Util.	Maximum Util.
1	SBGRUPPE	0.128	0.546	0	3

Group Number	Current Capacity	Average Available	Current Available	Minimum Available	Maximum Available
1	0	0.587	0	-2	3

A-9 MULTIPLE RUN SUMMARY REPORT der mit dem Szenario GOODCASE durchgeführten Simulationsexperimente

```
** AweSim! MULTIPLE RUN SUMMARY REPORT **

Simulation Project : Entwicklungsbilanz
Modeler : Thorsten Böth
Date : 1008GC
Scenario: GOODCASE
Number of runs 10

       ** FILE STATISTICS for scenario GOODCASE **

 File       Label or        Average    Standard    Standard     Maximum
Number   Input Location     Length     Deviation    Error       Average
                                                                Length

     10 RES. EZV_TASERVE       0.000       0.000       0.000       0.000
     21 RES. SACHBEARBEI       2.819       0.043       0.014       2.896
     22 RES. SACHBEARBEI       1.573       0.068       0.022       1.690
     30 RES. BFAPPLICSER       0.000       0.000       0.000       0.000
     31 RES. BFAPPLICSER       0.000       0.000       0.000       0.000
     32 RES. BFAPPLICSER       0.000       0.000       0.000       0.000
     33 RES. BFAPPLICSER       0.000       0.000       0.000       0.000
     34 RES. BFAPPLICSER       0.000       0.000       0.000       0.000
     35 RES. BFAPPLICSER       0.001       0.000       0.000       0.001

 File       Average
Number     Wait Time

     10        0.000
     21      934.267
     22      971.235
     30        0.000
     31        0.000
     32        0.000
     33        0.000
     34        0.000
     35        0.125

       ** ACTIVITY STATISTICS for scenario GOODCASE **

Activity    Label or       Average     Standard    Standard     Maximum
 Number  Input Location  Utilization   Deviation    Error       Average
                                                              Utilization

      1 Line 63                0.999       0.000       0.000       0.999
      2 Line 55                0.000       0.000       0.000       0.000
      3 Line 67                0.000       0.000       0.000       0.000
      4 Line 216               0.000       0.000       0.000       0.000
      5 Line 56                0.000       0.000       0.000       0.000
    198 Line 16                0.000       0.000       0.000       0.000
    199 Line 31                0.007       0.000       0.000       0.007
    200 Line 170               0.000       0.000       0.000       0.000
    201 Line 185               0.004       0.000       0.000       0.004

Activity    Minimum
 Number     Average
          Utilization

      1        0.999
      2        0.000
      3        0.000
      4        0.000
      5        0.000
    198        0.000
    199        0.006
    200        0.000
    201        0.003
```

** RESOURCE STATISTICS for scenario GOODCASE **

Resource Number	Resource Label	Average Util.	Standard Deviation	Standard Error	Average Available
10	EZV_TASERVER	0.010	0.000	0.000	47.990
21	SACHBEARBEITERA	0.043	0.000	0.000	0.196
22	SACHBEARBEITERB	0.043	0.000	0.000	0.196
23	SACHBEARBEITERC	0.043	0.000	0.000	0.196
30	BFAPPLICSERVER	0.005	0.000	0.000	47.995

Resource Number	Maximum Average Utilization	Minimum Average Utilization	Maximum Average Available	Minimum Average Available
10	0.010	0.010	47.990	47.990
21	0.043	0.042	0.197	0.195
22	0.043	0.042	0.197	0.195
23	0.043	0.042	0.197	0.195
30	0.005	0.005	47.995	47.995

** GROUP STATISTICS for scenario GOODCASE **

Group Number	Group Label	Average Util.	Standard Deviation	Standard Error	Average Available
1	SBGRUPPE	0.128	0.001	0.000	0.587

Group Number	Maximum Average Utilization	Minimum Average Utilization	Maximum Average Available	Minimum Average Available
1	0.130	0.125	0.590	0.585

A-10 SUMMARY REPORTS der mit dem Szenario BADCASE durchgeführten Simulationsexperimente

```
** AweSim SUMMARY REPORT **

Simulation Project : Entwicklungsbilanz
Modeler : Thorsten Böth
Date : 1008BC
Scenario : BADCASE

Run number 1 of 10
Current simulation time     : 1576800.000000
Statistics cleared at time : 0.000000
```

** FILE STATISTICS REPORT for scenario BADCASE **

File Number	Label or Input Location	Average Length	Standard Deviation	Maximum Length	Current Length	Average Wait Time
10	RES. EZV_TASERVE	0.000	0.000	1	0	0.000
21	RES. SACHBEARBEI	1.508	2.212	14	2	897.778
22	RES. SACHBEARBEI	1.508	2.177	14	2	954.675
30	RES. BFAPPLICSER	0.000	0.001	1	0	0.000
31	RES. BFAPPLICSER	0.000	0.000	1	0	0.000
32	RES. BFAPPLICSER	0.000	0.000	1	0	0.000
33	RES. BFAPPLICSER	0.000	0.000	1	0	0.000
34	RES. BFAPPLICSER	0.000	0.000	1	0	0.000
35	RES. BFAPPLICSER	0.001	0.746	825	0	0.121
0	Event Calendar	7.105	0.506	880	6	8.992

** ACTIVITY STATISTICS REPORT for scenario BADCASE **

Activity Number	Label or Input Location	Average Utilization	Standard Deviation	Entity Count	Maximum Utilization
1	Line 55	0.999	0.030	1094	1
2	Line 47	0.000	0.000	36	1
3	Line 77	0.000	0.000	36	1
4	Line 216	0.000	0.000	36	1
5	Line 48	0.000	0.000	36	1
198	Line 20	0.000	0.000	2649	1
199	Line 35	0.004	0.065	2647	3
200	Line 176	0.000	0.000	2490	1
201	Line 191	0.003	0.062	2488	3

Activity Number	Current Utilization
1	0
2	0
3	0
4	0
5	0
198	0
199	0
200	0
201	0

** RESOURCE STATISTICS REPORT for scenario BADCASE **

Resource Number	Resource Label	Average Util.	Standard Deviation	Current Util.	Maximum Util.
10	EZV_TASERVER	0.007	0.084	0	3
21	SACHBEARBEITERA	0.029	0.168	0	1
22	SACHBEARBEITERB	0.029	0.168	0	1
23	SACHBEARBEITERC	0.029	0.168	0	1
30	BFAPPLICSERVER	0.003	0.117	0	48

Resource Number	Current Capacity	Average Available	Current Available	Minimum Available	Maximum Available
10	48	47.993	48	45	48
21	0	0.209	0	-1	1
22	0	0.209	0	-1	1
23	0	0.209	0	-1	1
30	48	47.997	48	0	48

** GROUP STATISTICS REPORT for scenario BADCASE **

Group Number	Group Label	Average Util.	Standard Deviation	Current Util.	Maximum Util.
1	SBGRUPPE	0.087	0.445	0	3

Group Number	Current Capacity	Average Available	Current Available	Minimum Available	Maximum Available
1	0	0.628	0	-2	3

** AweSim SUMMARY REPORT **

Simulation Project : Entwicklungsbilanz
Modeler : Thorsten Böth
Date : 1008BC
Scenario : BADCASE

Run number 2 of 10
Current simulation time : 1576800.000000
Statistics cleared at time : 0.000000

** FILE STATISTICS REPORT for scenario BADCASE **

File Number	Label or Input Location	Average Length	Standard Deviation	Maximum Length	Current Length	Average Wait Time
10	RES. EZV_TASERVE	0.000	0.000	1	0	0.000
21	RES. SACHBEARBEI	1.442	2.086	13	0	907.085
22	RES. SACHBEARBEI	1.414	2.083	14	1	926.414
30	RES. BFAPPLICSER	0.000	0.001	1	0	0.000
31	RES. BFAPPLICSER	0.000	0.000	1	0	0.000
32	RES. BFAPPLICSER	0.000	0.000	1	0	0.000
33	RES. BFAPPLICSER	0.000	0.000	1	0	0.000
34	RES. BFAPPLICSER	0.000	0.000	1	0	0.000
35	RES. BFAPPLICSER	0.001	0.746	825	0	0.121
0	Event Calendar	7.100	0.497	880	6	8.984

** ACTIVITY STATISTICS REPORT for scenario BADCASE **

Activity Number	Label or Input Location	Average Utilization	Standard Deviation	Entity Count	Maximum Utilization
1	Line 55	0.999	0.030	1094	1
2	Line 47	0.000	0.000	36	1
3	Line 77	0.000	0.000	36	1
4	Line 216	0.000	0.000	36	1
5	Line 48	0.000	0.000	36	1
198	Line 20	0.000	0.000	2506	1
199	Line 35	0.003	0.064	2506	3
200	Line 176	0.000	0.000	2406	1
201	Line 191	0.003	0.061	2405	3

Activity Number	Current Utilization
1	0
2	0
3	0
4	0
5	0
198	0
199	0
200	0
201	0

** RESOURCE STATISTICS REPORT for scenario BADCASE **

Resource Number	Resource Label	Average Util.	Standard Deviation	Current Util.	Maximum Util.
10	EZV_TASERVER	0.007	0.084	0	3
21	SACHBEARBEITERA	0.028	0.164	0	1
22	SACHBEARBEITERB	0.028	0.164	0	1
23	SACHBEARBEITERC	0.028	0.164	0	1
30	BFAPPLICSERVER	0.003	0.117	0	48

Resource Number	Current Capacity	Average Available	Current Available	Minimum Available	Maximum Available
10	48	47.993	48	45	48
21	0	0.211	0	-1	1
22	0	0.211	0	-1	1

23	0	0.211	0	-1	1
30	48	47.997	48	0	48

** GROUP STATISTICS REPORT for scenario BADCASE **

Group Number	Group Label	Average Util.	Standard Deviation	Current Util.	Maximum Util.
1	SBGRUPPE	0.083	0.436	0	3

Group Number	Current Capacity	Average Available	Current Available	Minimum Available	Maximum Available
1	0	0.632	0	-2	3

** AweSim SUMMARY REPORT **

Simulation Project : Entwicklungsbilanz
Modeler : Thorsten Böth
Date : 1008BC
Scenario : BADCASE

Run number 3 of 10
Current simulation time : 1576800.000000
Statistics cleared at time : 0.000000

** FILE STATISTICS REPORT for scenario BADCASE **

File Number	Label or Input Location	Average Length	Standard Deviation	Maximum Length	Current Length	Average Wait Time
10	RES. EZV_TASERVE	0.000	0.000	1	0	0.000
21	RES. SACHBEARBEI	1.509	2.268	17	1	912.173
22	RES. SACHBEARBEI	1.364	2.016	15	1	936.193
30	RES. BFAPPLICSER	0.000	0.001	1	0	0.000
31	RES. BFAPPLICSER	0.000	0.000	1	0	0.000
32	RES. BFAPPLICSER	0.000	0.000	1	0	0.000
33	RES. BFAPPLICSER	0.000	0.000	1	0	0.000
34	RES. BFAPPLICSER	0.000	0.000	1	0	0.000
35	RES. BFAPPLICSER	0.001	0.746	825	0	0.121
0	Event Calendar	7.101	0.498	880	6	9.016

** ACTIVITY STATISTICS REPORT for scenario BADCASE **

Activity Number	Label or Input Location	Average Utilization	Standard Deviation	Entity Count	Maximum Utilization
1	Line 55	0.999	0.030	1094	1
2	Line 47	0.000	0.000	36	1
3	Line 77	0.000	0.000	36	1
4	Line 216	0.000	0.000	36	1
5	Line 48	0.000	0.000	36	1
198	Line 20	0.000	0.000	2608	1
199	Line 35	0.004	0.065	2607	3
200	Line 176	0.000	0.000	2298	1
201	Line 191	0.003	0.059	2297	3

Activity Number	Current Utilization
1	0
2	0
3	0
4	0
5	0
198	0
199	0
200	0
201	0

** RESOURCE STATISTICS REPORT for scenario BADCASE **

Resource Number	Resource Label	Average Util.	Standard Deviation	Current Util.	Maximum Util.
10	EZV_TASERVER	0.007	0.084	0	3
21	SACHBEARBEITERA	0.028	0.165	0	1
22	SACHBEARBEITERB	0.028	0.165	0	1
23	SACHBEARBEITERC	0.028	0.165	0	1
30	BFAPPLICSERVER	0.003	0.117	0	48

Resource Number	Current Capacity	Average Available	Current Available	Minimum Available	Maximum Available
10	48	47.993	48	45	48
21	0	0.210	0	-1	1
22	0	0.210	0	-1	1

23	0	0.210	0	-1	1
30	48	47.997	48	0	48

** GROUP STATISTICS REPORT for scenario BADCASE **

Group Number	Group Label	Average Util.	Standard Deviation	Current Util.	Maximum Util.
1	SBGRUPPE	0.084	0.438	0	3

Group Number	Current Capacity	Average Available	Current Available	Minimum Available	Maximum Available
1	0	0.631	0	-2	3

** AweSim SUMMARY REPORT **

Simulation Project : Entwicklungsbilanz
Modeler : Thorsten Böth
Date : 1008BC
Scenario : BADCASE

Run number 4 of 10
Current simulation time : 1576800.000000
Statistics cleared at time : 0.000000

** FILE STATISTICS REPORT for scenario BADCASE **

File Number	Label or Input Location	Average Length	Standard Deviation	Maximum Length	Current Length	Average Wait Time
10	RES. EZV_TASERVE	0.000	0.000	1	0	0.000
21	RES. SACHBEARBEI	1.533	2.294	14	1	930.368
22	RES. SACHBEARBEI	1.426	2.099	13	1	946.867
30	RES. BFAPPLICSER	0.000	0.001	1	0	0.000
31	RES. BFAPPLICSER	0.000	0.000	1	0	0.000
32	RES. BFAPPLICSER	0.000	0.000	1	0	0.000
33	RES. BFAPPLICSER	0.000	0.000	1	0	0.000
34	RES. BFAPPLICSER	0.000	0.000	1	0	0.000
35	RES. BFAPPLICSER	0.001	0.746	825	0	0.121
0	Event Calendar	7.102	0.503	880	6	8.957

** ACTIVITY STATISTICS REPORT for scenario BADCASE **

Activity Number	Label or Input Location	Average Utilization	Standard Deviation	Entity Count	Maximum Utilization
1	Line 55	0.999	0.030	1094	1
2	Line 47	0.000	0.000	36	1
3	Line 77	0.000	0.000	36	1
4	Line 216	0.000	0.000	36	1
5	Line 48	0.000	0.000	36	1
198	Line 20	0.000	0.000	2598	1
199	Line 35	0.004	0.066	2597	3
200	Line 176	0.000	0.000	2375	1
201	Line 191	0.003	0.061	2374	3

Activity Number	Current Utilization
1	0
2	0
3	0
4	0
5	0
198	0
199	0
200	0
201	0

** RESOURCE STATISTICS REPORT for scenario BADCASE **

Resource Number	Resource Label	Average Util.	Standard Deviation	Current Util.	Maximum Util.
10	EZV_TASERVER	0.007	0.084	0	3
21	SACHBEARBEITERA	0.028	0.165	0	1
22	SACHBEARBEITERB	0.028	0.165	0	1
23	SACHBEARBEITERC	0.028	0.165	0	1
30	BFAPPLICSERVER	0.003	0.117	0	48

Resource Number	Current Capacity	Average Available	Current Available	Minimum Available	Maximum Available
10	48	47.993	48	45	48
21	0	0.210	0	-1	1
22	0	0.210	0	-1	1

23	0	0.210	0	-1	1
30	48	47.997	48	0	48

** GROUP STATISTICS REPORT for scenario BADCASE **

Group Number	Group Label	Average Util.	Standard Deviation	Current Util.	Maximum Util.
1	SBGRUPPE	0.084	0.442	0	3

Group Number	Current Capacity	Average Available	Current Available	Minimum Available	Maximum Available
1	0	0.631	0	-2	3

** AweSim SUMMARY REPORT **

Simulation Project : Entwicklungsbilanz
Modeler : Thorsten Böth
Date : 1008BC
Scenario : BADCASE

Run number 5 of 10
Current simulation time : 1576800.000000
Statistics cleared at time : 0.000000

** FILE STATISTICS REPORT for scenario BADCASE **

File Number	Label or Input Location	Average Length	Standard Deviation	Maximum Length	Current Length	Average Wait Time
10	RES. EZV_TASERVE	0.000	0.000	1	0	0.000
21	RES. SACHBEARBEI	1.540	2.307	17	2	934.556
22	RES. SACHBEARBEI	1.381	2.128	17	0	918.372
30	RES. BFAPPLICSER	0.000	0.001	1	0	0.000
31	RES. BFAPPLICSER	0.000	0.000	1	0	0.000
32	RES. BFAPPLICSER	0.000	0.000	1	0	0.000
33	RES. BFAPPLICSER	0.000	0.000	1	0	0.000
34	RES. BFAPPLICSER	0.000	0.000	1	0	0.000
35	RES. BFAPPLICSER	0.001	0.746	825	0	0.121
0	Event Calendar	7.101	0.500	880	6	8.984

** ACTIVITY STATISTICS REPORT for scenario BADCASE **

Activity Number	Label or Input Location	Average Utilization	Standard Deviation	Entity Count	Maximum Utilization
1	Line 55	0.999	0.030	1094	1
2	Line 47	0.000	0.000	36	1
3	Line 77	0.000	0.000	36	1
4	Line 216	0.000	0.000	36	1
5	Line 48	0.000	0.000	36	1
198	Line 20	0.000	0.000	2598	1
199	Line 35	0.004	0.065	2596	3
200	Line 176	0.000	0.000	2371	1
201	Line 191	0.003	0.061	2371	3

Activity Number	Current Utilization
1	0
2	0
3	0
4	0
5	0
198	0
199	0
200	0
201	0

** RESOURCE STATISTICS REPORT for scenario BADCASE **

Resource Number	Resource Label	Average Util.	Standard Deviation	Current Util.	Maximum Util.
10	EZV_TASERVER	0.007	0.084	0	3
21	SACHBEARBEITERA	0.028	0.165	0	1
22	SACHBEARBEITERB	0.028	0.165	0	1
23	SACHBEARBEITERC	0.028	0.165	0	1
30	BFAPPLICSERVER	0.003	0.117	0	48

Resource Number	Current Capacity	Average Available	Current Available	Minimum Available	Maximum Available
10	48	47.993	48	45	48
21	0	0.210	0	-1	1
22	0	0.210	0	-1	1

```
    23          0       0.210          0          -1          1
    30         48      47.997         48           0         48

     ** GROUP STATISTICS REPORT for scenario BADCASE **


Group        Group           Average    Standard    Current     Maximum
Number       Label             Util.    Deviation    Util.       Util.

     1 SBGRUPPE                 0.084       0.439          0           3

Group      Current      Average    Current    Minimum    Maximum
Number     Capacity     Available  Available  Available  Available

     1          0       0.631          0          -2          3
---------------------------------------------------------------------------
```

** AweSim SUMMARY REPORT **

Simulation Project : Entwicklungsbilanz
Modeler : Thorsten Böth
Date : 1008BC
Scenario : BADCASE

Run number 6 of 10
Current simulation time : 1576800.000000
Statistics cleared at time : 0.000000

** FILE STATISTICS REPORT for scenario BADCASE **

File Number	Label or Input Location	Average Length	Standard Deviation	Maximum Length	Current Length	Average Wait Time
10	RES. EZV_TASERVE	0.000	0.000	1	0	0.000
21	RES. SACHBEARBEI	1.490	2.180	18	0	924.462
22	RES. SACHBEARBEI	1.427	2.112	14	2	964.731
30	RES. BFAPPLICSER	0.000	0.001	1	0	0.000
31	RES. BFAPPLICSER	0.000	0.000	1	0	0.000
32	RES. BFAPPLICSER	0.000	0.000	1	0	0.000
33	RES. BFAPPLICSER	0.000	0.000	1	0	0.000
34	RES. BFAPPLICSER	0.000	0.000	1	0	0.000
35	RES. BFAPPLICSER	0.001	0.746	825	0	0.121
0	Event Calendar	7.100	0.495	880	6	9.001

** ACTIVITY STATISTICS REPORT for scenario BADCASE **

Activity Number	Label or Input Location	Average Utilization	Standard Deviation	Entity Count	Maximum Utilization
1	Line 55	0.999	0.030	1094	1
2	Line 47	0.000	0.000	36	1
3	Line 77	0.000	0.000	36	1
4	Line 216	0.000	0.000	36	1
5	Line 48	0.000	0.000	36	1
198	Line 20	0.000	0.000	2542	1
199	Line 35	0.003	0.064	2542	3
200	Line 176	0.000	0.000	2333	1
201	Line 191	0.003	0.059	2331	3

Activity Number	Current Utilization
1	0
2	0
3	0
4	0
5	0
198	0
199	0
200	0
201	0

** RESOURCE STATISTICS REPORT for scenario BADCASE **

Resource Number	Resource Label	Average Util.	Standard Deviation	Current Util.	Maximum Util.
10	EZV_TASERVER	0.007	0.084	0	3
21	SACHBEARBEITERA	0.028	0.164	0	1
22	SACHBEARBEITERB	0.028	0.164	0	1
23	SACHBEARBEITERC	0.028	0.164	0	1
30	BFAPPLICSERVER	0.003	0.117	0	48

Resource Number	Current Capacity	Average Available	Current Available	Minimum Available	Maximum Available
10	48	47.993	48	45	48
21	0	0.211	0	-1	1
22	0	0.211	0	-1	1

```
      23          0       0.211          0          -1          1
      30         48      47.997         48           0         48

     ** GROUP STATISTICS REPORT for scenario BADCASE **

Group        Group          Average    Standard   Current    Maximum
Number       Label           Util.     Deviation   Util.      Util.

      1 SBGRUPPE                0.083       0.434          0          3

Group      Current     Average   Current    Minimum    Maximum
Number     Capacity   Available Available  Available  Available

      1          0       0.632          0          -2          3
---------------------------------------------------------------------------
```

** AweSim SUMMARY REPORT **

Simulation Project : Entwicklungsbilanz
Modeler : Thorsten Böth
Date : 1008BC
Scenario : BADCASE

Run number 7 of 10
Current simulation time : 1576800.000000
Statistics cleared at time : 0.000000

** FILE STATISTICS REPORT for scenario BADCASE **

File Number	Label or Input Location	Average Length	Standard Deviation	Maximum Length	Current Length	Average Wait Time
10	RES. EZV_TASERVE	0.000	0.000	1	0	0.000
21	RES. SACHBEARBEI	1.541	2.265	15	2	927.547
22	RES. SACHBEARBEI	1.371	2.093	14	1	918.096
30	RES. BFAPPLICSER	0.000	0.001	1	0	0.000
31	RES. BFAPPLICSER	0.000	0.000	1	0	0.000
32	RES. BFAPPLICSER	0.000	0.000	1	0	0.000
33	RES. BFAPPLICSER	0.000	0.000	1	0	0.000
34	RES. BFAPPLICSER	0.000	0.000	1	0	0.000
35	RES. BFAPPLICSER	0.001	0.746	825	0	0.121
0	Event Calendar	7.102	0.500	880	6	8.978

** ACTIVITY STATISTICS REPORT for scenario BADCASE **

Activity Number	Label or Input Location	Average Utilization	Standard Deviation	Entity Count	Maximum Utilization
1	Line 55	0.999	0.030	1094	1
2	Line 47	0.000	0.000	36	1
3	Line 77	0.000	0.000	36	1
4	Line 216	0.000	0.000	36	1
5	Line 48	0.000	0.000	36	1
198	Line 20	0.000	0.000	2619	1
199	Line 35	0.004	0.065	2617	3
200	Line 176	0.000	0.000	2354	1
201	Line 191	0.003	0.060	2353	3

Activity Number	Current Utilization
1	0
2	0
3	0
4	0
5	0
198	0
199	0
200	0
201	0

** RESOURCE STATISTICS REPORT for scenario BADCASE **

Resource Number	Resource Label	Average Util.	Standard Deviation	Current Util.	Maximum Util.
10	EZV_TASERVER	0.007	0.084	0	3
21	SACHBEARBEITERA	0.028	0.166	0	1
22	SACHBEARBEITERB	0.028	0.166	0	1
23	SACHBEARBEITERC	0.028	0.166	0	1
30	BFAPPLICSERVER	0.003	0.117	0	48

Resource Number	Current Capacity	Average Available	Current Available	Minimum Available	Maximum Available
10	48	47.993	48	45	48
21	0	0.210	0	-1	1
22	0	0.210	0	-1	1

23	0	0.210	0	-1	1
30	48	47.997	48	0	48

** GROUP STATISTICS REPORT for scenario BADCASE **

Group Number	Group Label	Average Util.	Standard Deviation	Current Util.	Maximum Util.
1	SBGRUPPE	0.085	0.439	0	3

Group Number	Current Capacity	Average Available	Current Available	Minimum Available	Maximum Available
1	0	0.630	0	-2	3

** AweSim SUMMARY REPORT **

Simulation Project : Entwicklungsbilanz
Modeler : Thorsten Böth
Date : 1008BC
Scenario : BADCASE

Run number 8 of 10
Current simulation time : 1576800.000000
Statistics cleared at time : 0.000000

** FILE STATISTICS REPORT for scenario BADCASE **

File Number	Label or Input Location	Average Length	Standard Deviation	Maximum Length	Current Length	Average Wait Time
10	RES. EZV_TASERVE	0.000	0.000	1	0	0.000
21	RES. SACHBEARBEI	1.416	2.108	14	1	916.327
22	RES. SACHBEARBEI	1.424	2.114	14	2	967.727
30	RES. BFAPPLICSER	0.000	0.001	1	0	0.000
31	RES. BFAPPLICSER	0.000	0.000	1	0	0.000
32	RES. BFAPPLICSER	0.000	0.000	1	0	0.000
33	RES. BFAPPLICSER	0.000	0.000	1	0	0.000
34	RES. BFAPPLICSER	0.000	0.000	1	0	0.000
35	RES. BFAPPLICSER	0.001	0.746	825	0	0.121
0	Event Calendar	7.097	0.490	880	6	8.978

** ACTIVITY STATISTICS REPORT for scenario BADCASE **

Activity Number	Label or Input Location	Average Utilization	Standard Deviation	Entity Count	Maximum Utilization
1	Line 55	0.999	0.030	1094	1
2	Line 47	0.000	0.000	36	1
3	Line 77	0.000	0.000	36	1
4	Line 216	0.000	0.000	36	1
5	Line 48	0.000	0.000	36	1
198	Line 20	0.000	0.000	2437	1
199	Line 35	0.003	0.063	2436	3
200	Line 176	0.000	0.000	2320	1
201	Line 191	0.003	0.059	2318	3

Activity Number	Current Utilization
1	0
2	0
3	0
4	0
5	0
198	0
199	0
200	0
201	0

** RESOURCE STATISTICS REPORT for scenario BADCASE **

Resource Number	Resource Label	Average Util.	Standard Deviation	Current Util.	Maximum Util.
10	EZV_TASERVER	0.007	0.084	0	3
21	SACHBEARBEITERA	0.027	0.161	0	1
22	SACHBEARBEITERB	0.027	0.161	0	1
23	SACHBEARBEITERC	0.027	0.161	0	1
30	BFAPPLICSERVER	0.003	0.117	0	48

Resource Number	Current Capacity	Average Available	Current Available	Minimum Available	Maximum Available
10	48	47.993	48	45	48
21	0	0.212	0	-1	1
22	0	0.212	0	-1	1

23	0	0.212	0	-1	1
30	48	47.997	48	0	48

** GROUP STATISTICS REPORT for scenario BADCASE **

Group Number	Group Label	Average Util.	Standard Deviation	Current Util.	Maximum Util.
1	SBGRUPPE	0.080	0.430	0	3

Group Number	Current Capacity	Average Available	Current Available	Minimum Available	Maximum Available
1	0	0.635	0	-3	3

** AweSim SUMMARY REPORT **

Simulation Project : Entwicklungsbilanz
Modeler : Thorsten Böth
Date : 1008BC
Scenario : BADCASE

Run number 9 of 10
Current simulation time : 1576800.000000
Statistics cleared at time : 0.000000

** FILE STATISTICS REPORT for scenario BADCASE **

File Number	Label or Input Location	Average Length	Standard Deviation	Maximum Length	Current Length	Average Wait Time
10	RES. EZV_TASERVE	0.000	0.000	1	0	0.000
21	RES. SACHBEARBEI	1.528	2.279	14	2	909.756
22	RES. SACHBEARBEI	1.429	2.112	19	1	945.255
30	RES. BFAPPLICSER	0.000	0.001	1	0	0.000
31	RES. BFAPPLICSER	0.000	0.000	1	0	0.000
32	RES. BFAPPLICSER	0.000	0.000	1	0	0.000
33	RES. BFAPPLICSER	0.000	0.000	1	0	0.000
34	RES. BFAPPLICSER	0.000	0.000	1	0	0.000
35	RES. BFAPPLICSER	0.001	0.746	825	0	0.121
0	Event Calendar	7.103	0.503	880	6	9.006

** ACTIVITY STATISTICS REPORT for scenario BADCASE **

Activity Number	Label or Input Location	Average Utilization	Standard Deviation	Entity Count	Maximum Utilization
1	Line 55	0.999	0.030	1094	1
2	Line 47	0.000	0.000	36	1
3	Line 77	0.000	0.000	36	1
4	Line 216	0.000	0.000	36	1
5	Line 48	0.000	0.000	36	1
198	Line 20	0.000	0.000	2649	1
199	Line 35	0.004	0.066	2647	3
200	Line 176	0.000	0.000	2384	1
201	Line 191	0.003	0.060	2383	3

Activity Number	Current Utilization
1	0
2	0
3	0
4	0
5	0
198	0
199	0
200	0
201	0

** RESOURCE STATISTICS REPORT for scenario BADCASE **

Resource Number	Resource Label	Average Util.	Standard Deviation	Current Util.	Maximum Util.
10	EZV_TASERVER	0.007	0.084	0	3
21	SACHBEARBEITERA	0.029	0.167	0	1
22	SACHBEARBEITERB	0.029	0.167	0	1
23	SACHBEARBEITERC	0.029	0.167	0	1
30	BFAPPLICSERVER	0.003	0.117	0	48

Resource Number	Current Capacity	Average Available	Current Available	Minimum Available	Maximum Available
10	48	47.993	48	45	48
21	0	0.210	0	-1	1
22	0	0.210	0	-1	1

```
     23          0      0.210          0          -1          1
     30         48     47.997         48           0         48

        ** GROUP STATISTICS REPORT for scenario BADCASE **

Group        Group          Average    Standard    Current    Maximum
Number       Label           Util.     Deviation    Util.      Util.

      1 SBGRUPPE               0.086       0.442          0          3

Group     Current    Average    Current    Minimum    Maximum
Number    Capacity   Available  Available  Available  Available

      1          0      0.629          0          -2          3
---------------------------------------------------------------------------
```

** AweSim SUMMARY REPORT **

Simulation Project : Entwicklungsbilanz
Modeler : Thorsten Böth
Date : 1008BC
Scenario : BADCASE

Run number 10 of 10
Current simulation time : 1576800.000000
Statistics cleared at time : 0.000000

** FILE STATISTICS REPORT for scenario BADCASE **

File Number	Label or Input Location	Average Length	Standard Deviation	Maximum Length	Current Length	Average Wait Time
10	RES. EZV_TASERVE	0.000	0.000	1	0	0.000
21	RES. SACHBEARBEI	1.520	2.207	17	0	933.252
22	RES. SACHBEARBEI	1.459	2.206	15	1	955.888
30	RES. BFAPPLICSER	0.000	0.001	1	0	0.000
31	RES. BFAPPLICSER	0.000	0.000	1	0	0.000
32	RES. BFAPPLICSER	0.000	0.000	1	0	0.000
33	RES. BFAPPLICSER	0.000	0.000	1	0	0.000
34	RES. BFAPPLICSER	0.000	0.000	1	0	0.000
35	RES. BFAPPLICSER	0.001	0.746	825	0	0.121
0	Event Calendar	7.102	0.500	880	6	9.008

** ACTIVITY STATISTICS REPORT for scenario BADCASE **

Activity Number	Label or Input Location	Average Utilization	Standard Deviation	Entity Count	Maximum Utilization
1	Line 55	0.999	0.030	1094	1
2	Line 47	0.000	0.000	36	1
3	Line 77	0.000	0.000	36	1
4	Line 216	0.000	0.000	36	1
5	Line 48	0.000	0.000	36	1
198	Line 20	0.000	0.000	2568	1
199	Line 35	0.004	0.065	2568	3
200	Line 176	0.000	0.000	2406	1
201	Line 191	0.003	0.061	2405	3

Activity Number	Current Utilization
1	0
2	0
3	0
4	0
5	0
198	0
199	0
200	0
201	0

** RESOURCE STATISTICS REPORT for scenario BADCASE **

Resource Number	Resource Label	Average Util.	Standard Deviation	Current Util.	Maximum Util.
10	EZV_TASERVER	0.007	0.084	0	3
21	SACHBEARBEITERA	0.028	0.166	0	1
22	SACHBEARBEITERB	0.028	0.165	0	1
23	SACHBEARBEITERC	0.028	0.165	0	1
30	BFAPPLICSERVER	0.003	0.117	0	48

Resource Number	Current Capacity	Average Available	Current Available	Minimum Available	Maximum Available
10	48	47.993	48	45	48
21	0	0.210	0	-1	1
22	0	0.210	0	-1	1

23	0	0.210	0	-1	1
30	48	47.997	48	0	48

** GROUP STATISTICS REPORT for scenario BADCASE **

Group Number	Group Label	Average Util.	Standard Deviation	Current Util.	Maximum Util.
1	SBGRUPPE	0.085	0.439	0	3

Group Number	Current Capacity	Average Available	Current Available	Minimum Available	Maximum Available
1	0	0.631	0	-2	3

A-11 MULTIPLE RUN SUMMARY REPORT der mit dem Szenario BADCASE durchgeführten Simulationsexperimente

```
** AweSim! MULTIPLE RUN SUMMARY REPORT **

Simulation Project : Entwicklungsbilanz
Modeler : Thorsten Böth
Date : 1008BC
Scenario: BADCASE
Number of runs 10

        ** FILE STATISTICS for scenario BADCASE **
```

File Number	Label or Input Location	Average Length	Standard Deviation	Standard Error	Maximum Average Length
10	RES. EZV_TASERVE	0.000	0.000	0.000	0.000
21	RES. SACHBEARBEI	1.503	0.040	0.013	1.541
22	RES. SACHBEARBEI	1.420	0.041	0.013	1.508
30	RES. BFAPPLICSER	0.000	0.000	0.000	0.000
31	RES. BFAPPLICSER	0.000	0.000	0.000	0.000
32	RES. BFAPPLICSER	0.000	0.000	0.000	0.000
33	RES. BFAPPLICSER	0.000	0.000	0.000	0.000
34	RES. BFAPPLICSER	0.000	0.000	0.000	0.000
35	RES. BFAPPLICSER	0.001	0.000	0.000	0.001

File Number	Average Wait Time
10	0.000
21	919.330
22	943.422
30	0.000
31	0.000
32	0.000
33	0.000
34	0.000
35	0.121

```
        ** ACTIVITY STATISTICS for scenario BADCASE **
```

Activity Number	Label or Input Location	Average Utilization	Standard Deviation	Standard Error	Maximum Average Utilization
1	Line 55	0.999	0.000	0.000	0.999
2	Line 47	0.000	0.000	0.000	0.000
3	Line 77	0.000	0.000	0.000	0.000
4	Line 216	0.000	0.000	0.000	0.000
5	Line 48	0.000	0.000	0.000	0.000
198	Line 20	0.000	0.000	0.000	0.000
199	Line 35	0.004	0.000	0.000	0.004
200	Line 176	0.000	0.000	0.000	0.000
201	Line 191	0.003	0.000	0.000	0.003

Activity Number	Minimum Average Utilization
1	0.999
2	0.000
3	0.000
4	0.000
5	0.000
198	0.000
199	0.003
200	0.000
201	0.003

** RESOURCE STATISTICS for scenario BADCASE **

Resource Number	Resource Label	Average Util.	Standard Deviation	Standard Error	Average Available
10	EZV_TASERVER	0.007	0.000	0.000	47.993
21	SACHBEARBEITERA	0.028	0.001	0.000	0.210
22	SACHBEARBEITERB	0.028	0.001	0.000	0.210
23	SACHBEARBEITERC	0.028	0.001	0.000	0.210
30	BFAPPLICSERVER	0.003	0.000	0.000	47.997

Resource Number	Maximum Average Utilization	Minimum Average Utilization	Maximum Average Available	Minimum Average Available
10	0.007	0.007	47.993	47.993
21	0.029	0.027	0.212	0.209
22	0.029	0.027	0.212	0.209
23	0.029	0.027	0.212	0.209
30	0.003	0.003	47.997	47.997

** GROUP STATISTICS for scenario BADCASE **

Group Number	Group Label	Average Util.	Standard Deviation	Standard Error	Average Available
1	SBGRUPPE	0.084	0.002	0.001	0.631

Group Number	Maximum Average Utilization	Minimum Average Utilization	Maximum Average Available	Minimum Average Available
1	0.087	0.080	0.635	0.628

A-12 Ergebnisdateien der im Szenario GOODCASE und BADCASE durchgeführten Simulationsexperimente

M	T	U_{Ges}	K_W	$RG\ I$	K_P	$RG\ II$	K_{WLK}	$RG\ III$	Z	$RG\ IV$	K_A	$intGew$	$ImAV$	SAV	AV	$VorH$	$LiqMit$	UV	EK	Vbl	FK
1	31	208713,21	85386,00	123327,21	28253,50	95073,71	13800,00	81273,71	85,00	81188,71	0,00	81188,71	14000,00	24150,00	38150,00	30324,00	101014,71	131338,71	111188,71	58300,00	58300,00
2	28	371226,01	156009,00	215217,01	56507,00	158710,01	27600,00	131110,01	170,00	130940,01	0,00	130940,01	14000,00	24150,00	38150,00	31521,00	147869,01	179390,01	160940,01	56600,00	56600,00
3	31	537379,50	229026,00	308353,50	84760,50	223593,00	43050,00	180543,00	255,00	180288,00	0,00	180288,00	14000,00	24150,00	38150,00	30324,00	196714,00	227038,00	210288,00	54900,00	54900,00
4	30	732303,27	311619,00	420684,27	113014,00	307670,27	56850,00	250820,27	340,00	250480,27	0,00	250480,27	14000,00	24150,00	38150,00	19551,00	275979,27	295530,27	280480,27	53200,00	53200,00
5	31	935505,38	390222,00	545283,38	141267,50	404015,88	70650,00	333365,88	425,00	332940,88	0,00	332940,88	14000,00	24150,00	38150,00	12768,00	363522,88	376290,88	362940,88	51500,00	51500,00
6	30	1118252,13	462840,00	655412,13	169521,00	485891,13	89100,00	396791,13	510,00	396281,13	0,00	396281,13	14000,00	24150,00	38150,00	11970,00	425961,13	437931,13	426281,13	49800,00	49800,00
7	31	1356050,07	557403,00	798647,07	197774,50	600872,57	102900,00	497972,57	595,00	497377,57	0,00	497377,57	14000,00	24150,00	38150,00	25137,00	512190,57	537327,57	527377,57	48100,00	48100,00
8	31	1558587,07	635208,00	923379,07	226028,00	697351,07	116700,00	580651,07	680,00	579971,07	0,00	579971,07	14000,00	24150,00	38150,00	19152,00	599069,07	618221,07	609971,07	46400,00	46400,00
9	30	1721897,10	698250,00	1023647,10	254281,50	769365,60	132150,00	637215,60	765,00	636450,60	0,00	636450,60	14000,00	24150,00	38150,00	27930,00	645070,60	673000,60	666450,60	44700,00	44700,00
10	31	1953359,99	783636,00	1169723,99	282535,00	887188,99	145950,00	741238,99	850,00	740388,99	0,00	740388,99	14000,00	24150,00	38150,00	14364,00	760874,99	775238,99	770388,99	43000,00	43000,00
11	30	2136529,30	860244,00	1276285,30	310788,50	965496,80	159750,00	805746,80	935,00	804811,80	0,00	804811,80	14000,00	24150,00	38150,00	9576,00	828385,80	837961,80	834811,80	41300,00	41300,00
12	31	2331416,87	936453,00	1394963,87	339042,00	1055921,87	178200,00	877721,87	1020,00	876701,87	7775,00	868926,87	11200,00	19175,00	30375,00	41097,00	867054,87	908151,87	898926,87	39600,00	39600,00
13	31	2536670,14	1012263,00	1524407,14	367295,50	1157111,64	192000,00	965111,64	1105,00	964006,64	7775,00	956231,64	11200,00	19175,00	30375,00	37107,00	956649,64	993756,64	986231,64	37900,00	37900,00
14	28	2714964,64	1079694,00	1635270,64	395549,00	1239721,64	205800,00	1033921,64	1190,00	1032731,64	7775,00	1024956,64	11200,00	19175,00	30375,00	41496,00	1019285,64	1060781,64	1054956,64	36200,00	36200,00
15	31	2914527,61	1151115,00	1763412,61	423802,50	1339610,11	221250,00	1118360,11	1275,00	1117085,11	7775,00	1109310,11	11200,00	19175,00	30375,00	41895,00	1101540,11	1143435,11	1139310,11	34500,00	34500,00
16	30	3093262,38	1222536,00	1870726,38	452056,00	1418670,38	235050,00	1183620,38	1360,00	1182260,38	7775,00	1174485,38	11200,00	19175,00	30375,00	42294,00	1164616,38	1206910,38	1204485,38	32800,00	32800,00
17	31	3319458,78	1303134,00	2016324,78	480309,50	1536015,28	248850,00	1287165,28	1445,00	1285720,28	7775,00	1277945,28	11200,00	19175,00	30375,00	33516,00	1275154,28	1308670,28	1307945,28	31100,00	31100,00
18	30	3522293,50	1373757,00	2148536,50	508563,00	1639973,50	267300,00	1372673,50	1530,00	1371143,50	7775,00	1363368,50	11200,00	19175,00	30375,00	34713,00	1357680,50	1392393,50	1393368,50	29400,00	29400,00
19	31	3691232,32	1437996,00	2253236,32	536816,50	1716419,82	281100,00	1435319,82	1615,00	1433704,82	7775,00	1425929,82	11200,00	19175,00	30375,00	42294,00	1410960,82	1453254,82	1455929,82	27700,00	27700,00
20	31	3865304,83	1507023,00	2358281,83	565070,00	1793211,83	294900,00	1498311,83	1700,00	1496611,83	7775,00	1488836,83	11200,00	19175,00	30375,00	9177,00	1505284,83	1514461,83	1518836,83	26000,00	26000,00
21	30	4082956,79	1588419,00	2494537,79	593323,50	1901214,29	310350,00	1590864,29	1785,00	1589079,29	7775,00	1581304,29	11200,00	19175,00	30375,00	35511,00	1569718,29	1605229,29	1611304,29	24300,00	24300,00
22	31	4281408,10	1662633,00	2618775,10	621577,00	1997198,10	324150,00	1673048,10	1870,00	1671178,10	7775,00	1663403,10	11200,00	19175,00	30375,00	33117,00	1652511,10	1685628,10	1693403,10	22600,00	22600,00
23	30	4458737,19	1723680,00	2735057,19	649830,50	2085226,69	337950,00	1747276,69	1955,00	1745321,69	7775,00	1737546,69	11200,00	19175,00	30375,00	43890,00	1714181,69	1758071,69	1767546,69	20900,00	20900,00
24	31	4637398,13	1794702,00	2842696,13	678084,00	2164612,13	356400,00	1808212,13	2040,00	1806172,13	15550,00	1790622,13	8400,00	14200,00	22600,00	8778,00	1808444,13	1817222,13	1820622,13	19200,00	19200,00
25	31	4865009,72	1892058,00	2972951,72	706337,50	2266614,22	370200,00	1896414,22	2125,00	1894289,22	15550,00	1878739,22	8400,00	14200,00	22600,00	19152,00	1884487,22	1903639,22	1908739,22	17500,00	17500,00
26	28	5087543,35	1976646,00	3110897,35	734591,00	2376306,35	384000,00	1992306,35	2210,00	1990096,35	15550,00	1974546,35	8400,00	14200,00	22600,00	42294,00	1955452,35	1997746,35	2004546,35	15800,00	15800,00
27	31	5319072,92	2072406,00	3246666,92	762844,50	2483822,42	399450,00	2084372,42	2295,00	2082077,42	15550,00	2066527,42	8400,00	14200,00	22600,00	18354,00	2069673,42	2088027,42	2096527,42	14100,00	14100,00
28	30	5562921,74	2169762,00	3393159,74	791098,00	2602061,74	413250,00	2188811,74	2380,00	2186431,74	15550,00	2170881,74	8400,00	14200,00	22600,00	28728,00	2161953,74	2190681,74	2200881,74	12400,00	12400,00
29	31	5816530,55	2271108,00	3545422,55	819351,50	2726071,05	427050,00	2299021,05	2465,00	2296556,05	15550,00	2281006,05	8400,00	14200,00	22600,00	35112,00	2263994,05	2299106,05	2311006,05	10700,00	10700,00
30	30	6110216,88	2384424,00	3725792,88	847605,00	2878187,88	445500,00	2432687,88	2550,00	2430137,88	15550,00	2414587,88	8400,00	14200,00	22600,00	29526,00	2401461,88	2430987,88	2444587,88	9000,00	9000,00
31	31	6368591,18	2485770,00	3882821,18	875858,50	3006962,68	459300,00	2547662,68	2635,00	2545027,68	15550,00	2529477,68	8400,00	14200,00	22600,00	35910,00	2508267,68	2544177,68	2559477,68	7300,00	7300,00
32	31	6608382,20	2579934,00	4028448,20	904112,00	3124336,20	473100,00	2651236,20	2720,00	2648516,20	15550,00	2632966,20	8400,00	14200,00	22600,00	13566,00	2632400,20	2645966,20	2662966,20	5600,00	5600,00
33	30	6862388,30	2686068,00	4176320,30	932365,50	3243954,80	488550,00	2755404,80	2805,00	2752599,80	15550,00	2737049,80	8400,00	14200,00	22600,00	15162,00	2733187,80	2748349,80	2767049,80	3900,00	3900,00
34	31	7123469,98	2787813,00	4335656,98	960619,00	3375037,98	502350,00	2872687,98	2890,00	2869797,98	15550,00	2854247,98	8400,00	14200,00	22600,00	21147,00	2842700,98	2863847,98	2884247,98	2200,00	2200,00
35	30	7352859,73	2875593,00	4477266,73	988872,50	3488394,23	516150,00	2972244,23	2975,00	2969269,23	15550,00	2953719,23	8400,00	14200,00	22600,00	41097,00	2920522,23	2961619,23	2983719,23	500,00	500,00
36	31	7636347,90	2985318,00	4651029,90	1017126,00	3633903,90	534600,00	3099303,90	3060,00	3096243,90	23325,00	3072918,90	5600,00	9225,00	14825,00	39102,00	3047791,90	3086893,90	3102918,90	-1200,00	-1200,00

Tab. A-12.1: Good Case Simulationslauf Nr. 1 (kumulierte Werte)

M	T	U_{Ges}	K_W	RG I	K_P	RG II	K_{WLK}	RG III	Z	RG IV	K_A	intGew	ImAV	SAV	AV	VorH	LiqMit	UV	EK	Vbl	FK
1	31	138084,12	67830,00	70254,12	28253,50	42000,62	13800,00	28200,62	85,00	28115,62	0,00	28115,62	14000,00	24150,00	38150,00	11970,00	66295,62	78265,62	58115,62	58300,00	58300,00
2	28	300160,51	134064,00	166096,51	56507,00	109589,51	27600,00	81989,51	170,00	81819,51	0,00	81819,51	14000,00	24150,00	38150,00	17556,00	112713,51	130269,51	111819,51	56600,00	56600,00
3	31	474266,34	205086,00	269180,34	84760,50	184419,84	43050,00	141369,84	255,00	141114,84	0,00	141114,84	14000,00	24150,00	38150,00	18354,00	169510,84	187864,84	171114,84	54900,00	54900,00
4	30	667699,88	286083,00	381616,88	113014,00	268602,88	56850,00	211752,88	340,00	211412,88	0,00	211412,88	14000,00	24150,00	38150,00	9177,00	247285,88	256462,88	241412,88	53200,00	53200,00
5	31	830942,60	356706,00	474236,60	141267,50	332969,10	70650,00	262319,10	425,00	261894,10	0,00	261894,10	14000,00	24150,00	38150,00	10374,00	294870,10	305244,10	291894,10	51500,00	51500,00
6	30	1024933,76	433713,00	591220,76	169521,00	421699,76	89100,00	332599,76	510,00	332089,76	0,00	332089,76	14000,00	24150,00	38150,00	41097,00	332642,76	373739,76	362089,76	49800,00	49800,00
7	31	1215082,09	510720,00	704362,09	197774,50	506587,59	102900,00	403687,59	595,00	403092,59	0,00	403092,59	14000,00	24150,00	38150,00	35910,00	407132,59	443042,59	433092,59	48100,00	48100,00
8	31	1391579,59	584535,00	807044,59	226028,00	581016,59	116700,00	464316,59	680,00	463636,59	0,00	463636,59	14000,00	24150,00	38150,00	33915,00	467971,59	501886,59	493636,59	46400,00	46400,00
9	30	1550923,59	648375,00	902548,59	254281,50	648267,09	132150,00	516117,09	765,00	515352,09	0,00	515352,09	14000,00	24150,00	38150,00	41895,00	510007,09	551902,09	545352,09	44700,00	44700,00
10	31	1759399,59	733362,00	1026037,59	282535,00	743502,59	145950,00	597552,59	850,00	596702,59	0,00	596702,59	14000,00	24150,00	38150,00	28728,00	602824,59	631552,59	626702,59	43000,00	43000,00
11	30	1976724,54	814359,00	1162365,54	310788,50	851577,04	159750,00	691827,04	935,00	690892,04	0,00	690892,04	14000,00	24150,00	38150,00	19551,00	704491,04	724042,04	720892,04	41300,00	41300,00
12	31	2157962,49	888972,00	1268990,49	339042,00	929948,49	178200,00	751748,49	1020,00	750728,49	7775,00	742953,49	11200,00	19175,00	30375,00	16758,00	765420,49	782178,49	772953,49	39600,00	39600,00
13	31	2361673,27	962388,00	1399285,27	367295,50	1031989,77	192000,00	839989,77	1105,00	838884,77	7775,00	831109,77	11200,00	19175,00	30375,00	15162,00	853472,77	868634,77	861109,77	37900,00	37900,00
14	28	2531325,91	1023834,00	1507491,91	395549,00	1111942,91	205800,00	906142,91	1190,00	904952,91	7775,00	897177,91	11200,00	19175,00	30375,00	25536,00	907466,91	933002,91	927177,91	36200,00	36200,00
15	31	2734869,73	1095255,00	1639614,73	423802,50	1215812,23	221250,00	994562,23	1275,00	993287,23	7775,00	985512,23	11200,00	19175,00	30375,00	25935,00	993702,23	1019637,23	1015512,23	34500,00	34500,00
16	30	2945456,33	1174656,00	1770800,33	452056,00	1318744,33	235050,00	1083694,33	1360,00	1082334,33	7775,00	1074559,33	11200,00	19175,00	30375,00	18354,00	1088630,33	1106984,33	1104559,33	32800,00	32800,00
17	31	3123193,83	1244082,00	1879111,83	480309,50	1398802,33	248850,00	1149952,33	1445,00	1148507,33	7775,00	1140732,33	11200,00	19175,00	30375,00	20748,00	1150709,33	1171457,33	1170732,33	31100,00	31100,00
18	30	3344704,22	1325079,00	2019625,22	508563,00	1511062,22	267300,00	1243762,22	1530,00	1242232,22	7775,00	1234457,22	11200,00	19175,00	30375,00	11571,00	1251911,22	1263482,22	1264457,22	29400,00	29400,00
19	31	3545917,24	1401288,00	2144629,24	536816,50	1607812,74	281100,00	1326712,74	1615,00	1325097,74	7775,00	1317322,74	11200,00	19175,00	30375,00	43092,00	1301555,74	1344647,74	1347322,74	27700,00	27700,00
20	31	3753240,55	1478295,00	2274945,55	565070,00	1709875,55	294900,00	1414975,55	1700,00	1413275,55	7775,00	1405500,55	11200,00	19175,00	30375,00	37905,00	1393220,55	1431125,55	1435500,55	26000,00	26000,00
21	30	3956727,31	1552908,00	2403819,31	593323,50	1810495,81	310350,00	1500145,81	1785,00	1498360,81	7775,00	1490585,81	11200,00	19175,00	30375,00	35112,00	1479398,81	1514510,81	1520585,81	24300,00	24300,00
22	31	4169942,51	1626723,00	2543219,51	621577,00	1921642,51	324150,00	1597492,51	1870,00	1595622,51	7775,00	1587847,51	11200,00	19175,00	30375,00	33117,00	1576955,51	1610072,51	1617847,51	22600,00	22600,00
23	30	4365874,34	1698942,00	2666932,34	649830,50	2017101,84	337950,00	1679151,84	1955,00	1677196,84	7775,00	1669421,84	11200,00	19175,00	30375,00	32718,00	1657228,84	1689946,84	1699421,84	20900,00	20900,00
24	31	4592860,02	1781136,00	2811724,02	678084,00	2133640,02	356400,00	1777240,02	2040,00	1775200,02	15550,00	1759650,02	8400,00	14200,00	22600,00	22344,00	1763906,02	1786250,02	1789650,02	19200,00	19200,00
25	31	4813117,18	1871709,00	2941408,18	706337,50	2235070,68	370200,00	1864870,68	2125,00	1862745,68	15550,00	1847195,68	8400,00	14200,00	22600,00	39501,00	1832594,68	1872095,68	1877195,68	17500,00	17500,00
26	28	5031738,21	1956696,00	3075042,21	734591,00	2340451,21	384000,00	1956451,21	2210,00	1954241,21	15550,00	1938691,21	8400,00	14200,00	22600,00	26334,00	1935557,21	1961891,21	1968691,21	15800,00	15800,00
27	31	5293708,94	2060037,00	3233671,94	762844,50	2470827,44	399450,00	2071377,44	2295,00	2069082,44	15550,00	2053532,44	8400,00	14200,00	22600,00	30723,00	2044309,44	2075032,44	2083532,44	14100,00	14100,00
28	30	5531339,83	2148615,00	3382724,83	791098,00	2591626,83	413250,00	2178376,83	2380,00	2175996,83	15550,00	2160446,83	8400,00	14200,00	22600,00	13965,00	2166281,83	2180246,83	2190446,83	12400,00	12400,00
29	31	5777983,82	2247966,00	3530017,82	819351,50	2710666,32	427050,00	2283616,32	2465,00	2281151,32	15550,00	2265601,32	8400,00	14200,00	22600,00	22344,00	2261357,32	2283701,32	2295601,32	10700,00	10700,00
30	30	6028177,67	2344923,00	3683254,67	847605,00	2835649,67	445500,00	2390149,67	2550,00	2387599,67	15550,00	2372049,67	8400,00	14200,00	22600,00	33117,00	2355332,67	2388449,67	2402049,67	9000,00	9000,00
31	31	6298808,47	2447067,00	3851741,47	875858,50	2975882,97	459300,00	2516582,97	2635,00	2513947,97	15550,00	2498397,97	8400,00	14200,00	22600,00	38703,00	2474394,97	2513097,97	2528397,97	7300,00	7300,00
32	31	6532403,01	2534049,00	3998354,01	904112,00	3094242,01	473100,00	2621142,01	2720,00	2618422,01	15550,00	2602872,01	8400,00	14200,00	22600,00	23541,00	2592331,01	2615872,01	2632872,01	5600,00	5600,00
33	30	6795396,16	2635395,00	4160001,16	932365,50	3227635,66	488550,00	2739085,66	2805,00	2736280,66	15550,00	2720730,66	8400,00	14200,00	22600,00	29925,00	2702105,66	2732030,66	2750730,66	3900,00	3900,00
34	31	7075458,92	2738736,00	4336722,92	960619,00	3376103,92	502350,00	2873753,92	2890,00	2870863,92	15550,00	2855313,92	8400,00	14200,00	22600,00	34314,00	2830599,92	2864913,92	2885313,92	2200,00	2200,00
35	30	7288496,66	2825718,00	4462778,66	988872,50	3473906,16	516150,00	2957756,16	2975,00	2954781,16	15550,00	2939231,16	8400,00	14200,00	22600,00	19152,00	2927979,16	2947131,16	2969231,16	500,00	500,00
36	31	7589405,09	2935044,00	4654361,09	1017126,00	3637235,09	534600,00	3102635,09	3060,00	3099575,09	23325,00	3076250,09	5600,00	9225,00	14825,00	17556,00	3072669,09	3090225,09	3106250,09	-1200,00	-1200,00

Tab. A-12.2: Good Case Simulationslauf Nr. 2 (kumulierte Werte)

M	T	U_{Ges}	K_W	RG I	K_P	RG II	K_{WLK}	RG III	Z	RG IV	K_A	intGew	ImAV	SAV	AV	VorH	LiqMit	UV	EK	Vbl	FK
1	31	161248,46	69825,00	91423,46	28253,50	63169,96	13800,00	49369,96	85,00	49284,96	0,00	49284,96	14000,00	24150,00	38150,00	9975,00	89459,96	99434,96	79284,96	58300,00	58300,00
2	28	328838,44	137256,00	191582,44	56507,00	135075,44	27600,00	107475,44	170,00	107305,44	0,00	107305,44	14000,00	24150,00	38150,00	14364,00	141391,44	155755,44	137305,44	56600,00	56600,00
3	31	528266,52	218253,00	310013,52	84760,50	225253,02	43050,00	182203,02	255,00	181948,02	0,00	181948,02	14000,00	24150,00	38150,00	41097,00	187601,02	228698,02	211948,02	54900,00	54900,00
4	30	694569,73	284487,00	410082,73	113014,00	297068,73	56850,00	240218,73	340,00	239878,73	0,00	239878,73	14000,00	24150,00	38150,00	10773,00	274155,73	284928,73	269878,73	53200,00	53200,00
5	31	910679,25	371070,00	539609,25	141267,50	398341,75	70650,00	327691,75	425,00	327266,75	0,00	327266,75	14000,00	24150,00	38150,00	31920,00	338696,75	370616,75	357266,75	51500,00	51500,00
6	30	1101266,41	440895,00	660371,41	169521,00	490850,41	89100,00	401750,41	510,00	401240,41	0,00	401240,41	14000,00	24150,00	38150,00	33915,00	408975,41	442890,41	431240,41	49800,00	49800,00
7	31	1309508,53	523488,00	786020,53	197774,50	588246,03	102900,00	485346,03	595,00	484751,03	0,00	484751,03	14000,00	24150,00	38150,00	23142,00	501559,03	524701,03	514751,03	48100,00	48100,00
8	31	1510717,93	601692,00	909025,93	226028,00	682997,93	116700,00	566297,93	680,00	565617,93	0,00	565617,93	14000,00	24150,00	38150,00	16758,00	587109,93	603867,93	595617,93	46400,00	46400,00
9	30	1687894,42	668724,00	1019170,42	254281,50	764888,92	132150,00	632738,92	765,00	631973,92	0,00	631973,92	14000,00	24150,00	38150,00	21546,00	646977,92	668523,92	661973,92	44700,00	44700,00
10	31	1866321,64	736155,00	1130166,64	282535,00	847631,64	145950,00	701681,64	850,00	700831,64	0,00	700831,64	14000,00	24150,00	38150,00	25935,00	709746,64	735681,64	730831,64	43000,00	43000,00
11	30	2057099,70	806778,00	1250321,70	310788,50	939533,20	159750,00	779783,20	935,00	778848,20	0,00	778848,20	14000,00	24150,00	38150,00	27132,00	784866,20	811998,20	808848,20	41300,00	41300,00
12	31	2255095,26	886578,00	1368517,26	339042,00	1029475,26	178200,00	851275,26	1020,00	850255,26	7775,00	842480,26	11200,00	19175,00	30375,00	19152,00	862553,26	881705,26	872480,26	39600,00	39600,00
13	31	2477410,73	970368,00	1507042,73	367295,50	1139747,23	192000,00	947747,23	1105,00	946642,23	7775,00	938867,23	11200,00	19175,00	30375,00	43092,00	933300,23	976392,23	968867,23	37900,00	37900,00
14	28	2661811,66	1031814,00	1629997,66	395549,00	1234448,66	205800,00	1028648,66	1190,00	1027458,66	7775,00	1019683,66	11200,00	19175,00	30375,00	17556,00	1037952,66	1055508,66	1049683,66	36200,00	36200,00
15	31	2838951,72	1094856,00	1744095,72	423802,50	1320293,22	221250,00	1099043,22	1275,00	1097768,22	7775,00	1089993,22	11200,00	19175,00	30375,00	26334,00	1097784,22	1124118,22	1119993,22	34500,00	34500,00
16	30	3034456,19	1172262,00	1862194,19	452056,00	1410138,19	235050,00	1175088,19	1360,00	1173728,19	7775,00	1165953,19	11200,00	19175,00	30375,00	20748,00	1177630,19	1198378,19	1195953,19	32800,00	32800,00
17	31	3255087,52	1251264,00	2003823,52	480309,50	1523514,02	248850,00	1274664,02	1445,00	1273219,02	7775,00	1265444,02	11200,00	19175,00	30375,00	13566,00	1282603,02	1296169,02	1295444,02	31100,00	31100,00
18	30	3442582,32	1316700,00	2125882,32	508563,00	1617319,32	267300,00	1350019,32	1530,00	1348489,32	7775,00	1340714,32	11200,00	19175,00	30375,00	19950,00	1349789,32	1369739,32	1370714,32	29400,00	29400,00
19	31	3630783,80	1383732,00	2247051,80	536816,50	1710235,30	281100,00	1429135,30	1615,00	1427520,30	7775,00	1419745,30	11200,00	19175,00	30375,00	24738,00	1422332,30	1447070,30	1449745,30	27700,00	27700,00
20	31	3839150,79	1458345,00	2380805,79	565070,00	1815735,79	294900,00	1520835,79	1700,00	1519135,79	7775,00	1511360,79	11200,00	19175,00	30375,00	21945,00	1515040,79	1536985,79	1541360,79	26000,00	26000,00
21	30	4035686,77	1530564,00	2505122,77	593323,50	1911799,27	310350,00	1601449,27	1785,00	1599664,27	7775,00	1591889,27	11200,00	19175,00	30375,00	21546,00	1594268,27	1615814,27	1621889,27	24300,00	24300,00
22	31	4239599,02	1604778,00	2634821,02	621577,00	2013244,02	324150,00	1689094,02	1870,00	1687224,02	7775,00	1679449,02	11200,00	19175,00	30375,00	19152,00	1682522,02	1701674,02	1709449,02	22600,00	22600,00
23	30	4414189,45	1665825,00	2748364,45	649830,50	2098533,95	337950,00	1760583,95	1955,00	1758628,95	7775,00	1750853,95	11200,00	19175,00	30375,00	29925,00	1741453,95	1771378,95	1780853,95	20900,00	20900,00
24	31	4631726,32	1747620,00	2884106,32	678084,00	2206022,32	356400,00	1849622,32	2040,00	1847582,32	15550,00	1832032,32	8400,00	14200,00	22600,00	19950,00	1838682,32	1858632,32	1862032,32	19200,00	19200,00
25	31	4884712,46	1842183,00	3042529,46	706337,50	2336191,96	370200,00	1965991,96	2125,00	1963866,96	15550,00	1948316,96	8400,00	14200,00	22600,00	33117,00	1940099,96	1973216,96	1978316,96	17500,00	17500,00
26	28	5100914,63	1930362,00	3170552,63	734591,00	2435961,63	384000,00	2051961,63	2210,00	2049751,63	15550,00	2034201,63	8400,00	14200,00	22600,00	16758,00	2040643,63	2057401,63	2064201,63	15800,00	15800,00
27	31	5389496,60	2043279,00	3346217,60	762844,50	2583373,10	399450,00	2183923,10	2295,00	2181628,10	15550,00	2166078,10	8400,00	14200,00	22600,00	11571,00	2176007,10	2187578,10	2196078,10	14100,00	14100,00
28	30	5615792,17	2140635,00	3475157,17	791098,00	2684059,17	413250,00	2270809,17	2380,00	2268429,17	15550,00	2252879,17	8400,00	14200,00	22600,00	21945,00	2250734,17	2272679,17	2282879,17	12400,00	12400,00
29	31	5858321,58	2225223,00	3633098,58	819351,50	2813747,08	427050,00	2386697,08	2465,00	2384232,08	15550,00	2368682,08	8400,00	14200,00	22600,00	9177,00	2377605,08	2386782,08	2398682,08	10700,00	10700,00
30	30	6118452,13	2326569,00	3791883,13	847605,00	2944278,13	445500,00	2498778,13	2550,00	2496228,13	15550,00	2480678,13	8400,00	14200,00	22600,00	15561,00	2481517,13	2497078,13	2510678,13	9000,00	9000,00
31	31	6356962,74	2431107,00	3925855,74	875858,50	3049997,24	459300,00	2590697,24	2635,00	2588062,24	15550,00	2572512,24	8400,00	14200,00	22600,00	18753,00	2568459,24	2587212,24	2602512,24	7300,00	7300,00
32	31	6611317,97	2522079,00	4089238,97	904112,00	3185126,97	473100,00	2712026,97	2720,00	2709306,97	15550,00	2693756,97	8400,00	14200,00	22600,00	35511,00	2671245,97	2706756,97	2723756,97	5600,00	5600,00
33	30	6903395,82	2630607,00	4272788,82	932365,50	3340423,32	488550,00	2851873,32	2805,00	2849068,32	15550,00	2833518,32	8400,00	14200,00	22600,00	34713,00	2810105,32	2844818,32	2863518,32	3900,00	3900,00
34	31	7167176,77	2732352,00	4434824,77	960619,00	3474205,77	502350,00	2971855,77	2890,00	2968965,77	15550,00	2953415,77	8400,00	14200,00	22600,00	40698,00	2922317,77	2963015,77	2983415,77	2200,00	2200,00
35	30	7404037,56	2827713,00	4576324,56	988872,50	3587452,06	516150,00	3071302,06	2975,00	3068327,06	15550,00	3052777,06	8400,00	14200,00	22600,00	17157,00	3043520,06	3060677,06	3082777,06	500,00	500,00
36	31	7655522,19	2927463,00	4728059,19	1017126,00	3710933,19	534600,00	3176333,19	3060,00	3173273,19	23325,00	3149948,19	5600,00	9225,00	14825,00	25137,00	3138786,19	3163923,19	3179948,19	-1200,00	-1200,00

Tab. A-12.3: Good Case Simulationslauf Nr. 3 (kumulierte Werte)

M	T	U_{Ges}	K_W	RG I	K_P	RG II	K_{WLK}	RG III	Z	RG IV	K_A	intGew	ImAV	SAV	AV	VorH	LiqMit	UV	EK	Vbl	FK
1	31	146797,00	60249,00	86548,00	28253,50	58294,50	13800,00	44494,50	85,00	44409,50	0,00	44409,50	14000,00	24150,00	38150,00	19551,00	75008,50	94559,50	74409,50	58300,00	58300,00
2	28	338280,62	137256,00	201024,62	56507,00	144517,62	27600,00	116917,62	170,00	116747,62	0,00	116747,62	14000,00	24150,00	38150,00	14364,00	150833,62	165197,62	146747,62	56600,00	56600,00
3	31	512194,96	206283,00	305911,96	84760,50	221151,46	43050,00	178101,46	255,00	177846,46	0,00	177846,46	14000,00	24150,00	38150,00	17157,00	207439,46	224596,46	207846,46	54900,00	54900,00
4	30	684684,12	280098,00	404586,12	113014,00	291572,12	56850,00	234722,12	340,00	234382,12	0,00	234382,12	14000,00	24150,00	38150,00	15162,00	264270,12	279432,12	264382,12	53200,00	53200,00
5	31	890440,42	357903,00	532537,42	141267,50	391269,92	70650,00	320619,92	425,00	320194,92	0,00	320194,92	14000,00	24150,00	38150,00	9177,00	354367,92	363544,92	350194,92	51500,00	51500,00
6	30	1051266,97	427329,00	623937,97	169521,00	454416,97	89100,00	365316,97	510,00	364806,97	0,00	364806,97	14000,00	24150,00	38150,00	11571,00	394885,97	406456,97	394806,97	49800,00	49800,00
7	31	1225982,56	497553,00	728429,56	197774,50	530655,06	102900,00	427755,06	595,00	427160,06	0,00	427160,06	14000,00	24150,00	38150,00	13167,00	453943,06	467110,06	457160,06	48100,00	48100,00
8	31	1421378,46	571368,00	850010,46	226028,00	623982,46	116700,00	507282,46	680,00	506602,46	0,00	506602,46	14000,00	24150,00	38150,00	11172,00	533680,46	544852,46	536602,46	46400,00	46400,00
9	30	1584798,08	635607,00	949191,08	254281,50	694909,58	132150,00	562759,58	765,00	561994,58	0,00	561994,58	14000,00	24150,00	38150,00	18753,00	579791,58	598544,58	591994,58	44700,00	44700,00
10	31	1798474,11	718200,00	1080274,11	282535,00	797739,11	145950,00	651789,11	850,00	650939,11	0,00	650939,11	14000,00	24150,00	38150,00	43890,00	641899,11	685789,11	680939,11	43000,00	43000,00
11	30	1981028,00	788424,00	1192604,00	310788,50	881815,50	159750,00	722065,50	935,00	721130,50	0,00	721130,50	14000,00	24150,00	38150,00	9576,00	744704,50	754280,50	751130,50	41300,00	41300,00
12	31	2190057,37	870618,00	1319439,37	339042,00	980397,37	178200,00	802197,37	1020,00	801177,37	7775,00	793402,37	11200,00	19175,00	30375,00	35112,00	797515,37	832627,37	823402,37	39600,00	39600,00
13	31	2404845,25	946827,00	1458018,25	367295,50	1090722,75	192000,00	898722,75	1105,00	897617,75	7775,00	889842,75	11200,00	19175,00	30375,00	30723,00	896644,75	927367,75	919842,75	37900,00	37900,00
14	28	2570458,15	1009071,00	1561387,15	395549,00	1165838,15	205800,00	960038,15	1190,00	958848,15	7775,00	951073,15	11200,00	19175,00	30375,00	40299,00	946599,15	986898,15	981073,15	36200,00	36200,00
15	31	2750551,76	1075305,00	1675246,76	423802,50	1251444,26	221250,00	1030194,26	1275,00	1028919,26	7775,00	1021144,26	11200,00	19175,00	30375,00	9975,00	1045294,26	1055269,26	1051144,26	34500,00	34500,00
16	30	2952664,59	1151913,00	1800751,59	452056,00	1348695,59	235050,00	1113645,59	1360,00	1112285,59	7775,00	1104510,59	11200,00	19175,00	30375,00	41097,00	1095838,59	1136935,59	1134510,59	32800,00	32800,00
17	31	3168205,09	1234506,00	1933699,09	480309,50	1453389,59	248850,00	1204539,59	1445,00	1203094,59	7775,00	1195319,59	11200,00	19175,00	30375,00	30324,00	1195720,59	1226044,59	1225319,59	31100,00	31100,00
18	30	3361438,51	1303533,00	2057905,51	508563,00	1549342,51	267300,00	1282042,51	1530,00	1280512,51	7775,00	1272737,51	11200,00	19175,00	30375,00	33117,00	1268645,51	1301762,51	1302737,51	29400,00	29400,00
19	31	3572054,71	1379343,00	2192711,71	536816,50	1655895,21	281100,00	1374795,21	1615,00	1373180,21	7775,00	1365405,21	11200,00	19175,00	30375,00	29127,00	1363603,21	1392730,21	1395405,21	27700,00	27700,00
20	31	3775582,03	1459941,00	2315641,03	565070,00	1750571,03	294900,00	1455671,03	1700,00	1453971,03	7775,00	1446196,03	11200,00	19175,00	30375,00	20349,00	1451472,03	1471821,03	1476196,03	26000,00	26000,00
21	30	3969492,06	1532958,00	2436534,06	593323,50	1843210,56	310350,00	1532860,56	1785,00	1531075,56	7775,00	1523300,56	11200,00	19175,00	30375,00	19152,00	1528073,56	1547225,56	1553300,56	24300,00	24300,00
22	31	4184625,32	1611960,00	2572665,32	621577,00	1951088,32	324150,00	1626938,32	1870,00	1625068,32	7775,00	1617293,32	11200,00	19175,00	30375,00	11970,00	1627548,32	1639518,32	1647293,32	22600,00	22600,00
23	30	4379025,58	1681785,00	2697240,58	649830,50	2047410,08	337950,00	1709460,08	1955,00	1707505,08	7775,00	1699730,08	11200,00	19175,00	30375,00	13965,00	1706290,08	1720255,08	1729730,08	20900,00	20900,00
24	31	4591968,52	1757994,00	2833974,52	678084,00	2155890,52	356400,00	1799490,52	2040,00	1797450,52	15550,00	1781900,52	8400,00	14200,00	22600,00	9576,00	1798924,52	1808500,52	1811900,52	19200,00	19200,00
25	31	4812582,92	1852956,00	2959626,92	706337,50	2253289,42	370200,00	1883089,42	2125,00	1880964,42	15550,00	1865414,42	8400,00	14200,00	22600,00	22344,00	1867970,42	1890314,42	1895414,42	17500,00	17500,00
26	28	5059880,71	1941135,00	3118745,71	734591,00	2384154,71	384000,00	2000154,71	2210,00	1997944,71	15550,00	1982394,71	8400,00	14200,00	22600,00	41895,00	1963699,71	2005594,71	2012394,71	15800,00	15800,00
27	31	5307627,35	2036496,00	3271131,35	762844,50	2508286,85	399450,00	2108836,85	2295,00	2106541,85	15550,00	2090991,85	8400,00	14200,00	22600,00	18354,00	2094137,85	2112491,85	2120991,85	14100,00	14100,00
28	30	5551025,72	2129463,00	3421562,72	791098,00	2630464,72	413250,00	2217214,72	2380,00	2214834,72	15550,00	2199284,72	8400,00	14200,00	22600,00	33117,00	2185967,72	2219084,72	2229284,72	12400,00	12400,00
29	31	5841647,78	2236794,00	3604853,78	819351,50	2785502,28	427050,00	2358452,28	2465,00	2355987,28	15550,00	2340437,28	8400,00	14200,00	22600,00	33516,00	2325021,28	2358537,28	2370437,28	10700,00	10700,00
30	30	6078344,11	2333751,00	3744593,11	847605,00	2896988,11	445500,00	2451488,11	2550,00	2448938,11	15550,00	2433388,11	8400,00	14200,00	22600,00	8379,00	2441409,11	2449788,11	2463388,11	9000,00	9000,00
31	31	6325447,09	2431107,00	3894340,09	875858,50	3018481,59	459300,00	2559181,59	2635,00	2556546,59	15550,00	2540996,59	8400,00	14200,00	22600,00	18753,00	2536943,59	2555696,59	2570996,59	7300,00	7300,00
32	31	6555741,33	2526069,00	4029672,33	904112,00	3125560,33	473100,00	2652460,33	2720,00	2649740,33	15550,00	2634190,33	8400,00	14200,00	22600,00	31521,00	2615669,33	2647190,33	2664190,33	5600,00	5600,00
33	30	6798494,44	2628213,00	4170281,44	932365,50	3237915,94	488550,00	2749365,94	2805,00	2746560,94	15550,00	2731010,94	8400,00	14200,00	22600,00	37107,00	2705203,94	2742310,94	2761010,94	3900,00	3900,00
34	31	7047109,02	2726766,00	4320343,02	960619,00	3359724,02	502350,00	2857374,02	2890,00	2854484,02	15550,00	2838934,02	8400,00	14200,00	22600,00	10374,00	2838160,02	2848534,02	2868934,02	2200,00	2200,00
35	30	7277459,38	2810556,00	4466903,38	988872,50	3478030,88	516150,00	2961880,88	2975,00	2958905,88	15550,00	2943355,88	8400,00	14200,00	22600,00	34314,00	2916941,88	2951255,88	2973355,88	500,00	500,00
36	31	7528542,70	2907114,00	4621428,70	1017126,00	3604302,70	534600,00	3069702,70	3060,00	3066642,70	23325,00	3043317,70	5600,00	9225,00	14825,00	9576,00	3047716,70	3057292,70	3073317,70	-1200,00	-1200,00

Tab. A-12.4: Good Case Simulationslauf Nr. 4 (kumulierte Werte)

M	T	U_{Ges}	K_W	RG I	K_P	RG II	K_{WLK}	RG III	Z	RG IV	K_A	intGew	ImAV	SAV	AV	VorH	LiqMit	UV	EK	Vbl	FK
1	31	154063,29	65436,00	88627,29	28253,50	60373,79	13800,00	46573,79	85,00	46488,79	0,00	46488,79	14000,00	24150,00	38150,00	14364,00	82274,79	96638,79	76488,79	58300,00	58300,00
2	28	320659,51	136458,00	184201,51	56507,00	127694,51	27600,00	100094,51	170,00	99924,51	0,00	99924,51	14000,00	24150,00	38150,00	15162,00	133212,51	148374,51	129924,51	56600,00	56600,00
3	31	482066,97	201894,00	280172,97	84760,50	195412,47	43050,00	152362,47	255,00	152107,47	0,00	152107,47	14000,00	24150,00	38150,00	21546,00	177311,47	198857,47	182107,47	54900,00	54900,00
4	30	658038,56	270123,00	387915,56	113014,00	274901,56	56850,00	218051,56	340,00	217711,56	0,00	217711,56	14000,00	24150,00	38150,00	25137,00	237624,56	262761,56	247711,56	53200,00	53200,00
5	31	837595,07	342342,00	495253,07	141267,50	353985,57	70650,00	283335,57	425,00	282910,57	0,00	282910,57	14000,00	24150,00	38150,00	24738,00	301522,57	326260,57	312910,57	51500,00	51500,00
6	30	1028746,17	417753,00	610993,17	169521,00	441472,17	89100,00	352372,17	510,00	351862,17	0,00	351862,17	14000,00	24150,00	38150,00	21147,00	372365,17	393512,17	381862,17	49800,00	49800,00
7	31	1213998,67	499548,00	714450,67	197774,50	516676,17	102900,00	413776,17	595,00	413181,17	0,00	413181,17	14000,00	24150,00	38150,00	11172,00	441959,17	453131,17	443181,17	48100,00	48100,00
8	31	1368879,04	558999,00	809880,04	226028,00	583852,04	116700,00	467152,04	680,00	466472,04	0,00	466472,04	14000,00	24150,00	38150,00	23541,00	481181,04	504722,04	496472,04	46400,00	46400,00
9	30	1550329,66	628425,00	921904,66	254281,50	667623,16	132150,00	535473,16	765,00	534708,16	0,00	534708,16	14000,00	24150,00	38150,00	25935,00	545323,16	571258,16	564708,16	44700,00	44700,00
10	31	1763781,44	709023,00	1054758,44	282535,00	772223,44	145950,00	626273,44	850,00	625423,44	0,00	625423,44	14000,00	24150,00	38150,00	17157,00	643116,44	660273,44	655423,44	43000,00	43000,00
11	30	1952166,38	783636,00	1168530,38	310788,50	857741,88	159750,00	697991,88	935,00	697056,88	0,00	697056,88	14000,00	24150,00	38150,00	14364,00	715842,88	730206,88	727056,88	41300,00	41300,00
12	31	2114823,04	848274,00	1266549,04	339042,00	927507,04	178200,00	749307,04	1020,00	748287,04	7775,00	740512,04	11200,00	19175,00	30375,00	21546,00	758191,04	779737,04	770512,04	39600,00	39600,00
13	31	2307620,91	920493,00	1387127,91	367295,50	1019832,41	192000,00	827832,41	1105,00	826727,41	7775,00	818952,41	11200,00	19175,00	30375,00	21147,00	835330,41	856477,41	848952,41	37900,00	37900,00
14	28	2516095,66	992712,00	1523383,66	395549,00	1127834,66	205800,00	922034,66	1190,00	920844,66	7775,00	913069,66	11200,00	19175,00	30375,00	20748,00	928146,66	948894,66	943069,66	36200,00	36200,00
15	31	2693172,15	1054956,00	1638216,15	423802,50	1214413,65	221250,00	993163,65	1275,00	991888,65	7775,00	984113,65	11200,00	19175,00	30375,00	30324,00	987914,65	1018238,65	1014113,65	34500,00	34500,00
16	30	2915774,23	1132761,00	1783013,23	452056,00	1330957,23	235050,00	1095907,23	1360,00	1094547,23	7775,00	1086772,23	11200,00	19175,00	30375,00	24339,00	1094858,23	1119197,23	1116772,23	32800,00	32800,00
17	31	3105644,99	1201389,00	1904255,99	480309,50	1423946,49	248850,00	1175096,49	1445,00	1173651,49	7775,00	1165876,49	11200,00	19175,00	30375,00	27531,00	1169070,49	1196601,49	1195876,49	31100,00	31100,00
18	30	3321234,24	1277997,00	2043237,24	508563,00	1534674,24	267300,00	1267374,24	1530,00	1265844,24	7775,00	1258069,24	11200,00	19175,00	30375,00	22743,00	1264351,24	1287094,24	1288069,24	29400,00	29400,00
19	31	3539522,33	1362984,00	2176538,33	536816,50	1639721,83	281100,00	1358621,83	1615,00	1357006,83	7775,00	1349231,83	11200,00	19175,00	30375,00	9576,00	1366980,83	1376556,83	1379231,83	27700,00	27700,00
20	31	3742458,41	1436799,00	2305659,41	565070,00	1740589,41	294900,00	1445689,41	1700,00	1443989,41	7775,00	1436214,41	11200,00	19175,00	30375,00	43491,00	1418348,41	1461839,41	1466214,41	26000,00	26000,00
21	30	3933137,60	1504629,00	2428508,60	593323,50	1835185,10	310350,00	1524835,10	1785,00	1523050,10	7775,00	1515275,10	11200,00	19175,00	30375,00	11571,00	1527629,10	1539200,10	1545275,10	24300,00	24300,00
22	31	4156305,88	1582833,00	2573472,88	621577,00	1951895,88	324150,00	1627745,88	1870,00	1625875,88	7775,00	1618100,88	11200,00	19175,00	30375,00	41097,00	1599228,88	1640325,88	1648100,88	22600,00	22600,00
23	30	4373340,04	1663032,00	2710308,04	649830,50	2060477,54	337950,00	1722527,54	1955,00	1720572,54	7775,00	1712797,54	11200,00	19175,00	30375,00	32718,00	1700604,54	1733322,54	1742797,54	20900,00	20900,00
24	31	4566931,01	1735251,00	2831680,01	678084,00	2153596,01	356400,00	1797196,01	2040,00	1795156,01	15550,00	1779606,01	8400,00	14200,00	22600,00	32319,00	1773887,01	1806206,01	1809606,01	19200,00	19200,00
25	31	4807067,03	1836198,00	2970869,03	706337,50	2264531,53	370200,00	1894331,53	2125,00	1892206,53	15550,00	1876656,53	8400,00	14200,00	22600,00	39102,00	1862454,53	1901556,53	1906656,53	17500,00	17500,00
26	28	5013604,33	1922382,00	3091222,33	734591,00	2356631,33	384000,00	1972631,33	2210,00	1970421,33	15550,00	1954871,33	8400,00	14200,00	22600,00	24738,00	1953333,33	1978071,33	1984871,33	15800,00	15800,00
27	31	5303399,24	2033703,00	3269696,24	762844,50	2506851,74	399450,00	2107401,74	2295,00	2105106,74	15550,00	2089556,74	8400,00	14200,00	22600,00	21147,00	2089909,74	2111056,74	2119556,74	14100,00	14100,00
28	30	5547983,25	2123877,00	3424106,25	791098,00	2633008,25	413250,00	2219758,25	2380,00	2217378,25	15550,00	2201828,25	8400,00	14200,00	22600,00	38703,00	2182925,25	2221628,25	2231828,25	12400,00	12400,00
29	31	5782107,88	2220036,00	3562071,88	819351,50	2742720,38	427050,00	2315670,38	2465,00	2313205,38	15550,00	2297655,38	8400,00	14200,00	22600,00	14364,00	2301391,38	2315755,38	2327655,38	10700,00	10700,00
30	30	6045026,62	2322579,00	3722447,62	847605,00	2874842,62	445500,00	2429342,62	2550,00	2426792,62	15550,00	2411242,62	8400,00	14200,00	22600,00	19551,00	2408091,62	2427642,62	2441242,62	9000,00	9000,00
31	31	6323150,30	2432304,00	3890846,30	875858,50	3014987,80	459300,00	2555687,80	2635,00	2553052,80	15550,00	2537502,80	8400,00	14200,00	22600,00	17556,00	2534646,80	2552202,80	2567502,80	7300,00	7300,00
32	31	6548915,35	2521281,00	4027634,35	904112,00	3123522,35	473100,00	2650422,35	2720,00	2647702,35	15550,00	2632152,35	8400,00	14200,00	22600,00	36309,00	2608843,35	2645152,35	2662152,35	5600,00	5600,00
33	30	6833734,32	2624622,00	4209112,32	932365,50	3276746,82	488550,00	2788196,82	2805,00	2785391,82	15550,00	2769841,82	8400,00	14200,00	22600,00	40698,00	2740443,82	2781141,82	2799841,82	3900,00	3900,00
34	31	7090168,64	2720382,00	4369786,64	960619,00	3409167,64	502350,00	2906817,64	2890,00	2903927,64	15550,00	2888377,64	8400,00	14200,00	22600,00	16758,00	2881219,64	2897977,64	2918377,64	2200,00	2200,00
35	30	7297701,76	2804571,00	4493130,76	988872,50	3504258,26	516150,00	2988108,26	2975,00	2985133,26	15550,00	2969583,26	8400,00	14200,00	22600,00	40299,00	2937184,26	2977483,26	2999583,26	500,00	500,00
36	31	7594650,79	2913897,00	4680753,79	1017126,00	3663627,79	534600,00	3129027,79	3060,00	3125967,79	23325,00	3102642,79	5600,00	9225,00	14825,00	38703,00	3077914,79	3116617,79	3132642,79	-1200,00	-1200,00

Tab. A-12.5: Good Case Simulationslauf Nr. 5 (kumulierte Werte)

M	T	U_{Ges}	K_W	RG I	K_P	RG II	K_{WLK}	RG III	Z	RG IV	K_A	intGew	ImAV	SAV	AV	VorH	LiqMit	UV	EK	Vbl	FK
1	31	169859,12	75012,00	94847,12	28253,50	66593,62	13800,00	52793,62	85,00	52708,62	0,00	52708,62	14000,00	24150,00	38150,00	40698,00	62160,62	102858,62	82708,62	58300,00	58300,00
2	28	356941,08	148029,00	208912,08	56507,00	152405,08	27600,00	124805,08	170,00	124635,08	0,00	124635,08	14000,00	24150,00	38150,00	39501,00	133584,08	173085,08	154635,08	56600,00	56600,00
3	31	532133,88	216657,00	315476,88	84760,50	230716,38	43050,00	187666,38	255,00	187411,38	0,00	187411,38	14000,00	24150,00	38150,00	42693,00	191468,38	234161,38	217411,38	54900,00	54900,00
4	30	709955,28	290073,00	419882,28	113014,00	306868,28	56850,00	250018,28	340,00	249678,28	0,00	249678,28	14000,00	24150,00	38150,00	41097,00	253631,28	294728,28	279678,28	53200,00	53200,00
5	31	905423,84	373065,00	532358,84	141267,50	391091,34	70650,00	320441,34	425,00	320016,34	0,00	320016,34	14000,00	24150,00	38150,00	29925,00	333441,34	363366,34	350016,34	51500,00	51500,00
6	30	1073989,79	438900,00	635089,79	169521,00	465568,79	89100,00	376468,79	510,00	375958,79	0,00	375958,79	14000,00	24150,00	38150,00	35910,00	381698,79	417608,79	405958,79	49800,00	49800,00
7	31	1277877,05	518301,00	759576,05	197774,50	561801,55	102900,00	458901,55	595,00	458306,55	0,00	458306,55	14000,00	24150,00	38150,00	28329,00	469927,55	498256,55	488306,55	48100,00	48100,00
8	31	1459708,74	591318,00	868390,74	226028,00	642362,74	116700,00	525662,74	680,00	524982,74	0,00	524982,74	14000,00	24150,00	38150,00	27132,00	536100,74	563232,74	554982,74	46400,00	46400,00
9	30	1622984,06	653961,00	969023,06	254281,50	714741,56	132150,00	582591,56	765,00	581826,56	0,00	581826,56	14000,00	24150,00	38150,00	36309,00	582067,56	618376,56	611826,56	44700,00	44700,00
10	31	1829174,23	729372,00	1099802,23	282535,00	817267,23	145950,00	671317,23	850,00	670467,23	0,00	670467,23	14000,00	24150,00	38150,00	32718,00	672599,23	705317,23	700467,23	43000,00	43000,00
11	30	2007935,25	801990,00	1205945,25	310788,50	895156,75	159750,00	735406,75	935,00	734471,75	0,00	734471,75	14000,00	24150,00	38150,00	31920,00	735701,75	767621,75	764471,75	41300,00	41300,00
12	31	2209368,00	875805,00	1333563,00	339042,00	994521,00	178200,00	816321,00	1020,00	815301,00	7775,00	807526,00	11200,00	19175,00	30375,00	29925,00	816826,00	846751,00	837526,00	39600,00	39600,00
13	31	2424311,88	953211,00	1471100,88	367295,50	1103805,38	192000,00	911805,38	1105,00	910700,38	7775,00	902925,38	11200,00	19175,00	30375,00	24339,00	916111,38	940450,38	932925,38	37900,00	37900,00
14	28	2596763,24	1016253,00	1580510,24	395549,00	1184961,24	205800,00	979161,24	1190,00	977971,24	7775,00	970196,24	11200,00	19175,00	30375,00	33117,00	972904,24	1006021,24	1000196,24	36200,00	36200,00
15	31	2774298,37	1083285,00	1691013,37	423802,50	1267210,87	221250,00	1045960,87	1275,00	1044685,87	7775,00	1036910,87	11200,00	19175,00	30375,00	37905,00	1033130,87	1071035,87	1066910,87	34500,00	34500,00
16	30	2970616,81	1154706,00	1815910,81	452056,00	1363854,81	235050,00	1128804,81	1360,00	1127444,81	7775,00	1119669,81	11200,00	19175,00	30375,00	38304,00	1113790,81	1152094,81	1149669,81	32800,00	32800,00
17	31	3167635,30	1227324,00	1940311,30	480309,50	1460001,80	248850,00	1211151,80	1445,00	1209706,80	7775,00	1201931,80	11200,00	19175,00	30375,00	37506,00	1195150,80	1232656,80	1231931,80	31100,00	31100,00
18	30	3358140,98	1295952,00	2062188,98	508563,00	1553625,98	267300,00	1286325,98	1530,00	1284795,98	7775,00	1277020,98	11200,00	19175,00	30375,00	40698,00	1265347,98	1306045,98	1307020,98	29400,00	29400,00
19	31	3559305,25	1371762,00	2187543,25	536816,50	1650726,75	281100,00	1369626,75	1615,00	1368011,75	7775,00	1360236,75	11200,00	19175,00	30375,00	36708,00	1350853,75	1387561,75	1390236,75	27700,00	27700,00
20	31	3744199,80	1441188,00	2303011,80	565070,00	1737941,80	294900,00	1443041,80	1700,00	1441341,80	7775,00	1433566,80	11200,00	19175,00	30375,00	39102,00	1420089,80	1459191,80	1463566,80	26000,00	26000,00
21	30	3936505,72	1512210,00	2424295,72	593323,50	1830972,22	310350,00	1520622,22	1785,00	1518837,22	7775,00	1511062,22	11200,00	19175,00	30375,00	39900,00	1495087,22	1534987,22	1541062,22	24300,00	24300,00
22	31	4139194,50	1588818,00	2550376,50	621577,00	1928799,50	324150,00	1604649,50	1870,00	1602779,50	7775,00	1595004,50	11200,00	19175,00	30375,00	35112,00	1582117,50	1617229,50	1625004,50	22600,00	22600,00
23	30	4334645,46	1655850,00	2678795,46	649830,50	2028964,96	337950,00	1691014,96	1955,00	1689059,96	7775,00	1681284,96	11200,00	19175,00	30375,00	39900,00	1661909,96	1701809,96	1711284,96	20900,00	20900,00
24	31	4543680,48	1733655,00	2810025,48	678084,00	2131941,48	356400,00	1775541,48	2040,00	1773501,48	15550,00	1757951,48	8400,00	14200,00	22600,00	33915,00	1750636,48	1784551,48	1787951,48	19200,00	19200,00
25	31	4807988,25	1832607,00	2975381,25	706337,50	2269043,75	370200,00	1898843,75	2125,00	1896718,75	15550,00	1881168,75	8400,00	14200,00	22600,00	42693,00	1863375,75	1906068,75	1911168,75	17500,00	17500,00
26	28	5034991,01	1920786,00	3114205,01	734591,00	2379614,01	384000,00	1995614,01	2210,00	1993404,01	15550,00	1977854,01	8400,00	14200,00	22600,00	26334,00	1974720,01	2001054,01	2007854,01	15800,00	15800,00
27	31	5284681,06	2022132,00	3262549,06	762844,50	2499704,56	399450,00	2100254,56	2295,00	2097959,56	15550,00	2082409,56	8400,00	14200,00	22600,00	32718,00	2071191,56	2103909,56	2112409,56	14100,00	14100,00
28	30	5547745,74	2122281,00	3425464,74	791098,00	2634366,74	413250,00	2221116,74	2380,00	2218736,74	15550,00	2203186,74	8400,00	14200,00	22600,00	40299,00	2182687,74	2222986,74	2233186,74	12400,00	12400,00
29	31	5790773,57	2212854,00	3577919,57	819351,50	2758568,07	427050,00	2331518,07	2465,00	2329053,07	15550,00	2313503,07	8400,00	14200,00	22600,00	21546,00	2310057,07	2331603,07	2343503,07	10700,00	10700,00
30	30	6038500,59	2311806,00	3726694,59	847605,00	2879089,59	445500,00	2433589,59	2550,00	2431039,59	15550,00	2415489,59	8400,00	14200,00	22600,00	30324,00	2401565,59	2431889,59	2445489,59	9000,00	9000,00
31	31	6272546,40	2399985,00	3872561,40	875858,50	2996702,90	459300,00	2537402,90	2635,00	2534767,90	15550,00	2519217,90	8400,00	14200,00	22600,00	13965,00	2519952,90	2533917,90	2549217,90	7300,00	7300,00
32	31	6531590,33	2498139,00	4033451,33	904112,00	3129339,33	473100,00	2656239,33	2720,00	2653519,33	15550,00	2637969,33	8400,00	14200,00	22600,00	23541,00	2627428,33	2650969,33	2667969,33	5600,00	5600,00
33	30	6794659,53	2599884,00	4194775,53	932365,50	3262410,03	488550,00	2773860,03	2805,00	2771055,03	15550,00	2755505,03	8400,00	14200,00	22600,00	29526,00	2737279,03	2766805,03	2785505,03	3900,00	3900,00
34	31	7053723,27	2709210,00	4344513,27	960619,00	3383894,27	502350,00	2881544,27	2890,00	2878654,27	15550,00	2863104,27	8400,00	14200,00	22600,00	27930,00	2844774,27	2872704,27	2893104,27	2200,00	2200,00
35	30	7277379,08	2793798,00	4483581,08	988872,50	3494708,58	516150,00	2978558,58	2975,00	2975583,58	15550,00	2960033,58	8400,00	14200,00	22600,00	15162,00	2952771,58	2967933,58	2990033,58	500,00	500,00
36	31	7554787,77	2897139,00	4657648,77	1017126,00	3640522,77	534600,00	3105922,77	3060,00	3102862,77	23325,00	3079537,77	5600,00	9225,00	14825,00	19551,00	3073961,77	3093512,77	3109537,77	-1200,00	-1200,00

Tab. A-12.6: Good Case Simulationslauf Nr. 6 (kumulierte Werte)

M	T	U_{Ges}	K_W	RG I	K_P	RG II	K_{WLK}	RG III	Z	RG IV	K_A	intGew	ImAV	SAV	AV	VorH	LiqMit	UV	EK	Vbl	FK
1	31	172538,50	75012,00	97526,50	28253,50	69273,00	13800,00	55473,00	85,00	55388,00	0,00	55388,00	14000,00	24150,00	38150,00	40698,00	64840,00	105538,00	85388,00	58300,00	58300,00
2	28	325684,04	132867,00	192817,04	56507,00	136310,04	27600,00	108710,04	170,00	108540,04	0,00	108540,04	14000,00	24150,00	38150,00	18753,00	138237,04	156990,04	138540,04	56600,00	56600,00
3	31	512077,18	205086,00	306991,18	84760,50	222230,68	43050,00	179180,68	255,00	178925,68	0,00	178925,68	14000,00	24150,00	38150,00	18354,00	207321,68	225675,68	208925,68	54900,00	54900,00
4	30	707552,45	279699,00	427853,45	113014,00	314839,45	56850,00	257989,45	340,00	257649,45	0,00	257649,45	14000,00	24150,00	38150,00	15561,00	287138,45	302699,45	287649,45	53200,00	53200,00
5	31	898266,40	355110,00	543156,40	141267,50	401888,90	70650,00	331238,90	425,00	330813,90	0,00	330813,90	14000,00	24150,00	38150,00	11970,00	362193,90	374163,90	360813,90	51500,00	51500,00
6	30	1075591,21	428127,00	647464,21	169521,00	477943,21	89100,00	388843,21	510,00	388333,21	0,00	388333,21	14000,00	24150,00	38150,00	10773,00	419210,21	429983,21	418333,21	49800,00	49800,00
7	31	1255992,77	502341,00	753651,77	197774,50	555877,27	102900,00	452977,27	595,00	452382,27	0,00	452382,27	14000,00	24150,00	38150,00	8379,00	483953,27	492332,27	482382,27	48100,00	48100,00
8	31	1440112,28	571767,00	868345,28	226028,00	642317,28	116700,00	525617,28	680,00	524937,28	0,00	524937,28	14000,00	24150,00	38150,00	10773,00	552414,28	563187,28	554937,28	46400,00	46400,00
9	30	1616061,79	639597,00	976464,79	254281,50	722183,29	132150,00	590033,29	765,00	589268,29	0,00	589268,29	14000,00	24150,00	38150,00	14763,00	611055,29	625818,29	619268,29	44700,00	44700,00
10	31	1832217,91	720594,00	1111623,91	282535,00	829088,91	145950,00	683138,91	850,00	682288,91	0,00	682288,91	14000,00	24150,00	38150,00	41496,00	675642,91	717138,91	712288,91	43000,00	43000,00
11	30	2035886,22	799197,00	1236689,22	310788,50	925900,72	159750,00	766150,72	935,00	765215,72	0,00	765215,72	14000,00	24150,00	38150,00	34713,00	763652,72	798365,72	795215,72	41300,00	41300,00
12	31	2228308,52	877401,00	1350907,52	339042,00	1011865,52	178200,00	833665,52	1020,00	832645,52	7775,00	824870,52	11200,00	19175,00	30375,00	28329,00	835766,52	864095,52	854870,52	39600,00	39600,00
13	31	2447498,45	956403,00	1491095,45	367295,50	1123799,95	192000,00	931799,95	1105,00	930694,95	7775,00	922919,95	11200,00	19175,00	30375,00	21147,00	939297,95	960444,95	952919,95	37900,00	37900,00
14	28	2646167,54	1025031,00	1621136,54	395549,00	1225587,54	205800,00	1019787,54	1190,00	1018597,54	7775,00	1010822,54	11200,00	19175,00	30375,00	24339,00	1022308,54	1046647,54	1040822,54	36200,00	36200,00
15	31	2831697,91	1091664,00	1740033,91	423802,50	1316231,41	221250,00	1094981,41	1275,00	1093706,41	7775,00	1085931,41	11200,00	19175,00	30375,00	29526,00	1090530,41	1120056,41	1115931,41	34500,00	34500,00
16	30	2985640,83	1158297,00	1827343,83	452056,00	1375287,83	235050,00	1140237,83	1360,00	1138877,83	7775,00	1131102,83	11200,00	19175,00	30375,00	34713,00	1128814,83	1163527,83	1161102,83	32800,00	32800,00
17	31	3151948,67	1221339,00	1930609,67	480309,50	1450300,17	248850,00	1201450,17	1445,00	1200005,17	7775,00	1192230,17	11200,00	19175,00	30375,00	79401,00	1143554,17	1222955,17	1222230,17	31100,00	31100,00
18	30	3325224,41	1293558,00	2031666,41	508563,00	1523103,41	267300,00	1255803,41	1530,00	1254273,41	7775,00	1246498,41	11200,00	19175,00	30375,00	43092,00	1232431,41	1275523,41	1276498,41	29400,00	29400,00
19	31	3537693,15	1374555,00	2163138,15	536816,50	1626321,65	281100,00	1345221,65	1615,00	1343606,65	7775,00	1335831,65	11200,00	19175,00	30375,00	33915,00	1329241,65	1363156,65	1365831,65	27700,00	27700,00
20	31	3708915,07	1441587,00	2267328,07	565070,00	1702258,07	294900,00	1407358,07	1700,00	1405658,07	7775,00	1397883,07	11200,00	19175,00	30375,00	38703,00	1384805,07	1423508,07	1427883,07	26000,00	26000,00
21	30	3935574,75	1518594,00	2416980,75	593323,50	1823657,25	310350,00	1513307,25	1785,00	1511522,25	7775,00	1503747,25	11200,00	19175,00	30375,00	33516,00	1494156,25	1527672,25	1533747,25	24300,00	24300,00
22	31	4128286,27	1590015,00	2538271,27	621577,00	1916694,27	324150,00	1592544,27	1870,00	1590674,27	7775,00	1582899,27	11200,00	19175,00	30375,00	33915,00	1571209,27	1605124,27	1612899,27	22600,00	22600,00
23	30	4309400,00	1662234,00	2647166,00	649830,50	1997335,50	337950,00	1659385,50	1955,00	1657430,50	7775,00	1649655,50	11200,00	19175,00	30375,00	33516,00	1636664,50	1670180,50	1679655,50	20900,00	20900,00
24	31	4516910,86	1738842,00	2778068,86	678084,00	2099984,86	356400,00	1743584,86	2040,00	1741544,86	15550,00	1725994,86	8400,00	14200,00	22600,00	28728,00	1723866,86	1752594,86	1755994,86	19200,00	19200,00
25	31	4745224,49	1828617,00	2916607,49	706337,50	2210269,99	370200,00	1840069,99	2125,00	1837944,99	15550,00	1822394,99	8400,00	14200,00	22600,00	10773,00	1836521,99	1847294,99	1852394,99	17500,00	17500,00
26	28	4941926,88	1911210,00	3030716,88	734591,00	2296125,88	384000,00	1912125,88	2210,00	1909915,88	15550,00	1894365,88	8400,00	14200,00	22600,00	35910,00	1881655,88	1917565,88	1924365,88	15800,00	15800,00
27	31	5204068,82	2016147,00	3187921,82	762844,50	2425077,32	399450,00	2025627,32	2295,00	2023332,32	15550,00	2007782,32	8400,00	14200,00	22600,00	38703,00	1990579,32	2029282,32	2037782,32	14100,00	14100,00
28	30	5443187,99	2105922,00	3337265,99	791098,00	2546167,99	413250,00	2132917,99	2380,00	2130537,99	15550,00	2114987,99	8400,00	14200,00	22600,00	20748,00	2114039,99	2134787,99	2144987,99	12400,00	12400,00
29	31	5679639,83	2198889,00	3480750,83	819351,50	2661399,33	427050,00	2234349,33	2465,00	2231884,33	15550,00	2216334,33	8400,00	14200,00	22600,00	35511,00	2198923,33	2234434,33	2246334,33	10700,00	10700,00
30	30	5941484,12	2290659,00	3650825,12	847605,00	2803220,12	445500,00	2357720,12	2550,00	2355170,12	15550,00	2339620,12	8400,00	14200,00	22600,00	15561,00	2340459,12	2356020,12	2369620,12	9000,00	9000,00
31	31	6181094,22	2380035,00	3801059,22	875858,50	2925200,72	459300,00	2465900,72	2635,00	2463265,72	15550,00	2447715,72	8400,00	14200,00	22600,00	33915,00	2428500,72	2462415,72	2477715,72	7300,00	7300,00
32	31	6410394,74	2463825,00	3946569,74	904112,00	3042457,74	473100,00	2569357,74	2720,00	2566637,74	15550,00	2551087,74	8400,00	14200,00	22600,00	21945,00	2542142,74	2564087,74	2581087,74	5600,00	5600,00
33	30	6679793,45	2561181,00	4118612,45	932365,50	3186246,95	488550,00	2697696,95	2805,00	2694891,95	15550,00	2679341,95	8400,00	14200,00	22600,00	32319,00	2658322,95	2690641,95	2709341,95	3900,00	3900,00
34	31	6948457,36	2657739,00	4290718,36	960619,00	3330099,36	502350,00	2827749,36	2890,00	2824859,36	15550,00	2809309,36	8400,00	14200,00	22600,00	43491,00	2775418,36	2818909,36	2839309,36	2200,00	2200,00
35	30	7154686,67	2744322,00	4410364,67	988872,50	3421492,17	516150,00	2905342,17	2975,00	2902367,17	15550,00	2886817,17	8400,00	14200,00	22600,00	28728,00	2865989,17	2894717,17	2916817,17	500,00	500,00
36	31	7414741,79	2850057,00	4564684,79	1017126,00	3547558,79	534600,00	3012958,79	3060,00	3009898,79	23325,00	2986573,79	5600,00	9225,00	14825,00	30723,00	2969825,79	3000548,79	3016573,79	-1200,00	-1200,00

Tab. A-12.7: Good Case Simulationslauf Nr. 7 (kumulierte Werte)

M	T	U_{Ges}	K_W	RG I	K_P	RG II	K_{WLK}	RG III	Z	RG IV	K_A	intGew	ImAV	SAV	AV	VorH	LiqMit	UV	EK	Vbl	FK
1	31	182113,67	75810,00	106303,67	28253,50	78050,17	13800,00	64250,17	85,00	64165,17	0,00	64165,17	14000,00	24150,00	38150,00	39900,00	74415,17	114315,17	94165,17	58300,00	58300,00
2	28	340056,72	141246,00	198810,72	56507,00	142303,72	27600,00	114703,72	170,00	114533,72	0,00	114533,72	14000,00	24150,00	38150,00	10374,00	152609,72	162983,72	144533,72	56600,00	56600,00
3	31	498174,80	214263,00	283911,80	84760,50	199151,30	43050,00	156101,30	255,00	155846,30	0,00	155846,30	14000,00	24150,00	38150,00	9177,00	193419,30	202596,30	185846,30	54900,00	54900,00
4	30	690165,30	294462,00	395703,30	113014,00	282689,30	56850,00	225839,30	340,00	225499,30	0,00	225499,30	14000,00	24150,00	38150,00	36708,00	233841,30	270549,30	255499,30	53200,00	53200,00
5	31	882475,56	372666,00	509809,56	141267,50	368542,06	70650,00	297892,06	425,00	297467,06	0,00	297467,06	14000,00	24150,00	38150,00	30324,00	310493,06	340817,06	327467,06	51500,00	51500,00
6	30	1053716,21	438102,00	615614,21	169521,00	446093,21	89100,00	356993,21	510,00	356483,21	0,00	356483,21	14000,00	24150,00	38150,00	36708,00	361425,21	398133,21	386483,21	49800,00	49800,00
7	31	1229819,46	509523,00	720296,46	197774,50	522521,96	102900,00	419621,96	595,00	419026,96	0,00	419026,96	14000,00	24150,00	38150,00	37107,00	421869,96	458976,96	449026,96	48100,00	48100,00
8	31	1429280,84	583737,00	845543,84	226028,00	619515,84	116700,00	502815,84	680,00	502135,84	0,00	502135,84	14000,00	24150,00	38150,00	34713,00	505672,84	540385,84	532135,84	46400,00	46400,00
9	30	1600075,95	654360,00	945715,95	254281,50	691434,45	132150,00	559284,45	765,00	558519,45	0,00	558519,45	14000,00	24150,00	38150,00	35910,00	559159,45	595069,45	588519,45	44700,00	44700,00
10	31	1815187,61	738150,00	1077037,61	282535,00	794502,61	145950,00	648552,61	850,00	647702,61	0,00	647702,61	14000,00	24150,00	38150,00	23940,00	658612,61	682552,61	677702,61	43000,00	43000,00
11	30	2008503,09	807975,00	1200528,09	310788,50	889739,59	159750,00	729989,59	935,00	729054,59	0,00	729054,59	14000,00	24150,00	38150,00	25935,00	736269,59	762204,59	759054,59	41300,00	41300,00
12	31	2196037,79	877401,00	1318636,79	339042,00	979594,79	178200,00	801394,79	1020,00	800374,79	7775,00	792599,79	11200,00	19175,00	30375,00	28329,00	803495,79	831824,79	822599,79	39600,00	39600,00
13	31	2369034,80	940842,00	1428192,80	367295,50	1060897,30	192000,00	868897,30	1105,00	867792,30	7775,00	860017,30	11200,00	19175,00	30375,00	36708,00	860834,30	897542,30	890017,30	37900,00	37900,00
14	28	2529349,00	1004283,00	1525066,00	395549,00	1129517,00	205800,00	923717,00	1190,00	922527,00	7775,00	914752,00	11200,00	19175,00	30375,00	9177,00	941400,00	950577,00	944752,00	36200,00	36200,00
15	31	2690224,02	1067325,00	1622899,02	423802,50	1199096,52	221250,00	977846,52	1275,00	976571,52	7775,00	968796,52	11200,00	19175,00	30375,00	17955,00	984966,52	1002921,52	998796,52	34500,00	34500,00
16	30	2899332,87	1145130,00	1754202,87	452056,00	1302146,87	235050,00	1067096,87	1360,00	1065736,87	7775,00	1057961,87	11200,00	19175,00	30375,00	11970,00	1078416,87	1090386,87	1087961,87	32800,00	32800,00
17	31	3110880,82	1227723,00	1883157,82	480309,50	1402848,32	248850,00	1153998,32	1445,00	1152553,32	7775,00	1144778,32	11200,00	19175,00	30375,00	37107,00	1138396,32	1175503,32	1174778,32	31100,00	31100,00
18	30	3284359,40	1287972,00	1996387,40	508563,00	1487824,40	267300,00	1220524,40	1530,00	1218994,40	7775,00	1211219,40	11200,00	19175,00	30375,00	12768,00	1227476,40	1240244,40	1241219,40	29400,00	29400,00
19	31	3477357,61	1362984,00	2114373,61	536816,50	1577557,11	281100,00	1296457,11	1615,00	1294842,11	7775,00	1287067,11	11200,00	19175,00	30375,00	9576,00	1304816,11	1314392,11	1317067,11	27700,00	27700,00
20	31	3691097,79	1436799,00	2254298,79	565070,00	1689228,79	294900,00	1394328,79	1700,00	1392628,79	7775,00	1384853,79	11200,00	19175,00	30375,00	43491,00	1366987,79	1410478,79	1414853,79	26000,00	26000,00
21	30	3895236,24	1518594,00	2376642,24	593323,50	1783318,74	310350,00	1472968,74	1785,00	1471183,74	7775,00	1463408,74	11200,00	19175,00	30375,00	33516,00	1453817,74	1487333,74	1493408,74	24300,00	24300,00
22	31	4096777,60	1596798,00	2499979,60	621577,00	1878402,60	324150,00	1554252,60	1870,00	1552382,60	7775,00	1544607,60	11200,00	19175,00	30375,00	27132,00	1539700,60	1566832,60	1574607,60	22600,00	22600,00
23	30	4297729,67	1664628,00	2633101,67	649830,50	1983271,17	337950,00	1645321,17	1955,00	1643366,17	7775,00	1635591,17	11200,00	19175,00	30375,00	31122,00	1624994,17	1656116,17	1665591,17	20900,00	20900,00
24	31	4527689,18	1749216,00	2778473,18	678084,00	2100389,18	356400,00	1743989,18	2040,00	1741949,18	15550,00	1726399,18	8400,00	14200,00	22600,00	18354,00	1734645,18	1752999,18	1756399,18	19200,00	19200,00
25	31	4757330,02	1840188,00	2917142,02	706337,50	2210804,52	370200,00	1840604,52	2125,00	1838479,52	15550,00	1822929,52	8400,00	14200,00	22600,00	35112,00	1812717,52	1847829,52	1852929,52	17500,00	17500,00
26	28	4988521,89	1929963,00	3058558,89	734591,00	2323967,89	384000,00	1939967,89	2210,00	1937757,89	15550,00	1922207,89	8400,00	14200,00	22600,00	17157,00	1928250,89	1945407,89	1952207,89	15800,00	15800,00
27	31	5270178,04	2040486,00	3229692,04	762844,50	2466847,54	399450,00	2067397,54	2295,00	2065102,54	15550,00	2049552,54	8400,00	14200,00	22600,00	14364,00	2056688,54	2071052,54	2079552,54	14100,00	14100,00
28	30	5497216,21	2130660,00	3366556,21	791098,00	2575458,21	413250,00	2162208,21	2380,00	2159828,21	15550,00	2144278,21	8400,00	14200,00	22600,00	31920,00	2132158,21	2164078,21	2174278,21	12400,00	12400,00
29	31	5754617,89	2229612,00	3525005,89	819351,50	2705654,39	427050,00	2278604,39	2465,00	2276139,39	15550,00	2260589,39	8400,00	14200,00	22600,00	40698,00	2237991,39	2278689,39	2290589,39	10700,00	10700,00
30	30	6020667,28	2322180,00	3698487,28	847605,00	2850882,28	445500,00	2405382,28	2550,00	2402832,28	15550,00	2387282,28	8400,00	14200,00	22600,00	19950,00	2383732,28	2403682,28	2417282,28	9000,00	9000,00
31	31	6268108,78	2422329,00	3845779,78	875858,50	2969921,28	459300,00	2510621,28	2635,00	2507986,28	15550,00	2492436,28	8400,00	14200,00	22600,00	27531,00	2479605,28	2507136,28	2522436,28	7300,00	7300,00
32	31	6511930,18	2516892,00	3995038,18	904112,00	3090926,18	473100,00	2617826,18	2720,00	2615106,18	15550,00	2599556,18	8400,00	14200,00	22600,00	40698,00	2571858,18	2612556,18	2629556,18	5600,00	5600,00
33	30	6774025,90	2622228,00	4151797,90	932365,50	3219432,40	488550,00	2730882,40	2805,00	2728077,40	15550,00	2712527,40	8400,00	14200,00	22600,00	43092,00	2680735,40	2723827,40	2742527,40	3900,00	3900,00
34	31	7043687,43	2729559,00	4314128,43	960619,00	3353509,43	502350,00	2851159,43	2890,00	2848269,43	15550,00	2832719,43	8400,00	14200,00	22600,00	43491,00	2798828,43	2842319,43	2862719,43	2200,00	2200,00
35	30	7256772,40	2802177,00	4454595,40	988872,50	3465722,90	516150,00	2949572,90	2975,00	2946597,90	15550,00	2931047,90	8400,00	14200,00	22600,00	42693,00	2896254,90	2938947,90	2961047,90	500,00	500,00
36	31	7546771,82	2909907,00	4636864,82	1017126,00	3619738,82	534600,00	3085138,82	3060,00	3082078,82	23325,00	3058753,82	5600,00	9225,00	14825,00	42693,00	3030035,82	3072728,82	3088753,82	-1200,00	-1200,00

Tab. A-12.8: Good Case Simulationslauf Nr. 8 (kumulierte Werte)

M	T	U_{Ges}	K_W	$RG\ I$	K_P	$RG\ II$	K_{WLK}	$RG\ III$	Z	$RG\ IV$	K_A	$intGew$	$ImAV$	SAV	AV	$VorH$	$LiqMit$	UV	EK	Vbl	FK
1	31	176361,40	72618,00	103743,40	28253,50	75489,90	13800,00	61689,90	85,00	61604,90	0,00	61604,90	14000,00	24150,00	38150,00	43092,00	68662,90	111754,90	91604,90	58300,00	58300,00
2	28	318784,74	131271,00	187513,74	56507,00	131006,74	27600,00	103406,74	170,00	103236,74	0,00	103236,74	14000,00	24150,00	38150,00	20349,00	131337,74	151686,74	133236,74	56600,00	56600,00
3	31	490133,19	201894,00	288239,19	84760,50	203478,69	43050,00	160428,69	255,00	160173,69	0,00	160173,69	14000,00	24150,00	38150,00	21546,00	185377,69	206923,69	190173,69	54900,00	54900,00
4	30	703190,92	290472,00	412718,92	113014,00	299704,92	56850,00	242854,92	340,00	242514,92	0,00	242514,92	14000,00	24150,00	38150,00	40698,00	246866,92	287564,92	272514,92	53200,00	53200,00
5	31	907695,28	369474,00	538221,28	141267,50	396953,78	70650,00	326303,78	425,00	325878,78	0,00	325878,78	14000,00	24150,00	38150,00	33516,00	335712,78	369228,78	355878,78	51500,00	51500,00
6	30	1082405,06	442890,00	639515,06	169521,00	469994,06	89100,00	380894,06	510,00	380384,06	0,00	380384,06	14000,00	24150,00	38150,00	31920,00	390114,06	422034,06	410384,06	49800,00	49800,00
7	31	1308245,67	525483,00	782762,67	197774,50	584988,17	102900,00	482088,17	595,00	481493,17	0,00	481493,17	14000,00	24150,00	38150,00	21147,00	500296,17	521443,17	511493,17	48100,00	48100,00
8	31	1480576,29	598500,00	882076,29	226028,00	656048,29	116700,00	539348,29	680,00	538668,29	0,00	538668,29	14000,00	24150,00	38150,00	19950,00	556968,29	576918,29	568668,29	46400,00	46400,00
9	30	1642795,06	664335,00	978460,06	254281,50	724178,56	132150,00	592028,56	765,00	591263,56	0,00	591263,56	14000,00	24150,00	38150,00	25935,00	601878,56	627813,56	621263,56	44700,00	44700,00
10	31	1820772,96	740943,00	1079829,96	282535,00	797294,96	145950,00	651344,96	850,00	650494,96	0,00	650494,96	14000,00	24150,00	38150,00	21147,00	664197,96	685344,96	680494,96	43000,00	43000,00
11	30	2003072,18	808374,00	1194698,18	310788,50	883909,68	159750,00	724159,68	935,00	723224,68	0,00	723224,68	14000,00	24150,00	38150,00	25536,00	730838,68	756374,68	753224,68	41300,00	41300,00
12	31	2201994,42	884184,00	1317810,42	339042,00	978768,42	178200,00	800568,42	1020,00	799548,42	7775,00	791773,42	11200,00	19175,00	30375,00	21546,00	809452,42	830998,42	821773,42	39600,00	39600,00
13	31	2393677,63	959595,00	1434082,63	367295,50	1066787,13	192000,00	874787,13	1105,00	873682,13	7775,00	865907,13	11200,00	19175,00	30375,00	17955,00	885477,13	903432,13	895907,13	37900,00	37900,00
14	28	2580950,17	1035405,00	1545545,17	395549,00	1149996,17	205800,00	944196,17	1190,00	943006,17	7775,00	935231,17	11200,00	19175,00	30375,00	13965,00	957091,17	971056,17	965231,17	36200,00	36200,00
15	31	2744052,17	1094457,00	1649595,17	423802,50	1225792,67	221250,00	1004542,67	1275,00	1003267,67	7775,00	995492,67	11200,00	19175,00	30375,00	26733,00	1002884,67	1029617,67	1025492,67	34500,00	34500,00
16	30	2940722,00	1170267,00	1770455,00	452056,00	1318399,00	235050,00	1083349,00	1360,00	1081989,00	7775,00	1074214,00	11200,00	19175,00	30375,00	22743,00	1083896,00	1106639,00	1104214,00	32800,00	32800,00
17	31	3125723,84	1244481,00	1881242,84	480309,50	1400933,34	248850,00	1152083,34	1445,00	1150638,34	7775,00	1142863,34	11200,00	19175,00	30375,00	20349,00	1153239,34	1173588,34	1172863,34	31100,00	31100,00
18	30	3294851,42	1315503,00	1979348,42	508563,00	1470785,42	267300,00	1203485,42	1530,00	1201955,42	7775,00	1194180,42	11200,00	19175,00	30375,00	21147,00	1202058,42	1223205,42	1224180,42	29400,00	29400,00
19	31	3532342,89	1402884,00	2129458,89	536816,50	1592642,39	281100,00	1311542,39	1615,00	1309927,39	7775,00	1302152,39	11200,00	19175,00	30375,00	41496,00	1287981,39	1329477,39	1332152,39	27700,00	27700,00
20	31	3718572,06	1471911,00	2246661,06	565070,00	1681591,06	294900,00	1386691,06	1700,00	1384991,06	7775,00	1377216,06	11200,00	19175,00	30375,00	8379,00	1394462,06	1402841,06	1407216,06	26000,00	26000,00
21	30	3899653,46	1538544,00	2361109,46	593323,50	1767785,96	310350,00	1457435,96	1785,00	1455650,96	7775,00	1447875,96	11200,00	19175,00	30375,00	13566,00	1458234,96	1471800,96	1477875,96	24300,00	24300,00
22	31	4096905,87	1613955,00	2482950,87	621577,00	1861373,87	324150,00	1537223,87	1870,00	1535353,87	7775,00	1527578,87	11200,00	19175,00	30375,00	9975,00	1539828,87	1549803,87	1557578,87	22600,00	22600,00
23	30	4284066,36	1679391,00	2604675,36	649830,50	1954844,86	337950,00	1616894,86	1955,00	1614939,86	7775,00	1607164,86	11200,00	19175,00	30375,00	16359,00	1611330,86	1627689,86	1637164,86	20900,00	20900,00
24	31	4494485,92	1757595,00	2736890,92	678084,00	2058806,92	356400,00	1702406,92	2040,00	1700366,92	15550,00	1684816,92	8400,00	14200,00	22600,00	9975,00	1701441,92	1711416,92	1714816,92	19200,00	19200,00
25	31	4757763,27	1860138,00	2897625,27	706337,50	2191287,77	370200,00	1821087,77	2125,00	1818962,77	15550,00	1803412,77	8400,00	14200,00	22600,00	15162,00	1813150,77	1828312,77	1833412,77	17500,00	17500,00
26	28	4997014,34	1949913,00	3047101,34	734591,00	2312510,34	384000,00	1928510,34	2210,00	1926300,34	15550,00	1910750,34	8400,00	14200,00	22600,00	33117,00	1900833,34	1933950,34	1940750,34	15800,00	15800,00
27	31	5242171,69	2046870,00	3195301,69	762844,50	2432457,19	399450,00	2033007,19	2295,00	2030712,19	15550,00	2015162,19	8400,00	14200,00	22600,00	43890,00	1992772,19	2036662,19	2045162,19	14100,00	14100,00
28	30	5484679,26	2143428,00	3341251,26	791098,00	2550153,26	413250,00	2136903,26	2380,00	2134523,26	15550,00	2118973,26	8400,00	14200,00	22600,00	19152,00	2119621,26	2138773,26	2148973,26	12400,00	12400,00
29	31	5706687,79	2239986,00	3466701,79	819351,50	2647350,29	427050,00	2220300,29	2465,00	2217835,29	15550,00	2202285,29	8400,00	14200,00	22600,00	30324,00	2190061,29	2220385,29	2232285,29	10700,00	10700,00
30	30	5973778,48	2343726,00	3630052,48	847605,00	2782447,48	445500,00	2336947,48	2550,00	2334397,48	15550,00	2318847,48	8400,00	14200,00	22600,00	34314,00	2300933,48	2335247,48	2348847,48	9000,00	9000,00
31	31	6188700,08	2428713,00	3759987,08	875858,50	2884128,58	459300,00	2424828,58	2635,00	2422193,58	15550,00	2406643,58	8400,00	14200,00	22600,00	21147,00	2400196,58	2421343,58	2436643,58	7300,00	7300,00
32	31	6452787,65	2522877,00	3929910,65	904112,00	3025798,65	473100,00	2552698,65	2720,00	2549978,65	15550,00	2534428,65	8400,00	14200,00	22600,00	34713,00	2512715,65	2547428,65	2564428,65	5600,00	5600,00
33	30	6740209,52	2638986,00	4101223,52	932365,50	3168858,02	488550,00	2680308,02	2805,00	2677503,02	15550,00	2661953,02	8400,00	14200,00	22600,00	26334,00	2646919,02	2673253,02	2691953,02	3900,00	3900,00
34	31	6994322,09	2738736,00	4255586,09	960619,00	3294967,09	502350,00	2792617,09	2890,00	2789727,09	15550,00	2774177,09	8400,00	14200,00	22600,00	34314,00	2749463,09	2783777,09	2804177,09	2200,00	2200,00
35	30	7231672,37	2824920,00	4406752,37	988872,50	3417879,87	516150,00	2901729,87	2975,00	2898754,87	15550,00	2883204,87	8400,00	14200,00	22600,00	19950,00	2871154,87	2891104,87	2913204,87	500,00	500,00
36	31	7479010,01	2924271,00	4554739,01	1017126,00	3537613,01	534600,00	3003013,01	3060,00	2999953,01	23325,00	2976628,01	5600,00	9225,00	14825,00	28329,00	2962274,01	2990603,01	3006628,01	-1200,00	-1200,00

Tab. A-12.9: Good Case Simulationslauf Nr. 9 (kumulierte Werte)

M	T	U_{Ges}	K_W	RG I	K_P	RG II	K_{WLK}	RG III	Z	RG IV	K_A	intGew	ImAV	SAV	AV	VorH	LiqMit	UV	EK	Vbl	FK
1	31	169687,52	73416,00	96271,52	28253,50	68018,02	13800,00	54218,02	85,00	54133,02	0,00	54133,02	14000,00	24150,00	38150,00	42294,00	61989,02	104283,02	84133,02	58300,00	58300,00
2	28	352647,45	146034,00	206613,45	56507,00	150106,45	27600,00	122506,45	170,00	122336,45	0,00	122336,45	14000,00	24150,00	38150,00	41496,00	129290,45	170786,45	152336,45	56600,00	56600,00
3	31	557716,65	229425,00	328291,65	84760,50	243531,15	43050,00	200481,15	255,00	200226,15	0,00	200226,15	14000,00	24150,00	38150,00	29925,00	217051,15	246976,15	230226,15	54900,00	54900,00
4	30	743975,94	306033,00	437942,94	113014,00	324928,94	56850,00	268078,94	340,00	267738,94	0,00	267738,94	14000,00	24150,00	38150,00	25137,00	287651,94	312788,94	297738,94	53200,00	53200,00
5	31	922295,33	379449,00	542846,33	141267,50	401578,83	70650,00	330928,83	425,00	330503,83	0,00	330503,83	14000,00	24150,00	38150,00	23541,00	350312,83	373853,83	360503,83	51500,00	51500,00
6	30	1131387,34	458451,00	672936,34	169521,00	503415,34	89100,00	414315,34	510,00	413805,34	0,00	413805,34	14000,00	24150,00	38150,00	16359,00	439096,34	455455,34	443805,34	49800,00	49800,00
7	31	1325029,02	529872,00	795157,02	197774,50	597382,52	102900,00	494482,52	595,00	493887,52	0,00	493887,52	14000,00	24150,00	38150,00	16758,00	517079,52	533837,52	523887,52	48100,00	48100,00
8	31	1531550,38	606879,00	924671,38	226028,00	698643,38	116700,00	581943,38	680,00	581263,38	0,00	581263,38	14000,00	24150,00	38150,00	11571,00	607942,38	619513,38	611263,38	46400,00	46400,00
9	30	1707386,40	673911,00	1033475,40	254281,50	779193,90	132150,00	647043,90	765,00	646278,90	0,00	646278,90	14000,00	24150,00	38150,00	16359,00	666469,90	682828,90	676278,90	44700,00	44700,00
10	31	1916687,29	753711,00	1162976,29	282535,00	880441,29	145950,00	734491,29	850,00	733641,29	0,00	733641,29	14000,00	24150,00	38150,00	8379,00	760112,29	768491,29	763641,29	43000,00	43000,00
11	30	2089918,73	825132,00	1264786,73	310788,50	953998,23	159750,00	794248,23	935,00	793313,23	0,00	793313,23	14000,00	24150,00	38150,00	8778,00	817685,23	826463,23	823313,23	41300,00	41300,00
12	31	2280040,77	893760,00	1386280,77	339042,00	1047238,77	178200,00	869038,77	1020,00	868018,77	7775,00	860243,77	11200,00	19175,00	30375,00	11970,00	887498,77	899468,77	890243,77	39600,00	39600,00
13	31	2465455,74	959994,00	1505461,74	367295,50	1138166,24	192000,00	946166,24	1105,00	945061,24	7775,00	937286,24	11200,00	19175,00	30375,00	17556,00	957255,24	974811,24	967286,24	37900,00	37900,00
14	28	2638297,49	1027026,00	1611271,49	395549,00	1215722,49	205800,00	1009922,49	1190,00	1008732,49	7775,00	1000957,49	11200,00	19175,00	30375,00	22344,00	1014438,49	1036782,49	1030957,49	36200,00	36200,00
15	31	2827349,25	1101639,00	1725710,25	423802,50	1301907,75	221250,00	1080657,75	1275,00	1079382,75	7775,00	1071607,75	11200,00	19175,00	30375,00	19551,00	1086181,75	1105732,75	1101607,75	34500,00	34500,00
16	30	3015677,13	1175055,00	1840622,13	452056,00	1388566,13	235050,00	1153516,13	1360,00	1152156,13	7775,00	1144381,13	11200,00	19175,00	30375,00	17955,00	1158851,13	1176806,13	1174381,13	32800,00	32800,00
17	31	3202858,76	1243683,00	1959175,76	480309,50	1478866,26	248850,00	1230016,26	1445,00	1228571,26	7775,00	1220796,26	11200,00	19175,00	30375,00	21147,00	1230374,26	1251521,26	1250796,26	31100,00	31100,00
18	30	3370258,21	1311114,00	2059144,21	508563,00	1550581,21	267300,00	1283281,21	1530,00	1281751,21	7775,00	1273976,21	11200,00	19175,00	30375,00	25536,00	1277465,21	1303001,21	1303976,21	29400,00	29400,00
19	31	3574171,67	1387323,00	2186848,67	536816,50	1650032,17	281100,00	1368932,17	1615,00	1367317,17	7775,00	1359542,17	11200,00	19175,00	30375,00	21147,00	1365720,17	1386867,17	1389542,17	27700,00	27700,00
20	31	3741038,73	1451163,00	2289875,73	565070,00	1724805,73	294900,00	1429905,73	1700,00	1428205,73	7775,00	1420430,73	11200,00	19175,00	30375,00	29127,00	1416928,73	1446055,73	1450430,73	26000,00	26000,00
21	30	3947288,72	1526574,00	2420714,72	593323,50	1827391,22	310350,00	1517041,22	1785,00	1515256,22	7775,00	1507481,22	11200,00	19175,00	30375,00	25536,00	1505870,22	1531406,22	1537481,22	24300,00	24300,00
22	31	4152994,62	1606374,00	2546620,62	621577,00	1925043,62	324150,00	1600893,62	1870,00	1599023,62	7775,00	1591248,62	11200,00	19175,00	30375,00	17556,00	1595917,62	1613473,62	1621248,62	22600,00	22600,00
23	30	4339258,07	1675800,00	2663458,07	649830,50	2013627,57	337950,00	1675677,57	1955,00	1673722,57	7775,00	1665947,57	11200,00	19175,00	30375,00	19950,00	1666522,57	1686472,57	1695947,57	20900,00	20900,00
24	31	4563728,95	1759590,00	2804138,95	678084,00	2126054,95	356400,00	1769654,95	2040,00	1767614,95	15550,00	1752064,95	8400,00	14200,00	22600,00	43890,00	1734774,95	1778664,95	1782064,95	19200,00	19200,00
25	31	4819446,73	1854153,00	2965293,73	706337,50	2258956,23	370200,00	1888756,23	2125,00	1886631,23	15550,00	1871081,23	8400,00	14200,00	22600,00	21147,00	1874834,23	1895981,23	1901081,23	17500,00	17500,00
26	28	5061163,03	1953903,00	3107260,03	734591,00	2372669,03	384000,00	1988669,03	2210,00	1986459,03	15550,00	1970909,03	8400,00	14200,00	22600,00	29127,00	1964982,03	1994109,03	2000909,03	15800,00	15800,00
27	31	5295985,88	2041683,00	3254302,88	762844,50	2491458,38	399450,00	2092008,38	2295,00	2089713,38	15550,00	2074163,38	8400,00	14200,00	22600,00	13167,00	2082496,38	2095663,38	2104163,38	14100,00	14100,00
28	30	5559073,96	2142231,00	3416842,96	791098,00	2625744,96	413250,00	2212494,96	2380,00	2210114,96	15550,00	2194564,96	8400,00	14200,00	22600,00	20349,00	2194015,96	2214364,96	2224564,96	12400,00	12400,00
29	31	5789057,84	2237193,00	3551864,84	819351,50	2732513,34	427050,00	2305463,34	2465,00	2302998,34	15550,00	2287448,34	8400,00	14200,00	22600,00	33117,00	2272431,34	2305548,34	2317448,34	10700,00	10700,00
30	30	6064901,97	2334150,00	3730751,97	847605,00	2883146,97	445500,00	2437646,97	2550,00	2435096,97	15550,00	2419546,97	8400,00	14200,00	22600,00	43890,00	2392056,97	2435946,97	2449546,97	9000,00	9000,00
31	31	6313050,97	2428314,00	3884736,97	875858,50	3008878,47	459300,00	2549578,47	2635,00	2546943,47	15550,00	2531393,47	8400,00	14200,00	22600,00	21546,00	2524547,47	2546093,47	2561393,47	7300,00	7300,00
32	31	6560513,92	2518488,00	4042025,92	904112,00	3137913,92	473100,00	2664813,92	2720,00	2662093,92	15550,00	2646543,92	8400,00	14200,00	22600,00	39102,00	2620441,92	2659543,92	2676543,92	5600,00	5600,00
33	30	6798762,02	2615844,00	4182918,02	932365,50	3250552,52	488550,00	2762002,52	2805,00	2759197,52	15550,00	2743647,52	8400,00	14200,00	22600,00	13566,00	2741381,52	2754947,52	2773647,52	3900,00	3900,00
34	31	7084429,24	2721180,00	4363249,24	960619,00	3402630,24	502350,00	2900280,24	2890,00	2897390,24	15550,00	2881840,24	8400,00	14200,00	22600,00	15960,00	2875480,24	2891440,24	2911840,24	2200,00	2200,00
35	30	7326201,85	2811753,00	4514448,85	988872,50	3525576,35	516150,00	3009426,35	2975,00	3006451,35	15550,00	2990901,35	8400,00	14200,00	22600,00	33117,00	2965684,35	2998801,35	3020901,35	500,00	500,00
36	31	7590065,83	2914695,00	4675370,83	1017126,00	3658244,83	534600,00	3123644,83	3060,00	3120584,83	23325,00	3097259,83	5600,00	9225,00	14825,00	37905,00	3073329,83	3111234,83	3127259,83	-1200,00	-1200,00

Tab. A-12.10: Good Case Simulationslauf Nr. 10 (kumulierte Werte)

M	T	U_{Ges}	K_W	RG I	K_P	RG II	K_{WLK}	RG III	Z	RG IV	K_A	intGew	ImAV	SAV	AV	VorH	LiqMit	UV	EK	Vbl	FK
1	31	101279,21	38304,00	62975,21	28253,50	34721,71	13800,00	20921,71	85,00	20836,71	0,00	20836,71	14000,00	24150,00	38150,00	41496,00	29490,71	70986,71	50836,71	58300,00	58300,00
2	28	207060,27	82593,00	124467,27	56507,00	67960,27	27600,00	40360,27	170,00	40190,27	0,00	40190,27	14000,00	24150,00	38150,00	33117,00	55523,27	88640,27	70190,27	56600,00	56600,00
3	31	281723,09	116907,00	164816,09	84760,50	80055,59	43050,00	37005,59	255,00	36750,59	0,00	36750,59	14000,00	24150,00	38150,00	34713,00	48787,59	83500,59	66750,59	54900,00	54900,00
4	30	386615,26	159600,00	227015,26	113014,00	114001,26	56850,00	57151,26	340,00	56811,26	0,00	56811,26	14000,00	24150,00	38150,00	27930,00	73931,26	101861,26	86811,26	53200,00	53200,00
5	31	474232,64	196308,00	277924,64	141267,50	136657,14	70650,00	66007,14	425,00	65582,14	0,00	65582,14	14000,00	24150,00	38150,00	27132,00	81800,14	108932,14	95582,14	51500,00	51500,00
6	30	557110,97	231420,00	325690,97	169521,00	156169,97	89100,00	67069,97	510,00	66559,97	0,00	66559,97	14000,00	24150,00	38150,00	27930,00	80279,97	108209,97	96559,97	49800,00	49800,00
7	31	667568,48	291270,00	376298,48	197774,50	178523,98	102900,00	75623,98	595,00	75028,98	0,00	75028,98	14000,00	24150,00	38150,00	39900,00	75078,98	114978,98	105028,98	48100,00	48100,00
8	31	763858,02	339150,00	424708,02	226028,00	198680,02	116700,00	81980,02	680,00	81300,02	0,00	81300,02	14000,00	24150,00	38150,00	27930,00	91620,02	119550,02	111300,02	46400,00	46400,00
9	30	875779,55	390621,00	485158,55	254281,50	230877,05	132150,00	98727,05	765,00	97962,05	0,00	97962,05	14000,00	24150,00	38150,00	12369,00	122143,05	134512,05	127962,05	44700,00	44700,00
10	31	987360,53	450471,00	536889,53	282535,00	254354,53	145950,00	108404,53	850,00	107554,53	0,00	107554,53	14000,00	24150,00	38150,00	24339,00	118065,53	142404,53	137554,53	43000,00	43000,00
11	30	1100960,19	502341,00	598619,19	310788,50	287830,69	159750,00	128080,69	935,00	127145,69	0,00	127145,69	14000,00	24150,00	38150,00	8379,00	151916,69	160295,69	157145,69	41300,00	41300,00
12	31	1196471,87	549024,00	647447,87	339042,00	308405,87	178200,00	130205,87	1020,00	129185,87	7775,00	121410,87	11200,00	19175,00	30375,00	33516,00	127119,87	160635,87	151410,87	39600,00	39600,00
13	31	1318079,17	602091,00	715988,17	367295,50	348692,67	192000,00	156692,67	1105,00	155587,67	7775,00	147812,67	11200,00	19175,00	30375,00	16359,00	168978,67	185337,67	177812,67	37900,00	37900,00
14	28	1438496,50	658749,00	779747,50	395549,00	384198,50	205800,00	178398,50	1190,00	177208,50	7775,00	169433,50	11200,00	19175,00	30375,00	31521,00	173737,50	205258,50	199433,50	36200,00	36200,00
15	31	1547048,11	709422,00	837626,11	423802,50	413823,61	221250,00	192573,61	1275,00	191298,61	7775,00	183523,61	11200,00	19175,00	30375,00	16758,00	200890,61	217648,61	213523,61	34500,00	34500,00
16	30	1664716,99	761292,00	903424,99	452056,00	451368,99	235050,00	216318,99	1360,00	214958,99	7775,00	207183,99	11200,00	19175,00	30375,00	36708,00	202900,99	239608,99	237183,99	32800,00	32800,00
17	31	1776388,25	811965,00	964423,25	480309,50	484113,75	248850,00	235263,75	1445,00	233818,75	7775,00	226043,75	11200,00	19175,00	30375,00	21945,00	234823,75	256768,75	256043,75	31100,00	31100,00
18	30	1863461,10	851067,00	1012394,10	508563,00	503831,10	267300,00	236531,10	1530,00	235001,10	7775,00	227226,10	11200,00	19175,00	30375,00	18753,00	237498,10	256251,10	257226,10	29400,00	29400,00
19	31	1995021,71	909720,00	1085301,71	536816,50	548485,21	281100,00	267385,21	1615,00	265770,21	7775,00	257995,21	11200,00	19175,00	30375,00	31920,00	253400,21	285320,21	287995,21	27700,00	27700,00
20	31	2115573,08	959196,00	1156377,08	565070,00	591307,08	294900,00	296407,08	1700,00	294707,08	7775,00	286932,08	11200,00	19175,00	30375,00	18354,00	294203,08	312557,08	316932,08	26000,00	26000,00
21	30	2214744,79	1003884,00	1210860,79	593323,50	617537,29	310350,00	307187,29	1785,00	305402,29	7775,00	297627,29	11200,00	19175,00	30375,00	9576,00	311976,29	321552,29	327627,29	24300,00	24300,00
22	31	2337830,81	1052562,00	1285268,81	621577,00	663691,81	324150,00	339541,81	1870,00	337671,81	7775,00	329896,81	11200,00	19175,00	30375,00	32718,00	319403,81	352121,81	359896,81	22600,00	22600,00
23	30	2434228,33	1098846,00	1335382,33	649830,50	685551,83	337950,00	347601,83	1955,00	345646,83	7775,00	337871,83	11200,00	19175,00	30375,00	22344,00	336052,83	358396,83	367871,83	20900,00	20900,00
24	31	2554872,83	1154307,00	1400565,83	678084,00	722481,83	356400,00	366081,83	2040,00	364041,83	15550,00	348491,83	8400,00	14200,00	22600,00	38703,00	336388,83	375091,83	378491,83	19200,00	19200,00
25	31	2721319,04	1229718,00	1491601,04	706337,50	785263,54	370200,00	415063,54	2125,00	412938,54	15550,00	397388,54	8400,00	14200,00	22600,00	35112,00	387176,54	422288,54	427388,54	17500,00	17500,00
26	28	2859879,41	1293558,00	1566321,41	734591,00	831730,41	384000,00	447730,41	2210,00	445520,41	15550,00	429970,41	8400,00	14200,00	22600,00	43092,00	410078,41	453170,41	459970,41	15800,00	15800,00
27	31	3047935,26	1380540,00	1667395,26	762844,50	904550,76	399450,00	505100,76	2295,00	502805,76	15550,00	487255,76	8400,00	14200,00	22600,00	27930,00	480825,76	508755,76	517255,76	14100,00	14100,00
28	30	3207141,97	1447572,00	1759569,97	791098,00	968471,97	413250,00	555221,97	2380,00	552841,97	15550,00	537291,97	8400,00	14200,00	22600,00	32718,00	524373,97	557091,97	567291,97	12400,00	12400,00
29	31	3333682,45	1513008,00	1820674,45	819351,50	1001322,95	427050,00	574272,95	2465,00	571807,95	15550,00	556257,95	8400,00	14200,00	22600,00	39102,00	535255,95	574357,95	586257,95	10700,00	10700,00
30	30	3525465,14	1597197,00	1928268,14	847605,00	1080663,14	445500,00	635163,14	2550,00	632613,14	15550,00	617063,14	8400,00	14200,00	22600,00	26733,00	606730,14	633463,14	647063,14	9000,00	9000,00
31	31	3704311,91	1676997,00	2027314,91	875858,50	1151456,41	459300,00	692156,41	2635,00	689521,41	15550,00	673971,41	8400,00	14200,00	22600,00	18753,00	669918,41	688671,41	703971,41	7300,00	7300,00
32	31	3877209,42	1753605,00	2123604,42	904112,00	1219492,42	473100,00	746392,42	2720,00	743672,42	15550,00	728122,42	8400,00	14200,00	22600,00	13965,00	727157,42	741122,42	758122,42	5600,00	5600,00
33	30	4001130,85	1817046,00	2184084,85	932365,50	1251719,35	488550,00	763169,35	2805,00	760364,35	15550,00	744814,35	8400,00	14200,00	22600,00	22344,00	733770,35	756114,35	774814,35	3900,00	3900,00
34	31	4169076,33	1894851,00	2274225,33	960619,00	1313606,33	502350,00	811256,33	2890,00	808366,33	15550,00	792816,33	8400,00	14200,00	22600,00	16359,00	786057,33	802416,33	822816,33	2200,00	2200,00
35	30	4313926,11	1962681,00	2351245,11	988872,50	1362372,61	516150,00	846222,61	2975,00	843247,61	15550,00	827697,61	8400,00	14200,00	22600,00	20349,00	815248,61	835597,61	857697,61	500,00	500,00
36	31	4511248,36	2048865,00	2462383,36	1017126,00	1445257,36	534600,00	910657,36	3060,00	907597,36	23325,00	884272,36	5600,00	9225,00	14825,00	41895,00	856352,36	898247,36	914272,36	-1200,00	-1200,00

Tab. A-12.11: Bad Case Simulationslauf Nr. 1 (kumulierte Werte)

M	T	U_{Ges}	K_W	RG I	K_P	RG II	K_{WLK}	RG III	Z	RG IV	K_A	intGew	ImAV	SAV	AV	VorH	LiqMit	UV	EK	Vbl	FK
1	31	82083,63	35511,00	46572,63	28253,50	18319,13	13800,00	4519,13	85,00	4434,13	0,00	4434,13	14000,00	24150,00	38150,00	8379,00	46205,13	54584,13	34434,13	58300,00	58300,00
2	28	162499,15	69426,00	93073,15	56507,00	36566,15	27600,00	8966,15	170,00	8796,15	0,00	8796,15	14000,00	24150,00	38150,00	10374,00	46872,15	57246,15	38796,15	56600,00	56600,00
3	31	245159,55	102543,00	142616,55	84760,50	57856,05	43050,00	14806,05	255,00	14551,05	0,00	14551,05	14000,00	24150,00	38150,00	13167,00	48134,05	61301,05	44551,05	54900,00	54900,00
4	30	340102,93	140049,00	200053,93	113014,00	87039,93	56850,00	30189,93	340,00	29849,93	0,00	29849,93	14000,00	24150,00	38150,00	11571,00	63328,93	74899,93	59849,93	53200,00	53200,00
5	31	416511,78	172368,00	244143,78	141267,50	102876,28	70650,00	32226,28	425,00	31801,28	0,00	31801,28	14000,00	24150,00	38150,00	15162,00	59989,28	75151,28	61801,28	51500,00	51500,00
6	30	485455,79	203091,00	282364,79	169521,00	112843,79	89100,00	23743,79	510,00	23233,79	0,00	23233,79	14000,00	24150,00	38150,00	20349,00	44534,79	64883,79	53233,79	49800,00	49800,00
7	31	572139,78	254961,00	317178,78	197774,50	119404,28	102900,00	16504,28	595,00	15909,28	0,00	15909,28	14000,00	24150,00	38150,00	40299,00	15560,28	55859,28	45909,28	48100,00	48100,00
8	31	674061,47	305235,00	368826,47	226028,00	142798,47	116700,00	26098,47	680,00	25418,47	0,00	25418,47	14000,00	24150,00	38150,00	25935,00	37733,47	63668,47	55418,47	46400,00	46400,00
9	30	741427,34	343140,00	398287,34	254281,50	144005,84	132150,00	11855,84	765,00	11090,84	0,00	11090,84	14000,00	24150,00	38150,00	23940,00	23700,84	47640,84	41090,84	44700,00	44700,00
10	31	847170,64	398202,00	448968,64	282535,00	166433,64	145950,00	20483,64	850,00	19633,64	0,00	19633,64	14000,00	24150,00	38150,00	40698,00	13785,64	54483,64	49633,64	43000,00	43000,00
11	30	949942,02	450072,00	499870,02	310788,50	189081,52	159750,00	29331,52	935,00	28396,52	0,00	28396,52	14000,00	24150,00	38150,00	24738,00	36808,52	61546,52	58396,52	41300,00	41300,00
12	31	1062461,69	504735,00	557726,69	339042,00	218684,69	178200,00	40484,69	1020,00	39464,69	7775,00	31689,69	11200,00	19175,00	30375,00	41895,00	29019,69	70914,69	61689,69	39600,00	39600,00
13	31	1141349,88	549024,00	592325,88	367295,50	225030,38	192000,00	33030,38	1105,00	31925,38	7775,00	24150,38	11200,00	19175,00	30375,00	33516,00	28159,38	61675,38	54150,38	37900,00	37900,00
14	28	1264286,30	603288,00	660998,30	395549,00	265449,30	205800,00	59649,30	1190,00	58459,30	7775,00	50684,30	11200,00	19175,00	30375,00	15162,00	71347,30	86509,30	80684,30	36200,00	36200,00
15	31	1354644,28	647976,00	706668,28	423802,50	282865,78	221250,00	61615,78	1275,00	60340,78	7775,00	52565,78	11200,00	19175,00	30375,00	42294,00	44396,78	86690,78	82565,78	34500,00	34500,00
16	30	1464561,28	703038,00	761523,28	452056,00	309467,28	235050,00	74417,28	1360,00	73057,28	7775,00	65282,28	11200,00	19175,00	30375,00	23142,00	74565,28	97707,28	95282,28	32800,00	32800,00
17	31	1567922,18	751317,00	816605,18	480309,50	336295,68	248850,00	87445,68	1445,00	86000,68	7775,00	78225,68	11200,00	19175,00	30375,00	10773,00	98177,68	108950,68	108225,68	31100,00	31100,00
18	30	1684711,14	803985,00	880726,14	508563,00	372163,14	267300,00	104863,14	1530,00	103333,14	7775,00	95558,14	11200,00	19175,00	30375,00	29925,00	94658,14	124583,14	125558,14	29400,00	29400,00
19	31	1818692,17	859845,00	958847,17	536816,50	422030,67	281100,00	140930,67	1615,00	139315,67	7775,00	131540,67	11200,00	19175,00	30375,00	9975,00	148890,67	158865,67	161540,67	27700,00	27700,00
20	31	1936525,94	908523,00	1028002,94	565070,00	462932,94	294900,00	168032,94	1700,00	166332,94	7775,00	158557,94	11200,00	19175,00	30375,00	33117,00	151065,94	184182,94	188557,94	26000,00	26000,00
21	30	2052259,48	956403,00	1095856,48	593323,50	502532,98	310350,00	192182,98	1785,00	190397,98	7775,00	182622,98	11200,00	19175,00	30375,00	21147,00	185400,98	206547,98	212622,98	24300,00	24300,00
22	31	2180056,43	1011864,00	1168192,43	621577,00	546615,43	324150,00	222465,43	1870,00	220595,43	7775,00	212820,43	11200,00	19175,00	30375,00	37506,00	197539,43	235045,43	242820,43	22600,00	22600,00
23	30	2277479,69	1055355,00	1222124,69	649830,50	572294,19	337950,00	234344,19	1955,00	232389,19	7775,00	224614,19	11200,00	19175,00	30375,00	29925,00	215214,19	245139,19	254614,19	20900,00	20900,00
24	31	2392554,05	1108821,00	1283733,05	678084,00	605649,05	356400,00	249249,05	2040,00	247209,05	15550,00	231659,05	8400,00	14200,00	22600,00	12369,00	245890,05	258259,05	261659,05	19200,00	19200,00
25	31	2546442,68	1180242,00	1366200,68	706337,50	659863,18	370200,00	289663,18	2125,00	287538,18	15550,00	271988,18	8400,00	14200,00	22600,00	12768,00	284120,18	296888,18	301988,18	17500,00	17500,00
26	28	2697814,52	1250067,00	1447747,52	734591,00	713156,52	384000,00	329156,52	2210,00	326946,52	15550,00	311396,52	8400,00	14200,00	22600,00	14763,00	319833,52	334596,52	341396,52	15800,00	15800,00
27	31	2846343,14	1319094,00	1527249,14	762844,50	764404,64	399450,00	364954,64	2295,00	362659,64	15550,00	347109,64	8400,00	14200,00	22600,00	17556,00	351053,64	368609,64	377109,64	14100,00	14100,00
28	30	3008783,81	1391712,00	1617071,81	791098,00	825973,81	413250,00	412723,81	2380,00	410343,81	15550,00	394793,81	8400,00	14200,00	22600,00	16758,00	397835,81	414593,81	424793,81	12400,00	12400,00
29	31	3171029,83	1463532,00	1707497,83	819351,50	888146,33	427050,00	461096,33	2465,00	458631,33	15550,00	443081,33	8400,00	14200,00	22600,00	16758,00	444423,33	461181,33	473081,33	10700,00	10700,00
30	30	3328917,44	1532958,00	1795959,44	847605,00	948354,44	445500,00	502854,44	2550,00	500304,44	15550,00	484754,44	8400,00	14200,00	22600,00	19152,00	482002,44	501154,44	514754,44	9000,00	9000,00
31	31	3502151,95	1610364,00	1891787,95	875858,50	1015929,45	459300,00	556629,45	2635,00	553994,45	15550,00	538444,45	8400,00	14200,00	22600,00	13566,00	539578,45	553144,45	568444,45	7300,00	7300,00
32	31	3661606,19	1674603,00	1987003,19	904112,00	1082891,19	473100,00	609791,19	2720,00	607071,19	15550,00	591521,19	8400,00	14200,00	22600,00	21147,00	583374,19	604521,19	621521,19	5600,00	5600,00
33	30	3812485,57	1751610,00	2060875,57	932365,50	1128510,07	488550,00	639960,07	2805,00	637155,07	15550,00	621605,07	8400,00	14200,00	22600,00	15960,00	616945,07	632905,07	651605,07	3900,00	3900,00
34	31	3991980,87	1823031,00	2168949,87	960619,00	1208330,87	502350,00	705980,87	2890,00	703090,87	15550,00	687540,87	8400,00	14200,00	22600,00	16359,00	680781,87	697140,87	717540,87	2200,00	2200,00
35	30	4133650,90	1884876,00	2248774,90	988872,50	1259902,40	516150,00	743752,40	2975,00	740777,40	15550,00	725227,40	8400,00	14200,00	22600,00	26334,00	706793,40	733127,40	755227,40	500,00	500,00
36	31	4312245,22	1959489,00	2352756,22	1017126,00	1335630,22	534600,00	801030,22	3060,00	797970,22	23325,00	774645,22	5600,00	9225,00	14825,00	23541,00	765079,22	788620,22	804645,22	-1200,00	-1200,00

Tab. A-12.12: Bad Case Simulationslauf Nr. 2 (kumulierte Werte)

M	T	U_{Ges}	K_W	RG I	K_P	RG II	K_{WLK}	RG III	Z	RG IV	K_A	intGew	ImAV	SAV	AV	VorH	LiqMit	UV	EK	Vbl	FK
1	31	97134,17	37506,00	59628,17	28253,50	31374,67	13800,00	17574,67	85,00	17489,67	0,00	17489,67	14000,00	24150,00	38150,00	42294,00	25345,67	67639,67	47489,67	58300,00	58300,00
2	28	172980,33	65835,00	107145,33	56507,00	50638,33	27600,00	23038,33	170,00	22868,33	0,00	22868,33	14000,00	24150,00	38150,00	13965,00	57353,33	71318,33	52868,33	56600,00	56600,00
3	31	254888,38	104937,00	149951,38	84760,50	65190,88	43050,00	22140,88	255,00	21885,88	0,00	21885,88	14000,00	24150,00	38150,00	10773,00	57862,88	68635,88	51885,88	54900,00	54900,00
4	30	338535,87	137256,00	201279,87	113014,00	88265,87	56850,00	31415,87	340,00	31075,87	0,00	31075,87	14000,00	24150,00	38150,00	14364,00	61761,87	76125,87	61075,87	53200,00	53200,00
5	31	442953,76	179949,00	263004,76	141267,50	121737,26	70650,00	51087,26	425,00	50662,26	0,00	50662,26	14000,00	24150,00	38150,00	43491,00	50521,26	94012,26	80662,26	51500,00	51500,00
6	30	531043,82	212667,00	318376,82	169521,00	148855,82	89100,00	59755,82	510,00	59245,82	0,00	59245,82	14000,00	24150,00	38150,00	10773,00	90122,82	100895,82	89245,82	49800,00	49800,00
7	31	636860,60	266931,00	369929,60	197774,50	172155,10	102900,00	69255,10	595,00	68660,10	0,00	68660,10	14000,00	24150,00	38150,00	28329,00	80281,10	108610,10	98660,10	48100,00	48100,00
8	31	723573,80	313614,00	409959,80	226028,00	183931,80	116700,00	67231,80	680,00	66551,80	0,00	66551,80	14000,00	24150,00	38150,00	17556,00	87245,80	104801,80	96551,80	46400,00	46400,00
9	30	799079,60	351918,00	447161,60	254281,50	192880,10	132150,00	60730,10	765,00	59965,10	0,00	59965,10	14000,00	24150,00	38150,00	15162,00	81353,10	96515,10	89965,10	44700,00	44700,00
10	31	908599,39	404985,00	503614,39	282535,00	221079,39	145950,00	75129,39	850,00	74279,39	0,00	74279,39	14000,00	24150,00	38150,00	33915,00	75214,39	109129,39	104279,39	43000,00	43000,00
11	30	1001169,26	448875,00	552294,26	310788,50	241505,76	159750,00	81755,76	935,00	80820,76	0,00	80820,76	14000,00	24150,00	38150,00	25935,00	88035,76	113970,76	110820,76	41300,00	41300,00
12	31	1102367,69	499149,00	603218,69	339042,00	264176,69	178200,00	85976,69	1020,00	84956,69	7775,00	77181,69	11200,00	19175,00	30375,00	11571,00	104835,69	116406,69	107181,69	39600,00	39600,00
13	31	1197586,83	544236,00	653350,83	367295,50	286055,33	192000,00	94055,33	1105,00	92950,33	7775,00	85175,33	11200,00	19175,00	30375,00	38304,00	84396,33	122700,33	115175,33	37900,00	37900,00
14	28	1305309,69	595707,00	709602,69	395549,00	314053,69	205800,00	108253,69	1190,00	107063,69	7775,00	99288,69	11200,00	19175,00	30375,00	22743,00	112370,69	135113,69	129288,69	36200,00	36200,00
15	31	1425741,06	643587,00	782154,06	423802,50	358351,56	221250,00	137101,56	1275,00	135826,56	7775,00	128051,56	11200,00	19175,00	30375,00	10773,00	151403,56	162176,56	158051,56	34500,00	34500,00
16	30	1545116,23	698250,00	846866,23	452056,00	394810,23	235050,00	159760,23	1360,00	158400,23	7775,00	150625,23	11200,00	19175,00	30375,00	27930,00	155120,23	183050,23	180625,23	32800,00	32800,00
17	31	1648576,97	747327,00	901249,97	480309,50	420940,47	248850,00	172090,47	1445,00	170645,47	7775,00	162870,47	11200,00	19175,00	30375,00	14763,00	178832,47	193595,47	192870,47	31100,00	31100,00
18	30	1744107,60	789621,00	954486,60	508563,00	445923,60	267300,00	178623,60	1530,00	177093,60	7775,00	169318,60	11200,00	19175,00	30375,00	8379,00	189964,60	198343,60	199318,60	29400,00	29400,00
19	31	1861237,42	839097,00	1022140,42	536816,50	485323,92	281100,00	204223,92	1615,00	202608,92	7775,00	194833,92	11200,00	19175,00	30375,00	30723,00	191435,92	222158,92	224833,92	27700,00	27700,00
20	31	1977628,15	886977,00	1090651,15	565070,00	525581,15	294900,00	230681,15	1700,00	228981,15	7775,00	221206,15	11200,00	19175,00	30375,00	18753,00	228078,15	246831,15	251206,15	26000,00	26000,00
21	30	2084300,93	939645,00	1144655,93	593323,50	551332,43	310350,00	240982,43	1785,00	239197,43	7775,00	231422,43	11200,00	19175,00	30375,00	37905,00	217442,43	255347,43	261422,43	24300,00	24300,00
22	31	2191350,45	989919,00	1201431,45	621577,00	579854,45	324150,00	255704,45	1870,00	253834,45	7775,00	246059,45	11200,00	19175,00	30375,00	23541,00	244743,45	268284,45	276059,45	22600,00	22600,00
23	30	2325625,50	1036602,00	1289023,50	649830,50	639193,00	337950,00	301243,00	1955,00	299288,00	7775,00	291513,00	11200,00	19175,00	30375,00	12768,00	299270,00	312038,00	321513,00	20900,00	20900,00
24	31	2430309,98	1080891,00	1349418,98	678084,00	671334,98	356400,00	314934,98	2040,00	312894,98	15550,00	297344,98	8400,00	14200,00	22600,00	40299,00	283645,98	323944,98	327344,98	19200,00	19200,00
25	31	2584638,92	1157100,00	1427538,92	706337,50	721201,42	370200,00	351001,42	2125,00	348876,42	15550,00	333326,42	8400,00	14200,00	22600,00	35910,00	322316,42	358226,42	363326,42	17500,00	17500,00
26	28	2732481,18	1218546,00	1513935,18	734591,00	779344,18	384000,00	395344,18	2210,00	393134,18	15550,00	377584,18	8400,00	14200,00	22600,00	10374,00	390410,18	400784,18	407584,18	15800,00	15800,00
27	31	2894364,58	1286775,00	1607589,58	762844,50	844745,08	399450,00	445295,08	2295,00	443000,08	15550,00	427450,08	8400,00	14200,00	22600,00	13965,00	434985,08	448950,08	457450,08	14100,00	14100,00
28	30	3080418,87	1366176,00	1714242,87	791098,00	923144,87	413250,00	509894,87	2380,00	507514,87	15550,00	491964,87	8400,00	14200,00	22600,00	42294,00	469470,87	511764,87	521964,87	12400,00	12400,00
29	31	3225775,46	1430415,00	1795360,46	819351,50	976008,96	427050,00	548958,96	2465,00	546493,96	15550,00	530943,96	8400,00	14200,00	22600,00	13965,00	535078,96	549043,96	560943,96	10700,00	10700,00
30	30	3393730,03	1507023,00	1886707,03	847605,00	1039102,03	445500,00	593602,03	2550,00	591052,03	15550,00	575502,03	8400,00	14200,00	22600,00	9177,00	582725,03	591902,03	605502,03	9000,00	9000,00
31	31	3570308,13	1577646,00	1992662,13	875858,50	1116803,63	459300,00	657503,63	2635,00	654868,63	15550,00	639318,63	8400,00	14200,00	22600,00	10374,00	643644,63	654018,63	669318,63	7300,00	7300,00
32	31	3734672,98	1650264,00	2084408,98	904112,00	1180296,98	473100,00	707196,98	2720,00	704476,98	15550,00	688926,98	8400,00	14200,00	22600,00	9576,00	692350,98	701926,98	718926,98	5600,00	5600,00
33	30	3908766,62	1730064,00	2178702,62	932365,50	1246337,12	488550,00	757787,12	2805,00	754982,12	15550,00	739432,12	8400,00	14200,00	22600,00	37506,00	713226,12	750732,12	769432,12	3900,00	3900,00
34	31	4093665,49	1814652,00	2279013,49	960619,00	1318394,49	502350,00	816044,49	2890,00	813154,49	15550,00	797604,49	8400,00	14200,00	22600,00	24738,00	782466,49	807204,49	827604,49	2200,00	2200,00
35	30	4262169,49	1875699,00	2386470,49	988872,50	1397597,99	516150,00	881447,99	2975,00	878472,99	15550,00	862922,99	8400,00	14200,00	22600,00	35511,00	835311,99	870822,99	892922,99	500,00	500,00
36	31	4448088,21	1956696,00	2491392,21	1017126,00	1474266,21	534600,00	939666,21	3060,00	936606,21	23325,00	913281,21	5600,00	9225,00	14825,00	26334,00	900922,21	927256,21	943281,21	-1200,00	-1200,00

Tab. A-12.13: Bad Case Simulationslauf Nr. 3 (kumulierte Werte)

M	T	U_{Ges}	K_W	RG I	K_P	RG II	K_{WLK}	RG III	Z	RG IV	K_A	intGew	ImAV	SAV	AV	VorH	LiqMit	UV	EK	Vbl	FK
1	31	89522,30	42294,00	47228,30	28253,50	18974,80	13800,00	5174,80	85,00	5089,80	0,00	5089,80	14000,00	24150,00	38150,00	37506,00	17733,80	55239,80	35089,80	58300,00	58300,00
2	28	153565,53	74613,00	78952,53	56507,00	22445,53	27600,00	-5154,47	170,00	-5324,47	0,00	-5324,47	14000,00	24150,00	38150,00	41097,00	2028,53	43125,53	24675,53	56600,00	56600,00
3	31	233642,10	108927,00	124715,10	84760,50	39954,60	43050,00	-3095,40	255,00	-3350,40	0,00	-3350,40	14000,00	24150,00	38150,00	42693,00	706,60	43399,60	26649,60	54900,00	54900,00
4	30	303441,46	138054,00	165387,46	113014,00	52373,46	56850,00	-4476,54	340,00	-4816,54	0,00	-4816,54	14000,00	24150,00	38150,00	13566,00	26667,46	40233,46	25183,46	53200,00	53200,00
5	31	407265,77	174363,00	232902,77	141267,50	91635,27	70650,00	20985,27	425,00	20560,27	0,00	20560,27	14000,00	24150,00	38150,00	13167,00	50743,27	63910,27	50560,27	51500,00	51500,00
6	30	512078,73	212667,00	299411,73	169521,00	129890,73	89100,00	40790,73	510,00	40280,73	0,00	40280,73	14000,00	24150,00	38150,00	10773,00	71157,73	81930,73	70280,73	49800,00	49800,00
7	31	609468,15	263340,00	346128,15	197774,50	148353,65	102900,00	45453,65	595,00	44858,65	0,00	44858,65	14000,00	24150,00	38150,00	31920,00	52888,65	84808,65	74858,65	48100,00	48100,00
8	31	695539,80	303240,00	392299,80	226028,00	166271,80	116700,00	49571,80	680,00	48891,80	0,00	48891,80	14000,00	24150,00	38150,00	27930,00	59211,80	87141,80	78891,80	46400,00	46400,00
9	30	792571,47	353913,00	438658,47	254281,50	184376,97	132150,00	52226,97	765,00	51461,97	0,00	51461,97	14000,00	24150,00	38150,00	13167,00	74844,97	88011,97	81461,97	44700,00	44700,00
10	31	902456,30	409773,00	492683,30	282535,00	210148,30	145950,00	64198,30	850,00	63348,30	0,00	63348,30	14000,00	24150,00	38150,00	29127,00	69071,30	98198,30	93348,30	43000,00	43000,00
11	30	999613,47	458850,00	540763,47	310788,50	229974,97	159750,00	70224,97	935,00	69289,97	0,00	69289,97	14000,00	24150,00	38150,00	15960,00	86479,97	102439,97	99289,97	41300,00	41300,00
12	31	1102302,52	510321,00	591981,52	339042,00	252939,52	178200,00	74739,52	1020,00	73719,52	7775,00	65944,52	11200,00	19175,00	30375,00	36309,00	68860,52	105169,52	95944,52	39600,00	39600,00
13	31	1211213,01	557004,00	654209,01	367295,50	286913,51	192000,00	94913,51	1105,00	93808,51	7775,00	86033,51	11200,00	19175,00	30375,00	25536,00	98022,51	123558,51	116033,51	37900,00	37900,00
14	28	1307361,91	600894,00	706467,91	395549,00	310918,91	205800,00	105118,91	1190,00	103928,91	7775,00	96153,91	11200,00	19175,00	30375,00	17556,00	114422,91	131978,91	126153,91	36200,00	36200,00
15	31	1404376,22	644784,00	759592,22	423802,50	335789,72	221250,00	114539,72	1275,00	113264,72	7775,00	105489,72	11200,00	19175,00	30375,00	9576,00	130038,72	139614,72	135489,72	34500,00	34500,00
16	30	1523908,56	701442,00	822466,56	452056,00	370410,56	235050,00	135360,56	1360,00	134000,56	7775,00	126225,56	11200,00	19175,00	30375,00	24738,00	133912,56	158650,56	156225,56	32800,00	32800,00
17	31	1636846,19	750918,00	885928,19	480309,50	405618,69	248850,00	156768,69	1445,00	155323,69	7775,00	147548,69	11200,00	19175,00	30375,00	11172,00	167101,69	178273,69	177548,69	31100,00	31100,00
18	30	1752175,34	801990,00	950185,34	508563,00	441622,34	267300,00	174322,34	1530,00	172792,34	7775,00	165017,34	11200,00	19175,00	30375,00	31920,00	162122,34	194042,34	195017,34	29400,00	29400,00
19	31	1859854,79	851466,00	1008388,79	536816,50	471572,29	281100,00	190472,29	1615,00	188857,29	7775,00	181082,29	11200,00	19175,00	30375,00	18354,00	190053,29	208407,29	211082,29	27700,00	27700,00
20	31	1958178,25	894558,00	1063620,25	565070,00	498550,25	294900,00	203650,25	1700,00	201950,25	7775,00	194175,25	11200,00	19175,00	30375,00	11172,00	208628,25	219800,25	224175,25	26000,00	26000,00
21	30	2065698,54	941640,00	1124058,54	593323,50	530735,04	310350,00	220385,04	1785,00	218600,04	7775,00	210825,04	11200,00	19175,00	30375,00	35910,00	198840,04	234750,04	240825,04	24300,00	24300,00
22	31	2174032,37	991515,00	1182517,37	621577,00	560940,37	324150,00	236790,37	1870,00	234920,37	7775,00	227145,37	11200,00	19175,00	30375,00	21945,00	227425,37	249370,37	257145,37	22600,00	22600,00
23	30	2297978,73	1043385,00	1254593,73	649830,50	604763,23	337950,00	266813,23	1955,00	264858,23	7775,00	257083,23	11200,00	19175,00	30375,00	41895,00	235713,23	277608,23	287083,23	20900,00	20900,00
24	31	2422900,09	1100841,00	1322059,09	678084,00	643975,09	356400,00	287575,09	2040,00	285535,09	15550,00	269985,09	8400,00	14200,00	22600,00	20349,00	276236,09	296585,09	299985,09	19200,00	19200,00
25	31	2578104,23	1171464,00	1406640,23	706337,50	700302,73	370200,00	330102,73	2125,00	327977,73	15550,00	312427,73	8400,00	14200,00	22600,00	21546,00	315781,73	337327,73	342427,73	17500,00	17500,00
26	28	2701209,24	1228521,00	1472688,24	734591,00	738097,24	384000,00	354097,24	2210,00	351887,24	15550,00	336337,24	8400,00	14200,00	22600,00	36309,00	323228,24	359537,24	366337,24	15800,00	15800,00
27	31	2893144,93	1313508,00	1579636,93	762844,50	816792,43	399450,00	417342,43	2295,00	415047,43	15550,00	399497,43	8400,00	14200,00	22600,00	23142,00	397855,43	420997,43	429497,43	14100,00	14100,00
28	30	3057133,16	1387722,00	1669411,16	791098,00	878313,16	413250,00	465063,16	2380,00	462683,16	15550,00	447133,16	8400,00	14200,00	22600,00	20748,00	446185,16	466933,16	477133,16	12400,00	12400,00
29	31	3216586,31	1458345,00	1758241,31	819351,50	938889,81	427050,00	511839,81	2465,00	509374,81	15550,00	493824,81	8400,00	14200,00	22600,00	21945,00	489979,81	511924,81	523824,81	10700,00	10700,00
30	30	3372510,58	1535352,00	1837158,58	847605,00	989553,58	445500,00	544053,58	2550,00	541503,58	15550,00	525953,58	8400,00	14200,00	22600,00	16758,00	525595,58	542353,58	555953,58	9000,00	9000,00
31	31	3549969,69	1614753,00	1935216,69	875858,50	1059358,19	459300,00	600058,19	2635,00	597423,19	15550,00	581873,19	8400,00	14200,00	22600,00	9177,00	587396,19	596573,19	611873,19	7300,00	7300,00
32	31	3720648,84	1683381,00	2037267,84	904112,00	1133155,84	473100,00	660055,84	2720,00	657335,84	15550,00	641785,84	8400,00	14200,00	22600,00	12369,00	642416,84	654785,84	671785,84	5600,00	5600,00
33	30	3882438,79	1760787,00	2121651,79	932365,50	1189286,29	488550,00	700736,29	2805,00	697931,29	15550,00	682381,29	8400,00	14200,00	22600,00	42693,00	650988,29	693681,29	712381,29	3900,00	3900,00
34	31	4056359,27	1829415,00	2226944,27	960619,00	1266325,27	502350,00	763975,27	2890,00	761085,27	15550,00	745535,27	8400,00	14200,00	22600,00	9975,00	745160,27	755135,27	775535,27	2200,00	2200,00
35	30	4240777,66	1900836,00	2339941,66	988872,50	1351069,16	516150,00	834919,16	2975,00	831944,16	15550,00	816394,16	8400,00	14200,00	22600,00	10374,00	813920,16	824294,16	846394,16	500,00	500,00
36	31	4437784,40	1983429,00	2454355,40	1017126,00	1437229,40	534600,00	902629,40	3060,00	899569,40	23325,00	876244,40	5600,00	9225,00	14825,00	35511,00	854708,40	890219,40	906244,40	-1200,00	-1200,00

Tab. A-12.14: Bad Case Simulationslauf Nr. 4 (kumulierte Werte)

M	T	U_{Ges}	K_W	RG I	K_P	RG II	K_{WLK}	RG III	Z	RG IV	K_A	intGew	ImAV	SAV	AV	VorH	LiqMit	UV	EK	Vbl	FK
1	31	98696,94	39501,00	59195,94	28253,50	30942,44	13800,00	17142,44	85,00	17057,44	0,00	17057,44	14000,00	24150,00	38150,00	40299,00	26908,44	67207,44	47057,44	58300,00	58300,00
2	28	183028,96	71820,00	111208,96	56507,00	54701,96	27600,00	27101,96	170,00	26931,96	0,00	26931,96	14000,00	24150,00	38150,00	43890,00	31491,96	75381,96	56931,96	56600,00	56600,00
3	31	265832,10	106134,00	159698,10	84760,50	74937,60	43050,00	31887,60	255,00	31632,60	0,00	31632,60	14000,00	24150,00	38150,00	9576,00	68806,60	78382,60	61632,60	54900,00	54900,00
4	30	374933,66	150423,00	224510,66	113014,00	111496,66	56850,00	54646,66	340,00	54306,66	0,00	54306,66	14000,00	24150,00	38150,00	37107,00	62249,66	99356,66	84306,66	53200,00	53200,00
5	31	475178,82	191919,00	283259,82	141267,50	141992,32	70650,00	71342,32	425,00	70917,32	0,00	70917,32	14000,00	24150,00	38150,00	31521,00	82746,32	114267,32	100917,32	51500,00	51500,00
6	30	553611,03	222642,00	330969,03	169521,00	161448,03	89100,00	72348,03	510,00	71838,03	0,00	71838,03	14000,00	24150,00	38150,00	36708,00	76780,03	113488,03	101838,03	49800,00	49800,00
7	31	641291,90	270522,00	370769,90	197774,50	172995,40	102900,00	70095,40	595,00	69500,40	0,00	69500,40	14000,00	24150,00	38150,00	24738,00	84712,40	109450,40	99500,40	48100,00	48100,00
8	31	727889,27	316008,00	411881,27	226028,00	185853,27	116700,00	69153,27	680,00	68473,27	0,00	68473,27	14000,00	24150,00	38150,00	15162,00	91561,27	106723,27	98473,27	46400,00	46400,00
9	30	819366,79	365484,00	453882,79	254281,50	199601,29	132150,00	67451,29	765,00	66686,29	0,00	66686,29	14000,00	24150,00	38150,00	37506,00	65730,29	103236,29	96686,29	44700,00	44700,00
10	31	928298,42	425733,00	502565,42	282535,00	220030,42	145950,00	74080,42	850,00	73230,42	0,00	73230,42	14000,00	24150,00	38150,00	13167,00	94913,42	108080,42	103230,42	43000,00	43000,00
11	30	1054660,02	483588,00	571072,02	310788,50	260283,52	159750,00	100533,52	935,00	99598,52	0,00	99598,52	14000,00	24150,00	38150,00	27132,00	105616,52	132748,52	129598,52	41300,00	41300,00
12	31	1140300,91	526281,00	614019,91	339042,00	274977,91	178200,00	96777,91	1020,00	95757,91	7775,00	87982,91	11200,00	19175,00	30375,00	20349,00	106858,91	127207,91	117982,91	39600,00	39600,00
13	31	1257637,20	576156,00	681481,20	367295,50	314185,70	192000,00	122185,70	1105,00	121080,70	7775,00	113305,70	11200,00	19175,00	30375,00	42294,00	108536,70	150830,70	143305,70	37900,00	37900,00
14	28	1366242,67	622839,00	743403,67	395549,00	347854,67	205800,00	142054,67	1190,00	140864,67	7775,00	133089,67	11200,00	19175,00	30375,00	31521,00	137393,67	168914,67	163089,67	36200,00	36200,00
15	31	1477166,73	670320,00	806846,73	423802,50	383044,23	221250,00	161794,23	1275,00	160519,23	7775,00	152744,23	11200,00	19175,00	30375,00	19950,00	166919,23	186869,23	182744,23	34500,00	34500,00
16	30	1589213,99	719397,00	869816,99	452056,00	417760,99	235050,00	182710,99	1360,00	181350,99	7775,00	173575,99	11200,00	19175,00	30375,00	42693,00	163307,99	206000,99	203575,99	32800,00	32800,00
17	31	1688571,03	767676,00	920895,03	480309,50	440585,53	248850,00	191735,53	1445,00	190290,53	7775,00	182515,53	11200,00	19175,00	30375,00	30324,00	182916,53	213240,53	212515,53	31100,00	31100,00
18	30	1779934,39	809172,00	970762,39	508563,00	462199,39	267300,00	194899,39	1530,00	193369,39	7775,00	185594,39	11200,00	19175,00	30375,00	24738,00	189881,39	214619,39	215594,39	29400,00	29400,00
19	31	1887368,14	855855,00	1031513,14	536816,50	494696,64	281100,00	213596,64	1615,00	211981,64	7775,00	204206,64	11200,00	19175,00	30375,00	13965,00	217566,64	231531,64	234206,64	27700,00	27700,00
20	31	2005205,03	904932,00	1100273,03	565070,00	535203,03	294900,00	240303,03	1700,00	238603,03	7775,00	230828,03	11200,00	19175,00	30375,00	36708,00	219745,03	256453,03	260828,03	26000,00	26000,00
21	30	2121529,03	958797,00	1162732,03	593323,50	569408,53	310350,00	259058,53	1785,00	257273,53	7775,00	249498,53	11200,00	19175,00	30375,00	18753,00	254670,53	273423,53	279498,53	24300,00	24300,00
22	31	2244260,89	1017849,00	1226411,89	621577,00	604834,89	324150,00	280684,89	1870,00	278814,89	7775,00	271039,89	11200,00	19175,00	30375,00	31521,00	261743,89	293264,89	301039,89	22600,00	22600,00
23	30	2369022,78	1064532,00	1304490,78	649830,50	654660,28	337950,00	316710,28	1955,00	314755,28	7775,00	306980,28	11200,00	19175,00	30375,00	20748,00	306757,28	327505,28	336980,28	20900,00	20900,00
24	31	2473900,31	1110417,00	1363483,31	678084,00	685399,31	356400,00	328999,31	2040,00	326959,31	15550,00	311409,31	8400,00	14200,00	22600,00	10773,00	327236,31	338009,31	341409,31	19200,00	19200,00
25	31	2623856,06	1183434,00	1440422,06	706337,50	734084,56	370200,00	363884,56	2125,00	361759,56	15550,00	346209,56	8400,00	14200,00	22600,00	9576,00	361533,56	371109,56	376209,56	17500,00	17500,00
26	28	2751746,49	1247673,00	1504073,49	734591,00	769482,49	384000,00	385482,49	2210,00	383272,49	15550,00	367722,49	8400,00	14200,00	22600,00	17157,00	373765,49	390922,49	397722,49	15800,00	15800,00
27	31	2941808,97	1327473,00	1614335,97	762844,50	851491,47	399450,00	452041,47	2295,00	449746,47	15550,00	434196,47	8400,00	14200,00	22600,00	9177,00	446519,47	455696,47	464196,47	14100,00	14100,00
28	30	3086826,69	1387323,00	1699503,69	791098,00	908405,69	413250,00	495155,69	2380,00	492775,69	15550,00	477225,69	8400,00	14200,00	22600,00	21147,00	475878,69	497025,69	507225,69	12400,00	12400,00
29	31	3254365,56	1457946,00	1796419,56	819351,50	977068,06	427050,00	550018,06	2465,00	547553,06	15550,00	532003,06	8400,00	14200,00	22600,00	22344,00	527759,06	550103,06	562003,06	10700,00	10700,00
30	30	3410652,96	1525776,00	1884876,96	847605,00	1037271,96	445500,00	591771,96	2550,00	589221,96	15550,00	573671,96	8400,00	14200,00	22600,00	26334,00	563737,96	590071,96	603671,96	9000,00	9000,00
31	31	3566074,48	1601187,00	1964887,48	875858,50	1089028,98	459300,00	629728,98	2635,00	627093,98	15550,00	611543,98	8400,00	14200,00	22600,00	22743,00	603500,98	626243,98	641543,98	7300,00	7300,00
32	31	3731353,53	1669017,00	2062336,53	904112,00	1158224,53	473100,00	685124,53	2720,00	682404,53	15550,00	666854,53	8400,00	14200,00	22600,00	26733,00	653121,53	679854,53	696854,53	5600,00	5600,00
33	30	3902495,57	1746024,00	2156471,57	932365,50	1224106,07	488550,00	735556,07	2805,00	732751,07	15550,00	717201,07	8400,00	14200,00	22600,00	21546,00	706955,07	728501,07	747201,07	3900,00	3900,00
34	31	4072763,58	1820238,00	2252525,58	960619,00	1291906,58	502350,00	789556,58	2890,00	786666,58	15550,00	771116,58	8400,00	14200,00	22600,00	19152,00	761564,58	780716,58	801116,58	2200,00	2200,00
35	30	4227519,64	1892058,00	2335461,64	988872,50	1346589,14	516150,00	830439,14	2975,00	827464,14	15550,00	811914,14	8400,00	14200,00	22600,00	19152,00	800662,14	819814,14	841914,14	500,00	500,00
36	31	4435983,34	1981833,00	2454150,34	1017126,00	1437024,34	534600,00	902424,34	3060,00	899364,34	23325,00	876039,34	5600,00	9225,00	14825,00	37107,00	852907,34	890014,34	906039,34	-1200,00	-1200,00

Tab. A-12.15: Bad Case Simulationslauf Nr. 5 (kumulierte Werte)

M	T	U_{Ges}	K_W	$RG\ I$	K_P	$RG\ II$	K_{WLK}	$RG\ III$	Z	$RG\ IV$	K_A	$intGew$	$ImAV$	SAV	AV	$VorH$	$LiqMit$	UV	EK	Vbl	FK
1	31	91822,21	38304,00	53518,21	28253,50	25264,71	13800,00	11464,71	85,00	11379,71	0,00	11379,71	14000,00	24150,00	38150,00	41496,00	20033,71	61529,71	41379,71	58300,00	58300,00
2	28	168040,43	70623,00	97417,43	56507,00	40910,43	27600,00	13310,43	170,00	13140,43	0,00	13140,43	14000,00	24150,00	38150,00	9177,00	52413,43	61590,43	43140,43	56600,00	56600,00
3	31	245335,44	104139,00	141196,44	84760,50	56435,94	43050,00	13385,94	255,00	13130,94	0,00	13130,94	14000,00	24150,00	38150,00	11571,00	48309,94	59880,94	43130,94	54900,00	54900,00
4	30	349780,28	142044,00	207736,28	113014,00	94722,28	56850,00	37872,28	340,00	37532,28	0,00	37532,28	14000,00	24150,00	38150,00	9576,00	73006,28	82582,28	67532,28	53200,00	53200,00
5	31	437105,55	175560,00	261545,55	141267,50	120278,05	70650,00	49628,05	425,00	49203,05	0,00	49203,05	14000,00	24150,00	38150,00	11970,00	80583,05	92553,05	79203,05	51500,00	51500,00
6	30	530717,00	209475,00	321242,00	169521,00	151721,00	89100,00	62621,00	510,00	62111,00	0,00	62111,00	14000,00	24150,00	38150,00	13965,00	89796,00	103761,00	92111,00	49800,00	49800,00
7	31	628311,17	262143,00	366168,17	197774,50	168393,67	102900,00	65493,67	595,00	64898,67	0,00	64898,67	14000,00	24150,00	38150,00	33117,00	71731,67	104848,67	94898,67	48100,00	48100,00
8	31	727370,96	310821,00	416549,96	226028,00	190521,96	116700,00	73821,96	680,00	73141,96	0,00	73141,96	14000,00	24150,00	38150,00	20349,00	91042,96	111391,96	103141,96	46400,00	46400,00
9	30	811722,20	356307,00	455415,20	254281,50	201133,70	132150,00	68983,70	765,00	68218,70	0,00	68218,70	14000,00	24150,00	38150,00	10773,00	93995,70	104768,70	98218,70	44700,00	44700,00
10	31	913235,44	410172,00	503063,44	282535,00	220528,44	145950,00	74578,44	850,00	73728,44	0,00	73728,44	14000,00	24150,00	38150,00	28728,00	79850,44	108578,44	103728,44	43000,00	43000,00
11	30	1010468,27	460446,00	550022,27	310788,50	239233,77	159750,00	79483,77	935,00	78548,77	0,00	78548,77	14000,00	24150,00	38150,00	14364,00	97334,77	111698,77	108548,77	41300,00	41300,00
12	31	1115512,61	507528,00	607984,61	339042,00	268942,61	178200,00	90742,61	1020,00	89722,61	7775,00	81947,61	11200,00	19175,00	30375,00	39102,00	82070,61	121172,61	111947,61	39600,00	39600,00
13	31	1230109,85	557403,00	672706,85	367295,50	305411,35	192000,00	113411,35	1105,00	112306,35	7775,00	104531,35	11200,00	19175,00	30375,00	25137,00	116919,35	142056,35	134531,35	37900,00	37900,00
14	28	1329083,21	601692,00	727391,21	395549,00	331842,21	205800,00	126042,21	1190,00	124852,21	7775,00	117077,21	11200,00	19175,00	30375,00	16758,00	136144,21	152902,21	147077,21	36200,00	36200,00
15	31	1417489,98	640395,00	777094,98	423802,50	353292,48	221250,00	132042,48	1275,00	130767,48	7775,00	122992,48	11200,00	19175,00	30375,00	13965,00	143152,48	157117,48	152992,48	34500,00	34500,00
16	30	1545433,69	700644,00	844789,69	452056,00	392733,69	235050,00	157683,69	1360,00	156323,69	7775,00	148548,69	11200,00	19175,00	30375,00	25536,00	155437,69	180973,69	178548,69	32800,00	32800,00
17	31	1684591,00	755706,00	928885,00	480309,50	448575,50	248850,00	199725,50	1445,00	198280,50	7775,00	190505,50	11200,00	19175,00	30375,00	42294,00	178936,50	221230,50	220505,50	31100,00	31100,00
18	30	1796879,63	803586,00	993293,63	508563,00	484730,63	267300,00	217430,63	1530,00	215900,63	7775,00	208125,63	11200,00	19175,00	30375,00	30324,00	206826,63	237150,63	238125,63	29400,00	29400,00
19	31	1899251,41	854658,00	1044593,41	536816,50	507776,91	281100,00	226676,91	1615,00	225061,91	7775,00	217286,91	11200,00	19175,00	30375,00	15162,00	229449,91	244611,91	247286,91	27700,00	27700,00
20	31	2003168,02	899346,00	1103822,02	565070,00	538752,02	294900,00	243852,02	1700,00	242152,02	7775,00	234377,02	11200,00	19175,00	30375,00	42294,00	217708,02	260002,02	264377,02	26000,00	26000,00
21	30	2117594,63	948423,00	1169171,63	593323,50	575848,13	310350,00	265498,13	1785,00	263713,13	7775,00	255938,13	11200,00	19175,00	30375,00	29127,00	250736,13	279863,13	285938,13	24300,00	24300,00
22	31	2234172,13	1000293,00	1233879,13	621577,00	612302,13	324150,00	288152,13	1870,00	286282,13	7775,00	278507,13	11200,00	19175,00	30375,00	13167,00	287565,13	300732,13	308507,13	22600,00	22600,00
23	30	2322266,70	1045380,00	1276886,70	649830,50	627056,20	337950,00	289106,20	1955,00	287151,20	7775,00	279376,20	11200,00	19175,00	30375,00	39900,00	260001,20	299901,20	309376,20	20900,00	20900,00
24	31	2428517,07	1092063,00	1336454,07	678084,00	658370,07	356400,00	301970,07	2040,00	299930,07	15550,00	284380,07	8400,00	14200,00	22600,00	29127,00	281853,07	310980,07	314380,07	19200,00	19200,00
25	31	2557575,24	1158297,00	1399278,24	706337,50	692940,74	370200,00	322740,74	2125,00	320615,74	15550,00	305065,74	8400,00	14200,00	22600,00	34713,00	295252,74	329965,74	335065,74	17500,00	17500,00
26	28	2726673,88	1230117,00	1496556,88	734591,00	761965,88	384000,00	377965,88	2210,00	375755,88	15550,00	360205,88	8400,00	14200,00	22600,00	34713,00	348692,88	383405,88	390205,88	15800,00	15800,00
27	31	2898931,95	1307523,00	1591408,95	762844,50	828564,45	399450,00	429114,45	2295,00	426819,45	15550,00	411269,45	8400,00	14200,00	22600,00	29127,00	403642,45	432769,45	441269,45	14100,00	14100,00
28	30	3052927,32	1376151,00	1676776,32	791098,00	885678,32	413250,00	472428,32	2380,00	470048,32	15550,00	454498,32	8400,00	14200,00	22600,00	32319,00	441979,32	474298,32	484498,32	12400,00	12400,00
29	31	3205271,35	1442784,00	1762487,35	819351,50	943135,85	427050,00	516085,85	2465,00	513620,85	15550,00	498070,85	8400,00	14200,00	22600,00	37506,00	478664,85	516170,85	528070,85	10700,00	10700,00
30	30	3393758,07	1521387,00	1872371,07	847605,00	1024766,07	445500,00	579266,07	2550,00	576716,07	15550,00	561166,07	8400,00	14200,00	22600,00	30723,00	546843,07	577566,07	591166,07	9000,00	9000,00
31	31	3547138,29	1589217,00	1957921,29	875858,50	1082062,79	459300,00	622762,79	2635,00	620127,79	15550,00	604577,79	8400,00	14200,00	22600,00	34713,00	584564,79	619277,79	634577,79	7300,00	7300,00
32	31	3694374,25	1652658,00	2041716,25	904112,00	1137604,25	473100,00	664504,25	2720,00	661784,25	15550,00	646234,25	8400,00	14200,00	22600,00	43092,00	616142,25	659234,25	676234,25	5600,00	5600,00
33	30	3853287,87	1727670,00	2125617,87	932365,50	1193252,37	488550,00	704702,37	2805,00	701897,37	15550,00	686347,37	8400,00	14200,00	22600,00	39900,00	657747,37	697647,37	716347,37	3900,00	3900,00
34	31	4024942,37	1801485,00	2223457,37	960619,00	1262838,37	502350,00	760488,37	2890,00	757598,37	15550,00	742048,37	8400,00	14200,00	22600,00	37905,00	713743,37	751648,37	772048,37	2200,00	2200,00
35	30	4188648,82	1868916,00	2319732,82	988872,50	1330860,32	516150,00	814710,32	2975,00	811735,32	15550,00	796185,32	8400,00	14200,00	22600,00	42294,00	761791,32	804085,32	826185,32	500,00	500,00
36	31	4359237,37	1944327,00	2414910,37	1017126,00	1397784,37	534600,00	863184,37	3060,00	860124,37	23325,00	836799,37	5600,00	9225,00	14825,00	38703,00	812071,37	850774,37	866799,37	-1200,00	-1200,00

Tab. A-12.16: Bad Case Simulationslauf Nr. 6 (kumulierte Werte)

M	T	U_{Ges}	K_W	$RG\ I$	K_P	$RG\ II$	K_{WLK}	$RG\ III$	Z	$RG\ IV$	K_A	intGew	ImAV	SAV	AV	VorH	LiqMit	UV	EK	Vbl	FK
1	31	99955,90	38703,00	61252,90	28253,50	32999,40	13800,00	19199,40	85,00	19114,40	0,00	19114,40	14000,00	24150,00	38150,00	41097,00	28167,40	69264,40	49114,40	58300,00	58300,00
2	28	170530,66	68628,00	101902,66	56507,00	45395,66	27600,00	17795,66	170,00	17625,66	0,00	17625,66	14000,00	24150,00	38150,00	11172,00	54903,66	66075,66	47625,66	56600,00	56600,00
3	31	257231,97	101745,00	155486,97	84760,50	70726,47	43050,00	27676,47	255,00	27421,47	0,00	27421,47	14000,00	24150,00	38150,00	13965,00	60206,47	74171,47	57421,47	54900,00	54900,00
4	30	345728,45	142443,00	203285,45	113014,00	90271,45	56850,00	33421,45	340,00	33081,45	0,00	33081,45	14000,00	24150,00	38150,00	9177,00	68954,45	78131,45	63081,45	53200,00	53200,00
5	31	449497,38	178353,00	271144,38	141267,50	129876,88	70650,00	59226,88	425,00	58801,88	0,00	58801,88	14000,00	24150,00	38150,00	9177,00	92974,88	102151,88	88801,88	51500,00	51500,00
6	30	543270,29	214263,00	329007,29	169521,00	159486,29	89100,00	70386,29	510,00	69876,29	0,00	69876,29	14000,00	24150,00	38150,00	9177,00	102349,29	111526,29	99876,29	49800,00	49800,00
7	31	650609,28	270123,00	380486,28	197774,50	182711,78	102900,00	79811,78	595,00	79216,78	0,00	79216,78	14000,00	24150,00	38150,00	25137,00	94029,78	119166,78	109216,78	48100,00	48100,00
8	31	756536,39	319998,00	436538,39	226028,00	210510,39	116700,00	93810,39	680,00	93130,39	0,00	93130,39	14000,00	24150,00	38150,00	11172,00	120208,39	131380,39	123130,39	46400,00	46400,00
9	30	829342,53	358302,00	471040,53	254281,50	216759,03	132150,00	84609,03	765,00	83844,03	0,00	83844,03	14000,00	24150,00	38150,00	8778,00	111616,03	120394,03	113844,03	44700,00	44700,00
10	31	945507,73	409773,00	535734,73	282535,00	253199,73	145950,00	107249,73	850,00	106399,73	0,00	106399,73	14000,00	24150,00	38150,00	29127,00	112122,73	141249,73	136399,73	43000,00	43000,00
11	30	1041598,60	461643,00	579955,60	310788,50	269167,10	159750,00	109417,10	935,00	108482,10	0,00	108482,10	14000,00	24150,00	38150,00	13167,00	128465,10	141632,10	138482,10	41300,00	41300,00
12	31	1138109,89	504735,00	633374,89	339042,00	294332,89	178200,00	116132,89	1020,00	115112,89	7775,00	107337,89	11200,00	19175,00	30375,00	41895,00	104667,89	146562,89	137337,89	39600,00	39600,00
13	31	1241589,47	551817,00	689772,47	367295,50	322476,97	192000,00	130476,97	1105,00	129371,97	7775,00	121596,97	11200,00	19175,00	30375,00	30723,00	128398,97	159121,97	151596,97	37900,00	37900,00
14	28	1337881,50	596106,00	741775,50	395549,00	346226,50	205800,00	140426,50	1190,00	139236,50	7775,00	131461,50	11200,00	19175,00	30375,00	22344,00	144942,50	167286,50	161461,50	36200,00	36200,00
15	31	1454293,80	644784,00	809509,80	423802,50	385707,30	221250,00	164457,30	1275,00	163182,30	7775,00	155407,30	11200,00	19175,00	30375,00	9576,00	179956,30	189532,30	185407,30	34500,00	34500,00
16	30	1562307,17	694260,00	868047,17	452056,00	415991,17	235050,00	180941,17	1360,00	179581,17	7775,00	171806,17	11200,00	19175,00	30375,00	31920,00	172311,17	204231,17	201806,17	32800,00	32800,00
17	31	1682596,11	749721,00	932875,11	480309,50	452565,61	248850,00	203715,61	1445,00	202270,61	7775,00	194495,61	11200,00	19175,00	30375,00	12369,00	212851,61	225220,61	224495,61	31100,00	31100,00
18	30	1784390,69	801192,00	983198,69	508563,00	474635,69	267300,00	207335,69	1530,00	205805,69	7775,00	198030,69	11200,00	19175,00	30375,00	32718,00	194337,69	227055,69	228030,69	29400,00	29400,00
19	31	1891935,20	849072,00	1042863,20	536816,50	506046,70	281100,00	224946,70	1615,00	223331,70	7775,00	215556,70	11200,00	19175,00	30375,00	20748,00	222133,70	242881,70	245556,70	27700,00	27700,00
20	31	2011492,42	902139,00	1109353,42	565070,00	544283,42	294900,00	249383,42	1700,00	247683,42	7775,00	239908,42	11200,00	19175,00	30375,00	39501,00	226032,42	265533,42	269908,42	26000,00	26000,00
21	30	2120227,60	947625,00	1172602,60	593323,50	579279,10	310350,00	268929,10	1785,00	267144,10	7775,00	259369,10	11200,00	19175,00	30375,00	29925,00	253369,10	283294,10	289369,10	24300,00	24300,00
22	31	2241009,42	1000293,00	1240716,42	621577,00	619139,42	324150,00	294989,42	1870,00	293119,42	7775,00	285344,42	11200,00	19175,00	30375,00	13167,00	294402,42	307569,42	315344,42	22600,00	22600,00
23	30	2358699,63	1043385,00	1315314,63	649830,50	665484,13	337950,00	327534,13	1955,00	325579,13	7775,00	317804,13	11200,00	19175,00	30375,00	41895,00	296434,13	338329,13	347804,13	20900,00	20900,00
24	31	2459202,41	1086477,00	1372725,41	678084,00	694641,41	356400,00	338241,41	2040,00	336201,41	15550,00	320651,41	8400,00	14200,00	22600,00	34713,00	312538,41	347251,41	350651,41	19200,00	19200,00
25	31	2614386,27	1157100,00	1457286,27	706337,50	750948,77	370200,00	380748,77	2125,00	378623,77	15550,00	363073,77	8400,00	14200,00	22600,00	35910,00	352063,77	387973,77	393073,77	17500,00	17500,00
26	28	2782451,37	1232112,00	1550339,37	734591,00	815748,37	384000,00	431748,37	2210,00	429538,37	15550,00	413988,37	8400,00	14200,00	22600,00	32718,00	404470,37	437188,37	443988,37	15800,00	15800,00
27	31	2954995,31	1312311,00	1642684,31	762844,50	879839,81	399450,00	480389,81	2295,00	478094,81	15550,00	462544,81	8400,00	14200,00	22600,00	24339,00	459705,81	484044,81	492544,81	14100,00	14100,00
28	30	3103401,04	1378944,00	1724457,04	791098,00	933359,04	413250,00	520109,04	2380,00	517729,04	15550,00	502179,04	8400,00	14200,00	22600,00	29526,00	492453,04	521979,04	532179,04	12400,00	12400,00
29	31	3239174,66	1441986,00	1797188,66	819351,50	977837,16	427050,00	550787,16	2465,00	548322,16	15550,00	532772,16	8400,00	14200,00	22600,00	38304,00	512568,16	550872,16	562772,16	10700,00	10700,00
30	30	3418835,01	1526973,00	1891862,01	847605,00	1044257,01	445500,00	598757,01	2550,00	596207,01	15550,00	580657,01	8400,00	14200,00	22600,00	25137,00	571920,01	597057,01	610657,01	9000,00	9000,00
31	31	3591434,21	1597995,00	1993439,21	875858,50	1117580,71	459300,00	658280,71	2635,00	655645,71	15550,00	640095,71	8400,00	14200,00	22600,00	25935,00	628860,71	654795,71	670095,71	7300,00	7300,00
32	31	3738746,61	1661835,00	2076911,61	904112,00	1172799,61	473100,00	699699,61	2720,00	696979,61	15550,00	681429,61	8400,00	14200,00	22600,00	33915,00	660514,61	694429,61	711429,61	5600,00	5600,00
33	30	3919642,05	1741236,00	2178406,05	932365,50	1246040,55	488550,00	757490,55	2805,00	754685,55	15550,00	739135,55	8400,00	14200,00	22600,00	26334,00	724101,55	750435,55	769135,55	3900,00	3900,00
34	31	4096366,67	1825425,00	2270941,67	960619,00	1310322,67	502350,00	807972,67	2890,00	805082,67	15550,00	789532,67	8400,00	14200,00	22600,00	13965,00	785167,67	799132,67	819532,67	2200,00	2200,00
35	30	4250995,20	1896447,00	2354548,20	988872,50	1365675,70	516150,00	849525,70	2975,00	846550,70	15550,00	831000,70	8400,00	14200,00	22600,00	14763,00	824137,70	838900,70	861000,70	500,00	500,00
36	31	4464537,25	1983030,00	2481507,25	1017126,00	1464381,25	534600,00	929781,25	3060,00	926721,25	23325,00	903396,25	5600,00	9225,00	14825,00	35910,00	881461,25	917371,25	933396,25	-1200,00	-1200,00

Tab. A-12.17: Bad Case Simulationslauf Nr. 7 (kumulierte Werte)

M	T	U_{Ges}	K_W	RG I	K_P	RG II	K_{WLK}	RG III	Z	RG IV	K_A	intGew	ImAV	SAV	AV	VorH	LiqMit	UV	EK	Vbl	FK
1	31	92823,77	34713,00	58110,77	28253,50	29857,27	13800,00	16057,27	85,00	15972,27	0,00	15972,27	14000,00	24150,00	38150,00	9177,00	56945,27	66122,27	45972,27	58300,00	58300,00
2	28	171799,37	67431,00	104368,37	56507,00	47861,37	27600,00	20261,37	170,00	20091,37	0,00	20091,37	14000,00	24150,00	38150,00	12369,00	56172,37	68541,37	50091,37	56600,00	56600,00
3	31	252144,26	104538,00	147606,26	84760,50	62845,76	43050,00	19795,76	255,00	19540,76	0,00	19540,76	14000,00	24150,00	38150,00	11172,00	55118,76	66290,76	49540,76	54900,00	54900,00
4	30	340373,20	142443,00	197930,20	113014,00	84916,20	56850,00	28066,20	340,00	27726,20	0,00	27726,20	14000,00	24150,00	38150,00	9177,00	63599,20	72776,20	57726,20	53200,00	53200,00
5	31	430792,03	179949,00	250843,03	141267,50	109575,53	70650,00	38925,53	425,00	38500,53	0,00	38500,53	14000,00	24150,00	38150,00	43491,00	38359,53	81850,53	68500,53	51500,00	51500,00
6	30	514906,70	213066,00	301840,70	169521,00	132319,70	89100,00	43219,70	510,00	42709,70	0,00	42709,70	14000,00	24150,00	38150,00	10374,00	73985,70	84359,70	72709,70	49800,00	49800,00
7	31	614805,85	261744,00	353061,85	197774,50	155287,35	102900,00	52387,35	595,00	51792,35	0,00	51792,35	14000,00	24150,00	38150,00	33516,00	58226,35	91742,35	81792,35	48100,00	48100,00
8	31	711109,43	309225,00	401884,43	226028,00	175856,43	116700,00	59156,43	680,00	58476,43	0,00	58476,43	14000,00	24150,00	38150,00	21945,00	74781,43	96726,43	88476,43	46400,00	46400,00
9	30	795279,32	353115,00	442164,32	254281,50	187882,82	132150,00	55732,82	765,00	54967,82	0,00	54967,82	14000,00	24150,00	38150,00	13965,00	77552,82	91517,82	84967,82	44700,00	44700,00
10	31	894118,64	406980,00	487138,64	282535,00	204603,64	145950,00	58653,64	850,00	57803,64	0,00	57803,64	14000,00	24150,00	38150,00	31920,00	60733,64	92653,64	87803,64	43000,00	43000,00
11	30	981130,07	449274,00	531856,07	310788,50	221067,57	159750,00	61317,57	935,00	60382,57	0,00	60382,57	14000,00	24150,00	38150,00	25536,00	67996,57	93532,57	90382,57	41300,00	41300,00
12	31	1094416,52	498351,00	596065,52	339042,00	257023,52	178200,00	78823,52	1020,00	77803,52	7775,00	70028,52	11200,00	19175,00	30375,00	12369,00	96884,52	109253,52	100028,52	39600,00	39600,00
13	31	1177172,85	540246,00	636926,85	367295,50	269631,35	192000,00	77631,35	1105,00	76526,35	7775,00	68751,35	11200,00	19175,00	30375,00	42294,00	63982,35	106276,35	98751,35	37900,00	37900,00
14	28	1268903,32	579747,00	689156,32	395549,00	293607,32	205800,00	87807,32	1190,00	86617,32	7775,00	78842,32	11200,00	19175,00	30375,00	38703,00	75964,32	114667,32	108842,32	36200,00	36200,00
15	31	1379406,18	623238,00	756168,18	423802,50	332365,68	221250,00	111115,68	1275,00	109840,68	7775,00	102065,68	11200,00	19175,00	30375,00	31122,00	105068,68	136190,68	132065,68	34500,00	34500,00
16	30	1477387,30	667128,00	810259,30	452056,00	358203,30	235050,00	123153,30	1360,00	121793,30	7775,00	114018,30	11200,00	19175,00	30375,00	23142,00	123301,30	146443,30	144018,30	32800,00	32800,00
17	31	1591241,47	711816,00	879425,47	480309,50	399115,97	248850,00	150265,97	1445,00	148820,97	7775,00	141045,97	11200,00	19175,00	30375,00	14364,00	157406,97	171770,97	171045,97	31100,00	31100,00
18	30	1675539,00	750120,00	925419,00	508563,00	416856,00	267300,00	149556,00	1530,00	148026,00	7775,00	140251,00	11200,00	19175,00	30375,00	11970,00	157306,00	169276,00	170251,00	29400,00	29400,00
19	31	1775855,44	793212,00	982643,44	536816,50	445826,94	281100,00	164726,94	1615,00	163111,94	7775,00	155336,94	11200,00	19175,00	30375,00	40698,00	141963,94	182661,94	185336,94	27700,00	27700,00
20	31	1879522,06	835905,00	1043617,06	565070,00	478547,06	294900,00	183647,06	1700,00	181947,06	7775,00	174172,06	11200,00	19175,00	30375,00	33915,00	165882,06	199797,06	204172,06	26000,00	26000,00
21	30	1984036,54	879795,00	1104241,54	593323,50	510918,04	310350,00	200568,04	1785,00	198783,04	7775,00	191008,04	11200,00	19175,00	30375,00	25935,00	188998,04	214933,04	221008,04	24300,00	24300,00
22	31	2108110,43	938448,00	1169662,43	621577,00	548085,43	324150,00	223935,43	1870,00	222065,43	7775,00	214290,43	11200,00	19175,00	30375,00	39102,00	197413,43	236515,43	244290,43	22600,00	22600,00
23	30	2212359,67	982338,00	1230021,67	649830,50	580191,17	337950,00	242241,17	1955,00	240286,17	7775,00	232511,17	11200,00	19175,00	30375,00	31122,00	221914,17	253036,17	262511,17	20900,00	20900,00
24	31	2313638,16	1032612,00	1281026,16	678084,00	602942,16	356400,00	246542,16	2040,00	244502,16	15550,00	228952,16	8400,00	14200,00	22600,00	16758,00	238794,16	255552,16	258952,16	19200,00	19200,00
25	31	2467912,89	1108023,00	1359889,89	706337,50	653552,39	370200,00	283352,39	2125,00	281227,39	15550,00	265677,39	8400,00	14200,00	22600,00	13167,00	277410,39	290577,39	295677,39	17500,00	17500,00
26	28	2612773,48	1180242,00	1432531,48	734591,00	697940,48	384000,00	313940,48	2210,00	311730,48	15550,00	296180,48	8400,00	14200,00	22600,00	12768,00	306612,48	319380,48	326180,48	15800,00	15800,00
27	31	2772661,56	1255254,00	1517407,56	762844,50	754563,06	399450,00	355113,06	2295,00	352818,06	15550,00	337268,06	8400,00	14200,00	22600,00	9576,00	349192,06	358768,06	367268,06	14100,00	14100,00
28	30	2940682,90	1329069,00	1611613,90	791098,00	820515,90	413250,00	407265,90	2380,00	404885,90	15550,00	389335,90	8400,00	14200,00	22600,00	43491,00	365644,90	409135,90	419335,90	12400,00	12400,00
29	31	3094712,16	1399692,00	1695020,16	819351,50	875668,66	427050,00	448618,66	2465,00	446153,66	15550,00	430603,66	8400,00	14200,00	22600,00	8778,00	439925,66	448703,66	460603,66	10700,00	10700,00
30	30	3251641,50	1473507,00	1778134,50	847605,00	930529,50	445500,00	485029,50	2550,00	482479,50	15550,00	466929,50	8400,00	14200,00	22600,00	42693,00	440636,50	483329,50	496929,50	9000,00	9000,00
31	31	3398224,21	1541337,00	1856887,21	875858,50	981028,71	459300,00	521728,71	2635,00	519093,71	15550,00	503543,71	8400,00	14200,00	22600,00	10773,00	507470,71	518243,71	533543,71	7300,00	7300,00
32	31	3550979,61	1605975,00	1945004,61	904112,00	1040892,61	473100,00	567792,61	2720,00	565072,61	15550,00	549522,61	8400,00	14200,00	22600,00	17955,00	544567,61	562522,61	579522,61	5600,00	5600,00
33	30	3742630,79	1685376,00	2057254,79	932365,50	1124889,29	488550,00	636339,29	2805,00	633534,29	15550,00	617984,29	8400,00	14200,00	22600,00	10374,00	618910,29	629284,29	647984,29	3900,00	3900,00
34	31	3902180,89	1759590,00	2142590,89	960619,00	1181971,89	502350,00	679621,89	2890,00	676731,89	15550,00	661181,89	8400,00	14200,00	22600,00	43890,00	626891,89	670781,89	691181,89	2200,00	2200,00
35	30	4046339,98	1820238,00	2226101,98	988872,50	1237229,48	516150,00	721079,48	2975,00	718104,48	15550,00	702554,48	8400,00	14200,00	22600,00	19152,00	691302,48	710454,48	732554,48	500,00	500,00
36	31	4211707,83	1896846,00	2314861,83	1017126,00	1297735,83	534600,00	763135,83	3060,00	760075,83	23325,00	736750,83	5600,00	9225,00	14825,00	14364,00	736361,83	750725,83	766750,83	-1200,00	-1200,00

Tab. A-12.18: Bad Case Simulationslauf Nr. 8 (kumulierte Werte)

M	T	U_{Ges}	K_W	RG I	K_P	RG II	K_{WLK}	RG III	Z	RG IV	K_A	intGew	ImAV	SAV	AV	VorH	LiqMit	UV	EK	VbI	FK
1	31	87441,22	35112,00	52329,22	28253,50	24075,72	13800,00	10275,72	85,00	10190,72	0,00	10190,72	14000,00	24150,00	38150,00	8778,00	51562,72	60340,72	40190,72	58300,00	58300,00
2	28	163690,64	67830,00	95860,64	56507,00	39353,64	27600,00	11753,64	170,00	11583,64	0,00	11583,64	14000,00	24150,00	38150,00	11970,00	48063,64	60033,64	41583,64	56600,00	56600,00
3	31	261335,28	101745,00	159590,28	84760,50	74829,78	43050,00	31779,78	255,00	31524,78	0,00	31524,78	14000,00	24150,00	38150,00	13965,00	64309,78	78274,78	61524,78	54900,00	54900,00
4	30	377242,93	146832,00	230410,93	113014,00	117396,93	56850,00	60546,93	340,00	60206,93	0,00	60206,93	14000,00	24150,00	38150,00	40698,00	64558,93	105256,93	90206,93	53200,00	53200,00
5	31	464092,36	189126,00	274966,36	141267,50	133698,86	70650,00	63048,86	425,00	62623,86	0,00	62623,86	14000,00	24150,00	38150,00	34314,00	71659,86	105973,86	92623,86	51500,00	51500,00
6	30	544052,24	222243,00	321809,24	169521,00	152288,24	89100,00	63188,24	510,00	62678,24	0,00	62678,24	14000,00	24150,00	38150,00	37107,00	67221,24	104328,24	92678,24	49800,00	49800,00
7	31	670823,54	283290,00	387533,54	197774,50	189759,04	102900,00	86859,04	595,00	86264,04	0,00	86264,04	14000,00	24150,00	38150,00	11970,00	114244,04	126214,04	116264,04	48100,00	48100,00
8	31	769623,59	328776,00	440847,59	226028,00	214819,59	116700,00	98119,59	680,00	97439,59	0,00	97439,59	14000,00	24150,00	38150,00	38304,00	97385,59	135689,59	127439,59	46400,00	46400,00
9	30	848171,47	370671,00	477500,47	254281,50	223218,97	132150,00	91068,97	765,00	90303,97	0,00	90303,97	14000,00	24150,00	38150,00	32319,00	94534,97	126853,97	120303,97	44700,00	44700,00
10	31	953431,95	421344,00	532087,95	282535,00	249552,95	145950,00	103602,95	850,00	102752,95	0,00	102752,95	14000,00	24150,00	38150,00	17556,00	120046,95	137602,95	132752,95	43000,00	43000,00
11	30	1073927,79	474411,00	599516,79	310788,50	288728,29	159750,00	128978,29	935,00	128043,29	0,00	128043,29	14000,00	24150,00	38150,00	36309,00	124884,29	161193,29	158043,29	41300,00	41300,00
12	31	1197179,41	529074,00	668105,41	339042,00	329063,41	178200,00	150863,41	1020,00	149843,41	7775,00	142068,41	11200,00	19175,00	30375,00	17556,00	163737,41	181293,41	172068,41	39600,00	39600,00
13	31	1292769,44	578151,00	714618,44	367295,50	347322,94	192000,00	155322,94	1105,00	154217,94	7775,00	146442,94	11200,00	19175,00	30375,00	40299,00	143668,94	183967,94	176442,94	37900,00	37900,00
14	28	1404380,33	627228,00	777152,33	395549,00	381603,33	205800,00	175803,33	1190,00	174613,33	7775,00	166838,33	11200,00	19175,00	30375,00	27132,00	175531,33	202663,33	196838,33	36200,00	36200,00
15	31	1504098,20	670719,00	833379,20	423802,50	409576,70	221250,00	188326,70	1275,00	187051,70	7775,00	179276,70	11200,00	19175,00	30375,00	19551,00	193850,70	213401,70	209276,70	34500,00	34500,00
16	30	1616131,42	719796,00	896335,42	452056,00	444279,42	235050,00	209229,42	1360,00	207869,42	7775,00	200094,42	11200,00	19175,00	30375,00	42294,00	190225,42	232519,42	230094,42	32800,00	32800,00
17	31	1725109,65	770868,00	954241,65	480309,50	473932,15	248850,00	225082,15	1445,00	223637,15	7775,00	215862,15	11200,00	19175,00	30375,00	27132,00	219455,15	246587,15	245862,15	31100,00	31100,00
18	30	1818385,65	803985,00	1014400,65	508563,00	505837,65	267300,00	238537,65	1530,00	237007,65	7775,00	229232,65	11200,00	19175,00	30375,00	29925,00	228332,65	258257,65	259232,65	29400,00	29400,00
19	31	1944667,84	864234,00	1080433,84	536816,50	543617,34	281100,00	262517,34	1615,00	260902,34	7775,00	253127,34	11200,00	19175,00	30375,00	41496,00	238956,34	280452,34	283127,34	27700,00	27700,00
20	31	2065403,68	915306,00	1150097,68	565070,00	585027,68	294900,00	290127,68	1700,00	288427,68	7775,00	280652,68	11200,00	19175,00	30375,00	26334,00	279943,68	306277,68	310652,68	26000,00	26000,00
21	30	2193790,35	968373,00	1225417,35	593323,50	632093,85	310350,00	321743,85	1785,00	319958,85	7775,00	312183,85	11200,00	19175,00	30375,00	9177,00	326931,85	336108,85	342183,85	24300,00	24300,00
22	31	2317734,76	1025829,00	1291905,76	621577,00	670328,76	324150,00	346178,76	1870,00	344308,76	7775,00	336533,76	11200,00	19175,00	30375,00	23541,00	335217,76	358758,76	366533,76	22600,00	22600,00
23	30	2416743,02	1071714,00	1345029,02	649830,50	695198,52	337950,00	357248,52	1955,00	355293,52	7775,00	347518,52	11200,00	19175,00	30375,00	13566,00	354477,52	368043,52	377518,52	20900,00	20900,00
24	31	2530343,14	1124382,00	1405961,14	678084,00	727877,14	356400,00	371477,14	2040,00	369437,14	15550,00	353887,14	8400,00	14200,00	22600,00	32718,00	347769,14	380487,14	383887,14	19200,00	19200,00
25	31	2670821,26	1183035,00	1487786,26	706337,50	781448,76	370200,00	411248,76	2125,00	409123,76	15550,00	393573,76	8400,00	14200,00	22600,00	9975,00	408498,76	418473,76	423573,76	17500,00	17500,00
26	28	2820523,86	1249668,00	1570855,86	734591,00	836264,86	384000,00	452264,86	2210,00	450054,86	15550,00	434504,86	8400,00	14200,00	22600,00	15162,00	442542,86	457704,86	464504,86	15800,00	15800,00
27	31	2971631,63	1318296,00	1653335,63	762844,50	890491,13	399450,00	491041,13	2295,00	488746,13	15550,00	473196,13	8400,00	14200,00	22600,00	18354,00	476342,13	494696,13	503196,13	14100,00	14100,00
28	30	3145008,22	1392111,00	1752897,22	791098,00	961799,22	413250,00	548549,22	2380,00	546169,22	15550,00	530619,22	8400,00	14200,00	22600,00	16359,00	534060,22	550419,22	560619,22	12400,00	12400,00
29	31	3321610,54	1473108,00	1848502,54	819351,50	1029151,04	427050,00	602101,04	2465,00	599636,04	15550,00	584086,04	8400,00	14200,00	22600,00	43092,00	559094,04	602186,04	614086,04	10700,00	10700,00
30	30	3489945,36	1553307,00	1936638,36	847605,00	1089033,36	445500,00	643533,36	2550,00	640983,36	15550,00	625433,36	8400,00	14200,00	22600,00	34713,00	607120,36	641833,36	655433,36	9000,00	9000,00
31	31	3662879,57	1627521,00	2035358,57	875858,50	1159500,07	459300,00	700200,07	2635,00	697565,07	15550,00	682015,07	8400,00	14200,00	22600,00	32319,00	664396,07	696715,07	712015,07	7300,00	7300,00
32	31	3819265,56	1701735,00	2117530,56	904112,00	1213418,56	473100,00	740318,56	2720,00	737598,56	15550,00	722048,56	8400,00	14200,00	22600,00	29925,00	705123,56	735048,56	752048,56	5600,00	5600,00
33	30	3991942,68	1779540,00	2212402,68	932365,50	1280037,18	488550,00	791487,18	2805,00	788682,18	15550,00	773132,18	8400,00	14200,00	22600,00	23940,00	760492,18	784432,18	803132,18	3900,00	3900,00
34	31	4154190,10	1853355,00	2300835,10	960619,00	1340216,10	502350,00	837866,10	2890,00	834976,10	15550,00	819426,10	8400,00	14200,00	22600,00	21945,00	807081,10	829026,10	849426,10	2200,00	2200,00
35	30	4332407,68	1930761,00	2401646,68	988872,50	1412774,18	516150,00	896624,18	2975,00	893649,18	15550,00	878099,18	8400,00	14200,00	22600,00	16359,00	869640,18	885999,18	908099,18	500,00	500,00
36	31	4507073,80	2006970,00	2500103,80	1017126,00	1482977,80	534600,00	948377,80	3060,00	945317,80	23325,00	921992,80	5600,00	9225,00	14825,00	11970,00	923997,80	935967,80	951992,80	-1200,00	-1200,00

Tab. A-12.19: Bad Case Simulationslauf Nr. 9 (kumulierte Werte)

M	T	U_{Ges}	K_W	RG I	K_P	RG II	K_{WLK}	RG III	Z	RG IV	K_A	intGew	ImAV	SAV	AV	VorH	LiqMit	UV	EK	Vbl	FK
1	31	79652,29	38304,00	41348,29	28253,50	13094,79	13800,00	-705,21	85,00	-790,21	0,00	-790,21	14000,00	24150,00	38150,00	41496,00	7863,79	49359,79	29209,79	58300,00	58300,00
2	28	162816,61	72618,00	90198,61	56507,00	33691,61	27600,00	6091,61	170,00	5921,61	0,00	5921,61	14000,00	24150,00	38150,00	43092,00	11279,61	54371,61	35921,61	56600,00	56600,00
3	31	256694,51	109725,00	146969,51	84760,50	62209,01	43050,00	19159,01	255,00	18904,01	0,00	18904,01	14000,00	24150,00	38150,00	41895,00	23759,01	65654,01	48904,01	54900,00	54900,00
4	30	358875,32	152418,00	206457,32	113014,00	93443,32	56850,00	36593,32	340,00	36253,32	0,00	36253,32	14000,00	24150,00	38150,00	35112,00	46191,32	81303,32	66253,32	53200,00	53200,00
5	31	459517,89	197904,00	261613,89	141267,50	120346,39	70650,00	49696,39	425,00	49271,39	0,00	49271,39	14000,00	24150,00	38150,00	25536,00	67085,39	92621,39	79271,39	51500,00	51500,00
6	30	552111,79	235809,00	316302,79	169521,00	146781,79	89100,00	57681,79	510,00	57171,79	0,00	57171,79	14000,00	24150,00	38150,00	23541,00	75280,79	98821,79	87171,79	49800,00	49800,00
7	31	643836,30	284088,00	359748,30	197774,50	161973,80	102900,00	59073,80	595,00	58478,80	0,00	58478,80	14000,00	24150,00	38150,00	11172,00	87256,80	98428,80	88478,80	48100,00	48100,00
8	31	719539,09	328377,00	391162,09	226028,00	165134,09	116700,00	48434,09	680,00	47754,09	0,00	47754,09	14000,00	24150,00	38150,00	38703,00	47301,09	86004,09	77754,09	46400,00	46400,00
9	30	810355,56	371070,00	439285,56	254281,50	185004,06	132150,00	52854,06	765,00	52089,06	0,00	52089,06	14000,00	24150,00	38150,00	31920,00	56719,06	88639,06	82089,06	44700,00	44700,00
10	31	918670,60	424935,00	493735,60	282535,00	211200,60	145950,00	65250,60	850,00	64400,60	0,00	64400,60	14000,00	24150,00	38150,00	13965,00	85285,60	99250,60	94400,60	43000,00	43000,00
11	30	1019514,17	470820,00	548694,17	310788,50	237905,67	159750,00	78155,67	935,00	77220,67	0,00	77220,67	14000,00	24150,00	38150,00	39900,00	70470,67	110370,67	107220,67	41300,00	41300,00
12	31	1141433,51	525882,00	615551,51	339042,00	276509,51	178200,00	98309,51	1020,00	97289,51	7775,00	89514,51	11200,00	19175,00	30375,00	20748,00	107991,51	128739,51	119514,51	39600,00	39600,00
13	31	1246495,36	574560,00	671935,36	367295,50	304639,86	192000,00	112639,86	1105,00	111534,86	7775,00	103759,86	11200,00	19175,00	30375,00	43890,00	97394,86	141284,86	133759,86	37900,00	37900,00
14	28	1342459,40	615657,00	726802,40	395549,00	331253,40	205800,00	125453,40	1190,00	124263,40	7775,00	116488,40	11200,00	19175,00	30375,00	38703,00	113610,40	152313,40	146488,40	36200,00	36200,00
15	31	1446732,59	664734,00	781998,59	423802,50	358196,09	221250,00	136946,09	1275,00	135671,09	7775,00	127896,09	11200,00	19175,00	30375,00	25536,00	136485,09	162021,09	157896,09	34500,00	34500,00
16	30	1575533,56	720195,00	855338,56	452056,00	403282,56	235050,00	168232,56	1360,00	166872,56	7775,00	159097,56	11200,00	19175,00	30375,00	41895,00	149627,56	191522,56	189097,56	32800,00	32800,00
17	31	1684273,11	768474,00	915799,11	480309,50	435489,61	248850,00	186639,61	1445,00	185194,61	7775,00	177419,61	11200,00	19175,00	30375,00	29526,00	178618,61	208144,61	207419,61	31100,00	31100,00
18	30	1785710,06	815556,00	970154,06	508563,00	461591,06	267300,00	194291,06	1530,00	192761,06	7775,00	184986,06	11200,00	19175,00	30375,00	18354,00	195657,06	214011,06	214986,06	29400,00	29400,00
19	31	1908112,80	877401,00	1030711,80	536816,50	493895,30	281100,00	212795,30	1615,00	211180,30	7775,00	203405,30	11200,00	19175,00	30375,00	28329,00	202401,30	230730,30	233405,30	27700,00	27700,00
20	31	2009145,28	920892,00	1088253,28	565070,00	523183,28	294900,00	228283,28	1700,00	226583,28	7775,00	218808,28	11200,00	19175,00	30375,00	20748,00	223685,28	244433,28	248808,28	26000,00	26000,00
21	30	2108647,32	968772,00	1139875,32	593323,50	546551,82	310350,00	236201,82	1785,00	234416,82	7775,00	226641,82	11200,00	19175,00	30375,00	8778,00	241788,82	250566,82	256641,82	24300,00	24300,00
22	31	2240251,96	1021440,00	1218811,96	621577,00	597234,96	324150,00	273084,96	1870,00	271214,96	7775,00	263439,96	11200,00	19175,00	30375,00	27930,00	257734,96	285664,96	293439,96	22600,00	22600,00
23	30	2355641,87	1068522,00	1287119,87	649830,50	637289,37	337950,00	299339,37	1955,00	297384,37	7775,00	289609,37	11200,00	19175,00	30375,00	16758,00	293376,37	310134,37	319609,37	20900,00	20900,00
24	31	2461746,77	1113609,00	1348137,77	678084,00	670053,77	356400,00	313653,77	2040,00	311613,77	15550,00	296063,77	8400,00	14200,00	22600,00	43491,00	279172,77	322663,77	326063,77	19200,00	19200,00
25	31	2620569,41	1194207,00	1426362,41	706337,50	720024,91	370200,00	349824,91	2125,00	347699,91	15550,00	332149,91	8400,00	14200,00	22600,00	34713,00	322336,91	357049,91	362149,91	17500,00	17500,00
26	28	2769178,80	1263234,00	1505944,80	734591,00	771353,80	384000,00	387353,80	2210,00	385143,80	15550,00	369593,80	8400,00	14200,00	22600,00	37506,00	355287,80	392793,80	399593,80	15800,00	15800,00
27	31	2922954,25	1331862,00	1591092,25	762844,50	828247,75	399450,00	428797,75	2295,00	426502,75	15550,00	410952,75	8400,00	14200,00	22600,00	40698,00	391754,75	432452,75	440952,75	14100,00	14100,00
28	30	3075811,56	1403283,00	1672528,56	791098,00	881430,56	413250,00	468180,56	2380,00	465800,56	15550,00	450250,56	8400,00	14200,00	22600,00	41097,00	428953,56	470050,56	480250,56	12400,00	12400,00
29	31	3234059,18	1475502,00	1758557,18	819351,50	939205,68	427050,00	512155,68	2465,00	509690,68	15550,00	494140,68	8400,00	14200,00	22600,00	40698,00	471542,68	512240,68	524140,68	10700,00	10700,00
30	30	3396879,63	1554504,00	1842375,63	847605,00	994770,63	445500,00	549270,63	2550,00	546720,63	15550,00	531170,63	8400,00	14200,00	22600,00	33516,00	514054,63	547570,63	561170,63	9000,00	9000,00
31	31	3550689,24	1625925,00	1924764,24	875858,50	1048905,74	459300,00	589605,74	2635,00	586970,74	15550,00	571420,74	8400,00	14200,00	22600,00	33915,00	552205,74	586120,74	601420,74	7300,00	7300,00
32	31	3716163,29	1696149,00	2020014,29	904112,00	1115902,29	473100,00	642802,29	2720,00	640082,29	15550,00	624532,29	8400,00	14200,00	22600,00	35511,00	602021,29	637532,29	654532,29	5600,00	5600,00
33	30	3908762,21	1771161,00	2137601,21	932365,50	1205235,71	488550,00	716685,71	2805,00	713880,71	15550,00	698330,71	8400,00	14200,00	22600,00	68229,00	641401,71	709630,71	728330,71	3900,00	3900,00
34	31	4090498,49	1851360,00	2239138,49	960619,00	1278519,49	502350,00	776169,49	2890,00	773279,49	15550,00	757729,49	8400,00	14200,00	22600,00	23940,00	743389,49	767329,49	787729,49	2200,00	2200,00
35	30	4221200,23	1912407,00	2308793,23	988872,50	1319920,73	516150,00	803770,73	2975,00	800795,73	15550,00	785245,73	8400,00	14200,00	22600,00	34713,00	758432,73	793145,73	815245,73	500,00	500,00
36	31	4398128,04	1984227,00	2413901,04	1017126,00	1396775,04	534600,00	862175,04	3060,00	859115,04	23325,00	835790,04	5600,00	9225,00	14825,00	34713,00	815052,04	849765,04	865790,04	-1200,00	-1200,00

Tab. A-12.20: Bad Case Simulationslauf Nr. 10 (kumulierte Werte)

A-13 Restringieren ausgewählter Simulationsläufe beider Szenarios (kumulierte Darstellung, Stufe I)

M	T	$U_{Ges(min)}$	$U_{Ges(max)}$	$K_{W(min)}$	$K_{W(max)}$	$RG\ I_{(min)}$	$RG\ I_{(max)}$
1	31	[101.279,21 ,	172.538,50]	[38.304,00 ,	75.012,00]	[62.975,21 ,	97.526,50]
2	28	[207.060,27 ,	325.684,04]	[82.593,00 ,	132.867,00]	[124.467,27 ,	192.817,04]
3	31	[281.723,09 ,	512.077,18]	[116.907,00 ,	205.086,00]	[164.816,09 ,	306.991,18]
4	30	[386.615,26 ,	707.552,45]	[159.600,00 ,	279.699,00]	[227.015,26 ,	427.853,45]
5	31	[474.232,64 ,	898.266,40]	[196.308,00 ,	355.110,00]	[277.924,64 ,	543.156,40]
6	30	[557.110,97 ,	1.075.591,21]	[231.420,00 ,	428.127,00]	[325.690,97 ,	647.464,21]
7	31	[667.568,48 ,	1.255.992,77]	[291.270,00 ,	502.341,00]	[376.298,48 ,	753.651,77]
8	31	[763.858,02 ,	1.440.112,28]	[339.150,00 ,	571.767,00]	[424.708,02 ,	868.345,28]
9	30	[875.779,55 ,	1.616.061,79]	[390.621,00 ,	639.597,00]	[485.158,55 ,	976.464,79]
10	31	[987.360,53 ,	1.832.217,91]	[450.471,00 ,	720.594,00]	[536.889,53 ,	1.111.623,91]
11	30	[1.100.960,19 ,	2.035.886,22]	[502.341,00 ,	799.197,00]	[598.619,19 ,	1.236.689,22]
12	31	[1.196.471,87 ,	2.228.308,52]	[549.024,00 ,	877.401,00]	[647.447,87 ,	1.350.907,52]
13	31	[1.318.079,17 ,	2.447.498,45]	[602.091,00 ,	956.403,00]	[715.988,17 ,	1.491.095,45]
14	28	[1.438.496,50 ,	2.646.167,54]	[658.749,00 ,	1.025.031,00]	[779.747,50 ,	1.621.136,54]
15	31	[1.547.048,11 ,	2.831.697,91]	[709.422,00 ,	1.091.664,00]	[837.626,11 ,	1.740.033,91]
16	30	[1.664.716,99 ,	2.985.640,83]	[761.292,00 ,	1.158.297,00]	[903.424,99 ,	1.827.343,83]
17	31	[1.776.388,25 ,	3.151.948,67]	[811.965,00 ,	1.221.339,00]	[964.423,25 ,	1.930.609,67]
18	30	[1.863.461,10 ,	3.325.224,41]	[851.067,00 ,	1.293.558,00]	[1.012.394,10 ,	2.031.666,41]
19	31	[1.995.021,71 ,	3.537.693,15]	[909.720,00 ,	1.374.555,00]	[1.085.301,71 ,	2.163.138,15]
20	31	[2.115.573,08 ,	3.708.915,07]	[959.196,00 ,	1.441.587,00]	[1.156.377,08 ,	2.267.328,07]
21	30	[2.214.744,79 ,	3.935.574,75]	[1.003.884,00 ,	1.518.594,00]	[1.210.860,79 ,	2.416.980,75]
22	31	[2.337.830,81 ,	4.128.286,27]	[1.052.562,00 ,	1.590.015,00]	[1.285.268,81 ,	2.538.271,27]
23	30	[2.434.228,33 ,	4.309.400,00]	[1.098.846,00 ,	1.662.234,00]	[1.335.382,33 ,	2.647.166,00]
24	31	[2.554.872,83 ,	4.516.910,86]	[1.154.307,00 ,	1.738.842,00]	[1.400.565,83 ,	2.778.068,86]
25	31	[2.721.319,04 ,	4.745.224,49]	[1.229.718,00 ,	1.828.617,00]	[1.491.601,04 ,	2.916.607,49]
26	28	[2.859.879,41 ,	4.941.926,88]	[1.293.558,00 ,	1.911.210,00]	[1.566.321,41 ,	3.030.716,88]
27	31	[3.047.935,26 ,	5.204.068,82]	[1.380.540,00 ,	2.016.147,00]	[1.667.395,26 ,	3.187.921,82]
28	30	[3.207.141,97 ,	5.443.187,99]	[1.447.572,00 ,	2.105.922,00]	[1.759.569,97 ,	3.337.265,99]
29	31	[3.333.682,45 ,	5.679.639,83]	[1.513.008,00 ,	2.198.889,00]	[1.820.674,45 ,	3.480.750,83]
30	30	[3.525.465,14 ,	5.941.484,12]	[1.597.197,00 ,	2.290.659,00]	[1.928.268,14 ,	3.650.825,12]
31	31	[3.704.311,91 ,	6.181.094,22]	[1.676.997,00 ,	2.380.035,00]	[2.027.314,91 ,	3.801.059,22]
32	31	[3.877.209,42 ,	6.410.394,74]	[1.753.605,00 ,	2.463.825,00]	[2.123.604,42 ,	3.946.569,74]
33	30	[4.001.130,85 ,	6.679.793,45]	[1.817.046,00 ,	2.561.181,00]	[2.184.084,85 ,	4.118.612,45]
34	31	[4.169.076,33 ,	6.948.457,36]	[1.894.851,00 ,	2.657.739,00]	[2.274.225,33 ,	4.290.718,36]
35	30	[4.313.926,11 ,	7.154.686,67]	[1.962.681,00 ,	2.744.322,00]	[2.351.245,11 ,	4.410.364,67]
36	31	[4.511.248,36 ,	7.414.741,79]	[2.048.865,00 ,	2.850.057,00]	[2.462.383,36 ,	4.564.684,79]

Tab. A-13.1: Restringieren von Umsatz, Materialaufwand (Wareneinsatzkosten) und Rohgewinn I durch Rückgriff auf das beste Bad Case- und schlechteste Good Case-Szenario (kumulierte Werte)

M	T	$RG\ I_{(min)}$	$RG\ I_{(max)}$	$K_{P(min)}$	$K_{P(max)}$	$RG\ II_{(min)}$	$RG\ II_{(max)}$
1	31	[62.975,21 ,	97.526,50]	[28.253,50 ,	28.253,50]	[34.721,71 ,	69.273,00]
2	28	[124.467,27 ,	192.817,04]	[56.507,00 ,	56.507,00]	[67.960,27 ,	136.310,04]
3	31	[164.816,09 ,	306.991,18]	[84.760,50 ,	84.760,50]	[80.055,59 ,	222.230,68]
4	30	[227.015,26 ,	427.853,45]	[113.014,00 ,	113.014,00]	[114.001,26 ,	314.839,45]
5	31	[277.924,64 ,	543.156,40]	[141.267,50 ,	141.267,50]	[136.657,14 ,	401.888,90]
6	30	[325.690,97 ,	647.464,21]	[169.521,00 ,	169.521,00]	[156.169,97 ,	477.943,21]
7	31	[376.298,48 ,	753.651,77]	[197.774,50 ,	197.774,50]	[178.523,98 ,	555.877,27]
8	31	[424.708,02 ,	868.345,28]	[226.028,00 ,	226.028,00]	[198.680,02 ,	642.317,28]
9	30	[485.158,55 ,	976.464,79]	[254.281,50 ,	254.281,50]	[230.877,05 ,	722.183,29]
10	31	[536.889,53 ,	1.111.623,91]	[282.535,00 ,	282.535,00]	[254.354,53 ,	829.088,91]
11	30	[598.619,19 ,	1.236.689,22]	[310.788,50 ,	310.788,50]	[287.830,69 ,	925.900,72]
12	31	[647.447,87 ,	1.350.907,52]	[339.042,00 ,	339.042,00]	[308.405,87 ,	1.011.865,52]
13	31	[715.988,17 ,	1.491.095,45]	[367.295,50 ,	367.295,50]	[348.692,67 ,	1.123.799,95]
14	28	[779.747,50 ,	1.621.136,54]	[395.549,00 ,	395.549,00]	[384.198,50 ,	1.225.587,54]
15	31	[837.626,11 ,	1.740.033,91]	[423.802,50 ,	423.802,50]	[413.823,61 ,	1.316.231,41]
16	30	[903.424,99 ,	1.827.343,83]	[452.056,00 ,	452.056,00]	[451.368,99 ,	1.375.287,83]
17	31	[964.423,25 ,	1.930.609,67]	[480.309,50 ,	480.309,50]	[484.113,75 ,	1.450.300,17]
18	30	[1.012.394,10 ,	2.031.666,41]	[508.563,00 ,	508.563,00]	[503.831,10 ,	1.523.103,41]
19	31	[1.085.301,71 ,	2.163.138,15]	[536.816,50 ,	536.816,50]	[548.485,21 ,	1.626.321,65]
20	31	[1.156.377,08 ,	2.267.328,07]	[565.070,00 ,	565.070,00]	[591.307,08 ,	1.702.258,07]
21	30	[1.210.860,79 ,	2.416.980,75]	[593.323,50 ,	593.323,50]	[617.537,29 ,	1.823.657,25]
22	31	[1.285.268,81 ,	2.538.271,27]	[621.577,00 ,	621.577,00]	[663.691,81 ,	1.916.694,27]
23	30	[1.335.382,33 ,	2.647.166,00]	[649.830,50 ,	649.830,50]	[685.551,83 ,	1.997.335,50]
24	31	[1.400.565,83 ,	2.778.068,86]	[678.084,00 ,	678.084,00]	[722.481,83 ,	2.099.984,86]
25	31	[1.491.601,04 ,	2.916.607,49]	[706.337,50 ,	706.337,50]	[785.263,54 ,	2.210.269,99]
26	28	[1.566.321,41 ,	3.030.716,88]	[734.591,00 ,	734.591,00]	[831.730,41 ,	2.296.125,88]
27	31	[1.667.395,26 ,	3.187.921,82]	[762.844,50 ,	762.844,50]	[904.550,76 ,	2.425.077,32]
28	30	[1.759.569,97 ,	3.337.265,99]	[791.098,00 ,	791.098,00]	[968.471,97 ,	2.546.167,99]
29	31	[1.820.674,45 ,	3.480.750,83]	[819.351,50 ,	819.351,50]	[1.001.322,95 ,	2.661.399,33]
30	30	[1.928.268,14 ,	3.650.825,12]	[847.605,00 ,	847.605,00]	[1.080.663,14 ,	2.803.220,12]
31	31	[2.027.314,91 ,	3.801.059,22]	[875.858,50 ,	875.858,50]	[1.151.456,41 ,	2.925.200,72]
32	31	[2.123.604,42 ,	3.946.569,74]	[904.112,00 ,	904.112,00]	[1.219.492,42 ,	3.042.457,74]
33	30	[2.184.084,85 ,	4.118.612,45]	[932.365,50 ,	932.365,50]	[1.251.719,35 ,	3.186.246,95]
34	31	[2.274.225,33 ,	4.290.718,36]	[960.619,00 ,	960.619,00]	[1.313.606,33 ,	3.330.099,36]
35	30	[2.351.245,11 ,	4.410.364,67]	[988.872,50 ,	988.872,50]	[1.362.372,61 ,	3.421.492,17]
36	31	[2.462.383,36 ,	4.564.684,79]	[1.017.126,00 ,	1.017.126,00]	[1.445.257,36 ,	3.547.558,79]

Tab. A-13.2: Restringieren von Rohgewinn I, Personalaufwand und Rohgewinn II durch Rückgriff auf das beste Bad Case- und schlechteste Good Case-Szenario (kumulierte Werte)

M	T	$RG\ II_{(min)}$	$RG\ II_{(max)}$	$K_{WLK(min)}$	$K_{WLK(max)}$	$RG\ III_{(min)}$	$RG\ III_{(max)}$
1	31	[34.721,71 ,	69.273,00]	[13.800,00 ,	13.800,00]	[20.921,71 ,	55.473,00]
2	28	[67.960,27 ,	136.310,04]	[27.600,00 ,	27.600,00]	[40.360,27 ,	108.710,04]
3	31	[80.055,59 ,	222.230,68]	[43.050,00 ,	43.050,00]	[37.005,59 ,	179.180,68]
4	30	[114.001,26 ,	314.839,45]	[56.850,00 ,	56.850,00]	[57.151,26 ,	257.989,45]
5	31	[136.657,14 ,	401.888,90]	[70.650,00 ,	70.650,00]	[66.007,14 ,	331.238,90]
6	30	[156.169,97 ,	477.943,21]	[89.100,00 ,	89.100,00]	[67.069,97 ,	388.843,21]
7	31	[178.523,98 ,	555.877,27]	[102.900,00 ,	102.900,00]	[75.623,98 ,	452.977,27]
8	31	[198.680,02 ,	642.317,28]	[116.700,00 ,	116.700,00]	[81.980,02 ,	525.617,28]
9	30	[230.877,05 ,	722.183,29]	[132.150,00 ,	132.150,00]	[98.727,05 ,	590.033,29]
10	31	[254.354,53 ,	829.088,91]	[145.950,00 ,	145.950,00]	[108.404,53 ,	683.138,91]
11	30	[287.830,69 ,	925.900,72]	[159.750,00 ,	159.750,00]	[128.080,69 ,	766.150,72]
12	31	[308.405,87 ,	1.011.865,52]	[178.200,00 ,	178.200,00]	[130.205,87 ,	833.665,52]
13	31	[348.692,67 ,	1.123.799,95]	[192.000,00 ,	192.000,00]	[156.692,67 ,	931.799,95]
14	28	[384.198,50 ,	1.225.587,54]	[205.800,00 ,	205.800,00]	[178.398,50 ,	1.019.787,54]
15	31	[413.823,61 ,	1.316.231,41]	[221.250,00 ,	221.250,00]	[192.573,61 ,	1.094.981,41]
16	30	[451.368,99 ,	1.375.287,83]	[235.050,00 ,	235.050,00]	[216.318,99 ,	1.140.237,83]
17	31	[484.113,75 ,	1.450.300,17]	[248.850,00 ,	248.850,00]	[235.263,75 ,	1.201.450,17]
18	30	[503.831,10 ,	1.523.103,41]	[267.300,00 ,	267.300,00]	[236.531,10 ,	1.255.803,41]
19	31	[548.485,21 ,	1.626.321,65]	[281.100,00 ,	281.100,00]	[267.385,21 ,	1.345.221,65]
20	31	[591.307,08 ,	1.702.258,07]	[294.900,00 ,	294.900,00]	[296.407,08 ,	1.407.358,07]
21	30	[617.537,29 ,	1.823.657,25]	[310.350,00 ,	310.350,00]	[307.187,29 ,	1.513.307,25]
22	31	[663.691,81 ,	1.916.694,27]	[324.150,00 ,	324.150,00]	[339.541,81 ,	1.592.544,27]
23	30	[685.551,83 ,	1.997.335,50]	[337.950,00 ,	337.950,00]	[347.601,83 ,	1.659.385,50]
24	31	[722.481,83 ,	2.099.984,86]	[356.400,00 ,	356.400,00]	[366.081,83 ,	1.743.584,86]
25	31	[785.263,54 ,	2.210.269,99]	[370.200,00 ,	370.200,00]	[415.063,54 ,	1.840.069,99]
26	28	[831.730,41 ,	2.296.125,88]	[384.000,00 ,	384.000,00]	[447.730,41 ,	1.912.125,88]
27	31	[904.550,76 ,	2.425.077,32]	[399.450,00 ,	399.450,00]	[505.100,76 ,	2.025.627,32]
28	30	[968.471,97 ,	2.546.167,99]	[413.250,00 ,	413.250,00]	[555.221,97 ,	2.132.917,99]
29	31	[1.001.322,95 ,	2.661.399,33]	[427.050,00 ,	427.050,00]	[574.272,95 ,	2.234.349,33]
30	30	[1.080.663,14 ,	2.803.220,12]	[445.500,00 ,	445.500,00]	[635.163,14 ,	2.357.720,12]
31	31	[1.151.456,41 ,	2.925.200,72]	[459.300,00 ,	459.300,00]	[692.156,41 ,	2.465.900,72]
32	31	[1.219.492,42 ,	3.042.457,74]	[473.100,00 ,	473.100,00]	[746.392,42 ,	2.569.357,74]
33	30	[1.251.719,35 ,	3.186.246,95]	[488.550,00 ,	488.550,00]	[763.169,35 ,	2.697.696,95]
34	31	[1.313.606,33 ,	3.330.099,36]	[502.350,00 ,	502.350,00]	[811.256,33 ,	2.827.749,36]
35	30	[1.362.372,61 ,	3.421.492,17]	[516.150,00 ,	516.150,00]	[846.222,61 ,	2.905.342,17]
36	31	[1.445.257,36 ,	3.547.558,79]	[534.600,00 ,	534.600,00]	[910.657,36 ,	3.012.958,79]

Tab. A-13.3: Restringieren von Rohgewinn II, sonstige betriebliche Aufwendungen und Rohgewinn III durch Rückgriff auf das beste Bad Case- und schlechteste Good Case-Szenario (kumulierte Werte)

M	T	RG III (min)	RG III (max)	Z (min)	Z (max)	RG IV (min)	RG IV (max)
1	31	[20.921,71	55.473,00]	[85,00	85,00]	[20.836,71	55.388,00]
2	28	[40.360,27	108.710,04]	[170,00	170,00]	[40.190,27	108.540,04]
3	31	[37.005,59	179.180,68]	[255,00	255,00]	[36.750,59	178.925,68]
4	30	[57.151,26	257.989,45]	[340,00	340,00]	[56.811,26	257.649,45]
5	31	[66.007,14	331.238,90]	[425,00	425,00]	[65.582,14	330.813,90]
6	30	[67.069,97	388.843,21]	[510,00	510,00]	[66.559,97	388.333,21]
7	31	[75.623,98	452.977,27]	[595,00	595,00]	[75.028,98	452.382,27]
8	31	[81.980,02	525.617,28]	[680,00	680,00]	[81.300,02	524.937,28]
9	30	[98.727,05	590.033,29]	[765,00	765,00]	[97.962,05	589.268,29]
10	31	[108.404,53	683.138,91]	[850,00	850,00]	[107.554,53	682.288,91]
11	30	[128.080,69	766.150,72]	[935,00	935,00]	[127.145,69	765.215,72]
12	31	[130.205,87	833.665,52]	[1.020,00	1.020,00]	[129.185,87	832.645,52]
13	31	[156.692,67	931.799,95]	[1.105,00	1.105,00]	[155.587,67	930.694,95]
14	28	[178.398,50	1.019.787,54]	[1.190,00	1.190,00]	[177.208,50	1.018.597,54]
15	31	[192.573,61	1.094.981,41]	[1.275,00	1.275,00]	[191.298,61	1.093.706,41]
16	30	[216.318,99	1.140.237,83]	[1.360,00	1.360,00]	[214.958,99	1.138.877,83]
17	31	[235.263,75	1.201.450,17]	[1.445,00	1.445,00]	[233.818,75	1.200.005,17]
18	30	[236.531,10	1.255.803,41]	[1.530,00	1.530,00]	[235.001,10	1.254.273,41]
19	31	[267.385,21	1.345.221,65]	[1.615,00	1.615,00]	[265.770,21	1.343.606,65]
20	31	[296.407,08	1.407.358,07]	[1.700,00	1.700,00]	[294.707,08	1.405.658,07]
21	30	[307.187,29	1.513.307,25]	[1.785,00	1.785,00]	[305.402,29	1.511.522,25]
22	31	[339.541,81	1.592.544,27]	[1.870,00	1.870,00]	[337.671,81	1.590.674,27]
23	30	[347.601,83	1.659.385,50]	[1.955,00	1.955,00]	[345.646,83	1.657.430,50]
24	31	[366.081,83	1.743.584,86]	[2.040,00	2.040,00]	[364.041,83	1.741.544,86]
25	31	[415.063,54	1.840.069,99]	[2.125,00	2.125,00]	[412.938,54	1.837.944,99]
26	28	[447.730,41	1.912.125,88]	[2.210,00	2.210,00]	[445.520,41	1.909.915,88]
27	31	[505.100,76	2.025.627,32]	[2.295,00	2.295,00]	[502.805,76	2.023.332,32]
28	30	[555.221,97	2.132.917,99]	[2.380,00	2.380,00]	[552.841,97	2.130.537,99]
29	31	[574.272,95	2.234.349,33]	[2.465,00	2.465,00]	[571.807,95	2.231.884,33]
30	30	[635.163,14	2.357.720,12]	[2.550,00	2.550,00]	[632.613,14	2.355.170,12]
31	31	[692.156,41	2.465.900,72]	[2.635,00	2.635,00]	[689.521,41	2.463.265,72]
32	31	[746.392,42	2.569.357,74]	[2.720,00	2.720,00]	[743.672,42	2.566.637,74]
33	30	[763.169,35	2.697.696,95]	[2.805,00	2.805,00]	[760.364,35	2.694.891,95]
34	31	[811.256,33	2.827.749,36]	[2.890,00	2.890,00]	[808.366,33	2.824.859,36]
35	30	[846.222,61	2.905.342,17]	[2.975,00	2.975,00]	[843.247,61	2.902.367,17]
36	31	[910.657,36	3.012.958,79]	[3.060,00	3.060,00]	[907.597,36	3.009.898,79]

Tab. A-13.4: Restringieren von Rohgewinn III, Zinsaufwand und Rohgewinn IV durch Rückgriff auf das beste Bad Case- und schlechteste Good Case-Szenario (kumulierte Werte)

M	T	$RG\ IV_{(min)}$	$RG\ IV_{(max)}$	$K_{A(min)}$	$K_{A(max)}$	$intGew_{(min)}$	$intGew_{(max)}$
1	31	[20.836,71	55.388,00]	[0,00	0,00]	[20.836,71	55.388,00]
2	28	[40.190,27	108.540,04]	[0,00	0,00]	[40.190,27	108.540,04]
3	31	[36.750,59	178.925,68]	[0,00	0,00]	[36.750,59	178.925,68]
4	30	[56.811,26	257.649,45]	[0,00	0,00]	[56.811,26	257.649,45]
5	31	[65.582,14	330.813,90]	[0,00	0,00]	[65.582,14	330.813,90]
6	30	[66.559,97	388.333,21]	[0,00	0,00]	[66.559,97	388.333,21]
7	31	[75.028,98	452.382,27]	[0,00	0,00]	[75.028,98	452.382,27]
8	31	[81.300,02	524.937,28]	[0,00	0,00]	[81.300,02	524.937,28]
9	30	[97.962,05	589.268,29]	[0,00	0,00]	[97.962,05	589.268,29]
10	31	[107.554,53	682.288,91]	[0,00	0,00]	[107.554,53	682.288,91]
11	30	[127.145,69	765.215,72]	[0,00	0,00]	[127.145,69	765.215,72]
12	31	[129.185,87	832.645,52]	[7.775,00	7.775,00]	[121.410,87	824.870,52]
13	31	[155.587,67	930.694,95]	[7.775,00	7.775,00]	[147.812,67	922.919,95]
14	28	[177.208,50	1.018.597,54]	[7.775,00	7.775,00]	[169.433,50	1.010.822,54]
15	31	[191.298,61	1.093.706,41]	[7.775,00	7.775,00]	[183.523,61	1.085.931,41]
16	30	[214.958,99	1.138.877,83]	[7.775,00	7.775,00]	[207.183,99	1.131.102,83]
17	31	[233.818,75	1.200.005,17]	[7.775,00	7.775,00]	[226.043,75	1.192.230,17]
18	30	[235.001,10	1.254.273,41]	[7.775,00	7.775,00]	[227.226,10	1.246.498,41]
19	31	[265.770,21	1.343.606,65]	[7.775,00	7.775,00]	[257.995,21	1.335.831,65]
20	31	[294.707,08	1.405.658,07]	[7.775,00	7.775,00]	[286.932,08	1.397.883,07]
21	30	[305.402,29	1.511.522,25]	[7.775,00	7.775,00]	[297.627,29	1.503.747,25]
22	31	[337.671,81	1.590.674,27]	[7.775,00	7.775,00]	[329.896,81	1.582.899,27]
23	30	[345.646,83	1.657.430,50]	[7.775,00	7.775,00]	[337.871,83	1.649.655,50]
24	31	[364.041,83	1.741.544,86]	[15.550,00	15.550,00]	[348.491,83	1.725.994,86]
25	31	[412.938,54	1.837.944,99]	[15.550,00	15.550,00]	[397.388,54	1.822.394,99]
26	28	[445.520,41	1.909.915,88]	[15.550,00	15.550,00]	[429.970,41	1.894.365,88]
27	31	[502.805,76	2.023.332,32]	[15.550,00	15.550,00]	[487.255,76	2.007.782,32]
28	30	[552.841,97	2.130.537,99]	[15.550,00	15.550,00]	[537.291,97	2.114.987,99]
29	31	[571.807,95	2.231.884,33]	[15.550,00	15.550,00]	[556.257,95	2.216.334,33]
30	30	[632.613,14	2.355.170,12]	[15.550,00	15.550,00]	[617.063,14	2.339.620,12]
31	31	[689.521,41	2.463.265,72]	[15.550,00	15.550,00]	[673.971,41	2.447.715,72]
32	31	[743.672,42	2.566.637,74]	[15.550,00	15.550,00]	[728.122,42	2.551.087,74]
33	30	[760.364,35	2.694.891,95]	[15.550,00	15.550,00]	[744.814,35	2.679.341,95]
34	31	[808.366,33	2.824.859,36]	[15.550,00	15.550,00]	[792.816,33	2.809.309,36]
35	30	[843.247,61	2.902.367,17]	[15.550,00	15.550,00]	[827.697,61	2.886.817,17]
36	31	[907.597,36	3.009.898,79]	[23.325,00	23.325,00]	[884.272,36	2.986.573,79]

Tab. A-13.5: Restringieren von Rohgewinn IV, Abschreibungen und internen Gewinn durch Rückgriff auf das beste Bad Case- und schlechteste Good Case-Szenario (kumulierte Werte)

A-14 Restringieren ausgewählter Simulationsläufe beider Szenarios (monatsbezogene Darstellung, Stufe I)

M	T	$U_{Ges(min)}$	$U_{Ges(max)}$	$K_{W(min)}$	$K_{W(max)}$	$RG\ I_{(min)}$	$RG\ I_{(max)}$
1	31	[101.279,21 ,	172.538,50]	[38.304,00 ,	75.012,00]	[62.975,21 ,	97.526,50]
2	28	[105.781,06 ,	153.145,54]	[44.289,00 ,	57.855,00]	[61.492,06 ,	95.290,54]
3	31	[74.662,82 ,	186.393,14]	[34.314,00 ,	72.219,00]	[40.348,82 ,	114.174,14]
4	30	[104.892,17 ,	195.475,27]	[42.693,00 ,	74.613,00]	[62.199,17 ,	120.862,27]
5	31	[87.617,38 ,	190.713,95]	[36.708,00 ,	75.411,00]	[50.909,38 ,	115.302,95]
6	30	[82.878,33 ,	177.324,81]	[35.112,00 ,	73.017,00]	[47.766,33 ,	104.307,81]
7	31	[110.457,51 ,	180.401,56]	[59.850,00 ,	74.214,00]	[50.607,51 ,	106.187,56]
8	31	[96.289,54 ,	184.119,51]	[47.880,00 ,	69.426,00]	[48.409,54 ,	114.693,51]
9	30	[111.921,53 ,	175.949,51]	[51.471,00 ,	67.830,00]	[60.450,53 ,	108.119,51]
10	31	[111.580,98 ,	216.156,12]	[59.850,00 ,	80.997,00]	[51.730,98 ,	135.159,12]
11	30	[113.599,66 ,	203.668,31]	[51.870,00 ,	78.603,00]	[61.729,66 ,	125.065,31]
12	31	[95.511,68 ,	192.422,30]	[46.683,00 ,	78.204,00]	[48.828,68 ,	114.218,30]
13	31	[121.607,30 ,	219.189,93]	[53.067,00 ,	79.002,00]	[68.540,30 ,	140.187,93]
14	28	[120.417,33 ,	198.669,09]	[56.658,00 ,	68.628,00]	[63.759,33 ,	130.041,09]
15	31	[108.551,61 ,	185.530,37]	[50.673,00 ,	66.633,00]	[57.878,61 ,	118.897,37]
16	30	[117.668,88 ,	153.942,92]	[51.870,00 ,	66.633,00]	[65.798,88 ,	87.309,92]
17	31	[111.671,26 ,	166.307,84]	[50.673,00 ,	63.042,00]	[60.998,26 ,	103.265,84]
18	30	[87.072,85 ,	173.275,74]	[39.102,00 ,	72.219,00]	[47.970,85 ,	101.056,74]
19	31	[131.560,61 ,	212.468,74]	[58.653,00 ,	80.997,00]	[72.907,61 ,	131.471,74]
20	31	[120.551,37 ,	171.221,92]	[49.476,00 ,	67.032,00]	[71.075,37 ,	104.189,92]
21	30	[99.171,71 ,	226.659,68]	[44.688,00 ,	77.007,00]	[54.483,71 ,	149.652,68]
22	31	[123.086,02 ,	192.711,52]	[48.678,00 ,	71.421,00]	[74.408,02 ,	121.290,52]
23	30	[96.397,52 ,	181.113,73]	[46.284,00 ,	72.219,00]	[50.113,52 ,	108.894,73]
24	31	[120.644,50 ,	207.510,86]	[55.461,00 ,	76.608,00]	[65.183,50 ,	130.902,86]
25	31	[166.446,21 ,	228.313,63]	[75.411,00 ,	89.775,00]	[91.035,21 ,	138.538,63]
26	28	[138.560,37 ,	196.702,39]	[63.840,00 ,	82.593,00]	[74.720,37 ,	114.109,39]
27	31	[188.055,85 ,	262.141,94]	[86.982,00 ,	104.937,00]	[101.073,85 ,	157.204,94]
28	30	[159.206,71 ,	239.119,17]	[67.032,00 ,	89.775,00]	[92.174,71 ,	149.344,17]
29	31	[126.540,48 ,	236.451,84]	[65.436,00 ,	92.967,00]	[61.104,48 ,	143.484,84]
30	30	[191.782,69 ,	261.844,29]	[84.189,00 ,	91.770,00]	[107.593,69 ,	170.074,29]
31	31	[178.846,77 ,	239.610,10]	[79.800,00 ,	89.376,00]	[99.046,77 ,	150.234,10]
32	31	[172.897,51 ,	229.300,52]	[76.608,00 ,	83.790,00]	[96.289,51 ,	145.510,52]
33	30	[123.921,43 ,	269.398,71]	[63.441,00 ,	97.356,00]	[60.480,43 ,	172.042,71]
34	31	[167.945,48 ,	268.663,91]	[77.805,00 ,	96.558,00]	[90.140,48 ,	172.105,91]
35	30	[144.849,78 ,	206.229,31]	[67.830,00 ,	86.583,00]	[77.019,78 ,	119.646,31]
36	31	[197.322,25 ,	260.055,12]	[86.184,00 ,	105.735,00]	[111.138,25 ,	154.320,12]

Tab. A-14.1: Restringieren von Umsatz, Materialaufwand (Wareneinsatzkosten) und Rohgewinn I durch Rückgriff auf das beste Bad Case- und schlechteste Good Case-Szenario (monatsbezogene Darstellung)

M	T	$RG\ I_{(min)}$	$RG\ I_{(max)}$	$K_{P(min)}$	$K_{P(max)}$	$RG\ II_{(min)}$	$RG\ II_{(max)}$
1	31	[62.975,21 ,	97.526,50]	[28.253,50 ,	28.253,50]	[34.721,71 ,	69.273,00]
2	28	[61.492,06 ,	95.290,54]	[28.253,50 ,	28.253,50]	[33.238,56 ,	67.037,04]
3	31	[40.348,82 ,	114.174,14]	[28.253,50 ,	28.253,50]	[12.095,32 ,	85.920,64]
4	30	[62.199,17 ,	120.862,27]	[28.253,50 ,	28.253,50]	[33.945,67 ,	92.608,77]
5	31	[50.909,38 ,	115.302,95]	[28.253,50 ,	28.253,50]	[22.655,88 ,	87.049,45]
6	30	[47.766,33 ,	104.307,81]	[28.253,50 ,	28.253,50]	[19.512,83 ,	76.054,31]
7	31	[50.607,51 ,	106.187,56]	[28.253,50 ,	28.253,50]	[22.354,01 ,	77.934,06]
8	31	[48.409,54 ,	114.693,51]	[28.253,50 ,	28.253,50]	[20.156,04 ,	86.440,01]
9	30	[60.450,53 ,	108.119,51]	[28.253,50 ,	28.253,50]	[32.197,03 ,	79.866,01]
10	31	[51.730,98 ,	135.159,12]	[28.253,50 ,	28.253,50]	[23.477,48 ,	106.905,62]
11	30	[61.729,66 ,	125.065,31]	[28.253,50 ,	28.253,50]	[33.476,16 ,	96.811,81]
12	31	[48.828,68 ,	114.218,30]	[28.253,50 ,	28.253,50]	[20.575,18 ,	85.964,80]
13	31	[68.540,30 ,	140.187,93]	[28.253,50 ,	28.253,50]	[40.286,80 ,	111.934,43]
14	28	[63.759,33 ,	130.041,09]	[28.253,50 ,	28.253,50]	[35.505,83 ,	101.787,59]
15	31	[57.878,61 ,	118.897,37]	[28.253,50 ,	28.253,50]	[29.625,11 ,	90.643,87]
16	30	[65.798,88 ,	87.309,92]	[28.253,50 ,	28.253,50]	[37.545,38 ,	59.056,42]
17	31	[60.998,26 ,	103.265,84]	[28.253,50 ,	28.253,50]	[32.744,76 ,	75.012,34]
18	30	[47.970,85 ,	101.056,74]	[28.253,50 ,	28.253,50]	[19.717,35 ,	72.803,24]
19	31	[72.907,61 ,	131.471,74]	[28.253,50 ,	28.253,50]	[44.654,11 ,	103.218,24]
20	31	[71.075,37 ,	104.189,92]	[28.253,50 ,	28.253,50]	[42.821,87 ,	75.936,42]
21	30	[54.483,71 ,	149.652,68]	[28.253,50 ,	28.253,50]	[26.230,21 ,	121.399,18]
22	31	[74.408,02 ,	121.290,52]	[28.253,50 ,	28.253,50]	[46.154,52 ,	93.037,02]
23	30	[50.113,52 ,	108.894,73]	[28.253,50 ,	28.253,50]	[21.860,02 ,	80.641,23]
24	31	[65.183,50 ,	130.902,86]	[28.253,50 ,	28.253,50]	[36.930,00 ,	102.649,36]
25	31	[91.035,21 ,	138.538,63]	[28.253,50 ,	28.253,50]	[62.781,71 ,	110.285,13]
26	28	[74.720,37 ,	114.109,39]	[28.253,50 ,	28.253,50]	[46.466,87 ,	85.855,89]
27	31	[101.073,85 ,	157.204,94]	[28.253,50 ,	28.253,50]	[72.820,35 ,	128.951,44]
28	30	[92.174,71 ,	149.344,17]	[28.253,50 ,	28.253,50]	[63.921,21 ,	121.090,67]
29	31	[61.104,48 ,	143.484,84]	[28.253,50 ,	28.253,50]	[32.850,98 ,	115.231,34]
30	30	[107.593,69 ,	170.074,29]	[28.253,50 ,	28.253,50]	[79.340,19 ,	141.820,79]
31	31	[99.046,77 ,	150.234,10]	[28.253,50 ,	28.253,50]	[70.793,27 ,	121.980,60]
32	31	[96.289,51 ,	145.510,52]	[28.253,50 ,	28.253,50]	[68.036,01 ,	117.257,02]
33	30	[60.480,43 ,	172.042,71]	[28.253,50 ,	28.253,50]	[32.226,93 ,	143.789,21]
34	31	[90.140,48 ,	172.105,91]	[28.253,50 ,	28.253,50]	[61.886,98 ,	143.852,41]
35	30	[77.019,78 ,	119.646,31]	[28.253,50 ,	28.253,50]	[48.766,28 ,	91.392,81]
36	31	[111.138,25 ,	154.320,12]	[28.253,50 ,	28.253,50]	[82.884,75 ,	126.066,62]

Tab. A-14.2: Restringieren von Rohgewinn I, Personalaufwand und Rohgewinn II durch Rückgriff auf das beste Bad Case- und schlechteste Good Case-Szenario (monatsbezogene Darstellung)

M	T	$RG\ II_{(min)}$	$RG\ II_{(max)}$	$K_{WLK(min)}$	$K_{WLK(max)}$	$RG\ III_{(min)}$	$RG\ III_{(max)}$
1	31	34.721,71	69.273,00	13.800,00	13.800,00	20.921,71	55.473,00
2	28	33.238,56	67.037,04	13.800,00	13.800,00	19.438,56	53.237,04
3	31	12.095,32	85.920,64	15.450,00	15.450,00	-3.354,68	70.470,64
4	30	33.945,67	92.608,77	13.800,00	13.800,00	20.145,67	78.808,77
5	31	22.655,88	87.049,45	13.800,00	13.800,00	8.855,88	73.249,45
6	30	19.512,83	76.054,31	18.450,00	18.450,00	1.062,83	57.604,31
7	31	22.354,01	77.934,06	13.800,00	13.800,00	8.554,01	64.134,06
8	31	20.156,04	86.440,01	13.800,00	13.800,00	6.356,04	72.640,01
9	30	32.197,03	79.866,01	15.450,00	15.450,00	16.747,03	64.416,01
10	31	23.477,48	106.905,62	13.800,00	13.800,00	9.677,48	93.105,62
11	30	33.476,16	96.811,81	13.800,00	13.800,00	19.676,16	83.011,81
12	31	20.575,18	85.964,80	18.450,00	18.450,00	2.125,18	67.514,80
13	31	40.286,80	111.934,43	13.800,00	13.800,00	26.486,80	98.134,43
14	28	35.505,83	101.787,59	13.800,00	13.800,00	21.705,83	87.987,59
15	31	29.625,11	90.643,87	15.450,00	15.450,00	14.175,11	75.193,87
16	30	37.545,38	59.056,42	13.800,00	13.800,00	23.745,38	45.256,42
17	31	32.744,76	75.012,34	13.800,00	13.800,00	18.944,76	61.212,34
18	30	19.717,35	72.803,24	18.450,00	18.450,00	1.267,35	54.353,24
19	31	44.654,11	103.218,24	13.800,00	13.800,00	30.854,11	89.418,24
20	31	42.821,87	75.936,42	13.800,00	13.800,00	29.021,87	62.136,42
21	30	26.230,21	121.399,18	15.450,00	15.450,00	10.780,21	105.949,18
22	31	46.154,52	93.037,02	13.800,00	13.800,00	32.354,52	79.237,02
23	30	21.860,02	80.641,23	13.800,00	13.800,00	8.060,02	66.841,23
24	31	36.930,00	102.649,36	18.450,00	18.450,00	18.480,00	84.199,36
25	31	62.781,71	110.285,13	13.800,00	13.800,00	48.981,71	96.485,13
26	28	46.466,87	85.855,89	13.800,00	13.800,00	32.666,87	72.055,89
27	31	72.820,35	128.951,44	15.450,00	15.450,00	57.370,35	113.501,44
28	30	63.921,21	121.090,67	13.800,00	13.800,00	50.121,21	107.290,67
29	31	32.850,98	115.231,34	13.800,00	13.800,00	19.050,98	101.431,34
30	30	79.340,19	141.820,79	18.450,00	18.450,00	60.890,19	123.370,79
31	31	70.793,27	121.980,60	13.800,00	13.800,00	56.993,27	108.180,60
32	31	68.036,01	117.257,02	13.800,00	13.800,00	54.236,01	103.457,02
33	30	32.226,93	143.789,21	15.450,00	15.450,00	16.776,93	128.339,21
34	31	61.886,98	143.852,41	13.800,00	13.800,00	48.086,98	130.052,41
35	30	48.766,28	91.392,81	13.800,00	13.800,00	34.966,28	77.592,81
36	31	82.884,75	126.066,62	18.450,00	18.450,00	64.434,75	107.616,62

Tab. A-14.3: Restringieren von Rohgewinn II, sonstige betriebliche Aufwendungen und Rohgewinn III durch Rückgriff auf das beste Bad Case- und schlechteste Good Case-Szenario (monatsbezogene Darstellung)

M	T	RG III $_{(min)}$	RG III $_{(max)}$	Z $_{(min)}$	Z $_{(max)}$	RG IV $_{(min)}$	RG IV $_{(max)}$
1	31	[20.921,71	55.473,00]	[85,00	85,00]	[20.836,71	55.388,00]
2	28	[19.438,56	53.237,04]	[85,00	85,00]	[19.353,56	53.152,04]
3	31	[-3.354,68	70.470,64]	[85,00	85,00]	[-3.439,68	70.385,64]
4	30	[20.145,67	78.808,77]	[85,00	85,00]	[20.060,67	78.723,77]
5	31	[8.855,88	73.249,45]	[85,00	85,00]	[8.770,88	73.164,45]
6	30	[1.062,83	57.604,31]	[85,00	85,00]	[977,83	57.519,31]
7	31	[8.554,01	64.134,06]	[85,00	85,00]	[8.469,01	64.049,06]
8	31	[6.356,04	72.640,01]	[85,00	85,00]	[6.271,04	72.555,01]
9	30	[16.747,03	64.416,01]	[85,00	85,00]	[16.662,03	64.331,01]
10	31	[9.677,48	93.105,62]	[85,00	85,00]	[9.592,48	93.020,62]
11	30	[19.676,16	83.011,81]	[85,00	85,00]	[19.591,16	82.926,81]
12	31	[2.125,18	67.514,80]	[85,00	85,00]	[2.040,18	67.429,80]
13	31	[26.486,80	98.134,43]	[85,00	85,00]	[26.401,80	98.049,43]
14	28	[21.705,83	87.987,59]	[85,00	85,00]	[21.620,83	87.902,59]
15	31	[14.175,11	75.193,87]	[85,00	85,00]	[14.090,11	75.108,87]
16	30	[23.745,38	45.256,42]	[85,00	85,00]	[23.660,38	45.171,42]
17	31	[18.944,76	61.212,34]	[85,00	85,00]	[18.859,76	61.127,34]
18	30	[1.267,35	54.353,24]	[85,00	85,00]	[1.182,35	54.268,24]
19	31	[30.854,11	89.418,24]	[85,00	85,00]	[30.769,11	89.333,24]
20	31	[29.021,87	62.136,42]	[85,00	85,00]	[28.936,87	62.051,42]
21	30	[10.780,21	105.949,18]	[85,00	85,00]	[10.695,21	105.864,18]
22	31	[32.354,52	79.237,02]	[85,00	85,00]	[32.269,52	79.152,02]
23	30	[8.060,02	66.841,23]	[85,00	85,00]	[7.975,02	66.756,23]
24	31	[18.480,00	84.199,36]	[85,00	85,00]	[18.395,00	84.114,36]
25	31	[48.981,71	96.485,13]	[85,00	85,00]	[48.896,71	96.400,13]
26	28	[32.666,87	72.055,89]	[85,00	85,00]	[32.581,87	71.970,89]
27	31	[57.370,35	113.501,44]	[85,00	85,00]	[57.285,35	113.416,44]
28	30	[50.121,21	107.290,67]	[85,00	85,00]	[50.036,21	107.205,67]
29	31	[19.050,98	101.431,34]	[85,00	85,00]	[18.965,98	101.346,34]
30	30	[60.890,19	123.370,79]	[85,00	85,00]	[60.805,19	123.285,79]
31	31	[56.993,27	108.180,60]	[85,00	85,00]	[56.908,27	108.095,60]
32	31	[54.236,01	103.457,02]	[85,00	85,00]	[54.151,01	103.372,02]
33	30	[16.776,93	128.339,21]	[85,00	85,00]	[16.691,93	128.254,21]
34	31	[48.086,98	130.052,41]	[85,00	85,00]	[48.001,98	129.967,41]
35	30	[34.966,28	77.592,81]	[85,00	85,00]	[34.881,28	77.507,81]
36	31	[64.434,75	107.616,62]	[85,00	85,00]	[64.349,75	107.531,62]

Tab. A-14.4: Restringieren von Rohgewinn III, Zinsaufwand und Rohgewinn IV durch Rückgriff auf das beste Bad Case- und schlechteste Good Case-Szenario (monatsbezogene Darstellung)

M	T	$RG\ IV_{(min)}$	$RG\ IV_{(max)}$	$K_{A(min)}$	$K_{A(max)}$	$intGew_{(min)}$	$intGew_{(max)}$
1	31	[20.836,71 ,	55.388,00]	[0,00 ,	0,00]	[20.836,71 ,	55.388,00]
2	28	[19.353,56 ,	53.152,04]	[0,00 ,	0,00]	[19.353,56 ,	53.152,04]
3	31	[-3.439,68 ,	70.385,64]	[0,00 ,	0,00]	[-3.439,68 ,	70.385,64]
4	30	[20.060,67 ,	78.723,77]	[0,00 ,	0,00]	[20.060,67 ,	78.723,77]
5	31	[8.770,88 ,	73.164,45]	[0,00 ,	0,00]	[8.770,88 ,	73.164,45]
6	30	[977,83 ,	57.519,31]	[0,00 ,	0,00]	[977,83 ,	57.519,31]
7	31	[8.469,01 ,	64.049,06]	[0,00 ,	0,00]	[8.469,01 ,	64.049,06]
8	31	[6.271,04 ,	72.555,01]	[0,00 ,	0,00]	[6.271,04 ,	72.555,01]
9	30	[16.662,03 ,	64.331,01]	[0,00 ,	0,00]	[16.662,03 ,	64.331,01]
10	31	[9.592,48 ,	93.020,62]	[0,00 ,	0,00]	[9.592,48 ,	93.020,62]
11	30	[19.591,16 ,	82.926,81]	[0,00 ,	0,00]	[19.591,16 ,	82.926,81]
12	31	[2.040,18 ,	67.429,80]	[7.775,00 ,	7.775,00]	[-5.734,82 ,	59.654,80]
13	31	[26.401,80 ,	98.049,43]	[0,00 ,	0,00]	[26.401,80 ,	98.049,43]
14	28	[21.620,83 ,	87.902,59]	[0,00 ,	0,00]	[21.620,83 ,	87.902,59]
15	31	[14.090,11 ,	75.108,87]	[0,00 ,	0,00]	[14.090,11 ,	75.108,87]
16	30	[23.660,38 ,	45.171,42]	[0,00 ,	0,00]	[23.660,38 ,	45.171,42]
17	31	[18.859,76 ,	61.127,34]	[0,00 ,	0,00]	[18.859,76 ,	61.127,34]
18	30	[1.182,35 ,	54.268,24]	[0,00 ,	0,00]	[1.182,35 ,	54.268,24]
19	31	[30.769,11 ,	89.333,24]	[0,00 ,	0,00]	[30.769,11 ,	89.333,24]
20	31	[28.936,87 ,	62.051,42]	[0,00 ,	0,00]	[28.936,87 ,	62.051,42]
21	30	[10.695,21 ,	105.864,18]	[0,00 ,	0,00]	[10.695,21 ,	105.864,18]
22	31	[32.269,52 ,	79.152,02]	[0,00 ,	0,00]	[32.269,52 ,	79.152,02]
23	30	[7.975,02 ,	66.756,23]	[0,00 ,	0,00]	[7.975,02 ,	66.756,23]
24	31	[18.395,00 ,	84.114,36]	[7.775,00 ,	7.775,00]	[10.620,00 ,	76.339,36]
25	31	[48.896,71 ,	96.400,13]	[0,00 ,	0,00]	[48.896,71 ,	96.400,13]
26	28	[32.581,87 ,	71.970,89]	[0,00 ,	0,00]	[32.581,87 ,	71.970,89]
27	31	[57.285,35 ,	113.416,44]	[0,00 ,	0,00]	[57.285,35 ,	113.416,44]
28	30	[50.036,21 ,	107.205,67]	[0,00 ,	0,00]	[50.036,21 ,	107.205,67]
29	31	[18.965,98 ,	101.346,34]	[0,00 ,	0,00]	[18.965,98 ,	101.346,34]
30	30	[60.805,19 ,	123.285,79]	[0,00 ,	0,00]	[60.805,19 ,	123.285,79]
31	31	[56.908,27 ,	108.095,60]	[0,00 ,	0,00]	[56.908,27 ,	108.095,60]
32	31	[54.151,01 ,	103.372,02]	[0,00 ,	0,00]	[54.151,01 ,	103.372,02]
33	30	[16.691,93 ,	128.254,21]	[0,00 ,	0,00]	[16.691,93 ,	128.254,21]
34	31	[48.001,98 ,	129.967,41]	[0,00 ,	0,00]	[48.001,98 ,	129.967,41]
35	30	[34.881,28 ,	77.507,81]	[0,00 ,	0,00]	[34.881,28 ,	77.507,81]
36	31	[64.349,75 ,	107.531,62]	[7.775,00 ,	7.775,00]	[56.574,75 ,	99.756,62]

Tab. A-14.5: Restringieren von Rohgewinn IV, Abschreibungen und internen Gewinn durch Rückgriff auf das beste Bad Case- und schlechteste Good Case-Szenario (monatsbezogene Darstellung)

A-15 Restringieren ausgewählter Simulationsläufe beider Szenarios (Stufe II)

		Monatswerte		Kumulierte Werte	
M	T	$intGew_{(min)}$	$intGew_{(max)}$	$intGew_{(min)}$	$intGew_{(max)}$
1	31	[20.836,71 ,	55.388,00]	[20.836,71 ,	55.388,00]
2	28	[19.353,56 ,	53.152,04]	[73.988,75 ,	74.741,56]
3	31	[-3.439,68 ,	70.385,64]	[71.301,88 ,	144.374,39]
4	30	[20.060,67 ,	78.723,77]	[150.025,65 ,	164.435,06]
5	31	[8.770,88 ,	73.164,45]	[173.205,94 ,	223.190,10]
6	30	[977,83 ,	57.519,31]	[224.167,93 ,	230.725,25]
7	31	[8.469,01 ,	64.049,06]	[239.194,26 ,	288.216,99]
8	31	[6.271,04 ,	72.555,01]	[294.488,03 ,	311.749,27]
9	30	[16.662,03 ,	64.331,01]	[328.411,30 ,	358.819,04]
10	31	[9.592,48 ,	93.020,62]	[368.411,52 ,	421.431,92]
11	30	[19.591,16 ,	82.926,81]	[441.023,08 ,	451.338,33]
12	31	[-5.734,82 ,	59.654,80]	[445.603,51 ,	500.677,88]
13	31	[26.401,80 ,	98.049,43]	[527.079,68 ,	543.652,94]
14	28	[21.620,83 ,	87.902,59]	[565.273,77 ,	614.982,27]
15	31	[14.090,11 ,	75.108,87]	[629.072,38 ,	640.382,64]
16	30	[23.660,38 ,	45.171,42]	[664.043,02 ,	674.243,80]
17	31	[18.859,76 ,	61.127,34]	[693.103,56 ,	725.170,36]
18	30	[1.182,35 ,	54.268,24]	[726.352,71 ,	747.371,80]
19	31	[30.769,11 ,	89.333,24]	[778.140,91 ,	815.685,95]
20	31	[28.936,87 ,	62.051,42]	[840.192,33 ,	844.622,82]
21	30	[10.695,21 ,	105.864,18]	[855.318,03 ,	946.056,51]
22	31	[32.269,52 ,	79.152,02]	[934.470,05 ,	978.326,03]
23	30	[7.975,02 ,	66.756,23]	[986.301,05 ,	1.001.226,28]
24	31	[10.620,00 ,	76.339,36]	[1.011.846,28 ,	1.062.640,41]
25	31	[48.896,71 ,	96.400,13]	[1.108.246,41 ,	1.111.537,12]
26	28	[32.581,87 ,	71.970,89]	[1.144.118,99 ,	1.180.217,30]
27	31	[57.285,35 ,	113.416,44]	[1.237.502,65 ,	1.257.535,43]
28	30	[50.036,21 ,	107.205,67]	[1.307.571,64 ,	1.344.708,32]
29	31	[18.965,98 ,	101.346,34]	[1.363.674,30 ,	1.408.917,98]
30	30	[60.805,19 ,	123.285,79]	[1.469.723,17 ,	1.486.960,09]
31	31	[56.908,27 ,	108.095,60]	[1.543.868,36 ,	1.577.818,77]
32	31	[54.151,01 ,	103.372,02]	[1.631.969,78 ,	1.647.240,38]
33	30	[16.691,93 ,	128.254,21]	[1.663.932,31 ,	1.760.223,99]
34	31	[48.001,98 ,	129.967,41]	[1.793.899,72 ,	1.808.225,97]
35	30	[34.881,28 ,	77.507,81]	[1.843.107,25 ,	1.871.407,53]
36	31	[56.574,75 ,	99.756,62]	[1.927.982,28 ,	1.942.863,87]

Tab. A-15: Restringieren durch Vergleich des besten Bad Case- mit dem schlechtesten Good Case-Szenario und schärferer Intervalle bei der Ermittlung des kumulierten internen Gewinns (Stufe II)

A-16 Restringieren ausgewählter Simulationsläufe beider Szenarios (monatsbezogene Darstellung, Stufe III)

M	*T*	$U_{Ges(min)}$	$U_{Ges(max)}$	$K_{W(min)}$	$K_{W(max)}$	$RG\ I_{(min)}$	$RG\ I_{(max)}$
1	31	[101.279,21 ,	172.538,50]	[38.304,00 ,	75.012,00]	[26.267,21 ,	134.234,50]
2	28	[105.781,06 ,	153.145,54]	[44.289,00 ,	57.855,00]	[47.926,06 ,	108.856,54]
3	31	[74.662,82 ,	186.393,14]	[34.314,00 ,	72.219,00]	[2.443,82 ,	152.079,14]
4	30	[104.892,17 ,	195.475,27]	[42.693,00 ,	74.613,00]	[30.279,17 ,	152.782,27]
5	31	[87.617,38 ,	190.713,95]	[36.708,00 ,	75.411,00]	[12.206,38 ,	154.005,95]
6	30	[82.878,33 ,	177.324,81]	[35.112,00 ,	73.017,00]	[9.861,33 ,	142.212,81]
7	31	[110.457,51 ,	180.401,56]	[59.850,00 ,	74.214,00]	[36.243,51 ,	120.551,56]
8	31	[96.289,54 ,	184.119,51]	[47.880,00 ,	69.426,00]	[26.863,54 ,	136.239,51]
9	30	[111.921,53 ,	175.949,51]	[51.471,00 ,	67.830,00]	[44.091,53 ,	124.478,51]
10	31	[111.580,98 ,	216.156,12]	[59.850,00 ,	80.997,00]	[30.583,98 ,	156.306,12]
11	30	[113.599,66 ,	203.668,31]	[51.870,00 ,	78.603,00]	[34.996,66 ,	151.798,31]
12	31	[95.511,68 ,	192.422,30]	[46.683,00 ,	78.204,00]	[17.307,68 ,	145.739,30]
13	31	[121.607,30 ,	219.189,93]	[53.067,00 ,	79.002,00]	[42.605,30 ,	166.122,93]
14	28	[120.417,33 ,	198.669,09]	[56.658,00 ,	68.628,00]	[51.789,33 ,	142.011,09]
15	31	[108.551,61 ,	185.530,37]	[50.673,00 ,	66.633,00]	[41.918,61 ,	134.857,37]
16	30	[117.668,88 ,	153.942,92]	[51.870,00 ,	66.633,00]	[51.035,88 ,	102.072,92]
17	31	[111.671,26 ,	166.307,84]	[50.673,00 ,	63.042,00]	[48.629,26 ,	115.634,84]
18	30	[87.072,85 ,	173.275,74]	[39.102,00 ,	72.219,00]	[14.853,85 ,	134.173,74]
19	31	[131.560,61 ,	212.468,74]	[58.653,00 ,	80.997,00]	[50.563,61 ,	153.815,74]
20	31	[120.551,37 ,	171.221,92]	[49.476,00 ,	67.032,00]	[53.519,37 ,	121.745,92]
21	30	[99.171,71 ,	226.659,68]	[44.688,00 ,	77.007,00]	[22.164,71 ,	181.971,68]
22	31	[123.086,02 ,	192.711,52]	[48.678,00 ,	71.421,00]	[51.665,02 ,	144.033,52]
23	30	[96.397,52 ,	181.113,73]	[46.284,00 ,	72.219,00]	[24.178,52 ,	134.829,73]
24	31	[120.644,50 ,	207.510,86]	[55.461,00 ,	76.608,00]	[44.036,50 ,	152.049,86]
25	31	[166.446,21 ,	228.313,63]	[75.411,00 ,	89.775,00]	[76.671,21 ,	152.902,63]
26	28	[138.560,37 ,	196.702,39]	[63.840,00 ,	82.593,00]	[55.967,37 ,	132.862,39]
27	31	[188.055,85 ,	262.141,94]	[86.982,00 ,	104.937,00]	[83.118,85 ,	175.159,94]
28	30	[159.206,71 ,	239.119,17]	[67.032,00 ,	89.775,00]	[69.431,71 ,	172.087,17]
29	31	[126.540,48 ,	236.451,84]	[65.436,00 ,	92.967,00]	[33.573,48 ,	171.015,84]
30	30	[191.782,69 ,	261.844,29]	[84.189,00 ,	91.770,00]	[100.012,69 ,	177.655,29]
31	31	[178.846,77 ,	239.610,10]	[79.800,00 ,	89.376,00]	[89.470,77 ,	159.810,10]
32	31	[172.897,51 ,	229.300,52]	[76.608,00 ,	83.790,00]	[89.107,51 ,	152.692,52]
33	30	[123.921,43 ,	269.398,71]	[63.441,00 ,	97.356,00]	[26.565,43 ,	205.957,71]
34	31	[167.945,48 ,	268.663,91]	[77.805,00 ,	96.558,00]	[71.387,48 ,	190.858,91]
35	30	[144.849,78 ,	206.229,31]	[67.830,00 ,	86.583,00]	[58.266,78 ,	138.399,31]
36	31	[197.322,25 ,	260.055,12]	[86.184,00 ,	105.735,00]	[91.587,25 ,	173.871,12]

Tab. A-16.1: Restringieren von Umsatz, Materialaufwand (Wareneinsatzkosten) und Rohgewinn I durch Rückgriff auf das beste Bad Case- und das schlechteste Good Case-Szenario und Kombination des optimistischen bzw. pessimistischen Wertes eines Intervalls mit dem pessimistischen bzw. optimistischen Wert des anderen Intervalls (Stufe III, monatsbezogen)

M	T	RG I (min)	RG I (max)	K P(min)	K P(max)	RG II (min)	RG II (max)
1	31	[26.267,21 ,	134.234,50]	[28.253,50 ,	28.253,50]	[-1.986,29 ,	105.981,00]
2	28	[47.926,06 ,	108.856,54]	[28.253,50 ,	28.253,50]	[19.672,56 ,	80.603,04]
3	31	[2.443,82 ,	152.079,14]	[28.253,50 ,	28.253,50]	[-25.809,68 ,	123.825,64]
4	30	[30.279,17 ,	152.782,27]	[28.253,50 ,	28.253,50]	[2.025,67 ,	124.528,77]
5	31	[12.206,38 ,	154.005,95]	[28.253,50 ,	28.253,50]	[-16.047,12 ,	125.752,45]
6	30	[9.861,33 ,	142.212,81]	[28.253,50 ,	28.253,50]	[-18.392,17 ,	113.959,31]
7	31	[36.243,51 ,	120.551,56]	[28.253,50 ,	28.253,50]	[7.990,01 ,	92.298,06]
8	31	[26.863,54 ,	136.239,51]	[28.253,50 ,	28.253,50]	[-1.389,96 ,	107.986,01]
9	30	[44.091,53 ,	124.478,51]	[28.253,50 ,	28.253,50]	[15.838,03 ,	96.225,01]
10	31	[30.583,98 ,	156.306,12]	[28.253,50 ,	28.253,50]	[2.330,48 ,	128.052,62]
11	30	[34.996,66 ,	151.798,31]	[28.253,50 ,	28.253,50]	[6.743,16 ,	123.544,81]
12	31	[17.307,68 ,	145.739,30]	[28.253,50 ,	28.253,50]	[-10.945,82 ,	117.485,80]
13	31	[42.605,30 ,	166.122,93]	[28.253,50 ,	28.253,50]	[14.351,80 ,	137.869,43]
14	28	[51.789,33 ,	142.011,09]	[28.253,50 ,	28.253,50]	[23.535,83 ,	113.757,59]
15	31	[41.918,61 ,	134.857,37]	[28.253,50 ,	28.253,50]	[13.665,11 ,	106.603,87]
16	30	[51.035,88 ,	102.072,92]	[28.253,50 ,	28.253,50]	[22.782,38 ,	73.819,42]
17	31	[48.629,26 ,	115.634,84]	[28.253,50 ,	28.253,50]	[20.375,76 ,	87.381,34]
18	30	[14.853,85 ,	134.173,74]	[28.253,50 ,	28.253,50]	[-13.399,65 ,	105.920,24]
19	31	[50.563,61 ,	153.815,74]	[28.253,50 ,	28.253,50]	[22.310,11 ,	125.562,24]
20	31	[53.519,37 ,	121.745,92]	[28.253,50 ,	28.253,50]	[25.265,87 ,	93.492,42]
21	30	[22.164,71 ,	181.971,68]	[28.253,50 ,	28.253,50]	[-6.088,79 ,	153.718,18]
22	31	[51.665,02 ,	144.033,52]	[28.253,50 ,	28.253,50]	[23.411,52 ,	115.780,02]
23	30	[24.178,52 ,	134.829,73]	[28.253,50 ,	28.253,50]	[-4.074,98 ,	106.576,23]
24	31	[44.036,50 ,	152.049,86]	[28.253,50 ,	28.253,50]	[15.783,00 ,	123.796,36]
25	31	[76.671,21 ,	152.902,63]	[28.253,50 ,	28.253,50]	[48.417,71 ,	124.649,13]
26	28	[55.967,37 ,	132.862,39]	[28.253,50 ,	28.253,50]	[27.713,87 ,	104.608,89]
27	31	[83.118,85 ,	175.159,94]	[28.253,50 ,	28.253,50]	[54.865,35 ,	146.906,44]
28	30	[69.431,71 ,	172.087,17]	[28.253,50 ,	28.253,50]	[41.178,21 ,	143.833,67]
29	31	[33.573,48 ,	171.015,84]	[28.253,50 ,	28.253,50]	[5.319,98 ,	142.762,34]
30	30	[100.012,69 ,	177.655,29]	[28.253,50 ,	28.253,50]	[71.759,19 ,	149.401,79]
31	31	[89.470,77 ,	159.810,10]	[28.253,50 ,	28.253,50]	[61.217,27 ,	131.556,60]
32	31	[89.107,51 ,	152.692,52]	[28.253,50 ,	28.253,50]	[60.854,01 ,	124.439,02]
33	30	[26.565,43 ,	205.957,71]	[28.253,50 ,	28.253,50]	[-1.688,07 ,	177.704,21]
34	31	[71.387,48 ,	190.858,91]	[28.253,50 ,	28.253,50]	[43.133,98 ,	162.605,41]
35	30	[58.266,78 ,	138.399,31]	[28.253,50 ,	28.253,50]	[30.013,28 ,	110.145,81]
36	31	[91.587,25 ,	173.871,12]	[28.253,50 ,	28.253,50]	[63.333,75 ,	145.617,62]

Tab. A-16.2: Restringieren von Rohgewinn I, Personalaufwand und Rohgewinn II durch Rückgriff auf das beste Bad Case- und das schlechteste Good Case-Szenario und Kombination des optimistischen bzw. pessimistischen Wertes eines Intervalls mit dem pessimistischen bzw. optimistischen Wert des anderen Intervalls (Stufe III, monatsbezogen)

M	T	RG II $_{(min)}$	RG II $_{(max)}$	K $_{WLK(min)}$	K $_{WLK(max)}$	RG III $_{(min)}$	RG III $_{(max)}$
1	31	[-1.986,29 ,	105.981,00]	[13.800,00 ,	13.800,00]	[-15.786,29 ,	92.181,00]
2	28	[19.672,56 ,	80.603,04]	[13.800,00 ,	13.800,00]	[5.872,56 ,	66.803,04]
3	31	[-25.809,68 ,	123.825,64]	[15.450,00 ,	15.450,00]	[-41.259,68 ,	108.375,64]
4	30	[2.025,67 ,	124.528,77]	[13.800,00 ,	13.800,00]	[-11.774,33 ,	110.728,77]
5	31	[-16.047,12 ,	125.752,45]	[13.800,00 ,	13.800,00]	[-29.847,12 ,	111.952,45]
6	30	[-18.392,17 ,	113.959,31]	[18.450,00 ,	18.450,00]	[-36.842,17 ,	95.509,31]
7	31	[7.990,01 ,	92.298,06]	[13.800,00 ,	13.800,00]	[-5.809,99 ,	78.498,06]
8	31	[-1.389,96 ,	107.986,01]	[13.800,00 ,	13.800,00]	[-15.189,96 ,	94.186,01]
9	30	[15.838,03 ,	96.225,01]	[15.450,00 ,	15.450,00]	[388,03 ,	80.775,01]
10	31	[2.330,48 ,	128.052,62]	[13.800,00 ,	13.800,00]	[-11.469,52 ,	114.252,62]
11	30	[6.743,16 ,	123.544,81]	[13.800,00 ,	13.800,00]	[-7.056,84 ,	109.744,81]
12	31	[-10.945,82 ,	117.485,80]	[18.450,00 ,	18.450,00]	[-29.395,82 ,	99.035,80]
13	31	[14.351,80 ,	137.869,43]	[13.800,00 ,	13.800,00]	[551,80 ,	124.069,43]
14	28	[23.535,83 ,	113.757,59]	[13.800,00 ,	13.800,00]	[9.735,83 ,	99.957,59]
15	31	[13.665,11 ,	106.603,87]	[15.450,00 ,	15.450,00]	[-1.784,89 ,	91.153,87]
16	30	[22.782,38 ,	73.819,42]	[13.800,00 ,	13.800,00]	[8.982,38 ,	60.019,42]
17	31	[20.375,76 ,	87.381,34]	[13.800,00 ,	13.800,00]	[6.575,76 ,	73.581,34]
18	30	[-13.399,65 ,	105.920,24]	[18.450,00 ,	18.450,00]	[-31.849,65 ,	87.470,24]
19	31	[22.310,11 ,	125.562,24]	[13.800,00 ,	13.800,00]	[8.510,11 ,	111.762,24]
20	31	[25.265,87 ,	93.492,42]	[13.800,00 ,	13.800,00]	[11.465,87 ,	79.692,42]
21	30	[-6.088,79 ,	153.718,18]	[15.450,00 ,	15.450,00]	[-21.538,79 ,	138.268,18]
22	31	[23.411,52 ,	115.780,02]	[13.800,00 ,	13.800,00]	[9.611,52 ,	101.980,02]
23	30	[-4.074,98 ,	106.576,23]	[13.800,00 ,	13.800,00]	[-17.874,98 ,	92.776,23]
24	31	[15.783,00 ,	123.796,36]	[18.450,00 ,	18.450,00]	[-2.667,00 ,	105.346,36]
25	31	[48.417,71 ,	124.649,13]	[13.800,00 ,	13.800,00]	[34.617,71 ,	110.849,13]
26	28	[27.713,87 ,	104.608,89]	[13.800,00 ,	13.800,00]	[13.913,87 ,	90.808,89]
27	31	[54.865,35 ,	146.906,44]	[15.450,00 ,	15.450,00]	[39.415,35 ,	131.456,44]
28	30	[41.178,21 ,	143.833,67]	[13.800,00 ,	13.800,00]	[27.378,21 ,	130.033,67]
29	31	[5.319,98 ,	142.762,34]	[13.800,00 ,	13.800,00]	[-8.480,02 ,	128.962,34]
30	30	[71.759,19 ,	149.401,79]	[18.450,00 ,	18.450,00]	[53.309,19 ,	130.951,79]
31	31	[61.217,27 ,	131.556,60]	[13.800,00 ,	13.800,00]	[47.417,27 ,	117.756,60]
32	31	[60.854,01 ,	124.439,02]	[13.800,00 ,	13.800,00]	[47.054,01 ,	110.639,02]
33	30	[-1.688,07 ,	177.704,21]	[15.450,00 ,	15.450,00]	[-17.138,07 ,	162.254,21]
34	31	[43.133,98 ,	162.605,41]	[13.800,00 ,	13.800,00]	[29.333,98 ,	148.805,41]
35	30	[30.013,28 ,	110.145,81]	[13.800,00 ,	13.800,00]	[16.213,28 ,	96.345,81]
36	31	[63.333,75 ,	145.617,62]	[18.450,00 ,	18.450,00]	[44.883,75 ,	127.167,62]

Tab. A-16.3: Restringieren von Rohgewinn II, sonstige betriebliche Aufwendungen und Rohgewinn III durch Rückgriff auf das beste Bad Case- und das schlechteste Good Case-Szenario und Kombination des optimistischen bzw. pessimistischen Wertes eines Intervalls mit dem pessimistischen bzw. optimistischen Wert des anderen Intervalls (Stufe III, monatsbezogen)

M	T	$RG\ III_{(min)}$	$RG\ III_{(max)}$	$Z_{(min)}$	$Z_{(max)}$	$RG\ IV_{(min)}$	$RG\ IV_{(max)}$
1	31	[-15.786,29 ,	92.181,00]	[85,00 ,	85,00]	[-15.871,29 ,	92.096,00]
2	28	[5.872,56 ,	66.803,04]	[85,00 ,	85,00]	[5.787,56 ,	66.718,04]
3	31	[-41.259,68 ,	108.375,64]	[85,00 ,	85,00]	[-41.344,68 ,	108.290,64]
4	30	[-11.774,33 ,	110.728,77]	[85,00 ,	85,00]	[-11.859,33 ,	110.643,77]
5	31	[-29.847,12 ,	111.952,45]	[85,00 ,	85,00]	[-29.932,12 ,	111.867,45]
6	30	[-36.842,17 ,	95.509,31]	[85,00 ,	85,00]	[-36.927,17 ,	95.424,31]
7	31	[-5.809,99 ,	78.498,06]	[85,00 ,	85,00]	[-5.894,99 ,	78.413,06]
8	31	[-15.189,96 ,	94.186,01]	[85,00 ,	85,00]	[-15.274,96 ,	94.101,01]
9	30	[388,03 ,	80.775,01]	[85,00 ,	85,00]	[303,03 ,	80.690,01]
10	31	[-11.469,52 ,	114.252,62]	[85,00 ,	85,00]	[-11.554,52 ,	114.167,62]
11	30	[-7.056,84 ,	109.744,81]	[85,00 ,	85,00]	[-7.141,84 ,	109.659,81]
12	31	[-29.395,82 ,	99.035,80]	[85,00 ,	85,00]	[-29.480,82 ,	98.950,80]
13	31	[551,80 ,	124.069,43]	[85,00 ,	85,00]	[466,80 ,	123.984,43]
14	28	[9.735,83 ,	99.957,59]	[85,00 ,	85,00]	[9.650,83 ,	99.872,59]
15	31	[-1.784,89 ,	91.153,87]	[85,00 ,	85,00]	[-1.869,89 ,	91.068,87]
16	30	[8.982,38 ,	60.019,42]	[85,00 ,	85,00]	[8.897,38 ,	59.934,42]
17	31	[6.575,76 ,	73.581,34]	[85,00 ,	85,00]	[6.490,76 ,	73.496,34]
18	30	[-31.849,65 ,	87.470,24]	[85,00 ,	85,00]	[-31.934,65 ,	87.385,24]
19	31	[8.510,11 ,	111.762,24]	[85,00 ,	85,00]	[8.425,11 ,	111.677,24]
20	31	[11.465,87 ,	79.692,42]	[85,00 ,	85,00]	[11.380,87 ,	79.607,42]
21	30	[-21.538,79 ,	138.268,18]	[85,00 ,	85,00]	[-21.623,79 ,	138.183,18]
22	31	[9.611,52 ,	101.980,02]	[85,00 ,	85,00]	[9.526,52 ,	101.895,02]
23	30	[-17.874,98 ,	92.776,23]	[85,00 ,	85,00]	[-17.959,98 ,	92.691,23]
24	31	[-2.667,00 ,	105.346,36]	[85,00 ,	85,00]	[-2.752,00 ,	105.261,36]
25	31	[34.617,71 ,	110.849,13]	[85,00 ,	85,00]	[34.532,71 ,	110.764,13]
26	28	[13.913,87 ,	90.808,89]	[85,00 ,	85,00]	[13.828,87 ,	90.723,89]
27	31	[39.415,35 ,	131.456,44]	[85,00 ,	85,00]	[39.330,35 ,	131.371,44]
28	30	[27.378,21 ,	130.033,67]	[85,00 ,	85,00]	[27.293,21 ,	129.948,67]
29	31	[-8.480,02 ,	128.962,34]	[85,00 ,	85,00]	[-8.565,02 ,	128.877,34]
30	30	[53.309,19 ,	130.951,79]	[85,00 ,	85,00]	[53.224,19 ,	130.866,79]
31	31	[47.417,27 ,	117.756,60]	[85,00 ,	85,00]	[47.332,27 ,	117.671,60]
32	31	[47.054,01 ,	110.639,02]	[85,00 ,	85,00]	[46.969,01 ,	110.554,02]
33	30	[-17.138,07 ,	162.254,21]	[85,00 ,	85,00]	[-17.223,07 ,	162.169,21]
34	31	[29.333,98 ,	148.805,41]	[85,00 ,	85,00]	[29.248,98 ,	148.720,41]
35	30	[16.213,28 ,	96.345,81]	[85,00 ,	85,00]	[16.128,28 ,	96.260,81]
36	31	[44.883,75 ,	127.167,62]	[85,00 ,	85,00]	[44.798,75 ,	127.082,62]

Tab. A-16.4: Restringieren von Rohgewinn III, Zinsaufwand und Rohgewinn IV durch Rückgriff auf das beste Bad Case- und das schlechteste Good Case-Szenario und Kombination des optimistischen bzw. pessimistischen Wertes eines Intervalls mit dem pessimistischen bzw. optimistischen Wert des anderen Intervalls (Stufe III, monatsbezogen)

M	T	RG $IV_{(min)}$	RG $IV_{(max)}$	$K_{A(min)}$	$K_{A(max)}$	$intGew_{(min)}$	$intGew_{(max)}$
1	31	[-15.871,29	92.096,00]	[0,00	0,00]	[-15.871,29	92.096,00]
2	28	[5.787,56	66.718,04]	[0,00	0,00]	[5.787,56	66.718,04]
3	31	[-41.344,68	108.290,64]	[0,00	0,00]	[-41.344,68	108.290,64]
4	30	[-11.859,33	110.643,77]	[0,00	0,00]	[-11.859,33	110.643,77]
5	31	[-29.932,12	111.867,45]	[0,00	0,00]	[-29.932,12	111.867,45]
6	30	[-36.927,17	95.424,31]	[0,00	0,00]	[-36.927,17	95.424,31]
7	31	[-5.894,99	78.413,06]	[0,00	0,00]	[-5.894,99	78.413,06]
8	31	[-15.274,96	94.101,01]	[0,00	0,00]	[-15.274,96	94.101,01]
9	30	[303,03	80.690,01]	[0,00	0,00]	[303,03	80.690,01]
10	31	[-11.554,52	114.167,62]	[0,00	0,00]	[-11.554,52	114.167,62]
11	30	[-7.141,84	109.659,81]	[0,00	0,00]	[-7.141,84	109.659,81]
12	31	[-29.480,82	98.950,80]	[7.775,00	7.775,00]	[-37.255,82	91.175,80]
13	31	[466,80	123.984,43]	[0,00	0,00]	[466,80	123.984,43]
14	28	[9.650,83	99.872,59]	[0,00	0,00]	[9.650,83	99.872,59]
15	31	[-1.869,89	91.068,87]	[0,00	0,00]	[-1.869,89	91.068,87]
16	30	[8.897,38	59.934,42]	[0,00	0,00]	[8.897,38	59.934,42]
17	31	[6.490,76	73.496,34]	[0,00	0,00]	[6.490,76	73.496,34]
18	30	[-31.934,65	87.385,24]	[0,00	0,00]	[-31.934,65	87.385,24]
19	31	[8.425,11	111.677,24]	[0,00	0,00]	[8.425,11	111.677,24]
20	31	[11.380,87	79.607,42]	[0,00	0,00]	[11.380,87	79.607,42]
21	30	[-21.623,79	138.183,18]	[0,00	0,00]	[-21.623,79	138.183,18]
22	31	[9.526,52	101.895,02]	[0,00	0,00]	[9.526,52	101.895,02]
23	30	[-17.959,98	92.691,23]	[0,00	0,00]	[-17.959,98	92.691,23]
24	31	[-2.752,00	105.261,36]	[7.775,00	7.775,00]	[-10.527,00	97.486,36]
25	31	[34.532,71	110.764,13]	[0,00	0,00]	[34.532,71	110.764,13]
26	28	[13.828,87	90.723,89]	[0,00	0,00]	[13.828,87	90.723,89]
27	31	[39.330,35	131.371,44]	[0,00	0,00]	[39.330,35	131.371,44]
28	30	[27.293,21	129.948,67]	[0,00	0,00]	[27.293,21	129.948,67]
29	31	[-8.565,02	128.877,34]	[0,00	0,00]	[-8.565,02	128.877,34]
30	30	[53.224,19	130.866,79]	[0,00	0,00]	[53.224,19	130.866,79]
31	31	[47.332,27	117.671,60]	[0,00	0,00]	[47.332,27	117.671,60]
32	31	[46.969,01	110.554,02]	[0,00	0,00]	[46.969,01	110.554,02]
33	30	[-17.223,07	162.169,21]	[0,00	0,00]	[-17.223,07	162.169,21]
34	31	[29.248,98	148.720,41]	[0,00	0,00]	[29.248,98	148.720,41]
35	30	[16.128,28	96.260,81]	[0,00	0,00]	[16.128,28	96.260,81]
36	31	[44.798,75	127.082,62]	[7.775,00	7.775,00]	[37.023,75	119.307,62]

Tab. A-16.5: Restringieren von Rohgewinn IV, Abschreibungen und internen Gewinn durch Rückgriff auf das beste Bad Case- und das schlechteste Good Case-Szenario und Kombination des optimistischen bzw. pessimistischen Wertes eines Intervalls mit dem pessimistischen bzw. optimistischen Wert des anderen Intervalls (Stufe III, monatsbezogen)

M	T	Monatswerte intGew$_{(min)}$	Monatswerte intGew$_{(max)}$	Kumulierte Werte intGew$_{(min)}$	Kumulierte Werte intGew$_{(max)}$
1	31	[-15.871,29 ,	92.096,00]	[-15.871,29 ,	92.096,00]
2	28	[5.787,56 ,	66.718,04]	[50.846,75 ,	97.883,56]
3	31	[-41.344,68 ,	108.290,64]	[56.538,88 ,	159.137,39]
4	30	[-11.859,33 ,	110.643,77]	[147.278,06 ,	167.182,65]
5	31	[-29.932,12 ,	111.867,45]	[137.250,53 ,	259.145,51]
6	30	[-36.927,17 ,	95.424,31]	[222.218,34 ,	232.674,84]
7	31	[-5.894,99 ,	78.413,06]	[226.779,85 ,	300.631,40]
8	31	[-15.274,96 ,	94.101,01]	[285.356,44 ,	320.880,86]
9	30	[303,03 ,	80.690,01]	[321.183,89 ,	366.046,45]
10	31	[-11.554,52 ,	114.167,62]	[354.491,93 ,	435.351,51]
11	30	[-7.141,84 ,	109.659,81]	[428.209,67 ,	464.151,74]
12	31	[-37.255,82 ,	91.175,80]	[426.895,92 ,	519.385,47]
13	31	[466,80 ,	123.984,43]	[519.852,27 ,	550.880,35]
14	28	[9.650,83 ,	99.872,59]	[560.531,18 ,	619.724,86]
15	31	[-1.869,89 ,	91.068,87]	[617.854,97 ,	651.600,05]
16	30	[8.897,38 ,	59.934,42]	[660.497,43 ,	677.789,39]
17	31	[6.490,76 ,	73.496,34]	[684.280,15 ,	733.993,77]
18	30	[-31.934,65 ,	87.385,24]	[702.059,12 ,	771.665,39]
19	31	[8.425,11 ,	111.677,24]	[780.090,50 ,	813.736,36]
20	31	[11.380,87 ,	79.607,42]	[825.117,23 ,	859.697,92]
21	30	[-21.623,79 ,	138.183,18]	[838.074,13 ,	963.300,41]
22	31	[9.526,52 ,	101.895,02]	[939.969,15 ,	972.826,93]
23	30	[-17.959,98 ,	92.691,23]	[954.866,95 ,	1.032.660,38]
24	31	[-10.527,00 ,	97.486,36]	[1.022.133,38 ,	1.052.353,31]
25	31	[34.532,71 ,	110.764,13]	[1.086.886,02 ,	1.132.897,51]
26	28	[13.828,87 ,	90.723,89]	[1.146.726,38 ,	1.177.609,91]
27	31	[39.330,35 ,	131.371,44]	[1.216.940,26 ,	1.278.097,82]
28	30	[27.293,21 ,	129.948,67]	[1.305.391,03 ,	1.346.888,93]
29	31	[-8.565,02 ,	128.877,34]	[1.338.323,91 ,	1.434.268,37]
30	30	[53.224,19 ,	130.866,79]	[1.469.190,70 ,	1.487.492,56]
31	31	[47.332,27 ,	117.671,60]	[1.534.824,83 ,	1.586.862,30]
32	31	[46.969,01 ,	110.554,02]	[1.633.831,31 ,	1.645.378,85]
33	30	[-17.223,07 ,	162.169,21]	[1.628.155,78 ,	1.796.000,52]
34	31	[29.248,98 ,	148.720,41]	[1.776.876,19 ,	1.825.249,50]
35	30	[16.128,28 ,	96.260,81]	[1.841.377,78 ,	1.873.137,00]
36	31	[37.023,75 ,	119.307,62]	[1.910.160,75 ,	1.960.685,40]

Tab. A-16.6: Restringieren des monatsbezogenen und des kumulierten internen Gewinns durch Rückgriff auf das beste Bad Case- und das schlechteste Good Case-Szenario und Kombination des optimistischen bzw. pessimistischen Wertes eines Intervalls mit dem pessimistischen bzw. optimistischen Wert des anderen Intervalls (Stufe III)

A-17 Auszug zu den im Szenario GOODCASE in die Ausgabedatei geschriebenen Daten

Simulationslauf Nr.	AnzMonat	AktTagMonat	AktBuchSatzNr	BusiTransZeit	AktBuchSatzString	AktBusiProcBetrag	AktSollKontoNr	AktSollKontoNr,SollPos	AktSollKontoNr,HabenPos	AktSollKontoNr,SollSaldo	AktSollKontoNr,HabenSaldo	AktHabenKontoNr	AktHabenKontoNr,SollPos	AktHabenKontoNr,HabenPos	AktHabenKontoNr,SollSaldo	AktHabenKontoNr,HabenSaldo
(aufbereiteter Auszug aus der Ausgabedatei "BSDatenGC.dat"; aufgeführt ist der jeweils letzter Eintrag der Simulationsläufe Nr. 1-10)																
	⋮	⋮	⋮	⋮	⋮	⋮	⋮	⋮	⋮	⋮	⋮	⋮	⋮	⋮	⋮	⋮
1	36	31	353914	1576799,212	2800an5000	0,39	2800	7644307,90	4596516,00	3047791,90	0	5000	0	124803,90	0	124803,90
	⋮	⋮	⋮	⋮	⋮	⋮	⋮	⋮	⋮	⋮	⋮	⋮	⋮	⋮	⋮	⋮
2	36	31	353281	1576798,937	2800an5000	0,39	2800	7597365,09	4524696,00	3072669,09	0	5000	0	124656,09	0	124656,09
	⋮	⋮	⋮	⋮	⋮	⋮	⋮	⋮	⋮	⋮	⋮	⋮	⋮	⋮	⋮	⋮
3	36	31	354933	1576798,403	2800an5000	0,39	2800	7663482,19	4524696,00	3138786,19	0	5000	0	125315,19	0	125315,19
	⋮	⋮	⋮	⋮	⋮	⋮	⋮	⋮	⋮	⋮	⋮	⋮	⋮	⋮	⋮	⋮
4	36	31	353039	1576799,751	2800an5000	0,39	2800	7536502,70	4488786,00	3047716,70	0	5000	0	124616,70	0	124616,70
	⋮	⋮	⋮	⋮	⋮	⋮	⋮	⋮	⋮	⋮	⋮	⋮	⋮	⋮	⋮	⋮
5	36	31	354605	1576797,636	2800an5000	0,39	2800	7602610,79	4524696,00	3077914,79	0	5000	0	125213,79	0	125213,79
	⋮	⋮	⋮	⋮	⋮	⋮	⋮	⋮	⋮	⋮	⋮	⋮	⋮	⋮	⋮	⋮
6	36	31	353502	1576799,456	2800an5000	0,39	2800	7562747,77	4488786,00	3073961,77	0	5000	0	124816,77	0	124816,77
	⋮	⋮	⋮	⋮	⋮	⋮	⋮	⋮	⋮	⋮	⋮	⋮	⋮	⋮	⋮	⋮
7	36	31	352383	1576797,356	2800an5000	0,39	2800	7422701,79	4452876,00	2969825,79	0	5000	0	124472,79	0	124472,79
	⋮	⋮	⋮	⋮	⋮	⋮	⋮	⋮	⋮	⋮	⋮	⋮	⋮	⋮	⋮	⋮
8	36	31	354062	1576797,242	2800an5000	0,39	2800	7554731,82	4524696,00	3030035,82	0	5000	0	125009,82	0	125009,82
	⋮	⋮	⋮	⋮	⋮	⋮	⋮	⋮	⋮	⋮	⋮	⋮	⋮	⋮	⋮	⋮
9	36	31	353455	1576798,524	2800an5000	0,39	2800	7486970,01	4524696,00	2962274,01	0	5000	0	124745,01	0	124745,01
	⋮	⋮	⋮	⋮	⋮	⋮	⋮	⋮	⋮	⋮	⋮	⋮	⋮	⋮	⋮	⋮
10	36	31	353045	1576793,629	2800an5000	0,39	2800	7598025,83	4524696,00	3073329,83	0	5000	0	124603,83	0	124603,83
Summe:			**3536219**	Buchungssätze												

Tab. A-17: Aufbereiteter Auszug aus der Ausgabedatei „BSDatenGC.dat“ bzw. „BSDatRefMonJahr3GC.dat“ zum jeweils letzten Buchungssatzeintrag eines der Simulationsläufe 1-10 im Good Case-Szenario[3]

[3] Wie im Abschnitt 4.5.6.3 bereits erläutert, sind in den Simulationsläufen des Good Case-Szenarios insgesamt 3.536.219 Buchungssätze aufgetreten.

A-18 Auszug zu den im Szenario BADCASE in die Ausgabedatei geschriebenen Daten

Simulationslauf Nr.	AnzMonat	AktTagMonat	AktBuchSatzNr	BusiTransZeit	AktBuchSatzString	AktBusiProcBetrag	AktSollKontoNr	AktSollKontoNr,SollPos	AktSollKontoNr,HabenPos	AktSollKontoNr,SollSaldo	AktSollKontoNr,HabenSaldo	AktHabenKontoNr	AktHabenKontoNr,SollPos	AktHabenKontoNr,HabenPos	AktHabenKontoNr,SollSaldo	AktHabenKontoNr,HabenSaldo
(aufbereiteter Auszug aus der Ausgabedatei "BSDatenBC.dat"; aufgeführt ist der jeweils letzter Eintrag der Simulationsläufe Nr. 1-10)																
	⋮	⋮	⋮	⋮	⋮	⋮	⋮	⋮	⋮	⋮	⋮	⋮	⋮	⋮	⋮	⋮
1	36	31	250684	1576799,148	2800an5000	0,39	2800	4519208,36	3662856,00	856352,36	0	5000	0	87135,36	0	87135,36
	⋮	⋮	⋮	⋮	⋮	⋮	⋮	⋮	⋮	⋮	⋮	⋮	⋮	⋮	⋮	⋮
2	36	31	250807	1576797,284	2800an5000	0,39	2800	4320205,22	3555126,00	765079,22	0	5000	0	87359,22	0	87359,22
	⋮	⋮	⋮	⋮	⋮	⋮	⋮	⋮	⋮	⋮	⋮	⋮	⋮	⋮	⋮	⋮
3	36	31	249934	1576798,297	2800an5000	0,39	2800	4456048,21	3555126,00	900922,21	0	5000	0	87024,21	0	87024,21
	⋮	⋮	⋮	⋮	⋮	⋮	⋮	⋮	⋮	⋮	⋮	⋮	⋮	⋮	⋮	⋮
4	36	31	251590	1576796,79	2800an5000	0,39	2800	4445744,40	3591036,00	854708,40	0	5000	0	87617,40	0	87617,40
	⋮	⋮	⋮	⋮	⋮	⋮	⋮	⋮	⋮	⋮	⋮	⋮	⋮	⋮	⋮	⋮
5	36	31	250828	1576794,633	2800an5000	0,39	2800	4443943,34	3591036,00	852907,34	0	5000	0	87323,34	0	87323,34
	⋮	⋮	⋮	⋮	⋮	⋮	⋮	⋮	⋮	⋮	⋮	⋮	⋮	⋮	⋮	⋮
6	36	31	250316	1576798,296	2800an5000	0,39	2800	4367197,37	3555126,00	812071,37	0	5000	0	87197,37	0	87197,37
	⋮	⋮	⋮	⋮	⋮	⋮	⋮	⋮	⋮	⋮	⋮	⋮	⋮	⋮	⋮	⋮
7	36	31	251003	1576796,903	2800an5000	0,39	2800	4472497,25	3591036,00	881461,25	0	5000	0	87389,25	0	87389,25
	⋮	⋮	⋮	⋮	⋮	⋮	⋮	⋮	⋮	⋮	⋮	⋮	⋮	⋮	⋮	⋮
8	36	31	250890	1576787,898	2800an5000	0,39	2800	4219667,83	3483306,00	736361,83	0	5000	0	87514,83	0	87514,83
	⋮	⋮	⋮	⋮	⋮	⋮	⋮	⋮	⋮	⋮	⋮	⋮	⋮	⋮	⋮	⋮
9	36	31	250268	1576796,888	2800an5000	0,39	2800	4515033,80	3591036,00	923997,80	0	5000	0	87055,80	0	87055,80
	⋮	⋮	⋮	⋮	⋮	⋮	⋮	⋮	⋮	⋮	⋮	⋮	⋮	⋮	⋮	⋮
10	36	31	250170	1576798,56	2800an5000	0,39	2800	4406088,04	3591036,00	815052,04	0	5000	0	87062,04	0	87062,04
Summe:			**2506490**	Buchungssätze												

Tab. A-18: Aufbereiteter Auszug aus der Ausgabedatei „BSDatenBC.dat“ bzw. „BSDatRefMonJahr3BC.dat“ zum jeweils letzten Buchungssatzeintrag eines der Simulationsläufe 1-10 im Bad Case-Szenario[4]

4 Wie im Abschnitt 4.5.6.3 dargestellt, sind in den Simulationsläufen des Bad Case-Szenarios insgesamt 2.506.490 Buchungssätze aufgetreten.

Literaturverzeichnis:

Alefeld, G., Herzberger, J. 1974 /Intervallrechnung/
Einführung in die Intervallrechnung, Mannheim/Wien/Zürich 1974.

Andradóttir, S., Healy, K. J., Withers, D. H., Nelson, B. L. (Hrsg.) 1997 /Simulation/
Proceedings of the 1997 Winter Simulation Conference, Atlanta, Georgia 07.-10. Dezember, New York 1997.

Baetge, J., Fischer, Th., 1989 /Simulationstechniken/
Simulationstechniken. In: Szyperski, N. (Hrsg.): Handwörterbuch der Planung, Stuttgart 1989, Sp. 1782-1795.

Baetge, J., Kirsch, H.-J., Thiele, S. 2009 /Bilanzen/
Bilanzen, 10., vollständig aktualisierte Auflage, Düsseldorf 2009.

Bamberg, G., Coenenberg, A. G., Krapp, M. 2008 /Entscheidungslehre/
Betriebswirtschaftliche Entscheidungslehre, 14., überarbeitete Auflage, München 2008.

Banks, J. (Hrsg.) 1998 /Simulation/
Handbook of Simulation. Principles, Methodology, Advances, Applications, and Practice, New York/Chichester/Weinheim u.a. 1998.

Banks, J. 1998 /Software/
Software for Simulation. In: Banks, J. (Hrsg.): Handbook of Simulation. Principles, Methodology, Advances, Applications, and Practice, New York/ Chichester/Weinheim u.a. 1998, S. 813-835.

Baumann, W., Braukmann, U., Matthes W. (Hrsg.) 2010 /Innovation/
Innovation und Internationalisierung – Festschrift für Norbert Koubek, Wiesbaden 2010.

Bausch, A. 2006 /Wettbewerbsanalyse/
Branchen- und Wettbewerbsanalyse im strategischen Management. In: Hahn, D., Taylor, B. (Hrsg.): Strategische Unternehmungsplanung – strategische Unternehmungsführung: Stand und Entwicklungstendenzen, 9., überarbeitete Auflage, Berlin/Heidelberg/New York 2006, S. 195-214.

Bea, F. X., Friedl, B., Schweitzer, M. (Hrsg.) 2005 /Betriebswirtschaftslehre/
Allgemeine Betriebswirtschaftslehre. Band 2: Führung, 9., neubearbeitete und erweiterte Auflage, Stuttgart 2005.

Bea, F. X., Schweitzer, M. (Hrsg.) 2009 /Betriebswirtschaftslehre/
Allgemeine Betriebswirtschaftslehre. Band 1: Grundfragen, 10., überarbeitete und erweiterte Auflage, Stuttgart 2009.

Becker, W. 1990 /Funktionsprinzipien/
Funktionsprinzipien des Controlling. In: ZfB, 60. Jg. (1990), Heft 3, S. 295-318.

Berens, W., Delfmann, W., Schmitting, W. 2004 /Planung/
Quantitative Planung, 4., überarbeitete und erweiterte Auflage, Stuttgart 2004.

Beuermann, G., Wolff, M. R. (Hrsg.) 1989 /Mikrorechnereinsatz/
Mikrorechnereinsatz in den Wirtschaftswissenschaften. München/ Wien 1989.

Biethahn, J., Hummeltenberg, W., Schmidt, B., Stähly, P., Witte, Th. (Hrsg.) 1999 /Simulation/
Simulation als betriebliche Entscheidungshilfe. State of the Art und neuere Entwicklungen, Heidelberg 1999.

Bock, S., Böth, Th. 2010 /Controlling/
Quantitatives Controlling von Offshoring-Entscheidungen. In: Baumann, W., Braukmann, U., Matthes W. (Hrsg.): Innovation und Internationalisierung, Wiesbaden 2010, S. 659-679.

Böth, Th. 2008 /Phasen/
Anmerkungen zu Managementprozessen und ihren Phasen im Kontext offener Problemstrukturen aus der Perspektive des Entwicklungscontrollings. In: Pütz, M., Böth, Th., Arendt, V. (Hrsg.): Controllingbeiträge im Spannungsfeld offener Problemstrukturen und betriebspolitischer Herausforderungen, Lohmar/Köln 2008, S. 313-334.

Brink, A. 1989 /Simulationstechnik/
Der Einsatz der Simulationstechnik in der Betriebswirtschaftslehre. In: wisu, 18. Jg. (1989), Heft 12, S. 679-685.

Brockhoff, K. 1984 /Controlling/
Controlling in Forschung und Entwicklung der Unternehmen. In: ZfbF, 36. Jg. (1984), Heft 8/9, S. 608-618.

Brockhoff, K. 1999 /Forschung/
Forschung und Entwicklung: Planung und Kontrolle, 5. Auflage, München/Wien 1999.

Brockhoff, K. 2002 /Außensicht/
Aufgaben für die Controlling-Forschung – Versuch einer Außensicht. In: Weber, J., Hirsch, B. (Hrsg.): Controlling als akademische Disziplin. Eine Bestandaufnahme, Wiesbaden 2002, S. 449-465.

Brüning, H. G. 1993 /Buchhaltung/
Buchhaltung. In: Chmielewicz, K., Schweitzer, M. (Hrsg.): Handwörterbuch des Rechnungswesens, 3., völlig neu gestaltete und ergänzte Auflage, Stuttgart 1993, Sp. 275-294.

Bundesverband der Deutschen Industrie e. V. (Hrsg.) 1990 /Kontenrahmen/
Industrie-Kontenrahmen: IKR; Neufassung 1986 in Anpassung an d. Bilanzrichtlinien-Gesetz (BiRiLiG); Tiefengliederung (BDI-Drucksache Nr. 195), Köln/Bergisch-Gladbach 1990.

Bundesverband der Deutschen Industrie e. V. 1990 /IKR/
Tiefengliederung zum Industrie-Kontenrahmen (IKR), 3. Auflage 1990. Beilage zu: Bundesverband der Deutschen Industrie e. V. (Hrsg.): Industrie-Kontenrahmen: IKR; Neufassung 1986 in Anpassung an d. Bilanzrichtlinien-Gesetz (BiRiLiG); Tiefengliederung (BDI-Drucksache Nr. 195), Köln/Bergisch-Gladbach 1990.

Bürgel, H. D. 1989 /Controlling/
Controlling von Forschung und Entwicklung. Erkenntnisse und Erfahrungen aus der Praxis, München 1989.

Chmielewicz, K. 1973 /Rechnungswesen/
Betriebliches Rechnungswesen. Band 1. Finanzrechnung und Bilanz, Reinbek bei Hamburg, 1973.

Chmielewicz, K. 1994 /Forschungskonzeptionen/
Forschungskonzeptionen der Wirtschaftswissenschaft, 3., unveränderte Auflage, Stuttgart 1994.

Chmielewicz, K., Schweitzer, M. (Hrsg.) 1993 /Rechnungswesen/
Handwörterbuch des Rechnungswesens, 3., völlig neu gestaltete und ergänzte Auflage, Stuttgart 1993.

Coenenberg, A. G., Haller, A., Schultze, W. 2009 /Jahresabschluss/
Jahresabschluss und Jahresabschlussanalyse. Betriebswirtschaftliche, handelsrechtliche, steuerrechtliche und internationale Grundsätze – HGB, IFRS, US-GAAP, 21., überarbeitete Auflage, Stuttgart 2009.

Corsten, H., Gössinger, R. (Hrsg.) 2008 /Betriebswirtschaftslehre /
Lexikon der Betriebswirtschaftslehre, 5. vollständig überarbeitete und wesentlich erweiterte Auflage, München 2008.

Crasselt, N. 2003 /Unternehmensrechnung/
Wertorientierte Managemententlohnung, Unternehmensrechnung und Investitionssteuerung, Frankfurt a.M./Berlin/Bern/u.a. 2003.

Crasselt, N. 2010 /Fair Value/
Fair Value – Controllers Traum oder Albtraum? In: Baumann, W., Braukmann, U., Matthes W. (Hrsg.): Innovation und Internationalisierung, Wiesbaden 2010, S. 701-716.

Dangelmaier, W., Laroque, Ch. 2008 /Simulation/
Simulation. In: Kurbel, K., Becker, J., Gronau, N., Sinz, E., Suhl, L. (Hrsg.): Enzyklopädie der Wirtschaftsinformatik – Online-Lexikon, 4. Auflage, München 22.09.2008, http://www.enzyklopaedie-der-wirtschaftsinformatik.de (Abruf: 08.03.2011).

Dederichs, J. 1993 /Basismodul/
Ein computergestütztes Basismodul kollektiver strategischer Controllingsysteme, Bergisch Gladbach/Köln 1993.

Deitermann, M., Schmolke, S., Rückwart, W.-D. 2007 /IKR/
Industrielles Rechnungswesen IKR, 35., durchgesehene Auflage, Braunschweig 2007.

Döring, U., Buchholz, R. 2005 /Buchhaltung/
Buchhaltung und Jahresabschluss, 9., vollständig neu bearbeitete und erweiterte Auflage, Berlin 2005.

Dreßler, H. 1975 /Entscheidungstabellen/
Problemlösen mit Entscheidungstabellen, München/Wien 1975.

Ebers, M. 2007 /Unternehmensentwicklung/
Unternehmensentwicklung. In: Köhler, R., Küpper, H.-U., Pfingsten, A. (Hrsg.): Handwörterbuch der Betriebswirtschaft, 6., völlig neu gestaltete Auflage, Stuttgart 2007, Sp. 1789-1801.

Egger, A. 1993 /Bilanz/
Organische Bilanz. In: Chmielewicz, K., Schweitzer, M. (Hrsg.): Handwörterbuch des Rechnungswesens, 3., völlig neu gestaltete und ergänzte Auflage, Stuttgart 1993, Sp. 1473-1480.

Eisele, W. 1981 /Kontentheorien/
Buchhaltungs- und Kontentheorien. In: Kosiol, E., Chmielewicz, K., Schweitzer, M. (Hrsg.): Handwörterbuch des Rechnungswesens, 2., völlig neu gestaltete Auflage, Stuttgart 1981, Sp. 340-354.

Eisele, W. 2002 /Buchhaltung/
Buchhaltung. In: Küpper, H.-U., Wagenhofer, A. (Hrsg.): Handwörterbuch Unternehmensrechnung und Controlling, 4., völlig neu gestaltete Auflage, Stuttgart 2002, Sp. 219-231.

Eisele, W. 2002 /Technik/
Technik des betrieblichen Rechnungswesens: Buchführung und Bilanzierung – Kosten- und Leistungsrechnung – Sonderbilanzen, 7., überarbeitete und erweiterte Auflage, München 2002.

Eisele, W. 2005 /Bilanzen/
Bilanzen. In: Bea, F. X., Friedl, B., Schweitzer, M. (Hrsg.): Allgemeine Betriebswirtschaftslehre. Band 2: Führung, 9., neubearbeitete und erweiterte Auflage, Stuttgart 2005, S. 459-667.

Eisner, H. 1962 /Network/
A Generalized Network Approach to the Planning and Scheduling of a Research Project. In: Operations Research, Vol. 10 (1962), No. 1, S. 115-125.

Farrington, P. A., Nembhard, H. B., Sturrock, D. T., Evans, G. W. (Hrsg.) 1999 /Simulation/
Proceedings of the 1999 Winter Simulation Conference: Simulation – a bridge to the future, Phoenix, Arizona, USA, December 5-8, New York 1999.

Forrester, J. W. 1961 /Industrial/
Industrial Dynamics, New York/London 1961.

Forrester, J. W. 1968 /Industrial/
Industrial Dynamics – After the First Decade. In: Management Science, Vol. 14 (1968), No. 7, S. 388-415.

Gal, T., Gehring, H. 1981 /Entscheidungstechniken/
Betriebswirtschaftliche Planungs- und Entscheidungstechniken, Berlin/New York 1981.

Göhring, H. 2005 /Controlling/
Operatives Controlling in klassischen Immobilienmaklerunternehmungen, Lohmar/Köln 2005.

Grob, H. L., Lahme, N. 2000 /AweSim/
Die Fallstudie aus der Wirtschaftsinformatik – Entwicklung eines Simulationsmodells mit AweSim. In: wisu, 29. Jg. (2000), Heft 12, S. 1656-1658.

Gutenberg, E. 1983 /Produktion/
Grundlagen der Betriebswirtschaftslehre, Band 1. Die Produktion, 24., unveränderte Auflage, Berlin/Heidelberg/New York 1983.

Haberstock, L. 2008 /Kostenrechnung/
Kostenrechnung I. Einführung, 13. Auflage, bearbeitet von Volker Breithecker, Berlin 2008.

Hadley, G., 1964 /programming/
Nonlinear and dynamic programming, Reading, Mass. 1964.

Hahn, D., Hungenberg, H. 2001 /PuK/
Planung und Kontrolle, Planungs- und Kontrollsysteme, Planungs- und Kontrollrechnung: wertorientierte Controllingkonzepte, 6., vollständig überarbeitete und erweiterte Auflage, Wiesbaden 2001.

Hahn, D., Taylor, B. (Hrsg.) 2006 /Unternehmungsplanung/
Strategische Unternehmungsplanung – strategische Unternehmungsführung: Stand und Entwicklungstendenzen, 9., überarbeitete Auflage, Berlin/Heidelberg/New York 2006.

Hartmann, T. 2004 /Tensorbuchhaltung/
Ein Rechnungswesen-Informationssystem auf Basis der Tensorbuchhaltung, Lohmar/Köln 2004.

Hax, H. 1993 /Investitionstheorie/
Investitionstheorie, 5., bearbeitete Auflage, Heidelberg 1993.

Heinen, E. 1986 /Handelsbilanzen/
Handelsbilanzen, 12., neubearbeitete Auflage, Wiesbaden 1986.

Hinterhuber, H. H., Plörer, V., Popp, W., Pucher, R. 1986 /Planbilanzen/
Die EDV-unterstützte Erstellung von Planbilanzen für strategische Geschäftseinheiten. In: Strategische Planung, Band 2, 1986, S. 227-243.

Homburg, C. 2000 /Betriebswirtschaftslehre/
Quantitative Betriebswirtschaftslehre: Entscheidungsunterstützung durch Modelle. Mit Beispielen, Übungsaufgaben und Lösungen, 3., überarbeitete Auflage, Wiesbaden 2000.

Horváth, P. 2009 /Controlling/
Controlling. 11., vollständig überarbeitete Auflage, München 2009.

Jüttner, G., Feller, H. 1989 /Entscheidungstabellen/
Entscheidungstabellen und wissensbasierte Systeme: Anwendungen in der Arbeitsplanung. Eine Studie der Nixdorf Computer AG am FAW Ulm, München/Wien 1989.

Kautz, W.-E. 1998 /Planung/
Existenzgründung: Planung und Durchführung. Ein Leitfaden mit Fallbeispielen, Wiesbaden 1998.

Kern, W. 1962 /Fertigungskapazitäten/
Die Messung industrieller Fertigungskapazitäten und ihrer Ausnutzung. Grundlagen und Verfahren, Köln/Opladen 1962.

Kern, W., Schröder, H.-H., Weber, J. (Hrsg.) 1996 /Produktionswirtschaft/
Handwörterbuch der Produktionswirtschaft, 2., völlig neu gestaltete Auflage, Stuttgart 1996.

Kersten, F. 1996 /Simulation/
Simulation in der Investitionsplanung, Wiesbaden 1996.

Kistner, K.-P. 2002 /Simulationsmodelle/
Optimierungs- u. Simulationsmodelle. In: Küpper, H.-U., Wagenhofer, A. (Hrsg.): Handwörterbuch Unternehmensrechnung und Controlling, 4., völlig neu gestaltete Auflage, Stuttgart 2002, Sp. 1345-1356.

Klandt, H., Nathusius, H., Szyperski, N., Heinrike, A. H. (Hrsg.) 2000 /Gründungsforschung/
G-Forum 1999. Dokumentation des 3. Forums Gründungsforschung, Lohmar/Köln 2000.

Kloock, J. 1993 /Bilanz/
Dynamische Bilanz. In: Chmielewicz, K., Schweitzer, M. (Hrsg.): Handwörterbuch des Rechnungswesens, 3., völlig neu gestaltete und ergänzte Auflage, Stuttgart 1993, Sp. 384-399.

Koch, L. T., Zacharias, Ch. (Hrsg.) 2001 /Gründungsmanagement/
Gründungsmanagement: mit Aufgaben und Lösungen, München/Wien 2001.

Köhler, R., Küpper, H.-U., Pfingsten, A. (Hrsg.) 2007 /Betriebswirtschaft/
Handwörterbuch der Betriebswirtschaft, 6., völlig neu gestaltete Auflage, Stuttgart 2007.

Kofler, E. 1981 /LPI/
Fuzzy-sets oder LPI-Theorie? In: Menges, G., Schelbert, H., Zweifel, P. (Hrsg.): Stochastische Unschärfe in den Wirtschaftswissenschaften, Frankfurt/Main 1981, S. 65-113.

Kosiol, E. 1964 /Unternehmensforschung/
Betriebswirtschaftslehre und Unternehmensforschung. In: ZfB, 34. Jg. (1964), Heft 12, S. 743-762.

Kosiol, E. 1970 /Axiomatik/
Zur Axiomatik der Theorie der pagatorischen Erfolgsrechnung. In: ZfB, 40. Jg. (1970), Heft 3, S. 135-162.

Kosiol, E. (Hrsg.) 1970 /Rechnungswesen/
Handwörterbuch des Rechnungswesens, Stuttgart 1970.

Kosiol, E. 1976 /Bilanz/
Pagatorische Bilanz. Die Bewegungsbilanz als Grundlage einer integrativ verbundenen Erfolgs-, Bestands- und Finanzrechnung, Berlin 1976.

Kosiol, E., Chmielewicz, K., Schweitzer, M. (Hrsg.) 1981 /Rechnungswesen/
Handwörterbuch des Rechnungswesens, 2., völlig neu gestaltete Auflage, Stuttgart 1981.

Krüger, W. 1998 /Entwicklungscontrolling/
Vom operativen Bestandscontrolling zum strategischen Entwicklungscontrolling. In: krp-Sonderheft 1/98 (1998), S. 15-18.

Krüger, W. 2005 /Organisation/
Organisation. In: Bea, F. X., Friedl, B., Schweitzer, M. (Hrsg.): Allgemeine Betriebswirtschaftslehre. Band 2: Führung, 9., neubearbeitete und erweiterte Auflage, Stuttgart 2005, S. 140-234.

Küll, R., Stähly, P. 1999 /Simulationsexperimente/
Zur Planung und effizienten Abwicklung von Simulationsexperimenten. In: Biethahn, J., Hummeltenberg, W., Schmidt, B., Stähly, P., Witte, Th. (Hrsg.): Simulation als betriebliche Entscheidungshilfe. State of the Art und neuere Entwicklungen, Heidelberg 1999, S. 1-21.

Küpper, H.-U. 2008 /Controlling/
Controlling: Konzeption: Aufgaben und Instrumente, 5., überarbeitete Auflage, Stuttgart 2008.

Küpper, H.-U., Wagenhofer, A. (Hrsg.) 2002 /Controlling/
Handwörterbuch Unternehmensrechnung und Controlling, 4., völlig neu gestaltete Auflage, Stuttgart 2002.

Küting, K. 1981 /Zukunftsbilanzen/
Zukunftsbilanzen. Ein Vergleich zukunftsorientierter Rechenwerke. In: WiSt, Heft 6, Juni 1981, S. 268-274.

Kulisch, U. (Hrsg.) 1989 /Rechnen/
Wissenschaftliches Rechnen mit Ergebnisverifikation – Eine Einführung, Braunschweig 1989.

Kurbel, K., Becker, J., Gronau, N., Sinz, E., Suhl, L. (Hrsg.) 2011 /Wirtschaftsinformatik/
Enzyklopädie der Wirtschaftsinformatik – Online-Lexikon, 4. Auflage, München 2011, http://www.enzyklopaedie-der-wirtschaftsinformatik.de (Abruf: 08.03.2011).

Laux, H. 1971 /Investitionsplanung/
Flexible Investitionsplanung. Einführung in die Theorie der sequentiellen Entscheidungen bei Unsicherheit, Opladen 1971.

Laux, H. 1998 /Entscheidungstheorie/
Entscheidungstheorie, 4., neu bearbeitete und erweiterte Auflage, Berlin/Heidelberg 1998.

Laux, H. 2007 /Entscheidungstheorie/
Entscheidungstheorie, 7., überarbeitete und erweiterte Auflage, Berlin/Heidelberg 2007.

Law, A. M. 1986 /Simulation/
Introduction to simulation: a powerful tool for analyzing complex manufacturing systemes. In: Industrial Engineering, Vol. 18 (1986), No. 5, S. 46-61.

Law, A. M., Kelton, W. D. 2000 /Simulation/
Simulation Modeling and Analysis, 3. Auflage, Boston/Burr Ridge/ Dubuque u.a. 2000.

Liebl, F. 1995 /Simulation/
Simulation: Problemorientierte Einführung. 2., überarbeitete Auflage, München/Wien 1995.

Lücke, W. 1977 /Planbilanzen/
Planbilanzierung und Planbilanzen. In: Angewandte Planung. AP; Zeitschrift für das Management in Wirtschaft und Verwaltung, Band 1 1977, S. 47-56.

Lücke, W., Hautz, U. 1973 /Bilanzen/
Bilanzen aus Zukunftswerten. Ein theoretischer Beitrag zum Inhalt und Aufbau von Planbilanzen, Wiesbaden 1973.

März, L., Krug, W., Rose, O., Weigert, G. (Hrsg.) 2011 /Simulation/
Simulation und Optimierung in Produktion und Logistik. Praxisorientierter Leitfaden mit Fallbeispielen, Berlin/Heidelberg 2011.

Magee, J. F. 1964 /Decision/
Decision Trees for Decision Making. In: Harvard Business Review, Vol. 42 (1964), No. 4, S. 126-138.

Magee, J. F. 1964 /Investment/
How to Use Decision Trees in Capital Investment. In: Harvard Business Review, Vol. 42 (1964), No. 5, S. 79-96.

Mandl, Ch. E. 1977 /Simulationstechnik/
Simulationstechnik und Simulationsmodelle in den Sozial- und Wirtschaftswissenschaften, Berlin/Heidelberg/New York 1977.

Mattessich, R. V. 1970 /Grundlagen/
Die wissenschaftlichen Grundlagen des Rechnungswesens: eine analytische und erkenntniskritische Darstellung doppischer Informationssysteme für Betriebs- und Volkswirtschaft, Düsseldorf 1970.

Matthes, W. 1970 /Kontentheorien/
Buchhaltungs- und Kontentheorien. In: Kosiol, E. (Hrsg.): Handwörterbuch des Rechnungswesens, Stuttgart 1970, Sp. 354-380.

Matthes, W. 1971 /Anmerkungen/
Anmerkungen zur betriebswirtschaftlichen Rechnungstheorie – Ein Beitrag zum Wissenschaftsprogramm betriebswirtschaftlicher Rechnungswissenschaft, Berlin 1971.

Matthes, W. 1972 /Grundmodell/
Grundmodell der Prozeßstruktur der Unternehmung, Berlin 1972.

Matthes, W. 1986 /Phasen/
Phasen des Managementprozesses. In: wisu, 15. Jg. (1986), Heft 6, S. 283-290.

Matthes, W. 1989 /KOLLPROG/
KOLLPROG – Module eines kollektiven Prognosesystems zur Entwicklungsplanung der Unternehmung. In: Beuermann, G., Wolff, M. R. (Hrsg.): Mikrorechnereinsatz in den Wirtschaftswissenschaften, München/Wien 1989, S. 149-174.

Matthes, W. 1993 /Kontenrahmen/
Kontenrahmen. In: K. Chmielewicz und M. Schweitzer (Hrsg.): Handwörterbuch des Rechnungswesens, 3., völlig neu gestaltete und ergänzte Auflage, Stuttgart 1993, Sp. 1123-1133.

Matthes, W. 2000 /Entwicklungscontrolling/
Entwicklungscontrolling – Aufgaben, Perspektiven und Methodik eines operativ-gestützten strategischen Controlling, Betriebswirtschaftlicher Forschungsbericht Nr. 7/2000, Bergische Universität GH Wuppertal, Wuppertal 2000.

Matthes, W. 2001 /Gründungscontrolling/
Gründungscontrolling – Gründungscontrolling zur Sicherung des Unternehmenserfolgs. In: Koch, L. T., Zacharias, Ch. (Hrsg.): Gründungsmanagement: mit Aufgaben und Lösungen, München/Wien 2001, S. 321-339.

Matthes, W. 2002 /Axiomatik/
Zur Axiomatik des Controlling. In: Weber, J., Hirsch, B. (Hrsg.): Controlling als akademische Disziplin. Eine Bestandaufnahme, Wiesbaden 2002, S. 131-143.

Matthes, W. 2002 /Gründungscontrolling/
Gründungscontrolling. Lehrbrief für die FernUniversität Hagen, Wuppertal 2002.

Matthes, W. 2003 /Entwicklungscontrolling/
Gründungs- und Entwicklungscontrolling als Rationalisierungssystem der Unternehmung. In: Walterscheid, K. (Hrsg.): Entrepreneurship in Forschung und Lehre: Festschrift für Klaus Anderseck, Frankfurt a.M. 2003, S. 167-184.

Matthes, W. 2008 /Netzplantechnik/
Netzplantechnik. In: Corsten, H., Gössinger, R. (Hrsg.): Lexikon der Betriebswirtschaftslehre, 5., vollständig überarbeitete und wesentlich erweiterte Auflage, München 2008, S. 552-558.

Matthes, W. 2008 /Prozessmodell/
Produktionsfunktion / Prozessmodell vom Typ G – Erweiterung der Produktionsfunktion Typ F – eine Zusammenfassung, Betriebswirtschaftlicher Forschungsbericht Nr. 13/2008, Bergische Universität Wuppertal, 60 Seiten, Wuppertal 2008.

Matthes, W. 2010 /Controlling/
Controlling/Management Accounting as an Open Management Support System – A Contribute to Evolution of Business Processes and Systems. In: Abstracts – International Conference Operations Research – "Mastering Complexity", München 01.-03. September 2010, S. 53.

Matthes, W. 2010 /Evolution/
Evolution der Balanced Score Card – ein Beitrag zur Analyse strategischer Steuerungsprobleme. In: Baumann, W., Braukmann, U., Matthes W. (Hrsg.): Innovation und Internationalisierung, Wiesbaden 2010, S. 717-764.

Matthes, W., Böth, Th., Pütz, M. 2003 /Controlling/
Empirische Analysen zum Controlling. In: Weber, J., Hirsch, B. (Hrsg.): Zur Zukunft der Controllingforschung, Wiesbaden 2003, S. 99-116.

Matthes, W., Böth, Th., Pütz, M. 2006 /Controlling/
Analysen zum operativ-gestützten strategischen Controlling: Fallstudie zum UMTS-Markt, Betriebswirtschaftlicher Forschungsbericht Nr. 11/2006, 2., aktualisierte und erweiterte Auflage, Bergische Universität Wuppertal, 171 Seiten, Wuppertal 2006.

Matthes, W., Dederichs, J., Pütz, M. 2000 /Entwicklungscontrolling/
Unternehmensgründung als Aufgabe des Entwicklungscontrolling. In: Klandt, H., Nathusius, H., Szyperski, N., Heinrike, A. H. (Hrsg.): G-Forum 1999. Dokumentation des 3. Forums Gründungsforschung. Lohmar/Köln 2000, S. 205-222.

Matthes, W., Pütz, M. 2005 /Grundlagen/
Grundlagen der Simulationstechnik, Vorlesungsunterlagen, Wuppertal 2005.

Matthes, W., Pütz, M. 2005 /Planungsinstrument/
Simulation als Planungsinstrument, Vorlesungsunterlagen, Wuppertal 2005.

Mayer, G. 1989 /Intervallrechnung/
Grundbegriffe der Intervallrechnung. In: Kulisch, U. (Hrsg.): Wissenschaftliches Rechnen mit Ergebnisverifikation – Eine Einführung, Braunschweig 1989, S. 101-117.

Medeiros, D. J., Watson, E. F., Carson, J. S., Manivannan, M. S. 1998 (Hrsg.) /Simulation/
Proceedings of the 1998 Winter Simulation Conference, Washington D.C. 13.-16. Dezember, New York 1998.

Menges, G., Schelbert, H., Zweifel, P. (Hrsg.) 1981 /Unschärfe/
Stochastische Unschärfe in den Wirtschaftswissenschaften, Frankfurt/Main 1981.

Mertens, P., Billmeyer, A., Bradl, P. 2003 /Unternehmensplanung/
Simulation in der strategischen Unternehmensplanung. In: wisu, 32. Jg. (2003), Heft 10, S. 1256-1268.

Metz, M. 1978 /Ergebnisplanung/
Bilanz- und Ergebnisplanung für internationale Unternehmen, Frankfurt, Bern, Las Vegas, 1978.

Milling, P. 1996 /Simulation/
Simulation in der Produktion. In: Kern, W., Schröder, H.-H., Weber, J. (Hrsg.): Handwörterbuch der Produktionswirtschaft, 2., völlig neu gestaltete Auflage, Stuttgart 1996, Sp. 1840-1852.

Moxter, A. 1993 /Bilanz/
Statische Bilanz. In: Chmielewicz, K., Schweitzer, M. (Hrsg.): Handwörterbuch des Rechnungswesens, 3., völlig neu gestaltete und ergänzte Auflage, Stuttgart 1993, Sp. 1852-1859.

Napiwotzki, R. 1997 /Finanzcontrolling/
Strategisches Finanzcontrolling: Entwicklung eines wissensbasierten-Prognosesystems zur Unterstützung des strategischen Finanzcontrollings, Lohmar/Köln 1997.

Nisanci, A., Schwab, R. E. 2001 /Simulation/
Simulation Packages. In: Salvendy, G. (Hrsg.): Handbook of industrial engineering: technology and operations management, 3. Auflage, New York 2001, S. 2445-2468.

O'Reilly, J. J. 2002 /AweSim/
Introduction to AweSim. In: Yücesan, E, Chen, C.-H., Snowdon, J. L, Charnes, J. M. (Hrsg.): Proceedings of the 2002 Winter Simulation Conference: Exploring New Frontiers, San Diego, California, USA, December 8-11, New York 2002, S. 221-224.

O'Reilly, J. J., Lilegdon W. R. 1999 /AweSim/
Introduction to AweSim. In: Farrington, P. A., Nembhard, H. B., Sturrock, D. T., Evans, G. W. (Hrsg.): Proceedings of the 1999 Winter Simulation Conference: Simulation – a bridge to the future, Phoenix, Arizona, USA, December 5-8, New York 1999, S. 196-200.

Ortolf, H.-J. 1969 /Intervallarithmetik/
Eine Verallgemeinerung der Intervallarithmetik. GMD-Bericht Nr. 11, Bonn 1969.

Popp, W. 1988 /Planung/
Zur Planung von F&E-Projekten. In: DBW, 48. Jg. (1988), Heft 6, S. 735-749.

Popp, W. 2000 /Wachstum/
Wachstum durch Innovationsmanagement – Komplexe Managementtechniken versprechen Erfolg. In: Wissenschaftsmanagement, 6. Jg. (2000), Heft 1, S. 23-32.

Popp, W. 2001 /Entscheidungsnetze/
Verallgemeinerte Entscheidungsnetze und Radargraphen zur Analyse von Innovationsvorhaben. In: Die Unternehmung, 55. Jg. (2001), Heft 2, S. 147-161.

Pritsker, A. A. B. 1994 /SLAM II/
Introduction to Simulation and SLAM II, 4. Auflage, New York/West Lafayette 1994.

Pritsker, A. A. B. 1998 /Modeling/
Principles of Simulation Modeling. In: Banks, J. (Hrsg.): Handbook of Simulation. Principles, Methodology, Advances, Applications, and Practice, New York 1998, S. 31-51.

Pritsker, A. A. B., O'Reilly, J. J. 1997 /Integrated/
AweSim: The integrated Simulation System: In: Andradóttir, S., Healy, K. J., Withers, D. H., Nelson, B. L. (Hrsg.): Proceedings of the 1997 Winter Simulation Conference, Atlanta, Georgia 07.-10. Dezember, New York 1997, S. 545-551.

Pritsker, A. A. B., O'Reilly, J. J. 1998 /AweSim/
AweSim: The integrated Simulation System: In: Medeiros, D. J., Watson, E. F., Carson, J. S., Manivannan, M. S. (Hrsg.): Proceedings of the 1998 Winter Simulation Conference, Washington D.C. 13.-16. Dezember, New York 1998, S. 249-255.

Pritsker, A. A. B., O'Reilly, J. J. 1999 /Visual SLAM/
Simulation with Visual SLAM and AweSim, 2. Auflage, New York/ West Lafayette 1999.

Pritsker Corporation 1997 /Reference/
Visual SLAM Quick Reference Manual Version 2.0., Indianapolis 1997.

Pritsker Corporation 1999 /Guide/
AweSim Total Simulation Project Support System User's Guide, Version 3.0, Indianapolis 1999.

Pütz, M. 2004 /Produktionssysteme/
Operativ-gestütztes strategisches Controlling flexibel automatisierter Produktionssysteme, Lohmar/Köln 2004.

Pütz, M. 2008 /Metacontrolling/
Konzeptskizze für ein Metacontrolling von Entwicklungsprojekten auf Basis der Methodik offener Entscheidungsnetze. In: Pütz, M., Böth, Th., Arendt, V. (Hrsg.): Controllingbeiträge im Spannungsfeld offener Problemstrukturen und betriebspolitischer Herausforderungen, Lohmar/Köln 2008, S. 335-364.

Pütz, M. 2009 /Entwicklungscontrolling/
Metacontrolling im partizipativen Entwicklungscontrolling – Ansätze zur formalsprachlichen Spezifikation und simulationsgestützten Modellierung auf Basis der Methodik der offenen Entscheidungsnetze und der Prädikatenlogik, Habilitationsschrift Bergische Universität Wuppertal, Wuppertal 2009 (erscheint voraussichtlich 2011 bei Gabler).

Pütz, M. 2009 /Metacontrolling/
Metacontrolling von Entwicklungsprojekten - formalsprachliche Spezifikation und Adaptionsmöglichkeiten im Produktionscontrolling. In: Specht, D. (Hrsg.): Weiterentwicklung der Produktion: Tagungsband der Herbsttagung der Wissenschaftlichen Kommission Produktionswirtschaft im VHB, Wiesbaden 2009, S. 61-94.

Pütz, M. 2011 / Simulationswerkzeuge/
Simulationswerkzeuge im SCM. In: Kurbel, K., Becker, J., Gronau, N., Sinz, E., Suhl, L. (Hrsg.): Enzyklopädie der Wirtschaftsinformatik – Online-Lexikon, 4. Auflage, München 23.02.2011, http://www.enzyklopaedie-der-wirtschaftsinformatik.de (Abruf: 08.03.2011).

Pütz, M., Bömkes, T. 2006 /Nachhaltigkeitspotenziale/
Controlling von Nachhaltigkeitspotenzialen am Beispiel der Industry Line Public der T-Systems International GmbH, Betriebswirtschaftlicher Forschungsbericht Nr. 12/2006, Bergische Universität Wuppertal, Wuppertal 2006.

Pütz, M., Böth, Th., Arendt, V. (Hrsg.) 2008 /Controllingbeiträge/
Controllingbeiträge im Spannungsfeld offener Problemstrukturen und betriebspolitischer Herausforderungen – Festschrift für Winfried Matthes, Köln/Lohmar 2008.

Rose, O., März, L. 2011 /Simulation/
Simulation. In: März, L., Krug, W., Rose, O., Weigert, G. (Hrsg.): Simulation und Optimierung in Produktion und Logistik. Praxisorientierter Leitfaden mit Fallbeispielen, Berlin/Heidelberg 2011, S. 13-19.

Rückle, D. 1993 /Bilanztheorie/
Bilanztheorie. In: Chmielewicz, K., Schweitzer, M. (Hrsg.): Handwörterbuch des Rechnungswesens, 3., völlig neu gestaltete und ergänzte Auflage, Stuttgart 1993, Sp. 249-261.

Rump, S. M. 1989 /Probleme/
Lineare Probleme. In: Kulisch, U. (Hrsg.): Wissenschaftliches Rechnen mit Ergebnisverifikation – Eine Einführung, Braunschweig 1989, S. 119-127.

Runzheimer, B., Cleff, Th., Schäfer, W. 2005 /Operations/
Operations Research 1. Lineare Planungsrechnung und Netzplantechnik, 8., vollständig überarbeitete Auflage, Wiesbaden 2005.

Salvendy, G. (Hrsg.) 2001 /Handbook/
Handbook of industrial engineering: technology and operations management, 3. Auflage, New York 2001.

Schanz, G. 2009 /Wissenschaftsprogramme/
Wissenschaftsprogramme. In: Bea, F. X., Schweitzer, M. (Hrsg.): Allgemeine Betriebswirtschaftslehre. Band 1: Grundfragen, 10., überarbeitete und erweiterte Auflage, Stuttgart 2009, S. 81-159.

Schierenbeck, H., Wöhle, C. B. 2008 /Betriebswirtschaftslehre/
Grundzüge der Betriebswirtschaftslehre, 17., völlig überarbeitete und aktualisierte Auflage, München 2008.

Schmalenbach, E. 1988 /Bilanz/
Dynamische Bilanz, unveränderter reprografischer Nachdruck der 13., verbesserten und erweiterten, von Richard Bauer bearbeiteten Auflage (1962 beim Westdeutschen Verlag erschienen), Darmstadt 1988.

Schmidt, F. 1951 /Tageswertbilanz/
Die organische Tageswertbilanz, unveränderter Nachdruck der im Jahre 1929 erschienenen 3. Auflage, Wiesbaden 1951.

Schmitt, F. 1997 /Kapazitätscontrolling/
Strategisches Kapazitätscontrolling – Entwicklung einer unscharfen interaktiven Mehrzieloptimierungskonzeption zur Unterstützung des strategischen Kapazitätsentwicklungscontrolling, Lohmar/Köln 1997.

Schmitt, H. J. 1971 /Planungsbuchhaltung/
Planungsbuchhaltung: zur Integration von Buchhaltung und Planung, Berlin 1971.

Schneider, D. 1974 /Bilanztheorie/
Entwicklungsstufen der Bilanztheorie. In: WiSt, Heft 4, April 1974, S. 158-164.

Schneider, D. 1993 /Geschichte/
Geschichte der Buchhaltung und Bilanzierung. In: Chmielewicz, K., Schweitzer, M. (Hrsg.): Handwörterbuch des Rechnungswesens, 3., völlig neu gestaltete und ergänzte Auflage, Stuttgart 1993, Sp. 712-721.

Schweitzer, M. 1989 /Bilanzplanung/
Bilanzplanung. In: Szyperski, N. (Hrsg.): Handwörterbuch der Planung, Stuttgart 1989, Sp. 156-161.

Schweitzer, M. 1993 /Bilanz/
Pagatorische Bilanz. In: Chmielewicz, K., Schweitzer, M. (Hrsg.): Handwörterbuch des Rechnungswesens, 3., völlig neu gestaltete und ergänzte Auflage, Stuttgart 1993, Sp. 1489-1502.

Sharma, A., Szymanski, J., Anand, A. 2009 /simulation/
A simulation analysis model of bucket wheel excavator-conveyor belt system for oil sand extraction and material handling. In: International Journal of Mining and Mineral Engineering, Vol. 1 (2009), No. 3, S. 278-291.

Simon, H. V. 1910 /Bilanzen/
Die Bilanzen der Aktiengesellschaften und der Kommanditgesellschaften auf Aktien, 4. Auflage (Neudruck der 2., umgearbeiteten Auflage; erste Auflage: 1886), Berlin 1910.

Sollacher, H. 1982 /Stoppregeln/
Stoppregeln, Frankfurt a. M./Bern 1982.

Specht, D. (Hrsg.) 2009 /Produktion/
Weiterentwicklung der Produktion. Tagungsband der Herbsttagung der Wissenschaftlichen Kommission Produktionswirtschaft im VHB, Wiesbaden 2009.

Strunz, H. 1977 /Entscheidungstabellentechnik/
Entscheidungstabellentechnik: Grundlagen und Anwendungsmöglichkeiten bei der Gestaltung rechnergestützter Informationssysteme, München/Wien 1977·

Suhl, L., Mellouli, T. 2009 /Modelle/
Optimierungssysteme. Modelle, Verfahren, Software, Anwendungen, 2., überarbeitete Auflage, Berlin/Heidelberg 2009.

Szyperski, N. (Hrsg.) 1989 /Planung/
Handwörterbuch der Planung, Stuttgart 1989.

Thumb, N. 1975 /Netzplantechnik/
Grundlagen und Praxis der Netzplantechnik, 3. neu bearbeitete Auflage, München 1975.

Troßmann, E. 1992 /Planung/
Prinzipien der rollenden Planung. In: WiSt, Heft 3, März 1992, S. 123-130.

Tyrell, B. 2000 /Planbilanz/
Die Planbilanz als Bestandteil eines unternehmenswertorientierten Rechnungswesens, Lohmar/Köln 2000.

Valero, J. M. J., Paulo, R. R., Velez, F. J. 2006 /Simulation/
Tele-Traffic Simulation for Mobile Communication Systems Beyond 3G. In: Proceedings of the Advanced International Conference on Telecommunications and International Conference on Internet and Web Applications and Services (AICT/ICIW 2006).

Walb, E. 1966 /Bilanz/
Finanzwirtschaftliche Bilanz, 3. Auflage, Wiesbaden 1966.

Walterscheid, K. (Hrsg.) 2003 /Entrepreneurship /
Entrepreneurship in Forschung und Lehre: Festschrift für Klaus Anderseck, Frankfurt a.M. 2003.

Weber, J., Hirsch, B. (Hrsg.) 2002 /Controlling/
Controlling als akademische Disziplin. Eine Bestandsaufnahme, Wiesbaden 2002.

Weber, J., Hirsch, B. (Hrsg.) 2003 /Controlling/
Zur Zukunft der Controllingforschung, Wiesbaden 2003.

Weber, J., Schäffer, U. 2008 /Controlling/
Einführung in das Controlling, 12., überarbeitete und aktualisierte Auflage, Stuttgart 2008.

Wegmann, W. 1970 /Gewinn/
Der ökonomische Gewinn, Wiesbaden 1970.

Weilenmann, P. 1993 /Konto/
Konto. In: Chmielewicz, K., Schweitzer, M. (Hrsg.): Handwörterbuch des Rechnungswesens, 3., völlig neu gestaltete und ergänzte Auflage, Stuttgart 1993, Sp. 1133-1140.

Werners, B. 2008 /Operations/
Grundlagen des Operations Research. Mit Aufgaben und Lösungen, 2. Auflage, Berlin/Heidelberg 2008.

Wilson, J. R., Goldsman, D. 2001 /Entrepreneurship/
Alan Pritsker`s multifaceted career: theory, practice, education, entrepreneurship, and service. In: IIE Transactions, Vol. 33 (2001), Issue 3, S. 139-147.

Witte, Th. 1993 /Simulationsverfahren/
Simulation und Simulationsverfahren. In: Wittmann, W., Kern, W., Köhler, R., Küpper, H.-U., von Wysocki, K. (Hrsg.): Handwörterbuch der Betriebswirtschaft, Teilband 3, 5., völlig neu gestaltete Auflage, Stuttgart 1993, Sp. 3837-3849.

Witte, Th., Claus, Th., Helling, K. 1994 /Simulation/
Simulation von Produktionssystemen mit SLAM. Bonn/Paris/Reading/Mass. u.a. 1994.

Wittmann, W. 1959 /Information/
Unternehmung und unvollkommene Information, Opladen 1959.

Wittmann, W., Kern, W., Köhler, R., Küpper, H.-U., von Wysocki, K. (Hrsg.) 1993 /Betriebswirtschaft/
Handwörterbuch der Betriebswirtschaft, Teilband 3, 5., völlig neu gestaltete Auflage, Stuttgart 1993.

Wöhe, G. 1993 /Bilanz/
Bilanz. In: Chmielewicz, K., Schweitzer, M. (Hrsg.): Handwörterbuch des Rechnungswesens, 3., völlig neu gestaltete und ergänzte Auflage, Stuttgart 1993, Sp. 202-211.

Wöhe, G., Döring, G. 2010 /Betriebswirtschaftslehre/
Einführung in die allgemeine Betriebswirtschaftslehre, 24., überarbeitete und aktualisierte Auflage, München 2010.

Yücesan, E, Chen, C.-H., Snowdon, J. L, Charnes, J. M. (Hrsg.) 2002 /Simulation/
Proceedings of the 2002 Winter Simulation Conference: Exploring New Frontiers, San Diego, California, USA, December 8-11, New York 2002.

Ziegenbein, K. 2007 /Controlling/
Controlling, 9., überarbeitete und aktualisierte Auflage, Ludwigshafen (Rhein) 2007.

Zimmermann, H.-J. 1995 /Einsatzgebiete/
Industrielle Einsatzgebiete von Fuzzy Technologien. In: Zimmermann, H.-J. (Hrsg.): Neuro + Fuzzy: Technologien – Anwendungen, Düsseldorf 1995, S. 1-25.

Zimmermann, H.-J. (Hrsg.) 1995 /Fuzzy/
Neuro+Fuzzy: Technologien – Anwendungen, Düsseldorf 1995.

von Zwehl, W. 1968 /Planbilanz/
Untersuchung zur Erstellung einer Planbilanz als Ergänzung des Jahresabschlusses. Ein Beitrag zur Schaffung von Dispositionsgrundlagen für die Unternehmensleitung, Berlin 1968.

QUANTITATIVE ÖKONOMIE

Herausgegeben von Prof. Dr. Eckart Bomsdorf, Köln, Prof. Dr. Wim Kösters, Bochum, Prof. Dr. Mark Trede, Münster, Prof. Dr. Ansgar Belke, Essen, und Prof. Dr. Markus Pütz, Lahr

Band 167
Andreas Rees
Money as a Global Phenomenon – An Empirical Analysis of Global Excess Liquidity and its Impact on the Global Economy, National Economies and Central Banks
Lohmar – Köln 2011 • 308 S. • € 59,- (D) • ISBN 978-3-8441-0076-1

Band 168
Andreas Knödl
Armutsbekämpfung in Entwicklungsländern – Eine empirische Analyse des Wachstums- und Verteilungseffekts wirtschaftspolitischer Maßnahmen
Lohmar – Köln 2011 • 236 S. • € 56,- (D) • ISBN 978-3-8441-0088-4

Band 169
Frank W. Püschel
Energieeffizienz-Steigerungspotentiale in großen Anlagebeständen
Lohmar – Köln 2011 • 220 S. • € 55,- (D) • ISBN 978-3-8441-0107-2

Band 170
Martin Ruppert
Contributions to Static and Time-varying Copula-based Modeling of Multivariate Association – With Applications to Financial Time-Series
Lohmar – Köln 2012 • 176 S. • € 48,- (D) • ISBN 978-3-8441-0120-1

Band 171
Thomas Blumentritt
On Copula Density Estimation and Measures of Multivariate Association
Lohmar – Köln 2012 • 200 S. • € 49,- (D) • ISBN 978-3-8441-0121-8

Band 172
Thorsten Böth
Konzeption einer simulationsgestützten internen Entwicklungsbilanz
Lohmar – Köln 2012 • 384 S. • € 65,- (D) • ISBN 978-3-8441-0150-8